科学出版社"十三五"普通高等教育本科规划教材

植病流行学

（第二版）

马占鸿　主编

U0228432

科学出版社
北　京

内 容 简 介

本书按照植物病害流行学的发展历程和固有的内容体系，重点阐述了植物病害流行学的概念、原理与应用。全书共 18 章，第一章讲述植物病害的流行和流行学；第二章到第十章讲述植物病害流行规律、影响因素、时间动态、空间动态、系统监测、预测、模拟、损失估计和风险分析；第十一章到第十四章讲述植物病害流行的遗传学、统计学和分子生物学基础及计算机技术；第十五章介绍了植物抗病性与病害流行；第十六章从植物病害流行学的原理出发介绍了病害防治的策略和措施；第十七章探讨了植物病害流行学的未来发展趋势；第十八章给出了 12 个流行学实验，供读者在学习过程中练习。

本书是北京市精品教材，可作为高等农业院校植物病理学专业或植物保护专业高年级本科生或研究生学习植物病害流行学的教材，以及农林院校相关专业的选修教材，也可作为植物病害流行学研究和相关工作人员的参考用书。

图书在版编目（CIP）数据

植病流行学 / 马占鸿主编. —2 版. —北京：科学出版社，2019.11
科学出版社"十三五"普通高等教育本科规划教材
ISBN 978-7-03-062823-7

Ⅰ. ①植…　Ⅱ. ①马…　Ⅲ. ①植物病害 - 流行病学 - 高等学校 - 教材
Ⅳ. ① S432

中国版本图书馆 CIP 数据核字（2019）第 239977 号

责任编辑：王玉时 / 责任校对：邹慧卿
责任印制：师艳茹 / 封面设计：铭轩堂

科 学 出 版 社 出版
北京东黄城根北街 16 号
邮政编码：100717
http://www.sciencep.com
天津文林印务有限公司 印刷
科学出版社发行　各地新华书店经销

*

2010 年 2 月第 一 版　开本：787×1092　1/16
2019 年 11 月第 二 版　印张：25
2022 年 8 月第二次印刷　字数：592 800
定价：79.00 元
（如有印装质量问题，我社负责调换）

《植病流行学》（第二版）编委会

第一版序

　　不久前《植物病害流行学》（中译本）（Cooke B M，Gareth J D，Kaye B 主编的 *The Epidemiology of Plant Diseases* 第二版）刚刚出版，现在新编的《植病流行学》统编教材又即将面世。这对我国植物病理学发展颇有好处。前一本由国外学者编写，是一本很好的参考书，其特点是分工撰写，突出各位作者多年的研究心得。后一本是国内专家集体编写的教材，注重全书的整体性和体系结构，在默认共识的基础上，分工执笔、发挥专长。这两本书各有所长，相得益彰。我想，如能将两书并列对照，细读一遍，一定会大有收益的。

　　回顾 1986 年我和杨演先生合作编写《植物病害流行学》，虽然那时我们在这方面的工作和学识都有限，但总觉得应当及时起步。现在 20 多年过去了，国内外这方面的理论和实践大有进展，如 1998 年，肖悦岩、季伯衡、杨之为、姜瑞中合编的《植物病害流行与预测》简明教材。现在这本新教材的编写更说明人才辈出、成果累累，真是"长江后浪推前浪"，实属可喜。

　　但是，前面的路还很长，再过些年回顾，也许就会发现现在这些仍然只是基础。植物病理学今后还要和其他相关学科一起，共同分担一些有关人类生存和幸福的重大任务。在《植物病害流行学》（中译本）的序中，我曾写道："植物病害流行学的今后发展，一方面，越来越需要分子植物病理学（在标记、探测、验证与机理研究方面）和信息技术（在信息传递、加工与管理运用方面）的有力支持；另一方面，它会自然而然地走向宏观植物病理学的道路。"借此我还要再说一句一直想说的话："在研究方法上，观察、实验和模拟三者并重，相辅相成，缺一不可。"目前，模拟的作用仍然被很多人所忽视。今后的流行学研究中，在时空尺度越来越大、因素互作越来越复杂的情况下，尤其不可忽视三者的结合。

中国工程院院士
中国农业大学教授
2009 年 2 月 8 日

第二版前言

本书第一版自 2010 年 2 月出版以来，先后印刷了 8 次、发行近 3 万册，深受广大读者和高等农林院校师生的认可和好评。为了适时反映植物病害流行学的新成就、新进展，进一步凝练提升教材质量，我们在科学出版社的邀请和指导下，于 2018 年 1 月 19 日在北京组织召开了本书的修订再版工作会，讨论了章节条目，提出了修订要求，进行了编写任务分工。经过大家一年多的努力，终于完稿。

本次修订再版是在基本保持第一版指导思想和框架的基础上，新增了"植物病害的流行规律""植物病害流行系统的模拟"和"植物抗病性与病害流行"三章内容，对其他各章节内容也进行了补充完善和适当修改。原则上保持结构和体例不变，明确了植物病害流行学的基本概念、基本理论和基本技术，突出知识点，既重视植物病害流行学的基础性，又重视其实践性。不少篇幅融入了编者的新思想和教学与科研新成果，并增加了案例，以激发学生学习兴趣和学以致用的潜能。

本次修订再版也基本保持了第一版编写队伍，同时吸纳了相关领域的专家及年轻学者。更新的部分内容来源于国家自然科学基金（31772101、31371881）、国家重点研发计划项目（2016YFD0300702、2016YFD0201302、2017YFD0200400、2017YFD0201700、2018YFD0200500）、公益性行业（农业）科研专项（201303016）和宁夏回族自治区重点研发计划项目（2016BZ09、2017BY080）的最新研究成果。

本书具体编写分工为：马占鸿编写第一章，耿月华、刘琦编写第二章，丁克坚、陈莉编写第三章，龚国淑、常小丽编写第四章，曹克强、胡同乐编写第五章，周益林、曹学仁、范洁茹编写第六章，于金凤、傅俊范编写第七章，吴波明、马占鸿编写第八章，胡同乐、曹克强编写第九章，王海光、史娟编写第十章，徐向明编写第十一章，檀根甲、赵平编写第十二章，骆勇、马忠华编写第十三章，李保华、左豫虎编写第十四章，王保通、刘太国编写第十五章，王树和、李洋、许文耀编写第十六章，马占鸿、孔宝华编写第十七章，胡小平编写第十八章（其中实验十由马占鸿编写、实验十一由史娟编写、实验十二由左豫虎编写），赵平负责数学公式和模型的修正、校阅。

全书由康振生、陈万权主审，马占鸿统稿、终审并定稿。

本次再版过程中，科学出版社王玉时编辑自始至终予以关注和指导；本书同时得到国家自然科学基金（31972211）和中国农业大学教材建设项目的资助，在此一并致谢。

限于编者水平，书中疏漏和不足仍恐难免，敬请读者批评指正。

马占鸿

2019 年 6 月 1 日

第一版前言

　　植物病害流行学是关于植物群体发病的科学，是植物病理学中一门体系相对完整、发展十分迅速的理论和应用学科。它紧密联系生产实际，对农业生产具有重要的指导作用。

　　1963 年 Vanderplank（范德普兰克）的《植物病害：流行和防治》一书的出版标志着植物病害流行学的诞生，至今已近半个世纪，但作为植物病理学科中一门年轻的分支学科，植物病害流行学仍然具有极其强大的生命力和社会需求度，国际上对它的研究热度始终不减，其在实际生产中的重要性也与日俱增，这些都与该学科的科学性和理论结合实际的应用性直接相关。1986 年，由曾士迈、杨演编著的《植物病害流行学》的出版标志着植物病害流行学在我国的诞生和传播，为我国植物病害流行学的发展奠定了坚实的基础，该书一直以来成为许多流行学研究工作者的主要教材和参考工具书。为便于初学者入门，1998 年，肖悦岩等在上述《植物病害流行学》的基础上又编著出版了《植物病害流行与预测》，该书简明扼要，成为目前许多农林院校植物病理学专业本科生选修该门课程的主要参考书。随着科学技术的日新月异，许多新技术、新手段不断应用到植物病害流行学中，为适应新形势，我们在吸取以上两本教材精华的基础上，充实和完善了分子生物学、信息技术和计算机技术等在植物病害流行学的应用研究进展，并力求用浅显易懂的笔调为初学植物病害流行学的学生提供系统、专门的流行学知识。为便于学生深入理解和更好地掌握课堂知识，本书还编写了实验，用于提高学生的动手能力和解决实际问题的能力。

　　本书共分 15 章，第一章讲述植物病害的流行和流行学。这一章谈到了人类历史上记载的最重大、传播最广的植物病害，并且论述了这些病害大流行的延续效应。在此基础上，叙述了现代植物病害流行学作为一门独立学科的发展过程。

　　第二章至第八章讲述植物病害流行的影响因素、时间动态、空间动态、监测、预测、损失估计和风险分析。在分析、理解和比较植物病害流行的过程之前，必须了解影响植物病害流行的各种因素。第二章探讨了植物病害流行的影响因素。第三章、第四章探讨了植物病害流行的时空动态。其中第三章提供了简单假设后，分析了植物病害增长曲线的基本概念和方法，对于某些读者而言，本章的材料足以用来探讨这个问题。在这一章中，我们讨论了分析植物病害增长数据的专题和分析与模拟植物病害增长的许多复杂问题的现有知识，从时间维和空间维描述了植物病害的流行发展过程。第四章探讨了代表植物病害流行学前沿的空间因素。植物病原短距离或长距离的传播不仅影响植物病害流行的发展，而且影响我们解释流行数据和设计研究植物病害流行的实验。在本章中，我们探讨了量化植物病害传播梯度的方法。我们设计模型来描述植物病害从单一田块到整个大陆间的地理尺度上的传播梯度。空间格局的信息对理解植物病害流行的发展、设计流行学试验、高效地获取病原和病害样品可能有用。第五章探讨了植物病害系统监测，特别是环境和病原的监测。应该说前 5 章的学习都是为植物病害预测服务的，而植物病害预测是为了更好地防治病害。第六章探讨了植物病害的预测，包括农药的预计使用时间。在缺乏组成植物病害系统的各个因子相互关系的知识时，曾做出了一些成功的预测。然而，更好地理解植物病害系统各组分间的相互作用，将有助于提高植物病害预测的水平。发达国家禁用许多农药以降低农药造成的环境污染使预测受到欢迎。本章也论述了成功预测系统的属性和预测系统失败的原因。第七章、第八章探讨了植物病害损失估计和风险评估。以上每一章都列出了许多有用的方法，供读者用来监测和测量寄主的生长，监测环境、病原和各种流行类型的植物病害，重点是制定选择和执行正确监测活动的标准，为以后分析植物病害流行提供最可靠和最高质量的信息。

第九章至第十二章讲述了植物病害流行的遗传学、统计学、分子生物学基础和计算机技术方法，学习数据的统计分析和模拟。其中，第九章给出了植物病害流行的遗传学基础，使我们了解病原和寄主互作的遗传学关系。第十章给出了一些数学和统计学的介绍性资料，可以使我们更好地理解和分析植物病害的时空动态发展。也提到了一些用来理解环境因子等流行组分和植物病害发展关系的方法。第十一章重点介绍了分子生物学技术在植物病害流行学研究中的应用，便于我们用微观技术解决植物病害流行中的宏观问题。第十二章重点介绍了计算机技术在植物病害流行学研究中的应用，同时给出了一些较为实用的用于植物病害流行学研究的计算机软件，便于我们在实际工作中解决生产问题。

第十三章从植物病害流行学的原理出发介绍了植物病害防治的策略和措施，使读者能理论联系实际，将植物病害流行学知识应用到实践中去。第十四章探讨了植物病害流行学的未来发展远景，重点强调了全球气候变化下的植物病害流行动态，以引起人们的重视。最后，为便于读者更深入理解和学习本门课程，第十五章我们给出了 10 个课堂实验，供读者在学习过程中实际操作练习，以提高动手能力，更好地领会课堂所学知识。

本书编写人员均是国内外从事植物病害流行学的教学、科研人员，有丰富的教学和研究经验。全书各章编校的具体分工为：马占鸿编写前言、第一章，校阅第三章，与孔宝华合编第十四章；丁克坚编写第二章，校阅第五章；龚国淑编写第三章，校阅第一章；曹克强、胡同乐共同编写第四章、第七章，校阅第二章、第十五章；周益林、曹学仁编写第五章，校阅第六章、第八章；傅俊范编写第六章，校阅第九章、第十三章；王海光编写第八章，校阅第十二章；徐向明编写第九章；檀根甲编写第十章，校阅第十四章；骆勇、马忠华编写第十一章；李保华编写第十二章，与赵平（北京交通大学）共同校阅第十章；许文耀编写第十三章，校阅第四章；胡小平编写第十五章；马忠华校阅第十一章；孔宝华校阅第七章；全书最后由马占鸿统稿、定稿，肖悦岩、杨之为主审，曾士迈作序。在此特别感谢各位编审人员的辛勤劳动。

本书编写中的部分内容来自国家自然科学基金项目（30671341、30070490、30370915、30328018）、国家科技支撑计划项目（2006BAD10A01、2006BAD08A01、2007BAD57B02）、"973"计划项目（2006CB100203）和公益性行业（农业）科研专项（200903035，200903004）资助课题的研究成果，本书的出版得到了中国农业大学 2007 年研究生教材建设项目（JC—0701）和 2009 年本科教材建设项目的资助，在此一并感谢。

在本教材的编写过程中，自始至终得到了曾士迈院士的关心，提出了许多宝贵意见并作序；中国农业大学的王海光、黄冲、郭洁滨承担了许多编排工作；在出版之前，我们还特意安排中国农业大学植病流行学实验室全体同学对书稿进行了通读。在此谨向他们表示诚挚的谢意！

　　植物病害流行学领域广阔、发展迅速，限于作者的教学、科研水平，谬误及不当之处在所难免，敬请读者多多指正，以便再版时更正。

马占鸿

2009 年 6 月于北京

目　　录

第一章　绪　　论

提要：植物病害流行学是研究病原物群体引起植物群体发病后病害时空动态变化规律的科学。人类对植物病害流行学的研究经历了经验描述到定量研究的不同阶段。本章介绍了植物病害流行学的起源、历史、研究内容及其与其他学科之间的关系，介绍了植物病害流行学发展中的一些重要事件、重要人物，以及一些植物病害流行学的基本术语。

20 世纪 60 年代，随着人们对定量流行学与植物病原的群体动态的研究和兴趣的与日俱增，植物病理学产生了一个新的学科方向——植物病害流行学。该方向直到 20 世纪 80 年代才成为植物病理学的一门独立的公认学科。

进入 21 世纪后，植物病害的流行仍然给全世界的粮食作物、纤维作物、瓜果蔬菜和林木造成了重大损失。随着世界人口数量的不断增长，粮食等资源短缺问题越来越凸显，如果我们想要有充足的食物、衣服和房屋来供给当代人和后代，减少或者消灭由于植物病害流行造成的损失就显得至关重要。即使在食物充裕的国家，农民也需要降低损失。因此，减少产量损失、提高食物质量的管理措施必须是经济、环保的，必须更彻底地理解导致植物病害流行的各种因素，才能继续发展和成功实施病害管理策略。

植物病害流行学是研究病原物群体引起植物群体发病后病害时空变化规律的科学。如果寄主群体病情随时间和空间变化而有所改变，流行就发生了。引起病害流行的病原物（pathogen）可以是真菌（fungus）、病毒（virus）、细菌（bacterium）、线虫（nematode）、植物菌原体（phytoplasma）、类病毒（viroid）或者寄生性种子植物（parasitic plant）等。寄主植物则可以是任何农业、园艺、森林、草原或者自然生态系统中的植物组成部分。病原物和寄主植物互作导致病害可能在任何适当的陆地、水域或者人工环境中发展。病原、寄主和环境因子的总和就构成了植物病害系统。这里需要说明的是，植物病害流行学中的植物病害系统主要是指那些由病原物引起的传染性病害（或称侵染性病害）。那些由非生物因素（如土壤、气候、环境污染等）引起的非传染性病害（如缺素症），以及由遗传因素引起的遗传病等不在此列。当然，本书所述植物病害流行学原理、方法也可供研究上述两类病害时借鉴。

人类对植物病害流行学的研究经历了经验描述和定量研究两个阶段。起初，我们探讨哪里发生病害流行、预计会流行到哪里、哪些因子对病害的流行起作用等问题，完全凭感官和经验来判断。随着我们对植物病害系统了解的增加，我们需要更多地探讨数量问题，如引发一次流行需要多少病原物的繁殖体、目前的病情如何、病害发展有多快、病原物的繁殖体能传多远等。为了回答这些问题，我们需要利用传统植物病理学中的实验与分析技术和相关学科，如农学、植物学、化学、生态学、昆虫学、遗传学、数学、气象学、土壤学、物理学和统计学中的技术。

植物病害流行学是一门仍在发展的年轻学科。随着这一领域知识的增加和生物技术革命的进行，以及管理生态系统中植物群体的进化，我们的未来和预期的科学前沿都将改变。随着全社会的发展和对农业生态环境预测要求的增加，更好地理解流行学现象是非常重要的。这就需要流行学家之间不断交流，也需要各学科、各领域科学家之间及时、坦诚和直率的交流，共同促进植物病害流行学发展。

第一节　历史上植物病害流行的案例

植物病害流行发生的历史时期与植物病害流行的发展是两个独立而又相关的概念，植物病害的流行在历史上曾多次改变了人类的居住地及地理分布。这些流行病害造成的后果引起人们对植物病害的重视，为植物病理学发展为一门独立学科起到了直接作用。因此，我们在学习植物病害流行之前，分析研究那些曾影响人类近代历史的主要植物病害流行案例是很有价值的。

一、麦角病和麦角中毒

黑麦麦角病是由 *Claviceps purpurea* 引起的，这种真菌侵染谷物，产生大个的紫黑色菌核，叫作麦角。这种存活体含有大量的生物碱，包括几乎是纯的麦角酸乙二胺（LSD）——一种幻觉剂。当麦角随着黑麦谷粒一起被碾成粉、制成面包时，生物碱就因此存在于烤制的面包里了。问题就此产生。

食用受污染的黑麦面包表现出的症状随食用面包的量和麦角中生物碱含量的不同而变化。少量的生物碱即可引起人和牛的流产。如果大量食用，食用者的手指和脚趾会刺痛，会发高烧，若持续高烧将引起精神错乱甚至死亡，幻觉伴随整个发病过程，极端情况下甚至出现坏疽。

在某些年份，由于环境条件和菌源体的作用，麦角病更为严重，麦角中毒将会大发生。第一次有记载的麦角病流行是在公元 857 年，欧洲莱茵河谷死了上千人。该病症被称为 ignis sacer——圣火，传说在公元 1039 年法国麦角病大流行期间，圣·安东尼（St. Anthony）的修道士能减轻病症，该病症也就被称为圣·安东尼火。关于修道士是采用精神协助还是给患者食用无麦角菌的面包以减轻麦角中毒症状，人们只能推测了。11～13 世纪，麦角病在黑麦种植区法国和德国的连续危害是导致 1722 年俄国彼得大帝的军队在黑海温水海港失败的重要因素（Carefoot and Sprott，1967）。有证据表明，1693 年，流行几十年的黑麦麦角病导致了塞勒姆、马萨诸塞、费尔菲尔德、康涅狄格地区对巫术的非难，在英国一度对巫师的迫害持续高涨（Caporeal，1976；Matossian，1982）。

历史上，黑麦麦角病的流行时有发生。1951 年，作物生长季节天气异常潮湿，法国南部发生麦角病。1951 年秋，在法国蓬特-圣·易斯布瑞特省（Pont-Saint-Esprit），通过农民不道德的贸易以及磨坊主磨粉、面包师烤制，麦角菌被带入本应纯净的面包，造成 200 例严重病例，其中 32 例精神错乱，4 例死亡（Carefoot and Sprott，1967）。1977～1978 年，埃塞俄比亚由于干旱造成主要农作物产量减少，人们为了生存被迫食用被麦角菌污染的野生谷物，进而造成麦角中毒，使得当时的生存情况更加糟糕。

二、马铃薯晚疫病

马铃薯晚疫病是由致病疫霉（*Phytophthora infestans*）引起的，凉爽而潮湿的天气适于该病害流行。该病害影响了欧洲和美国历史的许多方面，并且比其他任何一种植物病害对植物病理学的发展起的作用都大。

19世纪，马铃薯是爱尔兰农民的主要日常食物，只有少数人吃得起面包和猪肉。爱尔兰农民种植谷物、养猪，但这些都作为租金交给地主，留下的只有马铃薯。一个爱尔兰人一天要吃3.6~6.4kg马铃薯。

1845年爱尔兰的春天和夏天都很暖和，但秋天变凉且潮湿，秋雨连绵，一些马铃薯就有了疫病。1845年冬季，许多储藏的马铃薯腐烂了。爱尔兰的一些家庭处于饥饿状态，1845年晚疫病流行造成的后果到1846年才逐渐显现出来。很少量健全的薯块被保留下来用作种薯，大量的薯块被丢弃成堆。种植的马铃薯还没有完全长起来，晚疫病却暴发了。1846年的马铃薯没有收成，许多爱尔兰人饿死了。

19世纪40年代的马铃薯晚疫病不只局限在爱尔兰，同时传播到了北美洲和欧洲北部。当地报纸对该病害的报道很常见。不同的是，爱尔兰人将马铃薯作为主食、当时不合理的政治形势，以及1800~1845年爱尔兰人口由400万激增到800万，这些原因使得爱尔兰的晚疫病造成非常严重的后果。1845年的晚疫病大流行使爱尔兰人口减少了300万，其中100万人是饿死或其他相关疾病致死的，200万人移居到美国、加拿大等国。

马铃薯晚疫病还影响了第一次世界大战的结局。1916年德国农作物生长季节天气状况就像1845年的北欧，凉爽而潮湿，晚疫病大暴发。1882年，法国的米拉德（Pierre-Marie-Alexis Millardet）发明了波尔多液（石灰和铜硫合剂的混合液），对晚疫病有很好的防治效果。但由于战争需要，军队指挥不会将铜用于制作波尔多液。1916年和1917年大多数谷物和马铃薯供给军队，士兵并不饥饿，但他们的家人在挨饿。因而军队士气瓦解，毫无疑问这对1918年德国军队的溃败有很大影响。

三、咖啡锈病

咖啡锈病由咖啡驼孢锈菌（*Hemileia vastatrix*）引起。1870~1889年，咖啡锈病在锡兰（现在的斯里兰卡）引起了毁灭性的灾害。现今咖啡锈病仍是亚洲中部和南部咖啡种植区的主要隐患。锡兰咖啡种植的盛衰阐明了大面积种植单一作物的危险性和植物病害流行的破坏性（Large，1940；Carefoot and Sprott，1967）。

19世纪初，咖啡在英国比较受欢迎。1835年，英国在锡兰种植约200hm^{2}咖啡，到1870年有20万hm^{2}咖啡。每年出口咖啡豆近5000万kg。1869年初M. J. Berkeley教士描述了锡兰咖啡树上的一种真菌*Hemileia vastatrix*。当时这种真菌只引起1hm^{2}咖啡树树叶的早落。Berkeley建议对叶片上的菌丝和孢子喷施硫制剂，因为一旦该病害传播开就很难控制。然而，种植者和政府对此无反应。到1874年这种"咖啡叶部病害"传遍了全岛的种植园。该病害不会造成咖啡树死亡，而使其生长势变弱，没有产量。截止到1878年，咖啡产量减少55%。1880年，亨利·马歇尔·沃德（Henry Marshall Ward）揭开了咖啡锈病的生活史。他把涂有黏液的玻璃片挂在咖啡树上收集孢子，仔细观察，描述了真菌生活史并说明了用石硫合剂喷施的有效性（Ward，1882）。但是这种方法太迟了，而且对于几乎破产的种植户来说太昂贵了，"东方银行"因此关门，破产的种植者开始种植茶树。此时茶在英国已经开始流行（1lb① 茶可以冲300杯茶水，1lb咖啡只能冲30~40

---

① 1lb=0.453 592g

杯咖啡），随着锡兰咖啡的毁灭，茶更加流行。咖啡锈病也摧毁了东南亚和印度的咖啡种植园。仅仅 10 年，整个亚洲的咖啡业就被毁坏了。

此后，咖啡生产转移到了新大陆——美洲中部和南部。曾有一段时间那里没有锈病发生。而现今，咖啡锈病在整个美洲都有发生。虽然现代的防治手段和对咖啡锈病的研究能帮助种植者解决问题，但咖啡锈病仍是咖啡生产的一大威胁。

四、栗树疫病

栗树疫病由栗疫病菌（*Cryphonectria parasitica*）引起对美国栗树的毁坏可能是美国最著名的植物病害流行事例。在 100 多种生长在阿帕拉契山脉南部的乔木树种中，栗树曾占到该区域树木总量的 1/4 还多。栗子是人类和动物的一种很好的食物，木材可用来制作家具、栅栏、柴火等，还可用作电报机或电话机的防腐蚀芯板、火车轨道的枕木。栗树也是制革工业所需单宁酸的来源。

1904 年，迈克尔（H. W. Merkel）发现纽约市布朗克斯（Bronx）区公园的栗树死亡，是由一种外来真菌 *Endothia parasitica* 引起的。这种真菌以某种方式被带入美国，曾得过该病的东方栗树有抗性，而美国栗树对该病无抗性，因而美国栗树全部感病。1911 年，该疫病传播到新泽西州、纽约州、康涅狄格州、马萨诸塞州、罗得岛州、特拉华州、弗吉尼亚州和西弗吉尼亚州，并继续传播。栗树疫病最终使美国栗树失去了曾经的繁茂景象，成为一个个木桩。

由于栗树是单宁酸的来源，栗树疫病使整个阿帕拉契社区被迫解散或转入其他企业，木材损失保守估计也有 300 亿 ft³[①] 板材（Carefoot and Sprott, 1967）。人们开始大量种植木馏油植物以获取木馏油注射到易腐烂的松木中，再以松木作铁路枕木和地板，并人工合成化合物用于制革业。

五、玉米小斑病

1970 年夏，美国东部玉米主要种植带叶疫病空前流行。1970 年 2 月，佛罗里达州发现了以前对玉米小斑病菌（*Bipolaris maydis*）有抗性的杂交玉米上有玉米小斑病（SCLB），症状包括叶子枯萎、茎秆腐烂、穗轴腐烂。受侵染的玉米都有许多不同的抗 *B. maydis* 的基因（*Tcms*），但所有杂交系都是用同一雄性胞质不育技术获得的。据观察，美国有 85% 的玉米都含有 *Tcms* 基因。

1961 年第一次在菲律宾观察到带有 *Tcms* 基因的玉米对 *B. maydis* 高度感病（Mercado and Lantican, 1961）。1969 年以前，SCLB 在美国并不被认为有经济重要性，然而 1969 年 8～9 月在爱荷华州、伊利诺伊州、印第安纳州、明尼苏达州出现了极度感病的含 *Tcms* 基因的玉米。原因是 *B. maydis* 的一个新小种——T 小种入侵了玉米带。T 小种的分离株系对 *Tcms* 玉米有高毒性而对普通胞质玉米毒性适中。1955～1966 年，从世界各地采集的大量 *B. maydis* 表明，T 小种在许多地方存在，主要寄主是其他禾本科植物，而不是玉米。

1970 年 5 月，SCLB 在美国南部已蔓延开来，同年 7～8 月天气情况利于病原菌向北

---

① 1ft³=2.831 685 × 10⁻²m³

扩散至少 6 次。7 月的热带风暴使云层从墨西哥湾移到中西部，T 小种随之到达了玉米带的中心，那里的天气不仅适合 T 小种侵染，而且适于病原菌的繁殖。由于 85% 的玉米是感病的，因此形成了大规模的流行。南部田块损失达 100%，印第安纳州和伊利诺伊州平均损失为 20%～30%，而北部和东部的一些田块损失较小。据推测美国当年有 15% 的玉米损失，约 165 亿 kg，折合 10 亿美元的价值。

1970 年大流行之后，1971 年种子公司采取措施尽可能提供没有 *Tcms* 基因的玉米种子。1971 年春，有足够的普通胞质玉米播种，占播种玉米总量的 25%，与含有 *Tcms* 基因的玉米混播占 40%。尽管 *B. maydis* 的 T 小种可在美国南部越冬，生长季初期天气也适于病害发展，但大多数地区当年没有发生。7 月和 8 月的天气不适于病原菌快速向北扩散，SCLB 在 1971 年没有发生像 1970 年那样的大流行，然而 1970 年的大流行留下了主栽作物的遗传缺陷问题。

六、水稻胡麻斑病

1942 年印度孟加拉地区水稻胡麻斑病（*Bipolaris oryzae*）流行，水稻产量大减，据印度班库拉（Bankura）水稻试验场统计，各品种产量与 1941 年比较，1942 年产量减少 6.8%（早熟品种）～91%（中熟品种），由此可见一斑。由于水稻减产，1943 年孟加拉地区因饥荒死亡 200 万人。这次水稻胡麻斑病的流行，气象因子扮演了重要角色。1942 年孟加拉气温较常年高，而水稻开花期阴雨，促成了水稻胡麻斑病的猖獗。

七、流行学历史回顾

上面 6 种重要的植物病害仅仅是植物病原物引起流行病的精选事例。Large（1940）、Carefoot 和 Sprott（1967）、Horsfall（1972）和 Lucas（1980）等记载了历史上重要的植物病害流行（表 1-1）。在一些情况下，人们或由于疏忽，如爱尔兰马铃薯晚疫病和锡兰的咖啡锈病；或没能从以往的事例中吸取教训，如 1970 年美国的玉米小斑病，使上述病害成为主要的流行病。在其他情况下，我们是非常无知的受害者，如麦角病和麦角中毒；或者是毫不知情的参与者，如栗树疫病。除了从这些以往的毁灭性流行中吸取历史和社会教训外，对于导致这些流行病的生物和环境因子多重作用的了解可以为我们提供信息，避免以后流行病的发生。源于这种了解的原理和实践可以帮助我们更好地在小到田间，大到国家甚至全球范围内治理植物病害。这也是植物病害流行学的研究目的。

表 1-1　一些主要的植物病害流行事例（Campbell and Madden，1990）

年份	流行病害及其后果	文献
857	第一次记录麦角病：莱茵河谷死亡上千人	Carefoot 和 Sprott（1967）
1039	法国麦角病：圣·安东尼的修道士帮助减轻症状	Carefoot 和 Sprott（1967）
1722	陈斯特拉罕麦角病：俄国彼得大帝失败	Carefoot 和 Sprott（1967）
1845～1846	马铃薯晚疫病：爱尔兰饥荒；100 万人由于饥饿或相关疾病致死，200 万人移居	Bourke（1964），Carefoot 和 Sprott（1967），Woodham-Smith（1962）
1845～1860	英国和法国葡萄白粉病：经济损失，北美葡萄根瘤蚜的进入	Large（1940），Carefoot 和 Sprott（1967）

续表

年份	流行病害及其后果	文献
1882~1885	法国葡萄霜霉病：经济损失，波尔多液的发明	Large（1940），Carefoot 和 Sprott（1967）
1870~1880	锡兰咖啡锈病：种植者破产，英国人开始饮茶	Large（1940），Carefoot 和 Sprott（1967）
1904~1973	美国栗树疫病：美国东部森林树种被破坏	Hepting（1974）
1913	斐济西哥托卡河流域的香蕉品种 'Gros Michaels' 叶斑病，导致严重减产	Carefoot 和 Sprott（1967）
1915~1923 和 1930~1935	哥斯达黎加、巴拿马、哥伦比亚、危地马拉香蕉病害：经济损失严重	Carefoot 和 Sprott（1967）
1916~1917	德国马铃薯晚疫病：国民食物短缺，降低第一次世界大战中德国士兵的士气	Carefoot 和 Sprott（1967）
1930 至今	美国 "荷兰榆树病"：榆树作为树荫树种的一种在许多地区消失	Carefoot 和 Sprott（1967）
1942~1943	孟加拉水稻胡麻斑病：孟加拉饥荒，近 200 万人饿死	Padmanabhan（1973）
1951	法国蓬特-圣·易斯布瑞特麦角病：4 人死亡，32 人精神错乱，许多人产生幻觉	Fuller（1968）
1970	美国玉米小斑病：美国 15% 的玉米损失	Horsfall（1972）
1977~1978	埃塞俄比亚麦角病：幻觉，死亡	Demeke 等（1979）
1979~1980	美国东部和加拿大烟草蓝斑病：经济损失严重	Lucas（1980）

第二节　植物病害流行学的发展

　　植物病害流行学是从 20 世纪 60 年代诞生，直到 80 年代才逐步完善成为植物病理学中一门自成体系的公认学科。经历了经验—定性描述、定性—定量描述和理论—综合等发展阶段。许多因素促进了植物病害流行学的发展，但 Vanderplank 在 1963 年出版的《植物病害：流行和防治》充当了这一学科萌芽、发展的催化剂。这是一本在恰当时机出现的好书，并成为这一新学科产生的标志。其他促进植物病害流行学发展的重要文献见表 1-2。在我们继续了解植物病害流行学的近代历史前，简单回顾一些植物病害流行学的早期历史是有意义的。Zadoks 和 Koster（1976）的出版物是这一领域的主要参考，也标志着人们在数量流行学与植物病原的群体动态方面的研究和兴趣与日俱增。1986 年，曾士迈、杨演主编的《植物病害流行学》，标志着植物病害流行学在中国的传播和发扬光大，该书也是我国第一本植物病害流行学教科书。

表 1-2　植物病害流行学发展里程碑

年份	事项
1728	H. L. Duhamel de Monceau 描述了番红花的流行病害，没有引起重视
1833	Franz Unger 采用 "Epiphytozie" 用于植物病害流行
1858	Julius Kühn 第一次在植物病理学教科书中比较植物与动物、人类的病害流行
1901	Henry Marshall Ward 的《植物侵染性病害原理》中有 "病害传播与流行" 和 "流行因素" 章节

续表

年份	事项
1913	Lewis Ralph Jones 强调植物病害发展中环境的重要性
1946	Ernst Gäumann 的《植物病害》是第一本强调流行的植物病害综合性著作，列举了"流行因素"，提出侵染链的概念
1960	Jonathan Edward Vanderplank 的《植物病害》第三卷，有一章"流行分析"，还有一章关于病害预测、菌源量、孢子扩散
1961	Phillip Harries Gregory 的《大气微生物学》出版
1963	北大西洋公约组织（NATO）真菌病原物流行学研讨会在法国帕乌举行
1963	Vanderplank 的《植物病害：流行与防治》出版，奠定了植物病害流行学的基石
1966	第一次流行学论坛"植物病害流行——分析与预测"由美国植物病理协会举办
1968	植物病害流行成为在伦敦举行的第一次国际植物病害会议的一部分
1969	Paul E.Waggoner 和 James G. Horsfall 的《EPIDEM：为计算机设计的植物病害模拟器》出版
1974	Jürgen Kranz 的《植物病害流行：数学分析与模型》出版
1976	Raoul Robinsen 的《植物病害系统》出版
1979	Jan C. Zadoks 和 Richard D. Schein 编写的教科书《流行与植物病害管理》出版
1986	曾士迈和杨演编写的《植物病害流行学》出版
1989	Michael J. Jeger 的《植物病害流行理论》出版
1990	C. Lee Campbell 和 Laurence V. Madden 的《植物病害流行学导论》出版
1996	曾士迈等的《植保系统工程导论》出版
1998	肖悦岩、季伯衡、杨之为和姜瑞中共同编写的《植物病害流行与预测》出版
2005	曾士迈的《宏观植物病理学》出版
2007	Yong Luo、Zhonghua Ma 和 Zhanhong Ma 的《植物病害分子流行学导论》出版
2010	马占鸿的《植病流行学》出版

一、术语

"流行学是群体病害的科学"（Vanderplank，1963）。此处的群体是指大量植物，而同类学科中的医学和兽医科学则指人类和动物的群体病害，植物病害流行学中大量术语均借鉴同类学科。术语"epidemic"被知名内科医生古希腊医师希波克拉底（Hippocrates，公元前460～380）所使用，作为德语中的一个形容词，其字面意思是"人群内部"。术语"epidemic"于1691年和1928年分别被 Ramazini 和 Duhamel 用于有关植物病害的书的题目中。Unger 引入术语"epiphytozie"用于植物病害流行。当被 Zadoks 和 Koster（1976）译为英文时，Unger 写道："世界上相同的病害行为在人类中引起流行病，在动物中引起动物疫病，在植物中引起植物疫病……"von Martius（1842）在论述由 *Fusarium* Spp. 引起的马铃薯干腐病的著作标题中使用了术语"epidemic"。这一术语同样以不同的强调程度出现在 Kühn（1858）、von Tubeuf（1895）及 Ward（1901）的教材中。在 Ward 的经典教材中，包括了有关流行病的章节。20世纪，术语"epidemic"出现的频率越来越高。术语"epidemiology"（流行学）是由三部分组成的新名词：epi（上）+demio（人）+logy（论文、学科）。Zadoks 和 Koster（1976）发现这一术语至少在1873年（Parkin，1873）就已用于医学中了。Whetzel（1929）坚持认为"epiphytotic"（如大量植物病害的强度随时空变化）正如 Unger 所建议的本应该优先于植物病理学，因此植物群体的研究应该是"epiphytology"。但这一术语在植物病理学家中未能得到广泛接受（Ryan and Birch，1978；Millar，1978），而且为了遵循"epidemiology"来源于"epidemic"的同等派生，正确的应是"epiphytotiology"。我们认为"epidemic"和"epidemiology"是完全恰当的术语，正如 Vanderplank（1963）建议的，应该从它们的当前意义考虑。那么植物病害流行学则应该是"plant disease epidemiology"。

　　植物病害流行学是研究植物群体发病规律、预测技术和防治理论的科学，又称植物流行病学（plant epidemiology，简称 epidemiology）。它通过观察、试验、模拟、定性或定量分析、综合，掌握环境影响下寄主植物、病原物群体水平上相互作用而形成的时空动态规律，逐步深化对植物病害宏观规律的认识，从而服务于植物病害的预测和综合治理（肖悦岩等，1998）。

　　植物病害流行则是指植物病原物大量传播，在短时间内诱发植物大量发病并导致一定程度损失的过程和现象。它表现为病原物数量的增加和一定的植物群体中病害单位和病害程度随时间而增加，发病的空间范围也随之增加（曾士迈，1986）。植物病害流行有以下几种类型。

　　大区流行（pandemic）：在一个流行季节中，呈现自然传播很广甚至洲际传播的状态，也称泛洲流行或泛域流行。

　　稳态流行（endemic）：在某地区早已存在，年年或经常发生而波动不大的流行状态，也叫"常发病"。

　　突发流行（explosive epidemic）或前进性流行（progressive epidemic）：某地区以前没有，出现不久就迅速蔓延成灾的流行状态。

二、趋势、事件、人物和出版物

　　19 世纪晚期植物病理学才作为一门学科存在，而直到 20 世纪植物病害流行学才真正出现。然而，Duhamel 始于 18 世纪的工作值得提及，它对于植物病理学或流行学的发展具有重要的影响，但没有一个植物病理学早期工作者提及这一工作。事实上，I. C. Zadoks 第一个使这一工作引起现代植物病理学家的注意（Zadoks and Koster，1976）。

　　Duhamel（1728）讨论了香料藏红花坏死病的流行，表明病害是生物体，即现在已知的 *Rhizoctonia violacea*。他将植物的流行病与动物的流行病相比较，并为病害提供了防治意见。他写道（J. C. Zadoks 译）："我对不幸受此病害侵染的地方所遭受的损失感到震惊，谁能看到此病侵染的一种植物对该种类其他植物也是致命的呢？至今有人观察到植物上的传染性流行病吗？侵染藏红花球茎的病菌正是具有此种特性，因为与动物的有害生物一样，它可以破坏相邻的球茎。"这是发表的著作中已知最早关于植物病害流行的描述（Zadoks and Koster，1976），显然它在学术界受到极少关注，因此对于有关植物病害寄生性起源将近一个世纪的争论几乎没有明显的影响。

　　19 世纪 50 年代，在植物病理学起步之初，Julius Kühn 在 1858 年的第一本有关植物病害的教材中阐明了流行病的概念。与人类和动物的流行病突然出现，在整个地区传播危害一段时间后慢慢消失一样，植物流行病也是如此。这种概念是指流行病是大范围内突然出现的病害之一。很大程度上与 1845 年和 1846 年发生在欧洲西北部（包括爱尔兰）

的马铃薯晚疫病相似。1901 年，H. Marshhall Ward 在植物病害教材中的有关论述描述了对流行病认识的转变，在"病害传播与流行"以及"流行因素"章节中揭示了研究病害的生态学方法，他写道："当我们开始着手探寻怎样的环境条件引起那些严重而非常突然的作物、果树、园艺植物以及森林（通过某一特定的寄生物的寄生）发生流行病及其可怕特征时，我们很快发现一种生物与另一种生物以及非生物环境之间相互关系存在一系列复杂问题，这些关系充分证实了已有的关于任何病因可能是单一病原单独作用的结果的顾虑是不正确的。"

流行学发展的另一趋势是强调环境在植物病害发展中的作用。威斯康星大学的 L. R. Jones 赞成考虑环境对植物病害的影响，并在 1913 年的文献中提到，环境与寄主的关系以及与寄生性病原毒性的关系必须加以重视。Jones 在环境影响方面的探索得出了许多确凿的结论，他的热情也影响了很多人，这种研究热情及效率使得 E. J. Butler 在 1926 年这样总结道（Keitt and Rand，1946）："植物病理学的历史可分为三个阶段：第一阶段是真菌占优势地位的 De Bary 时期；第二阶段是寄主受到最广泛重视的时期；第三阶段即现在认为病害是在环境的特定影响下相互作用的阶段，这个阶段的领军人物就是 Jones。"

当抗病育种开始对农业产生重大影响时，人们也开始重视环境了。在孟德尔的工作被重新发现后的 10 年时间里，出现了大量对许多植物病原物有抗性的品种。对环境影响的研究和抗性育种便成为整个植物病理学相关或实际研究大趋势中的一部分。流行学研究能够提供重要信息来指导实际，以防治为导向的研究观点在 Blunck 1929 年的论文章节中得到了体现："近年来，来自最广泛学术背景的人们越来越强调植物保护科学中流行学方面的空白，尤其重要的是不断获得关于致病因素与病害暴发、衰退及动态过程的知识。"

致力于植物病害流行学分支的第一本综合性著作是瑞士学者 Ernst Gäumann 编写的 *Pflanzliche Infektionslehre*，它强调了每种植物流行病的独一无二性。他写道："每种流行病按照它自身的规则发生，改变性质，扩展并变得严重，或减弱并变得温和，它有自身的表现特征、自身的形态、自身真正的流行性。"

这种真正的流行性证明了将由某一具体病原在寄主上引起的流行病害区别于由相同病原在同一寄主上引起的流行病害的典型特征，作为确定这些特征和区别的手段，Gäumann 1946 年列举了一种流行病发生必须同时具备的 9 个条件：寄主方面，①通过敏感个体的积累产生了大量敏感个体，②寄主的高度发病可能性，③存在合适的转主寄主；病原方面，④拥有高致病性，如高的流行潜能，⑤有侵染性的病原，⑥高繁殖能力，⑦高效的扩散传播，⑧非特定的生长要求；⑨环境方面，有适宜病原形成、发展的天气条件。

流行病的这些因素为诊断区分植物流行性病害提供了合理依据，Gäumann（1946）同时讨论了植物病害中"侵染链"的概念，即具有休止期的周期性过程为间断的侵染链；而将病原物能够长年找到生活着的寄主，没有休止期的病害年周期称为连续的侵染链。这为分析了解流行病影响因素奠定了基础。

在 Gäumann 著作的激励下，随着现代计算机的发展和 20 世纪 50 年代植物病理学、数学、统计学和生态学等相关学科所获得的信息的逐渐增加，植物病害流行学作为一门量化科学开始成形。随着 1960 年由 J. G. Horsfall 和 A. E. Dimond 主编的《植物病理学》第三卷中南非植物病理学家 J. E. Vanderplank 题为"流行病分析"的文章的出版，现代植物病害流行学诞生了。这篇文章采用了量化的方法，并首次将逻辑斯蒂模型运用于植物病害流行学中，这一卷最明显的特点是许多章节将植物病害看作一个群体过程并运用数学来描述这一过程，其他章节叙述了孢子扩散传播（Ingold，1960；Schrödter，1960）、接种体潜能（Garrett，1960）以及病害预测预报（Waggoner，1960）。荷兰植病学家 J. C. Zadoks 1960 年在研究由 *Puccinia striiformis* 引起的小麦锈病时运用了逻辑斯蒂公式并引入了一种图形的方法以校正不同潜育期的影响。1961 年，英国的 P. H. Gregory 在空气生物学方面具有里程碑意义的著作《空气微生物学》出版，该著作对流行学特别是孢子扩散的研究产生了重要影响。

其他先驱的研究出现于 1960 年以前，但是这些很少被提及，显然对定量流行学的发展影响很小或没有影响。1985 年 Gilligan 讨论了这些论文中的一些问题，他也指出了其他领域的重大进展（如人口动态学），使流行学家受益匪浅。

定量流行学奠基性的著作是 Vanderplank 1963 年的巨著 *Plant Diseases*：*Epidemics and Control*（《植物病害：流行与防治》），这本书对植物流行性病害的症状和特征进行了最早、最完整的描述，逻辑斯蒂公式的运用也大大超出了 20 世纪 60 年代的那些著作。指数和单分子模型也被用于描述某一类型的流行病，并提供了流行学分析的理论框架。1965 年，P. H. Gregory 在对 Vanderplank 著作的综述中写道："这本书在植物病理学的历史上是一个里程碑。它第一次向我们揭示了植物病理流行学本质的完善理论，是一项了不起的学术成就。"因此，Vanderplank 也被尊称为植物病害流行学的创始人。Vanderplank（图 1-1）本是南非人，其英国籍的祖先是比利时人的后裔，他们把名字就像 Vanderplank 一样写成一个字，在比利时这种习惯现在仍然很流行。在正式场合，他把名字按荷兰的方式写成 van der Plank，这种写法更符合南非荷兰白人后裔的习惯。

图 1-1　植物病害流行学的
创始人——Vanderplank

虽然《植物病害：流行与防治》在植物病理学的发展过程中作为万众瞩目的焦点出现，但是其他重要的事件和出版刊物同样为这一新学科的发展壮大起到了作用。1963 年在法国帕乌，由北大西洋公约组织（North Atlantic Treaty Organization，NATO）高级学术研讨会组织的"真菌持续流行学病害"研讨会作为第三届国际生物气象学会的一部分举行，也是植物病害流行学第一届国际研讨会，这个研讨会由 R. D. Schein 和 J. M. Hirst 负责召集，得到了 A. J. P. Oort 和 J. C. Zadoks 的帮助，邀请了 14 个国家和地区的 40 名学者参加，鼓励流行学方面的思考和研究。这一类型的研讨会和学术交流在 1971 年的第二次 NATO 高级学术研讨会上得到了延续，由 Schein、Hirst、Zadoks 和 Frinking 负责组织，举办于荷兰瓦荷宁根（Wageningen），来自 24 个国家和地区的 74 名学者参与了此次会议。第三次独立的国际会议于 1979 年在宾夕法尼亚州立大学植物病害研究实验室举行，由 S. P. Pennyp-acker 和 C. H. Kingsolver 组织，8 个国家和地区的 63 名学者出席会议，并在 1980 年《生态学保护特别出版物》的第 3 期第 2 卷上刊登了此次会议的进展性研究。第四次国际会议于 1983 年在北卡罗来纳州举行，共有 6 个国家和地区的 92 名代表出席。这次会议由国际植物病理学会组织，北卡罗来纳州立大学及 C. L. Campbell 和 R. I. Bruck 主办。第五次国际会议于 1986 年在以色列耶路撒冷举行，来自 12 个国家的 85 名代表出席了会议。此次会议由国际植物保护学会主办，J. Rotem 和 J. Palti 组织，举行于 Volcani

中心。第六次国际会议于 1990 年在德国的吉森（Giessen）举行。第七次会议于 1994 年在荷兰的 Papendal 举行。第八次会议于 2001 年在巴西的黑金城（Ouro Preto）举行。第九次会议于 2005 年在法国的朗代诺（Landerneau）举行，来自 24 个国家和地区的 100 名代表出席，本次大会的主题是"面向 21 世纪的挑战"，马占鸿作为中国内地唯一代表应邀出席会议，并在大会上做了题为"中国小麦条锈病越冬越夏 GIS 和地统计学气候区划研究"的学术报告。第十次会议于 2009 年 6 月在美国康奈尔州的日内瓦（Geneva）举行，会议期间中国植物病理学会病害流行专业委员会向大会递交了承办第十一次会议的申请，并成功获准，且第十一次会议于 2013 年 8 月 22～25 日在北京成功举行，马占鸿任大会主席，并做题为"中国小麦条锈病流行与防治"的大会主题报告。第十二次会议于 2018 年 6 月 10～14 日在挪威的利勒哈默尔（Lillehammer）召开，由挪威生物经济研究所（Norwegian Institute of Bioeconomy Research，NIBIO）的 Arna Stensvand 博士负责组织，来自 16 个国家和地区的共计 50 名代表出席了会议，我国马占鸿和刘太国参加（图 1-2）。马占鸿做了题为"中国如何运用植物病害流行学的理论和方法指导小麦条锈病生产管理实践"的大会报告。第十三届会议将于 2022 年在巴西召开。从这些研讨会的初期开始，它们就为植物病害流行学热点问题及前沿问题提供了活跃而有效的讨论平台。另外，历史上流行学相关专题讨论会以及话题的展示也都包含于植物病理学大会的其他 6 次国际会议（1968 年的伦敦会议，1973 年的明尼阿波利斯会议，1978 年的慕尼黑会议，1983 年

图 1-2　第十二次国际植物病害流行学大会与会代表的合影

的悉尼会议，1988 年的京都会议，2007 年的都林会议）中。

自 1963 年以来，越来越多的科学家为植物病害流行学的发展做出了巨大贡献。已无法全面评价这些贡献的影响和内涵，此处只列举少数几本特定的著作和出版物来说明其在流行学近期发展中的影响。例如，J. C. Zadoks 及其合著者（Zadoks，1961；Zadoks and Rijsdijk，1972，1973）完成的有关病害过程和传播、预测预报及防治措施的著作已经成为叶部流行性病害大量相关工作的基础。Ralph Baker 及合著者（Baker，1965，1971；Baker et al.，1967）完成的有关土传病原物接种体密度和病害关系的系列文章和著作是关于根部病害的第一次数量化尝试，并引发了根部病害流行学的大量研究和讨论。Iargenkran 的著作中将比较流行学作为了流行学的基本组分，他所在实验室之后的工作将流行学的前沿推向了模型、系统分析和流行学分析的领域。Joseph Rotem（1978，1988）关于气候和天气对于病害影响的论文促进了流行学这一领域的发展；而由 Kranz 于 1974 年编写的著作《植物病害流行学》的数学分析和模型是 Vanderplank 最初建议的必要而合理的延伸，该书是 1963 年以后第一本植物病害流行学方面的综合性著作。由 M. J. Jeger 编写，于 1989 年出版的这一学科的第一本教材《流行学及植物病害防治》是流行学教学的一个里程碑，也是第一本广泛涉及植物病害流行学理论的教科书。

图 1-3　我国植物病害流行学的奠基人——曾士迈院士（S. M. Zeng）

中国植物病害流行学的系统研究最早开始于曾士迈（图 1-3），他于 1962 年发表了《小麦条锈病春季流行规律的数理分析》，标志着我国定量流行学的创始。20 世纪 70 年代，曾士迈将系统分析和电算模拟方法引入流行学研究，研制出国内第一个植物病害流行的电算模型；此后又与他人合作陆续研制出麦、稻及蔬菜上多种病害的模拟模型、预测模型和防治决策模型。1980 年曾士迈在国内首次开设了"植物病害流行学"课程，1986 年又与杨演合作编著出版了国内第一本教材《植物病害流行学》。1991 年"植物病害流行学"课程被北京农业大学评为首批一类课程。

现代植物病害流行学的体系和内容因为近年来这一学科大量综合著作的出版而完善（表 1-2）。应该说，在《植物病害：流行与防治》（Vanderplank，1963）出版后的 56 年里，植物病害流行学作为植物病理学的一个新学科，从萌芽、诞生到发展成熟，自成体系，逐步完善，最终成为学界公认的独立学科。今天，植物病害流行学走过了 56 年的发展历程，它已经成为农学大学科中一门重要的基础理论和应用实践学科，并在不断发展壮大中，将继续在认识植物病害、为成功防治植物病害提供有效方案方面发挥重要作用。

第三节　植物病害流行学的研究内容、任务及方法

植物病害流行学的主要研究对象是植物病害中的侵染性病害。其研究重点包括不断

探索病害流行规律和完善防治理论两个方面。

流行规律方面的具体研究内容主要有以下几点。

1）植物病害流行因素分析，包括寄主群体、病原物群体、环境和人类4个方面因素，以及它们的相互关系、生态系统平衡和演变、流行主导因素及其变化等。

2）病害流行的遗传基础，研究寄主植物、病原物相互作用的群体遗传学，作为病害流行动态的内因。

3）病害流行的时间动态，包括病害（病原物）在侵染过程、侵染循环各阶段和流行季节或年度间的定量变化速率、定量描述方式等。

4）病害流行的空间动态，包括病原物传播体的传播机制及传播后果的定量分析与描述方式等。

5）病害流行过程的系统分析和计算机模拟。

6）有关研究方法和技术，如病害和环境监测、人工控制实验、仪器和工具等。

从流行规律出发的防治理论方面主要研究的内容包括病害流行预测、病害所致损失预测、防治效果效益预测、预测因子及预测方法。防治的策略和决策方法，如合理利用农作物品种的抗病性，培育持久抗性品种，或实现抗病性持久化；确定防治指标；进行防治效益评估和综合防治体系与方案的优化等（肖悦岩等，1998）。为完成以上研究内容，植物病害流行学在方法学上也有其独特的一面，特别注重如下方法。

1）观察（调查）法。病害自然发生状况和过程是一切信息的源泉，最真实、全面地反映了其内在规律。所以，现场观察和记载就成为流行学最首要的方法。现已经形成了病情调查、病害分级、孢子捕捉、环境监测等技术方法，将来仍会不断开发出新技术。

2）实验法。由于实验者可以控制某些因素，设置单因素或多因素和不同水平的处理，因此实验法在分析复杂现象和检验假设方面有着特殊的意义。由于植物实验材料比较容易获得和可以随意处理，在植物病害流行学中，生物学实验的地位显得尤其重要（和医学相比）。广泛采用的有田间接种诱发、人工控制环境和物理或化学实验技术方法。

3）数理统计法。整理监测到的数据、分析流行因素的作用和建立数学模型等都离不开数理统计。据此建立的某一流行过程的数学模型，较文字描述更为准确和便于比较。常用的方法有回归和相关分析、聚类分析、判别分析等。

4）系统分析与系统模拟法。病害流行是一个复杂的动态系统，时空跨度又往往很大，仅用传统的实验生物学方法不可能完整地认识全部流行过程和规律。近代出现了实验生物学和系统分析相结合的研究方法。系统分析方法将病原物、寄主、病害和所处的环境看成一个整体，从总体的行为和功能出发，将整个系统分解成若干子系统、子过程，通过实验进行定性分析和定量研究，然后再组装成总体的模型。如果经检验，证明这种模型符合实际情况，就可以利用该模型进行各种假设条件下的实验。

第四节　植物病害流行学与其他学科的关系

植物病害流行学是关于群体和群落水平的科学，多采用生态学观点和系统分析方法，并兼有基础学科和应用学科的双重性质。

植物病害流行学是植物病理学的分支学科，都以植物病害为研究对象。尽管病理学侧重研究个体和定性变化，流行学侧重研究群体和定量变化，但前者的许多理论和知识仍是后者的基础。因此，读者应具有一定的植物病理学相关背景知识，如已经学习了普通植物病理学和农业植物病理学相关课程。植物病害流行学又是植物病理学与生态学之间的一门边缘学科或交叉学科（曾士迈和杨演，1986）。因此，流行学研究的综合水平是与生态学一致的，需要吸收生态学的许多概念和方法。病害流行是生态平衡遭到破坏的结果之一。寄主植物、病原物群体遗传结构的变化是植物病害流行的内在因素，而多种环境因素的影响是其外在因素。

　　无论过去、现在还是将来，植物病害流行学都需要不断汲取其他学科的先进思想、技术和方法（图1-4），如系统分析（综合分析，化整为零，从原因到结果）、失效分析（个案分析，化零为整，从结果分析原因，俗称"马后炮"）（图1-5）、数理统计、模糊数学、线性规划、运筹学、数字模拟、计算机技术、地理信息、全球定位和遥感技术等。研究中也需要运用植物学、微生物学、病原学、遗传学、分子生物学、气象学、植物育种学、栽培学、土壤学、肥料学等理论和方法，还需要一定的植物化学保护、生物防治、品种抗病性以及预测学、经济学的知识。特别需要说明的是，在学习本课程之前，虽然不一定要专门学习一门介绍统计学的课程，但是学过统计学的读者会更容易理解课程中要讲到的一些问题。

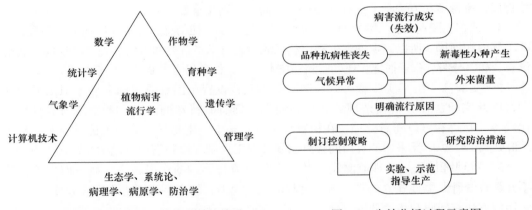

图1-4　植物病害流行学与其他学科的关系　　　　图1-5　失效分析过程示意图

　　总之，植物病害流行学是与群体发病规律有关的知识的综合集成（曾士迈，1986）。

复　习　题

1. 植物病害流行学是什么时间诞生的？其标志性事件是什么？

2. 什么是植物病害流行？什么是植物病害流行学？

3. 历史上哪些植物病害的发生对植物病害流行学的诞生产生了重要影响？

4. 1845年爱尔兰马铃薯晚疫病造成的饥荒给我们带来了哪些启示？

5. 植物病害流行学是否适合对非传染性病害和植物遗传病的研究？涉及哪些关键问题？

6. 我国植物病害流行学的奠基人是谁？其代表性著作有哪些？

7. 有人说，学习植物病害流行学就是为了搞好病害预测预报工作，而预测预报又是为搞好化学防治，这种说法是否正确？为什么？

第二章　植物病害的流行规律

提要：本章概括介绍了植物病害流行的一般规律和影响因素，病原物初侵染和再侵染，越冬和越夏及传播。流行的研究基础是病害循环和侵染过程，介绍了病害循环的基本理论，通过侵染概率、ID-DI 曲线的详细介绍，进一步加深了对病原物侵染过程的了解和病害流行规律的认识。

植物病害的流行是一个复杂的生物学过程，可以采用定性与定量相结合的方法进行研究，通过定性研究获得病害群体的性质，通过定量研究建立病害群体动态的数学模型。流行过程即病原物群体的发生、发展和衰退的过程。

第一节　概　　述

植物病害流行的规律主要表现为病原物对寄主的侵染活动和病害在空间和时间中的动态变化。

流行的时间动态以选择的时间跨度不同分为病程进展动态、季节流行动态和逐年流行动态，其中以季节流行动态研究为主。在一个生长季中定期进行田间发病情况系统调查，取得发病数量（发病率或病情指数）随时间而变化的数据，并以时间为横坐标，以发病数量为纵坐标，绘制成发病数量随时间而变化的曲线。该曲线称为病害的季节流行曲线。

植物病害流行的空间动态，即病害数量在空间尺度中的发展规律。病害的时间动态和空间动态是相互依存、平行推进的。没有病害的增殖，就不可能实现病害的传播；没有有效的传播也难以实现病害数量的持续增长，也就没有病害的流行。

植物病害的流行受到寄主植物群体、病原物群体、环境条件和人类活动等诸多方面因素的影响，这些因素的相互作用决定了病害流行的强度和广度。其中环境条件主要包括气象条件、土壤条件和栽培条件等。

引发某种病害流行的诸多因素中，往往有一种或少数几种因素起主要作用，这些因素就称为该病害流行的主导因素。流行主导因素的时空条件性很强，"主导"也只是相对的概念，同一种病害处在不同的时间和地点，其流行主导因素可能全然不同。就一个生长季节而言，环境条件是否满足往往是促成当年病害流行的主导因素，以下为三个病害流行因素中主导因素发生变化的实例。

小麦赤霉病是影响小麦生产的世界性麦类病害之一，在我国也是毁灭性病害，过去该病主要发生于湿润多雨的长江流域和沿海麦区，但是近年已经向北蔓延，华北麦区也严重发生。1985 年小麦赤霉病在河南省大流行，发病面积达 5600 万亩[①]，损失 8.85 亿 kg，

---

① 　1 亩≈666.7m²

2012 年再次暴发，给农业部门造成很大困扰。小麦赤霉病流行的主导因素是气象因素，更确切地说是小麦扬花期的降雨量和降雨天数，因为其他因素如温度、菌源条件比较容易满足，品种抗病性虽有差异但缺乏免疫品种。我国南方小麦赤霉病流行程度主要根据越冬菌量和小麦扬花灌浆期气温、雨量和雨日数预测，在某些地区菌量的作用不重要，只根据气象条件预测。各级政府和植保部门十分重视赤霉病的预测预报，有关部门依据历年的气象资料和导致赤霉病发生的温度、湿度、雨日数等气象因子，建立了多元回归预报模式（刘志红，2010），根据当年小麦抽穗期、扬花期的中、长期的天气预报（温度、雨湿条件、光照、风等），对当年赤霉病发生情况做出预报（肖晶晶，2011），目前预报的正确度可达 80% 以上（宋迎波，2006）。

灰霉病过去是一种次要病害，近年来由于设施蔬菜大面积地种植，灰霉病迅速上升为十几种蔬菜的主要病害。大量化学农药的使用，使得灰霉菌产生了抗药性，所以如何防治灰霉病已经成为当前菜农面临的主要问题。

玉米小斑病又称玉米南方叶枯病，1970 年在美国大流行，造成产量损失 165 亿 kg，直接经济损失 10 亿美元。该病原菌的致病原因是其在寄主体内和体外都可产生致病毒素——T 小种毒素（HMT-毒素），该毒素可以转化识别 T 型胞质不育系的线粒体，破坏掉其能量系统，杀死细胞。而毒素对寄主的细胞质有很好的专化识别能力，该病的是否流行与寄主品种有很大关系，寄主品种就是流行的主导因素。

第二节　病害循环中的种群动态

病害循环（disease cycle）是指病害从前一个生长季节开始发病，到下一个生长季节再度延续发病的过程。植物病害循环的分析包括以下三个方面：①初侵染和再侵染；②病原物的越冬和越夏；③病原物的传播。

（1）初侵染和再侵染　病原物在植物生长期内引起植物发病的最初侵染称为初侵染。在初侵染的病部产生的病原体再次传播引起的侵染称为再侵染。

许多植物病害在一个生长季节可以发生多次再侵染，这主要取决于其潜育期的长短。全株性感染的病害如黑粉病等潜育期较长，除少数例外，一般只有初侵染而不能发生再侵染。病害潜育期短的，其再侵染的概率就大，更容易引起病害的流行，如马铃薯晚疫病、禾谷类锈病和水稻白叶枯病等，潜育期较短，如果环境条件适宜，在生长季节容易迅速发展而引起病害大流行。

（2）病原物的越冬和越夏　病原物的越冬和越夏是指在寄主植物收获或休眠以后病原物的存活方式和存活场所。越冬和越夏是侵染循环中的一个薄弱环节，这个环节常常是某些病害防治的关键。

植物病原物的主要越冬和越夏场所主要有以下几个：①田间病株，主要包括寄主植物、杂草、转主寄主等；②种子、苗木及其他繁殖材料；③土壤及肥料；④病株残体；⑤介体内外；⑥温室或储藏窖。

（3）病原物的传播　各种病原物的传播方式不同。主要的传播方式包括气流传播、雨水传播、生物介体传播、土壤及肥料传播和人为因素传播。菌物主要以孢子随气流和雨水传播；细菌多半随雨水和昆虫传播；病毒主要靠生物介体传播；寄生性种子植物可以随鸟类和气流传播，少数可以主动弹射传播；线虫的卵、卵囊和孢囊等一般都在土壤中或者在土壤中植物的根系内外，主要随土壤、灌溉水及水流传播，人类的鞋靴、农具和牲畜的腿脚常做近距离或者远距离的传播，含有线虫的苗木、种子、果实、茎秆和松树的原木，以及昆虫和某些生物介体都能够传播线虫。

　　而在流行学上，病害循环过程由病原物越冬（或越夏）、传播、病原物的初侵染和再侵染组成，与一年四季变化和寄主生长发育有着十分密切的关系。高又曼（Gäumann，1946）形象地称具有休止期的周期性过程为间断的侵染链（infection chain），而病原物能够长年找到生活着的寄主，没有休止期的病害年周期称为连续的侵染链。

　　在病害循环中，有些病原物只产生一种孢子，只有分生孢子侵染而形成多个侵染过程连接在一起，被高又曼称为同质的侵染链（图2-1A）。有些病害循环中有不同类型的孢子进行侵染，形成不同的侵染过程，被高又曼称为异质的侵染链（图2-1B）。例

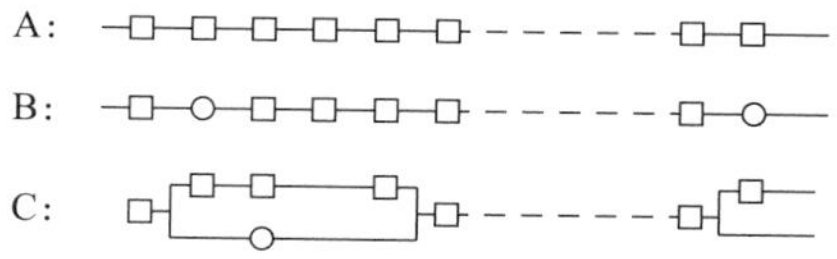

图 2-1　侵染过程的不同排列方式（肖悦岩等，2005）
A. 同质的侵染链；B. 异质的侵染链；C. 分支的侵染链

如，苹果黑星病菌越冬后由子囊孢子初侵染苹果的新生叶片，以后由发病部位形成分生孢子进行重复再侵染，在其侵染链中有性孢子形成的侵染环与无性孢子形成的侵染环交替存在。还有些病害既有由无性孢子不断侵染形成的侵染过程，又有由有性孢子侵染形成的侵染过程，可能两者并存，交替进行（或视环境条件而变）；也可能有一种方式并非必需，如小麦白粉病和某些国家的小麦秆锈病为分支的侵染链（图2-1C）。转主寄生的锈菌，如小麦条锈病菌、苹果锈病菌、梨锈病菌，其侵染链要经过寄主的转移，也是异质侵染链。侵染链中不同侵染过程的不同排列形式也是病害流行学研究需要思考的问题。

第三节　侵染过程的组分分析

　　侵染过程就是病原物与寄主植物的可侵染部位接触，并侵入寄主植物，在植物体内繁殖和扩展，然后发生致病作用，显示病害症状的过程。侵染过程一般分为接触期、侵入期、潜育期和发病期4个时期，不过病原物在实际侵染过程中是一个连续的过程，各个时期之间无绝对的界限。相当于高又曼提出的侵染链中的一环，故也称侵染环（infection cycle）。英国的Hirst和Schein（1965）将侵染环划分为相互连接的三个阶段和9个亚阶段：①侵染阶段，包括孢子萌发、穿透和定殖三个亚阶段；②孢子形成阶段，包括孢子梗产生、孢子产生和孢子成熟三个亚阶段；③传播阶段，包括孢子释放、孢子散布和孢子降落三个亚阶段。这些阶段、亚阶段，根据需要还可细分，但流行学只分到细胞和显微水平。图2-2表达了Kranz（1974）有关侵染环划分的图解。

　　组分分析（component analysis）的方法（Zadoks，1972），是指将单循环过程分

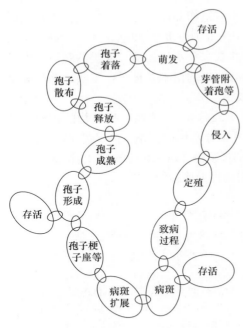

图 2-2　侵染环的图解（肖悦岩等，2005）

解为若干相互连接可进行定量测定的阶段或组分，进而研究各组分与环境间的量变关系。组分的划分，并不等于区分越细，研究就越精确，要因不同的病害而异，而且所划分的组分，既要有利于实际中进行测定和定量，又应具有流行学意义，以解析单循环过程的机制。

扎道克斯（Zadoks，1972）对单循环过程所考虑的组分为：侵染比率（infection ratio）、潜育期（latent period）、病痕生长（lesion growth）、孢子形成速度（sporulation rate）、传染期（infection period）。

骆勇和曾士迈（1988）在测定小麦条锈病慢病性时，选用侵染概率、潜育期、病斑面积扩展（lesion sige expansion）、产孢量（sporulation capacity）、传染期为组分。

第四节　侵　染　概　率

一、侵染概率的概念与计算

侵染概率（infection probability），指接触寄主感病部位的一个病原物传播体，在一定条件下，能够侵染成功、引致发病的概率。或者指一定数量的病原物传播体，接触寄主的感病部位后，在一定条件下能侵染成功引致发病的传播体所占的比率。后一种定义是可以通过实验测定的，即在一定环境条件下，用已知数量的病菌传播体接种于寄主叶片，待发病后调查叶片上的发病点数，再用以下公式计算侵染概率。

侵染概率 = 发病点数 / 接种于寄主体表的传播体数 ×100%

上述的传播体（propagule），应该是病原物的可以独立存活和起到传病作用的最小单位，可以是菌物的孢子、菌核、菌丝段、细菌细胞、病毒粒体、寄生性种子植物的种子，以及线虫幼虫、成虫或卵等病原物传播和存活的结构。侵染概率中发病点是能够被视觉识别、计数或测量的病害最小单位，如局部侵染病害病斑或发病叶片，系统性侵染病害则经常以病株为单位。

当我们进一步追踪病害发展过程时就会发现，着落于寄主体表的孢子，在一定条件下并非全部都萌发，萌发了的孢子也不一定都能侵入（定殖），定殖以后也未必一定能够发展成可见的病斑进而产生传播体。因而侵染概率也可以分解为：寄主体表附着孢子的萌发率、侵入率和显症率。它们的计算公式分别为

萌发率 = 萌发孢子数 / 接种于叶面的孢子数 ×100%

侵入率 = 侵入点数 / 叶面萌发孢子数 ×100%

$$显症率 = 显症病斑数 / 侵入点数 \times 100\%$$

而且，以下公式也能成立

$$侵染概率 = 萌发率 \times 侵入率 \times 显症率$$

例如，用稻瘟菌三个小种（ZC15、ZF1、ZG1）混合孢子液接种于不同水稻品种的叶片上，其孢子萌发率、侵入率、显症率与侵染概率的关系见表 2-1。

表 2-1　水稻不同品种叶瘟侵染概率测定 [*]（季伯衡等，1980）

水稻品种	孢子附着量 /（个 /3cm²）	孢子萌发率 /%	侵入点数 /（个 /3cm²）	侵入率 /%	显症病斑数 /（个 /3cm²）	显症率 /%	侵染概率 /%
岩农梗	304	69.1	47	22.38	0.3	0.64	0.1001
4249	275	64.0	22	12.50	0.7	3.18	0.2545
广陆矮 4 号	286	67.5	29	15.02	1.6	5.52	0.5594
安庆晚 2 号	250	70.4	55	31.25	2.8	5.09	1.1200
丽江新团黑谷	238	68.5	88	53.98	7.2	8.18	3.0252

　* 侵入点数检查，是接种保湿 24h 后，取样固定、透明、染色镜检而得；定殖率是调查 30cm² 叶片上形成的产孢病斑（指急、慢性病斑）数

另外，侵染概率的变化又是病原物致病性、寄主抗病性和环境条件综合作用的结果。通过试验或观察，可以预先建立侵染概率与病原物致病性、寄主抗病性和环境条件定量函数关系，这样就可以利用以下方程估计已知条件下的发病数量。

$$病害数量 = 接种菌量 \times 侵染概率$$
$$侵染概率 = F（致病性、抗病性、环境条件）$$

二、侵染概率的测定方法

研究侵染概率必须是在一定条件下，首先测定接触到寄主的病原传播体数量，其次确定寄主受侵染后的发病点数。以骆勇和曾士迈（1988）研究小麦条锈病侵染概率的方法为例：① 应用模拟检查法测定接种后叶片上的孢子着落量，采用的方法是，接种前将接种麦叶平展于麦行间的水平薄板上，同时在薄板上放置涂有薄层凡士林的玻片，使玻片上着落的孢子与叶片上着落的孢子一致，通过镜检玻片单位面积上的孢子数，代表单位叶面积上的孢子量。② 接种麦叶发病后，测定各叶的叶面积和对应叶片的发病点数，计算各叶的侵染概率。丁克坚等（1993）研究稻瘟病侵染概率时，叶片上孢子的着落量采用了间接估计法：根据旋转式孢子捕捉器捕捉的孢子量，结合孢子垂直分布规律，孢子捕捉量与不同高度的稻叶上孢子着落量的关系，由建立的孢子着落量模型来估计自然情况稻株上部三片叶的孢子着落量，经过一个潜育期后，对应孢子捕捉日暴露的稻株上各叶显症的病斑数，计算侵染概率。

如上所述，侵染概率的测定，必须以接触于寄主体表的病原传播体数量为基础，而病原传播体的数量又必须通过显微镜的检查才能计数。为便于田间研究的实施，还可以采用更直观、简便的方法，测定病害的日传染率。

第五节　ID-DI曲线

以接种密度（inoculum density）为横坐标，发病数量（disease incidence）为纵坐标作图，就可绘出发病数量随接种密度的增大而变化的曲线，简称ID-DI曲线。

一、ID-DI曲线的几种形式

范德普兰克（Vanderplank，1975）曾对图2-3中ID-DI曲线可能存在的几种形式做过分析，讨论不同形式曲线形成的原因。曲线A是一种最简单的情况，即接种体数量与发病点数量成正比，其对应关系呈直线，直线通过原点，直线的斜率即侵染概率。然而，实际上发病点数量与接种体数量的正比关系，一般仅在接种体数量较低的变化范围内出现，当接种体数量增加到一定密度后，曲线可能发生下列三种情况的变化。随接种体数量的不断增加，由于接种体间重叠侵染增多，发病点数量与接种体数量的比率，逐渐减小，侵染概率下降，直至水平（曲线B）。在植物病害中接种体密度增大后，重叠侵染增多是一种较普遍的现象，故曲线B在ID-DI曲线中则是一种较为普遍的形式。曲线D表现出接种体数量在高密度下，发病点数量与接种体数量的比率增大了，表明这种侵染概率的增大，可能是接种体间存在自我促进的协生作用。曲线C所表示的情况是随着接种体数量增大，ID-DI曲线上升到一个最高点后，再增加接种体数量，曲线反而下降，表明接种体间存在自我抑制的拮抗作用。曲线E不从原点开始，只有当接种体数量达到某一个最低限时，病害才开始发生，即所谓"侵染数限"，范德普兰克认为这样的曲线并不存在。

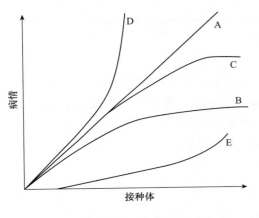

图 2-3　ID-DI曲线的几种形式
（肖悦岩等，2005）

二、重叠侵染

在病原物侵染过程中，可以人为地或自然地使接种体数量不断增加，但寄主可供侵染的位点总是有限的，当寄主植物有限的侵染位点遇上大量的病原物接种体时，在一个发病的位点上，同时或先后遭受接种体不止一次的侵染，但最终只形成一个发病点数，在这个发病点上即发生了重叠侵染。在自然情况下，随着接种体数量增加，寄主侵染的位点不断减少，重叠侵染愈益增多，发病点数量与接种体数量的比率也就不断减小，直到发病点数量不再增加。所谓侵染位点（infection site），就局部性病害而言，是指单个接种体的侵染要占据寄主体表的最小面积；而对于系统性病害，寄主植物的一株即一个侵染位点。

格雷戈里（Gregory，1948）提出了一个重叠侵染的转换模型，模型假设的前提是：寄主可供侵染的位点感病性是一致的（有时与实际情况不完全符合）；病原物接种体的着落与侵染是随机的（与实际情况基本上相符），寄主位点遭受 0,1,2,…,n 次侵染的概率符合泊松（Poisson）分布，即

$$P_{(x=n)} = e^{-m} \cdot \frac{m^n}{n!}$$

式中，m 为寄主单个位点遭受侵染次数的平均值；当侵染次数 n=0 时，$P_0=e^{-m}$，即未受侵染的概率，那么 $1-e^{-m}$ 就是位点受到一次和一次以上侵染的概率，与实际发病位点所占的百分率 y 相等。故有

$$y=1-e^{-m}，或 m=-\ln(1-y)$$

应用这一模型时，可根据实查得到的发病率（y），推算出已经发生的侵染次数（m）。例如，在 1000 个位点中，发病的位点为 500 个，则 y=0.5，m=-ln（1-0.5）=0.693，即 500 个发病位点上，受到了 693 次侵染，故有 693-500=193 次侵染重叠在其他侵染点上。同理，当 y=0.9 时，虽然发病位点为 900 个，但却发生了 2303 次侵染，有 1403 次为重叠侵染。在计算接种体侵染概率，或分析单循环病害年增长率时，需要对实查数据进行重叠侵染转换。

三、协生作用和拮抗作用

协生作用是指病原物接种体在高密度情况下，存在着相互协助、促进侵染的作用，因而侵染概率提高，曲线的斜率增大。例如，Petersen（1959）用小麦秆锈菌夏孢子接种时，当接种的夏孢子密度增加到 2810 个 /cm² 以上后，孢子萌发和侵染，均较低密度时有所提高。曾士迈等（1963，1964）用小麦条锈菌夏孢子接种时，发现当接种的夏孢子密度增加 10～100mg/4225cm² 时，曲线的斜率增大，侵染概率提高，认为可能是条锈菌夏孢子常呈团块分布，几个孢子黏结一起，团块内的孢子比单个孢子萌发得更快更好，而起到了自我促进的作用（表 2-2）。

拮抗作用是指有些病原物在接种数量过大时，孢子间相互抑制，侵染概率下降。例如，1953 年，Domsch 试验发现，大麦白粉菌孢子液浓度超过 2×10^5 个 /mL 时出现拮抗现象；Davison（1964）试验，菜豆锈菌夏孢子的接种密度超过 2000 个 /cm² 时，出现拮抗现象。由于拮抗作用一般在超高量接种时出现，自然情况下少见，因此进行人工接种做抗性鉴定时，需要注意这一问题。

四、侵染数限

侵染数限（numerical threshold of infection）最初由高又曼（Gäumann，1946）提出，指造成成功侵染引致发病需要有一个最低接种体数量或密度，即 ID-DI 曲线的起点，从一个引起发病的最低接种体数量上开始，而不是原点。高又曼引用了格林（Glynn，1925）关于马铃薯癌肿病菌的试验数据，说明该病菌只有当土壤中的孢子囊数达到 200 个 /g 以上时才能发生侵染。其后在一些其他病害试验中，也有关于侵染数限的报道。范德普兰克（Vanderplank，1975）仍用马铃薯癌肿病菌的试验数据，经重叠侵染转换，发现 ID-DI 曲线呈直线，直线通过原点，认为侵染数限之说是不存在的，并列举了一些菌物可以用单孢子，细菌可用单细胞接种成功的反证，认为如果说单孢子不能侵染，那么多个孢子也就不能侵染，除非存在必要的协生作用，而这种协生作用是不存在的。至于有些病害

只有接种体达到一定数量后，才引致发病的现象，曾士迈（1986）认为可能是由于病原物侵染概率很低，难以在较低接种数量下实现侵染。例如，侵染概率0.1%时，只有当接种体数量达到1000个以上时，才容易接种成功，所谓侵染数限，乃是侵染概率在特定情况下的一种表现。而病毒的稀释限点也证明了侵染数限的存在。

表2-2　小麦条锈病不同接种量下的发病结果（曾士迈，1963）

孢子接种量 /（mg/4225cm²）	病叶率 /%	病点 / 病叶
0.1	2.68	1.00
1.0	15.0	1.10
10.0	68.2	3.95
100.0	99.0	9.60

复　习　题

1. 以小麦条锈病为例，说明病原物的越冬越夏对病害发生的作用。

2. 侵染链、侵染环与病害流行过程有何联系与区别？

3. 以菌物病害为例，病害单循环过程主要有哪些组分？

4. 试述病原物的越冬越夏与病原物的传播方式之间的关系。

5. 说明组分分析的作用和意义，为什么时间引入病程后，组分间的发展才具有动态变化的特点？

6. 应用曾士迈等获得的一组试验资料（表2-2），比较100张叶片上实际病点数和经重叠侵染公式转换后的侵染点数间差异，并绘制ID-DI曲线比较，其属于哪种类型？

第三章　植物病害流行影响因素分析

提要： 寄主植物、病原物和环境条件是导致病害流行的基本元素，三者皆为自然生态系统中的天然成员。植物病害流行是环境条件影响下，寄主植物、病原物相互作用的一种结果，因此只有认识寄主植物、病原物及其影响因素之间的相互关系，才能更好地研究病害流行规律，为植物病害预测和综合治理服务。

第一节　侵染过程和侵染链

一、病原物的侵染过程和病害流行

病原物的侵染过程（infection process）是病原物与寄主植物的可侵染部位接触，经侵入，并在寄主植物体内定殖、扩展，直至寄主表现症状的过程，也是植物个体从遭受病原物侵染到发病的过程。典型的侵染性病害侵染过程可分为接触期、侵入期、潜育期和发病期4个时期。

接触期（contact period）是指病原物接种体在侵入寄主之前与寄主植物的可侵染部位初次直接接触，或达到能够影响寄主的范围，开始向侵入部位生长或运动，并形成侵入结构的阶段。这一时期是决定病原物能否侵入寄主的关键，当环境条件满足寄主生长和病原物侵染时，只要病原物能接触和识别寄主，就能侵入。

侵入期（penetration period）是指病原物与寄主植物接触后侵入寄主并建立寄生关系的阶段。病原物可通过直接穿透、自然孔口或伤口等各种不同途径侵入寄主。病原物侵入寄主以后，必须与寄主植物建立寄生关系，才能进一步引起病害。寄主的抗性水平、环境条件、病原物的数量及致病性都可能影响病原物的侵入和寄生关系的建立。

潜育期（incubation period）是指病原物从与寄主建立寄生关系到表现明显症状的阶段，是病原物在寄主植物体内繁殖和蔓延的时期。潜育期的长短受寄主抗性、病原物致病力和环境条件影响，在环境条件中主要影响因素为温度，如稻瘟病菌在9～11℃时潜育期为13～18d，26～28℃时只需4.5d。

发病期（symptom appearance）是指从出现症状到寄主生长期结束或寄主植物死亡为止的有症状阶段。发病期内病害的流行程度不仅与寄主抗性、病原物致病力和环境条件有关，还与人们采取的防治措施有关。

植物病害流行是一个随着时间和空间而发展变化的过程，这种发展变化是病原物侵染、潜育、繁殖、传播等的反映，病害流行过程与病原物侵染过程是紧密关联的。但病害的流行过程除涉及病原物的活动外，还涉及寄主的反应和寄主不同发育阶段抗病性的变化。

二、侵染链和侵染环

侵染链（infection chain）是病原物在寄主植物间的一系列传播（Gäumann，1946），通常由若干个侵染环（infection cycle）组成。所谓侵染环即由一次侵染到下一次侵染之间各个阶段所组成的一个周期，是侵染链中的一个环节。有些植物病害，如麦类黑穗病，在寄主一个生长季中只完成一次或少数侵染，侵染链只有一个或少数侵染环，流行是一个单循环过程。绝大多数气传病害的流行是由一系列侵染环过程组成的，它们的侵染链包括多个侵染环，流行是个多循环过程。

根据侵染链的连续性可分为连续的侵染链或间断的侵染链。连续的侵染链是病原物在从一个寄主到另一个寄主的一系列传播过程中，寄主不发生变化且寄主是活体。在植物病害中这类侵染性病害较少，往往局限于病毒，如马铃薯花叶病毒，完全依靠连续的侵染链。间断的侵染链在植物病害中更为普遍，当环境不适宜时，病原可变成休眠体或腐生物，直至条件适宜它们才活动。

根据侵染环的排列方式，侵染链可分为同主侵染链和异主侵染链。在同主侵染链中，病害整个流行过程都在一个寄主上完成，病原物常常从一种或一类植物传播到同一种或一类植物上，这种寄生只限于同一种或一类寄主上，因此也称为单主寄生。相反，异主侵染链牵涉不同种的寄主，病原物在这些寄主上循环寄生，因此也称为转主寄生。

第二节　生态系统与植物病害流行

一、自然生态系统中的植物病害

在自然生态系统中，栖息在同一生物群落中的各个生物种群之间都存在相互依存、相互制约、错综复杂的关系。这种由生物群落中各种动植物以食物的关系相互连接成的一个整体，就像一环扣一环的链条，称为食物链，食物链上的每一个环节叫作营养级（nutrition level）。

病原物寄生于寄主植物，造成病害。在农业生态系中，从人类的经济利益出发，植物病害是难以接受且应加以控制的；但在自然生态系中，用生态学观点去分析，植物病害可起到抑制和稳定寄主植物种群数量增长的作用，是种群调节的一个因素。对于缺乏自我调节功能的种群，其利大于弊，可以使种群免遭自我毁灭，对生态系统的稳定起积极作用。

（一）自然生态系统中的植物病害特点

1）病害经常发生。这意味着寄主植物与病原物是一种共存关系，时间与病害发展的关系不明显。

2）病害发生水平低、波动小。每个亲代病斑繁衍的子代病斑数量平均值摆动于1左右（说明一个亲代一般只产生一个后代病斑），年度之间虽有差异，但变幅不大。

3）寄主植物具有高度的水平抗性，病原物的毒性较低或两者兼备。

4）病害有时会造成偶发性流行。当环境条件有较大变化时，病害发生程度有可能较大幅度地上升，造成病害流行，但若干时间后，随着环境的恢复或自我调节作用，又可回到一种平衡状态。

（二）自然生态系中植物病害表现稳态的原因

1. 寄主植物与病原物的协同进化和内稳定性

在特定系统中，相互关联的物种（如捕食与被食，寄生、共生与寄主等）之间相依互存的作用是在长期演化过程中形成的，即两种（或两种以上）具有密切生态关系但不交换基因的生物联合进化，其中两种生物互相施加选择压力，使得一方的进化部分地依靠另一方的进化，这种演化过程称为协同进化（co-evolution）。

就寄生关系而言，特别是活体营养型病原物，如白粉菌、锈菌等，对寄主植物有高度的适应性，因此必须从活的寄主组织中获取营养来繁殖和生存。假如它们的演化结果是毁灭寄主植物和营养来源，这无异于自杀。由此推理，在一个物种种群中，致病力太强的生理小种，其生活力和种内竞争力相对较低。

寄主植物对病原物的寄生也不可能都一致地高度感染，如果是一致地高度感染，势必导致毁灭。科学研究已证明，寄主植物和病原物之间都存在着遗传变异，即寄主植物的抵抗性和病原物的寄生能力或毒性均存在差异。

由于协同进化的作用，在自然生态系统中，在寄主植物和寄生菌相互作用、相互适应的长期演化过程中，当寄主植物对寄生菌的抵抗能力增强，抑制寄生菌种群增长的同时也选择具有更强寄生能力的寄生菌，促使寄生菌的寄生能力相应增强。同样，当寄生菌的寄生能力和毒性增强时，也给寄主植物施加了选择压力，促进寄主植物的抵抗性相应增强。这种相互施压、适应和反适应的遗传变异，使得受益的一方不可能无限量增长，受害的一方也不被排除，以获得并维持在双方都能接受的动态平衡点上。这种平衡是经过长期动态变化实现的，当这种平衡关系因遗传因素或外界条件遭到干扰和破坏时，寄主植物寄生菌系统能自体调节、修复或在新的高度恢复平衡状态，这种系统内部趋于稳定的倾向称为内稳定性或稳态（homeostasis）。

寄主植物寄生菌系统在长期演化中的协同进化，是种群维持稳态的遗传基础，系统内稳定性是受干扰后重新恢复平衡的必要条件。

2. 外在原因

自然生态系统中，各种植被互相混合，不仅物种呈现多样性，物种内也具有遗传多样性。同一物种的空间分散，密度低，在这样的环境下，寄生物传播与侵染需要投入较大的能量，有效传播的概率较低，这也是导致自然生态系中，病害种类虽然较多，经常发生，但发生水平低、波动小。

也就是说，按照生态学观点，病原物是自然生态系统的天然成员之一，植物病害是生物进化的自然现象，而植物病害流行则是在一定的环境影响下，寄主植物与病原物相互作用的动态平衡遭到破坏的结果。

二、农业生态系统与植物病害流行

农业生态系统是由所有栖息在作物栽培地区的生物群落与其所有周围环境组成的单位，它受人类农业、工业、社会及娱乐等方面活动的影响而改变（Smith，1976）。其理论基础主要有三个方面：①不断提高太阳能转化为生物能的效率；②不断提高氮气资源转化为蛋白质的效率；③加速能源和物流在生态系统中的再循环过程，使其达到理想的指标。

（一）农业生态系统与自然生态系统的比较

1. 相似的方面

农业生产的主要生物种群包括植物、动物和微生物，同样受到自然环境（如气候、土壤等）的一定制约。因此，农业生态系统与自然生态系统有着密切的关联和许多相似之处。所以，自然生态系统中的许多法则在农业生态系统中仍起作用，自然生态系统的一系列研究成果（包括概念、方法、规律等）对研究农业生态系统有着重要的参考价值，许多规律对改造现有的农业生态系统具有指导意义。

2. 不同的方面

农业生态系统是以生态学理论为依据，在某一特定范围内建立起来的人为生态系统，与自然生态系统存在较大的差异。

（1）农业生态系统的发展方向 生产更多、更好的人类生活所必需的农产品，导致农业生态系统的优势物种种类大幅度下降，全世界95%以上的栽培面积，只有15种植物种植，而且品种相对单一。在群落组成方面，最大的种群是人类认为有用并受到驯化的植物和动物，危害上述动植物的种群一概列入"有害生物"。为了保证"有用生物"种群的生长，人类尽可能地限制"有害生物"种群的数量，最终导致农业生态系统内部基本失去了物种的种间、种内的多样性。

（2）农业生态系统受人类强有力的调节和控制 除太阳能外，其他能量基本都是通过人为措施（如施肥、灌溉等）补给的。这种低多样性和简单的链状结构所组成的系统，稳定性是人类通过能量补给和管理措施来维持的，较自然生态系统脆弱，稍有失误，必然引起与被管理植物、动物关系密切的"有害生物"的物种（种群）（病、虫、草、鼠等）数量迅速增长。

（3）农业生态系统内部的能量补充能力差 农业生态系统中的许多化学元素（N、P、K等）相当一部分通过产品输出和人类的消耗而一去不复返。因此，损失的部分需要依靠人为不断加以补充。如果不及时、准确地补充，就可能导致系统的平衡失调。这与自然生态系统内部的能量自我循环平衡有很大差异。

（4）农业生态系统的影响因素多 农业是一种人类社会活动，在受到自然规律支配的同时，还受社会、经济规律强有力的支配，历史上很多病害大流行的事件都给予了证明。

（二）农业的现代化和植物病害流行

从农业生产的发展过程可以看出，随着农业生产水平的提高，主要植物病害的发生程度也随着提高。曾士迈在20世纪80年代就明确提出，植物病害大都是人类引起的。

（1）寄主植物群体具备高度一致的感病性（或种内遗传背景的高度一致性） 人们赖以生存的植物，从几千年前的3000余种变为现在的近15种（主要粮食作物）。从近30余年我国的农业生产来看，以小麦为例：20世纪80年代推广农业生产责任制以后，种植的小麦品种数量呈上升趋势，很多主产县小麦种植品种高达上百个，前几年由于国家农业补贴力度加大，实行小麦良种补贴的面积增加，随着政府招标采购政策的实施，种植小麦品种数量急剧下降，很多县单一品种的种植面积高达80%～90%，形成了高度的"区域性品种单一化"格局。另外，由于经济利益的驱动，很多小麦品种虽不同名但同宗，种内遗传背景单一化的程度也在迅速提高。

（2）寄主植物群集或密集种植 根据土壤、气候、地理等环境条件，加强种植的专业化，提高品质、产量和产品的竞争力，被种植的作物越来越趋于群集和密集种植，这不但使某些特定农业生态区域的物种单一化程度提高，而且为病害的发展提供了非常有利的传播、流行条件。

（3）病原物具备较强的致病性病原菌群体 在上述两个条件存在的情况下，病原物迫于选择压力，在寄主植物遗传背景相对一致的环境中，很容易产生新的变异并迅速繁殖成致病性强的群体，促进了病害的发生和流行。

（4）气候及其他环境因子有利于病原物的侵染过程和病害的发展　　确保粮食生产安全，提高产量、品质的目标，使人类在农田基本建设、肥料、农药方面的投入量加大，工业生产的迅猛发展等加剧了全球气候变暖，这些不仅为病害流行提供了有利条件，还使得病害的流行规模也进一步扩大，很多病害在流行频率和发生程度上都有所提高。

（5）支持病害流行的时间延长　　基于产量和品质的考虑，现阶段培育和推广的作物品种生育期都相应延长（特别是水稻、玉米等）。另外，随着专业生产水平的提高，设施农业的面积不断扩大，连作、复种指数提高，为病原物数量的积累或快速增长创造了有利条件。

（6）不断出现的新问题使流行更加复杂　　农产品、作物资源等国内、国际贸易日益频繁，系统杀菌剂广泛、连续施用，引起新的病害流行和病原物抗药性等难以预见的问题不断出现，使植物病害流行系统更加复杂化。

第三节　植物病害系统

人类关于植物病害的记载历史已有 3000 余年。在认识植物病害及其流行原因的过程中，首先是自然发生论，它经历的时间最漫长，从公元前 1700 年左右巴比伦帝国用楔形文字在陶片上刻写开始，到 19 世纪中叶巴斯德（Louis Pasteur，1822～1895）通过对家蚕病的研究等建立病原说为止；其次是从唯病原说，到林克（Link）1933 年提出病害三角关系为止；最后是 20 世纪 70 年代末，随着研究和认识的不断深入，通过自然生态系和农业生态系的比较，又提出了病害四面体学说，或称多因论。

一、病害三角关系

病因学（etiology）是植物病理学中发展最早、影响面最广的一门分支学科，主要研究寄主植物、病原物和环境条件的相互关系，以及其对病害发生、发展的综合作用，即病害三角（disease triangle）（图 3-1）。若只认为病原物是引起病害的原因，将妨碍对病害的性质和发病机制的探讨。在侵染性病害中，只有病原物和环境条件联合作用于寄主植物，且寄主植物承受不住这种联合作用时，才表现出病态。寄主植

图 3-1　病害三角

物、病原物和环境条件构成病害三角形的三个边，三角形的面积代表病害发生程度，三角形的边长影响三角形的面积。当三者都最大时，病害严重度最大，损失也最大，任何一个边长发生变化，病害严重度也随着变化，若一个边长等于 0，即不发病。

1. 寄主植物

感病寄主植物存在是病害流行的前提，感病寄主植物大面积集中种植是病害大流行的先决条件之一，抗病品种的抗性丧失是病害流行的重要原因之一。寄主植物的生育阶段、抗性水平和生长状况对病害是否流行、流行的程度有着较大的影响。

对于不同病害而言，寄主植物的不同生育阶段、抗病性表现差异较大。例如，小麦腥黑穗病，在种子萌发至 3 叶期最易感染；水稻稻瘟病在 3～4 叶期、分蘖盛期和抽穗期最易感染。另外，寄主植物同一部位的生理年龄和着生位置也存在抗病性差异，如水稻稻瘟病。利用孢子沉降塔对处于 5～12 叶期的稻丛进行均匀接种试验，处于不同位置的叶片，稻瘟病菌孢子的附着率存在明显差异。其中，不同生育阶段，顶叶孢子附着率为 23.3%，顶二叶孢子附着率为 40.4%，顶三叶孢子附着率为 36.3%。

水稻不同生育阶段对稻瘟病的抗病性，在侵染率、病斑扩展速率方面同样存在显著差异。

寄主植物的生长状况、播期、密度和抗病性水平都在一定程度上影响病害的发生程度，尤其是抗病性，在特定条件下可以直接左右病害发生与否。

2. 病原物

病原物对病害的影响主要表现在致病性的强弱、繁殖力的高低等方面。很多病原物群体内存在明显的致病性分化，若致病性强的生理小种或菌株（系）的数量占优势，则有利于病害大流行。此外，病原物初始菌量也影响病害的发生，但不同流行类型的病害，初始菌量的影响有所不同。一般来讲，单年流行病的病原物，经过越冬后繁殖力的强弱与气候条件关系非常密切，在大面积种植感病寄主植物的前提下，气候条件是影响病害流行程度的关键因子，初始菌量对流行程度的影响较小。积年流行病大多与初始菌量关系密切，特别是土（种）传、系统侵染的积年流行病害。对于由生物介体传播的病害而言，介体的数量和发生规律也是重要的流行因素之一。

3. 环境条件

环境条件对寄主植物和病原物都有很大的影响，由于环境条件主要包括气象因素、土壤条件、耕作制度、栽培措施等，在寄主植物、病原物的不同生长发育阶段和病害循环的不同时期，环境条件中各因素的影响力也不一样。环境条件中各因素之间的互作对病害流行的综合效应是一个复杂的过程，对各因素影响的重要性，必须做到具体问题具体分析。

4. 病害三角关系的发展

林克（Link）在 1933 年提出病害三角关系以后，随着研究的不断深入，惠勒（H. Wheeler）在 1977 年指出了环境条件在寄主植物和病原物的"竞赛"中充当"裁判员"的角色，明确了环境条件的重要性。Zadoks（1972）和 Vanderlplank（1975）认为植物病害流行中"流行"的概念离不开速率，而速率是以时间来衡量的。因此，时间应为其中一个因素，从而提出病害锥体（disease cone or disease pyramid，图 3-2）。

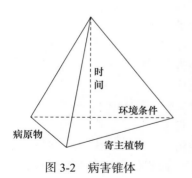

图 3-2　病害锥体

病害三角关系中，寄主植物、病原物和环境条件三者是因果关系，病害是否能流行，流行的速度如何，包括寄主植物生长发育、病原物的侵染过程都是用时间进行界定的。在植物病害流行过程中，时间是一个最重要的量纲单位。所以说，只有一定时间内同时具备病害三要素才能完成病害流行过程。

二、病害四面体

随着人类的不断进步，自然生态系统逐步被改造成农业生态系统。人类的需求日益提高，生产工具日益现代化，农业科研投入（尤其是育种、栽培、管理等）不断加大，使得农业生态系统顺着人类的意志方向发展。填海造地、围湖造田、兴修水利、设施农业和基因工程等都说明了人类对农业生态系统干预作用日益增强。人类根据地理、环境条件的不同，在社会经济需求的驱动下，对农业生态系统进行改造，并形成了具有区域性特点的以农业生产为主体的生态系统，在这样的农业生态系统中，人类的作用和地位是十分显赫的。对植物病害流行而言，人类同样是一个不可缺少的重要影响因素。若从宏观和发展的观点去看，人类的影响将愈来愈大，直至成为最重要的影响因素。

1. 人类干预农业生态系统的主要表现

1）便于机械化和农事作业，进行土地平整、合并和聚集。

2）提高作物的经济效益。种植密度、施肥和管理水平等都相应增加，随着种植专业化和订单农业的推进，区域种植、基地建设发展迅速，种植农作物的群体一致性和种内遗传背景的一致性大幅度上升。

3）人类活动不仅是农业生态系统的组成部分，同时还参与系统的能量转化和物质循环，调控和决定系统的结构、功能及发展方向，导致该系统由自然平衡状态逐渐向人工平衡状态变化，进一步降低了农业生态系统的稳定性。

农业生态系统中的有害生物暴发、有害生物原有优势种群的改变、次要种群数量的交替上升等现象基本都是人为所致。人类干预农业生态系统，从而直接或间接地影响植物病害的流行。

2. 植物病害四面体关系

人类在长期的农业生产活动和对农业生态系统的研究中发现，自然植被中植物病害系统的影响因子可归纳为寄主植物、病原物和环境条件（病害三角关系），但在农业生态系统，尤其是现代农业生态系统中，还必须加上"人类干预"这个重要因素，形成病害四面体（disease tetrahedron，图3-3）。杨演（1980）和曾士迈（1981）进一步将这些要素及其关系用图表示（图3-4）。

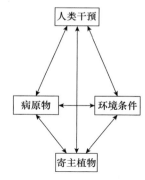

图3-3　病害四面体（Zadoks，1979）
底部表示寄主植物、病原物和环境条件的相互作用，人类对于三者有不同的作用，这些对于流行的发展和控制是重要的

三、植物病害系统的定义和结构

1. 植物病害系统的定义

鲁滨孙（Robinson）1976年指出，按照系统的观点，植物病害是病原物和寄主植物通过寄生作用构成的系统，称为"植物病害系统"（plant pathosystem），经常被用于个体和群体两个不同综合水平上。而植物病害流行系统仅属于群体水平，是一个开放、耦合和动态的系统（Kranz，1978）。或者说，植物病害流行系统是一个由病原物和寄主植物两个种群通过寄生作用构成的开放的和动态的系统（曾士迈和杨演，1986）。自然病害系统是自

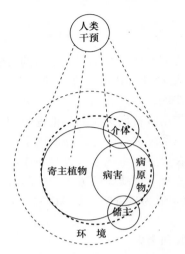

图 3-4　作物病害系统示意图（杨演，1981）
实线为病害系统的基本成分：寄主植物、病原物（有的还有介体、储主等）和它们相互作用的产物——病害。粗断线为病害系统的边界，其外为系统的环境，包括人类干预

然植被中的病害系统，病害是生物群落中的一种自然现象，在长期进化过程中形成，它为生态系统中的一个组成成分，寄主植物、病原物和环境条件是组成自然系统的三要素（Robinson，1976）。作物病害系统是自然生态系统被人类改造后的农业生态系统中的组成成分，是种植的作物取代复杂自然植被后的作物群体中的病害系统，除寄主植物、病原物和环境条件三要素之外，必须加上"人类干预"这个重要因素（曾士迈和杨演，1986）。在自然病害系统中，一般为多种病害、低水平经常发生的常发状态（endemic state）；而在作物病害系统中，由于人类的干预，容易引起少数病害严重发生的流行状态（epidemic state）。因此，曾士迈和杨演（1986）指出，农作物病害流行大多是人为造成的。

2. 植物病害系统的结构

根据系统的性质、主要组分及其关联性，可以将一个复杂的大系统划分为不同层次的子系统。植物病害系统的上一层次是作物生态系统，涉及的影响因素多为自然因素，如气象、土壤、地理位置等。作物生态系统的上一层次是农业生产系统，涉及的影响因素多是人为因素，如耕作、栽培、种植、农业设施、防治措施等。作物病害系统内主要是作物、病原物两者结合形成的病害及其病害形成发展过程中的相关因素。与植物病害系统有关的结构层次见图 3-5。

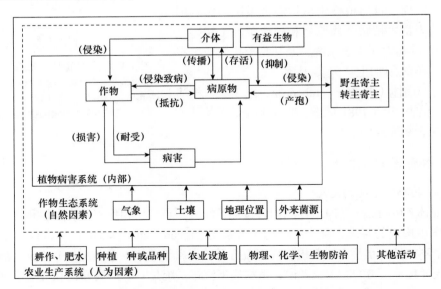

图 3-5　与植物病害系统有关的结构层次（肖悦岩等，1998）

从生态学观点看，植物病害系统涉及寄主植物、病原物两个或两个以上群体的相互作用，是一个群落水平上的系统，其系统内部还有组成成分或作物种类、品种和病害种类划分的子系统。

第四节 病害流行因素分析

一、植物病害流行系统的要素和状态

影响植物病害流行的因素众多，有病原物、寄主、环境和人为因素等。人们往往根据研究的需要，将病害流行系统划分成不同的层次或若干子系统，在不同层次或子系统中，依照作用的大小，人为地把因素区分成主导因素和次要因素；也可按照因素与系统的关系区分成直接影响因素和间接影响因素等。即使研究同一系统，不同的人由于目的、角度或理解程度不同，采用的分析途径和方法也都各有千秋。

植物病害流行过程本身是一个复杂、连续的过程。从植物病害流行学的角度，采用系统分析方法对其研究时，又必然将这一复杂、连续过程划分为若干子系统。同时，也要认识到，系统是无限可分的，每项研究的重点各不相同，划分的子系统及其要素、状态等也是千变万化的。为了便于实际工作中对植物病害流行系统有一个较全面的了解，根据克兰茨（Kranz，1978）提出的将植物病害流行结构分成病原物、寄主和病害三个子系统的意见，加之环境和人类干预两个子系统，现将各个子系统的要素、状态变量、流行参数列成表格（表3-1）供参考。

表 3-1 流行系统的成分和要素分析（肖悦岩等，1998）

子系统	要素	状态	流行参数
病原物	传播	病部新生传播体、空中（水中、土中、介体中）传播体、着落传播体、转主寄主产生的传播体、域外传入传播体、位置体、转主寄主	传播体数量、着落率、传播梯度
	致病性	寄主谱、有毒性、侵袭力级别	寄生适合度
	世代发育	有性、无性、休止（越冬、越夏）、活动、寄生、腐生	环境阈值
	存活	活、死	死亡率
	繁殖	增殖	增殖率
寄主	发育	休眠种子、芽、苗、成株、繁殖体	生育期指数、叶龄
	形态	根、茎、叶、花、果实	
	龄期	生长期、器官形成的年龄	生长年龄
	营养	过盛、适中、不足	
	感病性	毒性频率、免疫、抗病、中抗、感病、高度感病	抗病性参数
	位置		密度、高度
	生长	株数、蘖数、叶数、叶片数、叶面积	生长量、增长率
病害	侵染	侵染成功、侵染失败	侵染概率
	潜育	潜育（龄）期	显症率
	病斑生长	病斑大小	病斑扩展率、产孢面积

续表

子系统	要素	状态	流行参数
病害	传染	产孢病斑、报废病斑	产孢量、传染期
	再侵染	初侵染、再侵染	再侵染次数
	环境-寄主（H-P）互作		
	病情增长	反应型、普遍率、严重度	表观流行速率
环境	气象	温度、湿度、露、光照、气流、降雨	温度、相对湿度、露量、光照、风向、风速、降雨量
	土壤	水分、营养物质、有毒物质、温度	土壤含水量、营养元素有效含量
	空气	O_2、CO_2、SO_2、H_2O、温度	含量
	生物	协生、拮抗、竞争	有或无和表示程度的数值
人类干预	种植计划	轮作制、轮作阶段、作物（或品种）布局	种植密度
	耕作	深度、次数	有或无
	施肥	种类、次数	施肥量
	灌溉	次数	灌水量
	管理	除草、整枝	是或否
	化学防治	种类、次数、时间	剂量、防治效果
	生物防治	引进拮抗生物	初始量、控制效果
	物理防治	机械处理、控制环境（如高温处理）	是或否、温度
	铲除	拔除、修剪、剪割（牧草）	是或否
	检疫	隔离或引入病原物	是或否、初试菌量

二、病害流行因素分析

植物病害系统是一个复杂的动态系统，在不同层次及不同时间、空间等场合中，因素对系统的影响力也不尽相同，有时多因素的协同作用远大于单因素的作用。但是无论怎样复杂、多变，针对某些具体病害时，都存在一些起主要作用的因素，这些因素又称为植物病害流行的主导因素。病害流行主导因素（key factor for disease epidemic）是指具体病害系统，特定时间、地点，对病害流行起主要作用的因素。主导是一个相对的概念，同一种病害，处于不同时空状态下主导因素可能有所变动，在实际应用中往往需要具体问题具体分析。

（一）寄主植物与病原物高度亲和导致病害大流行

例 1　1945 年爱尔兰马铃薯晚疫病大流行。马铃薯原产于拉丁美洲安第斯山区，原产地栽培历史超过 8000 年，地方性品种众多，病原物很难形成优势小种。1570 年西班牙从南美引入少数几个无性繁殖系的后代，英格兰和欧洲大陆又从西班牙引入的仅是两份种薯的后代（Donald，1987），再从英格兰及欧洲大陆传至爱尔兰，由于寄主植株遗传背景高度一致，马铃薯晚疫病菌致病性迅速增强，在气象条件的配合下，造成病害大流行。

例2 1970年美国玉米小斑病大流行。大量研究结果表明，1961年菲律宾就有两个T型胞质雄性不育系严重染病的报道，事后通过对1955~1966年从世界各地采集的玉米小斑病菌标本鉴定，发现玉米小斑病菌T小种早已存在。1965年美国大力推广T型胞质雄性不育系TMS（亲和性寄主），1970年种植面积占玉米播种面积的75%以上，导致T小种菌量大量增殖，在1970年气象条件的配合下流行成灾。

例3 我国小麦条锈病的流行也充分说明了品种更替和小种变化对病害流行起到的主导作用。1951~1956年由于推广抗小麦条锈病品种（'碧蚂1号'等），虽然短时间内起到了控制病害的作用，但却促进了致病的条锈病菌1号小种（CY1）群体数量的迅速扩大，1959年的鉴定结果表明，该小种已占条锈菌鉴定标样的76.9%，成为优势种群。随后，大面积种植单一品种使得条锈菌8号、10号小种数量迅速上升，引发1960年西北麦区和1964年全国大部分麦区的小麦条锈病大流行。20世纪70年代中后期和1990年的小麦条锈病大流行，也是类似情况。

例4 大面积推广单一抗病品种，导致稻瘟菌生理小种种群结构变化，造成病害流行。20世纪50年代末，日本选用具有高度抗病基因的中国稻杂交育成'草笛'和'虾夷'等抗病品种，并大面积推广，1963年这些品种相继感病，导致稻瘟病大流行，损失惨重。60年代末，云南省大面积推广'西南175'，导致70年代初稻瘟病大流行。1989年四川省大力推广'汕优63'（占杂交水稻种植面积的90.5%），使63号小种出现频率由1987年的7.5%上升到1998年的93.5%，导致多次病害流行。

上述情况一般都需要气象条件的配合，但这也清楚地告诉我们，品种与病原物亲和性高的主导因素作用，导致病害大流行是必然的，至于何时发生还要依赖其他因素，尤其是气象因素的配合。

（二）外来病原物作为主导因素引发病害流行

社会的进步和发展，必然导致频繁的贸易往来，随着新物种的引进，外来有害生物入侵的风险也越来越大。目前，森林重大有害生物中，居前10位的有一半属于外来生物。例如，松材线虫病（由 *Bursaphelenchus xylophilus* 引起）最早于1982年在南京中山陵首次发现，当时发生面积仅200hm²，目前松材线虫病已在江苏、浙江、安徽等15个省（直辖市）及台湾、香港地区发生，累计发生面积达8.67万hm²，在国家每年都投入巨额防治专项费用的情况下，直接经济损失约25亿元人民币（杨宝君等，2003；张锴等，2010）。著名的栗树疫病，最初发生于东亚，1910年前后病菌传入美国，1930年毁坏了整个阿帕拉契山脉的栗树种群，1940年美国约364.5万hm²栗树用材林几乎完全被毁灭（Clarke，1997）。又如，甘薯黑斑病菌（*Ceratocystis fimbriata*）最早发现于美国（1890年），后传入日本，1937年随着甘薯品种'胜利百号'传入我国辽宁省盖县（现在的盖州市），后逐步蔓延至全国甘薯产区。1963年仅河南等5省统计，损失高达36.75亿kg。

（三）农业措施与植物病害流行

（1）单一作物连片种植与植物病害流行　　单一作物连片种植引发病害流行已是不争的事实，大田农作物此类现象诸多，教训惨痛，但换了一个场合，仍不思痛。随着退耕还牧的大力推广，单一牧草人工草地种植面积不断增大，导致病害严重发生，据了解，我国南方人工草地发病率达 70%～80%，北方人工草地发病率达 40%～50%，损失十分严重。

（2）设施农业与植物病害流行　　随着生活水平的提高，作物生产的投入成本也逐渐加大。尤其是蔬菜生产，温室、塑料大棚、遮阳网降温栽培的面积迅速扩大，改变了病害的发生规律，病原物几乎没有越冬（越夏）过程，种群数量始终处于高水平，而且设施内湿度大，有利于病原物的侵染。生产过程中，人们稍有放松，病害就会在短时间内造成大流行。在蔬菜生产集中的区域，由于病害严重发生导致毁棚绝收的现象非常普遍。

（3）耕作制度与植物病害流行　　20 世纪 90 年代前后，麦田套种玉米的技术曾广泛推广，导致麦田的传毒昆虫灰飞虱直接为害玉米幼苗，造成玉米粗缩病（RBSDV）大流行，尤其是麦套玉米田，玉米粗缩病几乎年年严重。其后由于小麦收获机械化的普及，麦套玉米的种植面积迅速减少，该病的发生也得到了有效控制。又如，20 世纪 60 年代前，长江中下游沿江稻区水稻白叶枯病（*Xanthomonas oryzae* pv. *oryzae* Dye）常暴发成灾，20 世纪 60 年代前后，改单季稻为双季稻，使水稻感病时期与台风季节不吻合，这一改变有效控制了水稻白叶枯病的流行。再如，小麦条锈病菌越夏地和小麦秆锈病菌越冬地改变种植作物种类，减少小麦种植面积，降低了全国条锈病和秆锈病的流行程度。

（4）其他措施与植物病害流行　　无机肥料与病害流行关系较为复杂，一般增施氮肥对病害起促进作用，有时施氮肥时间比施用量的影响更大。钾、锌、硅、镁、铁肥适量增加对病害有一定的控制作用，但是这种控制是在作物平衡施肥的范围内，超过这一范围往往会出现副作用。20 世纪 80 年代初，随着农业生产责任制的推广，复种指数和化学肥料投入量增大，粮食产量有了较大幅度的提高，但由于绿肥种植面积急速下降，土壤有机质含量减少，腐生、拮抗微生物种类和数量也随之降低，这些综合因素的影响导致农作物土传病害逐年加重，小麦纹枯病由次要病害上升为主要病害的事实充分说明了这一点。同样，在播期、播量、抗病品种的布局和茬口安排等方面对病害也具有一定的影响。

（四）气象因素与植物病害流行

1. 大气候变化和极端天气与植物病害流行

20 世纪中叶以来，全球温度逐渐升高，使植物病害的分布和流行区域发生了较大变化，如小麦赤霉病流行区域明显北移。据安徽省植保部门资料，20 世纪 80 年代以前，长江流域为小麦赤霉病的重要流行区，淮河流域中度以上的流行年份出现频率不到 30%，很少大流行；20 世纪 90 年代以来的统计显示，中度以上的流行年份出现频率近 50%，经常出现大流行情况。例如，2012 年，安徽省小麦赤霉病大流行，发生面积 180.7 万 hm^2，占小麦播种面积的近 50%，全省损失 3.15 亿 kg。水稻稻瘟病情况也有类似之处，80 年代以前流行区域主要局限于皖南和皖西的山区和丘陵地区，21 世纪以来沿淮平原稻区经常出现稻瘟病流行情况，个别品种穗颈瘟发病率达 50% 以上（如 2014 年安徽省怀远县'皖稻 68''两优 0293'等）。另外，稻曲病的流行区域也迅速扩大，已成为水稻生产中的主要病害。

在自然生态系统的面积日益减少的同时，极端天气，如洪涝、长时间降水、寡照、干旱、暖冬和冷夏等出现的频率也相应提高。洪涝、长时间降水和冷夏主要营造了高湿环境，十分有利于真菌和细菌病原物的快速繁殖和传播，在这种环境下植物病害极易大流行。例如，1964年洪涝后小麦条锈病大流行；1993年冷夏天气造成水稻稻瘟病大流行；2012年江淮流域4月下旬至5月长时间阴雨导致小麦赤霉病暴发，等等。暖冬使有害生物能安全越冬，次年的基数增大，促进病虫害的发生。干旱有利于昆虫（特别是传毒昆虫）和线虫的发育，往往容易造成植物病毒病害和线虫病害的暴发。

2. 气象因素与植物病原物群体侵染过程的关系

气象因素与病原物的侵染过程关系密切，其中温度、水分（包括相对湿度、降水、露和雾等）、日照和风最为重要。一般而言，真菌性气传病害，在病原物接触寄主植物感病部位后至成功定殖阶段，主要气象影响因素涉及温度、水分，有些病原菌萌发还与日照有关。在这些因素的排序中，容易满足的因素，即使是非常重要的也应往后移。就像人和空气的关系，虽然十分重要，但在正常情况下很容易满足。

例1 水稻稻瘟病菌侵入过程的动态研究（吉野岭一，1979）。在水稻叶表长时间结水的情况下，温度（x）与病菌孢子最高侵入率（y）的数学关系式为$y=0.139\times(x-23.8)^2+16.9$，基本上呈正态分布。侵入概率（最高侵入率/2）为50%时，所需叶表结水时间（R）与侵入时温度（x）的数学关系式为：$R=0.054\times(x-24.2)^2+12.4$。通过上述两个数学关系式，基本明确了叶表结水时间、温度与稻瘟病菌孢子侵入率的定量动态规律。

例2 水稻稻瘟病菌侵入叶片后，潜育期的动态规律（丁克坚，2002）。试验表明，稻瘟病的潜育期长短与温度关系最为密切，其他气象因素的作用很小。温度28℃时潜育期最短，高于或低于28℃时，潜育期都相应延长。采用计算有效积温的类似方法，找出温度（T）与温度影响相对值（G）的数学关系式：

$$G=0.159\exp(0.066T) \quad (15℃\leqslant T\leqslant 28℃)$$
$$G=3.231\exp(0.180T) \quad (28℃\leqslant T\leqslant 33℃)$$

因病害潜育期的显症时间是一个随时间变化的动态过程，为了更好地描述，将显症量转换为显症概率。显症概率（P）与温度影响相对值（G）的数学关系为$P=1-1/[1+1.778\times10^{-7}\exp(4.097G)]$，这样基本明确了水稻稻瘟病潜育期与温度的动态变化。

气象因素与植物病害流行的关系十分复杂，各因素对不同的病害的影响作用不同，即使是同一种病害，研究的尺度不同，各因素的作用也有很大差异。所以，病害流行因素中的主要因素必须根据具体情况而定。

复 习 题

1. 什么是侵染链？简述其类型及与侵染过程的关系。
2. 导致植物病害流行的基本要素有哪些？简明阐述它们之间的关系。
3. 自然生态系统中植物病害发生有哪些特点？为什么？
4. 说明自然生态系统和现代农业生态系统的主要区别。如何利用这些差别对农业生态系统的植物病害进行综合治理？
5. 病害三角关系和病害四面体的内涵分别是什么？人类干预为什么容易引起少数病害大流行？
6. 如何进行植物病害流行因素分析？
7. 植物病害流行因素分析与植物病害控制的关系如何？

第四章 植物病害流行的时间动态

提要：病害流行的时间动态是指病害数量或发病程度随时间变化的动态过程，它研究病害随时间的推移而增长的数量动态，是植物病害流行学研究的中心内容之一。本章重点介绍单年流行病害（复利病害）和积年流行病害（单利病害）的特点和区别；单年流行病害的季节流行曲线；病害流行速率的概念、类型、作用及其影响因素；病害季节流行的进展曲线及定量表达的有关数学模型。

时间既是病害流行的必要因子，也是度量病害流行变化的重要量纲。植物病害的发生一般是从较低的初始菌量开始，经过菌量的不断积累，植物群体中发病数量随时间推移而不断增加的动态过程即为病害流行的时间动态。从病害锥体中可知，时间是病害流行的要素之一，因为时间与流行速率密切相关，当时间不能满足时，一场病害流行可能避免，也可能危害甚微；在病害发展时间充裕的情况下，即使条件并不十分有利，也可能引起不同程度的损失。

病害流行需要的时间积累与病害的特点相关，按研究时间跨度和时间单位大小，可分为积年流行动态、季节流行动态和病程进展动态三类（表 4-1），一般流行学中重点介绍前两类。

表 4-1 病害流行时间动态的类型（肖悦岩等，1998）

规模	时间跨度	时间单位	病理学基础	研究水平
积年流行动态	几年，几十年	年	多年，多个病害循环	生态系统进化，气候变迁
季节流行动态	一个生长季节	天	单个或多个侵染过程	种群间互作，气象和栽培条件
病程进展动态	一个病程	小时	单一侵染过程	致病性和抗病性，小生态

时间动态的研究以时间（t）为横坐标，病害数量（x）为纵坐标作图，绘制出各种形式的病害进展曲线，并利用数学公式研究病害数量随时间（Δt）的变化（$\Delta x/\Delta t$）。流行速率是病害流行快慢的重要参数，集中反映了各种环境因素影响下病原物群体与寄主群体之间的相互作用。流行速率及其变化规律的研究对病害流行预测、损失估计和防治决策都是十分重要的。

积年流行动态研究是针对某一区域或特定的生态系统，从宏观角度研究多年甚至数十年间病害的流行动态。它涉及作物种类、品种、耕作制度、土壤、能源投入、农事活动、气候变化等农业生态系统的各个组分，并受到复杂的社会因素影响。虽然这方面研究基础还比较薄弱，但随着长期、超长期病害动态预测和防治决策的需要，已日益引起重视。

季节流行动态主要研究季节流行曲线的形式、流行速率和用于描述季节流行变化的数学模型以及与之有关的因素，包括寄主品种的抗性及其阶段性变化、气候因素和栽培因素。由于季节流行动态研究比较直观，且与田间病害实际情况联系紧密，是目前研究较多，也较为成熟的一个病害流行类型，已有不少研究成果在生产实际中得到应用。许多研究者往往从该层次研究入手，继而向微观方向深入研究发病机制，或向宏观方向拓展认识的时空跨度。

病程进展动态，也是病原物单循环过程（一个世代）的发展动态。以病原真菌的侵染过程为例，它包括孢子着落、萌发、侵入、定殖、显症、病斑扩展、产孢、孢子释放、孢子传播等一系列子过程，也可用侵染概率、潜育期、病斑扩展速率和产孢量描述侵染过程，其主要影响因素是农田小气候和微生态环境。根据侵染过程各阶段定量研究的结果，可以组建系统模拟模型，预测病害单循环过程、多循环过程和病情变化。因此，病程进展动态研究是季节流行动态、逐年流行动态的微观研究基础。

第一节　病害流行的类型

在分析不同病害流行速率潜能的基础上，依据菌量积累所需时间的长短和病害流行时间度量尺度的大小，将流行病害分为单年流行病害（monoetic disease）和积年流行病害（polyetic disease）两大类型，并将介于两大类型之间的病害称为中间型流行病害。从流行学角度将植物侵染性病害划分为以上两类，有助于深刻认识不同病害的流行特点，从而采取恰当的预测方法及科学的管理策略。

一、单年流行病害

单年流行病害是指在作物一个生长季节中，只要条件适宜，菌量能够不断积累，直至流行成灾的病害。度量病害流行进程的时间尺度一般为"天"。一般情况下，单年流行病害与多循环病害（polycyclic disease）、复利病害（compound interest disease，CID）同义，很多场合可通用，生产中许多流行性病害属于此类，如小麦锈病、小麦白粉病、水稻稻瘟病、水稻白叶枯病、水稻细菌性条斑病、玉米大斑病、玉米小斑病、玉米灰斑病、马铃薯晚疫病、油菜霜霉病、黄瓜霜霉病、白菜黑斑病、梨黑星病、猕猴桃褐斑病、柑橘炭疽病、花生锈病、甜菜褐斑病、烟草赤星病等。这类病害在侵染过程中受自然因素和人为因素的影响很大，往往初始病情较低，但由于病害潜育期短，病菌繁殖能力强，在环境条件适宜时，病菌在一个生长季节可连续繁殖多代，导致病情发展迅速。例如，小麦条锈病在华北地区早春病叶率仅为百万分之几或更少，由于每个夏孢子堆日产孢达1000~2000个，并可连续产孢10d，最终病情将增大千万倍。尽管马铃薯晚疫病的中心病株也只有1/10 000，但病斑上的霉轮每日可产生几千个孢子囊，一个生长季节的病斑面积可增加10亿倍。不过，当条件不适宜时，这类病害病情则发展缓慢，甚至受到遏制。因此，单年流行病害在年份间、地区间由于环境条件差异，其流行与否，以及流行程度差别很大。

二、积年流行病害

积年流行病害是指病原物的菌量需要经过连续几年甚至更长时间的积累，才能流行成灾的病害。这类病害的流行时间尺度一般以"年"为单位。在许多场合下，积年流行病害与单循环病害（monocyclic disease）和单利病害（simple interest disease，SID）同义，一般情况下可以通用。积年流行病害也包括很多重要病害，如小麦的三种黑穗（粉）病、小麦粒线虫病、大麦条纹病、水稻恶苗病、水稻稻曲病、玉米丝黑穗病、棉花枯萎病、棉花黄萎病、马铃薯卷叶病、多种果树病毒病等。由于这类病害在一个生长季节内只发生一次侵染，或虽有再侵染但次数很少，且对病害流行所起的作用不大。这类病害在发生的前几年里，菌量少，发病率不高，往往容易被忽视，但由于病害能够逐年稳定地增长，积累一定年份后也可能酿成大的灾害。棉花枯萎病和小麦腥黑穗病是两个典型的病例，这两种病害的病情年平均增长 4～10 倍，如第一年的病株率为 0.1%，经过 5 年左右病株率可达 50%。1949 年小麦黑穗（粉）病曾造成严重危害，20 世纪 50 年代通过大力推广种子处理措施将其控制，后因逐渐放松对它们的监测和防治，致使 80 年代又有回升，局部地方的腥黑穗病病穗率已上升到 30%～50%，秆黑粉病的病株率也高达 50% 以上。

单年流行病害和积年流行病害的主要特点见表 4-2。

表 4-2　单年流行病害和积年流行病害特点的比较（肖悦岩等，1998；张孝羲和张跃进，2006）

比较项目	单年流行病害	积年流行病害
病害过程	潜育期短，再侵染频繁，当季积累的菌量能引起病害严重发生	无再侵染，或虽有，但所起作用不大；潜育期长或较长，需经数年菌量的积累才能造成严重危害
病原物越冬与初始菌量	越冬率和越冬存活率低，年度间菌量变化很大	越冬率和越冬存活率较高，初始菌量一般能逐年增长
传播体	再侵染传播体多为繁殖体，寿命短，对环境敏感，条件不利时会很快死亡	传播体往往也是休眠体，寿命较长，对不良环境抵抗力强
传播方式	多为气流、风雨、流水传播，也有介体传播的，传播距离较远	多为土传或种传，自然传播距离一般较近
发生部位	多为地上部局部侵染性病害，叶斑病多属此类	多为地下部侵染，许多为系统侵染性病害
典型病例	马铃薯晚疫病、黄瓜霜霉病、小麦锈病、水稻稻瘟病、玉米大斑病	禾谷类黑穗病、棉花黄萎病、棉花枯萎病、谷子白发病

三、中间型流行病害

实际上还有许多病害兼有上述两类病害的某些特点，介于两类病害之间，被列为中间型流行病害。例如，土传丝核菌引起的水稻纹枯病、小麦纹枯病、玉米纹枯病等，病菌以菌丝在植株间进行水平扩展和垂直扩展引起再侵染，但传播距离有限，在种植一种作物的新区，初期土壤中菌量少，但有积年流行病逐年增长的趋势。例如，20 世纪 70 年代调查安徽淮北近 100hm² 新改稻田时发现，种植水稻的第一年纹枯病病丛率为 0.5%～1.2%，第二年为 8.4%～18.5%，第三年为 30% 以上，其后连续 4 年调查，不同年份因气候条件的差异病情波动较大，发病轻的年份病丛率低于 30%，发病重的年份病丛率高达 90% 以上，说明当土壤菌量积累到一定数量（据测定，每公顷表土层中有菌核 75 万粒以上）时，水稻纹枯病就成了该地区的常发病。病害流行与否或寄主受害程度的轻重，主要取决于病害流行速率的高低，即再侵染的条件（气候、栽培、品种等）是否有利。可见，当这类土传病害成为一个地区的常发病后，可作为单年流行病害对待。又如，油菜菌核病是油菜生产中的重要病害，以菌核在土壤中或夹带于种子间越夏、越冬。该病主要由菌核萌发形成子囊盘散布子囊孢子实现初侵染，受侵染的老叶、花瓣等植株衰弱器官脱落时，黏附在健康的茎秆、枝条、果荚上，也能引起病害。所以，病害流行程度主要与初侵染的菌量和后期的环境条件有密切关系。

四、防治策略

植物病害流行的原因可以归为两大类：初始菌量（x_0）和流行速率（r）。根据病害流行的原因，其防治策略也分别称为 x_0 策略和 r 策略。积年流行病害，由于整个生长季节中，病原物没有再侵染或者再侵染作用不大，病害流行主要由初始菌量决定，其防治策略为 x_0 策略，即主要针对初始菌量或初侵染，如种子处理、田园卫生、土壤处理和利用垂直抗性品种等。对于单年流行病害，由于一个生长季节中，再侵染十分频繁，病害流行主要由流行速率决定，其防治策略为 r 策略，即重点针对病害的再侵染，抑制病害的流行速率，如利用水平抗性品种、喷施保护性杀菌剂等。对于中间型流行病害，既要重视降低初侵染源，又要控制落花、落叶引起的传病作用，并降低流行速率。

第二节 病害季节流行曲线

一、季节流行曲线的绘制

针对任何一种病害，在作物的单一生长季节内，定期（逐日或间隔数日）连续调查病害发生情况（普遍率、严重度或病情指数），获得若干组与时间对应的病情数据，以病情严重度为纵坐标，以时间为横坐标，即可绘制出病害的进展曲线（disease-progress curve）。该曲线反映了一种病害在特定条件下的季节流行动态，故称为季节流行曲线。图4-1是2008年小麦白粉病季节流行曲线（Liu et al.，2015），图4-2是2012～2014年沈阳葡萄霜霉病季节流行曲线（于舒怡等，2016）。

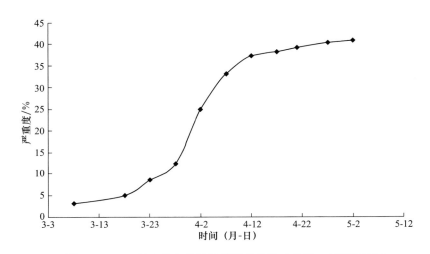

图4-1 2008年小麦白粉病季节流行曲线（品种：'川育20'）

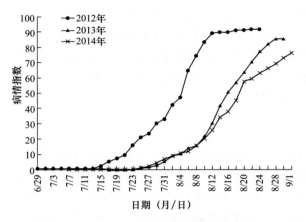

图 4-2　2012～2014 年沈阳葡萄霜霉病季节流行曲线

季节流行曲线是在植物单一生长季节内对病害流行动态的形象表示，其随病原物致病性、品种抗病性和环境因素而变。病害始发期、最高严重度和流行速率是其主要特征量。当寄主生育期、抗病性、环境因素等发生改变时，流行速率也会随之变化，曲线也会发生起伏。对于单年流行病害，由于再侵染频繁，菌量不断积累，病害具有明显的季节增长过程。对于积年流行病害，因无再侵染，当侵染时期集中、症状出现较一致时，病害则无明显的季节增长过程。而有些积年流行病害，如棉花枯萎病、棉花黄萎病、梨锈病、水稻黄矮病、水稻普通矮缩病等，由于病原物（或传毒昆虫）接触、侵入寄主，或将病毒传给寄主的时间持续较长，在一个生长季节中症状的出现也有一个增长过程，只是其形式与单年流行病害有所不同。了解病害进展曲线，有利于展开病害预测，以便选择恰当的防治策略和时机。

二、季节流行曲线的形式及成因

季节流行曲线的形式多种多样，如 S 形、单峰式、多峰式等（图 4-3）。不同曲线的

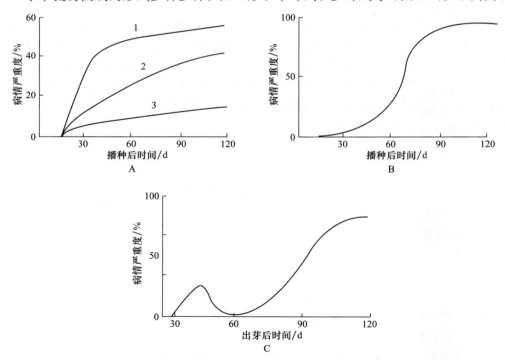

图 4-3　不同流行病害的季节流行曲线示意图（Agrios，2005）

A. 积年流行病害（如水稻黄矮病，1. '沈农 93' 品种，2. '新滨 92' 品种，3. '沈农 91' 品种）；B. 单年流行病害（如马铃薯晚疫病）；C. 双峰单年流行病害（如核果类褐腐病）

形成与病害循环的特点、作物生长的特性、作物抗性的变化、播种期的早晚、环境条件的改变和虫媒活动等多种因素有关。

（1）S形曲线　　S形曲线是一种最常见的形式。典型的S形曲线，初始病情很低，其后病情随着时间不断上升，直至饱和点，且寄主群体不再增长，如黄瓜霜霉病、马铃薯晚疫病、春小麦三种锈病和白粉病等。有时因寄主抗性较强，或因发病较迟，或因环境条件一直非常不利，病害被限制在一个较低的水平。这时，曲线会呈非典型的S形，或仅仅是S形曲线的靠前部分，基本呈J形。

（2）单峰曲线　　多为作物生长前期、中期发病并达到高峰，后因寄主抗性增强或气候条件变为不利，病情不再发展，但寄主群体仍继续生长，故病情从高峰处下降，如棉苗黑斑病、某些条件下的甜菜褐斑病等。

（3）多峰曲线　　一个季节中病害出现两个或两个以上的高峰。病情的起落与环境条件的变化有关，如小麦叶锈病、小麦纹枯病受小麦越冬期间的低温影响，分别在秋苗期和生长中后期出现两个发病高峰；也与寄主生育阶段的抗性相关，如桃褐腐病分别在花期和幼果期形成花腐和果腐两个高峰；水稻稻瘟病可以在水稻幼苗期、分蘖期、抽穗期分别形成苗叶瘟、叶瘟、穗颈瘟三个发病高峰；还可能与传毒昆虫的多次迁飞有关，如早播油菜田的病毒病，因有翅蚜多次迁飞而出现多个发病高峰。

在上述种种病害流行曲线形式中，S形曲线是最基本的形式，单峰曲线可看作一个正S形曲线再接上一个反S形曲线，多峰曲线则是单峰曲线的重复出现。

三、病害流行阶段的划分

根据S形曲线的基本形式，将病害流行过程划分为三个阶段（图4-4）（曾士迈和杨演，1986；肖悦岩等，1998；谢联辉，2006）。

（1）始发期　　始发期也称指数增长期（exponential phase）。从田间初见微量病害至病情普遍率达5%的一段时期。此期田间病情的绝对值很低，寄主群体中可供侵染的位点充裕，发生重叠侵染的可能性很小，病情发展的自我抑制作用不大，病害基本上呈指数增长。由于此期的病害发

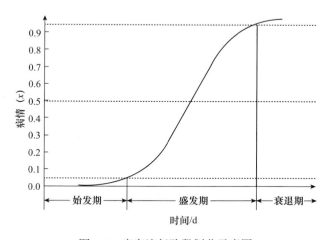

图4-4　病害流行阶段划分示意图

生较轻或不易被发现，常常被误称为"病害缓慢增长期"，但病害的实际增长倍数可能很高。例如，初见病害时病叶率为0.01%，到病叶率增至5%时，病害数量实际增加了500倍。显然，此阶段是菌量积累的关键时期，对于做好病害测报和防治工作都十分重要。

（2）盛发期　　盛发期也称逻辑斯蒂增长期（logistic phase），是病情普遍率从5%发展到95%的一段时期。此期田间绝对病情增长很快，给人病害"盛发"的感觉，但从流行速率看，绝对病情只增长了19倍。此期间随着病害数量不断增加，寄主群体可侵染的

位点逐渐减少，重叠侵染增多，病害的自我抑制作用不断增强，故病害曲线呈逻辑斯蒂式增长。

（3）衰退期　　衰退期也称平台期（platform phase）。逻辑斯蒂增长期后，寄主可供侵染的位点已近饱和，病害的自我抑制作用达到最强，病情增长趋于停止，流行曲线也渐趋水平。

第三节　季节流行动态的基本模型

病害流行曲线是在一个生长季节中病害随时间变化的形象表示，而病害在瞬间的增量（$\Delta x/\Delta t$）和与之密切相关的流行速率 r，则是病害随时间发展的定量表达。Vanderplank（1963）最先用指数增长模型和逻辑斯蒂增长模型来定量描述单年流行病害的季节流行动态，后被广泛引用。除此之外，还有一些其他模型，如高姆比兹模型（Gompertz model）、理查德模型（Richards model）和韦布尔模型（Weibull model）等。它们在曲线拟合上各有其优缺点，现将其作为基本模型介绍如下。

一、指数增长模型

指数增长模型（exponential growth model）是一个早期用于描述生物群体增长的简单模型。该模型以下列假设为前提：在研究的时间范围内，只有生殖现象而没有死亡现象；生存条件是无限的，生物群体可无限增长；环境条件是稳定的。在病害始发期，即指数增长阶段基本能满足上述条件，故指数方程可用于描述病害早期的增长情况，模型的微分式为

$$\frac{dx}{dt} = r_e \cdot x \tag{4-1}$$

式中，x 为病害发生量（发病率、严重度或病害指数）；dx/dt 为单位时间（d）新增病害数量；r_e 为病害指数增长速率。式（4-1）经积分成指数式为

$$x_t = x_0 e^{r_e t} \tag{4-2}$$

式中，x_0 为积分常数，这里代表 $t=0$ 时的初始病情；x_t 为经过 t 时间后的病情；r_e 为病害指数增长率；e 为自然对数的底（e=2.718 28）。该方程如以 x 值为纵坐标，以 t 为横坐标作图，则相关曲线呈 J 形。

式（4-2）两边取对数后转化为直线方程

$$\ln x_t = \ln x_0 + r_e t \tag{4-3}$$

以 $\ln x$ 对 t 作图获得一条直线，则直线的斜率为 r_e，截距为 $\ln x_0$，r_e 和 $\ln x_0$ 可通过线性回归求得。通过田间调查，查出初始病情 x_0 和 t 时的病情 x_t，或 t_1 和 t_2 时刻分别对应的 x_1 和 x_2 时，将式（4-3）变换为式（4-4），可计算病害在两期之间的指数增长率 r_e，即单位时间的病害增长率。

$$r_e = \frac{1}{t_2 - t_1}(\ln x_2 - \ln x_1) \tag{4-4}$$

指数增长模型具有结构简明、生物学意义清晰的优点，如式（4-2），等号左边表达病害的流行程度，等号右边则说明病害流行程度取决于初始菌量、流行速率和流行

时间这些主要参数。但是，指数模型只考虑新生病斑的发生，不考虑老病斑的消亡和报废；可供侵染的寄主组织是无限的；环境条件一直是稳定的，增长率不随时间而改变。实际上，可供侵染的寄主组织不可能无限，当病害数量不断增多，可侵染的寄主组织就逐渐减少，不考虑病害增长过程中自我抑制作用，是该模型与实际情况最不吻合之处。所以，指数模型只能在发病初期（病害数量小于 5%），可供侵染的寄主组织很多，即自我抑制作用很小时才适用，而病害数量上升后，只能应用逻辑斯蒂模型来拟合。

二、逻辑斯蒂增长模型

（一）模型的形式

逻辑斯蒂增长模型（logistic growth model）又称自我抑制生长方程，Vanderplank（1963）最早把它应用到植物病害流行学中来，现已广泛用于描述病害季节流行曲线。在生态学中该模型的微分式为

$$\mathrm{d}N/\mathrm{d}t = rN[(K-N)/K]$$

式中，N 为种群的个体数；K 为环境对种群的最大容纳量；r 为种群的内禀增长率；t 为时间。该方程与指数模型相比，多了（$1-N/K$）的修正项，说明种群增长不仅取决于 r 和 N，而且受环境容纳能力的影响，即 $K>N>0$ 时种群生长受到（$1-N/K$）的修正。方程的积分形式为

$$N = \frac{K}{1+ce^{-rt}}$$

式中，c 为积分常数，曲线的形式则是以拐点为中心的中心对称的 S 形曲线。Vanderplank（1963）将其用于病害季节流行动态分析时，用植物群体中发病的普遍率或严重度表示病害数量（x），将病害的最大容纳量 K 定为 1（100%），改写后的逻辑斯蒂模型的微分式为

$$\frac{\mathrm{d}x}{\mathrm{d}t} = rx(1-x) \tag{4-5}$$

式中，r 为速率参数，来源于实际调查时观察到的症状明显的病害，Vanderplank（1963）将 r 称为表观侵染速率（apparent infection rate）。该方程与指数模型的主要不同之处是方程的右边增加了（$1-x$）修正因子，使模型包含自我抑制作用。因为在 x 接近于 0 时，$1-x$ 接近于 1，此时自我抑制作用逐步明显；$1-x=0$ 时，可侵染组织达到饱和，病害不再增长。式（4-5）的积分式为

$$x = \frac{1}{1+B\exp(-rt)} \tag{4-6}$$

式中，B 为积分常数。由于 x 是经过时间 t 后的病害数量；当 $t=0$ 时，x 的初始值为 x_0，则积分常数 B 为（$1-x_0$）$/x_0$。将 $B=(1-x_0)/x_0$ 代入式（4-6），经过整理而成

$$\frac{x}{1-x} = \frac{x_0}{1-x_0}e^{rt} \tag{4-7}$$

如果以病害数量（x）对时间（t）作图，则病害的流行曲线是对称的 S 形曲线，S 形曲线的中点（$x=0.5$ 处）也是流行曲线的拐点。如果以 $\mathrm{d}x/\mathrm{d}t$ 对 t 作图，其速率曲线是两边

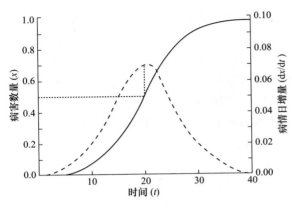

图 4-5　逻辑斯蒂模型表达的病害进程曲线
（肖悦岩等，1998）

对称的钟形曲线，并在拐点处的单位时间增长量达最大值（dx/dt 约为 0.026）（图 4-5）。

（二）方程直线化与表观侵染速率（r）

将式（4-7）两边取对数，以 x_1 和 x_2 分别代表 t_1 和 t_2 时的病情，方程的直线化形式为

$$\ln\left(\frac{x_2}{1-x_2}\right)=\ln\left(\frac{x_1}{1-x_1}\right)+r(t_2-t_1)$$

（4-8）

式中，$\ln[x/(1-x)]$ 为 x 的逻辑斯蒂转换值，通常简称逻值，记为 $\mathrm{logit}(x)$。当

$x=0.5$ 时，逻值 $\ln[x/(1-x)]=0$；$x<0.5$，逻值为负值；$x>0.5$ 时，逻值为正值。S 形曲线的直线化，就是将病害数量（x）百分率转换成逻值后，以逻值为纵坐标对时间（t）作图，则病情进展曲线转换为一条直线，也称逻值线，图 4-6 逻值线近似于一条直线。

逻值线与纵轴相交的截点，为初始病害数量（x_0），逻值线的斜率为病害的流行速率 r，即表观侵染速率。

当实查已知 t_1 和 t_2 时刻对应的病情 x_1 和 x_2 以后，就可以根据以下公式计算表观侵染速率。

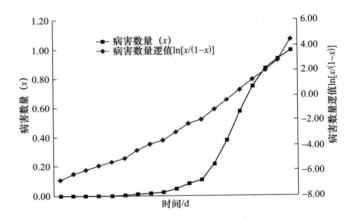

图 4-6　S 形曲线与逻值线对应图

$$r=\frac{1}{t_2-t_1}\left(\ln\frac{x_2}{1-x_2}-\ln\frac{x_1}{1-x_1}\right)$$

（4-9）

表观侵染速率（apparent infection rate）是病害流行速率的表达方式之一，是指单位时间内新增病害数量与原有病害数量的比值，因为时间以天为单位，所以也称为病害的"日增长率"。表 4-3 是 2008 年在四川农业大学教学农场调查的一组小麦白粉病的数据，按照式（4-9）计算各期流行速率如下。

表 4-3　2008 年小麦白粉病田间调查资料

调查日期	3 月 8 日	3 月 13 日	3 月 18 日	3 月 23 日	3 月 28 日
病叶率	0.5596	0.6662	0.7780	0.8691	0.9625

注：品种为'川农 26'；地点为四川农业大学教学农场，龚国淑提供

（1）计算 r_1

$$x_1=0.5596，x_2=0.6662，t_2-t_1=5$$

$$r_1=\frac{1}{5}\left(\ln\frac{0.6662}{1-0.6662}-\ln\frac{0.5596}{1-0.5596}\right)=0.0903$$

（2）计算 r_2

$$x_2=0.6662，x_3=0.7780，t_3-t_2=5$$

$$r_2=\frac{1}{5}\left(\ln\frac{0.7780}{1-0.7780}-\ln\frac{0.6662}{1-0.6662}\right)=0.1126$$

（3）计算 r_3

$$x_3=0.7780，x_4=0.8691，t_4-t_3=5$$

$$r_3=\frac{1}{5}\left(\ln\frac{0.8691}{1-0.8691}-\ln\frac{0.7780}{1-0.7780}\right)=0.1278$$

（4）计算 r_4

$$x_4=0.8691，x_5=0.9625，t_5-t_4=5$$

$$r_4=\frac{1}{5}\left(\ln\frac{0.9625}{1-0.9625}-\ln\frac{0.8691}{1-0.8691}\right)=0.2704$$

（5）计算 r

$$x_1=0.5596，x_5=0.9625，t_5-t_1=20$$

$$r=\frac{1}{20}\left(\ln\frac{0.9625}{1-0.9625}-\ln\frac{0.5596}{1-0.5596}\right)=0.1503$$

从以上计算和逻值线图（图4-7）中可看出，小麦白粉病在不同阶段的流行速率略有不同。2008年3月8～23日的流行速率较一致，逻值线近似为一条直线。3月23～28日流行速率明显增加。全程20d的流行速率 r=0.1503。3月8日病叶率为55.96%，平均每天按15.03%的速率增长，经过20d后病叶率达96.25%。从图4-7可清楚看出，r 值就是两个间隔

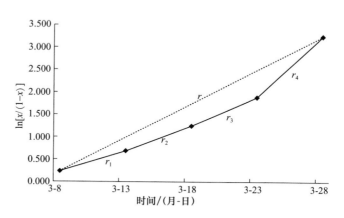

图4-7 逻值线与分段计算 r 值的可平均性

时期内逻值线的斜率，即该期间的平均日增长率。

用分段计算得到的病害流行速率（如 r_1、r_2 等），也可以计算全程平均日增长率。上例全程平均日增长率为

$$r=(r_1\times5+r_2\times5+r_3\times5+r_4\times5)/20$$

$$=(0.0903\times5+0.1126\times5+0.1278\times5+0.2704\times5)/20=0.1503$$

可见，由分段平均算得的全程 r 值，与上例用计算式算出的 r 值完全一致，说明 r 值分段计算后，在整体上具有可平均性。

逻值线的分段描绘，以及 r 值的分段计算，能直观地反映病害在一个季节中何时发展速率快，何时发展速率慢，并可进一步分析不同时期病害流行速率发展快慢的原因。

在测定和应用 r 值进行病害预测时，需要符合下列条件，才能得到可靠的结果：①用于本地菌源导致的流行；②不同时期的调查用同一调查方法和分级标准，最好是同一田块的系统调查资料；③两次调查的间隔时间，即 t 值应大于病害的一个潜育期；④只能用于具有再侵染的病害，并在其再侵染发病之后，不能用于无再侵染的病害或虽有再侵染但再侵染尚未发生的时期；⑤寄主群体中感病程度基本上均匀一致；⑥病原传播体的空间分布是随机的。

（三）基本侵染速率和校正侵染速率

表观侵染速率是依据田间实际调查得到的受侵染位点（如病斑）计算而得的，因此 r 值是单位时间受侵染组织的发展速率。而受侵染位点 x_t，大体上有三种状态：一是处于潜伏期（p）的病斑（这里所指的潜伏期与普通植物病理学上的潜育期有差别。潜育期是指从接种到症状出现的时间；而潜伏期则为从接种到产孢成为可传染性病斑的时间，即潜伏期要比潜育期长些）；二是正处于传染期（i）不断产生传播体的病斑；三是发病时间较久，已失去传染能力，不再产生传播体的老病斑，属报废病斑。Vanderplank（1963）认为，处于潜伏期的病斑，对病害发展速率造成了一种延迟作用。故在 t 时刻的流行速率是由一个较早时间，即 $t-p$ 时刻的传染性组织决定的，所以 x_t 应调整为 x_{t-p}。由此产生了一个新的方程为

$$\frac{\mathrm{d}x}{\mathrm{d}t} = Rx_{t-p}(1-x_t) \qquad (4\text{-}10)$$

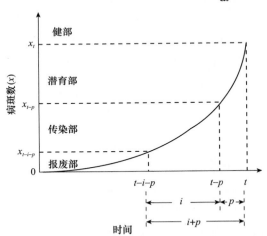

式中，R 为基本侵染速率（basic infection rate）。由于 x_{t-p} 不能实测得，因此，基本侵染速率 R 仅是一个日推断值，需要通过系统模拟体现其实际意义。

式（4-10）中仅考虑 x_{t-p} 仍不够，因为该式意味着所有传染性的组织始终保持着传染性，但实际上那些已过了传染期（如产孢期，即一个病斑可持续产孢的天数）的报废病斑不再具有传染力，故需对式（4-10）做进一步校正，以消除那些已经报废的病斑，由图 4-8 可知，报废病斑的数量应为 x_{t-i-p}，经过校正后只保留了具有传染性的病斑对病害增长的作用。校正后的方程为

图 4-8　矫正侵染速率的图解（肖悦岩等，1998）
在流行的指数阶段 $R_c=r$；曲线表示 t 时刻寄主群体的发病数 x_t；i 表示传染期；p 表示潜伏期

$$\frac{\mathrm{d}x}{\mathrm{d}t} = R_c(x_{t-p} - x_{t-i-p})(1-x_t) \qquad (4\text{-}11)$$

或写成

$$R_c = r \frac{x_t}{x_{t-p} - x_{t-i-p}}$$

式中，R_c 为校正侵染速率（corrected infection rate），是传染性组织引起病害的增长速率。因时间单位为"天"，故又称为病害日传染率，是指每个亲代病斑在一日内经过传染而引致的子代病斑数。R_c 是一个反映病害流行速率的重要参数，它与潜伏期、传染期共同决定病害的流行速率。在日传染率方程式中，虽然 x_{t-p}、x_{t-i-p} 均难以测得，但可以进行试验，直接测出病害日传染率 R_c。

校正侵染速率与表观侵染速率在实际应用上各有优缺点。表观侵染速率的调查测定和计算方法简便，较易应用于生产实际，但其速率值的精度不高。校正侵染率能够精确地反映病害经过传染而引起的增长，但必须经过一定的试验研究才能取得，故一般多用于组建病害模拟模型。还可从校正侵染速率的进一步推论中，得出植物病害流行中的一些重要原理。

1）阈值原理（threshold theorem）是指病害流行必须保证一个亲代病斑（病株等）在其传染期内至少能引致一个新的侵染，形成一个子代病斑（病株等）。故 $iR_c=1$，称为病害流行的阈值。因为 $iR_c=1$ 时，病害才刚刚维持不断；$iR_c>1$ 时，病害才能发展；$iR_c<1$ 时，病害则衰退；$iR_c=0$ 时，新病害不再发生，流行中断。

自然生态系统中病原物与寄主经过长期的协同进化，处于动态平衡时，$i \cdot R_c$ 波动幅度不大，稳定在 1 左右；而在农业生态系统中病害季节流行时，$i \cdot R_c$ 波动幅度较大，一般为 0～100，其波动幅度会因病害的种类或流行因素而发生变化。

2）当量原理（equivalence theorem）是指病害流行因素和流行参数之间存在着一种当量关系。因为植物病害流行受寄主抗病性、病原物致病性、环境条件、人为措施等因素影响，而这些因素的作用往往会通过改变病害日传染率、潜伏期和传染期等流行学参数，影响病害的流行速率，即病害流行因素和流行参数之间存在着一种当量关系。因此，在进行病害流行研究时，可以将寄主抗病性、病原物致病性和环境条件（温度、湿度等）、人为措施（施药、施肥等）等性质不同的流行因素转变成统一的流行学参数的当量值，进行定量表达，这便是流行学的当量原理。当量原理在病害流行比较研究、模拟模型组建及病害的系统管理中有重要作用。

三、高姆比兹模型

高姆比兹模型最初由高姆比兹（Gompertz）于 1825 年提出，作为动物种群生长模型，用于描述种群的消亡规律。安克莱蒂斯（Anclytis，1973）引用此模型进行植物病害进展曲线的比较，伯格（Berger，1981）也用它来描述多种叶面病害的流行曲线，并与逻辑斯蒂模型进行了比较。

方程的微分式为

$$\frac{dx}{dt} = r_G x(\ln 1 - \ln x) = r_G x(-\ln x) \tag{4-12}$$

式中，r_G 为高姆比兹模型的速率参数，以 dx/dt 对 t 作图，与逻辑斯蒂模型比较，高姆比兹模型的速率曲线也呈钟形，但最高点前后不对称，高峰偏于前方（图 4-9B）。

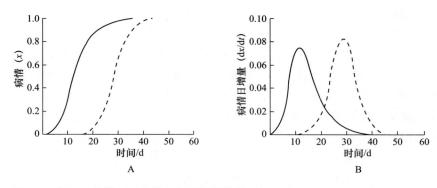

图 4-9　高姆比兹模型（实线）与逻辑斯蒂模型（虚线）的比较（肖悦岩等，1998）

A. 积分图形；B. 微分图形

式（4-12）的积分式为

$$x = \exp[-B\exp(-r_G t)] \tag{4-13}$$

式中，B 为积分常数，$B=-\ln x_0$ 是 t_0 时高值线与纵轴相交的截点，是一个位置参数。以 x 对 t 作图，则病情进展曲线也呈 S 形，与逻辑斯蒂模型的区别是曲线不是中心对称，拐点偏前，约在 $x=0.37$（1/e）处（图 4-9A）。

式（4-13）通过两次对数转换后，模型的直线形式为

$$-\ln(-\ln x) = -\ln(-\ln x_0) + r_G t \tag{4-14}$$

式中，$-\ln(-\ln x)$ 为高姆比兹转换值，简称高值（gompit x）。以高值对 t 作图，所绘制的直线称为高值线，高值线的斜率即 r_G。

如以 x_1 和 x_2 分别代表 t_1 和 t_2 时的病情，则高值线的速率式可写成

$$r_G = \frac{-\ln(-\ln x_2) - [-\ln(-\ln x_1)]}{t_2 - t_1}$$
$$= \frac{\text{gompit } x_2 - \text{gompit } x_1}{t_2 - t_1} \tag{4-15}$$

高姆比兹模型与逻辑斯蒂模型相比，在应用上更适合那些 S 形曲线不对称、病情发展先快后慢的病害。王振中（1986）曾对花生锈病流行曲线分析比较，认为用高姆比兹模型进行曲线拟合要优于逻辑斯蒂模型。

四、理查德模型

理查德模型是一个用于描述生物种群生长动态的数学模型，模型中因含有一个形状参数 m，改变其参数值，就能形成不同的曲线形状，是一个适应性较广的模型，如刘晓光等（1999）在杨树冰核细菌溃疡病流行的时间动态研究中，比较几种模型后发现病情随时间的进展曲线以理查德模型拟合最优。

该模型方程的微分形式是

$$\frac{dx}{dt} = \frac{r_R x^m (1 - x^{1-m})}{1 - m} \tag{4-16}$$

式中，r_R 为理查德模型的速率参数；m 为形状参数，当 $m=0$ 时，呈单利模型，当 m 近似

于1时，则呈高姆比兹模型，当$m=2$时，转化为逻辑斯蒂模型。图4-10中，两幅图分别表达了其积分和微分图形。方程的积分式是

$$x = [1 - B\exp(-r_\mathrm{R}t)]^{1/1-m} \quad\quad\quad (4\text{-}17a)$$

当$m<1$时，则$B=1-x_0^{1-m}$，或积分式写成

$$x = [1 + B\exp(-r_\mathrm{R}t)]^{1/1-m} \quad\quad\quad (4\text{-}17b)$$

当$m>1$时，则$B=x_0^{1-m}-1$。

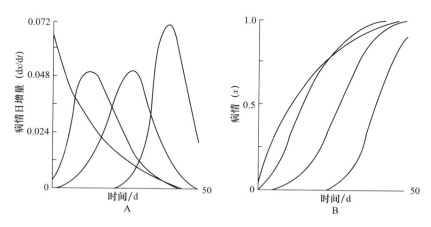

图 4-10　理查德模型（肖悦岩等，1998）

A. 微分图形；B. 积分图形

理查德模型也可以线性化，式（4-17a）和式（4-17b）相应的直线形式分别为

$$\ln[1/(1-x^{1-m})] = \ln[1/(1-x_0^{1-m})] + r_\mathrm{R}t \quad\quad (4\text{-}18a)$$

$$\ln(x^{1-m}-1) = \ln[1/(x_0^{1-m}-1)] + r_\mathrm{R}t \quad\quad (4\text{-}18b)$$

在m值不相同的情况下，r_R值是不能直接比较的，因为参数r_R表示随时间进展、在单位时间内的转换值x的变化。而转换值x依赖于m值，实际上导致依变量的变化和斜率r_R的变化，如要进行速率参数的比较，必须将r_R和m组合成一个新的参数ρ〔$\rho=r_\mathrm{R}/(2m+2)$〕，理查德（Richards，1959）称这个新参数为病害增长的加权平均绝对速率（weighted mean absolute rate）。在进行不同的单一形状或非弹性模型的速率（r^*）比较时，也可以应用此种表达式。例如，用高姆比兹模型和逻辑斯蒂模型对某一试验资料拟合后则可用各自的r^*值除以$2m+2$，高姆比兹模型的r_G除以4（$2\times1+2=4$），逻辑斯蒂模型的r除以6（$2\times2+2=6$），就可以进行直接比较。m和r_R进行统计估计时，ρ的方差近似为

$$S_\rho^2 = \frac{r_\mathrm{R}^2}{(2m+2)^2}\left(\frac{S_{r_\mathrm{R}}^2}{r_\mathrm{R}^2}\right) + \frac{S_m^2}{(2m+2)^2} - \frac{2S_{r_\mathrm{R}\cdot m}}{r_\mathrm{R}(2m+2)}$$

式中，$S_{r_\mathrm{R}}^2$为r_R估计值的方差；S_m^2为m估计值的方差；$S_{r_\mathrm{R}\cdot m}$为r_R和m估计值的协方差。

理查德模型虽然具有广适性的优点，但由于必须确定m值，故应用上不如逻辑斯蒂模型和高姆比兹模型简便。

五、韦布尔模型

韦布尔模型又称韦布尔概率密度函数（Weibull probability density function），在工业上广泛应用于电子产品的寿命检测等，彭尼帕克（Pennypacker，1980）将其引入植物病害流行学用于季节流行动态描述，迈登（Madden，1981）又将该模型用于作物病害的损失估计。其微分式为

$$\frac{\mathrm{d}x}{\mathrm{d}t} = \frac{c}{b}\left(\frac{t-a}{b}\right)^{c-1}\exp\left[-\left(\frac{t-a}{b}\right)^{c}\right] \tag{4-19}$$

积分式为

$$x = 1 - \exp\left[-\left(\frac{t-a}{b}\right)^{c}\right] \quad (b>0,\ c>0,\ t>a) \tag{4-20}$$

式中，t 为时间；a 为位置参数，表示病害开始增长的时间；x 为 t 时刻的病情（以小数表示）；b 为比率参数，与病害增长速率呈负相关；c 为曲线的形状参数，也与流行速率有关。

由于该模型有 a、b、c 三个参数，各参数的各种组合可描述多种形式的流行曲线（图 4-11）。与理查德模型相似，均属弹性模型（flexible model）。当 $c=1$ 时，韦布尔函数可用来描述单利病害的增长。当 $c=3.6$ 时，曲线的拐点在 $x=0.5$ 处出现，曲线是中心对称的，此时韦布尔函数与逻辑斯蒂函数基本一致，只是各个时期的增长速率与三个参数的取值有关。式（4-20）也可改写成直线形式

$$\ln\left(\ln\frac{1}{1-x}\right) = -c\ln b + c\ln(t-a) \tag{4-21}$$

式（4-21）的截距为 $-c\ln b$，斜率为 c，由于式（4-21）有三个参数，在不知道病害始发期的情况下，无法用最小二乘法拟合。但我们可以不断假设 a 值，建立回归方程并比较它们的拟合度。也就是用逼近法或迭代法推算这三个参数。由此推算出来的始发期可能比直接观察的始发期更为可信。

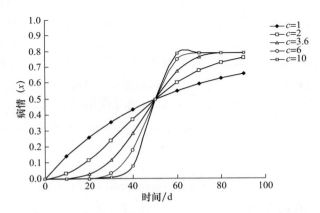

图 4-11　韦布尔模型的各种曲线形式（仿曾士迈和杨演，1986）

$a=0$；$b=50$

第四节 逐年流行动态

一、积年流行病害的逐年流行

（一）积年流行病害在季节中的增长——单利病害模型

积年流行病（也称单利病害）因无再侵染，在一个生长季节中所发生的病害均来自于越冬菌源。有些病害，如小麦散黑穗病、小麦腥黑穗病、玉米丝黑穗病等，由于侵入期较短，发病集中，在作物生长季节中往往不存在病害的发展过程；然而有些病害，如棉花枯萎病、棉花黄萎病、番茄枯萎病等土传病害，以及苹果、梨的锈病，柿圆斑病等气传病害，由于越冬菌源陆续接触寄主、侵入时期较长，病害的发生有一个随时间发展的过程。还有一些虫传苗期侵染的病毒病害，如灰飞虱传播的玉米粗缩病、黑尾叶蝉传播的水稻普通矮缩病和黄矮病等，由于病毒在虫媒体内需经历一个较长的循回期后才能传毒，病毒在寄主植物体内需经过较长的潜育期才能发病，因此病害的季节流行过程，基本上也属于单利病害的增长过程。

单利病害的发展曲线，从发病起点到最大值呈负指数增长曲线（图4-12），其微分式可写成

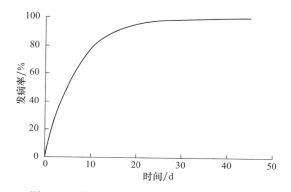

图 4-12 单利病害时间动态曲线（龚国淑绘）

$$\frac{\mathrm{d}x}{\mathrm{d}t} = r_s(1-x) \tag{4-22}$$

式中，x 为 t 时刻病情；r_s 为单利病害的平均日增长率。经积分，得

$$x = 1 + B\exp(-r_s t)$$

由于 $t=0$ 时 $x=0$，若积分常数 $B=-1$，积分式可改写为

$$x = 1 - \exp(-r_s t) \tag{4-23}$$

如果已知两个时刻的病情，根据式（4-23）可以推导出下式

$$\ln[1/(1-x_2)] = \ln[1/(1-x_1)] + r_s(t_2-t_1) \tag{4-24}$$

单利病害的平均日增长率可用下式计算

$$r_s = 1/(t_2-t_1)\{\ln[1/(1-x_2)] - \ln[1/(1-x_1)]\}$$

式（4-24）中的 $\ln[1/(1-x)]$ 也就是病情的重叠侵染转换值。

（二）积年流行病害的逐年流行

对积年流行病害而言，如果在一个地区连续多年保持品种、栽培和气候条件等基本稳定，那么病害的年增长速率应该是基本恒定的，可以采用复利病害模型来计算病情的多年变化情况，如指数增长模型或经过重叠侵染转换的指数增长模型。也可以按以下方法或模拟模型法计算平均年增长率。

东北农学院（现东北农业大学）曾在一块春麦田连续 5 年（1950～1954 年）调查小麦腥黑穗病病穗率。由于每年就地留种，没有进行人工防治，因此获得的调查数据基本

能够反映积年流行病害的逐年动态。其调查结果见表4-4。由于可供侵染的小麦是有限的，在每一年度的侵染中都会存在重叠侵染现象，因此必须对原始数据进行重叠侵染转换，计算出每一年的理论侵染概率（表4-4）。再用下式计算平均年增长率 r_m。

$$r_m = \sqrt[n]{x_{mt}/x_{n0}} \tag{4-25}$$

式中，n 为发病初始年至最终年所间隔的年份；x_{mt} 为经过重叠侵染转换后最终一年的病情；x_{n0} 为经过重叠侵染转换后最初一年的病情。

表 4-4　春小麦腥黑穗病逐年病穗率调查结果（曾士迈和杨演，1986）

年份	1950	1951	1952	1953	1954
病穗率（x）	0.0011	0.0100	0.0500	0.1300	0.3100
$-\ln(1-x)$	0.0011	0.0100	0.0510	0.1390	0.3710

代入表4-4的数值，计算表明平均每年病穗率增长4.285倍。

$$r_m = \sqrt[4]{\frac{0.371}{0.0011}} = 4.285$$

上述计算平均年增长速率的方法，对于某些土传病害，如棉花枯萎病、黄萎病，以及多年生作物的某些病害，如果树病毒病、根腐病等，在获得多年系统病情资料的基础上可能是实用的。此外，当积累到许多年份的资料以后，不同年份间寄主、环境条件等不可避免地会出现多种多样的变化，可进一步找出不同年份的增长速率和相应年份影响发病关键因素间的相互关系，进行年增长速率预测的研究。

二、单年流行病害的逐年流行

单年流行病害由于不同年份间的病情波动很大，不同年份间初始菌量也很不稳定，因此研究多年的平均年增率已无实际意义。然而，研究此类病害不同年份间流行波动的规律是病害长期、超长期预报的基础，研究新小种逐年菌量增长，可用于抗病品种的寿命预测。

不同年份间的流行波动，一般以每年最终或最高病情作为该年的代表值，将多年的资料按时间序列排列，联系各年初菌量、气候、品种、栽培等因素的变动，分析影响不同年份间流行波动的主导因素，做出定性或定量估计。也可用时间序列的统计方法，分析流行波动是否存在周期性变化的规律。

研究菌量的逐年增长，可用最终（最高）病情，也可用初期病情（初侵染发病后再侵染尚未发生时的病情）代表当年菌量。采用终期病情时，菌量的年变化由越冬率和生长季中的增长率决定。采用初期病情时，菌量的年变化由当年指数期后的增长率、越冬率及次年初侵染条件决定。

清泽（1972）曾对稻瘟病菌新小种菌量增长进行模拟研究，采用每年初侵染后单位面积内发生的病斑数作为不同年份间菌量的比较标准，并将菌量的年增长率和季节中的日增长率相联系，其主要应用有以下几种。

（1）每年初侵染发病后单位面积病斑数的计算

$$\frac{dy}{dt} = y\lambda$$
$$y = y_0 \exp(\lambda\tau)$$

式中，y 为每年初侵染发病后的单位面积病斑数；y_0 为抗病品种推广的第一年的 y 值；τ 为推广年数；λ 为新小种菌量的年增长率。

（2）季节病害日增长率 r 的计算

$$y = y_0 e^{rt}$$

（3）年增长率 λ 与日增长率 r 的关系

$$\lambda = rT + \ln\theta$$

式中，T 为流行全期日数；θ 为越冬率。

（4）越冬率 θ 的计算

$$\theta = b/a$$

式中，b 为当年初侵染发病量；a 为前一年最终发病量。

复 习 题

1. 什么是流行速率？为什么说流行速率的研究是时间动态研究的中心问题？
2. 时间动态的研究规模有哪三级？它们之间的关系如何？
3. 分析单年流行病害与积年流行病害的特点及防治对策。
4. 什么是病害季节流行曲线？举例说明单循环病害与多循环病害季节流行曲线有何本质差异。
5. 单年流行病害划分为哪几个流行阶段？各有何特点？
6. 为什么说指数增长阶段是病害流行预测和防治的关键阶段？
7. 设某病害初始病叶率为 0.001%，20d 后病叶率发展到 3.8%，再经过 30d 病叶率增加 86.4%，试分别用指数模型和逻辑斯蒂模型计算前 20d 和后 30d 的病害日增长率，并用计算所得的流行速率，以前一期病情用两种模型分别推算后一期病情，比较两种模型计算结果是否符合实际？为什么？
8. 表观侵染速率与校正侵染速率的主要不同点是什么？它们在应用上各有何优缺点？
9. 以一种熟悉的多循环病害为例，设计一个测定病害流行速率和短期预测病害发生程度的试验方案。
10. 怎样监测病害的流行动态和筛选影响病害流行的关键因子？
11. 实际测定和应用 r 值时需注意哪些问题？
12. 逻辑斯蒂模型和高姆比兹模型所描述的病害进展曲线各有何特点？
13. 根据韦布尔模型的积分式，在计算机上不断改变三个参数，绘制出相应的曲线，以认识这些参数的功能并总结该模型的优越性。
14. 为什么在一般情况下不能用逻辑斯蒂模型计算积年流行病害的逐年增长率？以棉花枯萎病为例，在同一地块内第一年的病株率为 0.01%，第五年的病株率发展到 54%，计算此期间平均年增长速率。

第五章　植物病害流行的空间动态

提要： 病害流行的空间动态与病害流行的时间动态是从不同的侧面描述病害流行的过程，二者共同勾画了病害流行的全貌即病害流行的时空动态。病害流行的空间动态即病害的空间传播，涉及传播距离和传播速率，二者的共同作用决定病害田间分布形式。该领域的研究大多针对气传病害，所以本章主要以气传病害为例介绍植物病害空间动态的概念，阐述植物病害传播的描述和度量方法、病害梯度与田间分布及病害的远程传播等基本知识。

第一节　概　　述

一、病害流行空间动态的概念

病害流行的空间动态（spatial dynamic of epidemic），即病害的传播，是病害发生发展在空间上的表现，其变化取决于寄主、病原、环境条件的相互作用（曾士迈和杨演，1986）。通常对于单年流行病害在植病流行学研究范围内所说的空间动态，是指在寄主植物一个生长季节内病害在空间上的传播和发展动态；对于积年流行病害，则是指一个或多个生长季节病害传播在空间上的表现和分布规律。从区域来讲，一般是指一个田块（或果园、草坪等）、一个地区、一个国家甚至多个国家范围内病害的空间传播和发展动态，下面所讨论的正是这种意义上的空间动态。至于病害流行在十几年、几十年乃至更长时间的空间动态，或者一个国家甚至洲际范围内长时间（通常指多年）跨度内的病害在空间上的传播和演替，当属于宏观植物病理学的研究范畴（曾士迈，2005）。

病害传播（disease spread）的距离及量变规律，主要取决于病原物的种类及其传播方式。相对而言，气传病害的传播距离最远，其变化主要受气象因素，特别是气流和风的影响，以往研究也较多。土传病害一般传播距离较近，主要受耕作、灌排水等农事活动的影响，过去定量研究不多。种（苗）传（播）病害，由于受控于复杂多样的人类活动，难以进行定量研究。虫传病害的传播主要与媒介昆虫的种群数量、活动范围、迁飞能力等关系密切，多属昆虫生态及行为学领域的研究。本章以气传病害流行的空间动态为例进行讨论。

二、病害流行空间动态的度量

研究病害流行的空间动态，首先要采用一定的方法来度量或描述病害传播的形式和变化规律，因此，在病害流行空间动态研究中，病害传播距离和传播速率及其变化规律是分析的重点。

（一）病害传播距离

1. 病害传播距离的度量

病害的传播距离受到多种因素影响，如病原物的传播距离、寄主植物的抗病/感病程度、环境条件和人为因素（栽培管理、防治、贸易等活动）等。因此，如何定量分析病害传播的距离及其变化实际上是非常复杂的，有些情况下甚至难以实现。为了方便研究和分析，引入一次传播距离和一代传播距离两个概念来进行病害传播距离的度量和描述。

病害的传播需要经过病原物的传播、侵入和发病等一系列过程，需要一定的时间。例如，气传菌物病害的传播涉及孢子的释放、飞散、着落、萌发、侵入、潜育和发病等多个环节。按照时间可划分为两个阶段：自孢子的释放直至侵入之前属于病原物传播的一段时间；而从侵入到发病这段时间即一个潜育期的时间。第一个阶段内病原物的传播距离及所需时间因其种类和传播条件而异，近程传播（田内传播）涉及距离较近，所需时间通常不过几小时到一两天；远程传播（大区传播）则跨越距离较远，经历时间也较长。由于孢子一旦着落并侵入（有效着落）后，病害传播便已基本定局，因此，我们可以用这一段时间（从释放到侵入）内所引致的病害传播来估计传播距离，叫作一次传播距离（曾士迈和杨演，1986）。然而，这只是一种理论上才能得到的距离，因为实际当中，孢子的飞散虽有一定的节律，如大多数菌物无性孢子的产生和释放都有昼夜周期的规律性，每日有一个高峰（如多数霜霉菌的孢子囊在夜间形成、清晨释放，稻瘟病菌分生孢子以午夜为释放高峰，禾谷类白粉病菌分生孢子则主要在白天释放），但释放和飞散往往都能持续多日，而且即使同一日传播所导致的侵染点其发病却又分布在连续几日之内。因此，测定和估计一次传播距离通常较为困难，为了增强可操作性，人们又提出了一代传播距离的概念。

所谓一代传播距离，就是菌源中心开始传播后，在一个潜育期内可能发生多次传播，每次造成的传播距离可能不等（依此期间各日的种种条件而变），但这多次传播所引致的新侵染点（病斑或病株）都是原菌源中心的子代，是同一菌源中心传播所形成的姊妹批次新侵染点，多批次传播相互重叠，这样所造成的传播距离称为一代传播距离（曾士迈和杨演，1986）。实际观测时，就是从开始观察记载的第一天起，菌源中心逐日产孢散布，每天都有病害传播发生，到 $t=2p$（或 $t=p_1+p_2$，p 为一个潜育期的天数，p_1 和 p_2 分别为第一代和第二代潜育期的天数）天时调查得到的病害扩展、蔓延距离，即为一代传播距离。

2. 病害传播距离的划定

在实际测定一次传播距离或一代传播距离时，一个首要的同时也是关键的问题就是如何划定病害传播蔓延的"前沿"，这需要首先确定最低发病密度（或概率），即确定"实查可得"的最低病害密度，而后以此"实查可得最低病情"为标准来划定病害传播最前沿，从而测定一次或一代传播距离。这里提到的"实查可得最低病情"的具体数值又依病害种类和工作要求的精度而定，以小麦条锈病为例，可以定为通常种植密度下 $4m^2$ 样方内病叶率达 0.01%，叶锈病可定为 1m 行长植株叶片上一个孢子堆（曾士迈和杨演，1986）。因此，在实际工作中，研究人员可根据经验，针对所从事的病害种类，结合可操作性等因素来确定"实查可得最低病情"。

（二）病害传播速率

病害传播速率（rate of disease spread）是指单位时间内病害的传播距离的增长或病害"前沿"的推进距离（曾士迈和杨演，1986）。时间单位可以是天、周或月，也可以是一个潜育期的天数（p）。如时间单位采用天，则传播速率等于逐日的一次传播距离增量的日平均值，称为日平均传播速率，其计算公式为

$$RD_d = \frac{1}{n-1}\sum_{i=1}^{n-1}(Dd_{i+1}-Dd_i) = \frac{1}{n-1}(Dd_n - Dd_i) \tag{5-1}$$

式中，RD_d 为日平均传播速率（m/d）；Dd_i 为第 i 天实现的一次传播距离；Dd_n 为第 n 天实现的一次传播距离。

　　例如，假设小麦条锈病在 5 月 1 日实现的传播距离为 0.7m，至 5 月 12 日达 4m，则日平均传播速率为：$RD_d=1/（12-1）×（4-0.7）=0.3$m/d。

　　到目前为止，有关病害传播速率定量研究的成熟方法和确切资料很少。近年来，流行过程的时间动态和空间动态相结合（病害流行的时空动态）的理论研究已经起步，传播速率正是其主要研究内容之一（曾士迈和杨演，1986）。

三、菌源中心与病原物传播

（一）菌源中心

　　凡是传播就会有传播的起源，病害的传播也必然有病原物来源。在一定范围内，病害最先发生的地点（发病中心）或病原物向周围传播的起源地点（如田间病残体等病原物的越冬场所）就是菌源中心（此处的菌泛指各种病原物）。菌源中心就是我们计算病害

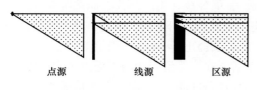

图 5-1　菌源中心分类

传播距离的原点，该中心可大可小，大到一块（一定面积）病田，小到一定行长的病株、一株病株、一个病叶、一个病斑，主要取决于传播距离研究所涉及空间规模和精度的要求。根据形状，菌源中心可分为三类（图 5-1）。

　　（1）点源（point source）　指单病斑、单病叶、单病株或发病中心等。实际操作时多以一定面积的发病中心作为点源，并作为圆形处理，通常规定其半径不得超过传播距离的 5%（有人认为 1%），超出该尺度后则应按区源对待。

　　（2）线源（line source）　顾名思义，即为线状的菌源中心。比如，品种抗病性鉴定圃中所设置的人工接种诱发行对于全圃、行道树桧柏上的锈病病菌冬孢子角对于附近苹果（梨）园，都构成了线源。实际上线源可看作线形排列的若干点源的集合，因此一般情况下规定，其宽度之半不得超过可能传播距离的 1%～5%。

　　（3）区源（area source）　即一定区域内较点源和线源面积大的菌源中心。在生产上，已发病田块对周围未发病田块构成区源。同样，区源也可看作一定区域内多个点源或线源的集合。

　　综上所述，在不同形状的菌源中心中，点源处于核心地位，同时也是最基本的形式，线源和区源都是由多个点源组成的集合，其传播效果可看作这些点源传播效果的累积（积分）。另外，点源所造成的传播比较易于进行数学处理。因此，传播距离研究试验中多采用点源，实际调查中也尽量将菌源作为点源处理。例如，在小麦锈病的研究中，如果传播距离达（或估计可达）500m 左右，则可将一亩地病田（半径在 13m 左右）作为一个大型点源处理（曾士迈和杨演，1986）。

（二）病原物传播

1. 病原物传播体

　　病原物传播体多种多样，可以是菌物的各种孢子、菌核和菌丝的片段等，也可以是细菌细胞或菌脓，病毒的粒体，线虫的幼虫、成虫、卵和虫瘿，以及高等寄生性植物的

种子等。病原物的传播体通常具备以下一种或多种特点，以适应传播和种群繁衍。

（1）数量巨大　例如，水稻稻瘟病一个典型病斑可日产分生孢子 2000～6000 个，连续产孢两周左右；一个小麦腥黑穗病粒（菌瘿）含有冬孢子达 1×10^7 个以上；列当单茎可产种子数万粒；一株菟丝子也能结种子近万粒。即使病原物的传播体经飞散、传播后着落在寄主可供侵染的部位并成功侵染的概率很低，但通常由于其数量巨大，也能保证病害的传播来维持病原物种群的生存和繁衍。

（2）体积小、质量轻　通常病原物传播体都具有体积小、质量轻的特点，以利于被气流、水流、昆虫、农机具等携带传播。

（3）主动性传播　有些菌物的孢子成熟后能主动放射，如麦类赤霉病菌、梨黑星病菌子囊孢子成熟后可以主动发射；油菜菌核病菌子囊盘成熟后，子囊孢子可主动弹射，在静止空气中，弹射高度可达 75cm 左右；线虫在含水量适中的土壤中可以蠕动爬行；游动孢子及细菌菌体可借助鞭毛在水中游动，以主动接触寄主并侵染。

（4）抗逆性强　有些病原物传播体对不良环境因素具有较强耐受力或抵抗力。例如，棉花黄萎病菌的微菌核可在土壤中存活多年，厚垣孢子（如冬孢子或卵孢子）较抗干燥，槲寄生种子表面有槲寄生碱保护，经过鸟类消化道时也不受损坏等。强抗逆性能保证传播体在传播过程中保持侵染活力，实现有效传播。

（5）吸引介体　少数病原物传播体可以引诱昆虫、鸟类等传播介体从而得以传播。例如，麦角病发病时生有蜜露，诱使昆虫取食而为之传播等。

2. 病原物传播体的传播

关于孢子随气流传播的纯物理学分析，是将孢子看作小"尘埃"，以"高斯烟缕模型"（The Gaussian plume model）等数学模型为基础，来描述孢子随气流的传播规律（曾士迈和杨演，1986；Cooke et al.，2006）。然而，在实际研究中，孢子不是自由的"小颗粒"，其飞散和着落规律不单单取决于气流，还受到产孢结构（如分生孢子梗等）与孢子的联结、植物冠层的阻挡拦截以及着落处植物体表的物理性质等多种因素的影响，因此，情况更为复杂多变。下面简要介绍一些有关孢子经气流和雨水飞溅传播的情况。

（1）气流传播　孢子随气流传播需要经历释放（孢子脱离病组织）、飞散和着落等过程。孢子首先需要克服其与产孢结构的联结，还需要穿过寄主体表的空气静止层（厚度 0.1～1.0mm），才得以释放进入冠层气流并随之飞散。在这一过程中，风起着非常大的也可以说是决定性的作用，风不仅能携带孢子，还能够使它们脱离病组织。尽管很多真菌具有主动将孢子释放到空气中的机制，但是大多数叶部病害病原物还是靠被动的方式被吹离它们的寄主（Lacey，1986）。对很多真菌孢子来说，吹离它们需要多大的风速尚不得而知，但很可能会相当大（Grace，1977）。比如，大麦白粉病菌成串的分生孢子会被大于 0.5m/s 的风速吹离叶表面（Hammett et al.，1974），玉米小斑病的分生孢子则需要 5m/s 的风速（作用于孢子的力相当于孢子质量的 2000 倍）才得以脱离（Aylor，1975）。人们观察到，冠层内风的间歇性在孢子释放中可能起了很重要的作用，因为只有阵风才能达到使孢子脱离寄主的风速（Aylor，1978，1981）。此外，阵风造成的晃动也有助于使孢子脱离寄主（Bainbridge et al.，1976）。因此，阵风通过使冠层晃动来间接地使孢子离开病组织，对于孢子的传播（尤其是冠层内的传播）是非常重要的。

当孢子脱离病组织，随风进入冠层气流后，可能有三种去向：逸散（随风飘逝不知去向或造成中、远程传播）、着落（着落于附近寄主植物体表）和降落（降落在附近土壤表面，这部分孢子若抗逆性较强、寿命较长，有可能在以后通过其他传播方式侵染寄主，反之则基本报废）。其中着落（包括逸散）的部分才有可能造成新的侵染，从而实现病害传播，这就涉及孢子的沉降和撞击过程，最终决定有多少孢子着落于寄主植物体表，其中又有多少能够造成成功侵染。孢子的沉降依靠重力以及惯性的撞击（Legg et al.，1979）来完成，孢子降落到叶面的比率（S）与孢子降落速率（V_s）以及叶面上部孢子的浓度（C）成比例（$S = CV_s$）。对多数真菌孢子来说，V_s 一般为 0.1～3.0cm/s（Gregory，1973）。由撞击造成的沉降（I）取决于 C 和风速（u）（$I=CuE$），比例系数（E，沉降效能）随孢子大小和风速增加而加大，而随撞击面宽度的增加而减小（Chamberlain，1975；Aylor，1982）。实际上，着落还受到寄主体表面结构和物理性质等多种因素的影响，完全用数学模型来描述困难巨大。

（2）雨水飞溅　　雨水或喷灌能通过流水或雨滴飞溅将孢子移离发病的叶片（Fitt et al.，1989；Madden，1992，1997）。例如，风洞试验和田间观察表明，雨水在使花生晚期的叶斑病菌的分生孢子释放到空气中起了非常重要的作用。由于缺乏溅传过程的详细信息，传播体在植物冠层内随飞溅水滴的传播很难用物理方法来模拟。

直接从病斑初次飞溅出的水滴（携带有孢子）传播距离会受作物冠层结构、病斑在作物上的位置、水源的特性（降雨或灌溉水）、叶表面及风速等多种因素的影响。并且这些因素也影响飞溅水滴的沉降以及第二次飞溅传播的可能性（Madden，1992，1997）。降雨开始时，初次飞溅传播是占主导地位的。例如，在模拟风雨试验中，导致柑橘溃疡病的大多数细菌都是在前 10min 被释放出来的（Bock et al.，2005）。然而，随着降雨的持续，先前沉降着落的传播体又可能进一步溅传，故二次飞溅所导致的再传播变得很重要。此外，如果降雨持续时间太长，着落的传播体还会因冲刷而损失。这一结论在降雨强度对草莓炭疽病菌孢子传播影响的试验中已得到证实，在一个固定降雨时段内，病害发生率在开始有一个增长以后，又随降雨的强度增加而下降；在降雨强度固定时（采用引起侵染的最大降雨强度），侵染率也随着降雨时间的延长而下降（Madden et al.，1996）。总之，雨水飞溅造成的传播受控于多个因素，是一个很难模拟的复杂过程，特别是当再次溅传和雨水冲刷的作用也被考虑在内时更是如此。

四、寄主抗病性和植株密度对传播的影响

病害传播是病原物传播的结果，但二者并非完全一致，病害传播除受病原物传播规律的影响外，还受寄主植物的影响。寄主抗病程度影响病害的流行速率，从而影响病害的传播（包括传播距离和速率）。在马铃薯晚疫病的研究中发现，抗病品种群体病害流行速率较低，发生病害总量低，产生的病原物数量也相应较少，从而在一定的环境条件下，传播距离较短，传播速率减缓。在多循环病害流行过程中，随着侵染世代的增加，抗病品种和感病品种在菌量上的差异越来越大，从而导致二者传播距离的差异越来越明显（Cooke et al.，2006）。

除抗病性程度外，寄主植株密度对病害传播也有相当大的影响。这种影响可能表现为两个方面：一个方面（主要方面）是正密度效应，密度越大越利于传播，尤其是在土传病害和雨水溅传病害中表现更为明显；另一个方面是负密度效应，即寄主植物过密不

利传播，其具体原因尚不明确，可能由于过密会阻碍冠层的空气流动，从而影响气传孢子的飞散和传播。

　　寄主植株密度对传播的正作用，可以从传播距离上体现出来，如以 D 代表一次传播距离，以 D_{en} 代表寄主株距（或叶片间距），只有当 $D \geq D_{en}$ 时传播才能实现。$D=D_{en}$ 可以作为病害传播的阈值，这在土传病害中尤为明显。在单年流行病害的流行过程中，正密度效应通过其对菌量增殖率的影响而得以表现。当 $D \geq D_{en}$ 时，密度越大，一次或一代传播所导致的被侵染寄主株数（叶片数）就越多，菌量的增殖率也就相应增大，从而使得下一代传播的初始菌量增大……这样经过多次再侵染，密度的正效应会表现得越来越大；总之，密度越大，流行越快，病害总量（菌量）越来越大。从这个意义上可以把病害的流行看作一种密度效应。在自然生态系统中，植物病害很少大流行，其主要原因之一是种间、种内的异质性以及分布上的隔离，这种相对的低密度减缓甚至抑制了病害的传播。这种情况颇为常见，如自然界中一些杂草上的叶斑病和锈病等虽时有发生，但多为零星出现，一旦用作草皮植物集中成片种植后，病害便常常会大量流行。禾谷类纹枯病近来逐年加重，除水肥条件外，种植密度的增加也是一个重要原因，类似的情况还有很多。另外，间作套种、混合品种和多系品种的应用对于病害流行都表现出一定的控制作用，其作用机制固然复杂，但原因之一就是这些措施降低了单一品种（系）的有效密度（对于病害传播而言），从而抑制了病害传播和蔓延。

第二节　病害梯度与田间分布

一、病害梯度

　　病害梯度（disease gradient）是指传播发病后，自菌源中心向一定方向的一定距离内所产生的病害的分布梯度（离菌源中心越近病情越重，越远越轻），也可称为传播梯度（曾士迈和杨演，1986）。

　　一般情况下，病害传播距离（一次传播距离或一代传播距离）越大，病害梯度越不明显（梯度较缓），反之，病害梯度越明显。因此，实际只有本地（田块）菌源中心导致的病害传播，且当田间菌源（发病）中心零星出现时，在每一个菌源中心周围在一段时间内表现出病害梯度。随着时间的延长和病害密度的增大，这种梯度的范围越来越小，越来越不明显。Zadoks（1979）根据 Rijsdijk 和 Hoekstra（1975）对小麦条锈病调查所得数据而绘制的"蜘蛛网状图"（图 5-2），就形象地说明了这种变化。

二、梯度模型

　　病害传播在任一方向上的梯度可用各种数学模型进行描述，以下简述两个模型。

　　（1）模型1　　由清沢茂久（1972）提出，形式为

$$x_i = a/d_i^b \tag{5-2}$$

式中，a 为传播发病后菌源中心处的病情或由于传播而产生一个病斑的概率；x_i 为距离菌源中心 d_i 处的病情或传播发病的概率；d_i 为距离（$d_i \geq 1$），菌源中心处的距离（d_i）为 1；b 为梯度系数，因病害种类、传播条件和距离所用单位等因素而变，一般 $1<b<3$。

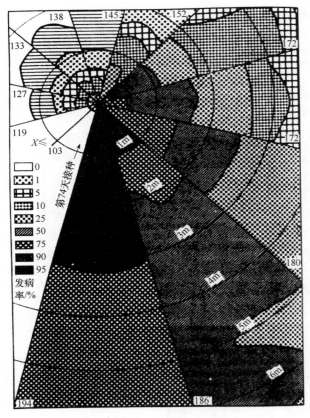

图 5-2　菌源中心随时间的变化（Zadoks，1979；
肖悦岩等，1998）

1～6m 为距菌源中心的距离；103、119、127、133、138、145 等
为接种后天数

该模型的曲线如图 5-3 所示。

（2）模型2　　由 Mackenzie（1978）提出，可写为

$$x_i = a\exp(-bd_i^n)$$

式中，a、x_i 和 b 的意义同模型 1（此处 $b=0.1 \sim 3$）；n 为传播模型的决定系数，取决于病害种类，通常 $3 > n > 0$；d_i 为距离（$d_i \geqslant 0$），菌源中心处的距离（d_i）为 0。当 $d_i=0$ 时，$x_0=a$。模型对应的曲线如图 5-4 所示。

两个模型相比较，模型 1 的梯度只决定于 b，使用简单；模型 2 的梯度取决于 b 与 n 的组合，使用时虽不如模型 1 简单，但模型弹性好，能拟合传播梯度的种种变化。

上述两个模型只是描述病害在一个方向（水平或垂直方向）上的梯度分布，实际上病害传播是在一定空间内水平和（或）垂直多个方向同时发生的，是多个单传播事件累积的结果。以病害在水平方向上的传播为例，当病原物传播体传播和侵染的一段时间内风向、风速不断变化时，新生病害可能呈圆形分布，当不同方向的风速和出现频率不一致时，病害会呈椭圆形分布（图 5-5），图中左侧锥体的体积代表病害数量，右侧平面图中的圆形或椭圆形曲线为病害等密度曲线（或等病情线），即等值线。此类梯度模型可以描述病害水平分布范围和传播距离，是上述单向梯度模型在空间内的扩展。同理，

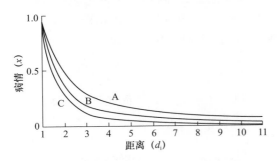

图 5-3　传播梯度模型 $x_i = a/d_i^b$ 的几种曲线
（肖悦岩等，1998）

假设 $a=1$，曲线 A：$b=1.1$；曲线 B：$b=1.5$；曲线 C：$b=2.0$

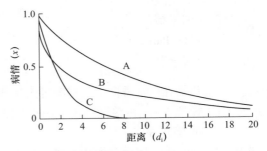

图 5-4　传播梯度模型 $x_i = a\exp(-bd_i^n)$ 的几种曲线（肖悦岩等，1998）

曲线 A：$n=1$，$b=0.1$；曲线 B：$n=0.5$，$b=0.5$；曲线 C：$n=1$，$b=0.5$

病害在垂直方向上的传播和梯度也可作类似处理。图 5-5 中描述的只是两种很特殊的情况，实际上，由于植物冠层空气中的气流复杂多变，病害传播所造成的等病情线是距离菌源中心病情相同的寄主连成的一条线，类似地理上的等高线，可能是规则的圆形或椭圆形，也可能包括不规则形，因此，情况比较复杂。

三、菌源与病害传播

病害梯度会受寄主和环境因素的影响，如寄主个体感病性和生态环境比较均一时（对于一定面积的同一种作物田块而言通常是这样），只要观察到病害梯度就表明有一个当地的菌源中心存在，因为从外地多个菌源中心传来的传播体会在大面积的作物中产生一致的病害分布（Gregory，1968，1973）。由本地菌源引起的病害流行，越是早期，梯度越明显，尤以一代传播的梯度最为明显，当然这

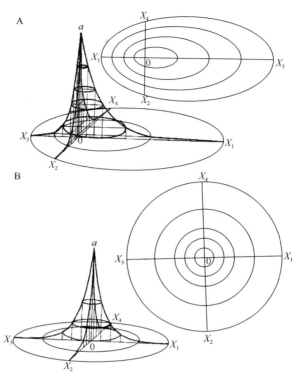

图 5-5 病害（水平）椭圆形（A）和圆形（B）传播密度分布（等病情线）示意图（肖悦岩和曾士迈，1986；赵美琦等，1985）

也受多种因素的影响，在有强风或湍流或旋风较多时，梯度就不甚明显。此外，当病害比较严重时（如病情大于 20% 以后），梯度会变小。例如，小麦条锈病和马铃薯晚疫病等气传单年流行病害，当菌源位于本田，病害在田间会经过中心病株（叶）、发病中心、点片发生期、普发期和严重期等阶段。这种所谓的"中心（即存在病害梯度）"只是在病害流行中前期（点片期）比较明显，进入普发期后便不再显而易见。其原因在于，这类病害一般是源于单一病斑引致的初始发病中心，由这些发病中心造成的病害梯度一开始很陡，但是飞散的孢子很快建立起次生发病中心，随着发病中心的扩展，初始的病害梯度变得愈加平缓，随着次生发病中心的扩展，病害很快在作物中均匀地分布（Gregory，1968，1973；Parker et al.，1997）。桃缩叶病等积年流行病害也存在同样的现象，通常积年流行病害只造成初次的病害梯度，即所有侵染点（如病斑或病叶）都由同一传播体来源引起。然而，引起积年流行病害的病原物孢子会在很长一段时间内释放，随着生长季节的延续，由于多次侵染互相重叠、累积效应，病害梯度会变得较为平缓。

四、病害梯度的利用

测定田间病害的梯度（或病原物传播梯度），对于判断病原物传播体来源（本地还是外地）、揭示接种体传播的机制、评价一些病害控制措施的有效性以及对田间试验结果的解释等都是非常重要的。如上所述，观察到病害梯度意味着本地菌源的存在，梯度的测

定有助于确定传播体来源。病害梯度可用于推断接种体的传播途径，平缓的梯度表明可能是风传，而陡的梯度通常意味着溅传。病害梯度还可用于估测初始接种体和再侵染接种体对病害发展的作用。例如，在收获时菜豆荚腐病（*Botrytis cinerea*）的梯度与花期接种在小区的孢子传播梯度是很相似的，尽管在收获时的传播梯度已经变得非常平缓，这说明在开花期初始的接种体起主要作用（Johnson et al., 1983）。病害梯度还有助于在气传病害田间试验中克服小区间的干扰。例如，Paysour 和 Fry（1983）利用孢子传播梯度模型来确定在马铃薯晚疫病田间试验中小区的大小以及合适的小区间距，从而将干扰降低到较低水平。此外，对于病害梯度的了解还有助于建议在距离接种体源多远可安全种植感病品种。对于病害空间分布的了解和模拟可以帮助我们以少数调查样点的数据来估计整个田块的病害分布，从而提高工作效率和调查取样的准确度。对于病害防治来讲，由于很多病害尤其是在流行初期多是点片式发生的，此时喷药最为关键，收效最好，因为处于发病中心周边的作物往往处于潜伏侵染状态，所以喷药面积要比发病中心的面积大一圈，只有这样才能有效控制病害的流行。

第三节 远 程 传 播

一、传播距离的划分

只有在气传病害的研究中，才对传播距离进行划分。对主要靠雨水飞溅传播的病害和土传病害等，一般传播距离都较近，没有自然条件下的远程传播，尽管人类活动（如引种等）可造成这些病害的远距离传播，但不属于这里讨论的内容。

对于气传病害，在流行初期其菌源中心一般仅为点源，初始菌量较低，传播距离也较小（近程传播），当菌量达到一定数量，菌源成为区源或者更大时，在适当传播动力（上升气流或旋风等）的协助下，即可能发生远距离（中程乃至远程）传播。近程传播、中程传播和远程传播的距离如何划分，并无定论，通常按物理传播距离来分：近程传播的一次传播距离一般在百米以下；中程传播的一次传播距离为几百米至几千米；远程传播的一次传播距离能达到数十甚至数百千米。当然这只是从传播的物理距离出发所做的机械划分，并未涉及不同传播距离差别的内在机制。三种等级的传播所造成的病害田间分布可定性描述如下（曾士迈和杨演，1986）。

（1）近程传播　　传播所造成的病害分布在空间上是连续的或基本上可追踪出其连续关系的，寄主和环境条件变化不大时，可出现一定程度的梯度，尤其是在病害"前沿"。传播的动力主要是植物冠层中或贴近冠层的地面气流或水平风力。

（2）中程传播　　这种传播造成的病害分布往往在空间上是中断的，原中心附近有一定数量病害，而距离中心稍远处又有一定数量弥散式的病害，两者或中断或藕断丝连，无明显梯度现象。当病害在一地达到一定数量后，孢子量较大且被湍流或上升气流从冠层中抬升到冠层以上数米高度，形成微型孢子云，继而由近地面的风力运送到一定距离以后，再遇某种气流条件或静风而着落于地面冠层中，即形成中程传播。从已有的经验来看，只有菌量大到一定程度和菌源着生位置达到一定高度，才有可能造成中程传播。

（3）远程传播　　传播后病害在空间上是远距离（可达数百千米）分隔的，并且新的发病地不存在本地菌源（或通过梯度分析表明不是本地菌源引起）。巨量孢子被上升气流、旋风等携带到上千乃至两三千米高空，形成孢子云，继而又被该高度的水平风力吹向远处，最终随下沉气流或降雨携落地面，着落于感病寄主，萌发侵入，从而实现上百千米的传播。

实际上，中程传播不易准确界定，它可以看成大距离的近程传播或小范围的远程传播。事实上，已有的研究也主要集中于近程传播，关于远程传播的研究为数不多。

二、远程传播

病原物传播体（如菌物的孢子）从冠层中逸出并被高空气流传送很远是很普遍的现象，但病害的远程传播却不是普遍存在的。迄今只发现少数病害存在远程传播，如烟草霜霉病能从古巴传到美国南部（Aylor，1999），禾谷类锈病（如小麦条锈病、叶锈病和秆锈病等）分别在中国、美国及印度境内的大范围传播（曾士迈，1963；Hamilton et al.，1967；Nagarajan et al.，1990），还有小麦白粉病、玉米锈病和黄瓜霜霉病等。然而，其他许多大面积栽培作物的病害，如水稻稻瘟病、大白菜霜霉病和马铃薯晚疫病等，尚未被证实有远程传播的现象。从已有的经验和知识来看，远程传播有其必备条件：菌源区病原物传播体数量巨大、传播体释放后遇到合适的气象条件和天气过程、传播体的生物学特性能适应上述气象条件和远距离"飞行"后不丧失或不完全丧失侵染活力、沉降区有感病寄主和适宜侵染发病的条件。

病害远程传播的流行规律非常复杂，至今只有少数病害的远程传播被定性描述。例如，小麦秆锈病在印度靠夏孢子周年循环，转主寄主不起作用，研究结果表明，南部尼尔吉瑞斯山区（海拔约2640m）的气候有利于秆锈病菌在当地完成周年循环，而在北部平原秆锈病菌不能越夏。高山上越夏菌源在11月随着掠过山区以弧线北移的气团被携带至北部平原上空，此时北部平原麦区正值苗期或拔节期，如气团遇冷空气而降雨，孢子则沉降于地面麦苗上，并有充足的时间经再侵染造成危害。

复　习　题

1. 植物病害流行空间动态的主要内涵是什么？其重点研究内容有哪些？
2. 病原物传播体一般具备哪些特点？
3. 病害梯度是如何形成的？它说明了什么？测定病害梯度有何实际意义？
4. 病害传播距离是如何定义的？如何测定一次传播距离和一代传播距离？
5. 不同传播方式的病害其传播距离有何差异？

第六章　植物病害流行系统的监测

提要： 植物病害流行系统的监测是病害预测和防治决策的前提和基础。本章主要介绍了植物病害和病原物的常规监测方法和新技术，同时也介绍了与病害发生密切相关的寄主、环境等因子的监测方法。

植物病害流行系统的监测（epidemic system monitoring）是对病害流行实际状态和变化进行全面持续的定性和定量观察、表述和记录。其目的在于掌握植物病害的流行动态和影响病害流行主要因素的变化情况，从而在生产上为进行植物病害的预测和防治决策提供可靠依据，在科学研究上为植物病害发生发展规律和预测方法的研究服务。在植物病害综合防治体系中，防治决策是核心，预测是决策的基础，而实况监测是预测和决策必不可缺的依据。研究始于观察，决策不能脱离实际情况，监测则为其基础，没有大量合格和可靠的数据资料，预测方法的制定和防治决策的研究均无从下手（曾士迈，1994）。

需要强调的是，对病害流行系统的监测，虽然是以植物病害为调查中心，以获取病害发生状态的时序数据，但并不等于只对病害进行系统或关键期或盛发期调查，而必须同步对病害流行系统的各个组分和影响因素进行全面的调查，包括寄主、病原物、环境因素和人类的耕作栽培活动。只有这样的监测，才能获得足够的数据，所获得的信息才能满足预测和决策的需要（肖悦岩等，1998）。

第一节　病　害　监　测

通过植物病害监测，可以直接了解一种病害在某一地区是否发生、发生的面积和程度，以及病害流行的时空动态信息，在此基础上通过预测，确定是否需要采取防治措施等，因此病害监测是病害预测和防治的基础。

一、常规的病害监测方法

1. 病害调查

病害调查可以从田间直接了解病害的发生和流行情况，也是目前病害监测最常用的方法，通常分一般调查和系统调查两种（肖悦岩等，1998；宗兆锋和康振生，2001）。

（1）一般调查　　通常又称普查，这是一种针对了解生产田中病害发生和危害程度以决定是否需要进行防治而采取的调查方法。这类调查对精度的要求不严，多采用踏查目测方式，以较小的投入及时获得较大面积的信息，包括发生量或发生程度、地区分布和发展趋势等，因此调查面积应尽可能地大，取样时注意样点的随机性和代表性。

（2）系统调查　　为了掌握病害种群数量或密度的消长动态和发展速度，需要选择一些固定的调查单位，如固定的调查地点、固定的植株、叶片甚至病斑，根据病害潜育期的长短按照一定的时间序列进行调查，这就是系统调查，它强调的是调查数据的规范性和可比性。这样，在一个生长季节内，能够得到一系列数据，在直角坐标图上，如果以时间为横坐标，以病情为纵坐标，可以根据这些数据用统计学方法拟合一条曲线，说明病害的流行动态。应该注意的是，在调查过程中要统一方法和标准，调查的次数也至少要达到5次。由农业部（2002年）发布的《小麦白粉病测报调查规范》规定小麦白粉病（*Blumeria graminis* f. sp. *tritici*）的系统调查方法是先选择发病条件好、发病较早的有代表性的感病品种麦田2或3块，每块田面积不少于 $2 \times 667m^2$，每块田固定5点，每点定100株（茎），其中至少有2点已有病叶，其余各点随机选定，在小麦拔节前每隔10d调查一次，拔节后每隔5d调查一次，到乳熟期末为止，按0～5级分级标准记载每次的病情。

在病害的监测过程中，应该将普查和系统调查结合起来，其中普查有助于查明各点的代表性和特殊性，各点上的系统调查则有助于检验和提高普查结果的可靠性，这样可以获得全面而深入的信息。病害监测是为病害预测服务的，因此，没有长期、大量和可靠的监测数据是不行的，这就需要规范病害监测方法和注意积累数据。

2. 调查取样方法

由于生物种群特性、种群栖息地内各种生物种群间的相互关系和环境因素的影响，某一种群在空间散布的状况会有差异，即空间格局不同，病害格局是指某一时刻在不同单位内病害（或病原物）数量的差异及特殊性（肖悦岩等，1998）。病害的空间分布格局通常有4种类型，即泊松分布（Poisson distribution）、二项分布（binomial distribution）、奈曼分布（Neyman distribution）、负二项分布（negative binomial distribution），病害调查时取样方法必须适合具体病害的空间格局，否则就不能获得准确的代表值。常用的取样方法有以下几种。

1）随机取样法：此法适宜于分布均匀的病害的调查，力图做到随机取样，调查数目占总体的5% 左右。

2）五点取样法：当调查的总体为非长条形时，可用此法取样。

3）Z形取样法：此法适于狭长地形或复杂梯田式地块病害的调查，按Z形或螺旋式进行调查。

4）平行取样法：此法适宜于分布不均的病害，间隔一定行数进行取样调查。

5）对角线法：适于条件基本相同的近方形地块的病害调查。在对角线上取5～9个点调查，调查数目不低于总数的5%。

3. 病情记载

在病害的调查过程中，需要对病情进行记载。通常病情用病害发生的普遍率、严重度和病情指数来表示（肖悦岩等，1998；宗兆锋和康振生，2001）。

（1）普遍率（incidence, *I*）　　代表植物群体中病害发生的普遍程度，一般用发病的植物单元数占调查单元总数的百分率来表示。植物单元可以是叶片、果实、茎、穗和植株等。但是发病的植物单元间的发病轻重程度可能有很大的差异。例如，同为发病叶片，有些可能仅产生单个病斑，另一些则可能产生几个甚至更多的病斑。这样，普遍率相同时，发病的严重度和植物的损失也就不同。为了更全面地估计病害数量，便需要应用严重度指标。

（2）严重度（severity, *S*）　　是指发病单元发生病变的程度，通常用发病面积占该单元的总面积来表示。例如，小麦条锈病（*Puccinia striiformis* f. sp. *tritici*）的严重度就以叶片上条锈菌夏孢子堆及其所占据的面积与叶片总面积的相对百分率来表示，设 1%、5%、10%、20%、40%、60%、80% 和 100% 八级。但是，100% 的严重度并不是指叶片上布满了夏孢子堆，只是说叶片上已经不能再容下更多的孢子堆了。以小麦叶锈病为例，当病害严重度达到 100% 时，夏孢子堆仅占据叶面积的 37%。

此外，病害严重度有时还用发病等级来表示，特别是对于一些系统性的侵染病害。表 6-1 列出了以植株为调查单元的小麦纹枯病（*Rhizotonia cerealis*）的严重度分级标准。

表 6-1　小麦纹枯病严重度分级标准（引自中华人民共和国农业行业标准 NY/T 614—2002）

严重度分级	分极标准
0 级	（无病）健株
1 级	叶鞘发病，或茎秆上病斑宽度占茎秆周长的 1/4 以下
2 级	茎秆上病斑宽度占茎秆周长的 1/4～1/2
3 级	茎秆上病斑宽度占茎秆周长的 1/2～3/4
4 级	茎秆上病斑宽度占茎秆周长的 3/4 以上，但植株未枯死
5 级	病株提早枯死，呈枯孕穗或枯白穗

（3）病情指数（disease index，DI）　是全面考虑普遍率和严重度两者的综合指标，能够全面反映植物群体的发病程度。

当严重度用百分率表示时，可用下式计算

$$病情指数 = 普遍率 \times 严重度$$

当严重度用发病等级来表示时，病情指数的计算公式则为

$$病情指数 = \frac{\sum（各级病株数 \times 各级代表值）}{调查总株数 \times 最高级别} \times 100$$

（4）普遍率和严重度的关系　在田间病害调查中，相比而言，普遍率较易调查且人为误差较小，而严重度调查则主要参照为不同病害而制定的标准进行估计，往往容易带入主观误差，不同调查者，甚至同一调查者在不同时期调查都有可能造成较大的误差，且比较烦琐，费时费力。研究表明，在一定条件下，普遍率和严重度之间存在一定关系。如果能够建立起普遍率和严重度之间的定量关系，由普遍率来推算严重度，不仅可以简化田间调查，还能够减小误差。大多数叶斑病，单个病斑发病后面积扩展有限，其普遍率和严重度都主要由侵染位点数量决定，因而在流行前期和中期、普遍率接近饱和之前，普遍率 I 和严重度 S 之间呈某种函数关系，简称 I-S 关系。坎贝尔等（Campbell et al.，1990）提出了如下三种情况下的理论通式。

1）当普遍率很低时，病斑分布为随机分布（泊松分布），则

$$S=-\ln（1-I）/ M$$

式中，M 为植物调查单元上可能发生病斑数的极大值。

2）当普遍率较高时，病斑很可能呈二项分布，且病斑常集团产生，则

$$S=1-（1-I）^{b}$$

式中，b 为每一病斑集团的病斑数除以每植物调查单元可能发生的病斑数的极大值。

3）如病斑呈负二项分布，则

$$S=k\left[(1-I)^{-1/k}-1\right]/M$$

式中，M 同上；k 为负二项式的聚集度参数。

上列三式中参数 M、k、b 的取值均因病害种类而异，常通过多年多点的实际调查数据来计算。也可以在大量实测值的统计基础上求出经验式的预测式，如董金琢等（1990）研究了小麦叶锈病、白粉病和条锈病普遍率与严重度之间的关系（图6-1），并建立了不同生育期三种病害普遍率与严重度之间的关系式。但是当普遍率接近饱和时，不能用此理论通式或预测式来推算严重度。

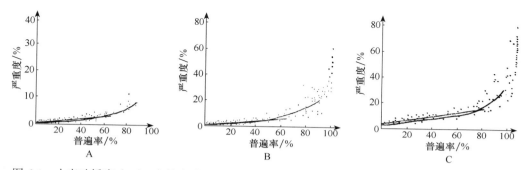

图6-1　小麦叶锈病（A）、白粉病（B）和条锈病（C）普遍率与严重度间的关系（董金琢等，1990）

病害调查主要是在田间通过肉眼观察和仪器测量得到的估计值和测量值，或通过抽样调查和数理统计获得的代表值。无论是估计值、测量值还是代表值，它们和真值之间都会存在一定的差异，这就是误差。误差是不可避免的，但要求越小越好，不断改进监测技术的目的就是使这些值更加接近真值。误差可分为两种情况，一种是完全偶然性的，找不到确切原因，称为随机误差（random error）或偶然性误差（spontaneous error）；另一种是有一定原因的，称为系统误差（systematic error）或偏差（bias）。由于系统误差是一种有原因的偏差，因而在病害调查中要尽量防止这类误差的产生，如积累经验和参加技术培训等，而随机误差的发生是不可避免的，但是可以减少，如在调查过程中对固定地块的固定调查点由固定的人来调查。

与误差相反，准确度是估计值或代表值接近真值的程度，它是评价一种监测技术好坏的重要标准，主要受系统误差的影响。精确度则是多次估计值或代表值之间的接近程度，随机误差则影响数据的精确度。一套好的监测方法或高质量的数据应该既有较好的准确度，又有较高的精确度。因此，不仅需要对调查者进行统一训练，还必须针对调查对象进行调查方法和取样技术的研究和设计。

二、现代高新技术与病害监测

1. "3S" 和 "3S" 集成技术

随着 "3S" 技术不断发展和完善，利用此技术来进行植物病害监测已受到国内外的关注。"3S" 技术是指全球定位系统（global positional system，GPS）、遥感（remote sensing，RS）和地理信息系统（geographic information system，GIS）三大技术（曾士迈，

2005）。

（1）全球定位系统（GPS）　　全球定位系统（GPS）是美国国防部在 20 世纪 70 年代批准建立的卫星导航系统，其主要目的是为陆、海、空三大领域提供实时、全天候和全球性的导航服务，最初是用于军事，现已广泛用于民用领域。全球定位系统由三部分构成：①空间部分，由 21 颗工作卫星和 3 颗备用卫星组成，分布在 6 个轨道平面上；②地面控制部分，由主控站（负责管理、协调整个地面控制系统的工作）、地面天线（在主控站的控制下，向卫星注入寻电文）、监测站（数据自动收集中心）和通信辅助系统（数据传输）组成；③用户装置部分，主要由 GPS 接收机和卫星天线组成。

中国北斗卫星导航系统（BeiDou Navigation Satellite System，BDS）是中国自行研制的全球卫星导航系统，是继美国全球定位系统（GPS）、俄罗斯格洛纳斯卫星导航系统（GLONASS）之后第三个成熟的卫星导航系统。近年来，随着北斗卫星导航系统建设和服务能力的不断发展，相关产品已广泛应用于交通运输、海洋渔业、水文监测、气象预报、测绘地理信息、森林防火、通信系统、电力调度、救灾减灾、应急搜救等领域，并已逐步渗透到社会生产和人们生活的方方面面。2018 年底北斗三号基本系统完成建设，并开始提供全球服务，可在全球范围，全天候、全天时为各类用户提供高精度、高可信度的定位、导航和授时服务。

这些年来，我国植物保护研究单位和推广部门大多配备了便携式 GPS 接收仪（图 6-2），用于病害多年的定点调查和监测，如由全国农业技术推广服务中心、中国农业科学院植物保护研究所等单位组织的小麦条锈病越夏、秋苗、春季流行等考察，从 2001 年起就采用 GPS 接收仪实现了调查点的精确定位，其调查结果为此病害越夏区的精准勘界和病害发生流行的预测预报提供了科学依据；在森林病害方面，安徽省宣州市林业工作站的方书清等（2003）结合航空录像技术，用手持式 GPS 地面定位变色树木，做到准确、快速定位感病的松树，起到及时监测松材线虫病的作用。近年来，随着智能手机的快速发展，大多内置了 GPS 模块和功能，使 GPS 在植物病虫害调查、监测等方面的应用更加便捷和广泛。

图 6-2　GPS 接收仪
（GPSMap60CSx）

（2）遥感技术（RS）　　遥感技术（RS）是近年迅速发展起来的一门综合性探测新技术。它接受目标物辐射或反射的不同电磁波，通过一系列处理和解释过程，快速而准确地提供被测目标的有关信息（梅安新，2001）。由于遥感技术可以利用的电磁波波长为 0.3μm～3m，不仅能感受到人肉眼看不到的光，而且具有监测面积大，获得资料规范、快速，数据可直接输入计算机等优点，现已广泛应用于军事侦察、气象预报、地质勘探、农业估产等领域。生物灾害的遥感监测活动始于 20 世纪 30 年代早期，近红外航空图像应用于马铃薯和烟草病毒病的监测。20 世纪 40 年代美国昆虫学家利用雷达监测迁飞性沙漠蝗，其后主要在森林病虫害和迁飞性害虫的监测中使用航天遥感技术。遥感的基本依据是获得来自地面物体的反射或反射的电磁波能量。绿色农作物的反射光谱均有类似的变化趋势，一般在蓝光波段 450nm 和红光波段 675nm 附近反射率小，在绿光波段 550nm 附近反射率较大，在近红外波段 700nm 附近急剧增大，在 750～1300nm 反射率都保持较大（图 6-3）。当农作物受到病害等灾害危害时，叶片会出现颜色改变、结构破坏或外形改观等病态，其反射光谱会有明显的改变。一般在近红外 700nm 波段，发生病害作物的反射率比绿色健康作物的反射率大（图 6-4）。病害所造成的叶片结构破坏或外形改观必然引起红外波段上反射率的改变，据此可以利用遥感技术进行病害监测、早期诊断及病害流行规律研究等。遥感技术在病害动态监测上的应用主要有两个方面：①早期预报，即通过遥感图像提取生境中与病害发生有关的主要环境要素及其变化，来推断病害最有可能发生的区域；②灾情监测和评估，即当病害已经在局部区域造成危害时，从遥感图像上提取受害植被相关信息，快速、准确地判断出灾情发生状况（分布、面积和程度），及时采取针对性的点、片防治措施。由于遥感技术能够快速、精确地获得病虫灾害的信息，在病害监测和预测中具有广阔的应用前景。

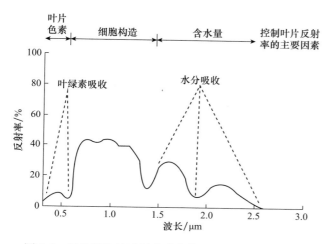

图 6-3　绿色植物的反射光谱曲线（梅安新等，2001）

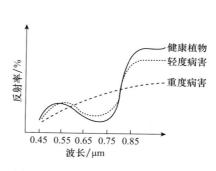

图 6-4　不同危害程度下的植物光谱反射曲线（梅安新等，2001）

　　目前关于利用遥感监测作物病害的研究已有不少报道，根据平台可将遥感分为近地遥感、航空遥感和卫星遥感。近地遥感主要是通过利用光谱仪在实验室及田间测量农作物叶片及冠层受病害危害后的光谱反射率，它具有操作简单、信息量大、数据易处理分析等优点，是目前植物病害遥感监测中研究最多的。国内外已有关于利用近地遥感监测包括玉米矮花叶病和小斑病（Ausmus and Hilty，1972）、马铃薯晚疫病（Zhang et al.，2003）、甜菜褐斑病、白粉病和锈病（Mahlein et al.，2010）、稻瘟病（Kobayashi et al.，2001；吴曙雯等，2001）、小麦条锈病（Sharp et al.，1985；黄木易等，2003；蔡成静等，2007；张玉萍等，2007；刘伟等，2018）、甜菜丛根病（Steddom et al.，2003）、小麦黄斑叶枯病（Muhammed et al.，2003）、小麦叶枯病（Nicola et al.，2004）、小麦全蚀病（Graeff et al.，2006）、芹菜菌核病（Huang et al.，2006）、小麦赤霉病（Bauriegel et al.，2011）、棉花黄萎病（Chen et al.，2008，2012）、小麦白粉病（Graeff et al.，2006；曹学仁等，2009；Cao et al.，2013，2015）等在内的多种植物病害的研究报道。如 Zhang 等（2003）在美国加利福尼亚州通过分析马铃薯晚疫病近地冠层高光谱数据后认为，高光谱遥感在马铃薯晚疫病的监测中，近红外区域（特别是 700～1300nm）比可见光区域更有价值。Steddom 等（2005）使用多波段光谱仪估计甜菜褐斑病（*Cercospora beticola*）的发病级别，结果表明，该方法能够准确评估甜菜褐斑病的发病等级，提高该病害的监测准确度。国内黄木易等（2003）等研究了冬小麦条锈病冠层光谱特征，结果发现，630~687nm、740~890nm 及 976~1350nm 为遥感监测条锈病的敏感波段，并进行波段组合，与病情指数作回归分析，建立了遥感监测条锈病病情指数的多波段下的组合诊断模式的定量模型。Cao 等（2013，2015）利用高光谱仪对 2 个抗感性不同的品种、2 种不同种植密度下受白粉病危害后的小麦冠层光谱反射率进行了研究，获得了可用于小麦白粉病监测的敏感光谱参数和时期，建立了基于高光谱参数的病害监测模型，同时发现品种和密度对小麦白粉病监测模型无显著影响。已有的研究还发现利用近地高光谱遥感技术还可将目标病害与其他病虫害或生理性病害区分开来。Graeff 等（2006）通过研究表明，利用特定的波段测量叶片的反射率可以识别和监测小麦全蚀病和白粉病。Mahlein 等（2010）研究发现利用光谱植被指数可以区分甜菜褐斑病、锈病和白粉病。Yuan 等（2014）采用 Fisher 线性判别分析（FLDA）和偏最小二乘回归法（PLSR）结合光谱反射率可以将小麦条锈病、白粉病和蚜虫区分开来。因此，遥感技术可以用来区分和监测植物病害。

由于地面遥感获取的面积比较小，与农作物大面积种植相比，其应用还受到一定的限制。航空遥感一般以无人机、气球等航空飞行器为平台，与地面高光谱遥感相比，虽然分辨率等信息量减少，但一次可监测的面积大、数据获取快捷。目前已有其在栗树疫病（Martins，2001）、马铃薯晚疫病（Johnson et al.，2003）、小麦叶枯病（Nicolas，2004）、水稻白叶枯病（Qin et al.，2005）、柑橘黄龙病（Li et al.，2012）、小麦条锈病（冷伟锋等，2012；刘良云等，2004）、月桂枯萎病（de Castro et al.，2015）、小麦白粉病（蔡成静等，2007；乔红波等，2006；Liu et al.，2018）等病害上的研究报道。Liu 等（2018）采用连续 5 年于小麦白粉病盛发期（小麦灌浆期）从距地面不同高度处获取的无人机航拍数字图像，分析发现图像参数 lgR 与病情指数或者产量在不同年度、不同高度间均存在较高的相关性，表明利用该图像数字参数来监测白粉病和预测产量是完全可行的。但同时也发现 lgR 与病情指数或者产量之间的关系模型的稳定性在不同年度和高度间均存在一定差异，进一步的分析表明不同的相机型号是其中重要的误差来源和影响因子。

随着卫星数量的增多和分辨率的提高，卫星遥感也开始应用于植物病害监测，包括小麦叶锈病（Franke et al.，2007）、小麦条锈病（张玉萍等，2009）、小麦线条花叶病、小麦白粉病（Zhang et al.，2014）、柑橘黄龙病（Li et al.，2015）等多种植物病害。

乔红波等（2006）同时利用手持式高光谱仪（近地）和基于数字技术的低空航空遥感系统，对小麦白粉病冠层光谱反射率进行了测定，结果表明，地面光谱测量冠层光谱反射率和低空遥感数字图像反射率与白粉病病情指数在灌浆期有显著的相关关系，就地面测量结果而言，近红外波段的相关性高于绿光波段，低空遥感数字图像的红、绿、蓝三波段中，相关性依次降低，而且低空遥感图像与归一化植被指数也存在较好的相关关系。蔡成静（2007）利用 ASD 手持光谱仪和热气球分别在近地与低空研究了小麦条锈病发病时小麦冠层的高光谱遥感数据特征，获得了近地和对应低空 2 个不同平台高光谱数据。经比较分析，发现低空数据与近地数据之间存在明显而有规律的变异关系，即低空获得的光谱反射率在可见光谱区域明显大于近地获得的光谱反射率，进一步对差异最显著的绿峰 580nm 和黄边 610nm 处数据进行回归分析，获得了低空光谱反射率值与近地光谱反射率值之间的回归模型。刘伟等（2018）分别利用近地高光谱和低空航拍数字图像同时对田间小麦条锈病的发生情况进行监测，结果表明近地高光谱遥感参数 DVI、NDVI、GNDVI 和低空航拍数字图像颜色特征值 R、G、B 与病情指数存在极显著相关性，整体上近地高光谱参数与病情指数的相关性要优于低空航拍数字图像参数与病情指数的相关性。研究人员分别建立了基于近地高光谱参数 GNDVI 和低空航拍数字图像参数 R 的田间小麦条锈病病情估计模型，模型均达到较好的拟合效果，尽管近地高光谱参数 GNDVI 对小麦条锈病的监测效果好于低空航拍数字图像参数 R，但低空航拍数字图像具有可以进行大面积快速监测的优势，因此在实际应用中可以根据需要选择其中一种方法或参数来估计田间小麦条锈病的发生和流行程度。以上的这些研究结果表明，利用遥感非破坏性监测小麦白粉病有着良好的应用前景。可以预见遥感在未来植物病害的监测中将会得到普遍应用，能够大大减轻田间监测的人工工作量。

（3）地理信息系统（GIS）　　地理信息系统（GIS）是一个用于输入、存储、检索、分析处理和表达地理空间数据的计算机软件平台，它由 4 个功能模块组成。①数据输入：用来采集和处理各种空间数据和属性数据。②数据库管理：用于储存、查询、校验、修改、数字化表达空间或地图数据，是 GIS 的一个根本特征。③空间数据的操作和分析：用来分析数据要素层之间和要素层内的关系。④数据输出：来显示图形或报表。利用 GIS 可以对空间数据按地理坐标或空间位置进行各种处理、对数据进行有效管理、研究各种空间实体及其相互关系。通过对多因素的综合分析，它可以迅速地获取满足应用需要的信息，并能以地图、图形或数据的形式表示处理的结果。同时也是一个为了获取、存储、检索、分析和显示空间定位数据而建立的计算机化的数据库管理系统。将地面调查获取的有害物种的种群数量、种群的空间格局等数据保存在 GIS 的数据库中，通过数据分析对同一区域或相邻区域进行病虫害的空间分布和种群动态监测。同时对地理空间数据进行编码、存储和提取，将自然过程、决策和倾向的发展结果以命令、函数和分析模拟程序作用在这些数据上，模拟这些过程的发生发展，对未来的结果做出定量的趋势预测，从而预知自然过程的结果，提前掌握病虫害的种群消长、发生范围、扩散趋势等信息，避免和预防不良后果的发生。在植物病害的空间分布、预测预报、风险评估、病害管理等研究方面，国内外已有很多采用地理信息系统等方法的相关报道。

在病害的空间分布研究方面，李迅等（2002）采用地理信息系统软件 ArcView3.0 和地统计学工具软件 GeoEAS，运用普通克里格法和反距离加权平均法两种空间插值方法，对我国小麦白粉病进行了地理空间分布分析，结果表明小麦白粉病的发生尤其是发病面积指标，表现出一定的空间相关性，并可根据空间自相关性生成插值图，显示小麦白粉病在地理空间分布上的格局。Wu 等（2001）对莴苣霜霉病在田间和美国 Salinas 峡谷两个空间尺度的分布分采用 GIS 聚类分析，结果表明，该地区分为南和北两个病害区，并认为环境因子决定病害的空间分布。Jaime-Garcia 等（2001）应用地理信息系统和地统计学分析了致病疫霉的基因型，其结果表明致病疫霉发生与地理分布有关，并用图形展示了致病疫霉的交配型和基因型发生的可能性和严重性。马占鸿等（2004，2005）和石守定等（2005）利用地理信息系统（GIS）和地统计学，对小麦条锈病菌越夏区和越冬区进行气候区划，明确了全国适合小麦条锈病菌越夏和越冬的范围，为越夏区治理方案提供了依据。Li 等（2013）和 Zou 等（2018）也利用 GIS 技术和植病数学模型对白粉病在我国的越夏区进行了区划研究，明确了小麦白粉病在我国的越夏范围。

在病害的预测预报方面，Orum 等（1999）采用地理信息系统工具，通过分析黄曲霉 S 菌株在空间和时间特征上表现的频率，可以对超过 30km² 地区的 S 菌株进行预测，空间自相关性分析表明，S 菌株在 Yuma 地区的相关性超过了邻近的田块，用克里格方法对 S 菌株的发生频率进行空间插值，预测 S 菌株的发生频率表现出较高的相关性。Hijmans 等（2000）应用地理信息系统结合马铃薯晚疫病发生的两个预测模型 Blitecast 和 Simcast，对全球马铃薯晚疫病的发生情况进行了预测，发现晚疫病的高发区主要包括欧洲西部、美国北部、加拿大东部沿海、巴西东南部和中国中南部地区，而病害低发区主要在印度西部平原、中国的中北部地区、美国中西部地区。司丽丽等（2006）成功地研制出了基于地理信息系统的全国主要粮食作物病虫害实时监测预警系统，利用该系统能够对小麦、玉米、水稻、马铃薯、高粱和谷子 6 种主要粮食作物的 60 余种病虫害进行实时监测和预警，还可将抽象的监测数据转化成清晰简明的点图式电子地图，直观明了地显示病虫害发生点数及地域分布。在此基础上，司丽丽等（2014）为了提高农业决策部门防治小麦白粉病的准确性和科学性，基于 Microsoft Visual、Camtasia Studio 9.0、MSSQL2005、C#、GIS 等相关技术，还研制了小麦白粉病防控气象服务系统。该系统集成了地面观测气象数据库、病害资料数据库等 7 类数据库 100 余种基础数据，实现了小麦白粉病的监测预警、预测预报、影响评估、服务产品制作发布一体化。

在病害的风险评估与病害管理方面，陈晨等（2007）应用地理信息系统分析了苹果开花期的温度和降水量等关键气候因子，结果表明渤海湾和黄土高原两大苹果产区中优先扶持县大多处于梨火疫病发生的高风险区域，分析认为此病害在我国存在适宜的寄主分布地区，一旦传入有可能严重发生。白章红等（1997）利用地理信息系统对小麦印度黑腥病菌在我国的适生性做了初步分析，结果认为大于 0℃ 以上的有效积温大于 1300d·℃、一年中最冷月的平均温度小于 20℃、小麦抽穗杨花期间平均温度在 7～29℃ 且相对湿度大于 48% 的地区属于小麦印度黑腥病菌的适生区，并预测该病一旦传入我国可能对我国各小麦主产区造成严重的后果。Jia 等（2013）利用地理植病模型和 GIS 工具分析了全国 500 多个气象站点 50 年的气象数据，对小麦矮腥黑穗病菌在我国的定殖风险进行了区划，结果表明小麦矮腥黑穗病菌定殖的高风险区和中风险区分别占我国冬小麦种植区面积的 27.33% 和 27.69%。邵刚等（2006）应用生物建模与 GIS 分析相结合的方法，根据我国 677 个气象站点的逐月气温数据以及全国土壤 pH 等值线图数据，对我国苜蓿黄萎病菌的适生性进行分析，结果表明，苜蓿黄萎病菌在我国的适生性强、范围广，其在我国西北、东北及华北地区的适生程度较高，建议加大植物检疫工作力度，严防此病害的传入、定殖或扩散。

（4）"3S" 集成技术与植物病害监测　　"3S" 集成技术是全球定位系统、遥感和地理信息系统三门学科在平行发展的进程中，逐渐综合应用的技术，三者的有机结合，构成了一个一体化信息获取、信息处理、信息应用技术系统，是一个充分利用各自技术特点的空间技术应用体系，并逐步成为一个实践性和应用性较强的新学科，简称 "3S" 集成技术。应用 "3S" 集成技术监测植物病害的基本流程是：利用 RS 提供的最新图像作为植物病害调查的数据源（或由 GPS 提供的点线空间坐标作为数据源），通过计算机将 RS 图像进行矢量化，并判读出病情发生点；利用 GIS 作为图像处理、分析应用、数据管理和储存的操作平台，确定病情发生点的精确地理坐标、危害程度、发生范围和面积等所需信息；利用 GPS 作为定位目的点位精确空间坐标的辅助工具，可制定出测报点分布图、踏查线路图，并帮助地面实地调查人员找到病源地的准确位置，三者紧密结合可为用户提供内容丰富的病情资料和及时精确的基础资料。Nutter 等（2002）运用地面 GPS 定位，通过地面高光谱测量、小型飞机搭载光谱仪低空飞行和 Landsat-7 分别获得地面、航空和卫星三个不同平台的遥感数据，利用 GIS 系统进行数据分析，监测大豆孢囊线虫（*Heterodera glycines*）的危害范围和危害程度，建立了田间病情与地面光谱以及航空和卫星遥感数据的关系。"3S" 集成技术使植保研究的病害信息及环境信息的获取、采集、分析利用更加自动化、科学化，提高对农业有害生物的监测预警能力和综合治理水平，是未来监测作物病害的发展趋势。

2. 计算机技术与植物病害监测

当今，以信息技术（information technology）为特征的信息化浪潮席卷全球，人类社会信息化进程不断加速，信息同物资、能源一样，已经成为现代社会人类可以利用的最重要的战略资源之一，并将在社会生产和人类生活中发挥日益重要的作用。以计算机为核心的现代信息技术，自 20 世纪 70 年代末进入我国农业领域，多年来经历了起步、普及、发展和提高 4 个阶段，在应用的广度和深度上均达到了一定的水平，已渗透到农业的各个学科。在植物病害监测上，信息技术也发挥着越来越大的作用（曾士迈，2005）。

（1）植物病害数据库管理　数据库（database）是指长期存储在计算机设备内的有组织和可共享的数据集合。目前，我国关于病害监测的数据很多，管理和利用这些数据对研究病害流行和预测有十分重要的作用。数据库系统不是从具体的应用程序出发，而是立足于数据本身的管理，它将所有数据保存在数据库中，进行科学的组织，并借助于数据库管理系统，与各种应用程序或应用系统接口，使之能方便地使用数据库中的数据。数据库技术的发展，为信息的存储、分类、查询、传递等提供了保证。随着病害综合治理（IPM）理论和实践的丰富与发展，病害数据库技术已成为研究和治理病害生态系统的一种必要手段，在国内外已广泛运用于 IPM 决策中，植物检疫数据库、植物病毒分类鉴定数据库、外来有害生物数据库、植物病虫害数据库等纷纷建立和推出。

（2）病害信息的网络化传递　自美国政府提出以信息高速公路为标志的 NII（国家信息架构，National Information Infrastructure）计划后，各国也纷纷推出了自己的计划，全球信息化建设飞速发展。作为信息高速公路基石的美国第一公用数据网 Internet，如今已经成为全球的计算机互联网，共有 180 多个国家和地区、全球 134 000 多个网络、近亿台计算机主机、600 多个大型图书馆、400 多个学术文献库、100 多万个信息源与之相连接，用户总量超过 10 亿。目前，植保领域的信息网络化已得到一定的发展。为加快病害信息的传递，实现系统内信息共享，提高病害预测预报的准确性和时效性，如安徽农业大学等单位近年来为了进一步满足安徽省植保部门传统的数据上报和病害预测需求，建立了安徽省农作物主要病虫监测预警基础数据库，以及基于气象相似年分析的智能、动态预测系统；构建了基于 GAHP 的网络群体会商的农作物病虫害预测系统，构建了大数据分析预测系统，该平台基于安徽植保系统传统的预测模式和业务流程，集成了数据上报查询、统计分析、预测预警等功能，提升了预测的时效性、可靠性和准确性，实现了安徽省农作物主要病虫监测预警的数字化、网络化，同时近年来平台还增加了移动客户端和 SOA 的体系架构，该系统在安徽全省植保系统已广泛应用 8 年，覆盖了全省 16 个市 95 个县（区）植保站，为小麦赤霉病和白粉病等主要病虫害防治决策的制定提供了重要依据。全国农业技术推广服务中心将计算机网络技术与测报专业技术有机地结合，开发了"全国病虫测报信息计算机网络传输与管理系统"。目前已与全国大部分省植物保护（植保）站和部分区域站联网开通，大大提高了病虫信息的传递速度和利用率，初步实现了测报系统内的远程观测、远程信息反馈、遥距控制及信息资源的共享。因此，计算机信息技术在植物病害监测和管理中的应用，使得能够更加准确地监测病害系统的动态变化，进行各种不同时效预测及综合治理，从而大大提高植保的监测预警能力、防灾减灾效率。

第二节　病原菌监测

病原菌是植物病害三角或四面体中的要素之一，其繁殖体或传播体的量或密度是病害发生和流行的一个重要驱动因子。病原菌具有侵染能力的繁殖体或传播体的生存力、传播能力与病害的流行速度、流行期长短及分布范围有很重要的关系，因此在一些病害的预测和管理中，对其病原菌的繁殖体或传播体的监测是必需的。对病原菌种群数量的估测，技术难度较大，在绝大多数情况下，由于个体微小或计数单元无法划分，很难测定，只有一些病原菌的繁殖体或传播体如菌核、孢子等可进行直接测定，且只能测定传播体相对数量的变化或相对特定条件下群体的数量。这些原因制约了对病原菌的监测研究，近年来一些现代监测仪器的发展和改进特别是分子生物学技术的飞速发展，为此方面的研究提供了先进的技术支持（Campbell et al.，1991；曾士迈，1994）。

一、病斑产孢量的测定

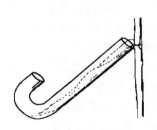

图 6-5　J 形管测定产孢量
（仿肖悦岩等，1998）

已有的病斑产孢是病害再侵染的主要来源。对产孢量的测定是病害流行分析和流行预测中不可缺少的组分。产孢量的测定通常采用套管法，即将产孢叶片插入开口朝上的大试管中或两头开口的 J 形管中（图 6-5）。换管前将叶片上的孢子抖落在管中，或用 0.3% 的吐温水洗下孢子。冲洗液离心后，在显微镜下用细胞计数板检查孢子的数量，也可用分光光度计比浊法标定悬浮液的孢子量。黄费元等（1992）采用透明胶粘贴的方法来测定稻瘟病（*Pyricularia oryae*）田间叶片的孢子量，方法是将透明胶带对准叶片病斑粘贴，轻压后将胶带撕下，贴于载玻片上镜检。对病斑正面和反面依次粘贴，直至最后粘贴的透明胶带检查不到孢子为止，将各次粘贴检查到的孢子数相加，即为该病斑的产孢数。

二、空气中病原菌的监测

对于气传病害（如小麦条锈病、白粉病等）来说，流行初期其繁殖体和传播体（孢子）数量是病害预测预报的重要依据。用于植物病原菌繁殖体或传播体（孢子）数量或密度监测的方法和仪器与针对非生物粒子或花粉的很相似。因为非生物粒子与病原菌孢子的大小比较接近，非生物粒子的直径大小为 1~40μm，真菌孢子为 10~40μm，气传细菌可能大一些，约为几毫米，只不过对生物粒子的采样要求尽可能不要损伤或不要破坏它们的活力。尽管用于病原菌繁殖体或传播体的取样装置或方法较多，且每种装置或方法有各自优、缺点并只适于一定的粒子大小范围，但其截获繁殖体或传播体的原理主要是基于重力沉降、惯性碰撞等。

1. 水平玻片法

采用水平放置涂有黏性物质（凡士林等）的玻片，依靠重力沉降来收集病原菌孢子，是最早使用的孢子采样方法，具有经济、简便易行的特点，并可提供一定程度的定量或半定量信息，但它只适于较大孢子，易受旋风、涡流的影响，而且捕捉效能不高。一般在中等风速下，用此方法获得的估计值就明显低于实际值，高风速下，边缘效应或涡流更使玻片表面很难截获病菌孢子。尽管水平玻片法不适于准确度要求高的大田和室外定量监测工作，但它还是比较适合雨水飞溅传播的病原菌或室内（温室和保护地等）病原菌的监测或取样。玻片也可换成含有选择性培养基的培养皿，用来监测气传真菌孢子或细菌，提供繁殖体或传播体的生活力和种类信息。利用重力沉降方法取样的另一个变型是通过一个漏斗使病原菌随水流进一个收集器如烧杯中，很显然此方法特别适于雨水传播的孢子。它可保持收集到孢子的湿度，不足之处就是在对收集的病原菌孢子计数前，需要对孢子进行有效的分离和浓缩。

2. 垂直或倾斜玻片法或垂直圆柱体法

垂直或倾斜玻片法或垂直圆柱体法尽管与上述方法相同或非常相似，但其主要是利用孢子在空气中运动对收集器表面产生碰撞而截获孢子的。由于需要借助外界风的力量，此法的收集效能因风速而异。从理论上讲，一般在静风中大孢子不容易截获，而小孢子在中等风速以上，则容易被吹掉而丢失，并且此装置不适合收集风雨传播的孢子。因为孢子很容易从玻片或圆柱体上被冲刷下来，所以此方法被进一步发展，产生了旋转垂直胶棒孢子捕捉器——Rotorod®（图6-6）。此捕捉器通过一对垂直的黏性棒高速旋转，与孢子发生碰撞来收集孢子。这种方法对直径大约20μm的孢子的捕捉效率最高，而且能检测到低浓度的孢子，机械装置简单轻便，可用电池驱动，相对来说费用也不太高。其捕捉效率较高且受风速（低于6.2km/h以下风速）影响不明显，由于捕捉表面容易产生过饱和，因此实际的捕捉效率主要取决于空气中孢子的大小和密度及捕捉器的使用时间。Rotorod®捕捉器由一对U形丙烯棒组成，在电机的驱动下以一定的速度旋转，U形棒宽1.59mm，对直径10～100μm的粒子捕捉效果最佳。Rotorod®有时也采用H形棒，一般棒宽0.48mm，它对捕捉粒子

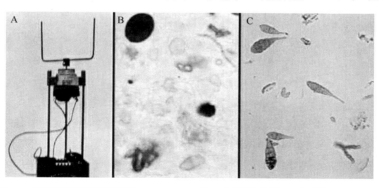

图6-6 旋转胶棒孢子捕捉器——Rotorod®（A）和捕获的孢子及菌丝（B和C）

的最有效范围为 1～10μm，且棒越窄，对小粒子的捕捉效率越高。在相同的取样速率下，Rotorod® 的 U 形棒捕捉效率可达到 70% 以上，H 形棒可达 100%。

3. 吸入型孢子碰撞捕捉器

此类捕捉器大多数是用真空泵或其他空气驱动装置把孢子吸入捕捉器内，通过碰撞着落到一个运动的收集表面，它可测出单位时间的孢子数量，由此可计算出孢子在空气中的浓度即单位体积的孢子数目，由于它可给出空气体积的读数，也被称为定容孢子捕捉器。此装置相对不受风速和孢子大小的影响，其误差主要来自两个方面，一是吸入误差，即孢子未进入捕捉器的口；二是截获误差，即孢子没有着落到正确的位置，或被捕捉器的内壁所截获，或者孢子随空气穿过捕捉器。这类捕捉器采用了孢子从环境中分离出来的最理想方法，即等空气速度取样。其收集效率随粒子的大小和风速的增加而增加，与取样器口的大小成反比。

May 和 Sonkin 提出了一个串联式粒子碰撞捕捉器。它由多个串联起来的管组成，每个管有一个小的空气喷口，在每个喷口正面放置涂有黏性物质的玻片，当空气被吸入通过每个喷口时，气流中的粒子就会着落到玻片上。通过调节喷口的大小和玻片与喷口的距离，可使每个玻片截获不同大小的粒子。在此基础上 Hirst 对其进行了改进，产生了自动定容式孢子捕捉器，该装置工作过程是空气通过一个很窄的口被吸入，着落在移动（2mm/h）的玻片上，而且取样器带有风向标可保持取样口正对风向（图 6-7）。Hirst 捕捉器的一个替代型号被称为 Burkard 7d 定容孢子捕捉器（7-day recording volumetric spore trap）（图 6-8），其主要改进在于孢子被吸入后（其孔口吞吐量为 10L/min），可着落在一

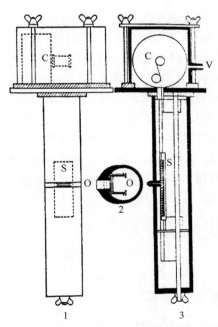

图 6-7　Hirst 自动定容式孢子捕捉器
（仿 Gregory，1973）

1. 正面图；2. 碰撞单元；3. 侧面图；O. 进气口；V. 抽气口；
S. 涂有黏性物质的玻片；C. 时钟驱动器

图 6-8　Burkard 7d 定容孢子捕捉器

个表面覆有胶带的鼓上，而鼓与一个每7d或24h旋转一圈的时钟连接，因此它可自动记录7d或24h的孢子数据，而不需要在此期间更换截获孢子的鼓。

　　Pady及Kramer等在Hirst和Burkard捕捉器的基础上又设计出了Kramer-Collins孢子捕捉器，它结合了两者的特性。

　　近年来Burkard公司还推出了一款定容孢子捕捉器的改进型SporeWatch（图6-9），此型号是在目前国际上通用的Hirst孢子采样器基础上改进的系统，其成本更低，体积更小，更具灵活性。SporeWatch采样器全部采用电子控制操作，具有16个可选择的采样周期（可选择1h、3h、6h、9h、12h、15h、18h、21h、24h和2d、3d、4d、5d、6d、7d）与自动关机功能等。SporeWatch还可与大气生物学监测系统配合使用，在采样周期内同时监测环境的温湿度。同时该公司还研发了一款新型孢子捕捉器——多管气旋孢子捕捉器（图6-10），该型孢子捕捉器可把空气中的病菌孢子直接收集到1.5mL离心管中，获得的样品可使用新的血清学和分子生物学检测技术进行定量分析，如ELISA、PCR等。气传病菌孢子可根据需要获得干样品和液体样品，多管捕捉器包括装有8个离心管的旋转盘，可按顺序采集8管样品，基本型号还附加一个小型气象站，用来记录取样期间的天气情况。此孢子捕捉器对不超过1μm的病菌孢子或粒子收集效率较高，孔口吞吐量为16.5L/min。

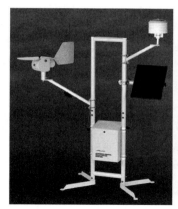

图6-9　SporeWatch定容病菌孢子捕捉器

　　串联式孢子碰撞捕捉器还有另一类型Andersen捕捉器（图6-11，图6-12）。这种捕捉器是让孢子着落在培养基上，它不但适于空气中孢子量多时使用，而且可使获得的孢子保持活性，另外还可通过使用选择性培养基，选择性地收集感兴趣的病原菌孢子。以上吸入型孢子碰撞捕捉器的收集效率可高达100%，但费用也较高。

　　国内的河北农业大学（2008）也自行研制出了"河农型"电动式病菌孢子捕捉器，可进行逐小时的孢子捕捉。该孢子捕捉器采用透明胶带作捕捉载体，以微型风扇抽气所形成的负压为动力，使外部空气以很强的气流从进气孔进入并冲击胶带，从而使空气中的孢子黏着在胶带表面，此胶带被固定在一块石英表的表盘上，该表每7d转

图6-10　多管气旋孢子捕捉器

图 6-11　Andersen 捕捉器（A、B）及其捕捉到的孢子产生的菌斑（C～F）

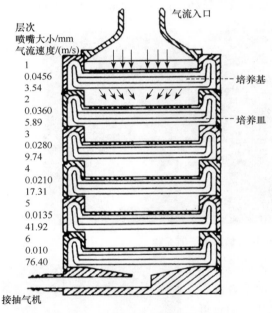

图 6-12　Andersen 捕捉器剖面图

1 周，每小时转过的圆周长度为 2mm。将胶带取回室内后，以乳酚油作浮载剂将其粘于载玻片上，即可放到显微镜下计数孢子，也可获得每小时的孢子捕捉数量。中国农业大学（2014）研制出了小型便携式病菌孢子捕捉器——"中农孢子捕捉器"（图 6-13），可用于对小麦锈病、小麦白粉病、小麦赤霉病、稻瘟病、马铃薯晚疫病、玉米大（小）斑病、葡萄霜霉病、瓜类白粉病等病害田间空气中病菌孢子的捕捉。

利用病菌孢子捕捉器或捕捉装置获得的孢子数或浓度数据，结合气象数据和病情调查数据，就可以分析三者之间的关系，最后建立病害的预测或估计模型。Blanco 等（2004）利用定容式孢子捕捉器研究了空气中分生孢子数与环境条件及草莓白粉病病情之间的关系，发现空气中的孢子数与病情之间有显著的正相关关系。Cao 等（2012，2015）也采用 Burkard 7d 定容孢子捕捉器对空气中小麦白粉病菌（*Blumeria graminis* f. sp. *tritici*）分生孢子浓度的季节性和日变化动态进行了监测，分析了分生孢子浓度和气象因子及病情之间的关系，最后分别建立了基于气象因子、孢子浓度以及气象因子与孢子浓度互作的小麦白粉病病害预测模型。基于空气中苹果白粉病菌（*Podosphaera leucotricha*）孢子数（Jeger et al., 1984）、草莓灰霉病菌（*Botrytis cinerea*）孢子数（Xu et al., 2000；Blanco et al., 2006）、葡萄白粉病菌（*Uncinula necator*）分生孢子浓度（Carisse et al., 2009a）、甜菜褐斑病菌（*Cercospora beticola*）孢子浓度（Khan et al., 2009）的病害预测模型也有相关报道。

4. 移动式孢子捕捉器

移动式孢子捕捉器或取样器（RAM air sampler for use with moving vehicle）（图6-14），其收集效率最高可达99%。它的设计吸收了以上一些捕捉器或装置的特点，并充分利用了空气动力学的原理。捕捉器工作过程是通过车辆的快速运动使进入的空气在一个带有喷嘴的锥形管道中加速，而排出空气的反向流动设计，使空气流动在喷嘴下的收集区处于静止状态，从而使进入捕捉器的孢子依靠重力沉降，并均匀地落在收集器的底部。此捕捉器的最大特点是不破坏捕捉的孢子生活力，因此主要适用于专性寄生菌如锈菌、白粉菌等病原菌孢子的取样，同时也可用于此类病原菌孢子的密度监测。由于移动式孢子捕捉器采样具有效率高、取样均匀、范围大、样本代表性好等特

图6-13 中农孢子捕捉器

点，因此用来代替传统的人工调查方法，可以大大降低工作量，提高效率。周益林等（2007）尝试利用移动式孢子捕捉器捕获的孢子量来估计小麦白粉病的田间病情，试验结果表明，其发病盛期田间病情与孢子捕捉量有明显的相关性，这说明用该捕捉器估计小麦白粉病的田间病情是可行的。

三、土壤中病原菌的监测

图6-14 移动式孢子捕捉器

土传病害的发生与发病程度，取决于病原物和土壤中大量有益微生物以及寄主植物在土壤中复杂而特殊的生态环境条件下相互竞争、相互联系和相互制约的结果，对土壤中病原菌的种群数量的定量是病害预测和防治的重要依据。一般来说，对土壤中病原物定量首先需要从土壤中分离病原物，目前常用的方法包括直接提取和使用选择性培养基。直接提取适用于线虫和真菌产生的菌核，不能产生菌核的真菌和细菌则往往先将土壤配制成悬浮液，然后用稀释法或划线法分离。下面以植物线虫为例进行介绍，目前，土壤线虫的分离方法主要采用离心浮选法、贝曼漏斗法和浅盘法。

1）离心浮选法：该方法是根据线虫的相对密度大于微土粒，而比某些浓度的溶液小设计的，常用的相对密度较大的溶液是蔗糖溶液。先将供试土样放在离心管内，加水并充分小心搅匀，置于离心机内离心，弃去上清液，加入配好的蔗糖溶液搅匀，再次离心，将上清液注进预先装水的烧杯里，将不同级别的筛网套在一起，将烧杯内的水倒入筛网，并用水冲洗，最后将不同筛网里的线虫分别洗到带平行横纹的塑料培养皿中。该方法最大的优点是快，能分离到的线虫也多，获得的线虫悬液干净。但如果线虫在高浓度糖水中的时间太长，会因反渗透作用使虫体变形，影响其活性，在分离操作中应引起注意。

2）贝曼漏斗法：由贝曼（Baermann）提出，将漏斗固定在支架上，漏斗末端接一段橡皮管，在橡皮管后端用弹簧夹夹紧，漏斗内放置一层铁丝网，其上放置两层纱网，并在上面放一层线虫滤纸，把土样均匀铺在滤纸上，加水至浸没土壤。置于室温条件下分离。分别经过24h、36h、48h后，打开夹子，放出橡皮管内的水于小烧杯中，然后同离心浮选法一样，用三个套在一起的筛网过筛、冲洗、收集。漏斗法不需要复杂的设备，操作简单，

适于分离活跃的线虫。其缺点是橡皮管内缺氧，不利于线虫的存活，需要的时间也比较长。

3）浅盘法：由两个可以套放的不锈钢浅盘组成，上盘底面为筛，在筛盘上放置两层纱网，再放一层线虫滤纸，然后把土样均匀铺在滤纸上，加水至浸没土壤。线虫会渐渐集中到底盘的水中，收集浅盘中的水，然后同离心浮选法一样，用三个套在一起的筛网过筛、冲洗、收集。筛盘的面积较大，水中氧气足，故能提高线虫的有效分离率。

对土壤病原物的定量测定有以下 4 种方法，每个方法都有其优缺点，对不同的病原物应采取不同的方法。

1. 直接计数

直接计数是确定一定体积土壤中病原群体数最简单的方法，对于像菌核、真菌孢子和绝大多数植物线虫等能够目测或在显微镜及解剖镜下镜检计数的病原而言，可以通过直接计数来估计土壤中的病原群体数。线虫就可以将分离液或稀释后的分离液加到计数皿内，在解剖镜下计数。

2. 选择性培养基

除线虫和能产生菌核的真菌外，其他土壤病原物体形微小，数量庞大，因此一般采用选择性培养基对土壤中病原物进行分离和定量，培养基的选择性是通过改变营养成分、pH、抗生素或杀菌剂来实现的。除了极少数是将土壤直接放在选择性培养基上外，绝大多数都是先将病原物从土壤中分离出来，然后接种到选择性培养基上，有些细菌和真菌还需要对分离液进行稀释，最后根据定量土样中培养出的菌落数来反映土壤中病原物的量。

3. 基质定殖培养

采用一些植物的种子或秸秆（小麦秆、棉花秆、甜菜种子、菜豆种子等）、水果（苹果、梨等）、植物叶片（松针、苜蓿叶片、菜豆叶片、柑橘叶片等）放在土壤中作为基质或诱饵来培养病原菌，然后转到选择性培养基上培养，所获得的菌落数据不仅可估测土壤中病原菌的数量，还可获得病原菌在土壤中竞争能力的信息，此信息对了解病原菌与病害流行学关系具有重要的参考价值。

4. 生物测定

生物测定是以指示植物的发病数量来反映土壤中该病原物的多少。当选择性分离和生物测定方法标准化后，可以得到大量的可靠数据，但当监测的地块很大、土样很多时，工作量也会随之增大。

四、病菌生理小种或毒性及抗药性监测

1. 生理小种或毒性监测

种植抗病品种是控制植物病害最为有效、经济和易行的措施之一，特别是对于大面积流行的气传病害。然而目前选育和推广的抗病品种多表现为单基因控制的垂直抗性，大面积推广后很容易丧失抗性。研究表明，病原物生理小种群体结构的改变（包括新小种出现）是品种抗性丧失的根本原因。因此，系统监测病原物生理小种群体结构变化是病害流行预测的重要依据，同时也能够指导抗病品种选育和合理布局。

病原物的生理小种在形态上没有差别，主要是根据它们对不同品种的毒力差异来划分。这就需要建立一套稳定而统一的小种鉴定技术体系，包括鉴别寄主、鉴定方法、小种分类定名法等。目前生理小种监测的常用方法是先大量采集病原菌标样，然后经单孢

（或单病斑、单孢子堆）分离，将所得到的纯化菌株接种到鉴别寄主上，分别记录反应型，从而确定其生理小种类型，还可以得到各小种的出现频率。我国自 1957 年以来（除 1967～1970 年以外）就一直在开展小麦条锈菌生理小种的监测工作，并成立了全国小麦条锈菌生理小种监测协作组，结果分别于不同时期正式发表，如万安民等（2003）就对 1997～2001 年我国小麦条锈菌生理小种的变化动态进行了报道，这项工作为在较大时空尺度内研究小麦条锈菌与小麦互作、演替和变化规律提供了非常宝贵和丰富的系统性资料。中国农业科学院植物保护研究所从 20 世纪 80 年代初开始一直在开展小麦白粉病菌生理小种或毒性的监测工作，这些研究工作对抗病育种和病害治理具有重要指导意义。

2. 抗药性监测

尽管采用抗病品种和栽培措施（包括作物轮作和布局）可有效控制植物病害，但由于病菌群体快速变异和寄主的定向化选择，大面积推广品种很容易"丧失"其抗病性，因此目前杀菌剂仍是控制病害流行的主要措施，但药剂的长期和大面积使用，又导致了病菌的抗药性问题。

病菌抗药性是指野生敏感的植物病原物个体或群体，在某种药剂选择压力下出现可遗传的敏感性下降的现象，这也是使生命在自然界延续的一种生物进化的表现。抗药性的监测方法一般是：设置待测药剂不同的浓度梯度，采用生物测定方法获得其对病害的抑制中浓度 EC_{50}。病菌群体的抗性频率（resistance frequency）用抗性菌株数与整个测定菌株数（抗性＋敏感）的比值来表示；抗性因子（resistance factor）即抗性的水平，用抗性菌株的 EC_{50} 值／敏感菌株的 EC_{50} 值来表示。与抗药性相关的概念包括交互抗性、多重抗性、负交互抗性、抗性频率和抗性因子等。交互抗性（cross resistance）：是由相同遗传因子控制的对两种或两种以上杀菌剂产生的抗性。为了避免混淆，最好把它定义为正交互抗性（positive cross resistance）。多重抗性（multiple resistance）：由不同遗传因子控制的对两种或多种杀菌剂的抗性。负交互抗性（negative cross resistance）：由特定的遗传因子控制，它参与对一种杀菌剂抗性的增加，并同时影响对另一种杀菌剂敏感性的增加（Delp et al.，1985）。中国农业科学院植物保护研究所从 1995 年开始监测我国小麦白粉菌群体对三唑酮的抗性水平动态，这些监测数据为杀菌剂的生产和推广、农户的使用及抗药性的治理提供了依据（Duan et al.，2000；张莹，2001；夏烨等，2005；曹学仁等，2008）。

五、分子生物学技术在植物病原物监测上的应用

目前，分子生物学技术已经渗透到几乎所有的生物学领域，成为 21 世纪应用于农业的两大高新技术之一。近年来，分子生物学技术在植物病原物监测上也开始得到应用。

1. 分子生物学技术在病原菌监测中的应用研究

（1）潜伏状态病原菌的监测　　病害一般在发生初期或越夏越冬阶段处于潜伏状态，而此阶段病害菌源量的准确估计对病害流行预测预报十分重要，它是预测病害发展趋势的重要参数。但使用常规方法调查病害时，用肉眼无法观测到处于潜育状态的植物病害，而叶片培养法费工费时，且受环境干扰大，结果误差也比较大。快速发展的分子生物学方法和技术为此提供了强有力的工具，它可解决一些用传统植病流行学方法无法或很难解决的问题。例如，周永力（2004）根据稻曲菌（*Ustilaginoidea virens*）的 ITS 序列设计专化性引物，建立了此病菌 Nested-PCR 分子检测技术，可检测出潜伏侵染的稻曲病菌。Mercado 等

（2001）利用 Nested-PCR 分子检测技术从接种了 *Verticillum dabliae* 但未显症的橄榄树中检测到了病原菌。Foster 等（2002）等采用 Nested-PCR 技术成功地检测到处于潜伏侵染状态的油菜叶斑病菌（*Pyrenopeziza brassicae*）。Ma 等（2003）用 Nested-PCR 分子检测技术检测到未显症阿月浑子树组织中的葡萄座腔菌（*Botryosphaeria dothidea*）；Silvar 等（2005）将病原菌 *Phytophthora capsici* 接种到寄主植物 8d 后，用 Nested-PCR 技术在未显症植物茎组织中检测到 *P. capsici*。曾晓薇（2003）研制出了可用于未显症小麦叶片组织中白粉菌的 Nested-PCR 检测技术，并用此技术对田间潜伏侵染小麦白粉菌的叶片进行了检测，其测定的叶片侵染率与常规方法测得的侵染率的直线回归式达极显著水平，而且 Nested-PCR 技术的灵敏性明显高于常规 PCR。真正实现对病原菌的定量检测，要得益于近年来 real-time PCR 技术在这方面的应用，此技术不但可以鉴定病原菌的种类（Böhm et al.，1999；Mercado et al.，2003；Børja et al.，2006），而且可对植物叶片中病原菌侵染程度（量）进行定量分析。潘娟娟等（2010）、闫佳会等（2011）、Yan 等（2012）和郑亚明等（2013）分别开发出了使用 real-time PCR 技术检测小麦条锈病和白粉病潜伏侵染量的方法。并利用此方法分别对田间不同地区未显症小麦叶片进行检测，结果表明，与实际调查小麦条锈病和白粉病病情指数或取样培养发病的病情指数进行比较，不同地区小麦叶片样品使用 real-time PCR 技术检测的分子病情指数（MDX）与实际病情指数（DX）之间有显著的相关性。另外，潘阳等（2016）还开发出使用双重 real-time PCR 技术定量测定小麦条锈菌潜伏侵染的方法。

（2）空气中植物病原菌的监测　　在对空气中病原菌进行取样监测时（如用孢子捕捉器），常规的病菌孢子种类鉴定和计数方法是在显微镜下根据孢子的形态特征来判断，该方法需要的时间长、工作量大，且有些病原菌孢子的形态特征相似从而容易产生误判。分子生物学技术在对空气中病原菌的检测方面也得到了应用。Williams 等（2001）首先报道了孢子捕捉器捕捉带上孢子 DNA 的提取方法。Calderon 等（2002）成功地提取了 Burkard 孢子捕捉器捕捉到的油菜 2 种重要病原菌 *Leptosphaeria maculans* 和 *Pyrenopeziza brassicae* 的 DNA，发现 PCR 技术可检测的最低孢子数分别为 1 和 10 个左右。Ma 等（2003）通过研究开发出的基于微卫星标记引物的 Nested-PCR 检测技术，可对 Burkard 孢子捕捉器采于果园空气中的核果类褐腐病菌（*Monilinia fructicola*）的少量孢子样品进行检测，最低可测到的 DNA 浓度相当于 2 个孢子。此外，空气中油菜菌核病菌（*Sclerotinia sclerotiorum*）（Freeman et al.，2002）、葡萄白粉病菌（Falacy et al.，2007）、啤酒花霜霉病菌（*Pseudoperonospora humuli*）（Gent et al.，2009）等的分子检测技术也已报道。

real-time PCR 技术不仅可对孢子捕捉器样本中的孢子种类进行鉴定，更重要的是可以进行定量分析。该技术近年来也开始应用于空气中病原菌浓度的定量研究。Fraaije 等（2005）利用孢子捕捉器和 real-time PCR 技术，研究了小麦壳针孢叶枯病菌（*Mycosphaerella graminicola*）子囊孢子在病原菌对 QoI 类杀菌剂抗性传播中的作用。Luo 等（2007b）等研究开发出了核果类褐腐病菌（*M. fructicola*）的 real-time PCR 检测技术，此方法通过建立 real-time PCR 的 Ct 值（PCR 过程中，每个反应管内的荧光信号达到设定的阈值时所经历的循环数）与不同数量孢子 DNA 提取液浓度关系的标准曲线，测定来自 Burkard 孢子捕捉器的样品孢子的 DNA 浓度，可定量估计空气中此病原菌的孢子密度，它与传统显微镜孢子计数方法相比，省时省力，且与传统方法的结果一致。孢子捕捉器上的油菜黑胫病菌（*Leptosphaeria maculans* 和 *L. biglobosa*）（Kaczmarek et al.，2009；

Van de Wouw et al., 2010)、油菜菌核病菌（*S. sclerotiorum*）（Rogers et al., 2009）、葱鳞葡萄孢菌（*Botrytis squamosa*）（Carisse et al., 2009）、苹果黑星病菌（*Venturia inaequalis*）（Meitz-Hopkins et al., 2014）、小麦白粉病菌等病菌（Cao et al., 2016）的 RT-PCR 检测技术都已有报道。因此，可以预期 real-time PCR 技术在病害监测中有着广泛的应用前景。

2. 分子生物学技术在生理小种和抗药性监测上的应用

由于常规生理小种的鉴定及监测均基于鉴别寄主，分析方法繁杂、费工费时，其结果易受鉴定条件、人员等外部条件的影响。利用分子生物学技术特别是分子标记可以较好地解决这一问题。康振生等（2005）报道了利用 SCAR-PCR 技术进行条锈菌生理小种分子检测的方法，成功获得了条中 29 号生理小种专化的 SCAR 检测标记；曹丽华等（2005）和 Wang 等（2010）也分别建立了条中 31 号、条中 32 号和条中 33 生理小种专化的 SCAR 检测标记。刘景梅等（2006）在香蕉枯萎病菌上也获得了尖孢镰刀菌古巴专化型 Race1 和 Race4 的 SCAR 标记。利用这类专化标记可以直接进行生理小种的分子鉴定和各生理小种的田间流行动态监测，不仅准确性高，而且缩短了时间。

分子技术检测方法特别是 real-time PCR 检测方法也开始在杀菌剂抗性监测中应用，此方法不但高通量、快速，而且准确性也较高，尤其适于不能在人工培养基上培养的专性寄生菌。采用这种方法可对低频率的杀菌剂抗性基因进行早期检测，并结合抗药性的风险评估，有利于进一步抗性风险的评估和制定有效的抗性策略。例如，李红霞等（2002）基于油菜菌核病菌（*Sclerotinia sclerotiorum*）抗药性菌株 β-微管蛋白基因的突变，开发出了用于检测油菜菌核病菌对多菌灵抗药性的 PCR 方法，用其监测所得结果与传统菌落直径法所得结果相吻合。Fraaije 等（2002）采用定量荧光等位基因特异性实时 PCR 方法，可检测小麦白粉病菌抗甲氧基丙烯酸酯类杀菌剂发生位点突变的菌株，用此方法可快速监测使用杀菌剂前后田间发生突变的小麦白粉菌株的动态变化。Luo 等（2007c）基于苯并咪唑杀菌剂抗性相关的 β-微管蛋白基因，开发出了检测 *Monilinia fructicola* 的实时 PCR 技术，此方法与常规方法测定的结果一致，采用此技术对加利福尼亚州 21 个果园的 *M. fructicola* 取样群体进行了抗药性测定，明确了加利福尼亚州 *M. fructicola* 对苯并咪唑杀菌剂的抗药性水平和分布。柑橘绿霉病菌对抑霉唑（陈广进等，2008）、小麦白粉菌对三唑酮（Yan et al., 2009）以及葡萄白粉病菌对 DMIs 杀菌剂及 QoIs 类杀菌剂（Dufour et al., 2011）抗性频率等已经报道。由此看出，分子生物学技术为抗药性的定量监测提供了快速有效的手段。

第三节　寄　主　监　测

寄主是病害发生的本体和场所，同时也是病原物赖以生存繁殖的物质基础。但是在研究过程中，人们往往容易忽视作物本身的动态而只热衷于病害的动态监测。实际上，作物个体发育和群体动态对病害动态的影响很大。在作物动态监测中，生长发育阶段的进展和生物量的增长是两个最基本的观测项目。生物量中又以有害生物直接危害的器官或部位最为重要，如对叶部病害来说，叶片数和叶面积是最需要测量的（曾士迈，1994）。

一、生长发育阶段的划分

植物不同生育阶段的抗病性存在差异，如农秀美等（1992）表明有的水稻品种在苗期对细菌性条斑病表现出感病，后期则转变为抗病，并且这种抗性差异达到显著水平。因此，把作物的生长发育过程划分成不同的阶段，如萌发、出苗等，在病害流行监测上有十分重要的意义。目前，关于各种作物生长发育阶段的划分在农学中都有比较明确的文字说明和标准图谱，监测时也可以记录相应的代码，但是最有名和使用最广的是Feekes标准。它是由Feekes于1941年提出，并于1954年经Large修改和完善的关于禾谷类作物生长发育的划分标准。此外，关于禾谷类作物发育阶段，还有十进制代码标准（Zadoks，1974），由于它是用数字来表示作物的发育阶段的，因此在病害流行研究中对数据的积累更有效，具体见表6-2。

表6-2　禾谷类作物生长发育阶段的Feekes标准和十进制代码标准

Feekes标准		十进制代码标准	
代码	说明	代码	生育期
		00～09	萌发
1	出苗（叶数增加）	10～11	出苗
2	分蘖开始	20～21	分蘖
3	分蘖形成，叶片扭曲地丛生	26	分蘖
4	假茎开始直立，叶鞘开始伸长	30	拔节
5	假茎形成（由于叶鞘伸长所致）	30	拔节
6	第一茎节形成	31	拔节
7	第二茎节形成，始见最后一片叶	32	拔节
8	最后一片叶可见，但包裹着幼穗	38	拔节
9	始见最后一片叶的叶舌	39	拔节
10	最后一片叶的叶鞘伸长，穗膨大但尚未抽出	45	孕穗
10.1	可见穗（大麦始见麦芒，小麦或燕麦的穗长出叶的裂口）	50-51	抽穗
10.2	穗露出1/4	52-53	抽穗
10.3	穗露出1/2	54-55	抽穗
10.4	穗露出3/4	56-57	抽穗
10.5	齐穗	58-59	抽穗
10.5.1	开始扬花（小麦）	60-61	扬花
10.5.2	穗顶部扬花	64-65	扬花
10.5.3	穗基部扬花	68-69	扬花
10.5.4	全部扬花，谷粒灌浆	71	灌浆乳熟
11.1	乳熟	75	灌浆乳熟
11.2	粉熟，谷粒饱满，但不干硬	83-87	蜡熟
11.3	谷粒变硬（用指甲难以掐动）	91	完熟
11.4	谷粒坚硬，麦秆死亡	92	完熟

此外，由于任何生物或器官都有其自身的生命周期，而这种周期也能明显影响寄主的抗病性，因此，对于某些病害系统来说，还需要记录寄主的年龄，如苹果树的树龄（与腐烂病的发生有关）、水稻叶片的叶龄（与稻瘟病发生有关）。

二、生物量

对有些病害如苜蓿褐斑病来说，在某些阶段，由于没发病的新组织的增加和部分已发病组织的死亡，虽然发病组织的绝对数量在增加，但是病害的相对严重度却在下降。对这类病害来说，就应该对作物的群体结构的变化动态进行监测。实际上，作物群体结构的变化可以分解为处于不同发育阶段的个体或不同器官的数量变化。其中最常用的观测项目是叶片数、叶片面积和叶面积系数，除此之外还有茎数、分蘖数、果数及根长等。

叶片数、茎数、分蘖数和果数比较容易调查，但也需明确计数的标准，如叶片就规定以叶片展开，露出叶舌为准。叶面积可以通过测量叶片的长度和叶片宽度，取二者乘积。目前常用的叶面积测定方法有方格纸法（刘贯山，1996）、称重法（Yoshida et al.，1976）、叶面积仪法（Dobermann and Pampolino，1995）、图像处理法（杨劲峰等，2003；Cunha，2003）、系数法（郁进元等，2007）等。

1. 方格纸法

将叶片摘取后，平铺于由 $1mm^2$ 小方格组成的方格纸上，用铅笔描出叶片的形状，或将透明方格纸（膜）平压在叶片上，然后统计叶片（图形）所占的方格数，再乘以每个方格的面积即得到叶面积。对于处在叶片（图形）边缘的不完整方格按实际情况进行取舍，常用的比例为 1/2 或 1/3，当叶片（图形）所占面积大于此值时算一个方格，相反则忽略不计。这种取舍是方格纸法的最主要误差来源，要求设置合理的取舍比例。

2. 称重法

有打孔称重法和称纸重法，都要求精度很高的称重设备。打孔称重法是使用直径一定的打孔器在叶片上均匀选取一定的孔，这几个孔的质量与其面积之比为单位叶面积质量，再称出叶片质量，则叶面积为叶片质量比单位叶面积质量；因叶片的状况分为秤干重法和称鲜重法。打孔法破坏叶片，耗时耗力，测量结果受叶片的厚薄、叶龄、打孔位置以及叶片含水量影响。称纸重法是将叶片的形状描到纸上，将叶子形状剪下来称重得到图形质量，用图形质量除以单位面积纸质量即可得到叶面积。称纸重法排除了叶片含水量、厚薄、叶龄的影响，结果准确，可作为标准叶面积。

在冬小麦上，Aase（1978）发现了叶面积和叶片干重之间有很显著的相关性（$r=0.975$），并建立了回归方程：$LA=-28.54+201.90x$，式中，LA 是叶面积（cm^2），x 是叶片干重（g）。

3. 叶面积仪法

叶面积仪法是利用光学反射和透射原理，采用特定的发光器件和光敏器件，测量叶面积的大小。从选用的光学器件来分，叶面积仪可分为光电叶面积仪、扫描叶面积仪和激光叶面积仪三类；根据测量过程中是否移动叶片来分，可分为移动式测量和固定式测量。叶面积仪测量叶面积精确度高，误差小，操作简单，速度快。目前进口叶面积仪主要为美国 LICOR 公司的 LI-3000、LI-3100 叶面积仪，美国 CID 公司的 CI-202 扫描叶面积仪、CI-203 激光叶面积仪，英国 AD 公司生产的 AM100、AM200、AM300 便携式扫描叶面积仪。国产的有山东方科仪器有限公司生产的 YMY-G 叶面积测定仪（图 6-15）。

4. 图像处理法

图像处理法建立在计算机图像处理基础之上，具有严密的科学性，其原理为：计算机中的平面图像是由若干个网状排列的像素组成的，通过分辨率计算出每个像素的

图 6-15　YMY-G 叶面积测定仪

面积，然后统计叶片图像所占的像素个数，再乘以单个像素的面积就可以得到叶面积。图像通常用扫描仪和数码相机获取，然后通过计算机进行处理，获得叶面积。获取图像过程中，不仅要垂直取图或有一定面积的对照物，还要有合理的算法，这样才能减小误差。

5. 系数法

又称直尺法、长宽法，该法需量出各片叶的长度（从叶基到叶尖，不含叶柄）和叶宽（叶片上与主脉垂直方向上的最宽处），求出长与宽的乘积。将各片叶用经典的方格法测得的面积除以这片叶的长宽积，算得面积与长宽积之比，即"系数"，以 50 片叶的系数的平均值作为该品种的

"系数"，记为 C，将各片叶的长宽积乘以 C，即得到各叶以系数法估测的叶面积。此外，还有人针对狭长形与圆形叶片分别采用长宽法和等效直径近似圆法获得"系数"，提高了测量的准确性。

三、植物抗病性鉴定

种植大量感病寄主是植物病害流行不可缺少的条件之一，而种植抗病寄主则是有效控制病害的措施之一，因此对植物的抗病性进行监测在病害流行监测方面具有重要的作用。曹世勤等（2003）对 1994～2002 年小麦品种（系）抗条锈性进行了鉴定与监测，结果表明，我国主要生产品种均表现感病，并筛选出 20 余份可供育种利用的抗源材料。

植物的抗病性是在一定的环境条件下寄主与特定的病原物相互作用的结果，受其所携带的抗性基因控制。植物抗病性的差异表现为病害发生的轻重或蒙受损失的多少。因而抗病性鉴定是在适宜于发病的条件下用一定的病原物人工接种或在该病害的自然流行区，比较待测品种（品系）与已知抗病品种的发病程度来评价待测品种的抗性。在接种鉴定时，应对病原物和环境条件有严格的控制。所用的病原物应该是生产中有代表性的优势小种，进行分小种或混合小种接种。鉴定时要采用合适的分级标准进行调查记载。目前，抗性鉴定可以分为室内鉴定和田间鉴定。

1. 室内鉴定

室内鉴定是在温室或其他人工控制条件下进行的品种抗病性鉴定，可以不受生长季节的限制和自然条件的影响，适合对所有植物进行抗病性鉴定。一般在苗期进行，具有省时、省力等优点。可以在人工控制条件下使用多种病原物或多个小种进行鉴定，较短时间内可以进行大量植物材料的抗性初步比较。此外，对于那些能在器官、组织和细胞水平表达的抗病性，可以采用离体接种鉴定。例如，小麦赤霉病（*Fusarium gruminearum*）的抗性鉴定就常用扬花期的麦穗接种，其结果与田间鉴定一致。但是室内鉴定受到空间条件的限制，难以测出植株在不同发育阶段的抗性变化。因此，室内鉴定结果有时不能完全反映品种在生产中抗病性的实际表现。

2. 田间鉴定

在田间自然发病或人工接种诱导发病条件下鉴定品种的抗病性，可以揭示植株各发育阶段的抗性变化，能够比较全面、客观地反映待测品种的抗性水平，往往在特定的鉴定圃中进行。当依靠自然发生的病原物侵染造成发病时，鉴定圃应设在该病害的常发区和老发区；而采用人工接种时，鉴定圃多设在不受或少受自然病原菌干扰的地区。由于田间鉴定需要在不同地区和不同栽培条件下对待测品种进行抗性评价，所需的周期较长，同时也受到生长季节的限制。但是，它是抗性鉴定中最基本的方法，是评价其他方法可靠性的重要依据。

第四节　环　境　监　测

众所周知，任何生物都不能脱离其周围环境而独立存在，植物或病原物也是如此，都依存于围绕它们的环境条件。作为植物、病原物相互作用而发生的植物病害，更易受到环境条件发展变化的影响。一方面，直接影响病原物，促进或抑制其传播和生长发育，如能够传播病毒的介体昆虫就能促进病原物的传播，而降雨则能够抑制气传病害的传播；另一方面，环境条件影响寄主的生活状态及其抗病性。因而环境对于病害的影响是通过植物及病原物双方、改变其实力对比而起作用的。因此只有当环境条件有利于病原物而不利于寄主植物时，病害才能发生和发展。

病害流行是病原物群体和寄主植物群体在环境条件影响下相互作用的过程，环境条件常起主导作用。对植物病害影响较大的环境条件主要包括下列 3 类：①气象因素，能够影响病害在广大地区的流行，其中以温度、水分（包括湿度、雨日、雨量）、光照和风最为重要，气象条件既影响病原物的繁殖、传播和侵入，又影响寄主植物的生长和抗病性；②土壤因素，包括土壤结构、含水量、通气性、肥力及土壤微生物等，往往只影响病害在局部地区的流行；③农业措施，如耕作制度、种植密度、施肥、田间管理等（肖悦岩等，1998）。

一、气象因素的监测

气象变化影响病害流行程度的事例十分普遍。例如，小麦扬花期降雨量和降雨天数往往是我国小麦赤霉病流行的主导因素，因为引致该病的病原物广泛存在于稻茬（南方）、玉米秸秆、小麦秸秆（北方）上，小麦抗病品种和抗病程度又有限，有利的气象条件和感病生育期的配合就成了流行的关键因素。在以前的植物病害预测实践中，监测最多的就是气象因素。大气候数据可以从国家和地区气象部门获得，对植病工作者来说，这里所说的气象因素的监测应该是农田小气候观测。关于农田小气候观测的方法和仪器有很多，其中温度计、最低最高温度计（图 6-16）、自记温湿度计、地温计、风速计（图 6-17）和照度计（图 6-18）是经常用观测仪器。

对多数真菌性病害而言，植物茎叶表面结露时间的长短和

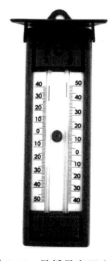

图 6-16　最低最高温度计

图 6-17　风速计　　　　　　　　　图 6-18　照度计

露量的多少是影响侵染的主要因素。例如，瓜果腐霉菌（*Pythium aphanidermatum*）的孢子囊萌发、泡囊形成、释放游动孢子、静止孢子的再萌发和侵入都需要在水中才能完成；小麦白粉病菌的分生孢子对湿度的要求不严，相对湿度在 0～100% 均可萌发，而小麦条锈病菌夏孢子萌发则一定要有微露，并且需要持续一定的时间。常规的气象观察中只记录结露与否，显然不能满足病害研究和预测的需要。一方面科技工作者研究利用气象观测数据推算露时露量的公式，如杨信东等尝试了利用气象站常规观测资料推算叶面结露时间；另一方面也在不断开发各种测量仪器，国际上已研制出多种测露仪，按其工作原理大致可分为机械和电子两类。机械类测湿仪如德维特记录仪（Dewit recorder）、泰勒记录仪（Taylor recorder）等，都是利用传感元件在受到外界湿度和露水影响时发生的形状、外观的相应变化来进行测量的，它们的缺点是不易将空气中高湿现象和叶面结露区分开来。电子类测露仪是利用露水能导电这一物理现象，通过记录假叶（传感器）上电容、电导值的变化来反映露量的多少及结露时间的长短，由伊大成等（1993）研制的智能测露仪就属于这种类型。

　　随着科技的发展，现在已经成功地研制出了农田小气候自动气象站。能够自动记录田间的风速、风向、太阳辐射、空气温度、土壤温度、降雨量和相对湿度等气象参数，同时还可以自主设置数据记录的时间间隔，如每分钟、每小时还是每天记录一次数据。以美国 Dynamet 自动气象站为例（图 6-19），系统主要由传感器（包括风速、风向、太阳辐射、空气和土壤温度、雨量、相对湿度等），数据采集器，支架-密封箱和数据处理软件组成。此外，还有带支撑杆的太阳能电池板，其内存可存储 180d 约 64 000 组气象数据。风速传感器采用的是三杯风速计，测量范围为 0～50m/s；风向传感器则是装有 10K 分压器的风向标，准确性为 ±5°；太阳辐射传感器是硅光电池，准确性为 ±3%；空气和土壤温度的传感器使用的是电热调节器，其量程为 -10～+50℃，准确性为 ±0.25℃；雨量计的传感器采用的是磁力开关，灵敏度达 0.25mm/tip；相对湿度传感器采用高分子膜表面，测量范围为 0～100%，20℃时 RH 的准确性为 0～90% 时，±2% RH，RH 0～100% 时，±3% RH。因此，农田小气候自动气象站不但可以同时自动记录多个气象参数，而且准确性高。这将大大减轻田间气象测量所需的人力和读数带来的人为误差，但是花费比较大。

二、其他因素的监测

主要包括土壤因素和栽培措施。对固定地区而言，其固有的地形、地势、土质、地下水、排灌等情况均可一次记载备查，但土壤有机质含量、含水量、有益和有害微生物种类及数量，以及土壤氮、磷、钾等元素的含量等却是随时间有所变化的。栽培措施如施肥、灌溉等也随种植不同的作物类型而发生变化，进而影响土壤要素。其中与病害发生和所致损失有密切关系的是土壤微生物群落与有效氮、磷、钾含量。栽培措施包括播期、密度和施肥水平等，这些对植物病害的发生和发展都有一定的影响。高智谋等（1993）研究了播期、密度和氮肥对小麦纹枯病、白粉病病情的影响；Simón 等（2003）研究了不同氮肥施用量对小麦对叶枯病抗性的影响。

图 6-19 Dynamet 自动气象站

土壤微生物种类和数量的测定方法与土壤病原物基本一致。这里主要介绍土壤中氮、磷、钾含量的测定方法。常用的方法有两大类，即土壤养分速测法和实验室常规分析法。前者具有快速、简便、易于掌握、设备简单等优点，但速测结果并不能换算为植物可利用的养分数量及施肥量。常规分析法虽复杂，但相对准确度较高，在田间施肥中有一定的指导意义。

速测方法： 该方法采用一种通用浸提剂将土壤中硝态氮、氨态氮、速效磷和速效钾提取出来，然后用不同的比色法来确定它们在土壤中的含量。例如，硝酸试粉比色法可以用来测定土壤中硝态氮的含量。

常规分析法： 根据不同的对象，分别提取和测定。例如，硝态氮是用硫酸钾作为提取剂，提取液用硝酸银电极法测定；氨态氮用氧化镁（MgO）扩散吸收法；速效磷用 $NaHCO_3$ 提取，钼蓝比色法测定；速效钾用 NH_4Ac 提取，火焰光度法测定。

此外，离子交换树脂法也用于土壤中有效磷、有效钾含量的测定，还有用于氮测定的生物培养法与化学提取法、磷测定的氧化铁试纸法和氢氧化铁透析管法及钾的四苯硼钠法。

复 习 题

1. 试述植物病害流行系统监测在植物病害管理中的重要性。
2. 试比较植物病害监测和病原物监测的区别。
3. 试以小麦条锈病和白粉病为对象，列出对其监测的内容、项目和指标。

第七章 植物病害流行预测

提要：植物病害预测是人对病害发展趋势或未来状况的推测和判断，是主观见之于客观的一种活动，属于软科学。预测研究可以归结为寻找预测规律和利用预测规律两方面。在寻找预测规律时所需要的条件为预测的基础，而进行预测所必备的条件则为预测要素。预测学着重研究信息的提取、传递和加工，以上升为预测规律，而对植物病害系统结构的分析和建立一定的模型是预测研究的核心。预测具有概率性，植物病害预测的目的是对未来事件或现在事件的未来后果做出估计，以利于人类采取正确的防治决策。预测的意义在于增加谋事的成功率，减少风险度。

随着生产实践经验的积累和科学技术水平的不断提高，人类对各种事物的预测能力不断增强，预测技术日趋成熟，预测方法也日趋丰富。植物病害预测是在认识病害发生发展规律的基础上，利用已知客观规律展望未来的思维活动。预测学着重研究信息的提取、传递和加工，已经上升为预测规律，而对植物病害系统结构的分析和建立一定的模型是预测研究的核心。病害预测是实现病害管理的先决条件，在植物病害综合治理中占有重要的地位。病害预测服务于病害防治决策和防治工作，根据准确的病情预测，可以及早做好各项防治准备工作；可以更合理地运用各种防治技术，提高防治效果和效益。为了贯彻落实农业部 2015 年制定的《到 2020 年农药使用量零增长行动方案》，病害的准确预测至关重要。

第一节 概 述

科学的预测是依据已知的科学事实、科学理论、科学思想和科学方法，揭示客观事物的发展规律，推测未来必然或可能发生的现象（马海平等，1987）。预测具有概率性，即预测分析是对未来事件或现在的事件的未来后果做出估计，以利于人类的活动。

一、植物病害的预测

植物病害预测是人们对病害发展趋势或未来状况的推测和判断，是在认识病害客观动态规律的基础上展望病害未来的发生趋势。而这种认识又是对大量病害流行事实所表露的信息资料进行加工和系统分析的过程，有关生物学、病理学、生态学等科学理论、科学思想和科学模式则是现有认识的结晶，也是预测的依据；预测是概率性的，其本质是对某一尚不确知的病害事件做出相对准确的表述；人类进行病害预测的目的是在可能预见的前景和后果面前，应该采取何种正确防治决策。

依据植物病害的流行规律，利用经验的或系统模拟的方法估计一定时限之后病害的流行状况，称为预测（prediction，prognosis），由权威机构发布预测结果，称为预报（forecasting），有时对两者并不作严格的区分，通称病害预测预报，简称病害测报。代表一定时限后病害流行状况的指标，如病害发生期、发病数量和流行程度的级别等称为预报量，而据此估计预报量的流行因子称为预报（测）因子。当前病害预测的主要目的是用作防治决策参考。

我国的病虫害预测预报工作始于20世纪50年代。早在50年代初期就开展了东亚飞蝗和小麦吸浆虫的虫情侦查和预报。1952年，在农业部召开的全国治蝗座谈会议上，制定了中国第一个测报标准办法即《蝗情预测办法》。1955年，农业部颁布了《农作物病虫害预测预报方案》。60年代开始，农业部连续多年组织专业人员整理并印发全国主要病虫害基本测报资料汇编，供全国共同使用。1973年农林部召开农作物病虫预测预报座谈会议，制定27种（类）《主要农作物病虫预测预报办法》。1979年，农业部分别召开各类农作物主要病虫测报技术座谈会议，制定了《农作物主要病虫测报办法》，并于1981年第一次正式公开出版发行了全国统一的测报标准办法，共包括32种（类）主要病虫。实行测报标准化是提高病虫测报质量的重要保证，1986~1992年农业部又将标准化建设工作引入了病虫测报行业，制定出15种病虫的测报调查规范，经国家技术监督局批准以中华人民共和国国家标准颁布，于1996年6月1日正式实施。在病虫信息传递技术上也推广了模式电报，90年代中期又开展了全国病虫测报系统计算机联网工作。目前已研发出了"农作物有害生物监控预警数字化网络平台软件及病虫害电视预报技术系统"，并开始在生产中推广应用。

二、植物病害预测的原理

人类要提高对植物病害的认识，就必须研究如何观察或调查客观的植物病害系统和其动态过程，按照一定目的去提取、选择、记录和传递病害及其有关因素所表露的信息。预测技术也不外乎是在信息提取和加工过程中做到去伪存真，滤除与预测主题无关的信息并尽可能减少信息量的损失。

预测的一般原理建立在一般系统论的结构模型理论基础之上。病害系统的结构决定了系统的功能和行为，即病害流行动态。例如，根据单一侵染循环中病害过程的多寡，在病害系统结构上划分为多循环病害和单循环病害，也就是确定流行学领域中的单年流行病害和积年流行病害的主要原因。在一个生长季节内只有一次初侵染的病害其病害增长的能力总不及再侵染频繁的病害，其流行速率往往比较低。例如，在我国长江中下游麦田经常发生的小麦赤霉病，该病以子囊孢子初侵染危害花器，而阴雨天气是侵染的有利条件。在菌源量和寄主抗病性在年度间变化不大的情况下，只要在小麦扬花期到灌浆期阴雨天数较多，病害就会流行。而这些经验就可以作为预测规律。

预测分析就是根据客观事物的过去和现在的已知状态及其变化过程，来分析和研究预测规律，进而应用预测规律来进行科学预测。植物病理学、微生物学、生态学、气象学、流行学等多学科研究成果、理论知识以及有关专家的智能都可以作为预测规律，再结合当地的其他环境因素的分析，共同构建预测模型。

利用预测规律时要遵守惯性原则和类推原则。

所谓惯性原则是借用物理学中的惯性定理，认为当某一病害系统的结构没有发生大的变化时，未来的变化率应该等于或基本等于过去的变化率。显而易见，生物发育进度、病害侵染过程等生物学基本规律和某些因果关系是不会改变的，那么以上假设就能成立。

在惯性原则的指导下，人们可利用先兆现象进行预测，或采用趋势外推、时间序列等重要的预测方法进行预测。

类推原则基于自然存在的因果关系或协同变化现象。由于在农田生态系统或更大的生态系统中的不同事物，特别是一些生物同时感受到环境的某一些影响而同时发生一些变化；或者由于系统的整体性，某一组分的变化可以导致一系列的连锁反应，由此引发了预测的类推原则和类推预测方法。

第二节　植物病害预测的要素及依据

开展病害预测工作的首要前提是社会需求。随着农业结构的调整，病害预测的对象应该是在生产上危害严重或较重的病害。从预测服务于决策的角度考虑，越是发生时间、发生频率、发生程度、发生范围变化大的病害，其预测的意义越大，应优先列入预测对象的名单。当然也要根据用户的要求确定预测的期限、精度等，否则将失去预测的价值。预测研究可以归结为寻找预测规律和利用预测规律两方面。在寻找预测规律时所需要的条件即为预测的基础，而进行预测所必备的条件则为预测要素。

一、预测的要素

（一）经验思考和病害系统结构模型

经验思考是指参与预测人员的经验、有关植物病理学知识和逻辑思维能力，它们是预测的首要基础。很难想象一个对于所要预测的病害一无所知的人能够做出科学的预测。预测者根据已有的经验思考可以构建预测对象的系统结构模型（或称物理模型）。它可以是存在于头脑中的抽象模型，也可以用框图画在纸上。它包括该病害系统的组分和各组分之间的关系，动态过程中各阶段（状态）和各阶段之间的关系，应该能够体现预测者对预测对象的总体认识。而这种关于总体的认识对于以后的资料收集、监测和建立数学模型都有重要的指导意义。预测专家则可以主要依靠这些结构模型进行预测。所以病害系统的结构模型就成为预测的要素之一。

在预测工作中，预测者的直观判断能力和创造性思维是十分重要的因素。由于预测是建立在主观对客观规律认识的基础上的脑力劳动，面对错综复杂的生态系统，任何预测方法和计算技术都无法包揽一切情况和所有因素，这样就给人的直观判断留下广阔的天地。也正因为这一点，专家评估法在预测方法中具有不可替代的地位，而建立一个稳定的预测机构和提高预测者的素质也是搞好预测工作的重要基础。

（二）情报资料和数学模型

情报资料是预测的重要基础和预测信息的载体。没有完整可靠的情报资料就不可能加工出好的预测模型。情报资料包括观念和数据，观念可以理解为对客观事物的认识。除了病理学知识和理论以外，对于具体病害发生规律以及与病害有关的气象、土壤、肥水管理等方面的研究成果、试验调查报告都会对构建病害系统结构模型发挥作用。数据资料则是开展定量研究的客观依据。一方面，通过对已有数据的科学分析，可以进一步明确病害系统内部各种组分（或状态）之间的关系，建立各种数学模型；另一方面，将现实数据输入数学模型又可以推算未来的状态。在定量预测中，如何构建符合客观发生规律的数学模型成为研究的核心问题。为此，要全面和系统地收集有关数据，完善和规范调查方法，也要广泛收集各种新理论和新思想。现代通信设备和信息系统将为上述活动提供许多方便。

（三）科学合理的数学方法

构建数学模型需要一定的数学知识和方法，各种数学方法是人类智慧的结晶，有助于提高预测者的思维、分析和判断能力。概率论和数理统计、回归和相关分析、模糊和灰色算法等都是数据加工的良好工具，只要选择得当，就可以产生好的数学模型。

在预测研究诸要素中，建立正确的数学模型是至关重要的，然而又往往被一些人忽视。因为它涉及选择什么预测因子和监测哪些项目、研究哪些关系和建立何种模型等方向性问题。具体的预测方法固然重要，但是不能代替实质的分析。好的数学模型应该是客观规律的代表，其参数又是系统特性的代表。

二、植物病害预测的一般步骤

（1）明确预测主题　　根据当地农业病虫害发生情况和防治工作的需要，并结合有关病害知识，确定预测对象、范围、期限和精确度。

（2）收集背景资料　　依据预测主题，大量收集有关的研究成果、先进的理念、数据资料和预测方法。针对具体的生态环境和发生特点还要进行必要的实际调查或试验，以补充必要的信息资料。在此基础上不断完善预测病害系统的结构模型。

（3）选择预测方法，建立预测模型　　根据具体的病害特点和现有资料，从已知的预测方法中选择一种或几种，建立相应的数学模型或其他预测模型。

（4）预测和检验　　运用已经建立的模型进行预测并收集实际情况，检验预测结论的准确度。评价各种模型的优劣。

（5）实际应用　　在生产实践中进一步检验和不断改进预测模型。

在上述程序中，还要不断反馈。通过多次循环往复才能形成比较合理的预测方案。

三、植物病害预测的依据

植物病害流行预测的预测因子应根据病害的流行规律，在寄主、病原物和环境因素中选取。一般说来，菌量、气象条件、栽培条件和寄主植物生育状况等是最重要的预测依据。

1. 根据菌量预测

单循环病害的侵染概率较为稳定，受环境条件影响较小，可以根据越冬菌量预测发病数量。对于小麦腥黑穗病、谷子黑粉病等种传病害，可以检查种子表面带有的厚垣孢子数量，用以预测次年田间发病率。麦类散黑穗病则可检查种胚内带菌情况，确定种子带菌率，预测次年病穗率。在美国，有研究者利用5月棉田土壤中黄萎病菌微菌核数量预测9月棉花黄萎病病株率。菌量也用于麦类赤霉病预测，为此需检查稻桩或田间玉米残秆上子囊壳数量和子囊孢子成熟度，或者用孢子捕捉器捕捉空中孢子。多循环病害有时也利用菌量作预测因子。例如，水稻白叶枯病病原菌大量繁殖后，其噬菌体数量激增，可以测定水田中噬菌体数量，用以代表病原菌菌量。研究表明，稻田病害严重度与水中噬菌体数量呈高度正相关，可以利用噬菌体数量预测水稻白叶枯病的发病程度。

2. 根据气象条件预测

多循环病害的流行受气象条件影响很大，而初侵染菌源不是限制因子，对当年发病的影响较小，通常根据气象条件预测。有些单循环病害的流行程度也取决于初侵染期间的气象条件，可以利用气象因子进行预测。英国和荷兰的研究者利用标蒙法预测了马铃薯晚疫病侵染时期。该法指出若相对湿度连续 48h 高于 75%，气温不低于 16℃，则 14～21d 后田间将出现晚疫病的中心病株。又如，葡萄霜霉病菌，以气温为 11～20℃，并有 6h 以上叶面结露时间为预测侵染的条件。苹果和梨的锈病是单循环病害，每年只有一次侵染，菌源为果园附近桧柏上的冬孢子角。在北京地区，每年 4 月下旬至 5 月中旬若出现大于 15mm 的降雨，且其后连续 2d 相对湿度大于 40%，则 6 月将大量发病。

3. 根据菌量和气象条件进行预测

综合菌量和气象因子的流行学效应作为预测的依据已用于许多病害。有时还把寄主植物在流行前期的发病数量作为菌量因子，用以预测后期的流行程度。我国北方冬麦区小麦条锈病的春季流行通常依据秋苗发病程度、病菌越冬率和春季降水情况进行预测。我国南方小麦赤霉病流行程度主要根据越冬菌量和小麦扬花灌浆期气温、雨量和雨日数进行预测，在某些地区菌量的作用不重要，只根据气象条件进行预测。

4. 根据菌量、气象条件、栽培条件和寄主植物生育状况预测

有些病害的预测除应考虑菌量和气象因子外，还要考虑栽培条件、寄主植物的生育期和生育状况。例如，预测稻瘟病的流行需注意氮肥施用期、施用量及其与有利气象条件的配合情况。在短期预测中，水稻叶片肥厚披垂，叶色墨绿，预示着稻瘟病可能流行。水稻纹枯病流行程度主要取决于栽植密度、氮肥用量和气象条件，可以做出流行程度因密度和施肥量而异的预测式。油菜开花期是菌核病的易感阶段，预测菌核病流行多以花期降雨量、油菜生长势、油菜始花期迟早以及菌源数量（花朵带病率）作为预测因子。此外，对于由昆虫介体传播的病害，介体昆虫数量和带毒率等也是重要的预测依据。

第三节　植物病害预测的方法

预测方法主要是用于探索人与技术的关系，因而与人的知识、人的创造性思维能力以及人对价值的判断能力关系最为密切。实质上，预测方法不是取代人的作用，而是以某种形式加强人的作用，科学的预测方法有助于提高人们对未知事物的预测能力。

一、植物病害预测方法的类型

在植物病害预测中曾采用以下分类方式，它们是从不同的角度来进行划分的。

1）按预测期限划分为短期（一周以内，以天为单位）预测、中期（一个生长季内，以旬或月为单位）预测、长期（下一个生长季）预测和超长期（若干年）预测。

2）按预测内容分为发生期预测、发生量预测、损失量预测、防治效果预测、防治效益预测。

3）按预测依据的因素分为单因子预测和复因子综合预测。前者如依据种子带菌率预

测小麦腥黑穗病，依据降雨情况预测小麦赤霉病或水稻稻瘟病；后者如根据品种抗病性、越冬菌源数量和几个重要的气象数值预测小麦条锈病。

4）按预报的形式可分为 0-1 预测、分级预测、数值预测和概率预测。前三种类型只是预测精度的区别，都属于固定值的预测。目前农业病虫害预测尚未做过概率预测（如中央气象台发布的降雨概率预报），然而真正体现预测本质的是概率预测，今后必然会被采用。

5）按特殊要求进行品种抗病性预测、小种动态预测、病害种群演替预测等。

6）按植物病害预测原理、方法的差异，将预测方法分为类推法、数理统计模型法、专家评估法和系统模拟模型法四大类型，如表 7-1 所示。

表 7-1　植物病害四种预测方法的简要比较（引自肖悦岩等，1998）

类型	机制	应用条件	适用范围	特点
类推法	观察现象的简单归纳	环境相对稳定，系统结构简单	① 特定地域 ② 相似或同步变化的事物，有易于观察的特征 ③ 主导因素明确，有阈值	定性预测为主，特定场合，短期预测容易进行
数理统计模型法	将系统当作"黑盒"，寻找共性概率论、相关性、相似性	① 大量规范系统调查数据 ② 数理统计方法和计算能力	① 有一个流行主导因素或少数几个流行主导因素 ② 有限的地域和时期 ③ 常规流行情况	定量预测，短期或长期，预测较容易
专家评估法	利用专家直观判断能力，向专家索取信息	① 能选到经验丰富的专家 ② 归纳专家意见的科学方法 ③ 一定的背景资料	① 涉及问题多，关系复杂 ② 不确定情况多（预测期长，地域广） ③ 缺乏完整系统的数据资料，难以建立统计模型	定性预测为主，古今广泛采用，长期或超长期容易进行
系统模拟模型法	系统分析与综合理论，知识和定量模型的结合	① 系统知识比较全面并深入机制研究 ② 有基础生物学实验和系统监测体系 ③ 计算机及编程能力	① 病害流行因素多，关系复杂 ② 相互关系中，有线性关系，也有逻辑关系，已经基本研究清楚 ③ 防治水平高，有进一步优化防治方案的要求	定量动态预测，多输入，多输出，比较困难

其中所列方法各有优点和缺点。专家评估法以专家为提取信息的对象，他们的头脑中蕴涵了大量的信息和丰富的思维推理方式，最能体现预测的本质，然而也不能排除预测专家的主观性；类推法最简单，但应用的局限性很大；统计模型法是目前应用最广的一种方法，但也要注意到它在特殊情况或极端情况下预测能力较差；系统模拟模型法解析能力强，适用范围广，但构建比较困难。

预测效果的好坏，在很大程度上取决于所选择的方法。选择预测方法时除了考虑各种方法的优缺点以外，还应在充分分析预测对象及其背景的基础上考虑它们的适用性。符合具体预测问题的要求，能够较好地提取现有资料中的有效信息并且简便易学，而非越新奇、越玄妙越好。在因素比较复杂的病害预测中，常常需要两三种方法相互补充和印证。

二、类推法

类推法是利用与植物病害发生情况有相关性的某种现象作为依据或指标，推测病害的始发期或发生程度。常用的物候预测法、指标预测法、发育进度预测法和预测圃法可归入这种类型。

1. 物候预测法

物候中"物"指的是动物、植物或某种事物（现象），"候"指的是气候，物候即指病虫、气候和作物三者之间的相关性。在长期的生存演化过程中，植物各器官的发育变化与病虫害及气候三者之间紧密相关。物候预测就是利用预测对象和预测指标之间的某种内在联系，或者是利用二者对环境条件反映的异同性，通过类推原理，利用变化明显的现象推测变化不明显的事物。例如，蚕豆赤斑病、竹叶锈病和小麦赤霉病对环境条件的要求有相似之处，所以前者重后者则重。而禾缢管蚜与小麦赤霉病对环境条件的要求相反，所以前者重则后者轻。我们在工作中需要通过长时间的观察来积累经验，寻找比较直观的、与病害发生程度密切相关的某种现象作为病害发生程度的预测依据。

潘月华等（1994）在研究大棚番茄灰霉病的预测中发现草莓和生菜较番茄更易感染灰霉病，通常草莓较番茄提早发病 13～14d，生菜较番茄提早发病 8d 左右。因此，每年 2 月在大棚内种植草莓和生菜，可以利用草莓和生菜的发病始见期推测番茄灰霉病的始见期。孙俊铭等（1991）在观察安徽省庐江县 1980～1990 年油菜菌核病和小麦赤霉病的发生情况时发现，11 年中有 7 年两种病害的发生程度完全相同，另外 4 年的发生趋势也较一致，当地油菜菌核病的发生盛期一般比小麦赤霉病的发生始期提早 10～20d，所以，可用油菜菌核病的发生情况对小麦赤霉病的发生程度做出预报。

小麦扬花期的气候条件或其他现象可作为预测赤霉病发生程度的物候指标。例如，湖北省广济县 1973～1979 年观察发现，若在 4 月上旬，蚕豆赤斑病发生早、发生重，则小麦赤霉病发生重。4 月上旬，蚕豆上每百叶有 50～100 个病斑，中部叶片有 300～500 个病斑，小麦赤霉病为中度流行年，大于这个数字为大流行年，小于这个数字为轻度流行年。另外，若 4 月上旬竹叶上有锈病出现，则小麦赤霉病发生重；竹叶的叶枯病发生重，小麦赤霉病发生也重，反之则轻。根据浙江省永康市病虫害测报站（吴春艳等，1995）1974～1979 年的观察结果，发现 3 月 31 日小麦植株上禾缢管蚜的数量与当年小麦赤霉病的发生程度有一定的负相关。例如，1974 年 3 月 31 日、1978 年 3 月 31 日、1979 年 3 月 31 日小麦禾缢管蚜的数量分别为平均每株 5.4 只、3.7 只、3.16 只，这三年小麦赤霉病的发病率分别为 13.4%、12.9%、4.5%；1975～1977 年同时期小麦禾缢管蚜的数量分别为平均每株 0.10 只、0.43 只、0.07 只，小麦赤霉病的发病率分别为 64.3%、30.3%、37.2%。

2. 指标预测法

病害预测的指标可以是气候指标、菌量指标或寄主抗病性指标等。马铃薯晚疫病的气候指标预测就是这种方法的典型事例，按照标蒙法，林传光先生在马铃薯晚疫病的预测研究中指出：从马铃薯开花起，如果多雨，空气相对湿度达到 70% 左右，就有中心病株出现的可能。利用 BLITECAST 模型作马铃薯晚疫病预测有两个关键指标，即 10d 的雨量超过 30mm，5d 的日均温不大于 25.5℃，当这种天气情况出现时，马铃薯晚疫病就有发生的可能。根据苏北地区 12 年的观察结果，有研究指出预测小麦赤霉病的气候指标是温度和雨日，病害流行的温度应在日平均温度 15℃ 以上，当扬花期至灌浆期的雨日数占该期总日数的 75% 以上时病害会大流行，50%～70% 时为中度流行，小于 40% 时为不流行。

在病害的长期预测和超长期预测中利用某气候现象作为病害预测的一种指标也是经常的事。例如，厄尔尼诺现象是一种影响大范围气候变化的因素，是指东太平洋冷水域中秘鲁洋流水温反常升高的现象，将厄尔尼诺现象的出现作为一种指标与长江中下游麦区小麦赤霉病发生情况关联，发现厄尔尼诺暖流现象出现的次年，赤霉病大流行的概率为 0.7，而且厄尔尼诺现象持续时间越长，则次年赤霉病流行的程度越严重。

3. 发育进度预测法

苹果花腐病是利用作物易感病的生育阶段和病菌侵入期相结合进行预测的一个事例。该病不但危害花及幼果，而且可危害叶及嫩枝，因此可根据感病品种'黄太平'或'大秋果'的萌芽状态进行叶腐病防治适期预测。当花芽萌动后，幼叶分离、中脉暴露时为防治适期；花腐则是始花期至初花期为防治适期；果腐则是在盛花期至花末期防治较好。实际上，这是利用作物易感病时期和病原物侵入期相结合的预测方法。另外，可收集病果 2000～3000 个，放置于湿度较大的地方，并用适当的方法保湿，从 4 月中旬开始，每天观察 100 个病果上子囊孢子的产生情况，当子囊盘开始放射子囊孢子时，即为防治适期，这是利用病菌子囊壳的发育进度作为病害侵染期预测的依据。油菜菌核病、小麦赤霉病都可借鉴这种方法，预测病害的侵染时期。又如，苹果树液流动时（萌芽前），正是苹果腐烂病病斑迅速扩大的高峰期，因此，根据春季气温变化推测苹果树液流动期，对苹果腐烂病进行及时防治也可算在利用发育进度法预测之列。

4. 预测圃法

预测圃是在容易发病的地区种植感病品种，同时创造利于发病的条件，诱导作物发病。当预测圃的作物发病后，即可对大田进行调查，依据调查结果决定是否需要防治或何时进行防治，也可依据预测圃的发病情况直接指导大田的病害防治。利用预测圃进行病害发生始期和防治时期预测是一种简便易行的预测方法，而且效果也比较理想，但在建立预测圃时一定要注意预测圃地点和种植品种的代表性。例如，在水稻白叶枯病的预测中，可在病区设置预测圃，创造高肥、高湿条件，诱导病害发生，预测病害的发生始期，同时采用不同抗病性品种的组合种植，还可以预测病菌新小种的发生情况及小种的动态变化。

三、数理统计模型法

我国在病虫害的预测工作中应用数理统计预测开始于 20 世纪 60 年代，它的优点是只要有足够的可靠数据，就可简单地组建模型，使用也很方便。对一些发生规律比较简单，影响因素比较明确的病害，用这种方法进行预测可以收到较好的效果。数理统计模型法的内容很多，其一般过程可分为资料整理、因素选择、模型选择和拟合度检验等（肖悦岩等，1998）。

（一）数理统计模型法预测的一般过程

1. 资料整理

农作物病虫害的预测需要能够反映病虫害发生规律的系统资料。完整、可靠的历史资料是组建良好预测模型的基础，所以在整理资料的过程中一定要实事求是，使它能够真正反映在某些情况下病虫害的发生情况。预测资料包括病虫害的发生量、发生期、发生过程和影响病虫害发生的生物与非生物因素资料。预测资料的整理过程一般包括资料的采集、分析、列表和处理 4 个阶段。

整理预测资料时首先要从有关部门收集作物的种植品种、各品种的种植面积（尤其是感病品种的种植面积）、单产、耕作制度、栽培措施、灌溉情况，同时收集病虫害的发生面积、发生程度、发病率、病情指数及相应的气象资料。在收集资料的过程中，经常会遇到缺少某一项数据的情况，此时需要进行调查、访问或运用平滑法修匀补充。从本质上讲统计模型为经验模型，它一般需要较多的数据资料，但在分析具体问题时并非是积累资料的年代越长越好。对收集好的数据不能一概而论地拿来制作模型，尤其是对病虫害发生有较大影响的品种更换、耕作制度的变化等因素。

例如，某地区前 10 年没有灌溉条件，而后 10 年增加了灌溉条件，此时若将前后 20 年的资料放在一起，分析病害的发生规律时，必然会得出不正确的结论；又如麦、棉轮作和麦、棉套作情况下的病虫害发生情况也有较大差异。类似这样多年的数据一定要进行分析、归类，才容易从中发现内在的规律。

2. 因素选择

预测因素的选择是预测效果的关键。在病虫害预测模式的建立过程中，因为涉及的因素很多，不可能将全部因子都用于统计分析的计算过程，所以，对预测因子必须进行选择。预测因子选择不当，是不可能预测准确的。选择预测因子的方法很多，尽管有一些统计方法在计算的过程中也包含了重要因子的选择，但使用这些方法时，进入运算的因子也往往是事先经过选择的。通常选择因子的方法有直接选择法、符合度比较法、主因素选择法、相关分析法、通径分析法和层次分析法等，这里重点介绍前两种。

（1）直接选择法　　根据病害流行的规律及影响因素，直接从中选出影响病害流行的主要因素，作为预测因子。例如，在小麦赤霉病的预测中，考虑到赤霉病菌主要在小麦的扬花期侵入寄主，因此扬花期的雨量或雨日数应该是影响病菌侵染的主要因素，而灌浆期的气象条件是影响病害发生扩展的主要因素，所以用此时的雨量或雨日数作为病害的预测因子一般可以收到较好的效果。

（2）符合度比较法　　将初步选择的数个预测因子与预测对象进行列表比较，不需要进行计算，直接观察各预测因子与预测对象的波动关系。凡是与预测对象的波动状态符合程度最高（正相关）或者不符合程度最高（负相关）的因子就是预测的主要因子，然后再选择第二、第三个次要的预测因子。例如，根据对冀中平原不同年份 7 月下旬至 8 月中旬的 10 组观测资料作初步分析，发现夏玉米小斑病发展的日增长率可能与此间的降雨量、雨日数、露日数、温度等因素有关（表 7-2），用符合度比较法选择影响此间病害日增长率 r 值的主要因素。

表 7-2　玉米小斑病日增长率及相关的气象因素

r 值	0.225	0.227	0.229	0.285	0.445	0.427	0.340	0.409	0.535	0.570
降雨量 /mm	1.43	3.19	3.33	4.62	4.65	5.16	7.02	8.75	10.88	17.56
雨日数 /d	0.17	0.48	0.42	0.35	0.46	0.50	0.45	0.63	0.40	0.70
露日数 /d	0.61	0.84	0.42	0.15		0.90		0.69	0.80	0.60
温度 /℃	8.10	28.2	28.3	27.0	27.8	28.1	27.2	27.3	25.7	27.8

第一步，求取各因素的平均数，大于平均数的值标 "+" 号，小于平均数的值标 "-"

号，各因素的平均值依次为 0.3692、6.659、0.456、0.626 和 25.55，这样表 7-2 可以变化为表 7-3。

表 7-3　玉米小斑病日增长率及相关的气象因素的符合表

r 值	−	−	−	−	+	+	+	+	+	符合度/%
降雨量	−	−	−	−	−	+	+	+	+	70
雨日数	−	+	−	−	+	+	−	−	+	80
露日数	−	+			+		+	+	−	75
温度	+	+	+	−	+	+	−	−	−	+	40

第二步，比较各预测因素与预测对象 r 值波动的符合程度。由表 7-3 的比较结果可知，雨日数与 r 值波动程度符合程度最强，为 80%；其次为露日数，其符合度为 75%；再次为降雨量，为 70%；温度与 r 值波动程度的符合度最低，仅 40%。因此可以将雨日数作为第一预测因子，其次是露日数和降雨量。注意，若有一个因素与预测对象的波动程度完全相反，说明它们之间呈反相关关系，也可以将其作为重要的预测因子使用。

（3）相关分析法　　计算初步选出的数个预测因子与预测对象之间的单相关系数，将相关系数最大的因子作为预测的主要因子。如表 7-2 中几个预测因素（降雨量、雨日数、露日数、温度）与预测对象 r 值之间的单相关系数依次为：0.8453、0.6071、0.3390和 0.4794。从相关分析法与符合度比较法的分析结果可以看出，两种选择方法得到了完全不同的选择结果，其原因可能是在符合度比较法中将各因素分为"+""−"两个等级，显得太简单，掩盖了其中许多细节问题。这样在进行因素选择时要注意运用不同的方法选择因素，然后用不同的选择结果进行预测，以求取最佳的预测效果。

在选择预测因素时要注意所选的因素必须是可以得到的有效因素，否则会组建一个无效预测模型。例如，相对湿度与病害的发生程度通常有着非常重要的关系，若在 5 月预测6 月病害的发生情况，预测因子中有 3 月或 4 月的大气相对湿度，这是可行的，因为 3 月和 4 月的大气相对湿度是已经测得的因素。但是若用 5 月或 6 月的大气相对湿度作为预测因子，那么 5 月和 6 月的大气相对湿度是无法获得的，因为气象站没有大气相对湿度的预报业务，所以这两个因子就是无效因子，含有这种因子的预测模型就叫作无效预测模型。目前预测工作中所需要的结露时间、结露温度等重要因素都是无法从气象预报中得到的。

3. 模型选择

植物病害的预测模型包括系统模型和统计模型两大类，本节主要讨论统计模型中的模式选择。当影响病害发生程度的主要因素确定以后，就可以依据主要因素与病害之间的关系选择预测模型的基本形式。在选择预测模式之前，需要对常用的预测模式有一定的了解，因为不同预测模式各有自己的特点和不同的应用范畴，它们对数据资料的要求也有所不同。最常用的方法是绘制相关图，根据相关图可以知道预测因子与病害之间是呈正相关还是负相关，是呈线性相关还是非线性相关。若预测因子与病害发生程度之间呈非线性相关时，就可利用函数图像的知识大致确定预测模型曲线的形式，然后便可开始制作预测模型。在预测模型的研制过程中，一般要制作多个不同形式的预测模型，将它们进行比较，选择预测效果较好的模型试用。

4. 拟合度检验

拟合度检验是对已制作好的预测模型进行检验，比较它们的预测结果与病害实际发生情况的吻合程度。通常是对数个预测模型同时进行检验，选拟合度较好的进行试用。常用的拟合度检验方法有剩余平方和检验、卡方（χ^2）检验和线性回归检验等。

（二）单因素回归预测法

回归预测是常用的预测方法之一，依预测选择因素的多少可以分为单因素回归预测和多因素回归预测，单因素回归分析又可进一步划分为一元线性回归分析和一元非线性回归分析（曲线回归分析）。

1. 一元线性回归方程的建立、检验

直线回归分析常用于预测两个变量之间呈线性关系时的预测和分析，具体方法如下。

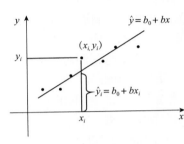

图 7-1　一元线性回归方程图

第一步：依据实测的数据，在直角坐标系中制作散点图（图 7-1），当预测对象 y 与预测因子 x 之间呈线性相关关系时进行直线回归方程的建立。

第二步：依据最小二乘法原理，确定一元线性回归方程的参数 b 和 b_0。具体方法如下。

设对两变量 x、y 进行 n 次试验后，得 n 对观测值 (x_i, y_i)，$i=1,2,\cdots,n$。其散点图呈线性，用线性方程 $\hat{y}=b_0+bx$ 表示，称为 y 依 x 的直线回归方程。b_0 为截距，b 为回归系数（斜率）。

依据最小二乘法原理，应使 $Q = \sum_{i=1}^{n}(y_i - \hat{y}_i)^2 = \sum_{i=1}^{n}(y_i - b_0 - bx_i)^2$ 达到最小，即使实际值（y）与估计值（$\hat{y}$）之间的误差值最小。

要使 $Q = \sum_{i=1}^{n}(y_i - \hat{y}_i)^2 = \sum_{i=1}^{n}(y_i - b_0 - bx_i)^2$ 达到最小，根据多元函数的极值定理，将 Q 分别对 b_0、b 求一阶偏导数并令其等于零，得方程组

$$\begin{cases} \dfrac{\partial Q}{\partial b_0} = -2\sum_{i=1}^{n}(y_i - b_0 - bx_i) = 0 \\ \dfrac{\partial Q}{\partial b} = -2\sum_{i=1}^{n}(y_i - b_0 - bx_i)x_i = 0 \end{cases} \text{整理得} \begin{cases} b_0 n + b\sum_{i=1}^{n} x_i = \sum_{i=1}^{n} y_i & （1） \\ b_0 \sum_{i=1}^{n} x_i + b\sum_{i=1}^{n} x_i^2 = \sum_{i=1}^{n} x_i y_i & （2） \end{cases}$$

由式（1）得 $b_0 = \overline{y} - b\overline{x}$，并代入式（2）得

$$b = \frac{\sum_{i=1}^{n} x_i y_i - \dfrac{1}{n}\left(\sum_{i=1}^{n} x_i\right)\left(\sum_{i=1}^{n} y_i\right)}{\sum_{i=1}^{n} x_i^2 - \dfrac{1}{n}\left(\sum_{i=1}^{n} x_i\right)^2} = \frac{\sum_{i=1}^{n}(x_i - \overline{x})(y_i - \overline{y})}{\sum_{i=1}^{n}(x_i - \overline{x})^2} = \frac{L_{xy}}{L_{xx}}$$

这种求 b_0、b 的方法称为最小二乘法，b_0、b 称为最小二乘估计（LSE-least square estimate）。

求出相关系数 $r = \dfrac{L_{xy}}{\sqrt{L_{yy} \cdot L_{xx}}}$。

第三步：回归方程的显著性检验。通过回归方程的误差分析可以对预测的精度有所了解。因变量（y）的波动变化可分为两个部分：一是回归值（$\hat{y}$）与平均数（$\overline{y}$）的离差，二是观察值（y_i）与回归值（$\hat{y}_i$）之差，即由 x 与 y 线性关系引起的误差。用 U 表示全部观察点的回归平方和 $\left[\sum\limits_{i=1}^{n}(\hat{y}_i - \overline{y})^2\right]$，用 Q 表示剩余（离差）平方和 $\left[\sum\limits_{i=1}^{n}(\hat{y}_i - \hat{y})^2\right]$，则

总的平方和：$L_{yy} = U + Q = \sum\limits_{i=1}^{n}(y_i - \overline{y})^2$

回归平方和：$U = \sum\limits_{i=1}^{n}(\hat{y}_i - \overline{y})^2 = \sum\limits_{i=1}^{n}(b_0 + bx_i - b_0 - b\overline{x})^2 = b^2 \sum\limits_{i=1}^{n}(x_i - \overline{x})^2 = b^2 L_{xx}$

剩余平方和：$Q = L_{yy} - b^2 L_{xx}$

回归误差：$S = \sqrt{Q/(n-2)}$

检验 x 与 y 之间是否存在显著的线性关系，即检验假设 $H_0 : \beta = 0$，$H_\alpha : \beta \neq 0$。

自由度 $f_T = n-1$，$f_u = 1$，$f_Q = n-2$，均方：$S_u^2 = \dfrac{u}{f_u}$，$S_Q^2 = \dfrac{Q}{f_Q}$。

在 H_0 成立的条件下 $F = \dfrac{S_u^2}{S_Q^2} \sim F(f_u, f_Q) = F(1, n-2)$，$\left[F_\alpha(1, n-2)$ 的值查表（7-4）可得$\right]$；当 $F \geqslant F_\alpha(1, n-2)$ 时，否定 H_0，即 x 与 y 存在显著的线性关系；否则线性关系不显著。

表 7-4 相关系数显著性检验表

自由度 (n−2)	显著性水平 0.05	显著性水平 0.01	自由度 (n−2)	显著性水平 0.05	显著性水平 0.01	自由度 (n−2)	显著性水平 0.05	显著性水平 0.01
1	0.997	1	16	0.468	0.59	35	0.325	0.418
2	0.95	0.99	17	0.456	0.575	40	0.304	0.393
3	0.878	0.959	18	0.444	0.561	45	0.288	0.372
4	0.811	0.917	19	0.433	0.549	50	0.273	0.354
5	0.754	0.874	20	0.423	0.537	60	0.25	0.325
6	0.707	0.834	21	0.413	0.526	70	0.232	0.302
7	0.666	0.798	22	0.404	0.515	80	0.217	0.283
8	0.632	0.765	23	0.396	0.505	90	0.205	0.267
9	0.602	0.735	24	0.388	0.496	100	0.195	0.254
10	0.576	0.708	25	0.381	0.487	125	0.174	0.228
11	0.553	0.684	26	0.374	0.478	150	0.159	0.208
12	0.532	0.661	27	0.367	0.47	200	0.138	0.181
13	0.514	0.641	28	0.361	0.463	300	0.113	0.148
14	0.497	0.623	29	0.355	0.456	400	0.098	0.128
15	0.482	0.606	30	0.349	0.449	1000	0.062	0.031

2. 直线回归预测、分析的计算事例

表 7-5 列出了 1954～1976 年浙江省镇海县早稻叶瘟病和穗瘟病的病情资料，试通过

这组数据利用直线回归法计算二者的线性关系。

表 7-5　早稻叶瘟病和穗瘟病病情资料

年份	叶瘟病发病率 /%	穗瘟病病情指数	年份	叶瘟病发病率 /%	穗瘟病病情指数	年份	叶瘟病发病率 /%	穗瘟病病情指数
1954	78.25	29.73	1961	16.40	2.40	1970	41.15	13.51
1955	86.00	40.00	1962	51.65	7.50	1971	44.70	10.36
1956	20.00	3.00	1963	68.90	21.70	1972	47.25	14.25
1957	27.16	4.61	1964	25.40	0.86	1973	29.50	5.94
1958	40.00	3.80	1965	3.42	0.21	1975	12.18	5.98
1959	56.00	10.98	1967	27.60	8.25	1976	11.35	7.51
1960	21.00	0.76	1968	10.50	4.67			

注：1966 年、1969 年与 1974 年无记录，故无对应数据

（1）制作散点图，确定线性关系　　根据表 7-5 中数据，以早稻叶瘟病的发病率（x）为横坐标，穗瘟病病情指数（y）为纵坐标，可以绘制出散点图（图 7-2），根据坐标图中相应点的分布，可以看出病情指数在一定程度上随叶瘟病发病率的变化而变化，说明两者之间大致呈线性关系，且两者之间呈正相关（图 7-2）。

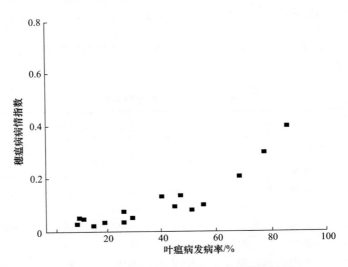

图 7-2　早稻叶瘟病和穗瘟病病情的相关图

（2）建立直线回归方程　　根据上一步判断结果，依据表 7-5 中的资料，首先计算下列数据：

$$\sum x = 718.41$$
$$\bar{x} = 35.9205$$
$$\sum y = 196.02$$
$$\bar{y} = 9.801$$
$$\sum x^2 = 36117.8869$$
$$\sum y^2 = 3893.6144$$

$$\sum xy = 10981.2282$$

根据 $b = \dfrac{\sum\limits_{i=1}^{n} x_i y_i - \dfrac{1}{n}\left(\sum\limits_{i=1}^{n} x_i\right)\left(\sum\limits_{i=1}^{n} y_i\right)}{\sum\limits_{i=1}^{n} x_i^2 - \dfrac{1}{n}\left(\sum\limits_{i=1}^{n} x_i\right)^2} = \dfrac{\sum\limits_{i=1}^{n}(x_i - \bar{x})(y_i - \bar{y})}{\sum\limits_{i=1}^{n}(x_i - \bar{x})^2} = \dfrac{L_{xy}}{L_{xx}}$

$$L_{xx} = \sum x^2 - (1/n)\left(\sum x\right)^2 = 36117.8869 - (718.41)^2 / 20 = 10312.2405$$

$$L_{yy} = \sum y^2 - (1/n)\left(\sum y\right)^2 = 3893.6144 - (196.02)^2 / 20 = 1972.4224$$

$$L_{xy} = \sum xy - (1/n)\sum x \sum y = 10981.2282 - (718.41 \times 196.02)/20 = 3940.0918$$

$$b = \frac{L_{xy}}{L_{xx}} = \frac{3940.0918}{10312.2405} = 0.38208$$

$$b_0 = 9.801 - 0.38208 \times 35.9205 = -3.9235$$

则所求的预测方程为：$\hat{y} = -3.9235 + 0.3821x$

（3）相关系数

$$r = \frac{L_{xy}}{\sqrt{L_{yy} \cdot L_{xx}}} = 3940.0918 / \sqrt{1972.4224 \times 10312.2405}$$

$$= 0.8736$$

查相关系数显著性检验表（表7-4）可得：$R_{0.05}(18) = 0.444$，$R_{0.01}(18) = 0.561$，而 $r = 0.8736 > R_{0.01}(18)$，因此，所建方程的相关关系达到极显著差异水平。

（4）回归方差分析　　假设 $H_0 : \beta = 0$，$H_\alpha : \beta \neq 0$

$$L_{yy} = U + Q$$

而 $L_{yy} = \sum\limits_{i=1}^{n}(y_i - \bar{y})^2 = 1972.4224$。

回归平方和：$U = \sum\limits_{i=1}^{n}(\hat{y}_i - \bar{y})^2 = bL_{xy} = 0.3821 \times 3940.0918 = 1505.5091$

剩余平方和：$Q = \sum\limits_{i=1}^{n}(y_i - \hat{y})^2 = L_{yy} - bL_{xy} = 1972.4224 - 1505.5091 = 466.9133$

自由度 $f_T = n - 1 = 20 - 1 = 19$

$$f_u = 1$$

$$f_Q = n - 1 - k = n - 2 = 18$$

$$F = \frac{u / f_u}{Q / f_Q} = \frac{1505.5091/1}{466.9133/18} = 58.04$$

$$F_{0.05}(1,18) = 4.41$$

$$F_{0.01}(1,18) = 8.29$$

所以 $F = 58.04 > F_{0.01}(1,18) = 8.29$；因此，所建立的回归方程的回归关系达极显著差异水平，回归关系极显著。

回归误差：$S = \sqrt{Q/(n-2)} = 5.093$。

3. 曲线回归方程的建立与检验

当预测因子和预测对象之间呈现曲线相关关系时，需要用曲线回归分析的方法求得预测方程。步骤如下。

1）曲线形式的选择：根据常见函数图形，选择曲线。

2）曲线方程的线性化：通常在进行曲线回归分析时，先将所选定的曲线形式（曲线方程）进行线性化转化（表 7-6），然后按照解直线回归方程的方法计算线性方程。

表 7-6　常用的线性化转换对照表

名称	曲线形式	直线化后的方程形式	参数推算方法
A 修正反函数	$y = \dfrac{A}{B+x}$	$\dfrac{1}{y} = \dfrac{B}{A} + \dfrac{x}{A}$	最小二乘法
B 幂函数	$y = Ax^n$	$\ln y = \ln A + n\ln x$	最小二乘法
C 修正幂函数	$y = A + Bx^n$	$\ln(y-A) = \ln B + n\ln x$	麦考法
D S 形曲线	$y = \dfrac{A}{1+Bx^n}$	$\ln\dfrac{A}{y-1} = \ln B + n\ln x$	麦考法
E 双曲线	$y = \dfrac{Ax}{B+x}$	$\dfrac{x}{y} = \dfrac{B}{A} + \dfrac{x}{A}$	最小二乘法
F 指数函数	$y = A\exp(nx)$	$\ln y = \ln A + nx$	最小二乘法
G 幂反函数	$y = A\exp(-x^n)$	$\ln y = \ln A + nx$	最小二乘法
H 极大方程	$y = Ax\exp(nx)$	$\ln\dfrac{y}{x} = \ln A + nx$	最小二乘法
I 指数 S 形方程	$y = \dfrac{A}{1+B\exp(nx)}$	$\ln\left(\dfrac{A}{y}-1\right) = \ln B + nx$	麦考法
J 指数饱和方程	$y = A[1-\exp(nx)]$	$\ln(A-y) = \ln A + nx$	麦考法
K 冈伯茨方程	$y = \exp[-B\exp(-Kx)]$	$\ln(-\ln y) = \ln B + Kx$	最小二乘法
L 韦布尔方程	$y = 1-\exp\left[-\left(\dfrac{x-A}{B}\right)^c\right]$	$\ln[-\ln(1-y)] = C\ln\dfrac{1}{B} + C\ln(x-A)$	麦考法

3）将拟合的线性化方程还原为曲线方程的形式。

4）将历年的实际观察值代入还原后的曲线方程计算预测值。

5）将预测值和实际观测值进行比较，求取回归误差。

4．曲线分析的计算事例

根据 1990 年陕西杨陵的观察资料（表 7-7），拟合小麦条锈病发展过程的时间动态曲线时，先按表中资料做出散点图，根据时间与病叶率的关系形式，选择幂函数与 S 形曲线方程拟合。两个方程线性化的形式分别为：

$$\ln y = \ln a + b\ln t$$

$$\ln\frac{1}{1-y} = A + Bt$$

表 7-7　小麦条锈病随时间的发展变化

时间（月／日）	4/1	4/6	4/13	4/18	4/25	5/1	5/7	5/13	5/21	5/27
时序（t）	1	5	12	17	24	30	36	42	50	56
病叶率（y）	0.000 43	0.004 9	0.008 7	0.016	0.051	0.117	0.217	0.415	0.761	0.80
$\ln y$	−7.751 7	−5.318 5	−4.744 4	−4.135 2	−2.975 9	−2.145 6	−1.527 8	−0.879 5	−0.273 1	−0.223 1
$\ln\dfrac{1-y}{y}$	7.751 3	5.313 6	4.735 7	4.119 0	2.923 6	2.021 2	1.283 2	0.343 3	−1.158 2	−1.386 3

对原始数据进行相应的转换后，用最小二乘法建立以下方程：

$$\ln y = \ln a + b \ln t = -6.4581 + 0.1268 \ln t$$

r=0.9651，a=0.001568，由此可得方程：

$$y = 0.001568 \times t^{0.1268} \qquad s=0.6850$$

$$\ln \frac{1-y}{y} = \ln a + bt = 6.8148 - 0.1546t$$

r=0.9864，a=911.2342，b=-0.1546，由此可得方程：

$$y = \frac{1}{[911.2342 \times \exp(-0.1546t)]}$$
$$s=0.5117$$

根据方程拟合度的检验结果，按 S 形曲线方程拟合曲线的回归误差（s）为 0.5117，而按幂函数拟合的回归误差（s）为 0.6850，所以应采用 S 形曲线方程。

二元及多元线性回归方程、其他曲线方程以及多元回归预测法的预测过程见本书第十二章植物病害流行的统计学基础。

（三）应用数理统计模型法的注意事项

数理统计预测是利用生物统计学方法制作预测模型，统计数据均来自历史的资料积累，所以，尽管形式上是模型预测，但实质上仍然属于经验预测。因而往往可能因为经验不足、资料不全或资料的代表性欠佳等其他原因而使预测带有一定的片面性。另外，数理统计预测一般只作简单的因果关系推理，将整个系统作为黑盒处理，所以在应用上适应性较差，原则上只能适用于建模数据所取自的地区或与之条件相似的地区，而且只能内插，不宜外延或外延过多。

预测因素选择的合适与否，直接关系到预测的准确程度，尽管前面已经介绍了一些选择预测因素的方法，但在具体应用时选择预测因子必须和专业知识相结合，否则只凭统计运算，可能选出一些毫无意义或无法应用的因素。另外，统计模型一般引入的预测因子有限，这也是限制其应用范围的一个原因，往往因某些特殊年份或特殊情况而使预测失败。相反，预测因子并非越多越好，引入贡献不大的因素，不但不能增加预测方程的显著水平，反而会增加预测误差。数理统计模型也往往因对预测因子和病害发生程度之间的关系（预测模型）估计失妥而使预测结果失真。

目前常用预测统计方法的共同缺陷是，它们对用来建模的数据拟合效果可能很好，但预测效果并非十分理想，这需要对病害的发生规律开展更深入的研究，并在预测方法以及对未来因素的估计等方面多下功夫。

四、专家评估法

随着科学技术的发展，数理统计等数学方法以及各种计算机软件不断地应用于病虫害测报领域，由此，一些人认为只有应用数学手段和采用数学模型才是科学预测，但是这种看法是不全面的。目前在预测工作中全面应用数学手段仍有一定的困难，主要表现在数据的获取、数据的质量、信息的定量化、信息的广泛性及预测模型的广适性等方面。针对以上问题，在缺乏足够统计数据和完整信息资料的情况下，应用专家评估法可以集中人类的智慧，对影响因素多、关系错综复杂的系统做出未来预测仍是可取的办法。专家评估法大体可以分为专家会议法、特尔菲法、专家系统预测、个人判断、头脑风暴法和交叉影响法等。

1. 专家会议法

专家会议即有关方面的专家就某个问题进行讨论，以求得统一的认识或对某一问题的解决方法。我国在病虫害测报工作中，各省（自治区、直辖市）每年都要针对翌年病虫害的发生情况召集专门会议进行商讨，称为"会商会"。会议参加者有在基层第一线工作的病虫害预测工作者，也有对某一问题有深入研究的专家或教授。会议在对当年病虫害发生情况进行回顾的基础上，结合未来的天气形势预报对翌年病虫害的发生情况进行"会商"，这种形式的病虫害预测法即专家会议法。

植物病虫害预测中的专家会议法严格来讲，是对某一病虫害的发生趋势或发生程度通过专家会议的形式进行预测。它与"会商会"不同之处是"会商会"是以业务行政出面组织的工作会议，目的是对未来病虫害发生趋势的全面分析预测，而专家会议则是有针对性地对某一重大病虫害问题发生趋势的具体预测。因为全面讨论病虫害问题需要很多的专家和有经验的科技工作者，而且涉及的问题越多，也越难讨论得深入，所以这样做是很困难的。相反问题越集中，则越容易得出比较可靠的结果。做好专家会议法预测工作，要求会议组织者首先明确预测的目的，一般问题越集中、越具体越好；另外，组织者还必须为与会专家提供必要的资料和信息，如有关的病害历史资料、当前病害情况、与本病害有关的未来气象、作物栽培信息、病菌致病性及发生频率等。在邀请专家人选方面也应注意有代表性，要有在这方面有专门研究的专家，也要有具有实践经验的生产第一线工作者，同时也要有从事病虫害防治组织工作的人员，他们可以对提出的病害防治措施的可行性提出合理的建议。

2. 特尔菲法

特尔菲（Delphi）是著名的希腊古城遗址，是神谕灵验的阿波罗神殿所在地，在古希腊神话中，阿波罗神是太阳神也是预言之神。美国著名软科学研究机构兰德（RAND）公司在20世纪50年代初与道格拉斯公司协作进行预测研究，通过有控制的反馈方法使得收集的专家意见更为合理、可靠，当时以Delphi为代号，取其灵验和集中智慧之意，因而得名特尔菲法。特尔菲法是专家会议法的一种发展，是系统方法在意见和价值判断领域内的一种有益延伸。特尔菲法不仅可以用于技术预测，也可用于经济预测；不仅可作短期预测，也可作长期预测；不仅可作量变过程的预测，也可作质变过程的预测；因此，它是一种广为适用的预测方法（肖悦岩等，1998）。

（1）特尔菲法的工作步骤

1）确定预测主题，编制预测事件一览表。首先领导小组根据预测的目的和内容确定预测主题，列出预测事件一览表，这样可以使参加预测的专家在工作时目的性更加明确。例如，预测的主题是今年小麦白粉病发生的程度，预测的事件可以是病害发生的等级，如发生程度为10%、30%、50%、70%等。

2）选择专家。参加预测的专家最好是在某一领域工作多年，而且是该工作领域的权威人士，但权威到底是有限的，而且，当预测的主题范围较广泛时，也很难找到一批对预测主题中各个领域都有很深造诣的权威。特尔菲法拟选定的专家是指在该领域从事10年技术工作以上的专业干部。专家可以在本单位、本地区或从国内有关部门中选择。参加预测工作的专家人数一般在 15 人以上即可。

　　3）预测过程。特尔菲法的预测过程包括 3 或 4 轮讨论。第一轮，由预测领导小组将预测主题和预测事件表发给每一位专家，专家围绕预测主题对每个预测事件做出评论，并阐明理由，然后，领导小组对专家的意见进行统计处理。经典特尔菲法的第一轮只提供给专家一张预测主题表，由专家提出预测事件，这样不但增加了一次循环，而且有时会因为各专家对预测主题的熟悉程度不同，而使提出的预测事件杂乱无章，无法归纳。第二轮，将统计处理过的专家意见进行归类，发给专家再一次进行判断和预测。在这一轮中，尤其要使持异端意见的专家充分陈述理由，因为他们的依据经常是其他专家忽略的或未曾研究过的问题，这些依据往往会使其他成员对前一次的预测意见进行重新判断。第三轮，在上一轮预测的基础上，专家再次进行预测，根据领导小组的要求，专家组的部分成员需要重新做出论证。一般经过三次循环，预测意见基本可以相当协调，必要时可进行第四轮循环（图 7-3）。

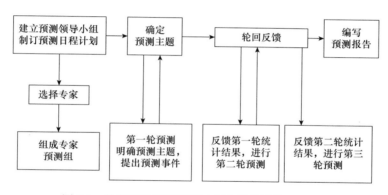

图 7-3　特尔菲法预测程序（引自肖悦岩等，1998）

　　4）预测结果的处理和表达。对预测结果进行分析和处理，是特尔菲法预测的最后阶段，也是最重要的环节。经验证明专家对预测主题所发表意见的分散程度多是呈正态分布的，这是对预测意见进行统计处理的基础。一般以中位数（或众数）表示专家预测的集中意见，然后用标准差和变异系数表示专家对预测意见的协调程度。

　　（2）特尔菲法的特点　　预测建立于专家会议的基础之上，但又比专家会议有许多优点。匿名性是特尔菲法的第一个重要特点，它通过匿名函征求专家意见，应邀参加预测的专家互不了解，这样完全消除了心理因素的影响；特尔菲法又与民意测验不同，要经过 3 或 4 轮的反复讨论才能决定预测结果。在特尔菲法的预测过程中，领导小组将每一轮的预测结果做出统计，连同不同的论证意见作为反馈发给每个专家，达到相互启发的目的，以供进行下一轮预测时参考。特尔菲法采用统计学的方法对预测结果进行处理，这样可以定量评价预测结果。

　　（3）运用特尔菲法时的注意事项　　特尔菲法虽然在 20 世纪 60 年代就已开始应用，但目前在农业病虫害预测工作中还鲜为人知，预测领导小组应向参加预测的专家充分说明特尔菲法的实质、特点，以及轮间反馈对预测评价的作用。在进行预测时，要根据病虫害预测的依据，向专家提供必要的历史资料、实时资料和未来的气象预报资料及有关资料，如历年来某病害发生的历史情况，与该病害有关的气象、栽培措施、品种，以及当年已经发生的病情、气象情况和未来的天气预报等。预测主题要集中、明确，预测用语要确切，避免一些含糊不清的词语，如普遍、严重、广泛、大发生、中发生、轻发生等。在进行了一轮或两轮预测之后，必要时可组织专家进行口头辩论。在经过了独立思考之后进行辩论容易引起争论，通过讨论取得协调意见。在进行预测的全部过程中，要严格避免预测领导小组将自己的意图加入专家的预测意见中，更不能进行有意引导。

3. 专家系统预测

近30年来人工智能（artificial intelligence，AI）获得了迅速发展，在很多学科领域都获得了广泛应用，并取得了丰硕的成果。作为人工智能一个重要分支的专家系统（expert system，ES）是在20世纪60年代初期产生和发展起来的一门新兴的应用科学，而且正在随着计算机技术的不断发展而日臻完善和成熟。1982年美国斯坦福大学教授费根鲍姆给出了专家系统的定义："专家系统是一种智能的计算机程序，这种程序使用知识与推理过程，求解那些需要杰出人物的专门知识才能求解的复杂问题。"专家系统中仅包括了某领域内专家的知识，解决问题的思路、原则和方法。从更广泛的意义讲，专家系统也可以是将专家知识、统计模型、模拟模型集合为一体，用专家思维的方式和水平去解决问题的大型计算机软件。

（1）专家系统的研究概况　　植物保护专家系统在国际上的发展始于20世纪70年代末期，以美国、日本和欧洲国家最为突出，已从单一的病虫害诊断转向生产管理、经济分析和决策、生态环境等多方向综合领域。1978年，美国伊利诺伊大学最早开发了大豆病虫害诊断系统PLAN T/ds；1983年日本千叶大学也研制出了番茄病虫害诊断专家系统MTCC。1986年美国研制最为成功的一个农业专家系统是Comax/gos2sym，用于向棉花种植者推荐棉田管理和病虫害防治措施。1987年Caristi等开发出用于预测小麦病害的EPIN2FORM专家系统。1996年瑞士开发出谷物预测预报系统EPRPRE，主要功能之一是为小麦主要病虫害提供杀菌剂及推荐喷洒剂量，应用该系统在保证基本产量的前提下，可以节约30%的杀菌剂使用量和50%的费用。1998年，德国病虫害预测预报计算机决策系统PRO2PLANT投入使用，在德国北部被广泛应用于农民的生产实践，用来预测小麦等作物病害。我国在20世纪80年代初开始了植物保护领域专家系统的研究，如唐乐尘等的作物病虫害处方生成专家系统、王亚等的大豆病虫害诊断专家系统、孙亮等的基于Internet的果蔬病害检索系统、蒋文科等的作物病虫害防治地理信息系统、杨怀卿等的棉田有害生物综合治理多媒体辅助系统、彭海燕等的玉米病虫害诊治专家系统等。2005年河北科技师范学院、中国农业大学以及中国农业科学院植物保护研究所的专家、教授共同研制出拥有中国最大知识库的蔬菜病虫害诊断与防治专家系统软件，是一种基于图文、可指导生产上蔬菜病虫害诊断与防治的农用专家系统类计算机软件。如今功能最强大、最流行、最实用的网络技术已经为植物保护专家系统的传播提供了很好的通道，如目前投入使用的"北京市蔬菜病虫害远程诊治专家系统"（vegetable pest remote diagnosis expert system，VPRDES），是一个针对北京地区蔬菜常见病虫害进行远程辅助诊治和信息查询、管理的网络型专家系统。VPRDES能够为各类用户提供有关蔬菜病虫害诊治的远程服务，主要功能包括病虫害辅助诊治、病虫害信息查询、病虫害信息浏览、信息库管理及知识库管理等（贾彪等，2007）。

（2）专家系统的优点　　专家系统中最重要的部分是储存有大量事实和规则的知识库，并能应用一定的策略从中推理得出结论，专家系统的性能水平取决于知识库的大小与质量。专家系统与传统计算机程序的主要区别在于：专家系统适合于解决那些非结构化和无算法可用的问题。专家系统与人类专家相比，有许多优点：它的知识具有永久性，不像人类专家的知识会随着遗忘、脱离专业工作等原因而消失；它的知识和它本身都可以很容易地被复制和传播。相比之下，人类专家通过教育传授知识的过程是非常费时的，大大限制了人类专家的数量，不利于知识这一人类最宝贵财富的传播和共享；专家系统的知识具有高度的一致性，并由此保证它的高度可靠性，不像人类专家可能因为情绪、时间限制或者遗忘等因素导致没有或不能正确运用其所掌握的知识；专家系统的费用要较人类专家低得多，尽管在开发专家系统时要花费许多人力物力，但与培养和维持人类专家所花的费用来说，要经济得多。

（3）专家系统的研制

1）明确设计思想。研制专家系统，目的是将某一领域专家的知识、经验系统化、形式化，以便当前应用和供后人学习，为此必须广泛地收集专家知识，对知识的表达方式要求既能够反映该学科的基本特点，又具有一定的先进性。充分了解专家解决问题的思维方式，并用适宜的方法在推理机中表达出来。依据知识不断更新的规律性，专家系统必须是一类"开放系统"，以便利于知识的扩充和更新。为了便于推广应用，专家系统必须具有良好的人机界面。

2）研制系统结构。专家系统的基本构成包括知识库、推理机、用户接口、历史资料四部分（图7-4），其中知识库和推理机是专家系统中最重要的也是最基本的两个组成部分。知识库中包括专家解决问题所需要的全部知识，包括静态和动态（关系信息）的知识。推理机主要是计算机将用户提供的条件与知识库中的知识、规则进行比较、分析、形成假说，并模仿专家的推理方式

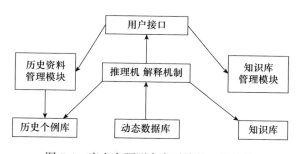

图 7-4　病虫害预测专家系统的一般结构
（引自肖悦岩等，1998）

对其进行审查。在推理的过程中可以形成新的知识，计算机可将新、旧知识结合组成新的规则重新保存在知识库中。

3）用户接口。虽不是专家系统的核心结构，但它对该系统的应用效果有显著的影响，从系统设计的一开始便要考虑用户界面的友善处理，并便于输入和输出。

4）选用适宜的计算机语言。一般的计算机高级语言都可以用来实现专家系统的设计，但利用专门的人工智能语言（PROLOG、LISP）会使系统建立的过程更方便。

（4）病虫测报专家系统的发展方向　　面向实际需要，在病虫预测专家系统的基础上建立病虫综合治理专家系统，以便更广泛地服务于农业生产。开发出适合植保领域的专家系统工具，完善知识表达和知识获取。发展更广义的专家系统，同统计模型、模拟模型一起，将定型、定量研究结合在一起，与实时气象预报相结合，随时都能给出病虫的种群动态定量表达，并提出相应的对策。与育种、施肥、栽培、灌溉等多方面结合，

逐步发展为农业生产的多项专家决策系统。多媒体技术与专家系统结合将会提高用户的注意力，会产生更好的用户界面，提高专家系统的实际利用率。

植物病害预测预报是一个技术过程，同样它也是一个经济过程，但它的经济行为只能发生在病虫害管理的决策之后，即预测的经济效益是指生产部门按照预测结果进行防治后的作物产值比在没有预测情况下作物产值的增加量。某一种农作物病害预测的经济效益首先要取决于它的必要性，对于一种不必要预测的病害进行预报是不会收到任何经济效益的。例如，对于经常发生的病害，其发生概率愈接近于100%，进行预测的必要性就愈小，相反，对发生频率不高，一旦发生就会造成严重损失的病害预测的必要性就大，预测效益也就可能会高。要确保预测系统的成功，它必须具备可靠、简便、实用、有效、多用途及投入的有效性等特点。

五、系统模拟模型法

系统模拟模型法是在对植物病害系统进行比较深入的分析研究的基础上，将理论知识和定量模型按照客观系统的结构重新组装成能够仿真的计算机模型，并通过运行这种模型进行预测的方法。由于有计算机支撑，它可以吸收多方面的变化因素，又由于程序体现了病虫害发生的连续过程，因此能够解析流行机制和做到多时段多方面的预测，也就更加适应病虫害的科学管理。建立系统模拟模型，需要进行一些基础的生物学实验并具有一定的编程能力，应用时则需要输入有关的实况资料。该方法适合于流行因素多、关系复杂、相互关系中既有线性关系也有逻辑关系并已经基本清楚、防治水平高，并且有进一步优化防治方案要求的病虫害。缺点是建立模型比较困难。

系统模型即用系统分析方法研制成的模型，它把流行过程分解成一定层次的多个环节，各个输入因素在其相应环节上发生作用，具有一定的生物学逻辑性，进行逐步定量计算后，最后输出预测结果。这种模型同经验模型相比有如下优点：①经验模型有地区和时间的局限性，严格地说，它只适用于建模数据来源的地区和条件，而系统模型则有一定的广适性；②系统模型可做出动态预测，输出病情发展的系列数值或流行曲线，经验模型或只能做出定性预测，或只有一定时期病情的定量预测。然而，系统模型一般研制成本较高，费事费工，使用时又需一定条件如计算机等，其初期成果质量未必很好，有时甚至还不如经验模型准确。

国内外已研制成功的病害流行系统模型已有40多个，其中一部分已可用于预测。国内近年来，已先后研制出小麦条锈病、叶锈病、白粉病、稻瘟病、稻纹枯病、花生锈病、南方小白菜病毒病、黄瓜霜霉病、番茄晚疫病等的十多个电算模拟模型，虽然都是初步产品，有待在应用中不断加以检验和提高，但从长远看，是有发展前途的。

总之，计算机的问世和应用，大大促进了植病流行学和预测预报研究。计算机能处理大量的复杂数据，反复进行加工提炼，制作并选择出相对最好的预测公式。它又能用于建立数据库、知识库、推理机等，从而建成专家系统，根据人们输入的气象预报数值以及作物和病原方面的某些目前实况，它能迅速输出病害流行的预测值和防治建议，并显示和打印出来，计算准确、迅速，能立即发出预报。例如，在美国马铃薯晚疫病的一个电算预报系统中，用户（生产单位）通过电话将当时有关数据告知预报中心，预报员输入计算机迅速做出预测，立即在电话中把预报结果告知用户，全过程不过3min。一个预报中心可服务于很大范围的生产区域。日本已试行在一个县的范围内，由计算机预报中心逐日发布水稻上多种病虫害的预报，基层生产单位把有关数据电话告知中心，次日即可得到预报。上述预测预报系统，可提高防治效果，降低防治成本，试行中已取得很好的经济效果，在今后的现代化农业中，将会得到发展。

然而，计算机的功能再强大，也只是作为加工的设备，原料需要人提供，加工方案需要人来设计，计算机只能按人的指令进行工作。所以，归根结底，调查数据（病情、气象因素、栽培和品种方面的数据）的质和量是预测预报的基础，没有足够数量而又正确可靠的调查数据，高等数学和电子计算机也无能为力。因而，那些病虫测报员，成年累月，严冬酷暑，在田间查虫数病的艰苦劳动，是值得尊重的。他们认真负责、一丝不苟地取得的数据，奠定了预测预报技术的第一层基础。

为了提高预测预报技术水平，除应加强生物数学和计算机技术的应用研究外，还需采用一些新技术来加强病情调查和监测的能力。例如，利用遥感遥测技术进行大面积病情普查，可迅速获得大面积病情，全面可靠，利于掌握全局，指导防治，便于年度、地区间比较研究，这是地面人工调查远不可及的。国外试用于森林及大田病虫害调查，已获得良好结果。

复 习 题

1. 预测对象的选择应当考虑哪些因素？
2. 如何选定植物病害预测的依据？
3. 植物病害预测包括哪些一般步骤？
4. 试评述专家评估法、类推法、数理统计模型法和系统模拟模型法的优劣。
5. 简述植物病害预测方法的类型及特点。
6. 应用数理统计预测法应注意哪些事项？

第八章　植物病害流行系统的模拟

提要：模拟是对真实事物或者过程的虚拟。在现实农业生产中直接进行病害流行的实验，或者是不可能的，或者是得不偿失的，而根据实际问题建立模型，并利用模型进行模拟试验，比较不同后果，选择可行方案，不失为有效的代用方法。

第一节　模拟及其步骤

一、模拟的意义和内涵

植物病害流行的研究对象是植物群体中的病害，其内容主要包括群体水平的几种关系：首先是植物病害水平随时间变化的关系，反映这一关系的图形称为病害进展曲线；其次是病害水平与菌源中心距离的关系，反映这一关系的图形称为病害梯度；还有病害水平与产量损失间的关系。这些关系在现实中往往受寄主、病原、环境及人为因素的影响而表现得千差万别，各不相同。模拟（simulation）简单地说就是通过建立起某些能体现这些现实关系的，简化了的模型来帮助我们理解把握这些关系。模拟是对真实事物或者过程的虚拟仿真，经常采用虚拟具体假想情形的方法或采用数学建模的抽象方法。模拟最初只用于物理、工程、医学、空间技术等方面，20 世纪 50 年代之后，逐步推广到工商企业管理、经济科学和农业科学研究之中。植物病害的模拟是对植物病害发生发展过程中各种自然条件进行的虚拟仿真。模拟要表现出选定的植物病害流行系统的关键特性。植物病害流行系统的模拟就是要表现出选定的植物病害流行系统的关键特性。通常是通过分析病害流行规律建立模型并以各种假设的情景作为输入运行模型，分析模型运行的输出与各种输入条件的关系。

在现实农业生产中直接进行病害流行的试验，或者是不可能的，或者是得不偿失的，而根据实际问题建立模型，并利用模型进行试验，比较不同后果，选择可行方案，不失为有效的代用方法。同时，由于经济数学模型日益增大和复杂化，并且更多地考虑非经济的影响，已不能用数学运算得到准确的分析解，而需要通过电子计算机模拟（简称电算模拟），用数值运算得到数字解。综合这两个方面，模拟既使间接试验有了可能，也为模型求解提供了新的方法。

1962 年，曾士迈发表论文《小麦条锈病春季流行规律的数理分析》，开创了定量流行学研究的先河，与国外研究基本同步。20 世纪 70 年代曾士迈又在国内将系统分析和电算模拟方法引入流行学研究，研制出国内植物病害流行模拟模型（TXLX，小麦条锈病春季流行模拟模型，1981 年）。90 年代，他又研制出小麦条锈病大区流行和品种-小种相互作用计算机模拟模型 PANCRIN，这一模型在第五届国际植物病理学会上报告并引起重视。此外，他和他的学生还陆续研制出稻、麦、蔬菜上多重病害的模拟模型，并逐步从单一病害发展为多种病害乃至病虫害的综合模型，以及从时间动态到空间动态，再到损失估计、品种药剂防治效果和防治决策模型。这些模型现已基本配套，与国外同类模型相比，在系统结构和实用性上都有独到之处。

二、模拟的基本步骤

进行模拟的步骤包括确定问题、收集资料、选定模型、建立模型的计算程序、鉴定和证实模型（即模型检验）、设计模型试验（或称模型的灵敏度分析）、进行模拟操作和分析模拟结果。

第一阶段是在进行病害模拟之前，需要确定问题，明确模拟的对象和目标，对对象系统的组成结构，涉及的因子和它们之间的关系进行初步分析；第二阶段是收集相关的数据资料，通过资料分析各种因素之间的相互关系，在分析的基础上制订模型框架；第三阶段是选定模型，建立模型的计算程序，估计模型的参数；第四阶段是对模型进行检验；第五阶段是对模型进行灵敏度分析；第六阶段是利用模型进行模拟操作和分析模拟结果。系统模拟可以提高人们对植物病害的认识，又随着人们对植物病害认识的提高而需要不断改进，正如曾士迈和杨演（1986）指出的"模型的组建、检验、应用和改进，需要轮回进行、反复提高，似无止境"。

1. 明确研究对象和目标

首先，要明确研究目的，如模拟研究希望解决何种问题、解决到什么程度；明确模型将来面向什么样的用户，用户对模型性能的具体要求等。在此基础上确定模拟研究对象、界定研究范围。根据不同的研究目的与要求聚焦在某个（子）系统的特定层次，研究对象可以是一个细胞、一片病叶、一株植物、一块田内的作物，又或是一个大区域内的生态系统等。在此基础上确定输入和输出项目。例如，叶部病斑扩展模拟模型的研究对象就是单片叶片，而病害在田间转播扩展模拟模型的研究对象则是一块田内的作物（Wu and Subbarao，2014）。

2. 系统分析和模型总体设计

首先，对研究对象已有的相关知识和数据进行整理和提炼；在归纳分析的基础上，初步拟定出对象系统的基本结构及主要组成，并建立起清晰的概念模型（结构或者骨架）。通常采用结构框图或者流程图（flow chart）来勾画出模型的总体结构。根据总体结构框图明确模型各个子模块所需要的数据，如果已有合格的数据，即可以进入下一步的数据分析和建模，如果已有的数据达不到要求，则要设计实验获取数据。

总体设计是一个分析综合提高的过程。植物病害系统可以分成若干子系统，而子系统之间又存在着各种联系。不同的模拟模型，对系统的分解方法不同。例如，生菜霜霉病侵染过程从时间顺序上可分成接触、孢子囊萌发、附着胞形成、侵入丝形成、胞间菌丝扩展和吸器形成等子过程（或子系统）。同时如果从病原寄主互作的角度看，也可分为病菌在环境条件适合和有寄主信号时启动的侵入过程和寄主植物感受到侵入时的抵御过程，这是两个互相联系的并行子过程（或子系统）。总体设计需要确定如何分解子过程，以及分解到哪一层次，子过程之间考虑哪些联系和影响因素等。这一方面取决于模拟的目的和用户要求，另一方面也取决于研究条件和技术水平。

总体设计是模拟研究的一个重要步骤，设计的好坏直接影响此后的模拟内容、方法和效果。同时大多数时候，如果在执行后面步骤的过程中发现设计上存在问题，也可对总体设计进行修改和微调。

3. 组建模型

在系统分析的基础上根据总体设计框图，对每个子过程（或子系统）的输入输出进行定量分析，确定模型的具体形式，包括模型参数的求解。这一过程是模拟研究的关键之一。

4. 检验模型

模型的检验包括真实性（verification）和可靠性（validation）检验两部分。真实性检验是检验模型结构的合理性及是否符合生物学和流行学的逻辑性。其实在模型的总体设计和组建过程中就应该时时考虑这些问题，这也要求模型构建者对病害流行学的基本学说和生物学规律有较好的认识。但是，有时如果多角度试验数据证明根据某一广为接受的知识（假说等）设计的模型无法解释真实的病害流行过程，则有必要重新审视这一假说。

模型的可靠性检验主要是检验预测值和实测值相符的程度，是模型检验的主要内容。

5. 灵敏度分析

灵敏度分析是分析模型输出变量（或者中间变量）对输入变量变化的反应灵敏程度。这一分析有助于检验模型的真实性，也可以发现进一步改进模型的方向。例如，在很多历史观测中都发现高温天气可以减轻霜霉病的发生，如果一个霜霉病的模型输出的病害发生程度对温度的变化不敏感，甚至基本没有变化，则暗示模型的结构有问题，存在不符合逻辑的地方。另外，如果模型灵敏度分析发现病害流行对露时变化特别敏感，则要提高模型的准确性，改进露时的观测（或预测）精度是改进模型的一个重要方向。

6. 应用模型进行模拟

根据模拟目的的不同，有的模型可用于模拟试验，有的模型可用于决策研究。应用也是更高层次的检验，在应用中进一步分析模型的优缺点，为后续的更高层次的模拟改进提供数据。

第二节　系统分析、模型框架设计

广义上讲，研究的对象都可以看成一个系统，也可以看成更大系统的一个子系统，同时又包含了更小的子系统。这一阶段的任务就是用系统分析的方法来分析系统的功能、构成组分及各组分间的相互关系。系统分析（systems analysis）首先由美国兰德公司在第二次世界大战时期提出，用于武器技术装备研究和战略决策，后来被广泛用于经济领域。曾士迈和杨演（1986）提出系统分析方法是流行学的有力工具并倡议将系统分析应用于流行学研究。

这一阶段就是将研究对象看作一个系统，明确组成系统的各个子系统（元素）和子系统间的相互关系，以及各子系统与整个系统间的关系；确定系统组分间的物质流、能量流和信息流，各个子系统的状态变化，整个系统和各个子系统的功能，系统的输入输出和外部影响因素等。由于很多时候系统的结构高度复杂，因此往往需要借助特定意义的框图来表述。比较通用的是采用 Forrester（1968）为工业流程设计的一套图形符号（图 8-1）。

以小麦条锈病的电算模拟模型 TXLX 为例（曾士迈等，1981）。模型主要由显症率和日传染率两个子模型构成。前者主要输入的是健康叶片数，输出的是潜育病叶

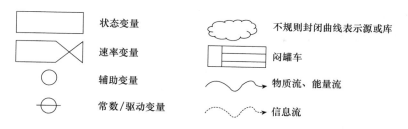

图 8-1 系统流程框图中常用符号及其意义

数，受露时、露温、病斑平均面积、叶面积指数、抗病性参数、传染性病叶和总叶数等影响。后者输入的是潜育病叶数，输出的是传染性病叶数，受抗病性参数、日均温等影响（图 8-2）。

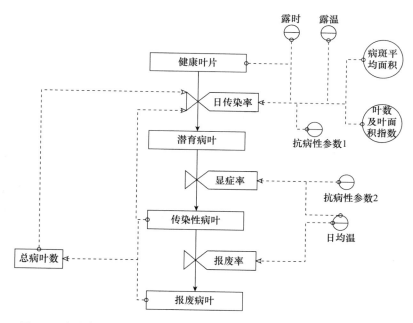

图 8-2 小麦条锈病模拟模型 TXLX 简要流程框图（仿曾士迈等，1981）

在明确系统结构的基础上，下一步是收集相关数据。其中要注意的是要注意数据的量纲，统一数据的操作定义，对数据进行严格的质量控制。必要时要进行数据转换，如果没有合乎规格的数据，也可以修改模型，采用"假参数"或"傀儡参数"。

第三节 组 建 模 型

一、模型的一般概念

模型（model）是对客观世界中的现象或过程根据研究目的而做出的简化和抽象的表述。现实世界中的过程是非常复杂的，我们也许永远不能完全掌握这些过程，或者我们掌握了这些过程，但是因为它们太过复杂，描述起来很困难，需要简化。模型就是现实世界为了某些目的而做的简化，可以说它们肯定都是不全面、不精确的，但是有些模型却是很有用的。植物病害流行学中模型的作用就是可以让我们透过纷繁复杂的表象，以简单而高效的方式抓住流行学中几个主要关系本质而重要的特征。例如，用逻辑斯蒂模型的几个参数可以让我们把握植物病害的进展曲线。根据模型是否具备清楚的表述形式可分为心智模型（mental model，或思维模型）和有形模型（tangible model，或者实体模型）。思维模型是现实世界中的客观实体在人脑中无明确表述的映象，它因人的背景知识、经验和主观态度而异；当这些模型具备了明确的表述形式时，如文字描述、流程图和数学公式，则称为有形模型。而这些有形模型，根据模型的形式又分为物理模型和抽象模型：物理模型是利用物理载体重现客观实体的某些特性，如缩小的塑料飞机模型；而抽象模型是用文字、符号来表示我们感兴趣的客观实体的某些特性和功能，如化学结构式、数学公式、流程图和示意图等。数学模型又分为经验模型（empirical model）和机理模型（mechanistic model）两类。

经验模型又称整体模型（holistic model），它把系统看作一个黑盒，不考虑其内在结构和作用机制，只是根据系统输入和输出的经验观测值，用数学模型来近似拟合它们之间的关系。当前很多模型都属于这一类，这类模型的特点是缺乏外推性，模型通常只在建模数据覆盖的范围内应用才有较好的效果。所以，模型好坏的关键是数据的全面性。要尽量多地获取各种条件下的数据，要考虑到各种影响因素（自变量），并尽可能全面地覆盖这些自变量所在多维空间的所有变化范围（域）。建模传统上通常是通过回归的方法来找到最优的数学模型，近年越来越多的学者也通过机器学习、人工智能来找到最优模型。

机理模型又称系统模拟模型（system simulation model），是将研究对象看作一个系统，对其结构和功能进行分析，在此基础上组建的具有一定结构且反映客观世界病害发生机制的模型。这一类模型往往由多个子模型组成，而且子模型间具有一定联系，共同构成一个整体，完成某些子模型单独不能实现的功能。而其中的子模型多数时候也可以继续细分，最终由一些简单的子模型（系统）元件组成。

二、数学模型

数学模型有各种形式，可以是连续数学函数，如一元多项式、多自变量线性函数、幂函数、指数函数、对数函数、三角函数、逻辑斯蒂模型等；也可以是不连续的分段函数。这些函数的自变量和因变量之间存在一种固定的映射关系，给出模型的自变量，模型多次运行输出固定的结果，因此这类模型称为确定性模型（deterministic model）。而模拟自然界随机事件的随机模型（stochastic model）对于同样的输入，每次运行的输出结果可以不同，只是服从一定的概率分布，如正态分布、泊松分布、二项分布、负二项分布等。随机模型的实现一般都是通过随机数发生器来实现的。在很多软件中，如 Fortran 中的 Random（nSeed）和 Visual Basic 中的 rand（）函数都可以用来生成均匀分布的随机数，而 Python 语言中的 numpy.random 模块可以用来生成指定分布的数据，如高斯分布等。

系统模拟的一个重要步骤是分析收集到的数据，建立起系统中各个子模型元件的数学模型。这些子模型可以同经验模型一样是回归模型，也可以是根据一些假说建立的理论模型。需要注意的是，哪怕是采用回归模型，在考虑选用何种模型形式时，也应该注重其是否符合经过实践检验证明是正确的植物病害流行理论和逻辑。例如，在模拟病害流行时间进程曲线时，如果将来要用于各种情况，则优先选择的是逻辑斯蒂模型而不是指数生长模型，因为后者被反复证明不适用病情接近饱和时的情况。与此相似，对病菌侵染速率随温度变化的趋势，单调递增，如线性模型就明显不能反映这种变化的全貌，即便我们只是获得了一个小范围内符合线性变化趋势的数据，但是根据生物学的一般规律，知道所有的生物过程都有其最适温度，过高和过低的温度都会降低其效率，差别只是其适宜温度范围的大小而已。

在选定数学模型之后，下一步是收集数据训练模型，这一步成功的前提之一是数据的质量控制，如前面已经提到的数据的量纲、操作定义要统一、数据要尽量覆盖模型将来应用的多维空域等。除此之外，观测值之间的独立性也是获得好模型的一个要求。有时还要对数据做必要的转换和规格化，如标准化使之具有可比性。在完成数据获取和质量控制之后，一般的做法是随机将数据随机地分成两个子集，一个用于训练模型，一个用于测试模型。训练模型就是通过各种方法计算出模型中参数的最优解。对于线性问题，通常很容易地通过最小二乘法求出斜率和截距等参数的最优解。例如，对一元线性模型$\hat{y} = ax+b$，求解就是找到系数 a 和 b 的最优解，使得观测值 y 和预测值$\hat{y}$的差总体（平方和）最小。但是对于复杂的非线性函数求解，则需要通过各种算法找到最优的近似解。传统的常见方法有最速下降法、牛顿法、高斯牛顿法、共轭梯度法和马尔科夫链等。现在各种共享资源中有很多机器学习和求最优解的算法与现成的程序，常见的有决策树、朴素贝叶斯、支持向量机、逻辑回归、k 近邻算法、k 均值算法、神经网络、Adaboost、随机森林法、贪心法、人工蜂群法、蚁群法、模拟退火法、遗传算法、粒子群法等。

三、模拟模型程序流行框图

在系统分析的基础上，系统模拟的下一步是将上一步得到的系统结构框图转化成计算机程序流程图（图8-3）。计算机程序流程图是一种计算机程序开发时常用的逻辑流程图，是对数据处理分析过程进行的概述及注解。程序流程图和系统流程图有所不同，如

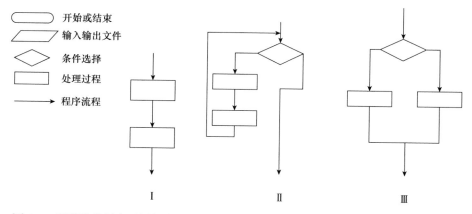

图 8-3　程序流程图主要图标意义及程序流程基本结构示例（仿曾士迈和杨演，1986）
Ⅰ. 简单顺序；Ⅱ. 循环；Ⅲ. 条件选择

果说系统结构框图是模拟模型的总体构思，那么流程图就是指导施工的具体图纸，它是在系统流程的基础之上把计算步骤按照顺序做出的图解，既可以为编程提供指引，又有助于在程序调试过程中找到出现问题的位置。

复杂的程序流程图，往往多个子程序叠加或嵌套一起。为了便于程序的调试、修改和以后的升级与集成，要尽量避免不同循环结构之间的来回穿越，保证程序结构的简洁和子程序模块化是现代编程的基本原则之一。以小麦条锈病 SIMYR 模型的主程序为例，主程序中包含了计算小麦生长、计算有效面积、计算显症率及病叶数、计算产孢面积扩展和输出曲线图的 5 个子程序（图 8-4）。除输入和输出标准化外，模块间以及子程序间

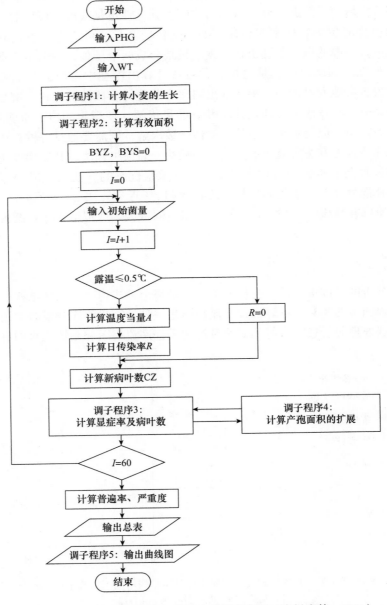

图 8-4　小麦条锈病 SIMYR 模型主程序流程图（肖悦岩等，1983）

不互相引用或交换变量赋值，子程序保持相对独立，通过调试和检验后每个子程序作为一个模块，可以为不同程序（或子程序）共享。这样，在主程序的结构相对比较简单的同时，各模块之间的接口关系也比较易于处理。

四、电算程序的编制和调试

在确定了数学模型和程序流程框图后，接下来就是具体施工，按照流程图将模拟模型转化成计算机可以执行的程序。此过程需要完成的工作包括：①根据可以用于运算的资源和模拟需要，确定模型的时间和空间精度（如时间上的时距和空间上的栅格大小）；②选择编程语言；③编程和上机调试。

1. 确定时空精度

在时间是连续的情况下，如何确定模型的最小时间间隔，很多时候首先要考虑植物病害过程的生物学特点。例如，孢子萌发、侵入、病斑扩展和产孢等过程所需时间一般以小时计，如果模型的目的是模拟这些过程则时距一般以小时计；另一类过程，如多循环病害在一个生长季节随着反复再侵染的发生，病害水平随时间变化的趋势模拟，很多时候以日为最小时距（曾士迈和杨演，1986）；如果模型的目的是模拟单循环病害的逐年流行，时距也可以是一个生长季节（Wu and Subbarao，2014）。除了要考虑病害过程外，另一个必须考虑的因素是计算机的运算能力，随着单一计算机预算能力的提高和云运算的应用，原来一些无法实现的模拟也变得容易，很多以前只能以日为时距的模拟，现在完全可能用小时甚至更小的时距来模拟。此外，很多模拟都涉及空间精度的确定，因为病害在时间上增长和在空间上的扩展是同一事物的两个方面（曾士迈和杨演，1986）。空间上，最小单位是一个病斑、叶片、植株或者一整块田甚至更大范围，同样需要考虑模拟的对象和目的及可用的计算机资源。

2. 选择编程语言

计算机语言包括机器语言、汇编语言和高级语言。机器语言是计算机能直接识别和执行的一种机器指令的集合，是用二进制代码表示的，一般用于操作系统底层指令的编写。汇编语言是一种用助记符表示的仍然面向机器的计算机语言。助记符与指令代码一一对应，基本保留了机器语言的灵活性，能面向机器并较好地发挥机器的特性，它必须先经汇编程序翻译成机器指令才能为计算机理解、执行。汇编语言多用来编制系统软件和过程控制软件，具有占用内存空间少、运行速度快的优点。高级语言是指与人类自然语言相接近且能为计算机所接受的语意确定且通用易学的计算机语言。高级语言需要翻译成机器能执行的机器语言目标程序，或者逐句解释成机器能理解的语句才能被计算机执行。广泛使用的高级语言有很多，包括 BASIC、PASCAL、C、C++、COBOL、FORTRAN、LOGO、VC、VB、Java、R 和 Python 等。2018 年世界上用得最多的 5 种高级语言依次是 Java、C、Python、C++ 和 VB。高级语言具有通用性强、兼容性好、便于移植的特点。因此，模拟模型的编写一般都采用高级语言。

BASIC 是 beginner's all purpose symbolic instruction code 的缩写。由美国达特茅斯学院的基米尼和科茨于 1964 年完成设计第一个版本，经过不断丰富和发展，现已成为一种功能全面的中小型计算机语言。BASIC 易学、易懂、易记、易用，是初学者的入门语言，通常作为学习其他高级语言的基础课程。

Visual Basic（VB）是微软公司开发的一种源自于 BASIC 的面向对象的程序设计语言。有 1991～1998 年发布的 VB1～VB6，2000 年发布的 Visual Basic.NET，以及之后的多个改进版本。"Visual" 是指它的可视化设计平台，在此平台开发图形用户界面（GUI）不需编程描述界面元素的外观和位置，而只要把预先建立的对象添加到屏幕上的一点即可。它还拥有快速应用程序开发（RAD）系统，可以使用 DAO、RDO、ADO 连接数据库，或者创建 Active X 控件，高效生成类型安全和面向对象的应用程序。VB 程序设计语言具简洁易懂、结构化、模块化、面向对象和可视化等特点。

C 语言是美国 AT&T 公司（贝尔实验室的 D. Ritchie 和 K. Thompson）为了实现 UNIX 系统的设计思想而于 20 世纪 70 年代发展起来的语言工具。C 语言兼顾了高级语言和汇编语言的特点，C 语言具备简洁、高效、灵活和可移植的特点。C 语言的函数相当于其他高级语言的子程序，每一个函数解决小任务，使程序模块化。C 语言提供了各种现代化的控制结构。使用 C 语言编写程序，既可感觉到使用高级语言的自然，也能体会到利用计算机硬件指令的直接，而程序员却无须卷入汇编语言的烦琐。

C++ 是面向对象（object oriented）的程序设计语言。1983 首次命名并于 1997 年正式完成标准化。它既支持 C 语言的过程化程序设计，又支持以抽象类为特点的面向对象的程序设计，还支持类间的继承和多态性。C++ 能适应不同大小规模的问题，不仅拥有计算机高效运行的实用性特征，同时还致力于提高大规模程序的编程质量与问题描述能力。

Python 是 20 世纪 90 年代初诞生的一种面向对象的解释型高级动态编程语言，结合了 Unix shell 和 C 语言的习惯，可用于 Linux、macOS、Windows 等多系统平台。Python 具有结构简单、语法和代码定义清晰明确、易于学习和维护、可移植和可扩展性非常强等特点。它提供了非常完善的基础代码库（内置库），涵盖了数据结构、语句、函数、类、网络、文件、GUI、数据库和文件处理等。Python 还有大量的第三方开源的库。有很多现成的包和模块可供直接使用，极大地提高了编程效率。Python 的底层是用 C 语言写的，很多标准库和第三方库也都是用 C 语言写的，运行速度非常快。

Java 是美国 Sun Microsystems 公司于 20 世纪 90 年代开发的一门面向对象的静态高级编程语言。它是由 C++ 改进而来，在吸收 C++ 的各种优点的同时摒弃了 C++ 里难以理解的多继承、指针等概念，因而更简洁、易于网络传播。Java 编译程序生成字节码（byte-code），而不是通常的机器码。Java 字节码提供对体系结构中性的目标文件格式，可有效地传送程序到多个平台。Java 作为免费开源软件，具有简单、面向对象、分布式、健壮性、安全性、平台独立（可以通过网络传播跨平台运行）与可移植性、多线程、动态性等特点。Java 在手机操作系统和游戏程序、金融服务业服务器、网站等领域应用非常广泛，也是科学应用中很好的选择，最主要的原因是 Java 比 C++ 或者其他语言拥有更好的安全性、便携性、可维护性及并发性。

一般来说，在选用编程语言时应该综合考虑：①可用的资源，软硬件的实际条件；②人员的知识结构和技术储备；③模型的目的和用途，用户范围等，如需要很多并行运算和通过网络在手机、各种电脑平台上运营的模型选用 Java 语言就有很多先天优势；④将来的运营、维护和升级费用，等等。

3. 编程和上机调试

不管选用哪一种语言编程，一个较为复杂的程序很少能一次成功通过，需要不断调试找错（debug）。这一过程有时会非常费时和令人头痛。为了更少出错和更有效地调试找错，一般应该遵循下列原则。

1）程序结构要尽量简洁，避免复杂的多分支结构。

2）程序设计要尽量模块化，对单个模块独立进行调试后再对整个程序进行调试。

3）调试时对程序分段进行检查，在关键节点设置一些报错输出。

4）分析错误是否与运行的环境（硬件和软件）相关。

5）着重检查一些编程人员历史上习惯犯的错误。

6）着重检查分支和判断是否完全覆盖所有情况，循环变量的终止条件是否正确。

7）调试包括程序语法错误和运行结果是否符合设计要求两大部分，对结果正确性的检验应该考虑各种情况。

第四节 模型的检验

如前所述，模型检验广义上包括合理性检验和可靠度检验。这里我们着重讨论后者。首先检验模型的数据必须是建模时未曾用过的数据。如前述，通常的做法是将获得的数据随机分成训练集和检测集，前者用于建立模型，后者用于检验模型。有时在建立模型后还要继续收集新数据用于模型检验。而模拟模型的好坏衡量方法包括以下几个方面。

对于二分类模拟模型的好坏，一般根据分类模拟预测的结果和实测的结果是否一致来判断。预测错误（包括假阳性和假阴性预测）的概率和预测正确（阳性和阴性）的概率是衡量模型好坏的标准（表 8-1）。对于一个二分类模型，随着分类阈值变化，模型的敏感性会随着特异性变化而变化。模型的综合表现常用以（1-模型特异性）为横坐标、以模型敏感性为纵坐标绘制成的 ROC 曲线（receiver operating characteristic curve）下面积（AUROC）来衡量（Bewick et al., 2005）。曲线下面积越大，诊断准确性越高（图 8-5）。其曲线下面积可以通过划分成多个梯形分别计算面积然后求和来计算，AUROC 最佳值是 1，而随机猜测，即模型不起预测作用时，AUROC 是 0.5。模型观测值与预测值的符合程度也可用一致性相关系数（concordance correlation coefficient，CCC）进行评价（Echavarría-Heras et al., 2014）。与相关系数类似，CCC 取值在［-1,1］之间，越接近 1 表明一致性越好。

多分类模拟模型的检验可根据模型预测的一致比率，或者将其转化成多个二分类，或者将不同分类看作数值型变量用随后讨论的方法进行检测。

表 8-1 二分类模型预测值和实际值比较的几个参数

实际	预测值		合计
	1	0	
1	真阳性（Tp）	假阴性（Fn）	实际阳性（Tp+Fn）
0	假阳性（Fp）	真阴性（Tn）	实际阴性（Fp+Tn）
合计	预测阳性（Tp+Fp）	预测阴性（Fn+Tn）	Tp+Fp+Tn+Fn

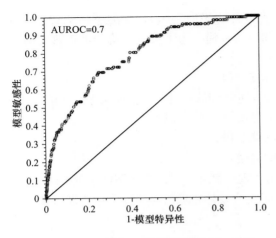

图 8-5 一个稻瘟病预测模型的 ROC 曲线
（郭芳芳，2019）

对于模拟和实际测量结果是数值型变量的模型，通常以预测值为纵坐标、以实测值为横坐标作图，根据图形表现来判断模型的好坏（图 8-6）。以图 8-6 中模型为例，理想的模型表现应该像图中的模型 2，其回归趋势线的斜率最好为 1.0，截距最好为 0，R^2 最好是 1.0（散点紧贴趋势线）。模型的误差分为几类：①图中的模型 1、3 和 4 的 R^2 都明显小于 1.0，即离趋势线有较大的距离，这个距离反映的是模型是否考虑到了因变量的所有影响因子，是否还有其他未知因子的作用未能在模型中反映，这种误差如果不随实测值变化，则常常表现为随机误差；②模型 1 趋势线的斜率接近 1.0，但是截距大于 0，且趋势线平行于 $y=x$ 的直线，说明模型存在一定的系统性误差，模型存在普遍的高估（如果截距小于 0，则为低估），不随实际值变化；③模型 3 趋势线的斜率显著大于 1.0，而截距小于 0，说明模型存在系统性误差，模型在实际值较低时低估，实际值高时存在高估；④模型 4 与模型 3 正好相反，趋势线的斜率显著小于 1.0，而截距大于 0，说明模型存在系统性误差，模型在实际值较低时高估，实际值高时存在低估。除了将预测值和实际值直接作图外，还可以将两者的差值（残差）对实际值作图（图 8-7）。理想的模型应如 8-7A 所示，预测值与实际值相差小，且随实际值的变化没有系统趋势，而是随机分布；而图 8-7B～D 中的残差都比较大，且残差分布不随机，这些都是模型不理想的表现。

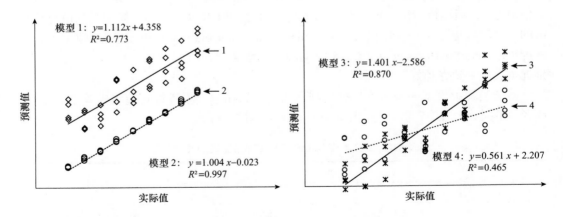

图 8-6 模拟模型预测值与实际值比较

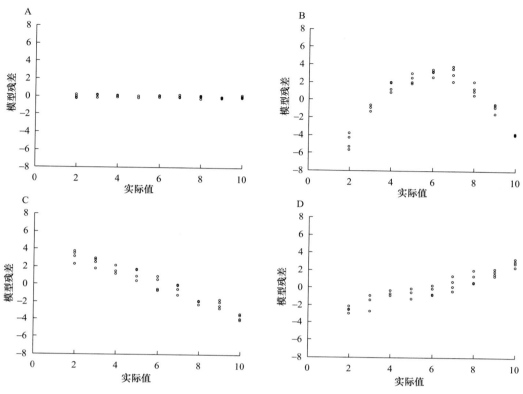

图 8-7　根据模型残差随实际值变化的分布图判断模型的好坏

复　习　题

1. 模拟的意义是什么？
2. 模拟有哪些基本步骤？
3. 什么是模型？模型有哪些类型？
4. 如何判断模型的好坏？

第九章　植物病害流行的损失估计

提要：损失估计即对病害可能造成的损失进行预测，实质是研究病害发生量或流行程度与其造成的作物减产和（或）品质降低之间的相关关系。同时，损失估计也将为病害的防治决策提供科学依据，避免盲目防治或防治滞后。本章介绍植物病害损失的概念及有关知识，分析植物病害损失的构成因素；从病情与损失的关系出发，介绍植物病害发生量与损失在不同病害体系中的关系；阐述植物病害损失估计的概念，并通过具体事例说明损失估计的一般方法。

第一节　概　　述

一、植物病害损失的一般概念

植物病害流行往往会导致不同程度的损失，这种损失包括直接的、间接的、当时的和后继的等多种表现形式的损失。直接的损失主要是指发病植物产量的减少和品质的降低，如果再加上植物产品的价格以及防治病害的花费就会转换成经济损失（economic loss）；间接的损失可能包括由于植物病害流行造成一个地区或一个国家的粮食歉收而导致的粮食价格上涨，以及由于化学防治所引发的农药残留、环境污染和生态受损等一系列问题。植物病害不仅造成产中的损失，也会导致产后的损失。例如，马铃薯晚疫病一方面造成生长季的减产，另一方面也会导致储藏期烂窖；不仅影响作物的当代（当年的生长季），也会影响到其后代（后续生长季）。又如，小麦散黑穗病一方面造成当年的减产，另一方面造成种子带菌，从而导致下一年病害的发生和流行。对于多年生果树的病害，如梨黑星病，当年的发病程度会直接影响下一年的初侵染菌量。国际上常把作物产量分为理论产量（theoretical yield）、可达到的产量（attainable yield）、经济产量（economic yield）、实际产量（actual yield）。其中，理论产量是指在理想条件下可达到的产量，一般很难达到；可达到的产量则是指最佳条件下可达到的产量；经济产量是指换算成货币的产量；实际产量是指收获后实际得到的产量。故此，把损失也分为理论损失（theoretical loss）、作物损失（crop loss）和经济损失（economic loss）三个层面。三者的关系如下。

理论损失 = 理论产量 − 实际产量
作物损失 = 可达到的产量 − 实际产量
经济损失 = 经济产量 − 实际产量

由此看来，植物病害造成的损失是非常复杂的，通常状况下也是难以全面衡量的。在植物病害流行学领域通常所讨论的病害损失及其估计主要是针对直接的和当代（生长季）的损失，而由病害流行造成的间接的和后继的影响往往难以估量，故不在讨论之列。

综上所述，一般所指的病害损失（disease loss）主要是指由病害的发生和流行造成的产量减少和品质降低。当品质降低不明显可忽略不计时，病害损失即指由病害所致的产量损失（yield loss）（曾士迈和杨演，1986），这也是本章将要讨论的主要内容。

二、植物病害损失的类型

植物病害所致损失往往因病害种类的不同而不尽相同，根据损失的表现形式可将植物病害损失分为以下三种类型。

1. 产量损失型

产量损失型即病害损失主要表现为产量的减少，对品质的影响较小，通常可以忽略不计。这种情况下，病害损失基本等于产量损失，此处两个名词有相同的内涵。例如，小麦纹枯病造成枯白穗和谷子白发病所导致的损失主要属于这一类型。

2. 品质降低型

品质降低型即病害损失主要表现为品质的降低，而产量受影响较小，或病害所致产量的减少与品质的降低在经济收益上相比可以忽略。一般观赏植物的叶部病害所导致的损失当属此类型；发生在果树和蔬菜作物上的一些病害，如疮痂病、炭疽病、煤污病，在病情较轻的情况下，主要影响果品和蔬菜的质量（等级），也应属于此类型；再有，禾谷类作物的病害，如小麦赤霉病，在病情较轻情况下，减产往往并不严重，而病原菌所产生的毒素对于品质的降低是造成损失的主要原因。

3. 综合损失型

综合损失型（产量品质型）即病害损失表现为产量的减少和品质的降低，二者同等重要，均不可忽略。大多数果树和蔬菜作物上的病害所致损失属于这一类型，具体示例不胜枚举。

由此看来，病害损失与作物的类型、作物产品的特点及人类对于作物产品的利用目的都有密切的关系。

三、植物病害损失的计量

病害损失的计量，如果从经济学的角度分析病害损失即所谓的经济损失，需辅以价格等因素，情况可能更为复杂一些，因此，这里主要介绍的病害损失是关于产量减少和品质降低的计量问题。

1. 产量损失型

这类病害损失可计量为减产量，即该作物品种在当地栽培管理条件下不发生任何病害时的产量（最高实际产量）与发生病害后产量的差值。最高实际产量往往只有在试验小区和人为保护的条件下才有可能获得，在通常的大规模生产条件下很难或根本不可能达到，在实际工作中使用起来有一定困难。鉴于此，一般情况下，可以用当时当地未发生病害或病害极轻时同一品种的产量均值来代替，进行减产量和减产率的计算。

2. 品质降低型

这类病害损失通常表现为经济损失，其计量较为复杂，因为品质的优劣等级划分实际是一种经济行为，受控于市场因素，不同等级产品之间的市场价格差别并不是成比例的，如一等的苹果价格可能为 10 元/kg，二等为 8 元/kg，三等有可能为 5 元/kg 甚至更低。这里引入品质指数（quality index，QI）和品质损失率（quality decrease rate，QDR）

来进行此类病害损失的计量，品质指数（QI）的计算方法如下。

$$QI = \frac{\sum (各等级产品数 \times 相对品质指数)}{调查总产品数}$$

其中，

$$相对品质指数 = \frac{该等级产品市场价格}{最高等级产品市场价格}$$

品质损失率（QDR）的计算方法如下。

$$QDR(\%) = \left(1 - \frac{QI}{QI_{max}}\right) \times 100$$

式中，QI_{max}（最高实际品质指数）为该作物品种在当地栽培管理条件下不发生任何病害时的 QI，往往只有在试验小区中才有可能获得，所以在实际工作中，可以用当时当地未发生病害或病害极轻时同一品种的品质指数来代替。

3. 综合损失型

这类病害损失的计量比较接近于品质降低型，但稍有不同，因为该类型的损失表现为产量和品质两方面的降低。这里引入综合损失率（complex loss rate, CLR）来进行计量。具体计算公式如下。

$$CLR(\%) = \left[1 - \frac{\sum (各等级产品数 \times 相对品质指数)}{\sum_{max} (各等级产品数 \times 相对品质指数)}\right] \times 100$$

式中，相对品质指数的含义及计算方法同上；$\sum_{max}$（各等级产品数 × 相对品质指数）为该作物品种在当地栽培管理条件下不发生任何病虫害时的综合产值，往往只有在试验小区中才有可能获得，在实际工作中，可以用同一生长季当地未发生病害或病害极轻时同一品种的综合产量均值来代替。

第二节　植物病害损失的生理学

一、植物病害损失构成因素

植物病害造成损失，可能有两个方面的因素：①影响植物的生理功能，进而影响产量（产值）的形成；②造成既得产量（产值）的损失。前者主要是指一些发生在寄主植物生长期的病害造成损失的因素，后者所涉及的因素则多是在近成熟期、成熟期、采收期、储藏期和货架期发生的一些病害，主要危害果实和穗部等收获器官。

1. 影响植物的生理功能

病害发生以后，对植物正常的生理功能产生影响，从而使植物不能正常生长发育，使植物的个体数、个体产品数、单个产品重和产品质量等产量（产值）形成因素受到影响。例如，小麦叶锈病等叶部病害会破坏植物的光合器官、影响光合产物积累以及加剧蒸腾作用，从而大大降低产量和产品品质；根部病害，如根腐病，一方面会影响植物根部对水分和无机盐的吸收，使产量和品质减低，另一方面，还可以导致植物个体死亡，从而使植株数量减少，进而影响产量形成；维管束病害，如棉花黄萎病，破坏维管束系统，影响植株水分和养分的传导和运输，重者导致植株死亡，轻者破坏叶绿素，影响植株的光合作用，导致落叶，降低光合面积，从而造成植株数目、铃数、铃重、衣分等的减少和降低，纤维品质变劣。

2. 既得产量（产值）的损失

主要是由病害危害已形成的植物产品，如穗、籽粒和果实等，造成收获时的直接产量减少和品质降低，并且在收获以后继续造成损失。例如，黑穗病类、果腐病类和许多作物的采收期及储藏期病害，它们直接破坏已经形成的产品（产值），一旦病害发生，损失往往较重，病害流行程度越重，造成的损失越大。苹果炭疽病在近成熟期危害果实，病害在较低水平时，会影响果实品质，大大降低果品的市场价值；如严重发生，则可导致大量烂果，造成严重减产。水稻稻曲病直接危害籽粒，病害发生后会造成不同程度的减产。小麦的赤霉病和玉米的穗腐病均危害穗部，病害一方面造成籽粒腐烂，导致减产；另一方面由于病原菌产生脱氧雪腐镰刀菌烯醇（DON）等真菌毒素，从而大大降低籽粒的品质和使用价值。苹果轮纹病危害果实以后，造成烂果，导致果品产量减少和品质降低，如病害发生严重，在储存过程中还会出现大量烂果，导致更严重的经济损失。

二、病害流行程度与损失的关系

在这里，病害流行程度用病情来表示，指的是在一个生长季内病害流行全程病情的代表值（如病害造成损失的关键期病情指数）或综合值［如病害进展曲线下面积（AUDPC）］（见本章第三节）。在一定范围内，损失与病害流行程度大体上呈正相关，但是，在病情从零至饱和的变化范围内，两者并不一定总呈直线关系，通常可以出现以下三种情况（图9-1）。

1）损失与病情表现为近似于直线的关系（图9-1，直线A），这是最为简单的一种关系。呈现这种关系的病害往往其危害部位就是寄主植物的收获部分，并且主要在寄主生长后期发生，如小麦赤霉病、小麦散黑穗病、小麦腥黑穗病、水稻稻曲病、苹果炭疽病和苹果轮纹病等。

2）损失与病情大体呈S形曲线（图9-1，曲线B），这种关系最为常见，而且前后两端出现两个病情阈值，T_1 和 T_2。当病情在 T_1 以下时，并不造成损失，只有达到 T_1 以后，才开始造成损失，故 T_1 可被看作损害阈值（damage threshold）；当病情处于 T_1 和 T_2 之间时，损失随病情的增加而增大；病情达到 T_2 以后，损失趋于饱和，不再随病情而变化（或变化非常小）。收获部位为果实或种子的植物的叶部病害所致损失通常属于这种情况，如小麦白粉病、小麦锈病、小麦叶斑病、苹果褐斑病、苹果斑点落叶病等。病害发生较轻时（病情在 T_1 以下）之所以不会造成损失，主要是因为产量饱和效应与补偿作用。所谓产量饱和效应是指植物的产量与其光合面积之间的关系同样存在"饱和"现象，即在一定范围内产量随光合面积的增加而增加，但当光合面积达到一

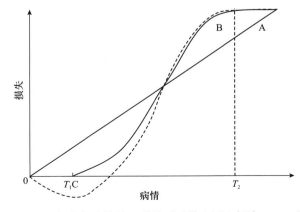

图 9-1　损失与病情的三种关系（曾士迈和杨演，1986）

定值后，产量的增加变得缓慢或趋于饱和，也可以说一个健康的植株有一部分光合面积对于产量形成来说属于"冗余光合面积"，当叶部病害发生较轻（病情低于 T_1）时，实际危害的是这部分"冗余"，因此并不会影响产量，也就不会造成损失。补偿作用则可体现在植株个体水平和群体水平，如小麦灌浆期叶片受害使光合面积减少时，叶鞘和颖片可起到某种程度的补偿作用，当属个体水平的补偿作用；而棉花枯萎病、棉花黄萎病、小麦秆黑粉病和小麦丛矮病等病害，当病株染病比较早且生长弱小时，则相邻的健株因可获得更大的空间、更多的光照以及土壤养分和水分，会发育得比一般植株更为旺盛一些，从而起到了群体补偿的作用，当病株率并不很高，而且分布得高度分散时，则补偿作用往往颇大，整个群体并不会显著减产。正是因为寄主植物个体水平和群体水平的补偿作用以及产量饱和效应，所以在很多病害中，当病情很轻（低于 T_1）时并不造成减产。

3）基本与2）相似，即损失与病情之间也表现为S形曲线（图9-1，曲线C），所不同之处在于当病害较轻时，不但不会导致减产，反倒略有增产作用。其具体原因还不完全被人们所知，但植物的（超）补偿作用属于可能的原因之一。例如，危害花和幼果的果树病害，一定数量下的病害能起到疏花疏果的作用，从而较不发生病害时有所增产，当然，在实际生产中，这种情况要远少于前两种情况。

以上只是病害造成损失常见的几种类型，如对更多的病害进行深入细致的研究，可能还会发现其他特殊情况。

三、影响病害造成损失的非病理因素

这里所说的非病理因素主要是指寄主品种、生长发育状况和环境条件。以上虽然简单介绍了几种损失和病害流行程度之间的关系，但对于一种特定的病害，同样的病害程度对于寄主植物的不同品种所造成的损失不尽相同。通常一种病害导致的损失虽然主要取决于病害的流行程度（包括发生轻重和发生早晚），但同时也受寄主品种、生育状况和环境条件等非病理因素的影响。

例如，杨之为等（1987，1988，1989）在对小麦条锈病对不同小麦品种造成的损失进行测定的基础上，得到如下3个方程。

对病害特别敏感品种的损失方程为
$$L（\%）=7.561+0.3597X \qquad （R^2=0.8747）$$
一般感病品种'甘麦8号'的损失方程为
$$L（\%）=5.3692+0.4247X \qquad （R^2=0.7167）$$
较耐病品种的损失方程为
$$L（\%）=0.3408+0.4247X \qquad （R^2=0.9398）$$
式中，L 为损失率；X 为非病理因素。

对于在不同栽培条件下的同一品种，同等发病程度所致产量损失也可能不同。例如，小麦灌浆期锈病发生后，如果水分供应充分，则减产较少，如遭遇干旱，则减产严重。在这里，因锈病和干旱互作，所以它们共同造成的损失要大于单纯锈病的损失和单纯干旱的损失之和。又如，何忠全等（1991）报道，水稻纹枯病所致损失与氮肥、钾肥施用量、种植密度之间呈极显著复杂的非线性关系，纹枯病造成水稻产量的总损失与氮肥、钾肥、密度之间的关系方程为

$Y=6.4189+1.2058X_1-0.8579X_2-0.4785X_3-0.5783X_1X_2+0.5494X_1{}^2$　　　（R=0.77，$P<0.01$）

式中，氮肥（X_1）对产量的直接效应与产量呈正相关，钾肥（X_2）、密度（X_3）效应呈负相关；氮肥、钾肥的互作效应（X_1X_2）也呈负相关。

第三节　植物病害流行损失的估计

一、植物病害损失估计的概念

这里采用曾士迈和杨演（1986）提出的概念：病害损失估计（disease loss assessment），其原意本是通过调查或试验，实地测定或估计出某种程度的病害流行所致的损失。当这种测定或估计已进行多次后，便可以根据经验或由实测值组成的种种模型，由病害流行程度预测出其所致损失。因此，损失估计即对病害可能造成的损失进行预测，实质是研究病害发生量或流行程度与其造成的作物减产和（或）品质降低之间的相关关系。下面所谈的，正是这种含义的损失估计。

那为什么要进行损失估计呢？其原因在于除了局部地域发生的危险性检疫病害之外，植物病害的防治还必须讲求经济效益，不求无病，只求无害，即把危害控制在经济允许水平之下。决定某一病害是否需要防治和如何防治，并不单纯取决于病情，而主要取决于病害将会造成的经济损失、防治效果｛防治效果 Y（%）=〔（对照区病情指数－处理区病情指数）/对照区病情指数〕×100｝和防治成本以及最终的防治效益，一个最基本的要求为防治后增收的价值大于（或至少等于）防治的成本。由此看来，损失估计是病害综合治理工作程序中一个必要环节，它能为防治决策提供依据。

二、植物病害损失估计的一般方法

正如病害损失估计的概念中所述，进行损失估计的一般方法为通过调查或试验，建立病害流行程度与其所致损失之间的关系模型，进而用于病害损失的估计。

植物病害所造成的损失是多种多样的，因此，在进行损失估计之前，首先要弄清病害造成损失的病理学和生理学基础。其中生理学基础即寄主植物产量（产值）形成生理因素及形成规律；病理学基础是指病害的流行规律、病害影响产量（产值）形成的因素及规律的特点。此外，还必须要考虑寄主品种、生长发育状况和环境条件等因素对病害所致损失的影响。只有在明确上述各种影响和规律之后才有可能进行正确的损失估计。

在进行田间实地调查和试验的过程中，病情估测、产量（产值）计算、损失计量和环境条件监测的方法和标准必须力求合理和统一，否则所得数据难以用于建立可靠的损失估计模型。同时也应注意，任何一个模型的获得都是基于特定的环境，都有其局限性，不应随意扩大模型的适用范围，一个模型在一个新的环境下使用时需要通过实际调查或试验对其中参数加以校正，以避免由模型的局限性所带来的偏差或错误。

三、损失估计模型

损失估计模型无疑在损失估计研究中处于核心地位，也是最终的落脚点。模型有简有繁，有低级有高级，多种多样。但这里所谓的繁、简、高级和低级是从制造工艺（建模方法和技术）上讲的，至于产品（模型）质量的评定，则应以实用性、可靠性和准确性为第一尺度，对高级模型还要求其必须符合生物学上的合理性和真实性。简单的模型，如果既合理又可靠，当然应属最佳之列。损失估计模型可分为两大类，即经验模型（empirical model，也称整体模型，holistic model）和系统模型（systemic model，又称模拟模型，simulation model）。

早在几十年前，Kirby 和 Archer 基于多年的观察和试验，建立了小麦秆锈病损失估计表（表 9-1）。他们的这一工作起了很好的历史作用，不仅曾在实践中被广泛参考，而且促进了其后损失估计的研究。尽管现在看来，这个模型存在如下缺点：第一，流行速度和型式固定不变，而实际上它却是变化多端的；第二，病情和产量之间的关系似乎较为机械，与实际情况颇有出入；第三，未考虑品种、栽培条件对损失率的影响。

表 9-1　小麦秆锈病损失估计表（肖悦岩等，1998）

不同生育阶段的病情指数						产量损失 /%
孕穗	扬花	乳熟	糊熟	蜡熟	成熟	
−	−	−	−	±	5	0
−	−	±	5	10	25	5
−	±	5	10	25	40	15
±	5	10	25	40	65	50
5	10	25	40	65	100	75
10	25	40	65	100	100	100

1927 年至今，有关植物病害流行损失估计的研究进展并不很快，远远落后于病原学和植物病生理学等方面的研究。到了最近 30 多年，由于防治实践的需要，以及模型模拟方法的发展，损失估计研究开始有了一定的发展。

（一）经验模型

这里介绍研究和应用较多的经验模型——回归预测模型，即以病情（或加上其他因素，如品种、环境等）为自变量，以病害所致损失为因变量，根据大量实测数据，导出损失估计的回归预测方程。按照选用自变量的不同，回归预测模型又分为：关键期病情模型（critical point model，CPM）、多期病情模型（multiple point model，MPM）、病害进展曲线下面积模型（area under disease progress curve model，AUDPCM）和多因子模型（multiple factor model，MFM）等。

1. 关键期病情模型

关键期病情模型只包含一个自变量，即关键期的病情，所谓关键期是指此时期的病情在决定损失上作用最大。关键期病情模型的基本形式为

$$Y=b_0+b_1X$$

式中，Y 为损失；X 为关键期病情（或其数学转换值）；b_0 为常数项；b_1 为系数。关键期的选择一般可根据经验或通过相关性分析来确定。

Madden（1981）认为韦布尔模型可广泛用于作物病害所致损失曲线的拟合，模型的形式符合 Tammes（1961）提出的作物产量与逆境因素（生物与非生物因素）之间的理论

关系，并且模型能明确表达与作物损失有关的生物学含义，因而该模型已在病虫害损失估计中有不少应用。韦布尔方程作为损失估计模型，可写成

$$L=1-\exp\{-[(X-a)/b]c\}$$

式中，L 表示损失比率；X 表示病害关键期或最终发生数量（比例数）；a 表示达到损失阈值（图 9-1 中 T_1）时病害发生数量（比例数）；b 为损失模型曲线的斜率参数；c 为损失模型曲线的形状参数。

例如，丁克坚和檀根甲（1992）的研究结果表明，水稻黄熟期纹枯病病情指数（X）与稻谷减产率（Y）的关系最为密切，用韦布尔模型描述二者的关系可得到较为理想的拟合效果，不同品种的韦布尔损失模型参数如表 9-2 所示。

表 9-2　不同品种对水稻纹枯病的损失模型参数（丁克坚和檀根甲，1992）

品种	a	b	c
先锋 1	0.000 048	1.725 9	1.777 7
浙辐 820	0.000 036	2.346 0	1.401 5
双矮早	0.000 023	2.822 2	1.265 8

关键期病情模型的研制和应用都最为简便，某些场合也能做出可靠的预测。例如，对于导致既得产量（产值）损失的病害（小麦赤霉病、水稻稻曲病和苹果轮纹病等），因危害部位即寄主植物的收获部位，且病害多在中后期发生，则用该类模型便可进行较为准确的损失估计。但其他一些影响寄主生理功能和产量形成因素的病害，如小麦条锈病等则不适于采用关键期模型，其原因在于此类模型不考虑病害流行曲线的形式，不计流行开始早晚和流行速度快慢，不能全面反映发病全程对于寄主植物的影响。

2. 多期病情模型

多期病情模型能弥补关键期病情模型的不足之处，它通常利用作物生长季节中两个时期或更多个时期的病情作为自变量来预测损失，因此更能充分体现发病全程与损失之间的关系。此类模型形式为多元回归式

$$Y=b_0+b_1X_1+b_2X_2+\cdots+b_nX_n$$

式中，Y 为损失；X_1，X_2，$\cdots$，X_n 分别为不同时期的病情（或其数学转换值）；b_0 为常数项；b_1，b_2，$\cdots$，b_n 为系数，下同。

多期病情模型适用于病情在流行全程变化多端、不同时期为害减产机制有所不同的病害，如小麦丛矮病可根据秋苗期、拔节期和抽穗期三个时期的病情来预测损失。

3. 病害进展曲线下面积模型

病害进展曲线下面积模型实际是多期病情模型的进一步发展，基本形式为

$$Y=b_0+b_1X$$

式中，Y 为损失；X 为 AUDPC（或其数学转换值）。其中

$$AUDPC = \sum_{i=1}^{n}(x_{i+1}+x_i)/2(t_{i+1}-t_i)$$

式中，x 为病情；t 为时间。

表面看来，这种模型似乎较上述两种模型更为细致全面，预测效果应该最好，但实

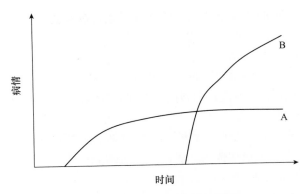

图 9-2　具有相同 AUDPC 的不同形式的病害进展曲线

际上有时并非如此，其最大缺点是把同一病情水平在不同生育期的减产作用错误地等同对待了，实际上不同形式的病害进展曲线可以有相同的进展曲线下面积，造成的损失未必相同。例如，图 9-2 中的病害进展曲线 A 和 B，虽然它们具有相同的 AUDPC，但是由于曲线 A 所表示的流行时间长，但全程病情都较轻，其造成的损失较小；曲线 B 的流行时间较短，而全程病情都较重，尤其是最终病情比曲线 A 高很多，因此其导致的损失可能较大。

上述三种损失估计模型都属于单因子模型，即只凭病情一个因子来预测损失，显然忽略了寄主生长发育状况、栽培管理条件和环境因素等非病理因素对于病害所致损失的影响（详见本章第二节），这是以病情为唯一自变量的单因子损失估计模型的最大弱点。因此，其应用往往受到很大局限，通常只能是针对一些特殊病害类型，并且须在寄主、栽培和环境等条件变化不大的情况下使用，鉴于此，多因子模型的研究和发展逐渐增多。

4. 多因子模型

多因子模型的自变量除病情外，还有品种特性（包括耐病性、相对抗性等）、栽培条件和气候条件等，其形式为

$$Y=b_0+b_1X_1+b_2X_2+\cdots+b_nX_n$$

式中，Y 为损失；X_1，X_2，$\cdots$，X_n 分别为病情、品种、栽培条件和气候条件等，有时还需要包括种种互作项，而成为

$$Y=b_0+b_1X_1+b_2X_2+\cdots+b_nX_n+b_{12}X_1X_2+b_{13}X_1X_3+\cdots$$

例如，杨之为等在棉花黄萎病的产量损失研究中，利用开花期黄萎病的病指（X_2）和种植密度（X_4）组建的损失率（L）估计模型为

$$L=1-\exp\left[-\exp\left(1.0286\ln X_2-0.000157X_4+0.9967\right)\right]$$

又如，丁克坚等（1992）在研究水稻黄熟期纹枯病所致损失时，发现发病愈早损失愈重的现象，因此以病情指数（X_t）与开始发病的时间（t）为自变量，组建了水稻纹枯病动态损失模型

$$\hat{y}=y\cdot X_t\left[1/\left(19.7049t+0.9086\right)\right]$$

式中，$\hat{y}$ 为稻谷减收率；y 为由表 9-2 中的参数推算出的稻谷减收率；t 为距离黄熟期的天数（以黄熟期为 1 向前算）；X_t 为 t 时刻的病情指数。

对于此类多因子模型，并非因子越多越好，因为因子越多，它们之间的内部相关也越常见，势必造成模型的稳定性差。因此，在建模过程中对于选定的因子，必须设法消除因子间的内部相关。

以上所述四类回归模型，只是一般的概括比较，实际应用模型的具体形式可以多种多样。四类模型均有其各自优缺点，有的简单实用，但准确度和弹性欠佳；有的准确度和弹性较好，但过于复杂，使用起来颇不方便。故具体到某一个特定的病害损失估计研究

竟用哪一种模型为好，则需根据病理学和生理学的研究，查明病害对产量形成因素的影响作用（方式、时期和程度），在此基础上依据损失估计的目的（指导药剂防治、预测减产量等）和要求（使用范围、精度等）而决定。如前所述，既简单合理，又可靠实用的模型当属首选。

（二）系统模型

所谓病害损失估计系统模型是指用系统分析或系统模拟的方法建立的损失估计模型。无论病害三角还是病害四面体都表明植物病害系统是植物、病原物、环境条件及人类干预所组成的复杂系统，研究病害所致损失也就需要用系统的观点和系统分析的方法。

植物产量（以及品质，下同）形成是一个过程，是植物在遗传、栽培和环境等多种因素的相互作用下，从播种出苗（发芽）一直到产品成熟，历经各种生理生化过程，随时对构成产量的各个因素产生影响，最后决定产量的整个过程。病害所致损失的形成同样也是一个过程，若将植物产量形成过程作为一个系统，病害过程则是影响产量的一个因素，是产量形成的一个子系统。病害流行开始后，在不同时期以其发生程度影响寄主植物的生理生化、生长发育，直接或间接地影响产量形成因素，最后综合于一体，造成产量损失。其间，植物生长和病害的流行都受到千变万化的环境条件的影响，是三方相互作用导致的损失，其过程非常复杂。以上所述的经验模型只是把这一复杂过程全都作为黑盒处理，只根据输入项（病情、寄主品种、环境条件等）和输出项（产量或损失）导出回归模型。如病害损失形成过程比较简单，回归模型既可以满足实用需要，又经济易行；但是有些病害，其损失形成过程相当复杂，回归模型往往由于过分简化而失真，即便采用多因子回归模型，也要进行多年多地的多因子试验，规模浩大，困难颇多。在这种情况下，可以采用另一种建模技术，即运用系统模拟的方法，将损失形成过程进行系统分析，组建模型，并纳入植物生长发育（产量形成）的系统模型之中，来进行病害损失的模拟和预测。由于这种模型比经验模型更接近真实情况，故又称为真实性模型（realistic model，也称逼真模型或仿真模型）。

四、多种病、虫、草害混合发生的损失估计

以上介绍的都是单一病害所致损失的估计，这也是当前损失估计研究较多的。然而，在实际当中，田间往往是两种或多种病害或者多种病、虫、草害同时发生或相继发生，这种情况下作物的损失来自于不同的病、虫、草害，并且不同的病、虫、草害之间还有可能存在互作，这样一来损失估计就更加复杂和困难了，这项工作目前还处于起步阶段。

例如，杨之为和王汝贤（1993）建立了棉花枯萎病与黄萎病混发田的损失估计模型

$$L（\%）=0.1023+0.81121X_1+0.651X_2 \quad (R^2=0.721, S=5.21)$$

式中，L 为损失；X_1 为 5 月中旬田间枯萎病的病情指数；X_2 为 7 月下旬的黄萎病的病情指数。通过用两种病害共同危害与单一病害危害的损失方程相比，表明在混生病田中用单一病害为害时损失方程计算所得的损失值大于用混合为害损失方程计算的结果，而且误差也大。

又如，马奇祥等（1989）利用人工接种在郑州和洛阳两地研究了小麦条锈病、叶锈病和白粉病三种病害混合发生时对小麦产量的影响。结果表明，三种病害同时发生时，病害之间存在着明显的相互抑制现象，而且这种相互抑制现象随着病情强度的增加而增

加；三种病害混合发生对小麦产量形成因素（单株穗数、单穗粒数和千粒重）的影响与三种病害单独发生时的情况一样；试验研究还表明三种病害混合发生对产量的损失没有表现出明显的协生和拮抗作用，总的产量损失可视为各种病害单独发生时所造成的产量损失之和。

以上事例均为研究多种病害或多病、虫、草害混合发生的损失估计进行了很好的尝试和探索。尽管单个病、虫、草害所致损失的影响因素较多，组合在一起更为复杂，但多种病、虫、草害混合发生的损失估计仍需首先研究单个病、虫、草害的损失构成原理及其估计，而后明确它们之间的互作，最终组装成混合危害的损失估计模型。鉴于系统模型在模拟过程中的全面性和仿真性特点，比较适合于此类损失的估计。

总之，多种病、虫、草混合为害的损失估计工作非常庞杂，目前还处于起步阶段，需要我们去做大量且细致的工作。

复 习 题

1. 病害是如何造成损失的？不同类型的病害造成的损失有何异同？
2. "损失估计的实质是要明确损失的类型、描述方法和建立损失与病害发生程度之间的相关关系"，你对这一观点怎么看？
3. 请针对一种植物病害，设计一个简单的研究方案，建立该病害的损失估计模型。
4. 不同病害或病、虫害以及病、虫、草害混发的损失估计应如何分析？

第十章　植物病害流行的风险分析

提要： 在植物病害的可持续治理中，病害流行风险分析具有重要意义。植物病害流行风险分析是对植物病害流行与否、流行后的严重度、产量损失及其对生态、社会产生影响的各种风险的分析，与通常所说的有害生物风险分析（PRA）不同。植物病害流行风险分析过程主要包括风险识别/危害辨识、风险评估、风险管理和风险交流。植物病害流行风险分析依据主要有寄主（感病性、种植面积、品种布局等）、病原物（生物学特性、致病性、小种组成等）、环境（温度、湿度、光照等条件的适宜程度）和人为因素（栽培管理措施等），相关信息主要来源于田间监测和调查、气象和农业有关部门、文献资料等。根据对象和要求不同，可以利用不同的方法进行植物病害流行风险分析，近年来分子生物学技术和"3S"技术在风险分析方面也所应用。植物病害流行风险分析的实例很多，其中具有较大影响的是针对小麦矮腥黑穗病和大豆锈病等的流行风险分析。

第一节　概　　述

"天有不测风云，人有旦夕祸福"。风险存在于各个方面，若能及时辨识风险的存在，对风险进行评估，采取相应措施进行风险管理，一般可将风险降至最低，甚至不会产生任何危害。风险是指可能发生危险或由某些因素而引起损失发生的可能性，它具有未来性、损害性、不确定性、可预测性等特性（李尉民，2003），这些特性为防范风险、管理风险提供了依据。植物病害是植物与病原物在自然环境和人为因素影响下相互作用的结果，植物病害流行受到植物本身、病原物、环境和人为因素的影响。植物病害流行可造成巨大损失，历史上发生过多次植物病害流行事例，给农业生产、社会经济、生态环境等造成强烈冲击。1845～1846 年爱尔兰发生的马铃薯晚疫病大流行造成 100 万人死亡，200 万人逃亡。1942～1943 年由水稻胡麻斑病（由 *Bipolaris oryzae* 引起）大流行引致的孟加拉饥馑饿死近 200 万人。1970 年美国玉米小斑病（由 *Bipolaris maydis* 引起）大流行导致玉米减产 15%，计有 165 亿 kg。1950 年、1964 年、1990 年、2002 年我国小麦条锈病（由 *Puccinia striiformis* f. sp. *tritici* 引起）发生大流行，分别造成小麦损失 60 亿 kg、32 亿 kg、18 亿 kg 和 13 亿 kg（李振歧和曾士迈，2002；Wan et al.，2004）。从全球范围来看，一些病害的发生范围逐渐扩大，一些病害的强致病性的新株系、菌系或生理小种不断出现，一些新的病害也不断被发现。2004 年 11 月美国本土发现大豆锈病（由 *Phakopsora pachyrhizi* 引起），引起世界广泛关注（马占鸿，2005）。在美国落基山脉（Rocky Mountains）东部，小麦条锈病菌新小种完全替代了那些 2000 年以前发现的旧小种（Cooke et al.，2006）。联合国粮食及农业组织（FAO）发出了新型小麦秆锈病菌 Ug99 小种威胁全球小麦生产的警告（姜玉英等，2007）。2010 年以来，小麦赤霉病在我国流行频率增加，2012 年、2014 年、2015 年和 2016 年均为全国大流行，特别是 2012 年，发病面积达到 994.91 万 hm²，为 1987 年我国实施植物保护统计记载以来的最高值（刘万才等，2016）。2009 年在四川仪陇县小麦品种'川麦 42'上采集的小麦条锈病菌标样中首次检测到小麦条锈病菌贵农 22 致病类型 9（简称 G22-9），其出现频率呈逐年上升趋势，发生范围逐年扩大，2016 年 1 月全国小麦锈病和白粉病研究协作组将该致病类型正式命名为条中 34 号小种（CYR34）（刘博等，2017）。植物病害流行形势严峻。因此，从一个田块的病害流行，到区域性的病害流行，开展植物病害流行的风险分析，可以做到防患于未然。

一、植物病害流行风险分析的重要性

全球经济贸易、气候变化（climate change）、农业耕作制度的变化等提高了植物病害流行的风险。全球经济的发展，促进了农产品和种质资料的频繁运输和交流，旅游事业的迅猛发展，不可避免地引起病原物的远距离传播和新病害的发生。由于自然作用和人为地持续对大气组成成分和土地利用的改变，全球气候发生了很大变化，极端天气事件增多。1988 年 11 月，世界气象组织（World Meteorological Organization，WMO）和联合国环境规划署（United Nations Environment Program，UNEP）联合建立了政府间气候变化专门委员会（Intergovernmental Panel on Climate Change，IPCC），就气候变化问题进行科学评估。2013 年 IPCC 第五次评估报告第一工作组报告指出，1880～2012 年全球地表平均温度上升了 0.65～1.06℃。气候变化会引起新病害的出现，并可使次要病害危害性和分布范围增大。例如，大豆菜豆荚斑驳病毒（*soybean bean pod mottle virus*）导致的危害的损失范围扩展到了美国中北部地区，大豆猝死综合征（sudden death syndrome，SDS）（由 *Fusarium solani* f. sp. *glycines* 引起）的损失范围扩展到了美国北部（曾士迈，2005）。气候变化将对植物病害的地理分布、植物病害引起的产量损失和病害治理策略的有效性等方面产生影响。农业耕作制度发生了巨大变化，如美国免耕系统的大面积应用、我国保护性耕作的推广，都会影响病原物的越冬越夏存活，将会引发新的病害流行风险。要实现我国农业现代化，离不开对病害流行风险的管理。转基因抗病植物和转基因生防微生物的应用引起了强大关注（Lottmann et al.，1999；Saeglitz et al.，2000；贾士荣，2004），加大了植物病害流行风险分析面临的挑战。研究发现，有些病原物的抗药性已经达到较高水平（闫秀琴等，2001；王文桥等，2001；王海光等，2007；詹家绥等，2014），如周明国等（1994）研究发现广西平南稻瘟病菌（由 *Pyricularia oryzae* 引起）抗异稻瘟净菌株占自然群体的比例高达 91.7%；李炜等（1998）测定了从采集于河北、黑龙江、内蒙古、甘肃等地的马铃薯晚疫病病叶或病薯上分离到的 66 个菌株对瑞毒霉的抗性，结果表明 33.3% 的菌株表现为高度抗性，43.9% 的菌株表现为中度抗性；王美琴等（2003）检测到山西晋南地区番茄叶霉病菌（由 *Fulvia fulva* 引起）菌株对多菌灵、乙霉威和代森锰锌的抗性频率分别高达 97.4%、70.5%、98.7%；伏进等（2017）报道 2015 年和 2016 年从江苏垦区白马湖农场未防治的自然发病的小麦赤霉病（由 *Fusarium asiaticum* 引起）病穗上分离的对多菌灵的抗性菌株频率分别为 56.88% 和 66.25%，从利用多菌灵两次喷施防治的小麦赤霉病病穗上分离的对多菌灵的抗性菌株频率分别为 97.98% 和 100.00%。病原物抗药性的产生加重了植物病害流行风险。植物病害流行对生物安全有较大的威胁。生物安全是当前社会或学术领域关注的热点问题之一。生物安全是指生物技术从研究、开发、生产到实际应用整个过程中的安全性问题，广义上包括人类的健康安全、人类赖以生存的农业生物安全以及与人类息息相关的生物多样性（环境生物安全），狭义上是指由人为操作或人类活动而导致生物体或其产物对人类健康和生态环境的现实损害或潜在风险（陈琳等，2003；胡隐昌等，2005）。针对植物病害流行的病害管理的一系列措施和方法常会涉及生物安全问题（王海光等，2007）。病害风险评估已经在生物安全中得到重要应用（Madden and van den Bosch，2002；Madden and Wheelis，2003）。

二、植物病害流行风险分析及其与有害生物风险分析的区别

植物病害流行风险分析（risk analysis of plant disease epidemics）是植物病害流行学的重要组成部分，是对植物病害流行与否、流行强度和严重度（轻度、中度和重度）、产量损失及其对生态、社会产生影响的各种风险的分析。植物病害流行的风险分析是制定植物病害管理策略的前提和依据。Yang（2006）、Nutter 等（2006）对植物病害流行风险分析的理论框架、研究进展和风险分析方法等进行了研究和综述。

植物病害流行风险分析与通常所说的有害生物风险分析（pest risk analysis，PRA）不同。通常所说的 PRA 是指外来有害生物（exotic pest）或受官方控制（official control）的有害生物通过贸易、旅游等途径传入并造成危害的风险分析。根据是否需要在国际贸易中进行限定，有害生物可分为非限定的有害生物（non-regulated pest）和限定的有害生物（regulated pest）。非限定的有害生物是指在某一国家或地区广泛分布，没有被官方控制的有害生物。限定的有害生物是指在某一国家或地区没有，或者有但尚未广泛分布，被官方进行控制的且具有潜在经济重要性的有害生物，其可分为检疫性有害生物（quarantine pest）和限定的非检疫性有害生物（regulated non-quarantine pest）。检疫性有害生物是指一个受威胁国家目前尚未分布，或虽有分布但分布未广，且正在被官方控制的、对该国具有潜在经济重要性的有害生物。限定的非检疫性有害生物是指存在于供种植的植物中且危及其预期用途，并将产生无法接受的经济影响，因而受到管制的非检疫性有害生物。各种有害生物类型之间的比较见表 10-1。这里所说的植物病害包括非限定的有害生物和限定的有害生物所引起的植物病害。

表 10-1　有害生物类型的比较（许志刚，2003b）

类型	分布现状	经济影响	官方控制	官方检疫要求
检疫性有害生物	无或极有限	可以预期	如存在，目标必须是根除或封锁在官方控制之下	针对任何传播途径
限定的非检疫性有害生物	存在，可能广泛分布	已经知道	处于特定种植用植物中，官方目标是抑制其危害	只针对种植材料
非限定的有害生物	很普遍	已经知道	官方不采取控制措施	不检疫

三、植物病害流行风险分析的相关概念

植物病害流行风险分析可根据范围大小分为田块水平（field）上的植物病害流行风险分析和区域水平（region）上的植物病害流行风险分析。植物病害流行风险分析过程主要包括风险识别（risk identification）/ 危害辨识（hazard identification）、风险评估（risk assessment）、风险管理（risk management）、风险交流（risk communication）。风险识别 / 危害辨识是在风险评估之前，根据大量的资料信息，对面临的潜在风险加以判断、归类和鉴定风险性质的过程，确定具有风险性的植物病害种类。风险评估是

对常发病季节性发生的风险进行估计或确定新发病害（国内或国外病害）的流行潜能及其经济方面的影响。针对限定的有害生物的风险评估包括传入潜能评估（incoming potential assessment）、定殖潜能评估（establishment potential assessment）、传播潜能评估（dispersal potential assessment）和潜在损失评估（yield losses potential assessment）。传入潜能评估是指对外来有害生物通过贸易的商品、包装材料、交通工具、传播途径等传入可能性的评估，这一过程解决外来有害生物是否能够传入的问题。这里所谓的外来有害生物可以是来自国外的，也可以是来自同一国家不同生态区域的，其对生态体系、生境及其他物种具有破坏作用。定殖潜能评估是指对外来有害生物进入风险分析地区定殖可能性的评估，这一过程解决外来有害生物在风险分析地区是否具有适生性、能否存活、能否越冬越夏而度过不良环境条件等问题。传播潜能评估是指对外来有害生物传播范围以及引起病害能力的评估，这一过程对于气传病害尤为重要。潜在损失评估是指对由于病害发生造成产量损失、品质下降、生态环境和社会影响大小的评估。针对非限定的有害生物或常发病的风险评估可结合预测预报和损失估计进行。风险管理是指根据现行的植物检疫法规和相关技术手段提出的检疫措施，使限定的有害生物传入、定殖、传播的风险降低到可接受的水平，或通过有害生物综合治理措施把常发病或非限定的有害生物引起的病害的危害控制在经济损害水平之下。风险交流是指将植物病害流行风险信息进行传播交流的过程。风险交流要做到信息的及时公布，要注意信息的交流形式和交流方式，并要注意交流对象对于风险信息的理解程度。信息交流应改进依靠纸质媒介、广播、电视等传统媒体的形式，充分利用现在手机短信、微博、网络电视、手机通信软件、物联网等便捷的新媒体形式，同时政府部门应注意对交流信息的监管（Zhao et al.，2015）。

第二节　植物病害流行风险分析的依据与信息来源

植物病害系统是一个复杂系统（肖悦岩等，1998），植物病害流行受到寄主、病原物、气候和土壤等环境条件、栽培管理措施等人为因素的影响。外来病原物和本土病原物能否引起病害流行并产生较大损失受到多个因素的影响和制约。植物病害流行风险主要根据寄主、病原物、环境条件和人为因素等进行分析。植物病害流行风险分析需要大量的信息资料，信息的充足与否直接影响风险分析的方法选择、风险分析结果及结果的可靠程度。一般进行植物病害风险分析之前，都要收集大量的植物病害相关资料。进行植物病害流行风险分析时，可以通过调查、监测和试验获得第一手资料，也可通过交流信息、咨询气象和农业有关部门、查阅文献资料与网络资源等途径获得所需要的信息资料。

一、植物病害流行风险分析的依据

　　1. 寄主资料
　　寄主范围、寄主地理分布、寄主产品用途和价值及产品运输方式、寄主感病性及其抗性机制、种植面积、品种布局等。
　　2. 病原物资料
　　病原物名称、生物学特性、致病性、危害性、传播扩散方式、鉴别特征和检测方法、种群组成及动态等。

3. 环境资料

温度、湿度、光照、降水、风、大气环流、气候变化等气象和气候数据资料，自然生防因子，土壤、农业生产系统以及一些其他生态环境资料等。

4. 人为因素资料

贸易、旅游、种质资源交流等可引起某些病原物的远距离传播，这方面的信息是进行植物病害流行风险分析的重要资料，另外，人为因素资料还包括人类对植物产品的需求、田间栽培管理措施、防治方法和措施等。

5. 病害资料

症状、经济影响、病害发生流行规律、病害调查方法、病害预测预报方法、病害发生面积和严重度数据等。

二、风险分析信息来源

植物病害流行风险分析信息来源主要有田间调查、监测和试验研究，农业和气象有关部门，文献资料等。

植物病害流行风险分析所用到的信息资料可以通过监测和试验调查获得，这样获得的数据对于单个田块的病害流行分析一般是可以满足的，但是对于区域性的病害流行风险分析往往资料欠缺。区域性的病害流行风险分析所需资料可以通过协作交流的方式获得，也可以通过相关主管部门利用行政手段逐级上报获得有关资料信息，还可以利用各种文献进行信息检索和搜集。计算机技术的发展为快速获取信息资料提供了便利快捷的条件。我们可以利用网络借助各种数据库和各种搜索引擎，快速地获得所需要的信息资料。网上有很多植物病理学方面的研究资料和信息（陈振宇，2003；王海光等，2004）。主要的中文数据库有中国知网（http://www.cnki.net）、万方数据知识服务平台（http://g.wanfangdata.com.cn）、维普资讯中文期刊服务平台（http://lib.cqvip.com）等。主要的英文数据库有 *Nature* 系列全文电子期刊（https://www.nature.com）、*Science* 数据库（http://www.sciencemag.org）、Annual Reviews 全文电子期刊（https://www.annualreviews.org）、Springer Link 全文电子期刊（https://link.springer.com）、ScienceDirect 全文电子期刊数据库（https://www.sciencedirect.com）、Web of Science 系列数据库（http://apps.webofknowledge.com）、Engineering Village 数据库（https://www.engineeringvillage.com）、ProQuest 平台（https://search.proquest.com）等。英文搜索引擎可以利用 Google（https://www.google.com）、英文雅虎（https://www.yahoo.com）等，中文搜索引擎可以利用百度（https://www.baidu.com）等。可以到专业网站上了解学科动态，如美国植物病理学会网站（http://www.apsnet.org）、中国植物病理学官方网站——植物病理学在线（http://www.cspp.org.cn）、国际植物病理学会网站（http://www.isppweb.org）、国际植物保护科学协会（IAPPS）网站（http://www.plantprotection.org）等。核酸蛋白序列数据库有 EMBI、Genbank、DDBJ 和 GSDB 等。农业农村部外来入侵生物预防与控制研究中心和中国农业科学院植物保护研究所联合开发的中国外来入侵物种数据库（Database of Invasive Alien Species in China）（http://www.chinaias.cn）、中国农业科学院植物保护研究所承担建设的中国农业有害生物信息系统（Agriculture Pests Information System）（http://pests.agridata.cn）、国家市场监督管理总局门户网站（http://www.samr.gov.cn）、中国农业信息网（http://www.agri.cn）、美国农业部动植物检疫局（APHIS）网站（http://www.aphis.usda.gov）、美国农业部网站（https://www.usda.gov）、北美植物保护组织建立的植物检疫预警系统（https://pestalert.org）、欧洲和地中海植物保护组织（EPPO）网站（http://www.eppo.org）、联合国粮食及农业组织网站（http://www.fao.org）、世界贸易组织（WTO）网站（http://www.wto.org）等均提供了植物病理学的有关信息。

在植物病害流行风险分析中，需要大量有关病害的病情、气象和品种种植面积等方面的数据，可向农业和气象有关部门咨询、索取，这些数据中的一部分在一些专门网站上也可以找到。可以利用网络技术，进行数据的限制访问，实现数据的共享，对于植物病害流行风险分析非常重要。全国农业技术推广服务中心从 2002 年开始，组织开发了"中国农作物有害生物监控信息系统"，将计算机网络技术和植物保护专业技术相结合，构建了我国农作物病虫害监测预警和控制体系基础平台，实现了全国主要病虫害监控信息的网络传输、分析处理和资源共享，推进了我国农作物病虫害监测预警信息化进程（夏冰等，2006）。全国农业技术推广服务中心从 2009 年起将原系统换代升级为"农作物重大病虫害数字化监测预警系统"（黄冲等，2016），系统总体结构包括用户层、应用层、应用支撑层、传输层、服务层、连接层、数据层，具有病虫监测信息采集、网络传输、存储管理、监测预警、预报发布、专家咨询、任务管理、办公应用、系统安全与管理等功能，可以实现基于互联网的病虫监控信息的采集、传输、统计、分析、发布与授权共享，系统用户分为国家级、省级、县（市）级，各有不同权限，该系统已在全国 31 个省级植保站和 1122 个市、县病虫测报区域站推广应用，大幅度提高了我国植保系统的办公自动化和病虫害监控信息的社会综合服务水平，极大提高了我国农作物重大病虫害监测预警能力。

由著名的国际农业和生物科学中心（CABI）编辑出版的 Crop Protection Compendium（作物保护大全检索系统）是一个集 110 个国家和地区 1.4 万多种期刊和其他出版物等数据资源，以及包括联合国粮食及农业组织、联合国发展计划署（UNDP）、国际植物保护公约（IPPC）、欧洲和地中海植物保护组织、亚洲发展银行（ADB）、世界银行等在内的数 10 家协会成员为其提供资料编辑而成的作物保护检索系统，其检索功能强大，用途较多。而其中的 Phytosanitary Decision-Support System（植物检疫决策支持系统）更是开展有害生物风险分析的有用工具（李玲等，2005）。

随着传感器技术、网络技术、计算机视觉技术等的迅速发展，物联网发展快速，并在多个领域得以应用。借助物联网可以实现田间小气候的自动监测、田间植物长势自动监测、病原真菌孢子捕捉和自动计数、病害严重度观测，甚至可以实现病害自动识别和严重度的自动估测，可用于病害风险分析所需资料的自动化、智能化、数字化获取。物联网的推广应用将大幅度减少病害调查和监测所需的人力和物力，极大提高病害监测和病害测报水平。随着物联网的获取信息能力和数据信息处理能力的提高，病害风险分析的自动化程度将逐步提高。

第三节　植物病害流行风险分析方法

有很多文献对植物病害风险分析方法进行了综述（沈文君等，2004；贾文明等，

2005；Cooke et al.，2006；Yang，2006；Nutter et al.，2006；郭晓华等，2007）。植物病害流行风险分析一般可分为定性分析和定量分析两种。定性分析主要以系统分析、建模或专家会商等手段，对病害发生流行规律进行分析，或对有害生物传入可能性、定殖可能性、定殖后传播可能性、潜在经济影响等方面进行定性评估，结果用风险的高、中、低等等级指标来表示风险大小。定量分析利用数学模型或系统模拟的方法，研究病害在时间或空间上发生流行或外来有害生物的风险，结果用概率值等具体数字来表示风险大小。针对不同类型或种类的植物病害应用不同的风险分析方法。对于非限定的有害生物，可以根据病害的预测预报、产量损失等进行风险分析。限定的有害生物引起的植物病害的风险分析可以按照有害生物风险分析的程序和方法进行。世界贸易组织的《实施卫生与植物卫生措施协定》（SPS协定）明确要求各成员，在制定植物卫生措施时必须以风险分析为依据。联合国粮食及农业组织下属的国际植物保护公约已经制定了"有害生物风险分析准则"〔ISPM No. 2（1995）Guidelines for pest risk analysis〕、"检疫性有害生物风险分析准则，包括环境风险分析和转基因生物风险分析"〔ISPM No. 11（2004）Pest risk analysis for quarantine pests，including analysis of environmental risks and living modified organisms〕、"限定非检疫性有害生物：概念及应用"〔ISPM No. 16（2002）Regulated non-quarantine pests: concept and application〕、"非检疫性限定有害生物风险分析"〔ISPM No. 21（2004）Pest risk analysis for regulated non-quarantine pests〕。有害生物风险分析可以按照上述有关规定进行。在有害生物分析过程中常用的方法主要有农业气候相似距方法、CLIMEX方法、多指标综合评价方法、地理信息系统、Monte Carlo模拟方法等。也可基于MaxEnt（maximum entropy modeling）、GARP（genetic algorithm for rules-set prediction）、@RISK等模型系统进行有害生物风险分析。这些方法中的一些也适于非限定的有害生物或常发病的风险分析。本节主要介绍有害生物风险分析方法，以及分子生物学技术和遥感技术在植物病害风险分析中的应用。

一、有害生物风险分析程序

有害生物风险分析程序分为三个阶段，即有害生物风险分析开始阶段、风险评估阶段和风险管理阶段。

（一）开始阶段（起始）

1. 起点

从查明有潜在侵入有害生物的途径、查明可能需要采取植物卫生措施的有害生物、审议或修改植物卫生政策和重点活动开始风险分析。

2. 确定风险分析地区

应该尽可能准确地确定风险分析地区（PRA area），以便收集有关信息。

3. 信息收集和审查早先的有害生物风险分析

信息收集是进行风险分析非常重要的部分。收集有关有害生物的特性、分布、经济影响、寄主、与商品的关系等信息。检查是否已经进行过有害生物风险分析。若已经做过，要核实其有效性。

开始阶段结束时，应确定风险分析的起始点是有害生物、途径或政策，确定风险分析地区。

（二）风险评估阶段

1. 有害生物分类

确定有害生物是否为限定的有害生物，核实其在风险分析地区的存在和管制状况以及经济重要性。

2. 传入和扩散可能性的评估

（1）传入潜能评估　　考虑有害生物传入途径、有害生物在传出地与途径相关的可能性、有害生物在传入过程中存活的可能性以及有害生物在病害管理中存活的可能性等。

（2）定殖潜能评估　　考虑风险分析地区寄主的可获得性、数量和分布，环境适生性以及农业管理措施等。

（3）传播潜能评估　　考虑风险分析地区之外其他地区的环境适生性、传播条件是否适合，随商品传播的有害生物，还应该考虑其随商品传播的潜力以及商品的可能用途。

3. 潜在的经济影响评估

有害生物的经济影响包括引起的产量损失、控制有害生物的成本等直接影响和对社会、生态环境的间接影响。

4. 不确定性的程度

有害生物传入和扩散可能性以及经济影响的评估具有不确定性。记录评估中不确定的地区和不确定性程度（degree of uncertainty），并指出在哪些部分应用了专家判断是非常重要的。

（三）风险管理阶段

风险管理的目的是把风险控制在可容忍范围之内。风险评估阶段利用风险管理的原则，确定可接受的风险水平，并选择有效的控制措施。

1. 可接受风险水平的确定

可接受的风险水平可有多种表达方式，如参考已经存在的可接受风险水平；以估计的经济损失为指标；以风险忍受尺度（scale of risk tolerance）表示；与其他国家和地区的可接受风险水平进行比较等。

2. 选择和确定适当的风险管理措施

应该基于限制有害生物的经济影响，选择适当有效的管理措施，同时应该考虑到成本、可行性、"最小影响"原则、已经存在管理措施评估、"等效"原则、"非歧视"原则。

二、农业气候相似距方法

魏淑秋（1984）建立了"农业气候相似距库"，并在此基础上提出了"生物气候相似研究方法"。农业气候相似距方法是根据 Mayer 的"气候相似性"原理，将某一地点 m 种气候因素作为 m 维空间，计算地球上任意两点间多维空间相似距离，定量表示不同地点间的气候相似程度，预测有害生物潜在的适生区分布。在进行适生性分析时，可根据各地与发生区的气候相似程度确定有害生物的可能适生区域，也可根据生物的生态指标确定其可能适生区域，或利用气候相似结合生物的生态气候指标确定有害生物的可能适生区。

一般气候相似距的基本表达式为

$$d_{ij} = \left[\frac{1}{m-l+1} \sum_{k=1}^{m} (x_{ik} - x_{jk})^2 \right]^{1/2}$$ （10-1）

式中，d_{ij} 为空间第 i 点与第 j 点的气候相似距；x_{ik} 为空间第 i 点第 k 个因子值；x_{jk} 为空间第 j 点第 k 个因子值；k 为因子序号；l 为起始时刻；m 为终止时刻。

魏淑秋等（1995）利用农业气候相似距方法对小麦矮腥黑穗病菌（*Tilletia controversa* Kühu，TCK）在中国的定殖可能性进行了研究，以 TCK 流行严重地区之一——美国华盛顿州的斯波坎为代表点，以小麦幼嫩分蘖到返青阶段的当年 9 月到翌年 4 月逐月温度与降水综合因素作为衡量 TCK 定殖可能性的地理气候指标，计算斯波坎与中国各地区的相似距，并通过比较相似距大小，评估 TCK 在我国的定殖可能性，将 TCK 在我国可能发生的地区分为极高危险区（可能流行区）（相似距值≤0.459）、高危险区（相似距值 0.460～0.740）、局部发生区（相似距值 0.741～0.999）、偶发区（相似距值 1.000～1.199）、低危险区（相似距值≥1.200）。

三、CLIMEX 方法

CLIMEX 是由澳大利亚的 Sutherst 和 Maywald 于 1985 年建立的一个生态气候评价模拟模型，这一系统采用生态气候指标定量地表征生物种群在不同时空的生长潜力，可用于气候变化对物种分布的影响研究和外来有害生物潜在风险评估。CLIMEX 模型的建立具有两个假设：其一，气候是决定生物种群地理分布和数量变化的主要因素；其二，生物在一年内要经历两种不同的气候时期，即适合种群增长的时期和不适合甚至危及种群生存的时期。

CLIMEX 考虑的气候参数由生长指数（growth index，GI）和胁迫指数（stress index，SI）两部分组成。生长指数反映生物在某地的潜在生长能力，其按照时间尺度可以分成周生长指数（weekly growth index，GI_W）和年生长指数（annual growth index，GI_A）。在周生长指数的基础上，可计算年生长指数。其中，物种的生长指数与温度、湿度、光照有关。温度指数（temperature index，TI）、湿度指数（moisture index，MI）、光照指数（light index，LI）表示相应因子对物种生长发育的影响。以 TI_W、MI_W、LI_W 分别表示每周温度指数、湿度指数、光照指数。胁迫指数反映某地各种不利因素对生物生长发育的抑制程度。CLIMEX 包括 4 种常用的胁迫指数：冷胁迫指数（cold stress index，CS）、热胁迫指数（heat stress index，HS）、湿胁迫指数（wet stress index，WS）、干胁迫指数（dry stress index，DS）。此外有 4 个交互胁迫指数描述胁迫间的交互作用：热-湿胁迫指数（hot-wet stress index，HWX）、热-干胁迫指数（hot-dry stress index，HDS）、冷-湿胁迫指数（cold-wet stress index，CWX）、冷-干胁迫指数（cold-dry stress index，CDX）。CLIMEX 利用生态气候指数（ecoclimatic index，EI）定量表示某地的气候对特定物种的适宜程度，计算公式如下：

$$EI = GI_A \times SI \times SX$$ （10-2）

其中，GI_A 为年生长指数；SI 为胁迫指数；SX 为交互胁迫指数。

GI_A 通过下式计算：

$$GI_A = 100 \sum_{i=1}^{52} GI_{w_i} / 52 \qquad (10\text{-}3)$$

式中，$GI_w = TI_w \times MI_w \times LI_w$。

SI 通过下式计算：

$$SI = \left(1 - \frac{CS}{100}\right)\left(1 - \frac{DS}{100}\right)\left(1 - \frac{HS}{100}\right)\left(1 - \frac{WS}{100}\right) \qquad (10\text{-}4)$$

SX 通过下式计算：

$$SX = \left(1 - \frac{CDX}{100}\right)\left(1 - \frac{CWX}{100}\right)\left(1 - \frac{HDX}{100}\right)\left(1 - \frac{HWX}{100}\right) \qquad (10\text{-}5)$$

以上各指数由物种的生物学参数和地点的气候值（气温、降水和空气湿度）决定。

CLIMEX 的最初版本发布于 1985 年，1995 年推出 1.0 版，1999 年发布 CLIMEX for Windows 1.1。CLIMEX 已经与一个可快速开发和运行生物的确定性种群模型的模块化建模软件包 DYMEX 合并，现在最新版本为 Climex/Dymex 4.0.2，其中包括全球大约 2400 个气象站点数据，用户可以按照要求格式加入新地点的气象数据。其已被广泛应用于有害生物风险分析和病害流行评估。Scherm 和 Yang（1999）根据在控制条件下进行试验获得的病害参数，利用 CLIMEX 对大豆猝死综合征在美国中北部地区发生的风险进行了评估，评估预测该病害将在该地区比在该病害起源的美国南部地区会引起更大的损失。这一评估已经被证明是正确的。张振铎（2005）利用 CLIMEX 评估了大豆锈病在中国以及全世界的适合发病范围，结果表明，大豆锈病在中国的实际分布点和评估结果相符；在美国的潜在重发病适合区主要分布在北纬 27°～41.7° 和西经 66.8°～87.2°，潜在常发病适合区主要分布在北纬 42°～47° 和西经 59.2°～88.2°，潜在偶发病适合区主要分布在北纬 34°～52° 和西经 82°～107.1°；加拿大没有重发病区的适合条件，潜在的偶发病适合区包括 Ontario 省的两个站点 Ottawa、Toronto 和 Quebec 省的一个站点 Montreal；潜在常发病适合区主要分布在 Ontario 省的 Lonton 站点；在墨西哥的潜在重发病适合区和潜在常发病适合区交错分布，主要分布在北纬 16.8°～25.2° 和西经 81.7°～96.7°，临近加勒比海的沿海地区多为潜在重发病适合区，潜在偶发病适合区主要分布在北纬 25.9°～33.7° 和西经 90.2°～105.5°；中美洲的古巴、危地马拉、萨尔瓦多、牙买加、波多黎各、海地 6 个国家属于重发病适合区。祝慧云（2005）利用 CLIMEX 对小麦矮腥黑穗病菌在我国的适生区进行了评估。周国梁等（2006）基于 CLIMEX 预测了相似穿孔线虫（*Radopholus similis*）在我国的可能适生区域。崔友林等（2009）基于 CLIMEX 对大豆北方茎溃疡病菌（*Diaporthe phaseolorum* var. *caulivora*）在我国的适生区进行了预测。Yonow 等（2013）基于 CLIMEX 评估了柑橘球座菌（*Guignardia citricarpa*）引起的柑橘黑斑病在全球的潜在分布和对于欧洲的风险。马菲等（2014）基于 CLIMEX 对柑橘冬生疫霉菌（*Phytophthora hibernalis*）在我国的适生性进行了评估。

四、多指标综合评价方法

多指标综合评价方法是应用系统科学、生物学理论和专家决策系统的基本理论和方法，对有害生物传入、定殖、传播、危害性等方面进行综合分析，进行各项风险指标等级划分，并确定指标间的相互关系，建立数学模型的定量评估方法。蒋青等（1994，

1995）借鉴系统分析方法提出了多指标综合评价方法，通过专家咨询和分析研究，确立了有害生物危险性评价的指标体系（图10-1），并对该指标体系进行定量化分析。首先确定各指标的评判标准和等级，他们把各指标评判等级按4级划分（分为3级、2级、1级、0级），以使各指标间具有可比性，之后确定各个指标每个等级的评判标准（表10-2）。在评价指标体系建立后，分析该体系的内在逻辑关系和数学表达式，构造合理可行的评价模型。根据评判标准，获得二级指标评价值，然后根据一级指标评价值的分解指标间的数学关系（叠加、连乘、替代）计算获得一级指标评价值，最后根据有害生物危险性的综合评价公式（$R = \sqrt[5]{P_1 \cdot P_2 \cdot P_3 \cdot P_4 \cdot P_5}$）计算有害生物危险性综合评价值 R，根据 R 值大小确定有害生物的危险程度。后来，有关人员根据实际情况对指标体系和评判标准进行了相应的改变（李鸣和秦吉强，1998；张平清和陈桂林，2006）。多指标综合评价方法在输入小麦的有害生物风险分析（章正，1997，1998）、进境花卉有害生物风险分析和排序（梁忆冰等，1999）、松材线虫病（*Bursaphelenchus xylophilus*）的风险分析（黄海勇和黄吉勇，2005；汪志红等，2005）、拟松材线虫病（*B. mucronatus*）的风险分析（黄海勇和黄吉勇，2005；李新贵，2005）等中得到了应用。

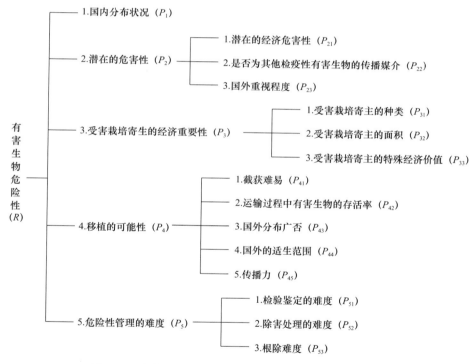

图 10-1 有害生物危险性评价指标体系（蒋青等，1995）

R 为有害生物危险性综合评价值；P_i 和 P_{ij} 表示一级及二级指标的评价值

表 10-2 有害生物危险性的指标评判标准（蒋青等，1995）

序号	评判指标	评判标准
1	国内分布状况（P_1）	国内无分布，$P_1=3$；国内分布面积占 0～20%，$P_1=2$；占 20%～50%，$P_1=1$；大于 50%，$P_1=0$

序号	评判指标	评判标准
2.1	潜在的经济危害性（P_{21}）	据预测，造成的产量损失达 20% 以上，和（或）严重降低作物产品质量，P_{21}=3；产量损失在 5%～20%，和（或）有较大的质量损失，P_{21}=2；产量损失在 1%～5%，和（或）有较小的质量损失，P_{21}=1；产量损失小于 1%，且对质量无影响，P_{21}=0（如难以对产量或质量损失进行评估，可考虑用有害生物的为害程度进行间接的评判）
2.2	是否为其他检疫性有害生物的传播媒介（P_{22}）	可传带三种以上的检疫性有害生物，P_{22}=3；传带两种，P_{22}=2；传带一种，P_{22}=1；不传带任何检疫性有害生物，P_{22}=0
2.3	国外重视程度（P_{23}）	如有 20 个以上国家把某一种有害生物列为检疫对象，P_{23}=3；10～19 个，P_{23}=2；1～9 个，P_{23}=1；无，P_{23}=0
3.1	受害栽培寄主的种类（P_{31}）	受害的栽培寄主达 10 种以上，P_{31}=3；5～9 种，P_{31}=2；1～4 种，P_{31}=1；无，P_{31}=0
3.2	受害栽培寄主的面积（P_{32}）	受害栽培寄主的总面积达 350 万 hm^2 以上，P_{32}=3；150 万～350 万 hm^2，P_{32}=2；小于 150 万 hm^2，P_{32}=1；无，P_{32}=0
3.3	受害栽培寄主的特殊经济价值（P_{33}）	根据其应用价值、出口创汇等方面，由专家进行判断定级，P_{33}=3，2，1，0
4.1	截获难易（P_{41}）	有害生物经常被截获，P_{41}=3；偶尔被截获，P_{41}=2；从未截获或历史上只截获少数几次，P_{41}=1。因现有检验技术的原因，该项不设"0"级
4.2	运输中有害生物的存活率（P_{42}）	运输中有害生物的存活率在 40% 以上，P_{42}=3；为 10%～40%，P_{42}=2；为 0～10%，P_{42}=1；存活率为 0，P_{42}=0
4.3	国外分布广否（P_{43}）	在世界 50% 以上的国家有分布，P_{43}=3；为 25%～50%，P_{43}=2；为 0～25%，P_{43}=1；为 0，P_{43}=0
4.4	国内的适生范围（P_{44}）	在国内 50% 以上的地区能够适生，P_{44}=3；为 25%～50%，P_{44}=2；为 0～25%，P_{44}=1；适生范围为 0，P_{44}=0
4.5	传播力（P_{45}）	对气传的有害生物，P_{45}=3；由活动力很强的介体传播的有害生物，P_{45}=2；土传及传播力很弱的有害生物，P_{45}=1。该项不设 0 级
5.1	检验鉴定的难度（P_{51}）	现有检验鉴定方法的可靠性很低，花费的时间很长，P_{51}=3；检验鉴定方法非常可靠且简便快速，P_{51}=0；介于之间，P_{51}=2，1
5.2	除害处理的难度（P_{52}）	现有的除害处理方法几乎完全不能杀死有害生物，P_{52}=3；除害率在 50% 以上，P_{52}=2；除害率为 50%～100%，P_{52}=1；除害率为 100%，P_{52}=0
5.3	根除难度（P_{53}）	田间防治效果差，成本高，难度大，P_{53}=3；田间防治效果显著，成本很低，简便，P_{53}=0；介于之间，P_{53}=2，1

另外，马晓光和沈佐锐（2003）将风险相关因素归纳为天气、地理和生物三大类，提出了植保有害生物多因子风险分析体系（system of multi-factor of pest risk analysis of plant protection，SM-PRA）（图 10-2），以生态网为出发点，对有害生物风险条件、事件及风险种类按层次和等级进行风险因子划分，然后进行风险因子模拟、风险分析和计算，实现有害生物的多因子调控管理，从而在风险分析、风险预测和风险决策的基础上，完成从风险确定、风险评价、风险管理到风险交流的风险全过程管理。

五、地理信息系统

地理信息系统（geographical information system，GIS）是对地理空间数据显示、管理

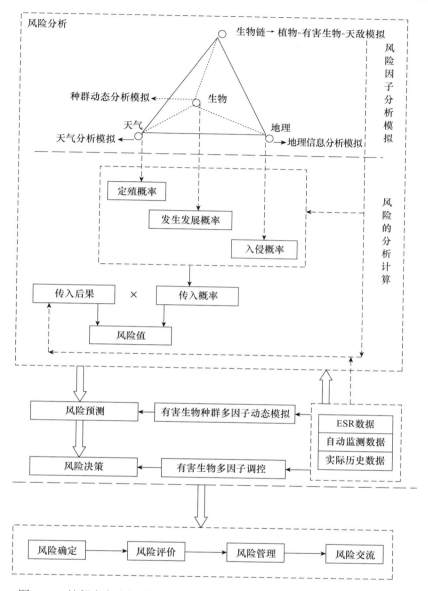

图 10-2　植保有害生物多因子风险分析理论体系（马晓光和沈佐锐，2003）

和分析的一种计算机决策支持系统，以地图、图形或数据的形式表示处理结果。GIS 采用的数据主要有空间数据和属性数据两种。利用 GIS 并结合生物地理统计学可以分析植物病害发生流行的空间动态、评估病害发生的适宜生境及影响因子、监测预测病害和进行有害生物风险分析等。地理信息系统的发展促进了地理植物病理学（geophytopathology）的研究。常用的地理信息系统有 ArcGIS、ArcInfo、ArcView、MapInfo、MapGIS、SuperMap 等。随着互联网的快速发展，地理信息系统技术与计算机网络技术相结合产生了网络地理信息系统（Web GIS），使得空间信息及其服务能够在分布式计算机网络环境中部署（黄鸿和杜道生，2005），利用 Web GIS 可提高植物病害流行风险分析的水平，促进风险信息的交流。

地理信息系统在植物病害流行风险分析中得到了广泛应用。赵友福和林伟（1995）利用美国明尼苏达大学研制的地理信息系统工具软件（EPPL7）以及已建立的世界气候和寄主数据库，分析环境因子（气候和寄主）与梨火疫病（由 *Erwinia amylovora* 引起）现有分布区的关系，经反复调试，初步确定梨火疫病的分布条件为 5 月平均最高温度≥14℃；7 月平均最高温度≤23℃（梨分布南界）；3 月平均温度＞14℃，且降水量＞5mm；4～5 月月平均温度＞14℃，且降水量＞2mm，利用此指标初步确立了梨火疫病在我国和世界的可能分布区。李迅等（2002）根据全国农业技术推广服务中心提供的1980～1998 年小麦白粉病（由 *Blumeria graminis* f. sp. *tritici* 引起）病情数据，运用地理信息系统软件 Arcview3.0 和地统计学工具软件 GeoEAS 提供的普通克里格法（ordinary Kriging）和反距离加权平均法（inverse distance weighted），进行了该病地理空间分布特征的初步分析，结果表明，小麦白粉病的主要监测指标在较大空间尺度的地理分布上存在空间自相关性。根据空间自相关性，可以利用普通克里格法和反距离加权平均法生成插值图，所产生的多幅地图较合理地显示了小麦白粉病的地理空间分布格局。张振铎等（2005）根据 1951～2001 年我国 743 个气象站点的气象数据，以及生物气候相似距原理，以琼海为中心，以计算的前一年 12 月初到翌年 2 月底的各个旬均温、月最高温、月最低温、旬降雨量为气候要素，计算琼海与其余 742 个气象站点的气候相似距，用地理信息系统软件 ArcMap 对相似距值按克里格法进行插值，生成的地图表明，大豆锈病可在海南岛、广东南部较大范围内越冬，而云南和广西只有局部地区适合大豆锈病越冬。石守定等（2005）依据 1960～2001 年全国气象站点前一年 12 月、翌年 1 月最冷月平均温度大于 −7℃ 的概率和冬小麦种植区图，利用地理信息系统 Arcmap8.3，分析了小麦条锈病菌在我国的越冬范围，结果表明，前一年 12 月、翌年 1 月最冷月平均温度大于 −7℃ 的概率在 70%～85% 的地带可以认为是小麦条锈病菌越冬的界线，这一线大致沿北京大兴—河北徐水—山西阳泉—山西介休—陕西延长—甘肃庆阳—甘肃平凉—甘肃甘谷—甘肃礼县—四川松潘—四川马尔康，该线以东和以南冬麦区适合条锈病菌越冬。马占鸿等（2005）基于 1980～2001 年的气象数据，从制约小麦条锈病菌越夏的温度因子入手，结合寄主小麦因素，利用地理信息系统 Arcmap8.3，对小麦条锈病菌在我国的越夏范围进行了分析，结果表明，在我国小麦种植区适合小麦条锈病菌越夏的范围很广，其中甘肃、四川、云南、陕西境内适合越夏的地区是连成一片的，甘肃东部除了西边的几个县外其他地方 7～8 月最高一旬均温在 20～23℃，条锈病菌越夏困难，西藏、青海境内的小麦种植区几乎都适合小麦条锈病菌越夏，贵州境内适合越夏的地区可能和云南越夏区是一个整体。陈晨等（2007）根据影响梨火疫病菌适生分布的关键气候因子——苹果开花期的温度和降水量，应用地理信息系统分析方法对梨火疫病在欧洲的发生情况的预测结果与其历史分布记录相符，使用相同的空间建模方法对梨火疫病在渤海湾和黄土高原两个苹果优势栽培产区的潜在定殖区域进行风险评估，结果表明这两大苹果产区中优先扶持的县大多处于梨火疫病发生的高风险范围。赵志伟（2014）根据国内外学者对到 21 世纪末全球和地区平均温度的预测，利用 ArcGIS10.0，分别基于 2002～2012 年连续最热 10d 平均温度和最冷月均温，在平均温度统一升高 6 个不同梯度的模式下，对气候变暖背景下我国小麦条锈病菌潜在的越夏和越冬地区进行了预测，结果表明，随着气候变暖，我国适于条锈病菌越夏的区域逐渐缩减，湖北、内蒙古、山西、陕西、宁夏、云南南部和贵州在 21 世纪内将很可能逐渐不再适于条锈病菌越夏，陇东在全国平均温度升高 2℃时将很可能不再适于条锈病菌越夏；我国主要冬麦区适于条锈病菌越冬的范围将越来越大，我国小麦条锈病菌传统越冬地理界线在 21 世纪内将很可能被完全打破。

六、Monte Carlo 模拟方法

Monte Carlo（蒙特卡罗）模拟方法又称为随机模拟法，源于美国研制原子弹的"曼哈顿计划"，这一计划的主持人之一、数学家冯·诺伊曼用世界知名的赌城——摩纳哥的 Monte Carlo 来命名这种方法（王岩，2006）。Monte Carlo 模拟方法是一类通过随机变量统计试验来随机模拟以求得问题近似解的方法，其基本思想是：为求解问题，首先建立一个与求解有关的概率模型或随机过程，使其参数等于所求问题的解，然后通过对模型或过程的观察或抽样试验计算所求参数的统计特征，最后给出所求解的近似值（童继平和韩正姝，2000）。骆勇（1992）根据华北地区早春进行小麦条锈病发生的中、短期预报时利用的预测式，对方程的初菌量、天气因素的平均值和变幅范围作了一定假设，利用 Monte Carlo 模拟方法，探讨了病害流行的风险分析方法，获得了应用小麦条锈病回归预测式预测的病情分组的频数分布表。在美国农业部农业研究服务局 1998 年完成的《中华人民共和国进口美国含有矮腥孢子的磨粉用小麦的风险分析》报告中，TCK 传入风险的分析采用了 Monte Carlo 模拟方法（USDA，1998）。周国梁等（2006）以梨火疫病随入境苹果果实传入的可能性为例，按照不同场景分别建立 β 分布来拟合入境水果中感染梨火疫病的比率，利用 Pert 分布拟合进口量，利用 Monte Carlo 模拟方法评估有害生物的入侵风险，结果表明传入风险随入境数量的增加而增加。

七、分子生物学技术在植物病害流行风险分析中的应用

随着农业的发展，生产中的一些问题变得日益严重。目前，抗病品种抗性丧失很快，病原不断变异，老的病害重新流行，新的病害不断出现，稳态流行的病害时常造成较严重危害。防治植物病害，避免其对农产品产量和质量造成重大影响，必须研究植物病害的病原学，掌握病害的早期诊断技术和病害的流行规律，必须了解病原变异情况和动态变化，及时地预测预报并采取适当防治措施。传统的植物病害流行学研究方法只有在植物表现明显的症状，病原物达到一定的数量时才能进行鉴定；进行病原物的种、生理小种（菌系或株系）、专化型的区分和群体结构研究时大多根据其生物学特征，这些方法稳定性差，灵敏度低，并且研究周期长；病害的病原来源和传播途径主要靠人工调查和鉴别寄主进行研究。为了克服这些不足，有必要把分子生物学技术引入植物病害流行学的研究中。近年来，随着分子生物学技术的发展和植物病害流行研究的需要，分子生物学技术在植物病害流行学研究中得到了较多的应用，从分子和基因水平研究病害的早期监测、初侵染源、病原物变异、传播途径和流行规律等，解决一些传统植物病害流行学很难或不能解决的流行学问题。

目前，在植物病害流行学研究中应用的分子生物学技术主要有酶谱分析技术、PCR、随机扩增片段长度多态性（random amplified polymorphic DNA，RAPD）、限制性片段长度多态性（restriction fragment length polymorphism，RFLP）、扩增片段长度多态性（amplified fragment length polymorphism，AFLP）、简单重复序列（simple sequence repeat，SSR，

或称为微卫星 DNA，microsatellite DNA）、单链构象多态性（single-strand conformation polymorphism，SSCP）以及 DNA 序列分析等方法。易建平等（2003）设计了小麦印度腥黑穗病菌（*Tilletia indica*）和黑麦草腥黑穗病菌（*T. walkeri*）的通用引物 H4/H7 和 H11/H12，结合 *T. indica* 特异性引物 Tin3/Tin4 和 *T. walkeri* 特异性引物 Tin11/Tin4，利用巢式 PCR（Nested-PCR）检测了 *T. indica* 和 *T. walkeri* 冬孢子，检测的灵敏度达一个冬孢子。吴翠萍等（2004）采用巢式 PCR 对面粉中小麦印度腥黑穗病菌进行检疫，仅两个冬孢子就能做出定性判断。Boeger 等（1993）利用 RFLP 对小麦颖枯病菌（*Septoria tritici*）进行分析，发现美国国内相距 705km 的两个该菌群体之间存在菌源交流。Mcdermott 和 McDonald（1993）对以色列、德国、加拿大、丹麦、埃塞俄比亚、叙利亚、土耳其及英国等遍及全球的小麦颖枯病菌分离物进行分析表明，病菌存在洲际传播问题，并推测染病麦种极可能是小麦颖枯病菌远程传播的重要途径。Zhan 等（2001）利用 RFLP 对小麦颖枯病菌的时间动态进行了评估，并估计了造成初侵染的有效菌量。沈瑛等（1998）用重复序列探针 MGR586 与限制性内切酶 *Eco*R1 组合，分别分析了我国 1980～1997 年从 17 个省（市）146 块稻田内外的 186 个不同水稻品种上采集的 445 个水稻分离菌株及 25 种不同禾本科植物和杂草上采集的 108 个非水稻分离菌株的限制性片段长度多态性，结果表明，稻瘟菌有远距离传播的可能性，并在适宜的气候和人工接种条件下，某些禾本科植物和杂草上的草瘟菌与稻瘟菌可彼此互交。单卫星等（1995）利用 RAPD 对中国小麦条锈菌一个流行小种的 11 个模式分离系以及 5 个分属于小种 CY30 和 CY31 的分离系进行了基因组 DNA 多态性分析，认为尽管在地理上相隔数百公里并有高山阻挡，这些地区的小麦条锈病菌群体仍可能存在相互的菌源交流。Hovmøller 等（2002）应用 AFLP 对从英国、德国、法国和丹麦 4 国采集的小麦条锈病菌标样进行了分析，结果表明病原群体在这 4 个国家之间存在频繁交流。陆伟等（2001）利用 PCR-RFLP 和 DNA 测序技术分析了松材线虫与拟松材线虫 rDNA 中的 ITS 区，结果显示松材线虫与拟松材线虫之间存在根本的差异，分别属于两个不同的物种，来自日本的 1 个和来自中国的 4 个松材线虫株系的 PCR-RFLP 酶切图谱均相同，反映了它们可能来自同一祖先群体；根据中国和日本的地理位置关系和两国松材线虫病发病的时间先后，推测中国的松材线虫来自日本。Bateson 等（2002）对番木瓜环斑病毒（*Papaya ringspot virus*，PRSV）的分子流行学进行了研究，认为番木瓜环斑病毒可能起源于亚洲，特别是印度次大陆。Ma 等（2004）利用 MP-PCR（microsatellite-primed polymerase chain reaction）对 390 个分离物进行分析，发现葡萄座腔菌（*Botryosphaeria dothidea*）群体至少在过去的 5 年内，在时间和空间上是稳定的。

植物病害流行学中分子生物学技术的应用详细请参考本书第十三章。由于分子生物学技术在植物病害流行学研究中应用较深入，Luo 和 Ma 提出了植物病害分子流行学。2007 年 9 月，由 Yong Luo、Zhonghua Ma 和 Zhanhong Ma 编写的 *Introduction to Molecular Epidemiology of Plant Disease* 正式出版。

八、遥感技术在风险分析中的应用

遥感是一种不接触目标物，通过接收目标物反射或辐射的电磁波，获得目标物的光谱或影像，而对其进行远距离监测的技术。遥感技术自 20 世纪 60 年代以来发展迅速，

80 年代高光谱遥感（hyperspectral remote sensing）的兴起，使人们可以利用很多很窄的电磁波波段从感兴趣的物体上获取有关数据，进一步拓宽了遥感技术的应用领域（浦瑞良和宫鹏，2000）。目前，遥感已被广泛应用在地理学、地质学、气象学、生态学、海洋学、农学等学科领域。

作物受到病原物侵染发生病害之后，叶片生化组分和内部组织结构都会发生一定的变化，造成作物的光谱特性和遥感影像发生相应的变化，并表现出一定的特异性，为植物病害的遥感监测提供了依据。利用遥感技术和计算机人工智能等现代化手段，可根据采样数据和获得的目标物的高分辨率彩色图像对植物病害进行监测，在肉眼观察不到的情况下，对病害及早预测，并可研究病害空间传播。遥感可以在近地、航空、航天三个层次对病害监测和进行发生情况评估。Nutter 等（2002）、Guan 和 Nutter（2003）对紫花苜蓿叶部病害利用遥感技术进行了产量损失估计研究，并建立了相应的模型。我国科技工作者从单叶、近地冠层、航空、航天等多个层次和水平对小麦条锈病的反演和评估进行了系统研究（Wang et al.，2012）。黄木易等（2004b）提出了遥感监测冬小麦条锈病技术路线（图 10-3）。黄木易等（2004a）、蔡成静等（2005）、蒋金豹等（2007）、Wang 等（2015）建立了近地小麦条锈病发病程度高光谱模型，李京等（2007）对小麦条锈病冠层一阶微分光谱进行分析，结果表明，利用红边 680～760nm 内一阶微分总和（SD_r）与绿边 500～560nm 内一阶微分总和（SD_g）的比值（SD_r/SD_g）在整个生育期内完全能够区分健康和发病小麦，并且能够在肉眼观察到症状前 12d 识别出病害信息。刘良云等（2004）采用"运 5"飞机，航高为 1000m，利用中国科学院上海技术物理所研制的面阵推扫型成像光谱仪（pushbroom hyperspectral imager，PHI），在拔节期、灌浆始期、乳熟期三个

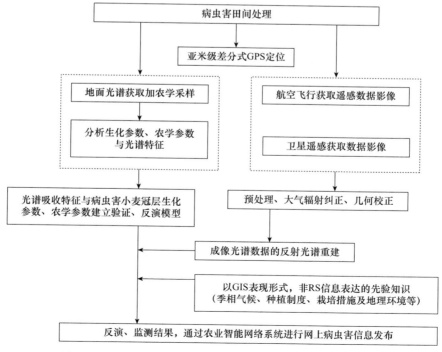

图 10-3　遥感监测冬小麦条锈病技术路线（黄木易等，2004a）

生育期获得小麦条锈病多时相的 PHI 航空高光谱图像数据，设计了病害光谱指数，建立了病情指数与病害光谱指数的统计模型，根据该模型利用 PHI 航空高光谱图像，监测拔节期、灌浆始期、乳熟期的冬小麦病情和范围，与实际情况是吻合的。郭洁滨等（2009）对涵盖甘肃省甘谷县小麦条锈病试验田的 SPOT5 多光谱遥感卫星影像进行了分析，结果表明从影像中获得的归一化植被指数（normalized differential vegetation index，NDVI）和比值植被指数（ratio vegetation index，RVI）可用于小麦条锈病监测。

IKNOS、QuickBird、SPOT、OrbView、EROS、GeoEye、Pleiades、WorldView 和我国高分系列卫星等高分辨率遥感卫星的相继升空，更加促进了卫星遥感的发展。由于 RS 能实时快速地提供植物病害信息，反映病害发生过程的各种变化，GPS 能实时快速地提供发病植物的空间地理位置，GIS 能对多种数据信息进行快速的分析处理，并制定决策咨询的方案。因此，在植物病理学研究中，"3S" 技术应结合发展，为植物病害管理提供更便利的条件和工具，实现整体的、实时的、动态的遥感监测和分析，可大大提高植物病害管理水平。

第四节　植物病害流行风险分析的实例

由于世界贸易组织的 SPS 协定和国际植物保护公约的有关标准，以及控制植物病害流行减少植物病害危害性的需要，植物病害流行风险分析的实例很多。这一节具体介绍深受关注并且研究较多的小麦矮腥黑穗病和大豆锈病的流行风险分析。

一、小麦矮腥黑穗病风险分析

小麦矮腥黑穗病于 1847 年和 1860 年先后在捷克和美国被发现，至今已传播至北美洲、南美洲、大洋洲、非洲、欧洲、亚洲等的 40 多个国家和地区，这些发病地点均在北纬 30° 和南纬 30° 以上的中纬度地区，其中北美洲的美国和加拿大一些地区的小麦矮腥黑穗病发生较重，特别是美国西北部的爱达荷、犹他、俄勒冈、华盛顿、蒙大拿、科罗拉多、怀俄明 7 个州，以及大湖区的密执安、印第安那、纽约 3 个州已成为常发区。小麦矮腥黑穗病对小麦生产具有毁灭性危害。在流行年份，小麦矮腥黑穗病引起的产量损失一般为 20%～50%，严重时可达 75%～90%，甚至绝产（Hoffmann，1982）。小麦矮腥黑穗病菌（TCK）具有很强的生命力，自然条件下，单个冬孢子在土壤中可存活 1～3 年，菌瘿至少能存活 10 年，而且对不同类型土壤和气候条件都有广泛的适应性，因此，小麦矮腥黑穗病一旦发生，很难防治。TCK 以菌瘿混在小麦种子中或以冬孢子黏附在种子表面进行传播，也可随土壤传播。某些杂草上的矮腥黑粉菌可能是初侵染源。由于小麦矮腥黑穗病难以防治、危害严重及其在国际贸易中引起的一系列问题，国内外研究人员对其有害风险分析方面进行了大量的研究（王海光等，2005；周益林等，2006）。

国外研究一般认为，持续 30～60d 的积雪是小麦矮腥黑穗病发生的必要条件。我国研究人员研究表明，在中国无积雪冬麦区，如果易感小麦在越冬期处于幼嫩分蘖阶段、小麦越冬期间土表的持续低温 0～10℃每日不低于 16h，不少于 35～45d（根据 TCK 不同菌株而异），并且具有适宜的土壤含水量，TCK 就能侵染发病，并不一定必须有积雪（Zhang et al.，1995）；只要秋冬季日平均温度 0～10℃的持续期超过 45d，小麦有幼嫩分藥，即使没有积雪也可能发病（王圆和俞晓霞，1996）。我国研究人员于 1984 年在北京冬季模拟上海等地气温条件进行 TCK 冬孢子接种试验，获得病株，间接证明上海等地确有发病的可能性；于 1983～1989 年在北京进行了 TCK 发病试验，在 1987 年、1988 年两年获得 TCK 病穗，直接证明了在北京自然条件下有可能发病，说明在我国无积雪的冬麦区确实有小麦矮腥黑穗病发生的潜在可能（王圆和俞晓霞，1996）。

对引起小麦发病的最低接种体数量有较大争议。Grey 等（1986）认为引起小麦发病的最低接种量为每粒种子带有 20 000 个 TCK 冬孢子，即使美国小麦中有 TCK，抵达中国后因接种量不足也不会引起病害。Goats 和 Peterson（1999）通过试验发现种传的最低接种量为每粒种子 5000 个 TCK 冬孢子，而土传接种仅为 8.8 个 TCK 孢子 /cm^2。2000 年 10 月至 2001 年 8 月，中美专家合作在美国犹他州对 TCK 侵染能力的研究结果表明，接种密度为平均 0.88 个孢子 /cm^2 时即可产生 0.21% 的穗发病率，单个孢子的侵染概率为 0.0002（彭金火等，2002）。易建平等（1999）利用从美国进口小麦中截获的 TCK 冬孢子，人工接种创伤和未创伤的美国硬红冬小麦的胚芽鞘，每个胚芽鞘接种一个萌发的 TCK 冬孢子，结果均得到了 TCK 病穗，表明在自然条件下，当寄主和环境条件适宜时，微量的甚至单个 TCK 冬孢子就能引起小麦发病。这为开展 TCK 在我国的定殖可能性研究提供了一定的试验依据。

1993 年开始，美国农业部农业研究服务局组织了一个多国工作组，根据 FAO 制定的国际性标准，于 1998 年完成了《中华人民共和国进口美国含有矮腥孢子的磨粉用小麦的风险分析》（USDA，1998）。这一项目通过收集中国相关资料，在综合评估病害发生、危害及世界各国对 TCK 检疫管理的基础上，分析出口小麦中 TCK 冬孢子量、制粉过程中 TCK 冬孢子流失情况、病害阈值等与 TCK 传入中国并定殖相关的 14 个因素，并用各种数学模型加以量化，利用 Monte Carlo 模拟方法评估了 TCK 传入中国并定殖的风险。该项目还考虑了 TCK 发生需雪覆盖模式、均由美国西北部地区出口的模式、增加中国进口小麦数量的情况、多年累积 4 种情况。在考虑多年累积的情况下，由于美国输华小麦中 TCK 冬孢子量少且中国适生面积小，风险评估结果认为病害发生概率极小，仅有 3.8% 的中国冬麦区可能发病，1.3% 冬麦区会导致减产。

我国科技工作者也开展了 TCK 在我国适生性的研究。魏淑秋等（1995）以 TCK 流行区之一——美国华盛顿州斯波坎为中心，与我国各地麦区进行生物气候相似距计算，根据结果，将我国划分为极高危险区、高危险区、局部发生区、偶发区、低危险区。王圆和俞晓霞（1996）分析了我国冬麦区 20 年的气象资料，认为除"华南冬麦区"的大部分地区低温期短、难以发病外，其他冬麦区均有发病的潜在可能。章正（2001）在试验基础上推测了 TCK 在我国冬麦区定殖可能性的情况，分为主要发生区、可发生区、偶发区和低发区。陈克等（2002）在收集整理 TCK 生物学研究结果和中国冬麦区与 TCK 有关气象数据的基础上，参照了美方的做法，利用地理植物病理学理论和方法，把全国划分为高风险区、中风险区、低风险区和基本不发生区，其中高风险区、中风险区约占冬麦区总面积的 19.3%。显然此结论与美方提出的"仅 3.8% 的中国冬麦区可能发病"的结论差异较大。尽管中方在评估中也是采用了地理植物病理学的研究方法，但所组建的模型改进了美方模型中的不合理部分，用计算有效积温替代简单的温度阈值判断；用降水量、气温和灌溉等因子估算土壤相对持水量，并考虑一次降水对几天土壤湿度的影响，同时还补充修正了包括气象资料、小麦生育期等多项基础资料。祝慧云（2005）利用 CLIMEX，以 1960～1990 年每月平均最高温度、每月平均最低温度、每月平均降水量、每月平均早 8 点相对湿度、每月平均下午 2 点相对湿度为主要指标，对 TCK 在我国 636 个气象站点的适生性进行了评估，结果表明，TCK 在中国具有广泛的适生区，主要发生区包括山东、云南的 7 个县（市）；TCK 可发生区包括 12 省（自治区、直辖市），74 县（市），大体分布在北纬 27.0°～44.0°，东经 75.4°～124.3°；TCK 局部发生区包括 22 省（自治区、直辖市），119 县（市），大体分布在北纬 26.3°～51.7°，东经 124.1°～133.0°；TCK 偶发区包括 24 省（自治区、直辖市），166 县（市），大体分布在北纬 25.4°～53.5°，东经 81.0°～132.2°；TCK 难发生区包括 22 省（自治区、直辖市），270 县（市），大体分布在北纬 16.5°～47.1°，东经 75.2°～122.8°。

　　我国政府在 1999 年 4 月 10 日签订的《中美农业合作协议》中同意解除美国西北部 7 个州小麦矮腥黑穗病疫区小麦的进口禁令，我国对等于或低于允许量（50g 小麦样品中 30 000 个 TCK 孢子）的美国小麦应不采取任何特殊措施，允许其直接进入中国国内任何一个地区。这样就加大了 TCK 传入我国的风险。2000 年广东动植物检验检疫局在来自美国西北部的第一船小麦中就检出了 TCK。美国及其他国家小麦矮腥黑穗病疫区的小麦会继续大量出口我国，将对我国小麦的安全生产构成极大威胁。TCK 主要为害冬小麦，一旦传入我国，必将对我国的粮食生产和人民生活带来不可估量的损失。所以，必须加强对小麦矮腥黑穗病的检疫和防治，严防此病传入。

二、大豆锈病风险分析

　　美国对大豆锈病的风险分析是植物病害风险分析中最典型事例之一。由于大豆对美国经济的重要性，美国投入了大量资金进行大豆锈病在美国的风险分析。大豆锈病对美国农业影响的风险评估项目开始于 20 世纪 80 年代早期。

　　首先，在美国的隔离温室中，将来自不同国家特别是东南亚的大豆锈菌接种到美国的大豆品种上，研究孢子萌发、侵染、潜育期（潜伏期）、病斑扩展、产孢、夏孢子堆衰老等流行学组分在大豆锈病病害循环中的重要性，量化大豆锈病对寄主和环境变化的反应。Marchetti 等（1976）根据露水持续期和温度对侵染发病的影响，开发了大豆锈病侵染模型。在中国台湾和泰国进行实地试验，种植美国大豆品种，分析其发病、流行和产量损失情况。其次，根据在隔离温室和田间获得的数据资料，Yang 等（1991）建立了大豆锈病对大豆产量影响的计算机模拟模型 SOYRUST，能解释其中 81% 的病害流行情况。由佛罗里达大学开发的大豆生长模型 SOYGRO（Wilkerson et al.，1985）把 SOYRUST 作为一个子模型，利用 SOYGRO 模拟生长季节中的病害进展，预测大豆锈病对美国大豆产量的损失，在生长季节早期可获得病菌孢子和大豆品种对大豆锈病感病的假设下，模拟结果表明大豆锈病在美国部分地区会引起相当大的损失。Pivonia 和 Yang（2004）利用 CLIMEX 评估了大豆锈菌的周年存活区，结果表明，大豆锈菌的周年存活区包括亚洲南部、非洲中部、南美洲北部和中美洲、加勒比海地区、墨西哥和美国得克萨斯州南部、佛罗里达州等地区，在美国的大豆生产区（除了佛罗里达州和得克萨斯州南部），大豆锈菌不能越冬，但是，在一个生长季节中，因为它们距离大豆锈菌潜在越冬区较近，大豆锈菌可传播到这些地区而引起大豆锈病的发生。MM5 模型是一个气团移动的全球循环模型，可以与大豆锈病预测模型结合预测锈菌孢子的传播，这个模型正确地预测到 2004 年生长季大豆锈病孢子传播到阿根廷和哥伦比亚，并且在 2004 年 8 月于大豆锈病在路易斯安那州发现之前，预测到锈菌孢子从哥伦比亚传到路易斯安那州以及美国南部的其他州（曾士迈，2005）。HYSPLIT-4 是具有处理多种气象输入场、多种物理过程和不同类型排放源的较完整的输送、扩散和沉降模式（Draxler and Hess，1998），可获得前向轨迹和后向轨迹。Pan 等（2006）综合利用 HYSPLIT-4 和 MM5 构建的气候-传播综合模型系统（climate-dispersion integrated model system）预测了大豆锈菌洲际远程传播（图 10-4），预测结果得到实际调查数据验证。

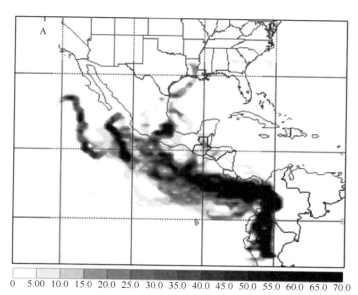

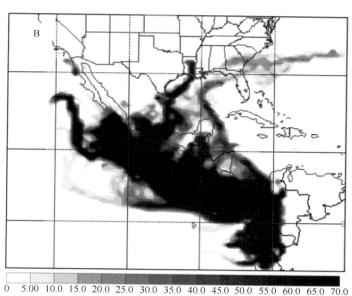

图 10-4　2004 年 8 月 7 日之后的 40d 内源于哥伦比亚（Columbia）的卡利（Cali）10m
高度预测的轨迹频率（Pan et al.，2006）

结果与实际调查的大豆锈病发生地点非常吻合。A 表示 9 个点源；B 表示 90 个点源

复 习 题

1. 试述植物病害流行风险分析的重要性。
2. 试述植物病害流行风险分析的概念及其与有害生物风险分析的区别。
3. 植物病害流行风险分析的依据有哪些？
4. 植物病害流行风险分析的信息来源有哪些？
5. 试述有害生物风险分析的程序。
6. 常用的有害生物风险分析方法有哪些？
7. 请列举植物病害流行风险分析的实例。

第十一章　植物病害流行的遗传学基础

提要： 群体遗传学是制定病害控制策略必需的理论基础，群体遗传学和病害流行学既有联系又有区别。本章首先介绍遗传学的基本概念；然后讨论病原物的致病性，寄主的抗病性，以及影响群体进化的 5 个因子，即基因突变、基因漂移、繁殖、基因迁移和自然选择；最后结合群体遗传学的理论，讨论植物病害管理中常见的几个问题。

第一节　群体遗传学和病害流行学

病害流行学是群体生物学的一个特定分支。群体生物学主要研究影响种群体结构的生物和非生物因子，而流行学着重研究病害在时空范围内的发生发展过程。流行学涉及两个群体：寄主植物群体和病原物群体；病害群体是两者相互作用的外在表现。为了防控植物病害，就需要控制整个病原物群体。因此，了解病原物的群体结构和动态变化，对于制定合理的病害控制策略是十分重要的。在个体水平上，植物和病原物的遗传组成决定了植物是否会受侵染。但是病害防治策略是基于病害群体水平的。

病害流行学与群体遗传学既有不同，又有联系，两者都是群体生物学的子学科。病害流行学着重研究病害的发生与发展过程和病原物群体随时间的变化，研究病原物、寄主在一定环境条件和空间中的相互作用，以及这些因子对病害流行和病原物种群演化的影响。植物病害流行学虽然研究病害在世界不同大陆间的关系，如孢子扩散，但更多是研究小空间尺度，如病害在一定的地域或一个种群内，以及短时间内如几个生长季节内的发展。病害流行学很少考虑病原群体中不同基因型间的差异，尽管这些遗传差异可能会影响病害的发展。群体遗传学着重研究影响群体遗传变化的生物和非生物因子，因此其涉及的时间较长，空间尺度较大。群体遗传学研究主要针对导致群体内基因频率变化的过程。

群体遗传学和病害流行学研究都涉及很多共同的内容和指标。例如，病原物的扩散距离，在两个学科中都是重要的衡量指标，在植物病害流行学中主要衡量病原物的接种强度，而在群体遗传学中主要衡量基因迁移量。再如，与病原物繁殖相关的指标，包括潜育期和传染期的长短、产孢量的大小等，在两个学科中也都是很重要的指标，这些指标在植物病害流行学中，主要影响病害流行曲线的形状，而在群体遗传学中，决定了病原物的寄生适合度。病原物群体和病害的规模既是流行学研究的关键数量指标，同时也是群体遗传学中确定遗传漂移程度的指标。最后，对于群体遗传学及植物病害流行学来说，时间尺度也是一个非常重要的指标。

群体生物学离不开数学模型。事实上，大多数群体遗传理论源自数学模型。群体遗传学和病害流行学的研究也需要数学模型和统计模型。与现实问题相比，数学模型总是简单得多，使问题更明朗、更清晰。模型比实际问题简单是因为模型有意忽略了现实问题中很多细节和特征。包含复杂系统所有细节的模型，往往过于复杂和烦琐以至在数学方面无法操纵，同时在实践中很难证明这些模型的正确性。因此，构建模型既要考虑问题的实际，还需考虑模型的可操控性。只有在限定的条件下，即构建模型的假设条件成立，模型才是有效的，当超出限定条件，模型可能就不再成立，甚至是错误的。

群体遗传学与病害流行病学的关键区别在于数据指标。群体遗传学强调的是等位基因的频率；相比之下，病害流行学的研究重点是病害的严重度。寄主和病原物的许多基因与病原物的侵染和发病有关，这些基因频率的改变会影响病害发生程度。群体遗传学在植物病害流行学中的应用，主要研究那些能改变与病害发生相关基因频率的性状，如病原菌致病性、寄主的感病性、病害潜育期、病害传染期、病原物的产孢量和寄主的免疫期等，这些性状的改变对病情发展和防控至关重要。

第二节　基础遗传概念

一、DNA 和基因

除了 RNA 病毒的遗传信息编码在 RNA 上，即核糖核酸上；其他所有生物体的遗传信息编码在 DNA 上，即脱氧核糖核酸上。在所有生物体中，大部分 DNA 存在于染色体上。在原核生物中，只有一条染色体，并在细胞质内。在真核生物中，有几条或更多的染色体，在细胞核内。在许多原核生物和一些低等的真核生物，质粒 DNA（较小的圆形 DNA 分子）也携带遗传信息，存在于细胞质中，但在繁殖中独立于细胞核染色体。此外，所有真核生物细胞的线粒体内也存在 DNA。植物细胞中，除了细胞核和线粒体中存在 DNA 外，叶绿体中也存在 DNA。

DNA 中的遗传信息以直线方式编码，四个碱基（A= 腺嘌呤，C= 胞嘧啶，G= 鸟嘌呤和 T= 胸腺嘧啶）任意排序，每三个相邻碱基编码一种特定的氨基酸，一个基因是一段线性 DNA 分子序码，少数情况下是一段 RNA 分子，编码一个蛋白质分子。当一个基因表达时，DNA 双链之一转录成 RNA，转录产物是信使 RNA，即 mRNA，mRNA 联结在核糖体上，与转运 RNA，即 tRNA，一起将基因的碱基序列翻译成特定的氨基酸序列，从而合成一个特定的蛋白质分子。蛋白质可以作为细胞膜结构的主要组成，或者作为酶，参与细胞代谢，让细胞和生物体及其特性得以体现。

当然，不同类型和处于不同时期的细胞有着不同的功能和需要，并非细胞内所有的基因在任何时候都能表达。在很多情况下，只有当寄主和病原体相互作用时，一些特定的植物基因才能在被病原的某种物质诱导下得以表达。例如，寄主体内编码植物保卫素的基因，在病原产生的某些物质（称为诱导物）的诱导下才能表达，使寄主植物产生防御反应。

二、等位基因及基因位点

等位基因是位于染色体上某一特定位置，并控制某一特定性状不同形式的基因。染色体上基因的位置称为基因位点，同一位点上不同等位基因的核苷酸序列不同。例如，一个等位基因 DNA 链上有一碱基对 T-A，另一个等位基因在同一位置可能是 G-C。由于遗传密码子的冗余性，并非基因序列中任何一个核苷酸被替换都会改变蛋白质中氨基酸的序列。大部分密码子的第 1 和 2 位上的核苷酸的被替换才导致氨基酸序列的变化，第 3 位核苷酸的变化不会导致氨基酸的变化。并非所有等位基因的差异都是由一个单纯核苷酸差异而产生的。相对典型的或野生型等位基因，一些等位基因变异可能源于其中部分核苷酸被删除，或被插入一段新的 DNA。被删除或被插入的核苷酸可小可大，甚至小至只有一个核苷酸对。等位基因变异也可能表现为短序列重复数目的不同，这种情况出现在串联阵列中的 DNA 中。一些等位基因不同于野生型，是由于在 DNA 区域中存在一个倒置的核苷酸序列。然而，大多数突变是无效的，其载体不能生存。

三、基因型和表型

在一个活细胞内，基因沿着染色体按一定的顺序线性排列。一个典型的染色体可能包含几千个基因。大多数生物体有成对的染色体，这类生物称为二倍体。对于植物病原物，多数是以单倍体状态存在，即只有一组染色体，而不是成对的。一个有机体的遗传组成称为基因型。基因型是指有机体所有基因位点中影响某一特定性状的等位基因。例如，如果一个性状是由两个基因控制，每个基因有两个等位基因，那么，对于单倍体的有机体有 4 个可能的基因型，即 AB、ab、Ab 和 aB。A 和 a 是第一个基因的等位基因，B 和 b 是第二个基因的等位基因。

特定基因型的外在表现称为表型，如颜色、孢子的大小和形状。对于那些易受环境影响的性状而言，区分基因型和表型是特别重要的。在这种情况下，因为环境有所不同，具有相同基因型的两个生物体可能有不同的表型。反过来说，两个生物体具有相同的表型，也可以有不同的基因型。例如，在干燥的环境下，苹果黑星病菌不能侵染感病的苹果品种。因此，在干燥的环境下两种不同的基因型，即感病品种和抗性品种，具有相同的表型，都健康无病。同样的感病品种在两个不同环境中，如潮湿环境和干燥环境，表现也不同，苹果黑星病只有在潮湿环境中才可能侵染发病。因此，同一基因型在不同的环境中就可能会有不同的表型，如一个发病，而另一个没发病，这是因为环境不同造成的。这些差异解释了为什么在植物病害流行病学研究中，环境条件是一个重要的研究因子之一。

四、群体和样本

正如之前所述，植物病害流行学主要研究对寄主植物有影响的病原物群体。在大多数情况下，所研究植物群体往往是显而易见，且易操纵的。然而，病害流行学多集中于病原物群体，即已造成可见病害的病原物群体。在开始任何试验研究前，对病害群体都必须界定清楚，这样才可能确保：①在所研究病原物群体中抽样和观测；②正确地收集、观测和研究样本。只有这样，样本才能代表群体。群体和样本之间存在一定的关系，从而可以通过研究样本来了解超出观察范围的群体情况。

一般情况下，没有适用于所有病原体物种的抽样方法。事实上，界定一个种群范围也并不容易。群体遗传学对一个种群的定义为在一定时空范围内可自由交配的所有个体。然而，许多植物病原真菌有一个长期的无性阶段，因此这一定义可能在许多情况下并不合适。例如，引起禾谷作物条锈病的病原菌有性阶段不常见。因此，不同的真菌菌落在一定时空内并存，尽管它们不能相互交配，但这些菌落会受到相同的选择压力。因此，即使不是自由交配而形成的，也可以把它们看作一个单一的群体。

对于种群遗传分析，最理想的样本是一个从定义的种群中随机抽取。这就需要考虑如何界定一个种群和如何随机抽样，这是决定试验成功与否的两个关键问题。在试验设计和具体抽样时，如何定义一个具体的种群，主要取决于研究目标以及所需研究结论的推广范围，因而在开始试验前应认真考虑。

第三节　致病性与抗病性

一、基因对基因学说

病原物的侵染，是寄主植物和病原物相互作用的结果，由它们的遗传组成（基因型）决定。在自然生态系统中，植物病害的发生往往被认为是协同进化的结果。所谓协同进化，就是一个物种的某一性状在适应另一物种的相应性状时得以进化，而后者的这一性状同样也在适应前者的性状中得以进化。协同进化导致了在自然生态系统中的植物和病原物存在基因对基因的关系。

寄主植物和病原物共生的性质表明，两者是经过协同进化的。寄主抗性的改变导致病原物致病性的改变，反之亦然，两者不断加以平衡。寄主的抗病性与病原物的致病性间的动态平衡保证了寄主和病原体的生存空间。如果病原物致病性或寄主抗性不断增加但没有相应品种抗性和病原体毒力的变化，必然会导致各自的寄主植物和病原物的灭亡。一个致病基因在赋予寄主抗性的同时，与其相应的抗病基因也在赋予病原物的致病性，反之亦然，基因对基因学说可以解释这样逐步进化的抗病性和致病性。基因对基因学说在亚麻锈病上首次得到证明，后来在许多其他病害中也被证明，其中包括锈病、黑粉病、白粉病、苹果黑星病、马铃薯晚疫病等。对应于寄主的每个抗病基因，都能在病原物中发现相应的致病基因，反之亦然。

通常，寄主的抗性基因是显性（R）的，而对应的感病基因，即不抗的，是隐性（r）的。在病原物中，无毒基因或称为无致病性的基因，通常是显性（A），而相应的毒性基因，即致病基因，是隐性（a）的。因此，当两种植物个体，其中一个携带抗性基因（R），能抵抗某病原物的侵染；而另一个携带感病基因（r），即缺少抗性基因（R），就不能抵抗同种病原物的侵染。如果同时接种两种病原菌，其中一个带有与 R 对应的无毒基因（A），另一个带有毒性基因（a）。上述接种有 4 种可能组合：只有 AR 组合是抗病的，那就是当寄主具有抗性基因（R），而病原体缺乏相对应的毒性基因（a），尽管它可能还有另外的毒性（致病）基因对应别的抗病基因；Ar 组合是感病的，因为寄主缺乏相对应的抗性基因（R）；aR 组合也是感病的，因为尽管寄主有一个抗性基因，但是病原物具有相对应的毒性基因（a），可以克服这个特定抗性基因；ar 组合是感病的，寄主植物是感病的（r），病原物也具有毒性基因（a）。

基因对基因的相互作用这个经典模型，如同大多数规则，确实能广泛运用，不过也有例外。最常见的一种例外是，两个毒性基因对应于同一个抗病基因。此外，可能还有其他基因抑制无毒基因。如果仅仅对影响病原物毒性表型的频率感兴趣，或者预测目前品种感病的风险程度，并不需要了解无毒性遗传。但是，如果要使用实验数据来详细地解释致病的遗传控制和定量预测病原物的演变，致病性的遗传就很重要了。

寄主-病原物相互作用的分子基础，尤其是寄主植物信号识别，以及抗病和无毒基因分子鉴定，目前正越来越受到重视。关于这些领域的研究，已经取得了很大进展，但已超出本章的范围。

二、寄主抗性

寄主抗性主要是根据其被侵染时的表型而定义的，而没有考虑其遗传机制和基因型。

（一）非寄主抗性

植物能够抵抗某些病原物，可能是因为它们不是这些病原物的寄主，从而对这些病原物具免疫性，即非寄主抗性，也可能是因为它们具备针对这些病原物致病基因的抗性基因，即遗传抗病性，或因为由于其他原因它们能逃逸或容忍这些病原物的感染，即表观抗性。基因对基因理论仅提供了在一种寄主植物物种内根据某一特定病原物基因型的毒性或无毒性来鉴别其致病特性的基础。然而，对于每一种植物，如马铃薯、玉米和柑橘等，仅仅是某些病原物的寄主，而这病原物仅占已知植物病原物很小的一部分。这表明，每一种植物都具有非寄主抗性，能抵抗绝大多数已知的植物病原物。

非寄主抗性是免疫类型，即完全抵抗来自其他寄主植物的病原物，即使在最有利于发病的环境条件下也不发病。但是，同样的寄主植物却在不同的程度上受到自身病原物的侵染。因此，对于每个植物物种，尽管它对所有其他种植物的病原物表现为免疫，却感染本物种的病原物。这种寄主专一性，也是协同进化的结果。有一些证据表明，植物或更高一级类群非寄主抗性，也可能是一种特定的基因对基因的识别。目前非寄主抗性的分子遗传机制受到相当大的关注。

（二）水平抗性

所有植物都具备一定的，但并不总是相同的，有层次的非特异性的抗性，它能有效地抑制侵染它们的病原物。这种抗性有时也被称为非特异性的、数量的、广域的或持久的抗性，但是通常被称为水平抗性。水平抗性通常由多基因控制，而并没有针对病原物小种的特异性，因此，称为多基因抗性。在水平抗性中，每个独立的抗病基因可能扮演一个小角色，单独针对病原物时可能是无效的，因此，也称为微效基因抗性。这些参与水平抗性的许多基因似乎通过控制植物的许多生理过程来影响植物的防卫机制。水平抗性对病原体的不同小种的抗性可大可小，但是这种差别通常都很小，并不足以区分常规品种的水平抗性，因此，又称非再分抗性。此外，水平抗性可以被环境条件所影响，从而其抗性水平可能会有所变化。一般而言，水平抗性不能完全保护植物不受感染，而是降低病原物的侵染速率和之后的病斑产孢量，从而从整体上减缓流行的速度。

应该指出的是，对于多基因抗性和小种非专化性抗性的假设也有许多例外。例如，在一个由单个抗病基因 $Ml（Ab）$ 控制的大麦抗病品种上，由无毒小种，即带有无毒基因 $AvrAb$，侵染造成的发病率比毒性小种侵染造成的发病率低95%。通过获得可靠的病情指数来了解水平抗性的遗传基础是比较困难的，因为水平抗性差异受环境条件的影响较大。

（三）垂直抗性

许多植物品种对一个病原体某些小种具有抗性，对其他小种却不具有抗性，能被这些小种侵染。换句话说，用病原物的某些小种接种某一品种，这一品种不受某些小种的侵染，但能遭受另外一些小种的侵染。这种类型的抗病性能区分病原物的不同小种，因为它能有效地抵抗病原的某些特定小种，而对其他小种无效。这种抗性常称为垂直抗性。垂直抗性通常由一个或几个基因控制。对于垂直抗性来说，寄主和病原物是不相容的，寄主通常表现出过敏性反应，所以病原物很难在寄主中生存和繁殖。植物的垂直抗性是基因对基因理论的直接证据。

完全抗性，可来自于一个单一的抗性基因，如 R_1、R_2 或 R_3。一般而言，一个含有多个抗性基因（如 R_1R_2、R_1R_3 和 $R_1R_2R_3$）的寄主植物能抵抗相对应的病原小种，其中的每一基因都提供了抗性。一个植物物种对某一特定病原可能有多达 20～40 个抗性基因，虽然其中每个品种中可能只有其中的一个或几个。在大多数环境条件下，有垂直抗性的品种普遍显示对其病原物特定小种的完整抗性。

三、表观抗性

在一定条件和环境下，感病的寄主植物保持不受感染，或受侵染后不表现感病的症状，从而表现一定的抗病性，即表观抗性。这种现象通常由于避病性或耐病性引起。

避病通常表现为感病植物并没受到感染，因为病害的三个必需因素，即感病寄主、致病病原物和发病环境条件，没有在足够的时间内同时得到满足。如果没有病原接种，病害在感病植物上就不会发生。即使接种，如果条件不适宜，病害也不会发展。例如，如果没有足够时间的高湿度条件，苹果将不会被黑星病菌感染。一些植物避病，是因为它们仅仅在一个特定的生长阶段才能被病原物感染，如果病原菌在这个特定时间内不存在或环境不适宜病害发展，这样植物就能逃脱病原物侵染，植物就不会发病。例如，小麦在开花期最容易受镰刀菌侵染，发生赤霉病。如果在开花期条件不利于发病，即使接种，病害也不会发生。在许多植物病害中，病原主要通过伤口侵入寄主，伤口主要由强风和雨、沙尘暴、昆虫等造成，没有这些伤口，植物就避开了病原物侵染。

避病是病害管理中的一个方案。农民可通过许多措施帮助植物避开病害。这些措施包括使用无病的种苗、选择适当的土壤、选择适当的播种时期、调整播种深度、调整植株间距和行距、田间卫生（整理、剪枝等）、间作、轮作、控制昆虫传播媒介等。

耐病是植物的一种能力，即使寄主植物被病菌感染也会正常的生长发育。耐病的结果来自寄主植物特定的遗传特性，它允许病原菌在寄主上发展，但仍保持正常的生长发育状态。显然，耐病植物已受病原菌感染，但它们受病原菌的影响不大，通常表现轻微的损害。关于植物的耐病性遗传，目前还没有很好的研究，但在许多受病毒感染的寄主植物上，可经常见到耐病性。

第四节　病原群体多样性

一、多态性

生物体的一个最重要的方面是物种间或物种内个体之间在形态和性状上的变异，即存在多态性。对于同一性状而言，就是在同一群体中存在两个或更多不同表型，或控制该性状的基因型。流行学侧重于研究与病害发展相关的性状，包括致病力、侵染能力、潜育期、产孢期和孢子产生量等。多态性基因的一般定义为其任一等位基因的频率都小于 0.95；相反，单态基因没有多态性。如果某一等位基因的频率小于 0.005，则它被认为是稀有基因。0.95 和 0.005 是人为规定的，而不是绝对的阈值。

　　在农业生态系统中，一般通过栽培措施，如栽培抗性或混合品种来调控病原物群体的动态变化，尤其是与致病力和致病性相关的性状。在群体水平上，影响基因或基因型频率变化的有 5 个因子，分别为突变、基因漂移、基因迁移、选择和繁殖或交配体系。在自然条件下，这些因素之间的互作决定病原物群体的进化方向。

二、突 变

　　在生物体内，基因突变可改变 DNA 的一个位点，并传递给后代。突变是新的等位基因的主要来源，也是无性繁殖系新基因型的主要来源。尽管突变为进化提供了原始材料，但对于改变等位基因的频率来说，突变是一个非常微弱的进化力量。

　　DNA 序列变化是通过一个碱基代替另一个碱基，或通过增加或缺失一个或多个碱基对来实现的，其他变化包括 DNA 片段编码倒置和不同数目的短序列重复。突变在自然界自发地发生，与生物体的具体繁殖没有关系。然而大多数突变是无效的，其载体不能生存。

　　植物和病原物在细胞核外含有遗传物质，核外 DNA 的突变和核内 DNA 一样常见。因为核外 DNA 控制的遗传特征不遵循孟德尔遗传规律，所以对于那些受核外 DNA 控制的性状，其突变是难以定性的。病原细胞质遗传物质的改变可引起 2 种变化：病原菌获得利用有毒物质和新的营养物质的能力，改变其对寄主植物的毒性。

三、基因漂移

　　等位基因频率在一个群体内会随机波动，变化率与群体大小成反比。基因漂移是一个随机的过程，它能在一个较短的时期内导致等位基因频率在群体内产生不可预测的变化。基因漂移，更确切地说是等位基因的漂移，是一个统计现象，它可影响等位基因的生存机会。从而导致一个等位基因及其所控制的生物学特性在后代中变得更常见或更少见。"瓶颈效应"和"创立者事件"（founder event）就是基因漂移的结果，即新一代生物体仅源自于一个小数量群体。如果给予足够长的时间，基因漂移可导致等位基因和基因型的固定，降低总体遗传变异的水平。基因漂移没有定向，针对所有基因而言，包括中性等位基因。数学模型对基因漂移的预测结果是：等位基因不是灭绝就是固定，特别是在小群体中。

　　一个简单的例子可以说明基因漂移的结果。苹果黑星病菌在冬季落叶上一年有一次有性繁殖。冬季落叶上病原菌的生存取决于许多因素，如天气条件和果园管理措施。在许多情况下，仅有非常少部分病原菌可以活到下一个春天，这也是病害管理上的一个主要目的——降低越冬菌源数量。

四、基因迁移

　　基因迁移是在隔离种群间遗传物质的传递。许多生物体由于种种原因，互相接触的机会减少从而形成种群的隔离，这样可以导致生殖隔离。随着时间的推移，生殖隔离可导致两个种群间的遗传差异。而种群间基因迁移能降低这种趋势，也就是阻止了物种的分离。在两个分离的种群间的基因迁移主要是通过种群间个体移动来实现的。举例来说，植物基因流可通过花粉传播而实现，花粉常由蜜蜂或风从一个种群传播到另一个种群。对于植物病原物来说，气传孢子是基因迁移的一个主要途经，另一个途径是人类活动造成的长距离传播。比如，疫霉属菌 *Phytophthora ramorum* 在苗圃和花园中的远距离传播通常是通过苗圃间的植物材料的商业交易来实现的。

五、选择

选择是一个定向的过程，能使被选择的等位基因或基因型的频率升高。尽管控制致病性基因的突变不比其他基因的突变频繁，但是如果只有几个抗性品种连续几年大面积种植，一旦发生突变，产生新的致病基因，大面积的感病植物（虽然仍能抵抗非突变病原物）能够显著地增加突变体的侵染（生存）概率，增加突变病原物群体的频率。这就是通常所说的由大面积种植单一品种而引起的"巨大选择压力"。事实上，这已经被多次证明，往往称为"繁荣与萧条"交替循环。当引进一个具有新抗性的品种时，最初几年产量较高，即繁荣时期，但随着时间的推移，新致病基因的频率在群体中逐渐增加。新的致病基因可能来源于突变、迁移或原种群但频率很低。最终结果是原抗病品种不再有抗性，从而导致产量降低，即萧条时期。应该指出的是，选择本身并不增加致病基因突变的概率，而只是增加突变体的生存概率，类似情况同样发生在病原菌对杀菌剂的抗性上。

自然选择是"盲目"的，因为它主要是通过表型来选择个体，而不管该表型是如何遗传的。个体的特定基因型通过表型来影响自然选择，理解自然选择的关键要点是理解"适合度"的概念。虽然适合度通常被理解为"适者生存"，但是现代生物进化理论定义的"适合度"还包括繁殖或复制能力，而不仅仅是单独生存的能力。

当某个个体有比较强的适合度时，定向选择的结果是适应性状等位基因的频率的升高，这个进程一直继续下去直到整个群体有更适合的表型。稳定选择，也称为纯化选择，在自然界中更普遍。稳定选择能降低对其适合度有害的等位基因的频率，直到这些基因被淘汰。还有一种选择是平衡选择，其最终结果是维持等位基因的频率处于中间水平。

六、繁殖或交配体系

繁殖影响群体中每个个体的等位基因的具体组合，即不同基因型的频率，重组发生在有性生殖的植物、真菌和线虫中。两个单倍体核形成一个二倍体核，称为合子，遗传因子重组发生在合子减数分裂形成配子的过程中，遗传交换是一对染色体交换部分染色体，从而使来自两个亲本的核等位基因重组。对于真菌，二倍体核或配子常常进行有丝分裂，产生单倍体的菌丝体和孢子。通常情况下，同种个体可能产生大量无性群体直至下一个有性循环。真菌的有性孢子包括卵孢子、子囊孢子和担孢子。相对于有性繁殖，无性繁殖的后代的多样性程度低，但后代间仍存在一定的多样性。真菌的无性繁殖产生分生孢子、游动孢子、菌核等。植物的无性繁殖方式包括芽殖、扦插、块茎等。

突变产生新的等位基因，基因迁移则引入新的基因型，而不是新的等位基因。然而选择和基因漂移不产生任何新的等位基因或基因型，但影响基因的频率。基因重组不产生新的等位基因，但可能产生新的基因型，同时也影响基因型的频率，但正常情况下不影响等位基因的频率。然而，在某些情况下，可能影响与性连锁遗传的等位基因的频率。例如，苹果黑星病菌冬天的有性生殖产生的子囊孢子在下一个春天引起新的侵染。有性生殖只能发生在两个相反的交配型（+）或（−）的株系间。无论有性生殖之前的两种交配型的频率是多少，有性生殖以后，两种交配型的期望值频率均为50%。如等位基因与交配型位点紧靠在一起，则它们的频率期望值也接近50%。

重组仅仅只能发生在位于不同基因位点上的等位基因。这就是为什么要知道控制两个性状的等位基因是否位于同一个基因位点。例如，两个抗病基因位于同一个基因位点，就不可能通过常规育种把这两个抗病基因同时引进一个新的品种中。

第五节　微生物的类似有性过程

除正常的有性生殖外，在许多微生物中，有几个类似有性生殖过程，导致位于不同染色体上的遗传物质发生交换或重组。

一、真菌的类似有性过程

异核是由受精或菌丝融合而导致的现象。真菌存在异核现象，即真菌菌丝或部分菌丝细胞中含有两个或两个以上的不同遗传型的细胞核。例如，在担子菌纲，双核状态明显不同于单倍体菌丝体和其孢子。因此，秆锈菌真菌导致小麦秆锈病，单倍体担孢子可侵染伏牛花而不能侵染小麦，单倍体的菌丝体只能在伏牛花上生长，而双核的锈孢子和夏孢子能侵染小麦而不能侵染伏牛花，双核菌丝体可在伏牛花和小麦上生长。异核现象也发生在其他真菌中，但在植物病害发展中的重要性目前还不很清楚。

在准性生殖过程中，真菌异核体内的遗传重组是通过两个核的融合形成一个二倍体核而完成的。在以后的细胞有丝分裂过程中，发生了少量的遗传重组交换。二倍体偶尔分离而形成单倍体，这些少量的单倍体含有重组的染色体。

异倍体是部分组织或整个个体的细胞中，核染色体数目不同于正常染色体数目的个体。异倍体可能是单倍体、二倍体、三倍体和四倍体。异倍体也可能是非整倍单倍体，与正常个体相比，它们多出或缺少1或2条甚至更多条染色体。

二、细菌和病毒的类似有性过程

细菌至少有3种类似有性过程。①融合，两个兼容的细菌在相接触的时候，部分染色体或非染色体（质粒）的遗传物质从一个细菌菌体转入另一个细菌菌体中。②转化，细菌能够吸收和利用从其他兼容细菌破裂时所释放或分泌的遗传物质，并转化本身的遗传物质。③转导，一个细菌体的遗传物质可通过噬菌体转移到另一个细菌中去。噬菌体是感染细菌、真菌、放线菌或螺旋体等微生物的病毒。

当同一病毒的两个不同株系接种到同一个寄主植物时，从被接种植物上可获得一个或更多的不同于原接种株系的新株系。尽管不能完全排除突变形成的新株系，但新株系更可能来自于基因重组。多分体病毒（复合病毒）的基因组由 2 或 3 或更多个核酸成分组成。当两个或更多株系的多成分病毒感染植物或载体时，来自两个或更多株系的相应核酸成分之间的重组后，可能形成新病毒。

第六节　病害管理策略的遗传理论基础和结果

一、抗性品种

在 20 世纪初，人类已经认识到可以利用抗病性来控制植物病害。遗传学的发展使抗性品种代替感病品种成为可能。然而，大面积种植抗性品种同时也导致一些病害大面积的流行。

抗病性可以由一个、几个或多个抗性基因控制。一个或几个主要基因能够抵抗特定的病原小种，如垂直抗性。一个具有垂直抗性的品种可以完全抵抗一种病原或其特定小种，而一个具水平抗性的品种则不能完全抗病。此外，生物遗传工程技术能够相对容易地操纵垂直抗性基因。因此，目前抗病育种侧重于主抗性基因鉴别，直接或间接地通过分子标记方法来确定抗性基因。这些标记可以帮助育种者用更可靠和更有效的方法选择抗性子代，即分子标记辅助育种。

垂直抗性是特别有效的，它能直接防止病原物侵染和传播。然而，过度使用垂直抗性品种会加速病原物克服抗性基因，导致前面所讨论的"繁荣和衰退"循环。同样，过度依靠一种控制病害方法，如杀菌剂，也是不可取的。然而，过去的经验表明，特别是在大麦白粉病上，病原菌克服寄主抗性的速度并不是很高，其原因尚不清楚。另一个重要观点是病原物的毒性代价，即病原物个体含有不必要的毒性基因，可能会降低整个病原物的适合度。然而，毒性代价假说的应用范围仍在探讨之中。

虽然水平抗性是不完全的，但是持久的，不易被病原物克服。在许多情况下，与垂直抗性同时存在，但水平抗性常被垂直抗性所覆盖。水平抗性常用于杂交育种。水平抗性品种保持抗病性的时间比垂直抗性品种长。因此，目前探讨这些多基因抗性的遗传机制，如数量性状基因座（QTL）定位，受到很多的关注。

二、多系品种和混合栽培

在主要农作物生产中，遗传单一性是一个严重的缺陷。因为一旦病害在单一的品种上发生，其流行速度将非常之快，从而造成严重损失。由于遗传单一性造成流行的几个例子已众所周知，包括玉米小斑病、小麦条锈病和白粉病。为了避免遗传单一性，目前育种学家正试图引进几个主要的抗性基因到同一个品种中。然而，这样的品种需要很长的时间才能育成。种植多系品种是避免遗传单一性的另一个方法。多系品种是几个品种的组合，这些品种在农艺性状上非常相似但在抗性基因上有所不同。多系品种目前已经用于小谷物上来控制锈病。然而，发展和种植多系品种对于许多其他作物还不实际。

另一个延长抗性基因寿命，同时又能较好地控制病害的方法，是将具有不同抗性基因的几个品种混合栽培。病原物在混栽品种上只侵染感病寄主。因为抗性基因在空间上的异质性，寄主和病原菌在混合品种中互作成功的概率，即成功侵染的概率，比在单一栽培种植时要大大降低。理论和实践研究表明，这种方法在许多作物上能有效地控制病害，如禾谷作物白粉病、苹果黑星病。通过品种混栽来控制病害的效果取决于混栽品种数量和空间排列。较少的品种和单个基因型的过大单位种植面积对病害的控制效果均不太理想。应该指出的是，种植混合品种只是延缓病害的流行，最终在混栽品种中所有的感病植物也将会被病原侵染。因此，一些加快病害流行的因素，如缩短潜育期和延长产孢期，将缩短混合品种控制病害的有效时间。在决定混合品种布局的策略上，关于流行时间和植物感病时间的比例是重要因子之一。

大面积地栽培混合品种的一个问题是病原物的演化速度究竟有多快，即病原物获得相应的毒性基因去克服混栽的各个品种中抗性基因的速度有多快。病原菌适应寄主抗病变化的潜能是巨大的，这从病原物在自然条件下的演化和繁殖能力就可以看出。然而，检测病原物群体的演变在技术上是相当困难的。分子检测技术的快速发展，使我们能够比较快速地鉴定病原物的群体变化，尤其是通过鉴定中性分子变异。广泛的实地观察表明，超级小种进化还是比较缓慢的。

然而，多系品种栽培和品种混栽也存在实际问题。农民和消费者要求农艺性状一致，因此增加作物一致性得到大多数作物育种学家的高度重视。品种混栽没有得到广泛应用，因为不同的品种农艺性状差异很大，如不同收获时间。种植多系品种没有这些缺点，但是对于大多数作物来说却是不切实际的，因为要花费大量时间和资源才能培育出多系品种，比培育"单一"栽培品种困难得多。

三、杀菌剂

杀菌剂是现代作物保护策略的一个主要组成部分，但在很多病原菌中抗药性也是常见的。少数农药品种的过度使用，形成很大定向选择压力，进而导致病原菌抗药性的出现和随后的扩展。

病原菌对杀菌剂的抗性有两种反应类型：一种类型是完全反应或没有任何发应，另一种类型是逐渐反应，即定量反应。前者认为是单个基因控制的，如几个真菌对 QoI 杀菌剂的抗性。后者认为是多基因控制的，因此，这种抗药性是渐进的，取决于杀菌剂的剂量，真菌对腈菌唑的抗性就属于这一类。广泛用于抗药性的定量测量的指标是 ED_{50}，即杀死半数病原物样本的剂量。

一种延缓病原物对杀菌剂抗性发展的简单策略是选择和应用不同的杀菌剂。大多数抗药性管理计划主要依靠杀菌剂的混合应用。在设计实际病害控制策略时，必须记住几乎所有作物都受一种以上病害的侵染，同时一种杀菌剂可以控制多种病害。所以尽管一种杀菌剂对某一病害失去防效，但还可以用来控制其他病害。应该指出的是，病原菌对杀菌剂同样也会产生抗性，如果主要依靠杀菌剂来抑制病害，同样需要加强管理以减少病原物抗性的产生。

第七节　病原的群体遗传结构及其进化的风险评估

在植物病理方面，群体遗传研究主要集中于几个特定性状的表型，如病原物生理小种。欧洲小麦白粉病生理小种在过去几十年中的变化大大增加了我们对病原物进化的认识和抗性管理方面的知识。然而，收集这些数据通常需要大量的劳动力和时间。近年来，真菌种群结构的许多研究主要依靠中性分子标记，如 RAPD、RFLP、AFLP、SSR 和 rITS 序列。DNA 测序的新发展使我们能够有效地在研究和育种中利用许多标记（如 SNP）。这些方法能在比较短的时间内获得较好的结果。如果取样得当，可以发现相对重要的进化因子，回答一些特定群体结构中的关键性问题，提高对病害管理的认识，如有性生殖的频率、接种菌源的来源、传播距离和抗性基因等。

了解真菌种群结构的一个主要目的是搭建一个知识构架，去评估病原物进化的风险，从而降低病原物产生新的有害基因的风险。一般来说，高突变率的病原物比低突变率的病原物风险要高，高突变率会增加因突变产生新的有害基因的可能性。大群体的病原物比小群体的病原物更有进化潜力，因为大群体中有更多的基因突变发生。作物轮作和每年越冬或越夏的极端气候将杀死大量的病原物，从而导致病原物群体数量严重下降。基因漂移容易导致小群体病原物的多样性减少从而降低其今后的适合度。一个简单的方法是通过作物轮作来减少病原物量。

基因迁移量大的病原物比基因迁移量小的病原物具有更大的风险，因为具有较大基因迁移能力的病原物群体更可能会跨过一个大的地理区域去接受和传播新的有害基因。可以通过检疫、间作和混栽等措施来降低基因迁移。病原物进行定期重组比病原物没有或有少量重组具有更高的风险。重组允许新的等位基因组合，增加遗传多样性，增强了病原物在新环境中的生存潜能。病原物经常重组可以将不同的等位基因重新组合在一起，与育种家组合抗性基因一样迅速。因此，聚合抗性基因来控制病害不能成为一个长期有效的育种策略。如果病原物的繁殖系统包括有性生殖和无性生殖，那它将成为一个最大的风险。因为它们同时具有两个生殖过程的优点。无性生殖使更适应的基因型快速繁殖，如果无性生殖孢子能够长距离传播，这就使这些更适应的基因型分布更广泛。

病原物在强大的定向选择压力下比在弱的选择压力下具有更大的基因突变风险。因为时空上的不定向选择或弱的定向选择会抑制有害基因的快速积累。大面积连续几年种植单一抗性品种或仅使用几种杀菌剂是非常不可取的。这些做法即使不增加基因突变的概率，但当突变一旦发生在某一菌株，由于强定向选择压力的存在，相对其他菌株，它们将更有可能生存下去。因此，抗性品种在时空上的轮作和混作可降低定向选择压力，从而减缓有害基因频率增加的速度。

复 习 题

1. 讨论决定群体进化的 5 个因子（突变、基因漂移、基因迁移、选择和繁殖或交配体系）如何影响基因和基因型频率。

2. 讨论"病原物能适应环境"这句话是否正确。

3. 应用群体遗传学理论讨论如何提高种植混合品种控制病害的效率。

4. 应用群体遗传学理论讨论影响病原抗杀菌剂（不敏感性）发展的几个因素。

5. 应用群体遗传学理论讨论几个常见病害的风险评估。

第十二章　植物病害流行的统计学基础

提要：本章介绍了植物病害流行田间试验设计的原理与方法、常用的统计分布函数、统计假设测验与拟合度测定、植物病害的空间格局与取样。重点介绍了植物病害流行的田间试验统计分析、植物病害流行预测与建模的数理分析、杀菌剂药效试验设计与方法，特别是方差分析、相关分析与回归分析、多元统计分析、模糊聚类分析和时间序列分析等。

植物病害流行学侧重研究植物病害群体的定量变化。监测数据的整理、流行因素作用的分析、数学模型的建立、药效试验的设计与分析、病害分布型的测定、田间抽样技术的确定、病原群体遗传学及分子生物学的研究、病害经济阈值的测定等都离不开数理统计。在统计学基础上建立的某一流行过程的数学模型，比文字描述更为准确，而且便于比较。常用的统计方法有回归和相关分析、聚类分析、判别分析、方差分析和拟合度测定等。现在有很多软件如 DPS、SAS 数据处理系统，可在计算机上完成大量运算。

第一节　植物病害流行田间试验设计的原理与方法

一、试验设计的基本原则

试验设计的主要作用是减少试验误差，提高试验的精确度，为了使参加试验的各个处理组合得以在公平的基础上进行比较，试验设计中必须遵守下述基本原则。

1. 试验必须设置重复

田间试验中，每个处理必须设置适当的重复次数，其主要作用是估计试验误差和降低试验误差（肖悦岩等，1998；慕立义，1994）。试验误差是客观存在、不可避免的，只能用同一处理多次重复间的评价指标的差异来估计，若各处理没有重复，就无从求得差异，也就无法估计试验误差。另外，适当增加重复次数所得的平均值往往比单一处理（不重复）的数据更为可靠，更能准确地反映处理效应。

从理论上讲，重复次数越多，误差越小，但重复次数太多，耗费的人力物力也多，在执行过程中易引起混乱，反而达不到减少误差的目的。从统计学观点考虑，变量分析时误差自由度应大于 10，根据这一原则，处理数目不同时所要求的重复次数也不同。此外，重复次数还应考虑实际可能性，在有些情况下，甚至不设重复。

2. 运用局部控制

田间试验中，尽管在选择试验地时已注意到"地力均衡"这一点，但实际上一块地的土壤肥力或水分状态总是存在一定差异的（慕立义，1994）。局部控制就是分范围分地段地控制非处理因素，使对各处理的影响趋向于最大程度的一致；因为在较小地段内，影响误差的因素的一致性较易控制。这是降低误差的重要手段之一。能影响试验误差的只限于区组内较小块地段的土壤差异，而与增加重复因而扩大试验田增大的土壤差异无关，这种布置就是田间试验的"局部控制"原理。

3. 采用随机排列

运用局部控制可以减少重复之间的差异，但重复之内的差异，虽然可以通过认真选择试验地而减少，但由于偶然因素的作用（试验误差）它总是存在的。为了获得无偏的试验误差估计值，也就是误差的估计值不夸大和不偏低，则要求试验中的每一处理都有同等的机会设置在任何一个试验小区上。随机排列才能满足这个要求。因此，用随机排列与重复结合，试验就能提供无偏的试验误差估计值。

采用上述重复、局部控制和随机三个基本原理而做出的田间试验设计，配合应用适当的统计分析，如此就既能准确地估计试验处理效应，又能获得无偏的、最小的试验误差估计，因而对于所要进行的各处理间的比较能做出可靠的结论。田间试验设计三个基本原理的关系和作用见图 12-1（慕立义，1994）。

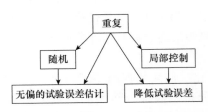

图 12-1　田间试验设计三个基本原理的关系和作用（慕立义，1994）

二、常用的试验设计方法

1. 对比法设计

对比法设计的特点是每隔两个试验处理设置一对照区。在这种设计中，每个对照区与其两旁的处理区（共 3 个小区）构成一组，安排小区时，一般采用顺序排列，如图 12-2 所示，一般重复 3 或 4 次（慕立义，1994）。

处理1	标准区（对照）	处理2	处理3	标准区（对照）	处理4	处理1	标准区（对照）	处理2	处理3	标准区（对照）	处理4

重复3或4次

图 12-2　对比法设计的田间排列（慕立义，1994）

对比法设计的优点是每个试验处理小区都能与它相邻的对照区直接比较，能充分反映出处理效应，示范作用强；当处理数目较少，土壤条件差异大时，这种设计的试验结果较准确。缺点是对照区较多（占全部试验区的 1/3）。土地利用率低；在统计分析中，t 检验只能比较各处理与其相邻近对照之间的差异显著性，各处理间不能直接进行比较，只有当土壤差异较小时才能用变量分析法进行处理间比较。

2. 随机区组设计

这种设计的特点是根据局部控制的原理，将试验地按肥力程度划分为等于重复次数的区组，一区组即一重复内的各小区都是完全随机排列。这是田间试验中应用最为广泛的方法。每个重复（即区组）中只有一个对照区，对照区和处理区一起进行随机排列，各重复中的处理数目相同，各处理和对照在同一重复中只能出现一次。其设计优点是：

①设计简单，容易掌握；②富于弹性，单因素、多因素及综合性试验都可应用；③可进行无偏的误差估计，并有效降低误差；④对地形要求不严。不足之处在于这种设计不允许处理太多，至多不得超过 20，最好在 10 个左右，因为处理多，局部控制效率降低。6 种处理 4 次重复的随机区组设计如图 12-3 所示（慕立义，1994）。

重复Ⅰ							重复Ⅱ					
1	3	2	4	6	5		4	2	3	6	1	5
3	6	1	5	4	2		6	1	5	2	4	3
重复Ⅲ							重复Ⅳ					

图 12-3　随机区组设计的田间排列示意图（慕立义，1994）

3. 拉丁方设计

拉丁方设计是将试验处理从两个方向排列成区组或重复，每一直行及每一横行都成为一个区组或重复，而每一处理在每一直行或横行都只出现一次。因此，拉丁方设计的重复数、处理数、直行数、横行数均相同。由于两个方向划分成区组，拉丁方排列具有双向土壤差异的控制，即可以直行和横行两个方向消除土壤差异，因而有较高的精确度，但缺乏伸缩性。拉丁方设计的通常应用范围只限于 4～8 个处理的试验（慕立义，1994）。图 12-4 为 5 × 5 拉丁方田间排列。

C	D	A	E	B
E	C	D	B	A
B	A	E	C	D
A	B	C	D	E
D	E	B	A	C

图 12-4　5 × 5 拉丁方田间排列

4. 裂区设计

裂区设计是多因子试验的一种设计形式。在多因素试验中，如处理组合数不太多，而各个因素的效应同等重要时，采用随机区组设计，如处理组合数较多而又有一些特殊要求时，往往采用裂区设计。这里仅述及比较常用的两个因子试验的裂区设计。

裂区设计首先按次要因子的水平数将试验区划分成 n 个主区，随机排列次要因子的各水平（主处理），然后按主要因子的水平数将主区划分成 n 个裂区，随机排列主要因子的各水平（副处理）。裂区设计的特点是主处理分设在主区，副处理分设在主区的裂区，因此，在统计分析时，就可以分析出两个因子的交互作用。主处理与副处理也可排成拉丁方，这样可提高试验的精确度。图 12-5 所示为 A 因子为 3 个水平（主区）、B 因子为 4 个水平（副区）的裂区设计（慕立义，1994）。

A_1 B_1	A_1 B_3	A_1 B_4	A_1 B_2		A_2 B_2	A_2 B_1	A_2 B_4	A_2 B_3		A_3 B_3	A_3 B_2	A_3 B_1	A_3 B_4	重复Ⅰ
A_2 B_2	A_2 B_1	A_2 B_4	A_2 B_3		A_3 B_3	A_3 B_2	A_3 B_1	A_3 B_4		A_1 B_1	A_1 B_3	A_1 B_4	A_1 B_2	重复Ⅱ
A_3 B_3	A_3 B_2	A_3 B_1	A_3 B_4		A_1 B_1	A_1 B_3	A_1 B_4	A_1 B_2		A_2 B_2	A_2 B_1	A_2 B_4	A_2 B_3	重复Ⅲ

图 12-5　A 因子为 3 水平、B 因子为 4 水平的裂区设计示意图（慕立义，1994）

第二节　植物病害流行中常用统计分布函数

一、正态分布

随机变量 X 服从参数为 (μ, σ^2) 的正态分布，其概率密度函数为 $f_N(x; \mu, \sigma^2) = \frac{1}{\sqrt{2\pi}\sigma} e^{\frac{(x-\mu)^2}{2\sigma^2}}$，均值为 μ，方差为 σ^2。记作 $X \sim N(\mu, \sigma^2)$。令 $Y = \frac{X-\mu}{\sigma}$，则随机变量 Y 服从标准正态分布 $N(0, 1)$，其概率密度函数为

$$f_N(u; 0, 1) = \frac{1}{\sqrt{2\pi}} e^{\frac{u^2}{2}}$$

标准正态分布的分布函数为

$$\Phi(u) = P\{Y \leqslant u\} = \int_{-\infty}^{u} \frac{1}{\sqrt{2\pi}} e^{\frac{t^2}{2}} dt$$

由于 $Y = \frac{X-\mu}{\sigma} \sim N(0, 1)$，$P\{x_1 < X \leqslant x_2\} = \Phi\left(\frac{x_2-\mu}{\sigma}\right) - \Phi\left(\frac{x_1-\mu}{\sigma}\right)$，则可利用标准正态分布表计算出任意正态分布的分布函数。

二、二项分布

随机变量 X 服从二项分布，其分布律为 $f_B(x; n, p) = P(X=x) = C_n^x P^x (1-P)^{n-x}$，式中，$x = 0, 1, 2, \cdots, n$；$0 < P < 1$，$C_n^x = \frac{n!}{x!(n-x)!}$，记作 $X \sim B(n, p)$。均值为 np，方差为 $np(1-p)$。二项分布的分布函数为 $F_B(x; n, p) = P\{X \leqslant x\} = \sum_{y=0}^{x} f_B(y; n, p)$。

三、泊松分布

泊松分布的分布律为 $f_p(x, \lambda) = \frac{\lambda^x e^{-\lambda}}{x!}$（$x = 0, 1, 2 \cdots$），式中，$\lambda > 0$，其均值和方差均为 λ_0。泊松分布的分布函数为 $F_P(x; \lambda) = \sum_{y=0}^{x} f_p(y; \lambda)$，该函数可求随机变量的取值小于等于 x 的概率。

四、卡方（χ^2）分布

设有 n 个服从标准正态分布且相互独立的随机变量 X_k（$k = 1, 2, \cdots, n$），则 $\chi^2 = \sum_{k=1}^{n} X_k^2$ 服从自由度为 n 的 χ^2 分布的统计量，记为 $\chi^2 \sim \chi^2(n)$。χ^2 分布的密度函数是

$$f(x;n) = \begin{cases} \dfrac{1}{2^{\frac{n}{2}}\Gamma\left(\dfrac{n}{2}\right)} x^{\frac{n}{2}-1} \mathrm{e}^{-\frac{x}{2}} & x>0 \\ \\ 0 & x\leqslant 0 \end{cases}$$

式中，$\Gamma(r)=\displaystyle\int_0^{+\infty} x^{r-1}\mathrm{e}^{-x}\mathrm{d}x$，$r>0$，均值为 n，方差为 $2n$。它的分布函数为

$$F(x;n)=\int_0^x f(u;n)\,\mathrm{d}u$$

并有上侧概率（显著性水平 α）$\alpha=1-F[\chi_\alpha^2(n);n]=\displaystyle\int_{\chi_\alpha^2(n)}^\infty f(u;n)\mathrm{d}u$，其中 $\chi_\alpha^2(n)$ 为 $\chi^2(n)$ 分布的上 α 分位点。

五、t 分布

$X\sim N(0,1)$、$Y\sim\chi^2(n)$ 与 (X,Y) 相互独立，则随机变量 $T=\dfrac{X}{\sqrt{\dfrac{Y}{n}}}$ 服从自由度为 n 的 t 分布，t 分布又称学生（student）氏分布，记为 $T\sim t(n)$。t 分布的密度函数为

$$f(t;n)=\frac{1}{\sqrt{n}B\left(\dfrac{1}{2},\dfrac{n}{2}\right)}\left(1+\frac{t^2}{n}\right)^{-\frac{1}{2}(n+1)} \quad (-\infty<t<+\infty)$$

式中，$B\left(\dfrac{1}{2},\dfrac{n}{2}\right)=\displaystyle\int_0^1 x^{\frac{1}{2}-1}(1-x)^{\frac{n}{2}-1}\mathrm{d}x$，均值为 0，方差为 $\dfrac{n}{n-2}(n>2)$，t 分布的分布函数为 $F(t;n)=\displaystyle\int_{-\infty}^t f(u;n)\mathrm{d}u$，并有上侧概率（显著性水平 α）$\alpha=1-F[t_\alpha(n);n]=\displaystyle\int_{t_\alpha(n)}^\infty f(u:n)\mathrm{d}u$，其中 $t_\alpha(n)$ 为 $t(n)$ 分布的上 α 分位点。

六、F 分布

设 $X\sim\chi^2(n_1)$、$Y\sim\chi^2(n_2)$ 与 (X,Y) 相互独立，则随机变量 $F=\dfrac{X/n_1}{Y/n_2}$ 服从自由度为 (n_1,n_2) 的 F 分布，记为 $F\sim F(n_1,n_2)$。F 分布的密度函数为

$$f(y;n_1,n_2)=\begin{cases} \dfrac{1}{B\left(\dfrac{n_1}{2},\dfrac{n_2}{2}\right)} n_1^{\frac{n_1}{2}} n_2^{\frac{n_2}{2}} y^{\frac{n_1-2}{2}} (n_2+n_1 y)^{-\frac{n_1+n_2}{2}}, & y>0 \\ \\ 0, & y\leqslant 0 \end{cases}$$

F 分布的分布函数为

$$F(x;n_1,n_2)=\int_0^x f(y;n_1,n_2)\mathrm{d}y$$

并有上侧概率（显著性水平 α）$\alpha=\displaystyle\int_{F_\alpha(n_1,n_2)}^\infty f(y;n_1,n_2)\mathrm{d}y$，其中 $F_\alpha(n_1,n_2)$ 为 $F(n_1,n_2)$ 分布的上 α 分位点。

第三节　植病流行样本资料的重要参数特征值

　　试验资料一般是假定来自一个有限正态分布的总体。在研究实践中，为了检验调查样本或试验数据是否符合正态分布，必须进行统计检验。次数分布表是检验原始数据是否符合正态分布最直观的方法。试验数据经整理之后，可以分析一系列的统计指标说明资料的特征和对资料进行进一步的统计分析，最常用的统计指标是和（sum）、均值（mean）、方差（variance）、标准差（standard deviation）、极差和变异系数等。

一、列次数分布表

　　先计算样本资料的全距（R），或称极差，即样本中最大值减去最小值，然后选择组数、组距，即可做出次数分布表。

二、计算平均值、标准差和变异系数

　　1．样本平均数 $\overline{x}$

　　对于一个容量为 n 的样本，其各观察值 x_i 的平均值为

$$\overline{x} = \frac{1}{n}(x_1 + x_2 + \cdots + x_n) = \frac{1}{n}\sum_{i=1}^{n} x_i$$

　　2．样本方差 S^2

　　对于一个容量为 n 的样本，观察值 x_1，x_2，$\cdots$，x_n 的方差为

$$S^2 = \frac{\sum_{i=1}^{n}(x_i - \overline{x})^2}{n-1} = \frac{\sum_{i=1}^{n} x_i^2 - \left(\sum_{i=1}^{n} x_i\right)^2 \Big/ n}{n-1}$$

　　3．样本标准差 S

　　样本标准差是方差的平方根值，用以表示资料的变异度，具体为

$$S = \sqrt{\frac{\sum_{i=1}^{n}(x_i - \overline{x})^2}{n-1}}$$

　　4．变异系数 CV

　　标准差和观察值单位相同，表示一个样本的变异度，若比较两个样本的变异度则因单位不同或均数不同，不能用标准差直接进行比较，而需采用标准差与平均数的比值（相对值）来比较。一个样本的变异系数为该样本的标准差对均数的百分数，即

$$CV = \frac{S}{\overline{x}} \times 100\%$$

　　式中，CV 即变异系数，以 % 表示。由于 CV 是一个不带单位的纯数，表示单位量的变异，故可用于比较。变异系数越小，变异（偏离）程度越小，风险也越小；反之，变异系数越大，变异（偏离）程度越大，风险也就越大。

三、正态分布拟合检验

根据正态分布的假定，μ 和 σ^2 分别为其总体分布的均值和方差，随机变量位于 a 和 b 之间的概率 $P\{a<X\leqslant b\}=\Phi((b-\mu)/\sigma)-\Phi((a-\mu)/\sigma)$，据此式，其中理论正态曲线的分布可用样本平均数代替总体平均值，样本方差代替总体方差进行计算，则可计算出理论概率值 $\hat{p}_i$。假设样本观察值共有 n 个，分为 k 组，按实际分组计算各组的观察值发生的频率 f_i/n，理论概率值 $\hat{p}_i$ 按上述方法计算，然后，进行卡方检验。根据 Pearson 定理，计算样本的统计量 $x^2=\sum_{i=1}^{k}\frac{n}{\hat{p}_i}\left(\frac{f_i}{n}-\hat{p}_i\right)^2=\sum_{i=1}^{k}\frac{f_i^2}{n\hat{p}_i}-n$，若 $\chi^2<\chi_\alpha^2\ (k-r-1)$，其中 r 是被估计的参数的个数，可以认为在显著性水平 α 下样本来自正态分布。

四、植物病原菌的遗传参数

培育抗病品种是防治植物病害最经济和有效的措施。品种抗性是寄主和病原菌相互作用的结果。因此，掌握植物病原菌群体遗传结构变化，可为病害的预测预报、抗病品种选育和合理布局提供科学依据，是制定病害防治策略的重要基础。随机扩增多态性 DNA（random amplified polymorphic DNA，RAPD）、扩增片段长度多态性（amplified fragment length polymorphism，AFLP）和 rep-PCR 等分子标记体系已先后被应用于植物病原菌的群体遗传学研究，并揭示出植物病原菌群体具有丰富的遗传多样性。

采集的各菌株基因组 DNA 经 PCR 扩增后，呈现电泳指纹图谱。电泳图谱中的每一条带均视为一个分子标记，代表一个结合位点。根据 PCR 产物指纹条带位置的有无，分别转换为两个数码，即 1 或 0，将 DNA 凝胶电泳图谱构建为 0、1 二元数据矩阵。利用 POPGENE version 1.3.1 软件对各地区的病菌种群分别进行遗传参数分析。计算观察等位基因数目（Na，observed number of allele）、有效等位基因数目（Ne，effective number of allele）、基因多样性指数（H，Nei's gene diversity index）、Shannon 信息指数（I，Shannon's information index）、多态性位点数（NP，number of polymorphic loci）、多态位点百分率（P，proportion of polymorphic loci）。统计病原菌群体遗传多样性（HT）、群体内遗传多样性（Hs）和群体间遗传多样性（Dst）值及遗传分化系数（Gst）均值。分子方差分析（analysis of molecular variance，AMOVA）可用来区分各群体间和群体内的遗传变异。根据 POPGENE 1.3.1 软件计算获得的遗传距离，用 NTSYS-pc 2.1 生物软件中的 UPGMA 方法进行群体聚类分析，构建遗传进化树状图。

第四节　植物病害田间格局与取样

由于生物种群特性、种群栖息地内各种生物种群间的相互关系和环境因素的影响，某一种群在空间散布的状况会有或多或少的不同，即空间格局（spatial pattern）的不同。病害格局是指某时刻在不同的单位空间内病害（或病原物）数量的差异及特殊性，它表明该种群选择栖境的内禀特性和空间结构的异质性。由于其单位空间内个体出现频率的变化总能找到相类似的概率分布函数，分布格局也常称为"空间分布型"或"田间分布型"（肖悦岩等，1998）。

无论采用哪一种形式调查植物病害，都要按照一定的方式，在总的植物群体中选取一定数量的代表性样本进行具体的调查记数，而不是全面测量或计数，对于调查所得原始数据必须经过归类、整理、分析和总结，才能得出一些符合实际情况的结论来，这就涉及抽样（sampling）和分析（analysis）两个范畴的内容，然而在真正抽样之前，首先对病害的分布型要有明确的概念，因为不同分布型的病害要用不同的抽样方式来调查记载。

一、常见病害田间（空间）分布型

所谓病害空间分布型，就是一种植物病害的群体在所发生的生境内，在一定的时间和空间内的分布结构。病害空间分布格局大体有 4 种类型：二项分布（binomial distribution）、泊松分布（Poisson distribution）、奈曼分布（Neyman distribution）和负二项分布（negative binomial distribution）（肖悦岩等，1998；赵志模和周新远，1984）（图 12-6）。

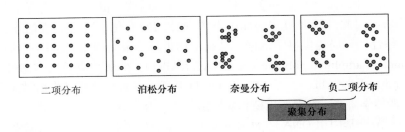

图 12-6　空间分布型示意图

1. 二项分布（均匀分布）

属于这种分布型的病害多为均匀整株为害，病害个体在空间的散布是均匀的，且比较稀疏，不聚集，如蚜传病毒病。均匀分布的样本之间没有明显差异，方差小于平均数到接近于 0。

2. 泊松分布（随机分布）

泊松分布的个体是独立的，相互之间没有影响，并随机分配在一定的位置。属于这类分布型的病害个体在田间的分布是散乱而随机的，呈较均匀的状态。每个个体之间的分布距离不相等但较均匀，如小麦赤霉病。随机分布的样本方差约等于平均数。

3. 聚集分布

聚集分布是指病株个体所占的位置大小的概率是不相等的，各个个体之间有相互吸引或相互排斥的现象。分为下述两种类型。

（1）奈曼分布（核心分布）　　分布不均匀，病害个体常聚集为多个核心的小集团（发病中心），这些发病中心的分布是随机的，并且这些发病中心向四周或某个方向进行扩散或蔓延。凡发病中心大小相似的称为奈曼分布，凡发病中心大小不等的称为 P-E 核心分布。核心分布的样本方差大于平均数，多在 1.5～3.0，如稻瘟病。

（2）负二项分布（嵌纹分布）　　这也是一种不均匀的分布型，疏密相间，病害在田间的分布核心的密集程度是极不均匀的，呈嵌纹状。故又称为由很多大小不同的核心随机分布混合成的特殊类型，如稻白叶枯病。

二、确定病害空间格局的数学方法

推断病害分布型的方法有数种，常见的有频次分布适合性测定、扩散性指标检验、成偶检验和平均拥挤度检验等（肖悦岩等，1998；赵志模和周新远，1984）。

1. 频次分布适合性测定

先通过田间的抽样调查，取得病害或寄主受害的观察值，制成次数分布表，算得有关参数，如$\bar{x}$、s^2、k值，将这些参数值分别代入各个分布型逆推公式中，由此计算所得的数值即为分布型的理论值。在观察值与理论值之间进行卡方测验（χ^2），来验证两者之间的符合程度（即适合性测验），但这种方法计算烦琐。

2. 扩散性指标检验（聚集强度测定）

与频次分布适合性测定相比较，其用扩散性指标来检验空间分布型，计算过程要简单得多。

（1）扩散系数（C）

$$C = \frac{S^2}{\overline{X}}$$

式中，S^2为方差；$\overline{X}$为平均数。一般情况下，$C=1$为泊松分布，$C>1$（1.5～3）时为奈曼分布，$C<1$时为二项分布。但C值常随着密度增加而增大，因此应用时常要结合调查田块数或其他指标进行综合分析。

（2）扩散型指数（I_σ）

$$I_\sigma = n\frac{\sum fx^2 - \sum fx}{\sum fx\left(\sum fx - 1\right)}$$

式中，n为抽样数；f为样点数；x为病害数量；$\sum fx$为总病害数量。

当$I_\sigma=1$时为泊松分布；$I_\sigma>1$时为聚集分布，$I_\sigma<1$时为二项分布，其优点是I_σ值不受均数影响。

（3）平均拥挤度($\overset{*}{m}$） 这个指标由Lloyd（1967）提出，强调$\overset{*}{m}$是个体的平均，而不像$\overline{x}$那样是样本的平均。

$$\overset{*}{m} = \overline{x} + \left(\frac{s^2}{\overline{x}} - 1\right)$$

当$\frac{\overset{*}{m}}{\overline{x}}=1$时为泊松分布，$\frac{\overset{*}{m}}{\overline{x}}>1$时为奈曼分布，$\frac{\overset{*}{m}}{\overline{x}}<1$时为二项分布，该指数的优点是不受零样方的影响。

（4）种群群聚均数（λ）

$$\lambda = \frac{\overline{x}}{2k} \times \gamma$$

式中，$\overline{x}$为种群的平均数；k为负二项分布的k值，γ为自由度为$2k$时，χ^2分布的函数。当$\lambda<2$时，表明聚集分布由环境因素引起；当$\lambda>2$时，则由环境或病害本身特性决定。

（5）泰勒（Taylor）的b指数

$$S^2 = a\overline{x}^b$$

式中，a、b为待估参数；b是种群的聚集特征指数。公式两边取对数为

$$\lg S^2 = \lg a + b \lg \bar{x}$$

将实测值计算的 S^2 和 $\bar{x}$ 后取对数，在对数纸上作图，当 $\bar{x}=1$ 时，$\lg \bar{x}=0$，找出 $\lg a$ 值，即可求出 a，然后用回归分析求出 b，利用参数 a、b 可对种群体散布状况做出判断：$a=1$，且 $b=1$ 时为泊松分布；$a>1$，且 $b=1$，则种群在一切密度下都是聚集的，但聚集强度不因种群密度的改变而变化；$a>1$，且 $b<1$，则种群在一切密度下都是聚集的，聚集强度随种群密度的增加而增加；$0<a<1$，且 $b<1$，则种群密度越大，分布越均匀。

三、植物病害调查的取样方法

病害调查的取样方法必须适合具体病害的空间格局，否则就不可能获得准确的代表值。病害调查的取样方法有顺序取样、随机抽样等，顺序取样包括对角线抽样、五点抽样、平行线抽样、棋盘式抽样和 Z 形抽样等，随机抽样包括分层随机抽样、两级随机抽样和双重随机抽样，这些方法各有优缺点，但顺序抽样若与分层随机抽样、两级随机抽样相配合，这样就能在获得代表值的同时，对取样误差做出估计。

1. 总体（群体）与样本的概念

总体（population）是指抽样中所有样本数的总和，它有一定的容量和限度。样本（sample，unit）是指构成群体的基本单位，有时是样点，有时是单个植株或一张叶片或一根茎秆等。例如，调查一块 45 亩长方形大豆田里的花叶病的发病率和豆蚜的数量。可以先划分为三段，每段选择一小块，每块面积 3 亩，每亩选出样点 20 个，每样点面积 30cm² 或 20 株豆苗。这里总体 =3×3=9 亩，取样单位 =20 个样点 / 亩，样本数 =20 株 / 亩，全部样本的总数 =20 株 ×20 样点 ×9 亩 =3600 株。抽样方法分为两类，一类是常规抽样法，另一类是序贯抽样法。

2. 常规抽样法

常规抽样法分为随机抽样（分层随机抽样、两级随机抽样、双重随机抽样）和非随机抽样。

（1）随机抽样方法（random sampling）　　随机就是不带任何主观意见或偏见地决定样本的位置或数目，样本完全取决于概率。在农业试验中，则常用抽签法和随机数字法来定位或定序。

1）分层随机抽样法：该法适于大面积田间调查。在进行前先将对象作物的所属田块，按照不同类型（品种、肥力、播期等）划分成若干部分（每部分包括若干田块、地段或地带），这就叫作分层；每一个同质的部分称为区层；又从每个区层中采用随机的方法按照事先已经确定好了的抽样单位数目抽样，计算每个区层的样本平均数、总和数或成数，根据各区层的估计值，采用加权法估计总体的真值。从每个区层中所抽样单位数目可以相等或不等。分层抽样对于病害程度普查很适宜。关于随机抽样的数目的确定一般有 4 种方法。

a. 比例配置法：根据各个区层的实际大小，按原来面积的大小配置各区层应有的抽样单位数目。

b. 抽样误差配置法：根据各区层的抽样误差大小确定抽样单位的数目，凡误差大的要增加抽样数，误差小的可少取些。

c. 最优配置法：根据每个区层的单位数目，抽样误差和抽查一个单位所需时间和经费等因素来确定各层的抽样数。

d. 等分配置法：从总体中选出若干区层，将每个区层分成若干个面积相等的小区，各个区内的抽样单位数也相等。

2）两级随机抽样法：第一次从总体中随机抽取的抽样单位，称为初级单位，如棉田；第二次从这些选出的初级单位中再随机抽取次级单位，如棉花植株。本方法分两步进行抽样，不考虑异质分层的问题。

3）双重随机抽样法：主要用于调查复杂性状或费用等，或精密设备必须进行破坏性测定方能获得结果的材料。在具体进行之前，先设法找出一个简单性状与这种复杂性状的关系，然后通过对简单性状的测定来推断复杂性状。复杂性状称为直接性状，简单性状称为间接性状。具体做法：从总体中随机抽出两个样本，第一个样本包含较少量的抽样单位（n），同时测定两种性状，以 y 代表复杂性状，作为依变量；以 x 代表简单性状，作为自变量。从第一个样本就获得 n 对 x 与 y 的数据，第二个样本具有较多的抽样单位（m，$m>n$），对第二个样本只测定简单性状就可获得 m 个 x 数据。从 $y=f(x)$ 推出 y。

（2）非随机抽样法　　又称顺序抽样法（systematic sampling）：首先将总体分为含有相等单位数量的小组。其组数等于从总体中抽样的单位数，再随机地从第一组内抽出一个单位，然后每隔一个固定的距离分别抽出第二、第三组或组内的单位，又称为机械抽样或等距抽样。常用的抽样方法有棋盘抽样、对角线抽样、五点抽样和平行线抽样等。

这些方法各有优缺点，其优点是：①方法简便、节省时间，易于普及；②所得的平均数据具有一定的代表性。缺点是：①当总体各个部分出现周期性变异时，所得结果有偏差，样本估计值难以代表总体的真值；②所获数据不能正确估计抽样误差，也无法算出总体平均数真值的置信范围。但顺序抽样若与分层随机、两级随机抽样等方法相配合，便可以克服上述缺点。

3. 序贯抽样法（sequential sampling）

其特点是：①调查前不必事先确定样本的数量，一般来说病害发生低或很多时，抽样量可减少，处于中间状态需增加抽样数；②要事先根据背景材料确定对象的发生程度；③调查时不必具体查清该田块精确的病情总密度；④需要制成方案表或方案图来指导调查。

在进行序贯抽样前必须先具备三个条件：①病害的分布型；②病害损失的经济阈值；③选定一个允许的误差范围。

四、植物病害调查样本容量的确定

允许误差的高低常用精密度来表示。精密度 = 标准误 / 平均数 ×100，精密度指标（D）= 标准误 / 平均数（允许误差）。

$$D = \frac{\sqrt{\dfrac{s^2}{n}}}{\bar{x}}$$

$$D^2 = \frac{S^2}{(\overline{X})^2 n}$$

$$n = \frac{S^2}{(\overline{x})^2 D^2}$$

式中，n 为调查中应取得理论样本数。

五、植物病害生态位

生态位（ecological niche）是指每个个体或种群在种群或群落中的时空位置及功能关系，表示生态系统中每种生物生存所必需的生境最小阈值。生态幅（ecological amplitude）是指某一生物对环境因子的耐受范围，即其生态上的最高点与最低点之间的范围，如耐受的最高温度和最低温度的范围。对某种生物的生态位进行系统研究，不仅可以揭示该生物对某资源的利用情况，还可以寻求对该生物的生存发展起关键作用的敏感资源、资源状态或数量，从而控制该资源的状态或数量，以及其生态位的过度扩张，实现系统的生态平衡与稳定。

无论植物病害概念如何表述，在植物病害发生的基本因素中，病原物、环境和寄主植物属于同一生态位，在一定的条件下建立寄生关系形成病害。它们之间的关系也因致病性与抗病性的差异而造成不同的后果。环境、病原物与寄主植物的关系也是多样性的，可以是互不干扰或是干扰且互不相让的不同境界。病害的发生是两种或多种群体在同一生态位内作用的结果（赵志模和周新远，1984；王子迎等，2000；檀根甲等，2003；王子迎和檀根甲，2005，2008；檀根甲和王子迎，2002）。

当寄主植物与病原物共同存在于同一个生态位时，虽然两者的生长和发育条件不同，但有重叠的部分，在重叠部分内侵入与定植。重叠的部分越大，侵入、定植、建立寄生关系的机会就越多，建立寄生关系的成功率就越大。

随着时间与空间的推移，多维生态位有一定规律的重复，这些不同条件的生态位决定病害的分布。与同一作物的病害相比，分布是由生态位的差异决定的。

通常生态位常用生态位宽度指数来表示。一般采用 Levins 的生态位宽度指数计算公式。

$$B = \frac{1}{S} \sum_{i=1}^{S} P_i^2$$

式中，B 为生态位宽度指数，且 $1/S \leq B \leq 1$；P_i 为物种利用资源状态 i 的数量占利用总量的比例，在病害研究中，P_i 分别用不同叶位上相对侵染效率或病情指数占全部 S 个叶位上相对侵染效率或病情指数的比例来表示，即

$$P_i = \frac{N_i}{\sum_{j=1}^{S} N_j}$$

式中，N 为生态位功能指数，S 为资源序列的单元数。

第五节　统计假设检验及模型拟合度检验

由试验或调查所得到的数量资料常常会发生差异，特别是在植物病害流行学领域中，出现很大差异的情况也很多，所以，仅仅根据平均值进行比较就下结论是不科学的，因而，

对所得数据有意识地进行统计学研究很有必要。常用的统计假设检验有 F 测验、t 测验、χ^2 测验和拟合度检验（肖悦岩等，1998；曾士迈，2005；Campbell and Madden，1990）。

一、F 测验

在植物病害流行学研究试验中，成组比较试验的两个样本所属总体的方差是未知的，判断两个总体方差是否相等一般只需要进行方差齐性检验即可，然后根据方差齐性检验结果采用不同的统计检验比较。

1. 两个样本间的方差齐性检验

设总体 $x \sim N(\mu_2, a_1^2)$，x_1，x_2，$\cdots$，x_{n_1} 为 x 的一个样本；总体 $y \sim N(\mu_2, a_2^2)$，y_1，y_2，$\cdots$，y_{n_2} 为 y 的一个样本，并且两个总体是相互独立的。

$$S_1^2 = \frac{1}{n_1 - 1}\left[\sum_{i=1}^{n_1} x_i^2 - \frac{\left(\sum_{i=1}^{n_1} x_i\right)^2}{n_1}\right]$$

$$S_2^2 = \frac{1}{n_2 - 1}\left[\sum_{j=1}^{n_2} y_j^2 - \frac{\left(\sum_{j=1}^{n_2} y_j\right)^2}{n_2}\right]$$

$$F = \frac{S_1^2}{S_2^2}$$

如果 $F_{1-\frac{\alpha}{2}(n_1-1, n_2-1)} < F < F_{\frac{\alpha}{2}(n_1-1, n_2-1)}$，则 $\sigma_1^2 = \sigma_2^2$；反之，则 $\sigma_1^2 \neq \sigma_2^2$。其中，$a$ 为显著性水平。

2. 方差分析中的 F 测验

以组内观察值数目相等的单向分组资料方差分析为例，设有 k 组处理，每个处理皆有 n 个观察值，则该资料共有 nk 个观察值。

$$总变异自由度 = kn - 1$$
$$处理间自由度 = k - 1$$

误差（处理内）自由度 $= k(n-1)$，$\bar{x}_i = \frac{1}{n}\sum_{j=1}^{n} x_{ij}$ 代表第 i 组样本均值。

总平方和 $SS_T = \sum_{i=1}^{k}\sum_{j=1}^{n}(x_{ij} - \bar{x})^2$，其中 $\bar{x} = \frac{1}{nk}\sum_{i=1}^{k}\sum_{j=1}^{n} x_{ij}$，为全部样本的均值，总均方 $S_T^2 = \frac{SS_T}{nk-1}$。

组间平方和 $SS_t = n\sum_{i=1}^{k}(\bar{x}_i - \bar{x})^2$，组间均方 $S_t^2 = \frac{SS_t}{k-1}$。

组内平方和 $SS_e = SS_T - SS_t = \sum_{i=1}^{k}\sum_{j=1}^{n}(x_{ij} - \bar{x}_i)^2$，误差均方 $S_e^2 = \frac{SS_e}{k(n-1)}$。
（误差）

$$F = \frac{S_t^2}{S_e^2}; \quad [v_1 = k-1, \ v_2 = k(n-1)], \ v_1, \ v_2 \text{ 表示自由度}。$$

若 $F > F_\alpha (k-1, \ k_n-k)$，则差异显著。

二、t 测验

t 测验适用于大小、质量、密度、速度和产量等的连续数量，而且这些都是以正态分布为前提的。

方差未知但相等时，$\mu_1 = \mu_2$ 的测定方法（$n_1 = n_2$ 或 $n_1 \neq n_2$）为

$$T = \frac{\overline{X} - \overline{Y} - (\mu_1 - \mu_2)}{S_W \sqrt{\dfrac{1}{n_1} + \dfrac{1}{n_2}}}$$

式中，$S_W = \sqrt{\dfrac{(n_1-1)S_1^2 + (n_2-1)S_2^2}{n_1 + n_2 - 2}}$，$S_1^2$ 和 S_2^2 分别为两个正态总体的样本方差。

$|t| \geq t_{\alpha/2} (n_1 + n_1 - 2)$ 时，差异显著。

三、χ^2 测验

在植物病害流行学试验中，经常遇到间断性的次数资料，对这类资料进行显著性测验的有效方法是 χ^2 测验。χ^2 测验是一种应用范围较广的显著性和适合性测验方法。适合性测验常用于病害空间分布型的频次分布检验，也可用来检验统计预报的理论值和实测值是否一致。在只计算为百分率而不知道实际频数时则不适用。

$$\chi^2 = \sum_{i=1}^{k} \frac{(y - \hat{y})^2}{\hat{y}}$$

式中，y 为实际观察次数；$\hat{y}$ 为理论次数；k 为组数。在一定的自由度下，比较 χ^2 和 $\chi_{0.05}^2$（或 $\chi_{0.01}^2$）的大小，以此来判断差异显著性。

为了不使 χ^2 值无理增大，常把理论次数小于 5 的项合并，自由度以合并以后的项数决定。

四、拟合度检验

拟合度检验是对已制作好的预测模型进行检验，比较它们的预测结果与病害实际发生情况的吻合程度。通常是对数个模型同时进行检验，选其拟合度较好的进行使用。常用的拟合度检验方法有剩余平方和（Q）检验、卡方（χ^2）检验和线性回归检验等。

1. 剩余平方和检验

将利用模型求得的理论预测值（$\hat{y}$）与病害发生的实际情况（y）进行比较，求得它们差异平方和（Q）、回归误差（S）及曲线相关比（$r_曲$）的值，Q、S 的值愈小愈好，而曲线相关比（$r_曲$）的值愈大愈好。

$$Q = \sum_{i=1}^{n} (\hat{y}_i - y_i)^2$$

$$S = \sqrt{Q/(n-2)}$$

$$r_{曲} = 1 - (Q / L_{yy})$$

式中，$\bar{y} = \dfrac{1}{n} \sum_{i=1}^{n} y_i$，$L_{yy} = \sum_{i=1}^{n} (y_i - \bar{y})^2 = \sum_{i=1}^{n} y_i^2 - n\bar{y}^2$。

2. 线性回归检验

当预测的理论值（$\hat{y}$）与病害发生的实测值（y）符合时，它们应满足 $\hat{y} = a_i + b_i y$，用不同预测方程所得到的 $\hat{y}$ 与相应的病害发生实测值（y）进行线性回归，就可以得到 n 个不同的线性回归式。

$$\hat{y} = a_1 + b_1 y$$
$$\hat{y} = a_2 + b_2 y$$
$$\cdots\cdots$$
$$\hat{y} = a_n + b_n y$$

此时比较 n 个 a 和 b 值，用 t 测验比较，a_i 值愈趋近于 0，b_i 愈趋近于 1，则说明该方程的预测效果愈好。

第六节　植物病害流行试验的方差分析

在大田试验中广泛采用的统计分析方法是变量分析法，即方差分析。所谓方差分析就是把构成试验结果的总变异分解为若干个变异来源的相应变异，以方差作为测量各变异量的尺度，做出数量上的估计。

一、方差分析中的数据转换

田间试验数据可分为两类：一类是计量数据，是一种连续性资料，如作物产量就是计量数据；另一类是计数数据，是非连续性资料，如病株率就是计数数据。方差分析是以各数据来自正态、等方差这一条件为前提的。当正态、等方差的条件不能满足时，应将原始数据转换以满足正态、等方差条件后再进行方差分析。计量数据可直接进行方差分析，而计数数据必须经过数据转换后方可进行方差分析。常用的数据转换方法如下。

（1）平方根转换　　多适用于那些计数的数据资料分析，如随机分布型资料病斑数量等要进行平方根转换。设原数为 x，转换后为 x'，则：当 x 大多数大于 10 时，可用 $x' = \sqrt{x}$；当 x 大多数小于 10 时，并有 0 出现时，则用 $x' = \sqrt{x+1}$。

（2）对数转换　　奈曼分布型或负二项分布型资料表现的效应为非可加性，而成倍加性或可乘性，同时样本平均数与其级差或标准差成比例关系，则采用对数转换，设原始数据为 x，转换后为 x'，则：若 x 大多数大于 10 时，且没有 0 出现，可用 $x' = \lg x$；若 x 大多数小于 10，且有 0 出现时，则用 $x' = \lg (x+1)$。

（3）反正弦方根转换　　常用于百分率数据转换，特别是有小于 30% 或大于 70% 时，应进行反正弦转换，设 p 为百分数，θ 为角度，则有 $\theta = \sin^{-1} \sqrt{p}$。

（4）倒数转换　　常用于标准差和平均数或比例增长的一类数据转换。

二、随机区组的方差分析

设有 k 组处理，每个处理皆有 n 个观察值，则该资料共有 nk 个观察值，其数据分组如表 12-1 所示。

表 12-1　每组有 n 个观察值和 k 组处理资料表

重复 ＼ 处理	1	2	…	i	…	k	总和
1	x_{11}	x_{21}	…	x_{i1}	…	x_{k1}	
2	x_{12}	x_{22}	…	x_{i2}	…	x_{k2}	
⋮	⋮	⋮		⋮		⋮	
n	x_{1n}	x_{2n}	…	x_{in}	…	x_{kn}	
总和 T_i	T_1	T_2	…	T_i	…	T_k	T

1. 试验结果整理

计量数据可直接进行方差分析，计数数据必须经过数据转换后方可进行方差分析。

2. 自由度的分解

$$总自由度\ df = 处理数（k）\times 重复次数（n）-1 = kn-1$$
$$处理间自由度\ v_1 = 处理数（k）-1 = k-1$$
$$区组自由度\ v_2 = 重复次数（n）-1 = n-1$$
$$误差自由度\ v_3 = 区间自由度（v_2）\times 处理自由度（v_1）= v_1 v_2$$

3. 平方和（SS）的分解

$$C（矫正数）= \frac{T^2}{nk}，其中 T = \sum_{i=1}^{k}\sum_{j=1}^{n} x_{ij}。$$

$$总平方和\ SS_T = \sum_{i=1}^{k}\sum_{j=1}^{n}(x_{ij}-\overline{x})^2 = \sum_{i=1}^{k}\sum_{j=1}^{n} x_{ij}^2 - C，其中 \overline{x} = \frac{1}{nk}\sum_{i=1}^{k}\sum_{j=1}^{n} x_{ij}。$$

$$处理平方和（组间平方和）\ SS_t = n\sum_{i=1}^{k}(\overline{x}_{i.}-\overline{x})^2 = \frac{\sum_{i=1}^{k} T_i^2}{n} - C，其中 \overline{x}_{i.} = \frac{1}{n}\sum_{j=1}^{n} x_{ij}，\ T_i = \sum_{j=1}^{n} x_{ij}。$$

$$区组平方和\ SS_r = k\sum_{j=1}^{n}(\overline{x}_{.j}-\overline{x})^2 = k\sum_{j=1}^{n} x_{.j}^2 - C，其中 \overline{x}_{.j} = \frac{1}{k}\sum_{i=1}^{n} x_{ij}。$$

$$误差平方和\ SS_{误差} = \sum_{i=1}^{k}\sum_{j=1}^{n}(x_{ij}-\overline{x}_i-\overline{x}_j+\overline{x})^2 = 总平方和（SS_T）- 处理平方和（SS_t）- 区$$

组平方和（SS_r）$= SS_T - SS_t - SS_r$。

4. 计算均方（S^2）（变异因素的变量）

$$处理间 S_t^2 = \frac{处理平方和}{处理自由度} = \frac{SS_t}{k-1}$$

$$区组间 S_r^2 = \frac{区组平方和}{区组自由度} = \frac{SS_r}{n-1}$$

$$误差的 S_{误差}^2 = \frac{误差平方和}{误差自由度} = \frac{SS_{误差}}{(n-1)(k-1)}$$

$$总均方 S_T^2 = \frac{总平方和}{总自由度} = \frac{SS_T}{nk-1}$$

5. F 测验

$$处理间 F 值 = \frac{处理间均方}{误差均方} = \frac{S_t^2}{S_{误差}^2}; \quad v_1 = k-1, \quad v_3 = (k-1)(n-1)$$

$$重复间 F 值 = \frac{重复间均方}{误差均方} = \frac{S_r^2}{S_{误差}^2}; \quad v_2 = n-1, \quad v_3 = (k-1)(n-1)$$

从 F 表查处理间理论 F 值，$F_{0.05}(v_1, v_3)$，$F_{0.01}(v_1, v_3)$；重复间理论 F 值，$F_{0.05}(v_2, v_3)$；$F_{0.01}(v_2, v_3)$。

6. 多重比较（SSR 测验）［邓肯氏（Duncan）检验法］

1）计算均数标准误。

$$标准误(SE) = \sqrt{\frac{误差变量}{重复次数}} = \sqrt{\frac{S_{误差}^2}{n}}$$

2）根据误差自由度（$v_3 = v_1 v_2$），查新复极差测验的 SSR 表，即 $P=2$，3，$\cdots$，k 时 SSR_a 值（P 为某两极差间所包含的平均个数）。

3）求出各个 P 下的最小显著极差 LSR_a。

$$LSR_a = SE \times SSR_a$$

4）进行处理间的相互比较：将各平均数按大小顺序排列，用各个 P 的 LSR_a 值就可测验各平均数的两极差的显著性。相邻两个处理平均数的比较用 $P=2$ 的 LSR_a 值；中间隔 1 个处理的用 $P=3$ 的 LSR_a 值；隔 2 个的用 $P=4$ 的 LSR_a 值，以此类推；差异超过相应 $LSR_{0.05}$ 的在右上角标以 "*"，超过 $LSR_{0.01}$ 则标上 "**"。

5）最后结果的表达：在试验报告中可用一个表格简单地表达试验结果，差异显著性一般用英文字母来表示，凡字母相同的处理表示差异不显著，字母不同的则表示两处理间显著差异。

三、拉丁方设计的方差分析

拉丁方试验在纵横两个方向都应用了局部控制，使得纵横两向皆成区组，因此在试验结果的统计分析上要比随机区组多一项区组间变异。设有 k 个处理，做拉丁方试验，则必有横行区组和纵行区组各 k 个。

1）首先，在表 12-2 中（如，$k=4$）算得各横行区组总和（T_r）和均值（$\bar{x}_r$），各纵行区组总和（T_c）和均值（$\bar{x}_c$），并得全试验总和（T）。再在表 12-3 中算得各处理的总和（T_t）和小区均值（$\bar{x}_t$）。

表 12-2 拉丁方设计资料表（4×4 拉丁方）

		纵行区组				横行总和（T_r）
		I	II	III	IV	
横行区组	I	$B_{x_{11}}$	$C_{x_{12}}$	$A_{x_{13}}$	$D_{x_{14}}$	$x_{11}+x_{12}+x_{13}+x_{14}$
	II	$A_{x_{21}}$	$D_{x_{22}}$	$B_{x_{23}}$	$C_{x_{24}}$	$x_{21}+x_{22}+x_{23}+x_{24}$
	III	$C_{x_{31}}$	$A_{x_{32}}$	$D_{x_{33}}$	$B_{x_{34}}$	$x_{31}+x_{32}+x_{33}+x_{34}$
	IV	$D_{x_{41}}$	$B_{x_{42}}$	$C_{x_{43}}$	$A_{x_{44}}$	$x_{41}+x_{42}+x_{43}+x_{44}$
纵行区组总和（T_c）		$x_{11}+x_{21}+x_{31}+x_{41}$	$x_{12}+x_{22}+x_{32}+x_{42}$	$x_{13}+x_{23}+x_{33}+x_{43}$	$x_{14}+x_{24}+x_{34}+x_{44}$	全试验总和（T）

表 12-3 各处理的总和 T_t 和平均 $\bar{x}_t$

k 处理	T_t	$\bar{x}_t$	k 处理	T_t	$\bar{x}_t$
A	$x_{13}+x_{21}+x_{32}+x_{44}$		C	$x_{12}+x_{24}+x_{31}+x_{43}$	
B	$x_{11}+x_{23}+x_{34}+x_{42}$		D	$x_{14}+x_{22}+x_{33}+x_{41}$	

2）自由度的分解。

$$总\ df=k^2-1$$
$$横行\ df=k-1$$
$$纵行\ df=k-1$$
$$处理\ df=k-1$$
$$误差\ df=(k-1)(k-2)$$

3）平方和的分解：具体如下。

$$矫正数\ C=\frac{T^2}{k^2}$$

$$总\ SS=\sum_{r=1}^{k}\sum_{c=1}^{k}(x_{rc}-\bar{x})^2=\sum_{r=1}^{k}\sum_{c=1}^{k}x_{rc}^2-C$$

$$横行区组\ SS=k\sum_{r=1}^{k}(\bar{x}_r-\bar{x})^2=\frac{\sum_{r=1}^{k}T_r^2}{k}-C$$

$$纵行区组\ SS=k\sum_{c=1}^{k}(\bar{x}_c-\bar{x})^2=\frac{\sum_{c=1}^{k}T_c^2}{k}-C$$

$$处理\ SS=k\sum_{t=1}^{k}(\bar{x}_t-\bar{x})^2=\frac{\sum_{t=1}^{k}T_t^2}{k}-C$$

$$误差\ SS=总\ SS-横行\ SS-纵行\ SS-处理\ SS$$

4）F 测验：具体如下。

$$处理均方 MS=\frac{\dfrac{\sum T_t^2-C}{k}}{k-1}$$

$$误差均方MS = \frac{总SS - 横行SS - 纵行SS - 处理SS}{(k-1)(k-2)}$$

$$F = \frac{处理均方MS}{误差均方MS}$$

从 F 表查出处理间理论 F 值，$F_{0.05}(k-1,(k-1)(k-2))$，$F_{0.01}(k-1,(k-1)(k-2))$。

5）t 测验（LSD 法）：具体如下。

$$差数标准误 S_{\bar{x}_1-\bar{x}_2} = \sqrt{\frac{2S_e^2}{n}} = \sqrt{\frac{2 \times 误差均方MS}{k}}$$

$$LSD_{0.05} = S_{\bar{x}_1-\bar{x}_2} t_{0.05}$$

$$LSD_{0.01} = S_{\bar{x}_1-\bar{x}_2} t_{0.01}$$

当自由度 $v=(k-1)(k-2)$ 时，查 $t_{0.05}$ 或 $t_{0.01}$ 值，以之为 R 度比较处理与对照的差异显著性，凡处理与对照的差异达到或超过 $LSD_{0.05}$ 者为显著，达到或超过 $LSD_{0.01}$ 者为极显著。

6）新复极差测验（LSR 法）。

$$SE = \sqrt{\frac{误差均方MS}{k}}$$

其余同随机区组方差分析。

四、裂区设计的方差分析

设有 A 和 B 两个试验因素，A 因素为主处理，具 a 个水平，B 因素为副处理，具 b 个水平，设有 r 个区组，则该试验共得 rab 个观察值，其各项变异来源和相应自由度见表 12-4。

表 12-4　二裂式裂区试验自由度的分解

变异来源		自由度（df）	变异来源		自由度（df）
主区部分	区组	$r-1$	副区部分	B	$b-1$
	A	$a-1$		A×B	$(a-1)(b-1)$
	误差 a	$(r-1)(a-1)$		误差 b	$a(r-1)(b-1)$
	总变异	$ra-1$		总变异	$rab-1$

设 T_r= 各区组总和，T_{AB}= 各处理总和，T_A=A 因素各水平总和，T_B=B 因素各水平总和，T_m= 各主区总和，T= 全试验总和。

1. 平方和的分解

$$矫正数 C = \frac{T^2}{rab}$$

$$总SS = \sum x^2 - C$$

$$主区总SS = \frac{\sum T_m^2}{b} - C$$

$$区组SS = \frac{\sum T_r^2}{ab} - C$$

$$\text{主处理 A 的 } SS_A = \frac{\sum T_A^2}{rb} - C$$

$$\text{主区误差 } E_a \text{ 的 } SSE_a = \text{主区总 } SS - \text{区组 } SS - SSA$$

$$\text{处理 } SS = \frac{\sum T_{AB}^2}{r} - C$$

$$\text{副处理 B 的 } SS_B = \frac{\sum T_B^2}{ra} - C$$

$$\text{A} \times \text{B 互作的 } SS_{AB} = \text{处理 } SS - SS_A - SS_B$$

$$\text{副区误差 } SS_{E_B} = \text{总 } SS - \text{主区总 } SS - SS_B - SS_{AB}$$

2. F 测验

$$\text{区组间 } F = \frac{\text{区组} SS/(r-1)}{SS_{E_a}/[(r-1)(a-1)]}$$

$$\text{主处理（A）水平间 } F = \frac{SS_A/(a-1)}{SS_{E_a}/[(r-1)(a-1)]}$$

$$\text{副处理（B）水平间 } F = \frac{SS_B/(b-1)}{SS_{E_b}/a[(r-1)(b-1)]}$$

$$\text{A} \times \text{B 互作 } F = \frac{SS_{AB}/[(a-1)(b-1)]}{SS_{E_b}/a[(r-1)(b-1)]}$$

五、多因素试验结果的方差分析

设有 A、B 两个试验因素，A 因素有 a 个处理，B 因素有 b 个处理，共有 ab 个处理组合，每一组含有 n 个观察值，则该资料有 abn 个观察值。试验按全完随机设计，其资料类型如表 12-5 所示。

1. 自由度和平方和分解及方差分析

具体见表 12-6。

表 12-5　二因素试验（组合内有重复）的资料表

（i=1，2，…，a；j=1，2，…，b；k=1，2，…，n）

A 因素	B 因素				总和（$T_{i..}$）	平均（$\bar{x}_{i..}$）
	B_1	B_2	…	B_b		
A_1	x_{111}	x_{121}	…	x_{1b1}	$T_{1..}$	$\bar{x}_{1..}$
	x_{112}	x_{122}	…	x_{1b2}		
	$\vdots$	$\vdots$	$\vdots$	$\vdots$		
	x_{11n}	x_{12n}	…	x_{1bn}		
A_2	x_{211}	x_{221}	…	x_{2b1}	$T_{2..}$	$\bar{x}_{2..}$
	x_{212}	x_{222}	…	x_{2b2}		
	$\vdots$	$\vdots$	$\vdots$	$\vdots$		
	x_{21n}	x_{22n}	…	x_{2bn}		
A_a	x_{a11}	x_{a21}	…	x_{ab1}	$T_{a..}$	$\bar{x}_{a..}$
	x_{a12}	x_{a22}	…	x_{ab2}		
	$\vdots$	$\vdots$	$\vdots$	$\vdots$		
	x_{a1n}	x_{a2n}	…	x_{abn}		
总和 $T_{.j.}$	$T_{.1.}$	$T_{.2.}$	…	$T_{.b.}$	$T_{...}$	$\bar{x}_{...}$
平均 $\bar{x}_{.j.}$	$\bar{x}_{.1.}$	$\bar{x}_{.2.}$	…	$\bar{x}_{.b.}$		

表 12-6　自由度与平方和分解及方差分析表

变异来源	自由度（df）	平方和（SS）	均方（MS）	F
A 因素	$a-1$	$SS_A = \dfrac{\sum T_{i\cdot\cdot}^2}{bn} - C$	$S_A^2 = \dfrac{SS_A}{a-1}$	S_A^2 / S_e^2
B 因素	$b-1$	$SS_B = \dfrac{\sum T_{\cdot j\cdot}^2}{bn} - C$	$S_B^2 = \dfrac{SS_B}{b-1}$	S_B^2 / S_e^2
A×B 互作	$(a-1)(b-1)$	$SS_{AB} = \dfrac{\sum T_{ij\cdot}^2}{n} - C - SS_A - SS_B$	$S_{AB}^2 = \dfrac{SS_{AB}}{(a-1)(b-1)}$	S_{AB}^2 / S_e^2
试验误差	$ab(n-1)$	$SS_e = SS_T - SS_A - SS_B - SS_{AB}$	$S_e^2 = \dfrac{SS_e}{ab(n-1)}$	
总变异	$abn-1$	$SS_T = \sum\limits_{i=1}^{a}\sum\limits_{j=1}^{b}\sum\limits_{k=1}^{n} x_{ijk}^2 - C$		

2. 多重比较（SSR 测验）

在进行 A 因素间平均数的多重比较时，平均数的标准误为 $S_{E_A} = \sqrt{\dfrac{S_e^2}{bn}}$

若进行 B 因素间平均数的多重比较时，平均数的标准误 $S_{E_B} = \sqrt{\dfrac{S_e^2}{an}}$

若进行处理组合（A×B）平均数的多重比较时，平均数的标准误为 $S_{E_{AB}} = \sqrt{\dfrac{S_e^2}{n}}$ 其余同随机组合方差分析。

其中，$C = \dfrac{T_{\cdots}^2}{abn}$。

第七节　植物病害流行预测与建模的数理分析

一、相关分析和回归分析

（一）偏相关和偏相关系数

设有 m 个变数：x_1，x_2，$\cdots$，x_m，通过实验得到 n 组观察值，其简单相关系数可构成 m 阶矩阵。

偏相关系数的一般求解法是通过以简单相关系数 r_{ij} 为系数的方程组，求高斯乘数 C_{ij}，然后求出偏相关系数 r'_{ij}。

排除其他变数影响的两变数相关分析，称为偏相关分析，用来表示其关系密切程度的量值称为偏相关系数。在植病流行中，常用预报量和影响因子的偏相关系数来选择预报因子。

偏相关系数的计算步骤如下。

1. 求出简单相关系数 r_{ij} 矩阵

$$r_{ij} = \frac{L_{ij}}{\sqrt{L_{ii} \cdot L_{jj}}} \quad (i, j = 1, 2, \cdots, m)$$

式中，$L_{ij} = \sum x_i x_j - \frac{1}{n} \sum x_i x_j$；$L_{ii} = \sum x_i^2 - \frac{1}{n} \sum (x_i)^2$；$L_{jj} = \sum x_j^2 - \frac{1}{n} \sum (x_j)^2$。

2. 求高斯乘数 C_{ij}

假设正规方程组中的系数矩阵为（r_{ij}），则高斯乘数 C_{ij} 的解法实际上是求系数矩阵（r_{ij}）的逆矩阵。

$$\begin{pmatrix} r_{11} & r_{12} & \cdots & r_{1m} \\ r_{21} & r_{22} & \cdots & r_{2m} \\ \vdots & \vdots & & \vdots \\ r_{m1} & r_{m2} & \cdots & r_{mm} \end{pmatrix} \begin{pmatrix} c_{11} & c_{12} & \cdots & c_{1m} \\ c_{21} & c_{22} & \cdots & c_{2m} \\ \vdots & \vdots & & \vdots \\ c_{m1} & c_{m2} & \cdots & c_{mm} \end{pmatrix} = \begin{pmatrix} 1 & 0 & \cdots & 0 \\ 0 & 1 & \cdots & 0 \\ \vdots & \vdots & & \vdots \\ 0 & 0 & \cdots & 1 \end{pmatrix}$$

所以，（C_{ij}）=（r_{ij}）$^{-1}$。

3. 求偏相关系数矩阵

由高斯乘数矩阵就可求出偏相关系数矩阵（r'_{ij}）。

$$r'_{ij} = \frac{-C_{ij}}{\sqrt{C_{ii}C_{jj}}}$$

4. 显著性测验（依变量与各影响因子的偏相关系数的显著性测验）

$$自由度 = n - m$$

$$偏相关系数标准误 \; S_{rxy} = \sqrt{\frac{1 - (r'_{xy})^2}{n - m}}$$

$$显著性 \; t \; 测验 \; t = \frac{r'_{xy}}{S_{rxy}}$$

（二）一元直线回归

假设要根据 x 的数量变化来预测 y 的数量变化，如果它们之间的关系是线性的，则可采用一元直线回归方程 $y=a+bx$ 来描述，若有 n 组观察值，（x_1, y_1），（x_2, y_2），$\cdots$，（x_n, y_n），作散点图（图 12-7），则统计方法如下。

$$SS_x = \sum_{i=1}^{n} x_i^2 - \frac{1}{n} \left(\sum_{i=1}^{n} x_i \right)^2$$

$$SS_y = \sum_{i=1}^{n} y_i^2 - \frac{1}{n} \left(\sum_{i=1}^{n} y_i \right)^2$$

$$SP = \sum_{i=1}^{n} x_i y_i - \frac{1}{n} \sum_{i=1}^{n} x_i \sum_{i=1}^{n} y_i$$

$$\bar{x} = \frac{1}{n} \sum_{i=1}^{n} x \quad \bar{y} = \frac{1}{n} \sum_{i=1}^{n} y$$

$$\hat{b} = \frac{SP}{SS_x}$$

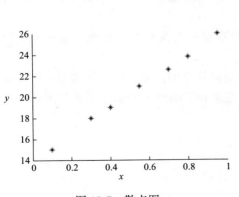

图 12-7　散点图

$$\hat{a} = \overline{y} - \hat{b}\overline{x} = \frac{1}{n}\sum_{i=1}^{n} y_i - \left(\frac{1}{n}\sum_{i=1}^{n} x_i\right)\hat{b}$$

则一元线性回归式为 $y=a+bx$。

相关系数 $r = \dfrac{SP}{\sqrt{SS_x SS_y}}$，回归误差 $S = \sqrt{\left(\dfrac{1}{n}\sum_{i=1}^{n}(\hat{b}SP)\right)/(n-2)}$。

回归关系的显著性检验（F 测验）：

$$回归平方和\ u = \frac{SP^2}{SS_x} = \hat{b}SP, \quad u = \sum(\hat{y}-\overline{y})^2 = \hat{b}SP$$

$$离回归平方和\ Q = SS_y - u, \quad Q = \sum(y-\hat{y})^2 = SS_y - \hat{b}SP$$

由于回归和离回归的方差比遵循自由度 $v_1=1$，$v_2=n-2$ 的 F 分布，因此

$$F = \frac{u}{Q/(n-2)} = \frac{(n-2)u}{Q}$$

（三）曲线回归

1）曲线形式的选择（图 12-8）。

2）曲线方程的线性化：先将所选定的曲线形式（曲线方程）进行线性化转化，然后按解直线回归方程的方法计算线性方程式，表 12-7 列出了常见曲线方程的线性化形式（肖悦岩等，1998）。

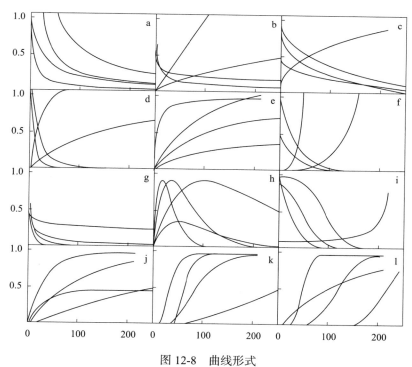

图 12-8　曲线形式

a. 修正反函数；b. 幂函数；c. 修正幂函数；d. S 形曲线；e. 双曲线；f. 指数方程；g. 幂反函数；
h. 极大方程；i. 指数 S 形方程；j. 指数饱和方程；k. 冈伯茨方程；l. 韦布尔方程

表 12-7　常用的线性化转换对照表

名称	曲线形式	直线化后的方程形式	参数推算方法
a. 修正反函数	$y=\dfrac{A}{B+x}$	$\dfrac{1}{y}=\dfrac{B}{A}+\dfrac{x}{A}$	最小二乘法
b. 幂函数	$y=Ax^n$	$\ln y=\ln A+n\ln x$	最小二乘法
c. 修正幂函数	$y=A+Bx^n$	$\ln(y-A)=\ln B+n\ln x$	麦考法
d. S形曲线	$y=\dfrac{A}{1+Bx^n}$	$\ln\dfrac{A}{y-1}=\ln B+n\ln x$	麦考法
e. 双曲线	$y=\dfrac{Ax}{B+x}$	$\dfrac{x}{y}=\dfrac{B}{A}+\dfrac{x}{A}$	最小二乘法
f. 指数方程	$y=A\exp(nx)$	$\ln y=\ln A+nx$	最小二乘法
g. 幂反函数	$y=A\exp(-x^n)$	$\ln y=\ln A+nx$	最小二乘法
h. 极大方程	$y=Ax\exp(nx)$	$\ln\dfrac{y}{x}=\ln A+nx$	最小二乘法
i. 指数S形方程	$y=\dfrac{A}{1+B\exp(nx)}$	$\ln(A/y-1)=\ln B+nx$	麦考法
j. 指数饱和方程	$y=\dfrac{A}{1+\exp(nx)}$	$\ln(A-y)=\ln A+nx$	麦考法
k. 冈伯茨模型	$x=\exp[-B\exp(-r_Gt)]$	$-\ln(-\ln x)=-\ln(-\ln x_0)+r_Gt$	最小二乘法
l. 韦布尔方程	$y=1-\exp\left[-\left(\dfrac{x-A}{B}\right)^c\right]$	$\ln[-\ln(1-y)]=C\ln\dfrac{1}{B}+C\ln(x-A)$	麦考法
m. 抛物线	$y=A+Bx+Cx^2$		

3）将拟合的线性化方程还原为曲线方程的形式。

4）将实际观察值代入还原后的曲线方程，计算预测值。

5）将预测值和实际观察值进行比较，求取回归误差。

6）相关系数 r 显著性测验：设样本为 n，自由度 $v=n-2$，若 $|r|>r_{0.05}$，或 $|r|>r_{0.01}$，表示线性回归方程回归显著或极显著。

7）卡方（χ^2）适合性测验。

$$\chi^2=\sum\dfrac{(y-\hat{y})^2}{\hat{y}}$$

式中，y 为实测值，$\hat{y}$ 为理论值，自由度为 $n-2$，若 $\chi^2<\chi^2_{0.05}$，则认为所配曲线是显著适合的；若 $\chi^2>\chi^2_{0.05}$，则所配曲线不适合。

（四）多元线性回归

1. 求多元线性回归方程

假如依变量 y 和 m 个自变量 x_1，x_2，$\cdots$，x_m 有 n 组观察值，其线性回归式为

$$\hat{y}=b_0+b_1x_1+b_2x_2+\cdots+b_mx_m+\varepsilon,\ \varepsilon\sim N(0,a^2)$$

常数项 $b_0=\overline{y}-b_1\overline{x_1}-b_2\overline{x_2}-\cdots-b_m\overline{x_m}$

其中，$\overline{y}=\dfrac{\sum y}{n}$，$\overline{x_i}=\dfrac{\sum x_i}{n}$。

根据数学推导，可得下列正规方程组

$$
\begin{aligned}
L_{11}b_1 &+ L_{12}b_2 &+ \cdots &+ L_{1m}b_m &= L_{1y} \\
L_{21}b_1 &+ L_{22}b_2 &+ \cdots &+ L_{2m}b_m &= L_{2y} \\
&\vdots & \vdots && \vdots &&\vdots \\
L_{m1}b_1 &+ L_{m2}b_2 &+ \cdots &+ L_{mm}b_m &= L_{my}
\end{aligned}
$$

式中，$L_{ij} = L_{ji} = \sum(x_i - \overline{x}_i)(x_j - \overline{x}_j) = \sum x_i x_j - \dfrac{1}{n}\sum x_i \sum x_j$；$L_{iy} = \sum(x_i - \overline{x}_i)(y - \overline{y}) = \sum x_i y - \dfrac{1}{n}\sum x_i \sum y$。

上述正规方程组的矩阵形式为

$$
\begin{pmatrix}
L_{11} & L_{12} & \cdots & L_{1m} \\
L_{21} & L_{22} & \cdots & L_{2m} \\
\vdots & \vdots & & \vdots \\
L_{m1} & L_{m2} & \cdots & L_{mm}
\end{pmatrix}
\begin{pmatrix}
b_1 \\ b_2 \\ \vdots \\ b_m
\end{pmatrix}
=
\begin{pmatrix}
L_{1y} \\ L_{2y} \\ \vdots \\ L_{my}
\end{pmatrix}
$$

设（L_{ij}）为正规方程组的系数矩阵，（C_{ij}）为高斯乘数矩阵，则（C_{ij}）是（L_{ij}）的逆矩阵，可得偏回归系数 b_1，b_2，$\cdots$，b_m。

$$
\begin{pmatrix}
b_1 \\ b_2 \\ \vdots \\ b_m
\end{pmatrix}
=
\begin{pmatrix}
C_{11} & C_{12} & \cdots & C_{1m} \\
C_{21} & C_{22} & \cdots & C_{2m} \\
\vdots & \vdots & & \vdots \\
C_{m1} & C_{m2} & \cdots & C_{mm}
\end{pmatrix}
\begin{pmatrix}
L_{1y} \\ L_{2y} \\ \vdots \\ L_{my}
\end{pmatrix}
$$

2. 多元线性回归方程的显著性测验

总平方和（L_{yy}）可分解为回归平方和（u）与剩余平方和（Q）两部分，即有
$$L_{yy} = u + Q$$
式中，$L_{yy} = \sum(y - \overline{y})^2 = \sum y^2 - \dfrac{1}{n}\left(\sum y\right)^2$，自由度 $= n-1$；$u = \sum(\hat{y} - \overline{y})^2 = \sum b_i L_{iy}$，自由度 $= m$；$Q = \sum(y - \hat{y})^2 = L_{yy} - u$，自由度 $= n-m-1$。

u 愈大（Q 愈小）则表示 y 与自变量 x_1，x_2，$\cdots$，x_m 的线性关系愈密切，回归的规律性愈强，回归的效果也就愈好。

F 测验：对整个回归进行显著性测验，即 y 与所考虑的 m 个自变量之间的线性关系是否显著。

$$
F = \frac{u/m}{Q/(n-m-1)}
$$

复相关系数 $R = \sqrt{\dfrac{u}{L_{yy}}}$。

偏回归系数的显著性测验：回归方程显著性测验实质是测定全部自变数综合对 y 是

否有真实的回归关系，这里有一个问题，若某些自变数和 y 有极显著的回归关系，而另一些自变量和 y 没有回归关系，这样在测验综合作用时，就可能由于互作而变得都显著或都不显著。要准确地评定各自变数对 y 是否有真实回归关系，必须对各偏回归系数进行显著性测验。显著性测验通常用统计量 t 对偏回归系数 b_1，b_2，$\cdots$，b_m 分别进行测验。

$$t = \frac{b_i}{\sqrt{C_{ii}Q/(n-m-1)}}，\quad \text{自由度} = n-m-1$$

当 b_1，b_2，$\cdots$，b_m 测验结果都显著时，说明以上求出的包含 m 个自变量的线性回归方程是合理的，而当某些偏回归系数不显著时，则应考虑将这些不显著的偏回归系数所对应的自变量剔除。

（五）逐步回归

逐步回归是从一个自变量开始，按自变量对预报量 y 作用的显著程度，由大到小地依次逐个引入回归方程。当先列入的变量可能由于后面变量的引入而变为不显著时，则应随时将它们从回归方程中剔除。因此逐步回归的每一步骤的前后都要进行 F 测验。

逐步回归是在多元线性回归基础上发展起来的一种统计方法，其正规方程为

$$\begin{cases} L_{11}b_1 + L_{12}b_2 + \cdots + L_{1m}b_m = L_{1y} \\ L_{21}b_1 + L_{22}b_2 + \cdots + L_{2m}b_m = L_{2y} \\ \vdots \qquad \vdots \qquad \quad \vdots \qquad \vdots \\ L_{m1}b_1 + L_{m2}b_2 + \cdots + L_{mm}b_m = L_{my} \end{cases}$$

式中，$L_{ij} = \sum x_i x_j - \dfrac{1}{n}\sum x_i \sum x_j$；$L_{iy} = \sum x_i y - \dfrac{1}{n}\sum x_i \sum y$。

其他统计量为

$$\bar{y} = \frac{1}{n}\sum y，\ \bar{x}_i = \frac{1}{n}\sum x_i，\ L_{iy} = \sum y^2 - \frac{1}{n}\left(\sum y\right)^2，\ (i, j = 1, 2, \cdots, m)$$

为了计算方便，通常采用标准化的量，所谓标准化的量，就是将正规方程的系数 L_{ij} 转化为相关系数 r_{ij}，得

$$\begin{cases} r_{11}b_1' + r_{12}b_2' + \cdots + r_{1m}b_m' = r_{1y} \\ r_{21}b_1' + r_{22}b_2' + \cdots + r_{2m}b_m' = r_{2y} \\ \vdots \qquad \vdots \qquad \quad \vdots \qquad \vdots \\ r_{m1}b_1' + r_{m2}b_2' + \cdots + r_{mm}b_m' = r_{my} \end{cases}$$

此时解得的回归系数称为标准化回归系数，即有

$$b_i' = b_i\sqrt{\frac{L_{ii}}{L_{yy}}}$$

$$b_i = b_i'\sqrt{\frac{L_{yy}}{L_{ii}}}$$

相关系数 $r_{ij} = \dfrac{L_{ij}}{\sqrt{L_{ii}L_{jj}}}$。

在标准化量中有

$$总平方和\ L'_{yy}=1$$
$$回归平方和\ u'=R^2=1-r_{yy}$$
$$剩余平方和\ Q'=r_{yy}$$
$$剩余标准差\ S'=\sqrt{\dfrac{Q'}{n-1}}$$

当获得最终结果或在中间的任何步骤，这些标准化量可随时转化为原单位的变量。因此，有

$$U=L_{yy}U'$$
$$S=\sqrt{L_{yy}}\,S'$$
$$Q=L_{yy}Q'$$
$$R=R'$$

在进行逐步回归计算之前，应先确定一个检验每个因子是否显著的 F 值（称为临界值），作为引入或剔除变量的标准。F 值一般根据自由度及给定的显著水平，查 F 分布表确定。为了使最终的回归方程中包含较多的自变量，F 值不宜取得过高即显著性水平不应太小。

假设可能选入的自变量个数为 P 个，给定显著水平为 a，查 F 分布表（$f_1=1$，$f_2=n-p-1$），就可确定 F 临界值（n 为样本数）。

（六）通径分析

应用通径系数的分析方法，称为通径分析。通径分析不仅能测定两变数间的相互关系，还能指出原因对结果的相对重要性，并可将相关系数分解为直接作用和间接作用，揭示出各个因素对结果的相对重要性。通径分析比相关和回归分析更为精确，同时能使多变数资料的统计分析更符合实际。

通径系数是由简单相关系数矩阵开始，通过求解通径系数的标准化正规方程，进而求出直接通径系数和间接通径系数。

设有 m 个环境因素 x，总计 M 个变量（含 y）$M=m+1$，样本数为 n。分析方法如下。

1. 建立正规方程

以相关系数 r_{ij} 构成相关矩阵（r_{ij}），相关系数公式为

$$r_{ij}=\dfrac{\sum x_i x_j-\dfrac{1}{n}\left(\sum x_i\right)\left(\sum x_j\right)}{\sqrt{\left[\sum x_i^2-\dfrac{1}{n}\left(\sum x_i\right)^2\right]\left[\sum x_j^2-\dfrac{1}{n}\left(\sum x_j\right)^2\right]}}$$

$$r_i=\dfrac{\sum x_i y-\dfrac{1}{n}\left(\sum x_i\right)\left(\sum y\right)}{\sqrt{\left[\sum x_i^2-\dfrac{1}{n}\left(\sum x_i\right)^2\right]\left[\sum y^2-\dfrac{1}{n}\left(\sum y\right)^2\right]}}$$

通径系数标准化正规方程为

$$\begin{cases} r_{11}P_1 + r_{12}P_2 + \cdots + r_{1m}P_m = r_1y \\ r_{21}P_1 + r_{22}P_2 + \cdots + r_{2m}P_m = r_2y \\ \vdots \qquad \vdots \qquad \qquad \vdots \qquad \vdots \\ r_{m1}P_1 + r_{m2}P_2 + \cdots + r_{mm}P_m = r_my \end{cases}$$

方程组中 P_1，P_2，P_3，$\cdots$，P_m 为直接通径系数。

2. 计算直接通径系数 P_i

假设 C_{ij} 为相关矩阵（r_{ij}）的逆矩阵，通过求逆矩阵的计算，求得直接通径系数 P_i。

$$\begin{pmatrix} P_1 \\ P_2 \\ \vdots \\ P_m \end{pmatrix} = \begin{pmatrix} C_{11} & C_{12} & \cdots & C_{1m} \\ C_{21} & C_{22} & \cdots & C_{2m} \\ \vdots & \vdots & & \vdots \\ C_{m1} & C_{m2} & \cdots & C_{mm} \end{pmatrix} \begin{pmatrix} r_1y \\ r_2y \\ \vdots \\ r_my \end{pmatrix}$$

直接通径系数 P_i 常常表示为 $P_{i \to y}$。

3. 计算间接通径系数 $P_{i \to j \to y}$

$$P_{i \to j \to y} = r_{ij} \times P_{j \to y}$$

4. 计算决定系数和剩余通径系数

决定系数（R^2）表示了所有环境因素对结果的影响程度。若决定系数显著，则表示通径分析成立，反之，则没有意义。

决定系数公式为 $R^2 = \sum P_{i \to y}^2 + 2\sum_{i<j} r_{ij}P_{i \to j}P_{j \to y}$

例如，i，j=1，2，3时，有

$$R^2 = (P_{1 \to y}^2 + P_{2 \to y}^2 + P_{3 \to y}^2) + 2(r_{12}P_{1 \to y}P_{2 \to y} + r_{13}P_{1 \to y}P_{3 \to y} + r_{23}P_{2 \to y}P_{3 \to y})$$

抽样误差可能还有遗漏因素的影响，使得 $R^2 \neq 1$，所以还要计算剩余通径系数 P_c。剩余通径系数公式为 $P_c = \sqrt{1 - R^2}$。

（七）积分回归分析

在植病流行研究中常遇到一些因素在作物整个生长期间对病害发生影响，而这些因素本身又常随时间的变化而变化，如气温、雨量、日照时数等，怎样在因子不断变化的情况下研究它对因变量的作用呢，积分回归能较好地解决这个问题。

1. 积分回归模型

积分回归模型是由 Fisher 提出的，可用下式表示

$$y_i = a_0 + \sum_j \int_0^\tau a_j(t)x_{ij}(t)\mathrm{d}t + \varepsilon_i, \ (i = 1, 2, \cdots, N; \ j = 1, 2, \cdots, s) \tag{12-1}$$

式中，i 是样本号（N 个样本）；j 是因子或自变量（s 个因子）；τ 表示全生育期；t 为生育期间的时间变量；$x_{ij}(t)$ 是自变量，它是时间的函数；$a_j(t)$ 为积分回归系数，它不是一个定数，也是时间 t 的函数，为区别一般回归系数起见，称为影响系数。

积分回归必须转化，将积分变为积加，将连续的时间变量变为等间距的离散变量。若将影响系数 $a_j(t)$ 表示为时间 t 的正交多项式，便可实现这种转化。

$$a_j(t) = \sum_k a_{jk}\varphi_k(t) \ (k = 1, 2, \cdots) \tag{12-2}$$

式中，$\varphi_k(t)$ 为 k 次正交多项式，k 可取任意数，但一般来讲 k 取到 5 次对植病流行研究

就已经够了；a_{jk} 是常数，是第 j 个因子的 k 次正多项式的系数。将式（12-2）式代入式（12-1）得

$$y_i = a_0 + \sum_j \int_0^\tau \left(\sum_k a_{jk}\varphi_k(t) \right) x_{ij}(t)\mathrm{d}t + \varepsilon_i = a_0 + \sum_j \sum_k a_{jk} \int_0^\tau \varphi_k(t)x_{ij}(t)\mathrm{d}t + \varepsilon_i \qquad （12-3）$$

令 $\rho_{ijk} = \int_0^\tau \varphi_k(t)x_{ij}(t)\mathrm{d}t$，则式（12-3）可变为

$$y_i = a_0 + \sum_j \sum_k a_{jk}\rho_{ijk} + \varepsilon_i \qquad （12-4）$$

显然，式（12-4）是一个典型的多元线性回归模型，而 a_{jk} 是偏回归系数，ρ_{ijk} 相当于自变量。现在问题归结到求 ρ_{ijk}，把全生育期分成若干个等距离的时段，如分成 T 段，则

$$\rho_{ijk} = \sum_{t=1}^T \varphi_k(t)x_{ij}(t) \qquad （12-5）$$

式（12-5）中的 $\varphi_k(t)$ 选用含量为 T 的 k 次正交多项式，而 $x_{ij}(t)$ 只在 T 个等间隔点上取值，于是 ρ_{ijk} 可求。

2. 积分回归运算方法

积分回归首先必须计算 ρ_{ijk} 的值。这一步完成后，把 ρ_{ijk} 看成结构矩阵中的元素，其他便与多元线性回归的计算方法完全相同。

假设一共有 N 个样本、s 个因子、T 个时段，采用 1～5 次正交多项式来计算积分回归，这时选用含量为 T 的正交多项式表，查得 h_{kt}，那么第 i 个样本、第 j 个因子、第 k 次正交多项式的 ρ_{ijk} 为

$$\rho_{ijk} = \sum_{t=1}^T x_{ijt}h_{kt}(i=1,2,\cdots,N; j=1,2,\cdots,s; k=1,2,\cdots,5; t=1,2,\cdots,T)$$

一共可求得 $5Ns$ 个 ρ_{ijk} 值。具体计算详见相关著作。

二、多元统计分析

（一）主成分分析

主成分分析是把多个指标转化为少数几个指标的统计分析方法。找出几个综合因子（指标）来代表原来众多的因子（指标），而这些综合因子（指标）能尽可能地反映原来因子（指标）的信息，彼此之间互不相关。

设研究某问题涉及 m 个指标，假设观测样本矩阵为

$$X = \begin{pmatrix} x_{11} & x_{12} & \cdots & x_{1m} \\ x_{21} & x_{22} & \cdots & x_{2m} \\ \vdots & \vdots & & \vdots \\ x_{n1} & x_{n1} & \cdots & x_{nm} \end{pmatrix}$$

具体统计过程如下。

1. 原始数据的离差标准化

$$x'_{ik} = \frac{x_{ik} - \overline{x}_k}{\sqrt{s_k}}(i=1,2,\cdots,n; k=1,2,\cdots,m)$$

式中，$\overline{x}_k = \dfrac{1}{n}\sum_{i=1}^n x_{ik}$，$s_k = \sum_{i=1}^n (x_{ik} - x_k)^2$。

2. 计算内积矩阵 S

$$S = XX^T$$

若 X 是用离差标准化的，则 S 是相关矩阵 R，显然有

$$S_{ij} = r_{ij} = \sum_{k=1}^{n}(x'_{ik} x'_{jk}) \ (i, j = 1, 2, \cdots, m)$$

3. 求 S 的特征根和特征向量

S 矩阵的特征方程 $|S - \lambda I| = 0$ 有 m 个特征根，依大小次序排列成 $\lambda_1 \geqslant \lambda_2 \geqslant \cdots \geqslant \lambda_m$，然后由 $SU = \wedge U$ 解出相应的特征向量为

$$C^{(i)} = (C_1^{(i)}, C_2^{(i)}, \cdots, C_m^{(i)}), (i = 1, 2, \cdots, m)$$

由特征向量可以组成 m 个新因子

$$\begin{cases} Z_1 = C_1^{(1)}x'_1 + C_2^{(1)}x'_2 + \cdots + C_m^{(1)}x'_m \\ Z_2 = C_1^{(2)}x'_1 + C_2^{(2)}x'_2 + \cdots + C_m^{(2)}x'_m \\ \vdots \qquad \vdots \qquad \vdots \qquad \qquad \vdots \\ Z_m = C_1^{(m)}x'_1 + C_2^{(m)}x'_2 + \cdots + C_m^{(m)}x'_m \end{cases}$$

4. 选择 k 个主成分

选择前 k 个因子 Z_1, Z_2, $\cdots$, Z_k（$k < m$），其方差占全部总方差的比例（信息百分比）a 接近于 1 时（如 $a = 0.85$），就可确定 k 个因子作为主成分。信息百分比计算如下。

$$a = \sum_{i=1}^{k}\lambda_i \Big/ \sum_{i=1}^{m}\lambda_i$$

（二）聚类分析

分类依据的条件称为属性指标，可用变量 x_1, x_2, $\cdots$, x_m 表示，m 为属性指标的个数；把要对其进行分类的对象称为样品，样品用 1，2，$\cdots$，n 表示，n 为样品的个数。

聚类分析首先将每个样品看成一类，然后根据样品间的相似程度并类，并计算新类与其他类之间的距离，再选择最相似者并类，每合并一次减少一类，继续这一过程，直至所有样品都合并成一类为止。聚类分析步骤如下。

1. 原始数据的变换处理

（1）标准差标准化（正规化）

$$x'_{ij} = \frac{x_{ij} - \overline{x}_j}{S_j}(i = 1, 2, \cdots, n; j = 1, 2, \cdots, m)$$

式中，$\overline{x}_j = \dfrac{1}{n}\sum_{i=1}^{n}x_{ij}$；$S_j = \sqrt{\dfrac{1}{n-1}\sum_{i=1}^{n}(x_{ij} - \overline{x}_j)^2}\ (j = 1, 2, \cdots, m)$。

（2）数据中心化

$$x'_{ij} = x_{ij} - \overline{x}_i(i = 1, 2, \cdots, n; j = 1, 2, \cdots, m)$$

$$\overline{x}_j = \frac{1}{n}\sum_{i=1}^{n}x_{ij}(j = 1, 2, \cdots, m)$$

（3）离差标准化

$$x'_{ij} = \frac{x_{ij} - \overline{x}_j}{S_j}(i = 1, 2, \cdots, n; j = 1, 2, \cdots, m)$$

$$\overline{x}_j = \frac{1}{n}\sum_{i=1}^{n} x_{ij}(j=1,2,\cdots,m)$$

$$SS_j = \sqrt{\sum_{i=1}^{n}(x_{ij}-\overline{x}_j)^2}$$

2. 计算样品间的相似性测度（用欧氏距离表示）

$$欧氏距离 D_{ij} = \sqrt{\sum_{k=1}^{m}(x_{ik}-x_{jk})^2} \quad (i,j=1,2,\cdots,n)$$

3. 聚类方法

D_{KL} 表示类 GK 与类 GL 之间的距离。

（1）最近邻体（最短距离）法

$$D_{CA+B} = \frac{1}{2}D_{CA}^2 + \frac{1}{2}D_{CB}^2 - \frac{1}{2}\left|D_{CA}^2 - D_{CB}^2\right|$$

（2）最远邻体（最长距离）法

$$D_{CA+B} = \frac{1}{2}D_{CA}^2 + \frac{1}{2}D_{CB}^2 + \frac{1}{2}\left|D_{CA}^2 - D_{CB}^2\right|$$

（三）逐步判别分析

逐步判别分析是根据各自变量的重要性大小，每步选一个变量进入判别函数，计算检验判别效果，判别待判别样品的归组（檀根甲等，1991，2000）。

设有 N 个样品，m 个属性指标，N 个样品可以分为 G 类，假设原始数据为 x_{igk}。

其中，$i=1,2,\cdots,m$（m 为指标数）；$g=1,2,\cdots,G$（G 为分类数）；$k=1,2,\cdots,ng$（ng 为第 g 类的样品数）；$\sum_{g=1}^{G}ng=N$（N 为样品总数）。

逐步判别分析的步骤如下。

1. 计算分类均值和总均值

$$\overline{x}_{ig} = \frac{1}{ng}\sum_{k=1}^{ng} x_{igk}(i=1,2,\cdots,m;g=1,2,\cdots,G)$$

$$\overline{x}_i = \frac{1}{N}\sum_{g=1}^{G}\sum_{k=1}^{ng} x_{igk}(i=1,2,\cdots,m)$$

2. 计算组内离差矩阵 $\boldsymbol{W}$ 和总离差矩阵 $\boldsymbol{T}$

$$\boldsymbol{W} = (w_{ij})_{m\times m}$$

式中，$w_{ij} = \sum_{g=1}^{G}\sum_{k=1}^{ng}(x_{igk}-\overline{x}_{ig})(x_{igk}-\overline{x}_{jg})$。

$$\boldsymbol{T} = (t_{ij})_{m\times m}$$

式中，$t_{ij} = \sum_{g=1}^{G}\sum_{k=1}^{ng}(x_{igk}-\overline{x}_i)(x_{igk}-\overline{x}_j)$。

3. 逐步计算

假设已计算了 L 步（包括 $L=0$），判别函数中引入了 L 个变量，则第 $L+1$ 步的计算内容如下。

（1）计算出全部变量的判别能力　　设逐步判别进行 L 步，共引入 L 个变量，若在判别函数中再引变量 x_i，则引入变量 x_i 后的改变因子为

$$U_i = \frac{w_{ii}^{(L)}}{t_{ii}^{(L)}}$$

设逐步判别进行 L 步，共引入 L 个变量，第 $L+1$ 步拟剔除其中的变量 x_i，则

$$U_i^* = \frac{w_{ii}^{(L-1)}}{t_{ii}^{(L-1)}}$$

（2）剔除和引进变量　　在已选变量中考虑剔除可能存在的最不显著的变量 x_r，即从已选变量中寻找最大的 U_i^*（最小的 F）。

假设 $U_r^* = \max\{U_i^*\}$，进行 F 检验

$$F_1(G-1, N-G-L+1) = \frac{(1-U_r^*)/(G-1)}{U_r^*/(N-G-L+1)}$$

若 $F_1 \leqslant F_a$，则将 x_r 从判别函数中剔除出去。

若 $F_1 > F_a$，则考虑从未选变量中选出最显著的变量，即从未选变量中寻找最小的 U_i（最大的 F）。

假设 $U_r = \min\{U_i\}$，进行 F 检验

$$F_2(G-1, N-G-L) = \frac{(1-U_r)/(G-1)}{U_r/(N-G-L)} = \frac{(N-G-L)(t_{vr}^{(L)} - w_{rr}^{(L)})}{(G-1)w_{rr}^{(L)}}$$

若 $F_2 > F_a$，则把 x_r 引进判别函数。

这里无论 x_r 是引进或剔除，都用下述相同的计算公式。

$$U_{(L+1)} = U_{(L)} \frac{w_{rr}^{(L)}}{t_{rr}^{(L)}} \quad (\text{wilks 统计量})$$

（3）W 和 T 矩阵变换计算　　进行矩阵变换计算时，第 $L+1$ 步必须同时消去 W 与 T 两矩阵的第 r 列，得到新的矩阵。矩阵变换公式为

$$w_{ij}^{(L+1)} = \begin{cases} w_{rj}^{(L)}/w_{rr}^{(L)} & (i=r, j\neq r) \\ w_{ij}^{(L)} - w_{ir}^{(L)}w_{rj}^{(L)}/w_{rr}^{(L)} & (i\neq r, j\neq r) \\ 1/w_{rr}^{(L)} & (i=r, j=r) \\ -w_{ir}^{(L)}/w_{rr}^{(L)} & (i\neq r, j=r) \end{cases}$$

$$t_{ij}^{(L+1)} = \begin{cases} t_{rj}^{(L)}/t_{rr}^{(L)} & (i=r, j\neq r) \\ t_{ij}^{(L)} - t_{ir}^{(L)}t_{rj}^{(L)}/t_{rr}^{(L)} & (i\neq r, j\neq r) \\ 1/t_{rr}^{(L)} & (i=r, j=r) \\ -t_{ir}^{(L)}/t_{rr}^{(L)} & (i\neq r, j=r) \end{cases}$$

至此，第 $L+1$ 步计算结束，下一步重复上述的计算，反复进行，直至不能剔除，又无法引入新变量的情况下，逐步计算结束。

（4）判别分类　　假设引入了 L 个变量，并求得 $w_{ij}^{(L)}$，则可求得判别系数如下。

$$C_{ig} = (N-G) \sum_{j \in L} w_{ij}^{(L)} \overline{x}_{jg} \quad (i \in L; g = 1, 2, \cdots, G)$$

$$C_{0g} = -\frac{1}{2} \sum_{i \in L} C_{ig} x_{ig} \quad (g = 1, 2, \cdots, G)$$

如果样品 $x = (x_1, x_2, \cdots, x_m)$ 是新给样品，或是原来用于分析的 N 个样品中的一个，则可进行判别分类

计算判别函数 $Y_g(x) = C_{0g} + \sum_{i \leftarrow L} C_{ig} x_i (g = 1, 2, \cdots, G)$

若 $Y_{g^*}(x) = \max\limits_{1 \leqslant g \leqslant G} \{Y_g(x)\}$，则把 X 划归至第 g^* 类。

三、模糊聚类分析

在研究过程中，尤其是对样本的特征进行比较时，发现它们之间存在着许多不是很严格的模糊概念，这里所谓的模糊性，主要是指客观事物中间过渡的"不分明性"，如我们通常所讲的"好与坏""轻、中、重""大、中、小"等分类现象（肖悦岩等，1998）。像这类模糊不清的特征，难以或无法用比较正确的方法来度量时，用通常的聚类分析方法进行分类，往往不够理想。模糊聚类分析就是一种兼顾样本特征复杂性和模糊性的客观分析方法。在进行模糊聚类分析时，是在模糊分类关系的基础上进行聚类的，从集合的概念出发，要求这种分类关系满足以下三个条件。

反身性（自反性）：$(x, x) \in R$，即集合中每个元素和它自己同属一类。

对称性：若 $(x, y) \in R$，则 $(y, x) \in R$，即集合中 (x, y) 元素同属于类 R，则 (y, x) 也同属于 R。

传递性：若 $(x, y) \in R$，$(y, z) \in R$，则 $(x, z) \in R$。

这三条性质称为模糊等价关系，满足这三条性质的集合 R 为一分类关系。当模糊分类关系确定以后，便可依据不同的截集（λ）进行分类。

应用系统聚类分析法，对样本进行分类的关键取决于统计指标选择的合理性。统计指标应具有明确的实际意义，有较强的分辨力和代表性。模糊聚类分析大致步骤如下。

1. 原始数据的交换处理

标准差标准化（正规化）如下。

$$x'_{ij} = \frac{x_{ij} - \overline{x}_j}{S_j} \quad (i = 1, 2, \cdots, n; j = 1, 2, \cdots, m)$$

式中，$\overline{x}_j = \frac{1}{n} \sum_{i=1}^{n} x_{ij}$；$S_j = \sqrt{\frac{1}{n-1} \sum_{i=1}^{n} (x_{ij} - \overline{x}_j)^2}$ $(j = 1, 2, \cdots, m)$。

2. 相似矩阵的标定

计算出衡量分类对象间相似程度的相似系数 r_{ij}，从而确定相似矩阵 $\boldsymbol{R}$。

$$R = \begin{pmatrix} r_{11} & r_{12} & \cdots & r_{1n} \\ r_{21} & r_{22} & \cdots & r_{2n} \\ \vdots & \vdots & & \vdots \\ r_{n1} & r_{n2} & \cdots & r_{nn} \end{pmatrix}$$

相似系数 r_{ij} 的计算方法有欧氏距离法、数量积法、相关系数法等几种方法。

1）欧氏距离法。

$$r_{ij} = \sqrt{\frac{1}{m}\sum_{k=1}^{m}(x_{ik}-x_{jk})^2}$$

2）相关系数法。

$$r_{ij} = \frac{\sum_{k=1}^{m}(x_{ik}-\overline{x}_i)(x_{jk}-\overline{x}_j)}{\sqrt{\sum_{k=1}^{m}(x_{ik}-\overline{x}_i)^2}\sqrt{\sum_{k=1}^{m}(x_{jk}-\overline{x}_j)^2}}$$

式中，$\overline{x}_i = \frac{1}{m}\sum_{k=1}^{m}x_{ik}$，$\overline{x}_j = \frac{1}{m}\sum_{k=1}^{m}x_{jk}$。

3. 模糊聚类

相似矩阵 R 必须是一个模糊等价关系才能进行聚类分析。由模糊集合论可知，模糊关系 $R=(r_{xj})$ 必须满足下列条件。

1）反向性：$r_{ii}=r_{jj}=1$。

2）对称性：$r_{ij}=r_{jr}$。

3）传递性：$RR=R^2$，$R^2R^2=R^4$，直至 $R^K=R^{2K}=R^*$，则 R^* 是模糊等价矩阵。

在得到模糊等价矩阵 R^* 以后，就可以根据不同的 λ 水平进行分类。

四、时间序列分析

（一）周期图分析法

周期图分析法是将历年病害发生量排成时间序列，用三角多项式统计法进行周期图分析，建立预报方程，对未来病害流行进行分析的一种长期预报方法。周期图分析法在获得当年病害流行的实测值之后，即可对下一年度病害流行趋势进行预测，可作为发布年预报的依据。

设有 N 年病害分级资料，将资料分为 1，2，3，$\cdots$，$\frac{N}{2}$ 个周期，得到如下预报方程。

$$\hat{x}_k = a_0 + \sum_{k=1}^{N}x_k\left(a_i\cos\frac{2\pi}{N}ik + b_i\sin\frac{2\pi}{N}ik\right)$$

式中，a_0、a_i、b_i 为三角多项式系数，计算公式如下。

$$a_0 = \frac{1}{N}\sum_{k=1}^{N}x_k, \quad a_i = \frac{2}{N}\sum_{k=1}^{N}x_k\cdot\cos\frac{2\pi}{N}ik, \quad b_i = \frac{2}{N}\sum_{k=1}^{N}x_k\cdot\sin\frac{2\pi}{N}ik$$

$$m = \frac{N}{2}, i = 1, 2, \cdots, m$$

令 $g_i = a_i^2 + b_i^2$，g_i 为时间序列 x_k 的周期图。由于周期图中最大的周期对预报量 $\hat{x}_k$ 的影响最大，因此在预测运算时，并不需要把所有的周期都归入预报方程，只需要选择周期图（g_i）最大的 3 个周期参加方程预报，就可获得 $\hat{x}_{N+1}$ 的预测值。

（二）时间序列分析优选法

时间序列分析法（赵士熙和吴中孚，1989）利用预报序列中第 n 个变量 x_n 前第一个变量 x_{n-1}，第二个变量 x_{n-2} 作为因子来预报 x_n。时间序列分析优先法是利用优选序列中 x_n 的前数个变量（如 x_{n-u}，x_{n-v}，x_{n-w}…它们与 x_n 关系较好，相关函数值大）作为预报因子，组成预报方程来预报 x_n。

设有 N 年病害流行历史资料 x_i（$i = 1$，2，…，N），按分级标准对 x_i 进行分级。

1. 时间序列分析计算表

分别计算 x_i，x_i^2，x_{i+1}，$x_i x_{i+1}$，x_{i+2}，$x_i x_{i+2}$，…，$x_i x_{i+N/2}$ 乘积列的平均数就是相关函数 R_0'，R_1'，R_2'，…，$R_{N/2}'$，将每个相关函数 $R'(T)$ 都除以 R_0'，即得到标准化相关函数 R_1，R_2，R_3，…，$R_{N/2}$。

2. 建立自回归预报方程

根据标准化相关函数，取相关较好的三个前期变量，即 x_{n-u}，x_{n-v}，x_{n-w} 作为因子来建立自回归预报方程。

$$x_n = b_u x_{n-u} + b_v x_{n-v} + b_w x_{n-w}$$

根据正规方程

$$\begin{cases} b_u + b_v R_{u-v} + b_w R_{u-w} = R_u \\ b_u R_{u-v} + b_v + b_w R_{v-w} = R_v \\ b_u R_{u-w} + b_v R_{v-w} + b_w = R_w \end{cases}$$

可得到自回归系数 b_u、b_v、b_w 的值，至此自回归预报方程即可确定。

3. 预报

将要预报的年份 $n = N + 1$ 代入预报方程，就可得到对应的预报值。

第八节　杀菌剂毒力测定与田间药效试验及效果评价

杀菌剂防病试验，一般可分为室内生物测定（也称筛选试验）和田间药效试验及效果评价。室内生物测定为产品的改进、优化和田间试验提供依据，田间药效试验的结果是产品登记注册和推广应用的前提条件。任何杀菌剂产品在生产上应用前，都必须经过田间试验，并对其应用效果、对作物和非靶标生物的安全性及应用前景等做出客观评价，为产品的登记审批提供科学依据。

一、杀菌剂室内生物测定

杀菌剂室内生物测定的主要内容是将杀菌物质作用于细菌、真菌或其他病原微生物，根据其作用的大小来判定药剂的毒力，或将杀菌物质施于植物，根据病害发生的有无或轻重情况来判定药剂的效果。杀菌剂室内生物测定技术主要应用于下列各方面：①从大量合成化合物中筛选出有可能作为杀菌剂的化合物；②为特定的植物病害寻找有效的药剂，为此需要进行待选杀菌剂毒力的比较；③杀菌剂作用方式及作用机制的研究；④杀菌剂抗性的研究；⑤杀菌剂混用及剂型的研究；⑥杀菌剂抗雨水冲刷能力及残效作用的研究。

（一）毒力测定类型

根据各种方法的基本原理，将各种测定方法归纳为以下两大基本类型。

1. 测定系统仅包括病原菌和药剂，不包括寄主植物

药剂的毒力主要是依据病原菌与药剂接触后的反应（孢子是否萌发，菌丝生长是否受抑制等）来判定，属于这种类型的有孢子萌发法、生长速率法和水平扩散法。这种类型的主要特点是：①菌种多为人工培养基上的标准菌种，不用寄主植物；②测定条件易于控制，操作简便迅速，精度高；③很适合杀菌剂某些特性及机制研究；④大量化合物活性粗筛可能造成具有潜力的化合物漏筛。国外一些公司不采用这种方法进行活性筛选，因为有时一些杀菌剂用这类方法不表现杀菌活性，但在寄主植物上却有良好的防效。

2. 测定系统包括病原菌、药剂和寄主植物

杀菌剂毒力以寄主植物的发病情况（普遍率、严重度）来评判，叶碟法、室内盆栽毒力测定属这种类型。其主要特点有：①和大田药效试验相比，供试菌的培养不受自然条件限制，可较快得出结果，可用于大量化合物的活性筛选；②各种条件易于控制，测定结果较可靠；③接近大田实际情况，其结果对生产实践有较大参考价值；④由于寄主植物参与，测定工作麻烦且测定周期长。当然，药剂的实用价值，最终还得依赖多点多重复的田间药效试验结果来决定，但如不先进行室内生物测定，而将大量化合物投入田间试验，其结果必然是浪费时间、人力与物力。

（二）室内生物测定计算方法

1. 抑制孢子萌发率的计算——孢子萌发法

抑制孢子萌发率（%）=（对照孢子萌发率 - 处理孢子萌发率）/ 对照孢子萌发率 ×100

2. 抑菌圈直径计算法——含毒介质培养法（水平扩散·滤纸片法）

用十字交叉法测量抑菌圈直径，以杀菌剂浓度的对数为横坐标、抑菌圈的平均直径为纵坐标作图，绘出剂量反应曲线，可求出半数抑菌浓度 EC_{50} 下抑菌圈的大小。

3. 抑制菌丝生长率计算法——生长速率法

抑制菌丝生长率有 2 种计算法，过去常用计算方法为：抑制菌丝生长率（%）=（对照菌落直径 - 处理菌落直径）/ 对照菌落直径 ×100，实际上，真正的菌丝生长量应减去原来接菌时菌饼的直径。因此，现将其改为：抑制菌丝生长率（%）=[（对照菌落直径 - 原来菌饼直径）-（处理菌落直径 - 原来菌饼直径）]/（对照菌落直径 - 原来菌饼直径）×100。

例如，测得对照组菌落直径为 2.2cm，处理菌落直径为 0.6cm，原来菌饼直径为 0.4cm，试计算抑制率。

按第一种方法计算：抑制菌丝生长率 =72.73%。按第二种方法计算：抑制菌丝生长率 =88.89%。二者结果相差很大，因此，应该用第二种方法计算，因为真正的生长量应是测得直径减去原来菌饼直径。

4. 制作毒力曲线和计算 EC_{50} 值

将病菌抑制率换成概率值作纵坐标，以药剂浓度取对数值作横坐标，则可用作图法

或最小二乘法求出 EC_{50} 值。表 12-8 为测定井冈霉素对小麦纹枯病菌毒力作用的结果，其 EC_{50} 求解如下。

表 12-8　井冈霉素对小麦纹枯病菌的毒力作用

井冈霉素浓度 / (μg/mL)	浓度对数 (lg x)	抑制率 (y) /%	概率值 (y^)
100	2.0000	69.79	5.5187
50	1.6990	67.08	5.4427
25	1.3979	53.54	5.0879
10	1.0000	27.71	4.4082
5	0.6990	27.50	4.4022

采用最小二乘法计算，其毒力方程为：$y=3.6115+1.0009 \lg x$，（$r=0.9645$），当 $y=50\%$ 时，$EC_{50}=24.3921 \mu g/mL$。

5. 共毒系数（CTC）的计算

测定两个农药混用的增效作用，常采用孙云沛公式法。

（1）毒力指数（TI）　能较好地表示药剂之间的相对毒力关系。

TI= 标准杀菌剂的 EC_{50} / 供试杀菌剂的 EC_{50} × 100（以标准杀菌剂的 TI 为 100）

（2）混剂的实际毒力指数（ATI）和理论毒力指数（TTI）　设混剂为 M，组成 M 的各单剂分别为 A 和 B，混用中的有效成分分别为 P_A 和 P_B，则

$$ATI=\frac{S}{M} \times 100$$

式中，ATI 为混剂实测毒力指数；S 为标准药剂的 EC_{50}，单位为毫克每升（mg/L）；M 为供试混剂的 EC_{50}，单位为毫克每升（mg/L）。

$$TTI=TI_A \times P_A + TI_B \times P_B$$

式中，TTI 为混剂理论毒力指数；TI_A 为 A 药剂的毒力指数；P_A 为 A 药剂在混剂中的百分含量（%）；TI_B 为 B 药剂毒力指数；P_B 为 B 药剂在混剂中的百分含量（%）。

（3）共毒系数（CTC）

$$CTC=\frac{ATI}{TTI} \times 100$$

式中，CTC 为混剂共毒系数；ATI 为混剂实测毒力指数；TTI 为混剂理论毒力指数。

（4）增效作用的评断标准　Sun 认为 CTC＞100 具增效作用；CTC≈100 为相加作用；CTC＜100 为拮抗作用。我国一般认为 CTC≥200 具增效作用，CTC=50～150 为相加作用，CTC＜50 为拮抗作用。

二、杀菌剂田间药效试验及效果评价

田间药效试验是在室内毒力测定的基础上，在田间自然条件下检验某种杀菌剂防治病害的实际效果，并评价其是否具有推广应用价值的主要环节。

（一）田间药效试验的内容和程序

1. 田间药效试验的内容

田间药效试验可分成两大类，一类是以药剂为主体的系统田间试验，大致包括下列

内容。

（1）田间药效筛选　　新合成的化合物在室内毒力测定的基础上，加工成主要剂型，进一步进行田间筛选。

（2）田间药效评价　　经过田间药效筛选出的农药制剂在不同施用剂量、施用时间及施药方法的设计下，对主要防治对象的防治效果，对作物产量及对有益生物（如蜜蜂、鱼贝、害物天敌等）的影响进行综合评价，并总结出切实可行的应用技术。

（3）特定因子试验　　为了深入研究田间药效评价或生产应用中提出的问题，专门设计特定因子试验，如环境条件对药效的影响，不同剂型比较，农药混用的增效或拮抗，耐雨水冲刷能力，在农作物和土壤中的残留等。

另一类是以某种防治目标为主体的田间药效试验，如针对某种新的防治对象筛选出最有效的农药，确定最佳剂量、最佳施药次数、最佳施药时期及最佳施药方法等。

2. 田间药效试验程序

（1）小区试验　　实验室内初步试制的农药新品种，一般样品数量较少，虽经室内试验证明有效，但尚未经受田间条件的考验，不知其田间实际药效究竟如何，故不宜在大面积上试验，必须先经小面积试验，这就是小区试验。

（2）大区试验　　经小区药效试验取得较好效果后，应在有代表性的不同生产地区扩大面积试验，即大区试验，进一步考察药剂的适应地区及条件，进一步完善其应用技术。

（3）大面积示范　　在多点大区试验的基础上，选用最佳剂量、最佳施药时期和最佳施药方法进行大面积试验示范，以便对防治效果、经济效益、环境效益及社会效益进行综合评价，并向生产部门提出推广应用的建议。

（二）杀菌剂田间药效试验方法

在杀菌剂田间试验过程中，因作物种类和病害对象不同，试验设计中的施药技术与调查方法等也不尽一致。在植物病害中，根据其危害部位，可分为叶部类病害、根茎和枝干类病害、果实和穗部类病害等，不同类别病害其病原物侵染方式和症状表现特点不完全相同。因此，熟悉和掌握各类病害发生危害的基本特点，正确区别应用不同药剂的试验技术方法，对准确评价田间防病效果十分重要。

1. 叶部类病害田间药效试验

叶部类病害是分布最广、发生最普遍的一类病害，在各种植物上均有发生。植物生长过程中，若叶片受害后，病原物还可危害其他部位。在叶部类病害中，病原物的侵染局部症状表现以斑点型为主，发病严重时导致叶片枯死。在真菌和细菌性病害中，这类症状最为常见。植物病毒病自然条件下均属系统侵染，症状表现为全株性，其他病原物所致系统侵染也普遍存在。系统侵染病害和局部侵染病害，两者病原物传播特点不同。叶部类病害田间药效试验主要是针对局部侵染病害，因不同植物叶部类病害症状表现和病情发展具有一定的相似性，因此田间药效试验在试验设计和施药方式上除少数病害有所差异外，总体趋于一致。

（1）试验设计与安排　　农作物叶部类病害田间药效试验小区设置通常采用随机排列，小区面积一般30m²，4次重复，试验小区四周设保护行。内吸性药剂在水田试验时，小区间应筑小埂，以防药剂在小区间互相干扰。果树类叶部类病害田间药效试验，以成龄果树为试验小区单元，一般每处理3～5株果树。不同作物叶部类病害田间药效试验，除供试药剂处理不同外，均应设置同类型常用药剂和空白（清水）对照。

（2）施药时间和方法　　各类作物叶部类病害，无论是田间药效试验还是大田防治，施药时间应掌握在发病初期，若发病普遍时施药，往往影响药剂的实际防病效果，有些保护性药剂也可在发病前施药，第一次用药后，一般间隔7～10d施第二次药，施药后若24h内下雨，应及时补施。有些病害在作物不同生长时期均可发病，施药次数应根据田间病情决定。

各种作物叶部类病害施药方法主要采取药液叶面喷雾；针对大棚蔬菜或某些经济作物叶部类病害，在植株下部定点分散放置烟雾剂也是较常用的方法。少数病害选用残效期较长的药剂进行拌种和叶面喷雾相结合的方法，可收到较好的防病效果。叶部类病害施药时，应注意叶片正反面均匀喷药，尤其是主要集中在叶片背面的病原物，如蔬菜等作物的霜霉病，叶片背面应重点喷雾。同时，试验过程中，应注意详细记录试验田块和供试作物等的相关信息。

（3）调查时间和方法　　不同作物病害药效调查时间一般在末次施药后10～15d，调查方法通常采用五点取样，调查次数可根据药剂的持效期和试验要求而定。田间施药时，如果有一定的发病，可调查各小区施药前病情基数，若病情很轻，则根据施药次数，药后不同时期调查各处理发病情况。不同作物病害对象，虽然调查方法基本相似，但具体病害调查的样本数、病情记录的相关内容不完全相同。有些病害除危害叶片外，其他部位也可受害，如常见的植物炭疽病、灰霉病等，在叶片和果实均可发病，针对这类病害药后病情调查，应根据试验目的要求和具体实际情况，确定调查项目和调查周期。

稻瘟病在叶部和穗部均可发生危害，由于叶瘟和穗瘟发病相距时间较长，田间药剂试验一般应分开进行。果树和茄科蔬菜炭疽病、灰霉病等病害，如果在开花结果期施药，应分别调查叶片和果实发病情况。不同植物叶部类病害病情调查采用随机五点取样或对角线五点取样，有些病害每点查2株，共10株，调查全部叶片发病情况，如黄瓜霜霉病；有些病害每点查10株，每小区查50株，每株查3～5片叶。

一般而言，叶部类病害每处理调查的总叶片数不少于100片。药后病情调查时，针对不同作物病害对象，一般每株调查代表性叶片，取样部位应该一致，病情严重度分级应由一人完成，尽量避免人为误差，影响试验药剂防病效果的客观评价。

2. 根茎和枝干类病害田间药效试验

根茎和枝干类病害是在很多植物上普遍发生并引起重要经济损失的一类病害。这类病害的发生危害特点和田间药剂试验方法与叶部类病害有所不同。根茎类病害通常通过土壤或种子传播，并进而影响枝干发病，其病菌侵染特点有局部侵染和系统侵染，系统侵染主要在植物生长中后期发病，一旦发病则难以用药剂控制，如不同植物的枯萎病、青枯病等。因此，这类病害田间药剂试验的重点是采用土壤或种子处理和发病初期施药。根茎和枝干类病害田间药效试验方法和要求与叶部类病害基本一致。

（1）试验设计与安排　　根茎和枝干类病害田间药效试验设计和安排与叶部类病害基本相同，但针对某些具体病害和供试药剂性能及试验田块的地理条件，有时小区间需筑小埂隔离，如试验田块为水田或坡地，不同小区间通过小埂分隔，可防止流水使药剂相互渗透，从而影响试验结果的准确性。试验中应根据具体情况周密考虑，尽量减少试验误差。

（2）施药时间和方法　　不同植物根茎和枝干类病害，因其发生危害特点不尽相同，施药方法和时间也不完全一样。通过种子或土壤带菌的病害，主要采取在播种前对种子或土壤进行药剂处理，也可在播种时采用药土沟施或出苗后药液灌根等方法。其他根茎类病害，大多采用茎基部喷雾（淋）方法施药，一般在发病初期施药，施药次数因病情而定，通常2或3次。

棉苗立枯病、炭疽病、棉花枯萎病和黄萎病的田间药效试验，可在播种前采用药剂拌种或浸种，并结合土壤处理。棉苗立枯病和炭疽病在出苗后发病前或发病初期，还应进行药剂喷雾。烟草黑胫病的田间药效试验，除进行土壤处理外，还应在烟苗移栽前后或发病初期对株茎基部喷药。十字花科蔬菜根肿病的田间药效试验，掌握在播种或移栽前对土壤施药处理，移栽后采用药液灌根。水稻纹枯病第一次施药，通常在水稻分蘖末期进行，重点田块孕穗后再施药一次。施药时，注意压低喷头对茎基部或中下部叶鞘重点喷药。

（3）调查时间和方法　　不同病害田间药效试验的调查方法、时间和次数不完全相同。根据施药时的发病情况，通常在施药前调查病情基数，或药后10～14d直接调查防治效果，对持效期较长的药剂或系统侵染病害，药后调查的时间和次数应分别延长和增加，一般田间病情稳定后进行最后一次病情调查。病害调查取样方法，大多采用随机五点取样或对角线五点取样。水稻纹枯病每点调查相连5丛，共25丛；棉花枯萎病和黄萎病每点查20株，共100株；棉苗立枯病和炭疽病进行药剂拌种或苗期喷药防病时，应调查不同处理的出苗率和保苗效果，以及苗期施药后10～15d的防病效果；十字花科蔬菜根肿病药剂处理后的病情调查，应在苗期和大田收获前分别调查一次，苗期每点拔出20株苗，共100株，大田期每点拔出10株，共50株，并进行病情严重度分级。各病害田间药效试验不同处理病情调查时，均应该记载调查总株数、病株数和病级数，据此计算病情指数和防病效果。

3. 果实和穗部类病害田间药效试验

植物果实类病害在生长期和贮运过程中均可发生危害，引起落果和果实腐烂，在果树和食果类蔬菜中发生较为普遍。农作物穗部类病害主要发生在抽穗期，以籽粒较重，对产量影响较大。苹果（梨）轮纹病和桃褐腐病、小麦赤霉病和稻曲病分别是危害果实和穗部的重要病害，在这两类病害中，药效试验的总体要求基在一致，但在具体操作层面上又有所不同，试验中应根据具体对象和目的要求，规范试验的各个环节，确保试验结果的可靠性。

（1）试验设计与安排　　果树类果实类病害在果园期进行药效试验时，小区设计采用随机排列，各小区成龄树一般3～5株，每处理不少于15株树；储藏期病害，通常在果品储藏前对果实进行药剂处理，每处理的果实数为50～100个，处理后按常规方法储藏。穗部类病害田间药效试验的设计和安排，同其他类别病害基本相同。

（2）施药时间和方法　　危害果实类病害的病原物通常也可危害寄主的其他部位。因此，施药时既要考虑病菌侵染果实的时期，也要注意对叶等部位的用药。

在进行苹果（梨）轮纹病的田间药效试验时，第一次施药一般在谢花后7～10d，第二次施药间隔10～15d进行，并注意树冠和枝干均匀喷药。桃褐腐病防治第一次用药应在萌芽至初花期，落花 10d 左右喷第二次药。此外，在果树结果阶段，也可用药袋对果实进行套袋。果实病害防治应严禁使用高毒、高残留农药，且在果实采收前 30d 一般不宜用药。

农作物穗部类病害药效试验，因不同病害病原物侵染危害特点不同，施药时期和方法也不尽一致。例如，麦类黑穗病在播种前采用药剂拌种，小麦赤霉病施药时期应掌握在扬花期，稻曲病通常在叶枕平时（破口前 10～15d）施药，第一次施药后根据病情和气象条件，间隔 7～10d 施第二次药。

（3）调查时间和方法　果实类病害药剂防病效果调查，一般在果实生长期末次施药后 10d，调查各处理总果数、病果数和病级数，计算病果率、病情指数和防治效果。果实储藏期药剂试验的效果调查，通常采用不同条件下储藏 30d 后或更长时期后调查病果数和病级数，计算病果率、病情指数和防治效果。生长期和储藏期每处理调查的样本数不应少于 200 个果实。苹果（梨）轮纹病和桃褐腐病的药效试验，可根据病果率或病情指数分别按相关公式计算出防病效果。

在不同植物的穗部类病害中，通过种子或土壤带菌的系统侵染病害，一般在抽穗后调查一次药剂处理防病效果，采用随机五点取样，每点查 50 穗，每处理共查 250 穗，记录总穗数、病穗数和病穗率，根据病穗率计算防治效果，如麦类黑穗病、玉米丝黑穗病等。其他有些穗部类病害，如小麦赤霉病，通常在扬花期末次施药 10～15d 后调查，采用随机五点取样，每点查 40 穗，每处理共查 200 穗，记录调查总穗数、病穗数和病级数，从而计算病情指数和防治效果。

上述简要介绍了几类常用的田间药效试验的基本方法，但在实践中，因病害对象、试验目的与要求不同，试验方案的拟订与实施必须结合具体情况，试验者既要了解某些病原物的侵染特性，也要熟悉病害发生危害的特点，这是确保试验结果可靠性的重要前提条件。例如，植物病毒病的田间药效试验，一般可参照叶部类病害实施，但由于病毒大多是通过介体传播的，有些是经土壤中的真菌或线虫传毒，有些是通过昆虫等介体传播，因此，仅采用叶片喷药评价防病效果有时就不一定准确。此外，植物线虫病害田间药效试验在试验设计、施药方法、施药时间和病害调查等方面与其他土传类病害并不完全相同。植物线虫病害防治主要是通过土壤药剂处理，施药后可直接检测土壤中线虫死亡率，以虫口减退率计算防治效果。这种方法周期性较短，但有些药剂对线虫有较好致死作用，却不一定能杀灭虫卵，因此，与后期病害的发生危害不一定具有直接关联。准确评价药剂的防病效果，必须在作物不同生长阶段调查病情，根据发病率和病情指数，计算防治效果。

（三）药效试验效果评价

任何一种药剂对某种病害的田间药效试验，病情调查结束后应及时撰写报告，并客观评价药剂防病效果，为产品注册登记和生产上推广应用提供参考依据，这也是药剂试验的最后一个环节。

病情调查的具体数据是防病效果和试验报告撰写的直接依据，同时可参考气象、耕作栽培、土壤信息等其他相关信息评价药效，不同类别病害病情严重度调查结果应计算病情指数，据此换算防治效果。有些果实、穗部或土传类病害，有时以病果率或病株率计算防治效果，有些线虫病害以虫口减退率计算防治效果。

　　计算出不同类别病害防治效果后，必须进行统计分析。通常，方差分析防治效果，并以邓肯氏新复极差（DMRT）法做各药剂防治效果多重比较。但进行方差分析前，对防治效果数据必须先转换成反正弦值，再行统计分析。此外，药效试验报告中应反映供试药剂对非靶标生物作物安全性的影响，必要时还应评价对产量和产品质量的作用。例如，对相关病害是否有防治作用，对区域内有害昆虫及其他生物的生存繁殖等是否有副作用，均应作一般记录。观察药剂对作物有无药害，如有药害要记录药害的类型和程度。要准确描述作物的症状（矮化、褪绿、畸形），并提供实物照片、录像等。如果药害能被测量或计算，要用绝对数值表示，如株高、出苗率等，其他情况下，可按药害的程度进行分级评价。此外，也要记录对作物有益的影响（如加速成熟、增加活力等）。

复 习 题

1. 植病流行田间试验设计的原理有哪些？
2. 方差分析中的数据转换有几种方式？为什么？
3. 植物病害流行预测与建模的数理分析常用方法有哪些？
4. 什么是方差分析？它们在植物病害流行学研究中有哪些用途？
5. 什么是生态位？研究植物病害生态位有何意义？
6. 常见病害田间（空间）分布型有哪些？确定病害空间格局的统计学方法有哪些？
7. 常用的拟合度检验方法有哪些？各有何优缺点？
8. 数理统计模型在病害流行预测上应用有何不足？如何解决？
9. 如何设计杀菌剂田间药效试验方案？

第十三章 植物病害流行的分子生物学

提要： 本章概要地介绍了植物病理学的新研究领域——植物病害分子流行学的基本内容、主要技术和研究进展。与传统流行学方法相比，分子生物学技术在病原鉴定、病原菌初侵染源量测定、病原菌群体遗传结构的时空动态分析、病原菌远距离传播以及病原菌抗药性等方面的研究优势已经显现。宏观与微观研究手段的有机结合必将有力推动植物病害流行学的快速发展。

第一节 概 述

植物病害流行学研究植物病害如何随时间和空间发展及其变化规律。这种变化可能是田间水平、区域水平或更大的范围。研究此类变化规律的方法需因研究对象规模的不同而随之改变。研究病害流行的传统或经典的方法基本都是基于田间病害调查和相应的数据分析，而所采用的研究手段也依赖于田间取样规模。因此，传统流行学的发展有很多时候受到方法上的限制。随着分子生物学与分子遗传学的迅速发展，分子生物学技术已渗透到生物学的几乎每一个领域。分子生物学技术向宏观与生态方面的渗透，形成了一些交叉学科，如分子生态学等，使得许多依赖于分子生物学手段才能解决的宏观与生态方面的问题迎刃而解，研究成果层出不穷。在医学领域，分子流行学（molecular epidemiology）已发展成为一个成熟的学科。在植物病理学领域，分子流行学近年来也有了新的发展，用分子生物学方法研究病害流行问题，这个领域大有快速发展的趋势（Luo et al.，2007b）。

分子流行学与传统的流行学并不矛盾，相反，它将为传统流行学的研究提供有力的工具及新的思路和路线。它的重要贡献是在方法学上。不过，方法上的突破会同时促进传统流行学的发展。与传统流行学相比，分子流行学得以发展的原因，一是其能够提供更快速、经济、简便和易行的方法，二是其有可能解决传统流行学无法解决的疑难问题。

第二节 植物病害流行学研究与分子生物学技术

一、宏观与微观

植物病害流行学更多地研究病害发展的宏观问题。宏观的研究手段除普遍应用的田间大面积调查外，近年来还发展了 GIS、GPS、遥感和卫星检测等手段，使研究视野从田间水平扩大到区域甚至生态水平。分子生物学方法属于微观研究方法的范畴，但不少微观研究方法作为宏观研究方法的补充提供了更有效的研究手段，解决了许多用宏观研究方法难以解决的问题。例如，用分子标记研究病原群体的结构和动态与病害流行的关系；用分子技术测定大样本中病原菌的数量和基因型等。现代流行学的发展离不开宏观与微观的结合，随着分子生物技术在生物学研究领域的普及，宏观与微观方法的结合在流行学的研究中将是一个必然趋势。

二、微观技术为宏观研究服务

应用微观技术研究宏观问题是现代流行学的特点之一。流行学的研究涉及大量样本的采集与处理，涉及研究病原群体的动态所导致的病害流行的规律及病害防治，也涉及病原进化和寄主、病原、环境相互关系。微观方法在许多方面显示出优势，为流行学提供更有效的研究手段。因此，微观技术实际上是一个方法学的范畴，为宏观病理学服务。

三、分子生物学技术用于植物病害流行学研究的特点

分子生物学技术可在分子水平上研究病原菌群体的遗传结构与发展动态，能有效分析导致病害流行的诸多因素和机制；针对病原菌群体遗传的变化，分析病害区域性流行的规律和内在因素，以及病害流行中病原菌进化的机制，从而揭示一些用传统方法无法揭示的奥秘。

第三节　与病害流行研究相关的分子生物学技术

一、确定问题和方法

不同的研究目的应采用不同的研究方法。分子流行学的研究涉及很多方面，必须根据研究目的采用相应的方法和技术。例如，定量测定初始病原菌并分析其在流行中的作用应设计对种的专化性引物（species-specific primer），并寻求敏感、快速和定量化的测定方法。又如，研究病原菌群体的结构变化和遗传相关性，则应采用不同的分子标记研究病原菌基因型（genotype）的多样性，并分析与群体遗传学有关的特征。而研究病原菌群体的进化和病害流行的关系，则应注重选择有代表性的群体结构特征来分析病原菌群体的演变过程。本节将较详细地介绍分子生物技术在流行学不同领域的应用实例。

二、常见的分子生物学技术

目前，随着分子生物学技术、遗传数据的分析统计方法和应用软件的迅速发展，分子标记技术已广泛应用于生物学的各个领域，并取得了巨大的成就。下面介绍几种常用的分子标记技术。

（一）等位酶

等位酶（allozyme）是由核基因编码的不同等位基因相对应的酶。由于等位酶直接对应于等位基因，因此该技术已被广泛地用于研究生物种群系统发育与分子进化、种群生物学等许多方面的问题。目前，等位酶技术已基本趋于成熟。它的基本要求是提取具有生物活性的酶，然后根据等位酶的分子质量、结构或等电点的不同将其在淀粉或聚丙烯（polypropylene）凝胶上进行电泳分离。电泳完毕后，进行特异性酶染色以检测等位酶带谱，进而对多态性酶谱带进行遗传统计分析。

（二）随机扩增多态性 DNA 标记

随机扩增多态性 DNA 标记（randomly amplified polymorphic DNA marker，RAPD marker）是以一个人工合成的寡核苷酸序列（通常 10bp）作为引物，随机扩增基因组 DNA，产生多态性的 DNA 谱带可通过电泳进行检测。该方法无须使用同位素，无须事先知道基因组的遗传背景，其灵敏度高，操作简单，短时间内可筛选出大量的多态性 DNA 谱带，同时，DNA 用量少，因此尤其适合用于专性寄生菌的研究。

（三）简单序列重复标记

简单序列重复（simple sequence repeat marker，SSR）标记又叫微卫星标记（microsatellite marker），是近来发展起来的一种新分子标记方法（Zane et al.，2002）。SSR 由 2-寡核苷酸、4-寡核苷酸或 6-寡核苷酸［如（CA）8、（CAC）5、（GACA）4 等］重复单位组成，它们广泛存在于真核生物的基因组中。该技术根据 SSR 的重复序列设计相应的 PCR 引物，利用 PCR 扩增目标区段，然后通过琼脂糖或聚丙烯凝胶电泳检测微卫星位点。利用该方法在短时间内可筛选出大量的多态性 DNA 谱带。而且 SSR 中所用的 PCR 引物较长，退火温度较高。因此，该方法可克服 RAPD 重复性较差的缺陷。SSR 的不足之处是：在设计引物时需要了解研究对象的基因组背景。

（四）限制性片段长度多态性

限制性片段长度多态性（restriction fragment length polymorphism，RFLP）通过分子杂交探测限制性酶切位点的变异。一般来说，RFLP 需要筛选一系列不同的探针对不同酶切片段进行杂交，以检测基因组酶切位点的多态性。经典的 RFLP 方法是将样品基因组 DNA 酶切，通过琼脂糖凝胶电泳分离酶切片段，并原位变性，随后将变性的 DNA 酶切片段转移并固定在硝酸纤维素滤膜或尼龙膜上，再用放射性标记的探针与滤膜上的 DNA 杂交，最后通过放射自显影检测与探针杂交的基因组 DNA 上酶切位点的多态性。由此不难看出，经典 RFLP 的步骤比较烦琐，有一定的技术难度，而且花费较高。但 RFLP 有很强的重复性和准确度，不同实验室使用同样的方法可获得相同稳定的结果。此外，RFLP 的标记是共显性的。因此，该方法在群体遗传和系统演化研究中有很重要的应用价值。

（五）扩增片段长度多态性 DNA 标记

扩增片段长度多态性 DNA（amplified fragment length polymorphic DNA，AFLP）标记是近来发展起来的一种分子标记技术，其原理是利用 PCR 扩增基因组 DNA 限制性酶切片段。该技术包括以下几个步骤：①用两个不同的限制性内切酶消化模板 DNA，然后将双链接头连接到酶切片段末端；②利用与接头序列互补的 PCR 引物对连接产物进行预扩增，然后再用选择性引物（在与接头序列互补的引物基础上添加 1～3 个选择性核酸）对预扩增产物进行选择性扩增；③利用电泳（常用聚丙烯凝胶电泳）分离扩增的 DNA 片段。

AFLP 集 RFLP 和 RAPD 两种方法的优势于一体，可检测大量的 DNA 多态性片段。它克服了 RFLP 技术中烦琐的分子杂交程序，又避免了 RAPD 分子标记重复性差的不利因素，但 AFLP 主要是显性标记，这一定程度上制约了其在相关领域的应用。

（六）环介导等温扩增技术

环介导等温扩增技术（loop-mediated isothermal amplification，LAMP）是一种扩增速

度快、高灵敏度和高特异性的核酸恒温扩增技术。LAMP 仅需一种具链置换活性的 DNA 聚合酶（如 Bst、Gsp 等）及针对靶基因 6～8 个区域设计的 4～6 条引物，在 60～66℃的恒定温度下几十分钟就可以实现大于 10^9 倍的靶基因扩增。在过去，LAMP 大量应用于病原菌的检测，近年 LAMP 也开始应用于杀菌剂抗药性的检测。

（七）DNA 序列分析

随着 DNA 测序技术的发展，DNA 序列（DNA sequence）分析逐渐成为研究群体遗传学的有效工具。在植物病害的分子流行学研究中常常以核糖体 DNA 内的转录间隔区（internal transcribed spacer，ITS）和基因间隔区（intergenic spacer，IGS）核苷酸序列差异作为分子标记。由于这些区段内核苷酸序列的变化不会明显影响核糖体的功能，因此，这些区段内的碱基在不同种甚至同一种的不同个体之间常常会存在一定的差异。此外，通常编码蛋白基因密码子的第三个碱基的改变也不会引起其编码氨基酸的改变，因此编码蛋白基因密码子的第三个碱基也经常会在不同个体之间存在差异。这些差异同样可作为分子标记。在植物病害分子流行学研究中，通常利用 PCR 扩增基因组的特异基因区段，然后进一步对扩增的基因区段进行序列分析。

DNA 序列分析是研究个体间遗传差异最彻底的分析方法，而且统计方法标准，有许多丰富的数据可从 GenBank 和其他基因数据库中获得，不同研究者之间可以共享研究数据。但该方法花费很大，一般研究中难以用于检测大量样品。

总之，随着分子生物学技术和理论的迅速发展，人们不断地开发出新的分子标记技术。在实际应用中，应根据研究对象、研究目标及研究条件选择合适的分子标记方法，才能达到预期的效果（Carbone and Kohn，1999）。

三、定量测定

定量分析病害发展和病原菌群体动态是流行学研究的重要方面。分子生物学技术提供了许多有效的定量分析方法。特别是应用 real-time PCR，对研究材料的 DNA 做定量分析，展示了此方法在定量流行学研究中的发展前景，提供了有效、准确的定量分析手段。有关定量分析的原理、方法和进展，请参考 Luo 等的 *Introduction to molecular epidemiology of plant diseases*（Luo et al.，2007a）一书。

四、与病害流行学相关的群体遗传学方法

这里的群体遗传学方法主要用于研究病原群体人工进化、动态变化及这些变化所导致的植物病害的流行。人们早已认识到大面积种植具有单一抗病遗传背景的品种会人为选择相应致病性的病原群体，其结果是导致大面积的品种抗性丧失。连续使用机制相同的单一杀菌剂，会促使病原群体中抗药群体的产生，从而最终丧失杀菌剂的防效。植物病害流行学注重研究病原群体的动态及其遗传机制。群体遗传学方法提供了有力的工具并广泛用于分子流行学的研究中。主要方法包括研究基因流（gene flow）、基因漂变（genetic drift）、突变（mutation）及其频率与机制、选择作用（selection）等。具体的分析包括基因和基因型（genotypic）频率以及它们的多样性（diversity），比较两个以上群体的遗传距离并推测基因或基因型交流的可能性，以及病原群体的远距离传播。许多方法还用于研究病原菌群体的进化过程和机制等。

五、数据分析

　　分子流行学研究的数据分析注重用群体遗传学和统计学的方法和原理，更好地理解病原菌群体遗传、进化、动态的机制及其流行学效应，推测可能的发展趋势，比较不同群体的遗传背景和相互之间的关系，以及定量分析病害流行和病原菌群体的发展规律。Weir（1996）详细介绍了用于群体遗传学研究的数据分析原理及其方法。很多分析方法已有现成的软件作为有力的工具。

第四节　分子生物学技术在植物病害流行研究中的应用

一、病原物诊断

　　病原物的识别与诊断属于基础病理学范畴，当然也是宏观植物病理学的重要内容之一，因为它涉及植物病害流行学的起点问题。是什么样的病原菌引起的病害流行以及用什么样的方法可以检测到它，这是研究一个病害流行首先要回答的问题，也是检疫工作需要突出解决的问题。

　　常规的诊断手段因病原菌不同而不同，如形态学方法（真菌、线虫）、生化方法（细菌）及微形态学方法（病毒）等。然而对于形态与生化方法相似而无法区分的致病菌的亚种、变种、致病型等，则显示出传统的方法已无法解决鉴定病原菌的问题。最常见的例子是 *Fusarium* 的许多种是一些植物的根部病原菌，对一些孢子形态相似的亚种，常规的形态学方法无法将它们区分开。另外一类情况是种子、种苗内部携带的病原菌，利用常规分离鉴定的方法速度较慢，用分子生物学手段则可满足病原菌快速鉴定的需求。

　　PCR 方法是鉴定病原菌最常用的分子生物学技术，其关键是寻找对目标病原菌十分特异的基因片段，不同种的病原菌，必定在 DNA 的某个或某些区段存在差异。在分析这段 DNA 片段序列的基础上，设计对种（或某基因型）特异的引物，经过 PCR 扩增，即可鉴别目标病原菌。开发 PCR 鉴定技术通常包括以下几个步骤。

　　1）寻找靶标病原菌（种、小种、生物型）特异的 DNA 片段，对其序列进行分析，这是整个过程中最重要的一步。

　　2）根据 DNA 序列，设计对靶标病原菌特异的 PCR 引物。

　　3）测定 PCR 引物的特异性和敏感性。

　　4）开发经济、简便的 DNA 提取方法用于病原菌的分子鉴定。

　　设计特异的 PCR 引物，主要有以下几种策略。

　　1）根据 rDNA 转录间隔区（internal transcribed spacer，ITS）的 DNA 序列设计 PCR 引物。此方法已在上节做了详细介绍。

　　2）根据对一些持家基因（如 β-微管蛋白基因、线粒体基因等）上特异的 DNA 设计 PCR 引物。

　　3）根据对靶标病原特异的微卫星 DNA 设计 PCR 引物。

　　不难看出，同传统病理学方法相比，这些方法是较准确的，而且不需要丰富的分类学经验。目前已开发出多种对不同植物病原菌有特异性的引物，由于这类研究已有大量的参考文献，目前不难从已发表的文献中找到一些病原菌的特异性 PCR 引物的序列，这将大大节省研究的时间，加快研究的速度。

　　在实际操作过程中，用分子生物学方法鉴定病原菌的主要难点在于从植物体内直接将含量很少的病原菌诊断出来。例如，从带菌种子中确定出多少种子带有菌，检测果实中潜伏侵染的病原菌等。这是由于植物体内存在大量的抑制 PCR 的物质，在 DNA 提取过程中，将这些 PCR 抑制物质有效去除也是分子检测的关键步骤。

二、初始菌量的定量分析

　　初始菌量的定量测定是流行学中病害时间动态研究的重要一环。初始菌源一般是指病害流行初期的菌源量或初始病情。这一指标在确定病原菌繁殖速率、病害流行速度及环境影响方面是不可缺少的，但并不是所有病害的初始菌量都能很容易地定量测定的。对于土传病害，单位体积土壤中的菌量（厚垣孢子、植物体的病原量）对根部初侵染起决定性作用。对于气传和雨传病害，空气或雨中的孢子量在春季侵染阶段将决定初侵染的强度。对于在植物体中处于潜育状态的病原菌，生长季初期病原菌的存活量会直接影响初侵染过程。以上这些病原菌的定量测定要求有准确、快速、实用的测定方法。因为，第一，生长季初始期时间短，作物生长快；第二，大面积取样定量测定需要快速的方法。而分子生物学方法可以克服以上所有困难并取得所预期的效果。

　　这里所涉及的实际上是如何应用分子生物学方法定量测定病原菌的问题。这个问题是群体遗传学和分子生态学中难度较大的问题。有了特异性的引物后，可以做 PCR 来定性鉴定病原菌。但是，传统的 PCR 难以定量测定 PCR 反应中 DNA 模板量。Ma 等（2003）曾经用 Nested-PCR 的方法确定了 *Monilinia fructicola*（核果类褐腐病菌）在空气中的最低可测浓度。此方法的重要原理是用两套特定的引物（内引物与外引物），外引物可扩增 DNA 的特异片段，在此片段基础上，内引物再继续扩增其中的一段。这样，扩增的效果等于做了两次 PCR，大大增强了"信号"强度。因为 DNA 特异片段的增殖量与扩增的循环数量成正比，所以可以把原始的低量特异片段测定出来。用这个方法测定孢子空气捕捉器（spore trap）的样本，可以测得最低 200 个孢子／玻片，这个数量可以作为春季喷施杀菌剂的阈值指标。如用这个方法检测到了孢子，即需要施药，否则可等待。虽然这种方法提供的信息已可以应用于病害防治，但孢子密度仍没有能够定量地测定出来。最近发展起来的 real-time PCR 技术可以定量地测定 PCR 过程中 DNA 模板的浓度。其基本原理是用特殊的生物荧光物质标记特定的 DNA 探针，在 PCR 过程中 DNA 可以通过对荧光强度的测定来定量。用此方法可以反过来推算所测目标病原菌的密度（Luo et al., 2007c）。目前，real-time PCR 方法已经用于许多病原菌的定量检测。

　　应用分子生物学方法获得的指标定量初始菌源是分子流行学与传统流行学在研究方法上的不同之处。其定量指标视具体病害系统而定。例如，用每立方米的空气、每毫升水、每克土壤中的孢子数量定量空气、雨水或土壤中的病原菌孢子含量来描述初始菌量。初始菌量测定的一个重要指标是用普遍率和严重度来描述初始病情等。目前，肉眼观测仍是一个重要且可行的方法。但是对于无法用肉眼和常规方法测定的病害，如处于潜育状态的病情指标，则用分子生物学的方法来定量化是个非常可行和有效的方法。这类测定指标用病原菌的分子质量与寄主的分子质量的比例来描述潜育侵染程度。例如，

Yan 等（2012）用分子病情指数（molecular disease index，MDI）来描述小麦条锈菌在处于潜育状态时的侵染程度。他们的研究还证明这个指标和病情的实际发展情况呈正相关，能够正确和准确地反映田间病害的发生程度。用每克寄主组织中所含病原菌的量（如 ng）来描述侵染程度（Luo et al.，2012）也是可行的办法。

三、病原菌群体的时间动态

病害流行学的核心问题之一是病害发展的时间动态。确定病害在不同时间的严重度是主要所需的数据。用分子生物学方法研究病害的时间动态，着眼于对病原菌群体的时间动态研究，包括对病害本身发展和对病原菌群体结构的发展的研究。前者目前的实例较少，对于病原菌群体结构的时间动态研究已有一些报道。Luo 等（2007b）曾经研究了核果类褐腐病菌（*Monilinia fructicola*）群体结构在生长季不同时期的变化。他们在李子和洋李子两个果园分别从花、浆果（树上）和土壤表面上取样，又在生长季不同时间分离病原菌。他们用 5 个微卫星引物对 300 多个菌系做 MP-PCR 扩增，从 5 个引物扩增的谱带中，总共获得了 41 个多型性谱带，应用 Nei（1987，1972，1973）的遗传距离方法分析了各不同时期群体的遗传相似性。他们发现两个果园的病原菌群体的遗传结构均在统计上无差异。

另一研究实例是 Ma 等（2002）所做的关于开心果上 *Botryosphaeria blight* 的研究，此病害在加利福尼亚的流行从 20 世纪 80 年代开始，90 年代末趋于严重。病原菌 *Botryosphaeria dothidea* 以无性方式繁殖，分生孢子随雨水传播，造成叶、枝、芽和果实的侵染。1997～2001 年，他们从 7 个县获得 378 个菌系，用 6 个微卫星引物得到 116 个多型谱带。通过应用 Nei（1972）的遗传距离方法分析不同时期取样的菌系，发现病原群体在 5 年间是基本稳定的。

Gu 等（2018）应用 real-time PCR 分析来自孢子捕捉器的样本，从而定量描述和分析小麦条锈菌孢子在空气中的周年动态变化情况。这个研究包括分析不同海拔的孢子在空气中的周年动态情况，以推测：①病原菌在越冬、越夏不同期间的密度变化；②病原菌在不同海拔地区可能的交流；③孢子周年动态规律特别是与周边田间病情的相关关系；④孢子周年动态在不同生态条件下的异同等。图 13-1 为此研究的一个实例，描述小麦条锈菌和白粉病在甘肃甘谷地区的孢子周年动态追踪情况。此项研究显示了在病害时间动态方面应用分子流行学方法深入研究的潜力。随着技术上的突破，病原菌和病害发展的时间动态在许多病害中的研究将获得宝贵的资料，特别是对那些无法用肉眼或常规流行学方法测定病情的病害。这类研究的成果将深化和加速对病害时间动态的认识。不言而喻，这些信息在病害防治上是至关重要的。

四、病原菌群体的空间动态

病害与病原菌的空间动态是流行学研究的一个重要领域（曾士迈和杨演，1986）。20 世纪 80 年代以来，随着地理统计学（geostatistics）及地理信息系统（GIS）的发展，这个领域的研究有了更新的分析方法。病害的空间动态也在病害区域性防治上具有特殊的意义。

应用分子生物技术对病原菌的空间动态进行分析是一个很新且发展很快的领域。这

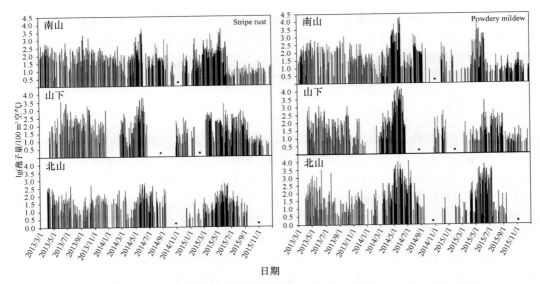

图 13-1　空气中小麦条锈菌和白粉菌孢子密度的周年动态分析（Gu et al.，2018）

孢子捕捉器分别设置在甘肃的三个地区：南山（south mountain），山下（valley）和北山（north mountain）。应用 real-time PCR 方法定量测定了孢子密度并研究其周年动态规律

方面的研究主要回答如下一些问题。

1）病原菌的群体结构在空间上是如何分布的？

2）这种分布是如何变化的？

3）病原菌的空间分布与群体结构有何内在关系？

利用分子生物学技术研究该类问题的基本思路包括如下几个方面。

1）确定相关的研究地区。

2）从不同地区取样，获得有代表性的菌系。

3）获得合适的分子标记引物或探针，这些引物或探针要能用来获得多态型谱带，以便显示它们之间的差异性。

4）分子标记数据的获取。

5）数据分析，其主要方法包括：①计算遗传距离和样本群体的相似性（genetic identity）；②用 Cluster 或其他分析方法确定是否存在不同地区之间基因流动（gene flow）；③确定不同种群的亲缘关系，如用 UPGMA（unweighted pair-group method with arithmetic average）方法等；④用系统发生生物地理学的方法确定遗传距离与地理距离之间的关系；⑤用 GIS 分析群体之间的地理关系。

这里的一个研究实例是 Jaime-Garcia 等（2001）所做的 *Phytophthora infestans* 群体的不同基因型在墨西哥番茄和马铃薯上的分布情况。他们在 1994～1996 年从墨西哥的不同地区取样，取样的距离从几米到 100km。用已有的探针 RG57（Goodwin et al.，1992）做 RFLP 分析。在地理统计方法上应用变异函数（variogram）分析和表面插值（surface interpolation）法，然后应用 GIS 对所获得的 RFLP genotypes 进行分布分析。共获得 6 个基因型。从 GIS 分布图中得到不同基因型在不同地区的分布情况。这类研究对了解晚疫病菌不同群体的分布很有帮助。同时也是抗性布局的依据。目前用分子生物学方法进行病害分布研究并与 GIS 应用相结合的实例还不多，但这是一个很有前景的研究方向。

　　另一个研究实例是马铃薯晚疫病。Goodwin（1997）对 *Phytophthora* 的群体遗传学做了较全面的综述。晚疫病菌最初起源于墨西哥，在 1842～1843 年传入美国的只是对当时美国马铃薯品种有毒性的群体，而真正传入欧洲的也只有一个基因型 US-1，即造成爱尔兰大饥荒的群体（小种）。这个基因型从 1846 年后继续传入非洲。追踪这段历史的有利工具是 Goodwin 等所发表的 RG57 探针，这个探针能够用来测定出 US-1 小种的基因型，并以此区分于别的基因型。目前，马铃薯晚疫病几乎成为全世界各地马铃薯种植地区的主要病害。对 *Phytophthora* 群体的研究已在亚洲（Koh et al., 1994）、欧洲（Drenth et al., 1993）、美洲（Perez et al., 1991）有大量报道。除 US-1 小种外，还有其他小种出现于不同的地区（Goodwin, 1997）。显然，在马铃薯晚疫病病原演化与动态问题上存在不同的看法。Ristaino 等（2001, 2002）则认为 US-1 并不是导致爱尔兰大饥荒的优势小种。

　　对于多循环的病害，从流行学角度讲，病害防治的一个重要措施是降低初始菌量。例如，小麦条锈病的田间早期防治的重要措施是尽早消灭病原中心，以有效降低传播菌源量。但是田间观察到的病原中心其实是病原菌经过潜育期开始发病后传播的征象。已经传播后可能造成的新的、潜在的发病中心往往会被漏掉，造成早期防治的失误。显然，如果能在还没有发病而处于潜育状态时就能断定潜在的发病中心的位置，在潜育状态下就实施防治，就会非常及时和有效地达到防治目的。Yan 等（2012）创造了一个应用 real-time PCR 定量测定田间潜育发病中心的有效方法。他们在两年的田间试验中，将试验田划成等距离的数个小格。在早春和秋苗阶段田间未显症时取样，应用以上介绍的方法获得每个小格中的平均分子病情指数（MDI）。以此数据为基础，应用 GIS 相关软件绘出田间 MDI 分布图。田间发病后调查病情，并绘制病情指数（DX）在田间的分布图。此研究发现 MDI 的田间分布和 DX 的分布高度相关，且潜育发病中心的位置和最终田间的发病中心高度吻合（图 13-2）。这个研究还表明，应用 real-time PCR 的定量方法能够在早期就获得病害的田间分布情况，并及时在潜育发病中心实施药剂进行防治。结果，这些

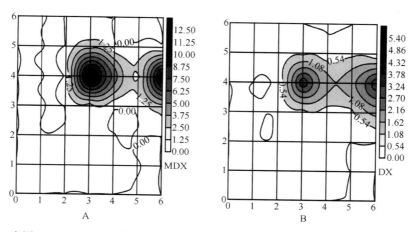

图 13-2　应用 real-time PCR 测定的小麦条锈菌潜育状态下的田间分布（用分析病情指数 MDX 表示，A）和发病后调查的病情指数（DX）在田间的分布（B）（Yan et al., 2012）

防治了的中心在生长期没有形成发病中心，及时有效地降低了病害风险。这个成功的实例显示了分子流行学方法在病害防治方面的应用潜力。

五、病原菌的远距离传播

病原菌的远距离传播一直就是流行学研究领域的一个核心热点。病害大区流行规律的研究提供了相当有价值的素材，同时也大大丰富了流行学理论。我国老一辈植物病理学家对小麦锈病远距离传播的深入研究，从理论上解答了许多流行学中的难题（Zeng and Luo，2006）。研究病原菌远距离传播将从根本上为地域性病害的防治与抗性布局提供科学依据。这是一个全局统筹安排的宏观病理学的核心问题。然而，对于病原菌远距离传播的研究，如小麦条锈病，过去的方法是在对大面积的品种、小种、气候、物候学、病原生理学的综合研究的基础上进行的，对病原群体的来龙去脉和变化基本上是依据小种进行分析的。然而，提供病原群体的传播途径最直接的方法是分子标记，其原理就是用一段或一组有特异性的 DNA 片段作为特定群体的分子标记，研究某一病菌群体远距离的传播途径。因此，在不同地理方位取样，自然是研究的第一步，有了足够的样本，可用特定的分子标记研究不同地理区域之间病原群体遗传结构的关系，比较不同群体间的遗传距离、分析遗传距离与地理距离之间的相关性；并用研究基因漂流的方法探求病原菌可能的传播途径；以及用目前发展的系统地理学（Phylogeographic）和嵌套分支（Nested clade）分析方法（Templeton，1998）研究远距离区间的基因流动。这里应该指出，目前公认的用于群体遗传学研究的分子标记基本包括两类：一类是简单重复序列（simple sequence repeat，SSR）或称 microsatellite，另一类为单核苷酸多态性（single nucleotide polymorphism，SNP）。其他过去广泛应用的标记因为种种原因已被逐步淘汰。

应用群体进化理论和方法推测病原菌群体间的相互关系成为研究病原菌远距离传播的重要途径。基本原理是根据群体遗传结构及其变化来推测相互间的关系。以两个群体为例，这些基本原理包括以下几方面内容。

1）基因和基因型多样性（genetic and genotypic diversities），多样性大的群体传到多样性小的群体的概率比相反方向的要大。

2）两个群体间的共享基因型（shared genotype）比例越高，说明两个群体间的交流越频繁。相反说明两个群体是相互隔离的，没有传播发生。一些特殊的基因型在两个群体间出现的概率可以用于推测两个群体间是否存在交流。

3）两群体间的遗传距离（genetic distance）可以用于判断相互间是否存在交流。显然，遗传距离越大，两个群体的隔离越明显。

4）应用目前开发的系统发育方面的算法软件，研究两个群体间是否在理论上是属于同一群体。如果是，那么它们的交流是频繁的；否则可以看成两个独立的群体。

5）测定有性过程或重组（recombination）现象是否存在。一般来讲，如果一个群体存在有性或重组现象，其遗传丰富度会比单克隆（clonal）群体的大很多。如果两个群体发生交流，前者的某些基因型传到后者的概率就会很大。所以，测定有性或重组是否存在，也是推测传播是否发生的指标之一。

6）应用基因流（gene flow）可以判断两个群体间是否有交流。显然基因流越强，则两个群体间交流的可能性越大。

以上的推测仅回答了两个群体之间可能的交流关系，仍然不能回答传播的方向和速率。如果两个群体存在交流，那么病原群体究竟从哪里传到哪里，即所谓的传播源（source）和靶标（target）的关系，这是流行学研究中时常遇到的问题。Beerli 和Felsenstein（2001）提出了应用极大似然估计（Maximum likelihood）和简并法（coalescent方法）估计传播速率及有效群体数量（effective population size），从而推测群体间的传播方向。这个方法能够用于推测多群体间的传播路径，为流行学的研究提供了有效的方法。

我国在小麦条锈菌远距离传播的传统研究方法的基础上，开展了分子流行学方面的探讨，取得了可喜的成果。其基本策略是分不同地理、生态和行政区，分别探讨这些地区之间的群体结构和相关关系。这些地区取样的区域范畴包括甘肃、宁夏、青海、新疆、云南、贵州、陕西等地区。分子标记基本为 SSR 和 AFLP 两类。这些研究共同发现，甘肃陇东和陇南地区，特别是条锈菌越夏区为小麦条锈菌的主要菌源来源地区，病原菌向四周传播的现象很明显。所有的研究都发现甘肃群体存在重组生殖现象。Liu 等（2010）发现云南群体为克隆群体，而且和甘肃群体有一定程度的隔离，传播不明显。Wan 等（2015）重点研究了甘肃群体与青海群体和新疆群体的关系，发现甘肃群体与青海群体有广泛的交流，同时青海群体与新疆群体也有广泛的交流。虽然甘肃群体与新疆群体的交流较弱，但研究表明这两个群体并非完全隔离。以上两个研究基本上是应用群体结构分析来推测相互间的关系的。

Liang 等（2013）进一步分析了甘肃群体和宁夏群体的关系，除了群体遗传结构分析外，还分析了两个地区的共享基因型，发现两个地区存在 40 个 AFLP 共享基因型。表明两地区间交流频繁，即存在传播的现象。有趣的是，Liang 等（2016）还做了甘肃和四川盆地两个群体可能存在的传播规律。他们发现 2009 年甘肃秋苗与 2010 年四川盆地春苗间以及2010 年四川盆地秋苗与 2011 年四川盆地春苗均有 6 个共享 AFLP 基因型（图 13-3）。

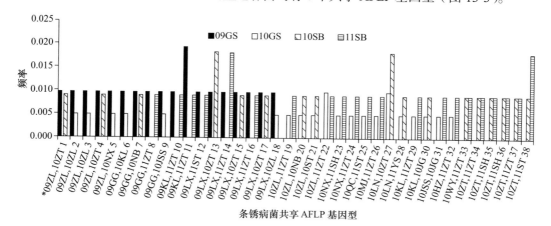

图 13-3　小麦条锈菌在甘肃 2009 年秋苗（09GS）和 2010 年春苗（10GS）以及四川盆地2010 年秋苗（10SB）和 2011 年春苗（11SB）4 个群体间获得的共享 AFLP 基因型的频率
（Liang et al.，2016）

此外，他们通过主成分分析方法，绘出了 4 个群体归属（assignment）的结果（图 13-4）。表明，09GS 和 10SB 的大部分个体坐落在相同的象限，同样，10GS 和 11SB 的大部分个体坐落在另外的象限。

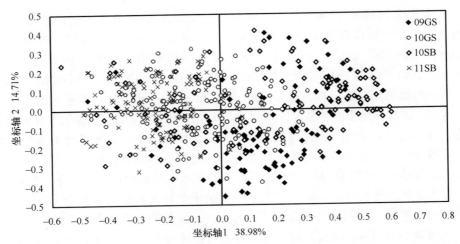

图 13-4 通过主成分分析（PCA）获得的小麦条锈菌在甘肃 2009 年秋苗（09GS）和 2010 年春苗（10GS）以及四川盆地 2010 年秋苗（10SB）和 2011 年春苗（11SB）4 个群体间归属（assignment）结果图（Liang et al.，2016）

研究发现在秋季由甘肃秋苗菌源存在向四川盆地单向传播的路径；同时也存在春季四川盆地春苗的菌源向甘肃传播的可能性

  Hovmøller 等（2002）研究了小麦条锈病的远距离传播。他们从美国、德国、法国和丹麦分别取样，并做了毒性鉴定。用特异的分子标记鉴定出 16 个基因型。为了确定病原群体在这些国家间是否存在菌系的流动（或用迁移）（migration），研究人员用 Templeton（1998）发表的 Nested clade 方法分析不同国家之间病菌群体的关系，结果发现，这 4 个国家的病原群体是开放的，即相互间有一定流通，不是各自封闭的。这表明小麦条锈病在欧洲不同国家之间存在远距离传播现象。有关这类研究的方法及理论，主要参考 Burt 等（1996）、Taylor 等（1999）及 Templeton（1998）。

  再举一个有关针叶树溃疡病病原 *Gremmeniella abietina* 远距离传播的例子（Hamelin et al.，1998）。此病于 1975 年在北美洲发现，于 20 世纪 70 年代在北美洲包括美国东北部及加拿大魁北克及纽芬兰地区大发生。人们一直认为此病菌是由欧洲传入美洲的。研究者对历史上收集的欧洲及加拿大菌系与当前采集的北美洲菌系做了系统研究。他们用特定的微卫星引物［DBH9（CGA）5］对所有的菌系进行 PCR 扩增，用 AMOVA（analysis of molecular variance）方法计算病菌群体的遗传分化（genetic differentiation）。应用 UPGMA 绘出菌系之间的相关距离图，发现纽芬兰地区及北美洲东部的菌原群体组成与北美洲其他地区是不同的，而与欧洲的菌系相近，从中得出结论：此菌首先由欧洲传入北美洲，"定居"于纽芬兰等地区，而传入北美洲其他地区的是其中的菌系经过多代自体无性繁殖后，形成的相对独立的群体。

六、病原菌的繁殖方式

  病原菌的繁殖方式本属于基础病理学范畴，这里介绍的是和病害流行有关的问题，有的病原菌侵染循环中存在无性繁殖方式，有的以有性繁殖的孢子或繁殖体参与侵染循环，有的则无性和有性同时存在。与流行学有关的问题涉及病原菌的交配方式、侵染过程与群体变化。有的病原菌以无性繁殖介入侵染循环，而有的是否有有性过程还并不清楚。例如，小麦条锈病在中国主要是以无性繁殖方式介入侵染循环的，多年的研究表明未发现有性世代，而欧洲的条锈病是否有有性过程一直仍在研究之中。以核果类褐腐病菌（*Monilinia fructicola*）为例，在美国加利福尼亚有性世代产生子囊盘，无性世代产生分生孢子。两种方式同时存在，但在果园中，产生子囊盘的条件要求较严格，因此，春季的初侵染是以子囊孢子为主还是以分生孢子为主因不同果园而异，而这个信息在防治上是很重要的。

群体遗传学的一个重要研究方面是确定某一病原群体来自于无重组繁殖或有性重组（或准性生殖），即是以无性繁殖方式发展起来的群体，还是以有性繁殖方式发展起来的群体。确定取样群体是来自单亲繁殖群体还是重组繁殖群体的一个有力的统计方法是系统发育（phylogenetic）分析法（Taylor et al.，1999）。其原理是：无性繁殖的群体内个体之间不存在基因重组，故无性繁殖群体的系统发育树的长度（tree length）要明显短于有性重组繁殖群体的系统发育树的长度。该分析方法已在人类病原菌研究方面得以成功应用，但在植物病原研究方面才刚刚起步。

确定取样群体是来自无重组繁殖（clone）群体还是重组繁殖（recombination）群体的一个有力的统计方法是简约树长置换（parsimony tree length permutation，PTLPT）分析法，其步骤如下。

1）对所有样本做特异性的 DNA 分析，如 AFLP、RAPD 等。

2）从数据中分出所有有代表性的基因型，去掉重复，并画出最小距离遗传图。

3）以这些数据的谱带为基础，随机进行每个位点的重新组合，一般应用软件做 1000 以上的随机。

4）对每一套随机产生的基因型，计算其相似性的树长度（tree length）。

5）对 1000 以上的随机数据进行统计，绘出树长度的分布图。

6）比较实际的树长度分布，如实际的树长度处在分布之中，则接受取样群体来自于重组繁殖群体的假设。否则，如果处在分布之外，则取样群体来自于无重组繁殖群体。

Hovmøller 等（2001）研究不同国家小麦条锈病菌是来自于无重组繁殖群体还是重组繁殖群体。他们从美国、德国、荷兰和丹麦 4 个国家的小麦条锈病病叶上取样，共 42 个，用 AFLP 方式获得多态型谱带。这类问题的主要步骤在于数据分析。他们应用 Taylor 等（1999）的方法研究条锈病菌在每个国家是否存在有性繁殖过程。其基本原理是进行 AFLP 获得多态型谱带。将所有无重复的基因型挑选出来，然后对每一个基因型的每一位点（locus）进行随机性组合，因而产生一组随机重组的基因型，对这些随机模拟来的基因型进行 bootstrap 分析，计算出每一随机重组群体的最短的系统发育树的长度。如果用这种随机模拟方法模拟 1000 次以上，则可得到树长度的分布。统计假设实际观测菌原群体的树长度来自于重组的群体，因此其树长度应处在随机模拟的树长度分布之中，如果实际观测的群体树长度不在分布中，而在分布之外，则否定假设，即取样群体来源于无重组繁殖群体，Hovmøller 等用这类方式证明了小麦条锈病菌在这 4 个国家不存在有性世代，并证明病原菌的无性群体在 4 个国家有交流现象。

在我国小麦条锈菌群体研究中也发现甘肃群体和宁夏群体存在有性重组过程（Liang et al.，2013，2016），在青海的某些地区也发现了重组现象（Wan et al.，2015）。但在云南和新疆地区的群体中则没有发现重组信息（Liu et al.，2011；Wan et al.，2015）。

这类方法在植物病害流行学中将主要用来研究：①病原菌的繁殖与初侵染过程；

②不同群体之间的相互关系；③病原菌有性与无性变化的规律及其在区域性病害流行中的作用。

七、病原菌的抗药性

在杀菌剂的抗性检测中，传统的方法是通过观察并比较真菌在含有杀菌剂的培养基或者植物（植物组织）中的生长情况来判断真菌对杀菌剂的敏感性。对于大规模的抗药性检测来说，传统手段消耗大量的时间和精力。随着分子生物学技术的发展，根据杀菌剂的抗性机制来设计相应的分子检测方法已经成为杀菌剂抗性快速检测的重要手段。目前，常用的分子生物学技术包括：PCR、限制性片段长度多态性 PCR（PCR-restriction fragment length polymorphism，PCR-RFLP）、等位基因特异性 PCR（allele specific PCR）和环介导等温扩增技术（loop-mediated isothermal amplification，LAMP）等，下面我们将具体介绍以上 4 种技术。

（一）PCR 技术检测病菌抗药性

PCR 技术给分子生物学和诊断学带来了革命性的变化，同时也是一种杀菌剂抗性检测的重要手段。在指状青霉 P. digitatum DMI 抗性菌株中，CYP51 基因启动子区插入了重复的随机片段，从而导致 CYP51 基因高效表达，已发现的插入片段包括 CYP51 启动子区5 个重复的 126bp 转录增强子、CYP51 或者 CYP51B 启动子区 199bp 的插入。基于 CYP51 基因序列，设计特定的 PCR 引物，可以利用 PCR 技术鉴定 DMI 抗性菌株和敏感菌株，还可以进一步鉴定出引起抗性发生的分子机制（Sun et al.，2011）。

（二）PCR-RFLP 技术检测病菌抗药性

PCR-RFLP 将 PCR 技术和 RFLP 分析相结合，先将待测的靶 DNA 片段进行复制扩增，然后应用 DNA 限制性内切酶对扩增产物进行酶切，最后经电泳分析靶 DNA 片段是否被切割而分型。在美国加利福尼亚引起核果和杏树褐腐病的病菌 Monilinia laxa 的苯并咪唑类抗性菌株中，β-tublin 的第 240 位苯丙氨酸突变为亮氨酸；基于 Monilinia laxa、Monilinia fructicola 和其他真菌中 β-tublin 基因第 6 内含子的序列差异，Ma（2005）设计了扩增产物为 376bp 的 Monilinia laxa 物种特异性引物，限制性内切酶 BsmA 可以识别并切割扩增产物中 GTCTCC 序列，将 PCR 产物切割为 111bp 和 265bp 大小的两条带；由于抗性菌株中 GTCGCC 序列突变为 GTCTCC，因此 BsmA 不能识别和切割从抗性菌株中扩增到的此段 PCR 产物。应用 PCR-RFLP 技术除了可以快速地鉴定加利福尼亚地区 Monilinia laxa 苯并咪唑类杀菌剂抗性菌株，Ma 等还利用此技术快速鉴定了链格孢属（包括 Alternaria alternata、Alternaria tenuissima 和 Alternaria arbor）的嘧菌酯抗性菌株。目前，PCR-RFLP 已应用于鉴定苯并咪唑类杀菌剂的抗性菌株，包括 Botrytis cinerea、Cladobotryum dendroides、Helminthosporium solani、Colletotrichum gloeosporioides 等；鉴定 QoIs 的抗性菌株，包括 Blumeria graminis f. sp. hordei、Erysiphe graminis f. sp. tritici、Podosphaera fusca 和 Ramularia collocygni 等。

（三）等位基因特异性 PCR 检测单位点突变引起的抗药性

等位基因特异性 PCR 也是一种简单快速的鉴定基因点突变的方法，其过程具体如下：在设计引物时一条引物与目的片段完全匹配，而另一条引物的 3′ 端定位在等位基因的点突变位置，在严谨的反应条件下，存在错配碱基的引物不能起始复制，而只有完全匹配的引物才能扩增出 PCR 产物。在核果类褐腐病菌（M. fructicola）的苯并咪唑类高抗菌株中，*β-tublin* 基因第 198 位氨基酸的密码子由 GAA 突变为 GCA，基于此突变，Ma 等在设计 PCR 引物时将反向引物 HRR 的 3′ 端设计为 G，所以利用反向引物 HRR 和正向引物 HRF 只能在 *M. fructicola* 苯并咪唑类高抗菌株中扩增到一条 469bp 的 PCR 产物，而用同样的引物在 *M. fructicola* 苯并咪唑类敏感菌株和中抗菌株中扩增不到 PCR 产物。等位基因特异性 PCR 已经应用于鉴定苯并咪唑类中抗的 *M. laxa* 菌株（Ma et al.，2005）、嘧菌酯抗性的链格孢菌（*A. alternata*、*A. tenuissima* 和 *A. arborascens*）、*B. graminis* f. sp. *tritici*、*M. fijiensis* 和 *Didymella bryoniae* 菌株（Finger，2014）以及 DMI 抗性的 *E. graminis* f. sp. *hordei* 菌株。

等位基因特异性 PCR 只能定性检测抗性菌株是否存在，而 real-time PCR 可以定量检测样品中目的 DNA 的含量，将等位基因特异性 PCR 和 real-time PCR 相结合的等位基因特异性 real-time PCR 可以更有效地对杀菌剂抗性菌株进行定量检测。等位基因特异性 real-time PCR 已经应用于多种植物病原真菌杀菌剂抗性菌株的检测，包括鉴定嘧菌酯抗性的链格孢属 *Alternaria*，分别对 QoIs 和 SDHIs 杀菌剂产生抗性的 *Botrytis cinerea*（Hashimoto，2015）和多菌灵产生抗性的赤霉菌株 *F. graminearum*（Liu，2014）等。利用等位基因特异性 real-time PCR 还可以快速简单地鉴定田间病原菌群体中抗性菌株是否存在及抗性群体规模，Fraaije 等（2002）利用此方法检测了施用杀菌剂以后田间 *B. graminis* f. sp. *tritici* 菌株中 A143 型 QoIs 抗性菌株的群体变化情况。

（四）LAMP 检测病菌的抗药性

目前，LAMP 技术已大量应用于病原菌的检测中，并开始用于检测病菌抗药性。2014 年，Fraaije 在 *M. graminicola* 的 DMI 抗性菌株中鉴定到了一种新的抗性机制，即一个 120bp 的片段插入了 *CYP51* 的启动子区从而导致该基因的过量表达，并成功设计和利用 LAMP 技术快速检测到这种突变类型。在 *F. graminearum* 多菌灵抗性菌株的检测中，Duan（2014）应用 LAMP 技术检测了 β2-tubulin 第 167 位苯丙氨酸突变为酪氨酸的抗性菌株类型；除了用已纯化的真菌的 DNA 进行 LAMP 检测外，Duan 以田间采集的子囊壳的 DNA 为模板成功利用 LAMP 技术鉴定了抗性菌株在菌株群体中的存在比例。在亚洲镰刀菌（*F. asiaticum*）苯并咪唑类抗性菌株中，用 LAMP 方法也成功检测到 β2-tubulin 第 200 位苯丙氨酸突变为酪氨酸的抗性菌株类型。除了镰刀菌以外，LAMP 技术也成功应用于核盘菌（*Sclerotinia sclerotiorum*）苯并咪唑类抗性菌株的检测中（Duan et al.，2016）。

第五节　植物病害分子流行学展望

分子流行学并不是独立于流行学之外的学科，相反，它是流行学下的新分支，是传统流行学的补充。它侧重于用分子生物学手段解答流行学的问题，提供比传统手段更有效的研究方法。随着分子生物技术的发展和大量试剂、设备等的商业化，分子流行学手段将可能在很多方面取代传统流行学研究方法，从而加快流行学的研究。因此，未来的植物病害流行学家必须调整知识结构和研究视野，不仅应具备基本的流行学知识和相应的技能如田间试验设计、数据采集、统计分析、模型方法和数学分析方法等，还应有较扎实的分子生物学知识和试验技能。未来的流行学家将能够用传统和现代分子生物学方法开拓研究视野。

　　现代流行学研究中的宏观与微观方法的互补甚至融合越来越重要。未来的流行学研究应具备微观与宏观双重研究手段，这样才能全方位地解决流行学的实际问题。随着更多的流行学家参与分子流行学领域的研究，未来流行学的研究视野将既侧重于田间水平的病害防治，又更多地扩展到宏观的生态规模。有了快速、准确的样本处理手段和精确的分析方法，我们对病害流行的认识将会有全新的改变。这一领域的进展对整个植物病理学发展的贡献将会是无可估量的。

复　习　题

1. 试比较传统流行学与分子流行学研究方法的异同。
2. 植物病害流行学研究中所涉及的分子生物学技术主要有哪些？
3. 植物病害分子诊断的基本步骤是什么？
4. 用分子生物学技术定量测定病害流行初侵染源的特点是什么？
5. 如何利用分子生物学手段研究病菌群体的时空动态？
6. 如何利用分子标记和系统发育分析方法研究病原菌的远距离传播？

第十四章　植物病害流行的计算机技术及软件介绍

提要：本章通过一些例子，简要介绍了应用计算机数据处理软件 Excel、R 语言、SAS 整理分析植物病害流行学数据的基本方法；植物病害流行系统分析方法和构建模拟模型的技术；专家系统、地理信息系统、计算机测报系统、图像识别技术、人工神经网络和决策支持系统等；计算机动态网页的基本知识及其在植物病害流行学中的应用。目的在于提供运用计算机技术解决植物病害流行学问题的入门知识。

植物病害流行学主要研究作物群体中病害发生、发展和流行的过程，病害随时间和空间变化的动态，环境条件对病害的影响，病害流行测报技术与方法，以及病害的管理策略等。植物病害流行学研究离不开数据和信息，更离不开信息处理技术（information technology，IT），计算机是植物病害监测和预测的辅助工具，也是管理决策的支持工具。从植物病害流行学理论体系形成初期，计算机就一直伴随着流行学的发展，自 20 世纪 60 年代，Waggoner 等（Waggoner，1968；Waggoner and Horsfall，1969）研究完成了第一个基于计算机的模拟模型以来，计算机技术就与植物病害流行学结下了不解之缘。

在植物病害流行学中，计算机技术主要用于：①各种数据的处理与分析；②病害流行系统分析与模拟；③病害管理决策支持模型的开发与应用；④信息的收集与发布。本章结合一些具体的实例，简要介绍了与植物病害流行学密切相关的计算机技术、计算机软件及其在植物病害流行学中的应用。

第一节　数据处理技术与数据处理软件

植物病害流行学研究与调查，如病害监测、预测和管理决策，都需要处理大量的数据。数据处理是简化数据、比较数据，并提取信息和知识的过程。例如，要比较不同的化学防治药剂对病害流行的控制效果，第一步是通过药效试验获得原始数据，第二步是对原始数据进行处理和分析，这两步缺一不可。数据的处理与分析也包括两步，第一步是对原始数据的加工整理，包括数据的录入、转换、标准化计算等，加工整理后的数据既不能丢弃原始数据中所包含的信息，又要符合分析软件所要求的格式；第二步是数据分析，数据分析的过程是数据简化、比较和可视化的过程，也是提取信息和知识的过程。加工整理数据常用的软件有微软公司的 Excel。分析数据常用的软件有 R 语言、SAS 公司的 SAS、SPSS 公司的 SPSS 和 SYSTAT 公司的 SYSTAT 等。

一、数据整理与 Excel

Excel 是微软公司开发的办公软件 Microsoft Office 中的一个组件，自 20 世纪 90 年代推出以来受到各行各业用户的喜爱。Excel 是目前最流行的电子表格软件，利用它可制作各种复杂的电子表格，完成烦琐的数据计算，制作各种统计图，大大增强了数据的可视性。

在植物病害流行学中，Excel 主要用于数据整理、数据保存、数据计算与分析、统计图制作等。利用 Excel 录入数据、保存数据和制作各种表格，如制作各种调查表，是我们大都已经熟悉的功能。利用 Excel 进行简单的计算和数据处理，如求平均数、根据实际调查计算病情指数、根据试验数据计算防治效果、按病害严重度或防治效果对数据进行排序、根据计算结果制作统计图等，也是我们相对熟悉的功能。然而，Excel 的功能远不止这些，而且随着版本的升级，其功能也在不断完善和增加。如想学习和了解 Excel 的更多功能，可从菜单和函数开始。Excel 的每项功能都在菜单上有一个入口，或者说菜单上的每一项都代表着 Excel 的一个功能或多个功能。Excel 中有数百个内置函数，利用这些函数，可以完成各种复杂的数据处理与计算工作。下面以一个实例来演示 Excel 在病害流行学数据加工整理中的应用。

为了研究梨黑星病的流行动态，研究人员自 2002 年起连续 3 年对梨黑星病的流行动态进行了系统监测，每年在 3～5 个梨园中选定 30～60 株树，每株树从东、西、南、北、中 5 个方位分别标记 3 个枝条和 10 个果实，每个枝条按自上而下的顺序，定期记录每个叶片和果实上的黑星病斑数。3 年的系统监测共获得上百套数据，这些观测数据除用于研究梨黑星病的周年流行动态之外，还可以用于研究黑星病斑在叶片或果实上的分布，从而确定发病率与病害严重度的函数关系，以便在实际调查中根据病梢率或病叶率估测病害严重度（Li et al., 2007）。

在确定梨黑星病病叶率与每叶病斑数（严重度）的函数关系之前，首先测验每叶上的病斑数属于哪种概率分布，如果属于泊松分布，那么平均每叶的病斑数 m 就可以用 $m=-\ln(1-P)$ 来估计，P 为病叶率。如果每叶的病斑数不符合泊松分布，再测验别的概率分布，如果不符合现有分布，最后用经验模型拟合数据。表 14-1 是 Excel 表的一部分，表中给出 2 株树的病害数据。本例用 Excel 中的内置函数验证这 2 株树上的病斑分布是否符合泊松分布，以此说明 Excel，以及 Excel 中函数在数据处理中的应用。当然，用其他统计软件也能够完成类似测验。

表 14-1 是 2005 年调查获得的 2 株梨树上的黑星病的数据。首先对调查数据作一个描述统计，了解调查数据的基本情况。例如，假设在单元格 Z1 中直接输入 "= COUNT（D2:V25）"，计算总的调查叶片数，其中 "D2:V25" 表示单元格范围。COUNT 函数的作用是计算从 D2 到 V25 的范围内有数据的单元格数。或者单击 "输入框" 左侧的 "fx"，打开 "插入函数" 窗口，选择相应的函数，单击后打开 "参数输入" 窗口，输入相应的函数参数后，点击 "确定"，完成函数输入。分别在单元格 Z2、Z3、Z4、Z5 和 Z6 中输入 "=Z1-COUNTIF（D2:V25，'=0'）""=100*Z2/Z1、=AVERAGE（D2:V25）""=MAX（D2:V25）""=MEDIAN(D2:V25)"，分别计算发病叶片数、病叶率、平均每叶的病斑数、最大单叶病斑数和每叶病斑数的中值。

为了验证病斑的分布是否符合泊松分布，首先在 Excel 表的单一空白列中输入 0～7（因为最大病斑数为 7），如表 14-2 所示。在该列的右侧，表 14-2 中单元格 Y10 中输入 "=COUNTIF（$D$2:$V$25，X10）"，计算没有发病叶片的个数，即 $P(x=0)$ 时的观测次数。选中单元格 Y10，下拉鼠标，复制单元格 Y10 的内容到 Y11～Y17，分别计算一个叶片上有 1 个病斑、2 个病斑……的实际观测次数。在输入函数中 "$" 表示绝对引用，即复制单元格内容时，"$" 所标识的行或列的位置不会相对改变。单击 Excel 文本输入框

表 14-1 梨黑星病田间监测的部分数据（2 株树）

	A	B	C	D	E	F	G	H	I	J	K	L	M	N	O	P	Q	R	S	T	U	V
1	株号	方位	枝号	每叶病斑数（叶序为自上而下）																		
2	1	E	1	0	0	0	1	0	0	0	2	0	1	0								
3	1	E	2	0	0	1	0	0	0	0	0	2	0	0	0							
4	1	E	3	1	1	0	2	0	0	0												
5	1	S	1	0	0	0	0	0	0	0	0	0	0	0	0	1	1	0	0	0	0	0
6	1	S	2	0	0	2	1	4	2	2	0											
7	1	S	3	0	0	0	0	0	1	0	1	0	2	1	0	0						
8	1	W	1	0	0	0	0	0	0	0	0	0	0									
9	1	W	2	1	1	0	0	0	0	0	0											
10	1	W	3	0	0	0	0	0	0	0	0	0	0	0	0							
11	1	N	1	0	0	0	0	1	0	3	2	0	0	0	0							
12	1	N	2	0	0	0	0	0	1	0	0	0										
13	1	N	3	0	0	0	1	4	0													
14	2	E	1	0	0	0	0	3	1	4	1	2	0									
15	2	E	2	0	0	0	0	1	2	1	2	0										
16	2	E	3	0	0	0	0	0	1	0	0	0	0	0	0							
17	2	S	1																			
18	2	S	2	0	0	0	0	0	0	0	0	0	0	1	7	1	0	0	0	0	
19	2	S	3	0	0	0	0	0	0	0	0	0	0	0	0	2	0	1				
20	2	W	1	0	0	0	0	0	0	1	4	1	1	2	2	0						
21	2	W	2	0	0	0	0	0	0	0	0	1	0	0	0							
22	2	W	3	0	0	0	0	0	0	0	0	0	0	1	2	2	5	1	0			
23	2	N	1	0	0	0	0	0	0	0	0	0	0	0								
24	2	N	2	0	0	0	0	0	0	0	2	0	0	0	0							
25	2	N	3	0	0	0	0	0	0	0	0	0	1	1	0							

左侧的 "fx"，打开 "插入函数" 窗口，选中 "POISSON 函数"，通过 "函数参数" 窗口，在单元格 AA10 中录入 "=POISSON（X10，$Z$4，FALSE）"，计算平均每叶病斑数为 0.32，每叶病斑数为 0 的，即 $x=0$ 时理论概率 $P(x=0)$。下拉单元格复制 AA10 中的内容，分别计算每叶病斑数为 1、2……，即 $x=1$、$x=2$……时的理论概率。理论频次是理论概率与调查叶片总数的乘积。在单元格 AB10 中输入 "=$Z$1*AA10"，计算没有发病叶片的理论次数，下拉单元格计算一个叶片上有 1 个病斑、2 个病斑……的理论频次。按照统计学的要求，将理论次数小于 5 的项合并计算。本例中将叶片上有 3、4、5、6 和 7 个病斑的项合并，只计算病斑数为 0、1、2 和 >2 四项的卡方值。卡方值

$\left(\chi^2 = \sum_{i=0}^{n} \dfrac{o_i - e_i}{e_i}\right)$ 是 $\dfrac{o_i - e_i}{e_i}$ 值的累加值。$\dfrac{o_i - e_i}{e_i}$ 值直接通过公式计算，如在单元格 AC10 中直接输入 "=（Y10-AB10）^2/AB10"，可计算 $P(x=0)$ 的 $\dfrac{o_i - e_i}{e_i}$ 值。在"插入函数"窗口中，查找 "CHIINV"，用 "=CHIINV（0.05，2）" 计算 χ^2 分布的单尾概率为 0.05 时的反函数值。2 为卡方测验的自由度（自由度 $v=k-1-m$，$k=4$ 为观测值的个数，本测验中用样本的平均值估计总体的平均值，因此 $m=1$）。本例中实测数据的卡方值 $\chi_0^2=56.70$，远远高于 0.05 水平上（$P=0.05$）的卡方值 5.99，差异显著，即单个叶片上梨黑星病斑的分布不符合泊松分布，原因是具有多个病斑的叶片数量太多。

表 14-2　表 14-1 中梨黑星病系统监测数据的统计分析结果

	X	Y	Z	AA	AB	AC
1		总叶数 =	316			
2		发病叶数 =	60	卡方值	$\chi_0^2=$	56.70
3		病叶率 =	18.99			
4		平均每叶病斑 =	0.32	临界值	$\chi^2(0.05，2)=$	5.99
5		最大单叶病斑数 =	7			
6		中数 =	0			
7						
8			泊松分布的理论概率与理论次数			
9	每叶病斑数	观测次数（o）	理论概率		理论次数（e）	$(o-e)^2/e$
10	0	256	P（X=0）	0.722 8	228	3.33
11	1	35	P（X=1）	0.234 6	74	20.66
12	2	17	P（X=2）	0.038 08	12	2.05
13	3	2	P（X=3）	0.038 1	12	
14	4	4	P（X=4）	0.004 1	1	
15	5	1	P（X=5）	0.000 3	0	
16	6	0	P（X=6）	0.000 0	0	
17	7	1	P（X=7）	0.000 0	0	
18	>2	8	P（X>2）	0.004 5	1	30.65

　　这是一个利用 Excel 进行数据整理和计算的简单例子，Excel 还有更复杂的功能，如嵌套的条件计算（IF 语句）、字符串运算、数据拟合、统计计算等，还可利用 Excel 的 Visual Basic 语言开发程序（详见本章第二节）。读者可以在计算机上按文中的提示进行操作，从中体会 Excel 的功能，学习和掌握利用 Excel 整理数据的方法。

二、R 及应用

　　R 是用于统计分析、绘图的语言和操作环境。R 有两个层面的含义，一方面，R 是一套计算机语言，它定义了自己的语法，用来实现各种自定义的算法，因此称为 R 语言；同时，R 也是一个软件，是一个基于操作系统的集成开发和操作环境，包括用户界面、编译系统、各种工具和扩展包。R 软件可从网站 https://www.r-project.org/ 自由下载，是一个免费、源代码开放的软件。R 软析在各种主流操作系统都可以安装使用，是目前较为流行的统计分析和绘图软件。为了方便 R 语言使用，RStudio 公司开发了一个集成开发环境 RStudio。RStudio 包括一个控制台，语法高亮编辑器，支持直接代码执行，以及项目策划、查看历史、调试代码和工作区的管理工具，在该环境中编写、调试、运行代码非常方便。RStudio 可从 https://www.rstudio.com/ 下载。Tinn-R 是另一个 R 语言的集成开发环境，使 R 的编辑与应用更加便捷。

　　R 的统计计算和绘图能力非常强大，是从数据中提取信息的绝佳工具。R 软件的基本安装程序就提供了数以百计的数据管理、统计分析和图形函数。除基本函数外，R 还提供了数以千计、由世界各地不同领域的优秀程序员贡献的功能模块，称为包（package），这些包提供了横跨各个领域、数量惊人的功能，包括地理信息、核酸序列、蛋白质谱、心理测试等数据的统计、分析与绘图。目前，R 主要用于统计与绘图、生命科学、互联网数据挖掘、金融分析等领域。

　　R 语言是一种解释性的高级语言，R 程序的编写非常简洁。用户仅需要了解一些函数的参数和用法，不需要了解更多程序的实现细节，就可以编写和运行程序，完成相应的工作，而且 R 能够实时显输入的程序和命令的结果，让用户所见即所得，非常有助于用户快速自学。

　　在植物病害流行学中，R 可用于统计分析、数据拟合、图形绘制等工作。本节通过 2 个简单的实例作为一个入门程序来初步介绍 R，要熟练运用 R 解决实际问题，还需要阅读更多的参考书。

　　图 14-1 是一个非常简短的 R 程序，包括输入数据，计算并输出平均数、标准差和相关系数，能帮助你快速入门。从网上下载并安装 R 程序，安装完成打开应用程序，逐行输入图 14-1 中的程序，输完一行按 Enter 键，执行程序，观察程序运行结果。R 程序中的字符都为半角英文字符，而且区分大小写，程序中"#"以后的内容为注释语句，程序不执行。

```
age<-c(1,3,5,2,11,9,3,9,12,3)      # 输入年龄数据
weight<-c(4.4,5.3,7.2,5.2,8.5,7.3,6.0,10.4,10.2,6.1)      # 输入体重数据
mean(weight)    # 计算体重的均值
[1] 7.06    # 程序输出的体重的均值
sd(weight)    # 计算体重的标准差
[1] 2.077498    # 程序输出的体重的标准差
cor(age,weight)    # 计算年龄和体重两个变量的相关系数
[1] 0.9075655    # 程序输出的年龄与体重间的相关系数
q()    # 退出 R 程序
```

图 14-1　学习 R 的入门程序

　　温度和湿度对病原菌孢子萌发与侵入的影响是流行学研究的重要内容。表 14-3 为苹果炭疽叶枯病病菌分生孢子在不同的温度与湿度条件组合下培养 12h 后的萌发数据，所有数据在 Excel 中录入并完成编辑。A 列为测试温度，标记为 Temp；B 列为相对湿度，标记为 RH；C 列为重复，D 列为 50 个孢子中已萌发产生芽管的孢子个数。试验共设 4 个重复，每个重复有 4 组观测值，表中数据为重复一的第 1 组观测值，其他观测值排列其后。数据编辑完成后，保存为以逗号分隔的文本文件（*.csv），命名为"Effect of temp an RH on conidia germ.csv"，用于后续的数据分析。

表 14-3　苹果炭疽叶枯病病菌分生孢子在不同的温度与湿度组合条件下培养 12h 后的萌发数

	A	B	C	D		A	B	C	D
1	Temp	RH	Rep	Ngc	22	25	95	1	2
2	5	95	1	0	23	25	97	1	3
3	5	97	1	0	24	25	99	1	0
4	5	99	1	1	25	25	100	1	5
5	5	100	1	0	26	25	下雨	1	50
6	5	下雨	1	1	27	30	95	1	2
7	10	95	1	1	28	30	97	1	4
8	10	97	1	1	29	30	99	1	2
9	10	99	1	1	30	30	100	1	17
10	10	100	1	0	31	30	下雨	1	47
11	10	下雨	1	1	32	35	95	1	0
12	15	95	1	0	33	35	97	1	5
13	15	97	1	1	34	35	99	1	12
14	15	99	1	3	35	35	100	1	12
15	15	100	1	1	36	35	下雨	1	42
16	15	下雨	1	32	37	40	95	1	0
17	20	95	1	1	38	40	97	1	0
18	20	97	1	0	39	40	99	1	0
19	20	99	1	0	40	40	100	1	0
20	20	100	1	8	41	40	下雨	1	17
21	20	下雨	1	35					

　　为了使用 R 程序分析数据，首先打开 RStudio 程序，并点击 File 菜单下的 New Project 项，创建一个数据分析项目，并命名；再点击 New File 项，选择 R Script 创建一个新文件；下一步将数据文件拷贝到新建的 R Project 目录下，以便 R 程序能找到数据文件。然后，就可以开始编写 R 程序进行数据分析了。

　　为了分析数据，首先需将数据读入 R 程序，并按数据分析和 R 程序的要求对数据进行预处理，重计算，并确认所读取的数据准确无误。图 14-2 是读取、预处理数据和检查数据的一段 R 程序，每个语句的功能都已注释。将图中的 R 语句，逐条录入图中语句，选中要执行的语句，点菜单中的 Run 执行，观察程序执行结果。如果程序中的语句不能正确执行，会返回错误信息，可根据反馈信息更改或调试程序。图 14-2 中的语句，须按顺序逐条执行才能获得正确的结果。R 程序提供了大量函数，编写 R 程序的关键就是根据数据处理的目的和需要，查找相应的函数，了解函数作用和使用方法。

　　当确认数据准确无误后，下一步工作是对数据进行方差分析。图 14-3 中的程序为炭疽叶枯病病菌孢子萌发的方差分析语句。方差分析调用了 aov 函数，多重比较调用了 LDuncan 函数。由于 LDuncan 不在 R 的基础程序中，而在 laercio 包中，在调用该函数前

```
###### 读取并处理数据
rm(list=ls(all.names=TRUE))    # 清除前期统计计算中驻留于计算机内存中的数据和对象，为新的工作做准备
data<-read.csv(" .//Effect of temp an RH on conidia germ.csv",header=TRUE)    # 从文本
    文件" Effec..." 中读取数据，并保留原文件中的标题行
Mydata<-data    # 将原始数据保存于另一个数据框中，以便对数据进一步处理，而不影响原始数据
Mydata$Pgc<-Mydata$Ngc/50    # 计算孢子的萌发率，原始数据为 50 个孢子中萌发产生芽管的孢子数
Mydata$aPgc<-asin(sqrt(Mydata$Pgc))    # 孢子萌发率数据为二项分布，对其平方根反正弦转换后，方
    能用于方差分析
Mydata$RH<-ordered(Mydata$RH,levels = c(" wet"," 100"," 99"," 97"," 95"))    # 对相对
    湿度排序，为柱形图中的各项提供合理的顺序
str(Mydata)    # 输出数据的简要结构
summary(Mydata)    # 对数据进行基本的统计描述
```

图 14-2　从文本分析中读取、预处理并检查数据的 R 语句

必须加载对应的包。R 中用于数据方差分析和多重比较的程序有多个，如广义线性模型 GLM 已广泛用于方差分析中，与之相应的多重比较函数为 multcomp 包中的 glht。在数据分析时，首先要了解各个函数的算法，然后才能正确地选择函数。

```
###### 方差分析
library(laercio)    # 加载包，Duncan 多重比较函数 LDuncan 出自这个包，使用前必须加载！
anv<-aov(aPgc~Rep+Temp+RH,data=Mydata)    # 方差分析函数，具体的使用方法参考有关说明
anova(anv)
LDuncan(anv," Temp")    # 不同温度条件下孢子萌发率平方根反正弦转换值的多重比较，采用 Duncan 多重比
    较方法
LDuncan(anv," RH")    # 不同相对湿度条件下孢子萌发率平方根反正弦转换值的多种比较，采用 Duncan 多
    重比较方法
```

图 14-3　用于方差分析的 R 语句

除方差分析外，在流行学研究中常将随温度、时间等因变量变化的数据拟合已知的模型，以了解温度等因子的影响，或事物的变化动态。图 14-4 为将炭疽叶枯病病菌孢子萌发率随温度变化的数据拟合温度模型的程序。本例应用的温度模型为

$$y = k\left(\frac{H-t}{H-O}\right)\left(\frac{t-L}{O-L}\right)^{\frac{O-L}{H-O}}$$，其中，y 为孢子的萌发率，t 为温度，模型参数 k 为孢子的最高萌发率，H、O 和 L 分别为孢子萌发的最高、最适和最低温度。为了拟合模型，首先计算不同温度下孢子萌发率的平均值，并存放于一个数据集中，然后调用 minpack.lm 包中的非线拟合函数 nlsLM，拟合数据，计算模型参数和模型的决定系数 R-square。在数据拟合中，可拟合的模型有很多，比较理想的模型应该是能准确描述变量间的内在生物学规律，参数有明确的生物学含意，且对数据有较高拟合度的模型。评估模型拟合度的方法有很多，但目前并没有统一的方法与标准。本例中主要依据模型的决定系数 R-square 评估模型的拟合度。在实际的数据拟合中，常用一套数据拟合多个模型，最终依据模型所描述生物学规律的合理性及数据的拟合度，选择适宜的模型。

拟合模型后，下一步工作是将数据和模型可视化，即绘制孢子萌发率随温度变化的关系图及模型曲线。为了绘制高质量的统计图，首先按出版要求创建绘图窗口，定义绘图边界等与图形有关参数的值；然后用 plot 函数绘制不同温度下孢子萌发率的散点数；

```
###### 温度数据拟合
library(minpack.lm)        # 加载包，非线性拟合函数 nlsLM 出自这个包，使用前需加载！
Meandata<-data.frame(table(Mydata$Temp),tapply(Mydata$Pgc,Mydata$Temp,mean))    # 创建一个
    数据集，包含温度及孢子萌发率均值，主要用于温度模型拟合
names(Meandata)[1]<-"Temp"          # 将第一列的温度命名为" Temp"
names(Meandata)[3]<-"mPgc"          # 将第三列的孢子萌发率的均值数命名为" mPgc"
Meandata$Temp<-as.double(as.character(Meandata$Temp))      # 在新建的数据集中，Temp 变量为
    " 字符型"变量，本函数将其转换为" 实数"，用于模型拟合
Tempmodel<- nlsLM (mPgc~A*((H-Temp)/(H-O))*((Temp-L)/(O-L))^((O-L)/(H-O)),trace=T,sta
    rt=c(A=1,H=45,L=0,O=25),data=Meandata)      # 通过非线性拟合函数，将温度和孢子萌发率平均值拟合
    为温度模型
summary(Tempmodel)     # 输出拟合模型的统计参数
1-(deviance(Tempmodel)/sum((Meandata$mPgc-mean(Meandata$mPgc))^2))      # 计算拟合模型的
    R-square 的值
```

图 14-4　用于拟合温度与孢子萌发率的 R 语句

最后在散点图上添加拟合模型的曲线。为了绘制模型的曲线，需生成一个温度序列数据，并以温度序列数据为自变量，计算模型的预测值。图 14-5 为绘制孢子萌发率随温度变化关系图的语句，图 14-6 是该程序绘制的统计图。根据需要可将统计图保存为不同的文件格式，或复制为图元文件，可直接插入 Word 文档中。

```
###### 绘制温度与孢子萌发率的曲线图
win.graph(width=3.3,height=2.4,pointsize=8)      # 创建一个绘图窗口，宽和高分别为 3.3 和 2.4 英
    寸，图中文字字号为 8
par(mar=c(3,3,1,1))      # 图（四个坐标轴）到绘图区边界的距离，单位为文字的" 行"数
par(mgp=c(1.7,0.5,0))      # 分别为标题、数据和坐标轴线到坐标轴的距离，单位为文字的" 行"数
plot(mPgc*100~Temp,xlim=c(0,41),ylim= c(0,50),xlab="温度（℃）",ylab="孢子萌发率 （%）",
    data=Meandata)      # 以温度为横坐标，孢子萌发率实测值（转化为百分率）为纵坐标绘制温度与孢子萌
    发率的散点图
x<-seq(0,40.5,0.01)      # 新建一个温度数据的序列
newdata<-data.frame(Temp=x)      # 以新建的温度数据序列为基础，构建一个新的数据框
lines(x,predict(Tempmodel,newdata)*100,type="l",lty="solid",lwd=1)      # 在温度与孢子萌
    发率散点图中添加拟合模型的曲线
```

图 14-5　用于绘制温度与孢子萌发率关系图的 R 语句

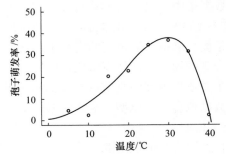

图 14-6　温度与孢子萌发率关系图及拟合模型的曲线

图 14-7 是绘制不同湿度条件下孢子萌发率柱形图的 R 程序。为了绘制孢子萌发率柱形图，先计算不同湿度条件下孢子萌发率的平均数和标准误，并存放在 2 个矩阵中；然后，调用 barplot 函数绘制柱形图，调用 arrows 函数在柱形图上添加标准误；最后，在图上标注方差分析结果，添加 X 轴和 Y 轴的标题。图 14-8 为该程序输出的柱状图。当用计算机语言绘制图形时，需不断调整绘图参数的值，以美化图形，最终达到理想的效果。

```
#### 绘制湿度对孢子萌发影响的柱形图
win.graph(width=3.3,height=2.4,pointsize=8)
par(mar=c(3,3,1,1))
par(mgp=c(1.7,0.5,0))
Meanmatrix<-tapply(Mydata$Pgc*100,Mydata$RH,mean)       # 计算各湿度条件下孢子萌发率的均值，
    存放于一个矩阵中
SDmatrix<-tapply(Mydata$Pgc*100,Mydata$RH,sd)/sqrt(table(Mydata$RH))   # 计算各湿度条件
    下的孢子萌发率的标准误，存放于一个矩阵中
xp<-barplot(Meanmatrix,beside = T,ylim=c(0,max(Meanmatrix)*1.1+max(SDmatrix)),axis.
    lty="solid",density=20,angle=45,col="black")       # 绘制不同湿度条件下孢子萌发率的柱形
    图，并输出各横坐标的位置
arrows(xp,Meanmatrix-SDmatrix,xp,Meanmatrix+SDmatrix,code=3,angle=90,length=0.03)
    # 在柱形图上添加标准误
text(xp,Meanmatrix+SDmatrix+3,c("a","b","b","c","c"))       # 在柱形图上标注多重比较结果
mtext("相对湿度",side=1,line=1.7,outer=FALSE)       # 标注 X 轴的标题
mtext("孢子萌发率（%）",side=2,line=1.7,outer=FALSE)       # 标注 Y 轴的标题
```

图 14-7　绘制不同湿度条件下孢子萌发率柱状图的 R 语句

三、数据分析与 SAS 程序

　　SAS 为 "statistical analysis system" 的缩写，意为统计分析系统。它于 1966 年开始研制，1976 年由美国 SAS 软件研究所实现商品化，1985 年推出 SAS/PC 版本，目前国内较为流行的版本是 8.01 版和 9.0 版。SAS 是美国使用最为广泛的三大著名统计分析软件（SAS、SPSS 和 SYSTAT）之一，也是目前国际上最为流行的一种大型统计分析系统，是目前公认的统计分析标准软件。

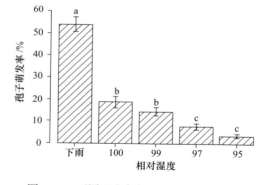

图 14-8　不同湿度条件下炭疽叶枯病病菌分生孢子的萌发率

　　SAS 是一个功能强大的数据管理与统计分析系统，具有数据输入、数据检索、图形显示、报表生成、统计计算等多项功能，包含 20 个模块。在植物病害流行学中，SAS 主要用于数据分析，这些功能包含在 SAS/BASE 和 SAS/STAT 两个模块中。SAS/STAT 模块包括回归分析、方差分析、聚类分析、判别分析等 26 个过程，基本能够满足植物病害流行学对数据分析的要求。

　　利用 SAS 可以通过编写程序和 ASSIST 窗口交互两种方式进行数据分析。编写简单程序，通过程序对数据进行分析是 SAS 优势。SAS 程序能够以文本的方式进行保存，可反复多次使用，应用灵活，这是通过 SAS 程序分析数据的优点，其缺点是学习编程需要花费一定的时间。通过窗口交互方式分析数据，其优点是用起来简单，学起来容易，缺点是不够灵活，而且每次都要从头开始，比较烦琐。这是通过 3 个例子，简要介绍通过编写简单的 SAS 程序分析植物病害流行学数据的过程和方法，作为学习利用 SAS 分析植物病害流行学数据的入门。如想对 SAS 有更深入的了解，请参考 SAS 的相关参考书。

在实际工作中，当我们获得一套调查或研究数据后，首先想了解数据的基本信息，如平均数、变异度、中数、分位数、最大值、最小值等。SAS 提供了多个描述统计的过程，如 MEANS、FREQ、UNIVARIATE 等。图 14-9 给出了梨锈病发病严重度描述统计的 SAS 程序。

```
data Rust;
    input lession @@;
    cards;
    0     0     0     0     0     0     3
    0     5     12    13    3     0     0
    0     0     0     0     3     14    16
    0     0     2     11    22    6     0
    1     12    14    1     0     0     0
    0     0     1     9     5     1     0
    0     0     0     9     16    10    1
    0     0     0     0     5     24    11
    0     0     0     8     18    34    13
    0     0     0     10    20    4     2
    0     0     5     10    15    12    7
    0     0     0     0     9     9     12
    6     13    10    4     2     0     0
    2     7     6     32    25    9     5
    0     0     0     8     22    15    0
    0     0     4     16    12    3     2
    0     0     5     13    4     2     0
    4     14    4     1     0     0     1
    0     4     8     9     2     0     0
    0     8     15    1     0     0     0
    ;
proc PRINT;
    run;
proc MEANS;
    run;
proc UNIVARIATE;
    run;
```

图 14-9　梨锈病发病严重度描述统计的 SAS 程序

SAS 程序由数据步和过程步两部分构成。如图 14-9 所示，data 标志着数据步的开始，同时指明 SAS 数据集的名称，数据集用于在计算机内临时存放数据，本程序中 SAS 数据集的名称为 Rust。SAS 语句以分号结尾，标识符不分大小写。input 语句的功能是向 SAS 数据集中读入数据，本程序中 input 语句向 Rust 数据集中读入一列数据，并以变量名 lession 标识。"@@"符表示 cards 语句的一行数据行中有多个观测记录，input 需从一行数据中读取多个观测记录。本例中 input 语句从一行中连续读取 7 个数据。cards 语句是数据开始的标识，数据的结束用分号标识。本例中的数据是梨锈病发病严重度的实测值，每个枝条调查 7 个叶片，记录每个叶片上的病斑数，程序中的一行数据是一个枝条上每个叶片的病斑数。

proc 标志过程步的开始，同时指定过程的名称，本程序中执行三个过程。PRINT 过程的作用是将 SAS 数据集中的数据输出到 Output 窗口中，以便检查 input 语句读入的数据是否正确。MEANS 过程主要用于计算样本数、平均数、标准差、最大值、最小值等 16 个统计量。UNIVARIATE 过程除能完成与 MEANS 过程相同的基本统计量外，还可以计算极端值、分位数，并支持对数据进行正态性检验。

　　SAS 系统的界面主要由 Editor、Log 和 Output 三个窗口组成，Editor 窗口是程序编辑窗口，主要用于编辑 SAS 源程序。图 14-9 中的程序可直接在 Editor 窗口录入，也可在其他的编辑软件中编辑好后，调入 Editor 窗口中。Log 窗口是运行记录窗口，主要记录程序的运行情况，如程序运行中的警告信息和错误信息。如果程序不运行或运行错误，首先要打开 Log 窗口，查看警告信息（蓝色字体标出）和错误信息（红色字体标出）。Output 窗口是运行结果输出窗口，主要记录 SAS 程序的运行结果。

　　读者可以在计算机上打开 SAS 系统，将图 14-9 中的源程序直接录入到 Editor 窗口，按 F8 运行程序。如果程序不能正确运行，查看 Log 窗口，查找错误并更正程序。程序正确运行后，打开 Output 窗口，查看运行结果，学习 SAS 所输出每项结果的统计学意义。

　　分析不同因子对病害流行的影响效果是病害学分析的重要内容。比较因子间影响差异的方法有多种，如比较两个因子间差异显著性可用 t 测验（TTEST 过程）、比较理论值与观察值间的差异显著性可用卡方（χ^2）测验，而比较多个因子间影响差异的方法是方差分析。SAS 系统的 ANOVA（analysis of variances）和 GLM（generalized linear models）过程是用于数据方差分析的主要过程。ANOVA 只能用于平衡设计试验数据的方差分析，要求各处理间观察值的个数相等。GLM 可以用于非平衡设计试验数据的方差分析。本章以 ANOVA 过程为例，说明利用 SAS 系统进行方差分析的方法和过程。

　　图 14-10 是苹果褐斑病药效试验部分数据的分析程序，其中 CK 代表清水对照，SC、BLA、QF 和 GP 分别代表 4 种杀菌剂，试验重复 3 次，第二列数据代表重复次数，第三列数据为各处理平均每叶病斑数。方差分析的前提条件是参与分析的数据必须符合正态分布，UNIVARIATE 过程用于检验分析数据是否符合正态分布，normal 选项用于指定 UNIVARIATE 过程进行正态分析。如果数据不符合正态分布，需根据数据的分布类型进行数据转换，本例中采用了对数转

```
data Fungicide;
    Input Fcide $ Rep $ Lesions;
    LnL = log(Lesions);
Cards;
    CK      1       7.00
    CK      2       16.83
    CK      3       6.17
    SC      1       1.17
    SC      2       1.00
    SC      3       5.20
    BLA     1       3.83
    BLA     2       3.83
    BLA     3       17.50
    QF      1       0.83
    QF      2       3.75
    QF      3       2.00
    GP      1       4.20
    GP      2       2.83
    GP      3       0.83
    ;
Proc Print;
    run;
Proc Univariate normal;
    var Lesions LnL;
    run;
Proc ANOVA;
    class Fcide;
    model  Lesions LnL = Fcide;
    means Fcide /duncan;
    run;
```

图 14-10　苹果褐斑病药效试验的 SAS 分析程序

换。图 14-11 列出了 UNIVARIATE 过程对病斑数（Lesions）及其转换数据（LnL）的分析结果。病斑数（Lesions）Shapiro-Wilk 分析的统计参数 W 为 0.738 384，概率值为 0.0007（P_r=0.0007<0.01），说明病斑数不符合正态分布，而病斑数的对数转换值符合正态分布（P_r=0.3288>0.05）。用 ANOVA 过程对两组数据都进行了分析，用于比较分析结果的差异。Class 语句和 Model 语句是 ANOVA 过程必需的语句，Class 语句在前，Model 语句在后，顺序不能颠倒。Class 用于说明方差分析所使用的分类变量，即区分分类水平的变量，Model 用于说明方差分析的自变量和因变量。等号右边的变量为自变量，左边的是因变量。Means 语句用于计算分类变量每个效应所对应的因变量的各水平的均值。Duncan 选项指定 ANOVA 过程对所有主效应的平均值进行 Duncan 多重范围检验。

```
              Tests for Normality (Lesions)
Test                  --Statistic---         -----p Value------
Shapiro-Wilk          W      0.738384         Pr < W       0.0007
Kolmogorov-Smirnov    D      0.237107         Pr > D       0.0226
Cramer-von Mises      W-Sq   0.249915         Pr > W-Sq   <0.0050
Anderson-Darling      A-Sq   1.521283         Pr > A-Sq   <0.0050

                Tests for Normality (LnL)
Test                  --Statistic---         -----p Value------
Shapiro-Wilk          W      0.935473         Pr < W       0.3288
Kolmogorov-Smirnov    D      0.148075         Pr > D      >0.1500
Cramer-von Mises      W-Sq   0.049832         Pr > W-Sq   >0.2500
Anderson-Darling      A-Sq   0.353323         Pr > A-Sq   >0.2500
```

图 14-11　苹果褐斑病药效试验 SAS 分析程序 UNIVARIATE 过程的部分输出结果

由于方差分析要求分析数据必须是正态分布，很多数据都难以满足这一条件，目前国外的统计学者提倡用 GENMOD 代替方差分析，用于分析各处理因子的影响效果。有关 GENMOD 的用法，请参考 SAS 的有关资料。

数据拟合是植物病害流行学数据分析的重要内容。数据拟合是利用调查的数据拟合已有的数学模型，用以确定调查数据是否符合某一数学模型，确定所调查生物学或流行学过程是否符合某一个理论模型所描述的过程，并估计模型的参数。通过拟合数据，能更深入地了解所调查过程的变化规律，并将大量的调查数据简化为 2 或 3 个有代表性的模型参数，如描述植物病害时间流行动态的模型有指数模型、逻辑斯蒂模型、单分子模型等。例如，我们对一种病害的流行动态进行连续几年的系统调查，获得了多套流行学数据，现在想了解不同年份之间的病害流行是否存在差异。为了比较不同年份之间病害流行的差异，首先需用一个理论模拟，对于多循环病害常用逻辑斯蒂模型，拟合调查数据，再通过比较逻辑斯蒂模型的速率参数确定不同年份间流行过程的差异。

利用数据拟合曲线模型的计算过程复杂，计算量大。在计算机不是很普及的年代，拟合曲线模型，首先需将曲线模型转换成直线模型，再用最小二乘法估计直线模型的参数。经过直线转换拟合的模型精度较差，而 SAS 系统提供了直接由调查数据拟合曲线模型的 NLIN 过程。NLIN 过程使用最小二乘法或加权的最小二乘法实现非线性模型的参数估计。图 14-12 是用苹果褐斑病病菌分生孢子在 20℃下萌发动态数据拟合逻辑斯蒂模型的 SAS 程序。

```
Data GerData;
    input WetD Rep $ Ger1 Ger2 Ger3 Ger4;
    drop Ger1 Ger2 Ger3 Ger4;
    GerP = Ger1; output;
    GerP = Ger2; output;
    GerP = Ger3; output;
    GerP = Ger4; output;
cards;
    3        1        2        2        1        0
    3        2        2        1        0        1
    3        3        3        4        3        2
    4        1        4        3        3        3
    4        2        4        5        5        6
    4        3        5        5        4        6
    5        1        24       27       31       23
    5        2        25       23       19       36
    5        3        39       40       34       39
    6        1        38       33       49       37
    6        2        53       60       49       62
    6        3        37       45       40       41
    7        1        78       54       71       59
    7        2        80       76       87       75
    7        3        55       70       51       54
    8        1        88       79       76       75
    8        2        82       85       81       83
    8        3        67       62       52       69
    9        1        83       88       64       81
    9        2        88       94       89       92
    9        3        54       67       69       70
    10       1        82       92       87       79
    10       2        96       92       95       94
    10       3        64       70       74       78
    11       1        73       80       88       84
    11       2        91       94       93       95
    11       3        75       71       69       77
    12       1        90       89       93       95
    12       2        97       94       95       96
    12       3        83       74       76       77
    24       1        98       99       99       97
    24       2        99       98       97       99
    24       3        88       89       90       88
    ;
proc SORT;
    By  WetD Rep;
run;
proc MEANS  noprint;
    Var GerP;
```

```
     By  WetD Rep;
     output out = GerMean    MEAN = GerM ;
run;
proc NLIN  data = GerMean   method = MARQUARDT;
     parms K= 90 B= 0.5 M= 5;
     model GerM = K/(1+exp(-B*(WetD - M)));
     output out=b1 sse=sse;
     output out=PP1 P=PriGer R=RESID;
run;
proc MEANS noprint css;
     var GerM;
     output out=b2 css=css;
run;
data _nuLL_;
     set b1(obs=1); set b2(obs=1);
     rsq = 1 - sse/css;
     file print;
     put // +10'R-square for the non-linear model is defined as 1 - SSE/CSS, where sse is' /
         +10'the variance of the full model, CSS is the variance of the mean model.' //
         +10+6'R-square='+5 rsq 8.6;
run;
proc PLOT data=pp1;
     plot GerM*WetD= '+'         PriGer*WetD='o' /overlay;
run;
```

图 14-12 用逻辑斯蒂模型拟合苹果褐腐病病菌分生孢子在 20℃下萌发动态的 SAS 程序

数据步的 input 语句中，WetD 代表孢子萌发时间（小时），Rep 代表重复次数，Ger1、Ger2、Ger3 和 Ger4 分别为同一处理中 4 个接种点的孢子萌发率，即同一个处理的 4 个观测值。由于 4 个观测值数据在同一行中，本程序用 4 个变量读取，读取后再转存到 GerP 变量中，同时 drop 语句丢弃原来的 4 个变量。

过程步由 4 部分组成，分别用于计算同一处理 4 个观察的均值，拟合逻辑斯蒂模型，计算决定系 R2 和绘制拟合曲线图。SORT 和 MEANS 过程用于计算均值。SORT 过程用于数据的排序，保证同一个时间处理（WetD）和同一个重复（Rep）的多个观测值都集中在一起。MEANS 过程中 By 语句指明 MEANS 过程按处理时间（WetD）和重复（Rep）计算孢子萌发率 GerP 的均值，即计算同一时间处理、同一重复多个孢子萌发率观测值的均值。output 语句则要求 MEANS 过程将计算得到的均值命名为 GerM，并保存在数据集 GerMean 中。

model 语句和 parms 语句是 NLIN 过程不可缺少的语句，model 语句用于指定所要拟合的模型，列出模型的表达式。本例拟合逻辑斯蒂模型，其表达式为 GerM=K/{1−exp [−b（WetD−M）]}。parms 语句用于说明模型的参数，并设置其初始值。本程序中逻辑斯蒂模型有 3 个参数，其初始值都是依据经验估定。K 为孢子的最高萌发率，其值应接近于 100%，b 为逻辑斯蒂萌发速率，根据经验其值应在 0.1～1，M 是孢子萌发率达最大萌发率的 50%，即 GerM=K/2 时所需要的时间，其值应当是孢子萌发率达 40%～50% 所需要的时间，应为 3～6h。NLIN 语句的 method 选项说明拟合模型的不同迭代算法。NLIN 过程还输出了 2 个数据集 b1 和 pp1。在第一个 output 语句中，NLIN 过程将残差的平方和 sse（error sum of square）命名为 sse，并保存于数据集 b1 中，用于计算模型的决定系数。在第二个 output 语句中，NLIN 过程将对应每个处理时间（WetD）的模型预测值和相应的残差分别命名为 PriGert 和 RESID，保存在数据集 pp1 中，用于绘制模型曲线图。

由于非线性拟合与线性拟合的算法不同，非线性拟合的决定系数 R-square 需要另外编写程序计算。本程序中的 R-square 在第二个 data 步中计算，但在计算 R-square 前，首先需计算孢子平均萌发率 GerM 的总方差 css。第二个 MEANS 过程用于计算孢子平均萌发率的总方差 css，css 选项指定 MEANS 过程计算总方差，output 语句将计算所得的总方差命名为 css，并保存在数据集 b2 中。data 中的 set 语句用于重新设定数据集，重设后只保留了数据集中的第一个记录。R-square 的值由语句 rsq=1−sse/css 计算。put 语句用于打印计算结果，由于 SAS 系统不支持中文，本例采用英文输出。输出语句中"+10""8.6"等是输出格式说明符，"+10"输出 10 个空格，"8.6"说明要求程序在输出 R-square 的值时，输出 8 位数字，其中 6 位为小数。

PLOT 过程用于在文本界面上输出拟合的曲线图。plot 语句中的 GerM*WetD='+'和 PriGer*WetD ='o'要求程序以孢子萌发时间 WetD 为横坐标值，分别以观测值 GerM和模型预测值 PriGer 为纵坐标值，绘出实测值和模型的曲线，其中"+"和"o"分别代表实际观测值的坐标点和模型预测值的坐标点，Overlay 选项要求将 2 条曲线绘制在同一个坐标系中。

以上是三个利用 SAS 系统分析植物病害流行学数据的简单例子，目的是引导读者学习使用 SAS 分析数据的方法，读者只有在计算机上练习才能真正掌握 SAS 程序的应用方法。

四、其他数据分析与统计制图软件

国内流行的另一个统计软件是 SPSS。SPSS 是社会科学统计软件包（statistical package for the social science）的简称，是一种集成化的计算机数据处理软件。1968 年，美国斯坦福大学 H. Nie 等三位大学生开发了最早的 SPSS 统计软件，并于 1975 年在芝加哥成立了 SPSS 公司，到目前已有 40 余年的成长历史。SPSS 现在广泛用于医疗、商业、科研、教育等领域。与 SAS、R 等相比，SPSS 主要针对社会科学研究领域，更适合于社会科学、教育科学研究数据的统计分析。国外的部分学者认为 SPSS 的统计算法不够严谨，不适合生物学数据的统计分析。

SPSS 软件集数据录入、资料编辑、数据管理、统计分析、报表制作、图形绘制为一体。统计功能包括描述统计、相关分析、回归分析、方差分析、卡方检验、t 检验和非参数检验，还包括近年发展起来的多元统计技术，如多元回归分析、聚类分析、判别分析、主成分分析和因子分析等方法。SPSS 主要通过数据表编辑数据，通过窗口交互完成数据的统计分析工作，易学易用。对于初学者和数学功底不够好的使用者，SPSS 是学习应用现代统计技术的良好工具。

SYSTAT 也是美国应用最为广泛的三大统计软件之一。SYSTAT 提供了从基础的描述性统计到基于高端算法的高级统计方法的各种功能，除完成基础的统计分析外，还能完成时间序列分析、生存分析、空间统计和路径分析等。这一软件能通过窗口交互对话和编写程序两种方式完成统计分析工作。除强大的统计功能之外，SYSTAT 还能生成精美的统计图形。SYSTAT 提供了大量的科技图形模板，在分析过程中能生成各种统计图，并使用交互式图形对话框来修改图形的属性，如坐标变换、添加投影、修改颜色、符号等，用来创建精美的统计演示效果图或印刷图。

国际常用统计软件还有 BMDP、GLIM、GENSTAT、EPILOG、MiniTab 等。在此值得一提的是 GENSTAT，这一软件最初是由现代统计学的发源地——英国洛桑实验站（The Rothamsted Research Station）的统计学家编写，目前最新版本是 V14.2。GENSTAT 是英国乃至欧洲比较流行的统计软件。

在统计制图方面，SigmaPlot 是一个优秀的软件，它提供了比其他制图软件更多的表格、模型及从 2D 到 3D 的各种图形形式。SigmaPlot 还能够灵活定制图表的所有细节，如增加轴，增加不对称的线条和符号，改变颜色、字形、线的浓度等。在图中双击任何一个图表元素，都可以打开图表属性对话框，修改图形、表格，甚至粘贴方程、符号、地图、图片、例证等。SigmaPlot 输出的图形质量高，可以直接出版印刷，也可以嵌入 Word、PowerPoint 中，并能在这些软件中通过双击直接编辑。本章的部分统计图就是用 SigmaPlot 7.0 绘制完成的。

SigmaPlot 采用标准的菜单、工具栏、鼠标和图表参数设计绘制统计图。绘图时先在表格中输入绘图数据，然后在图表工具栏的快捷图标中选择想要的图表类型，接下来交互式的图表编辑向导将引导你完成每一步制作，并获得专业、高质量的图表。目前 SigmaPlot 的最新版本是 V14.0。

第二节　植物病害流行系统分析与模拟模型的构建

植物病害的流行是一个复杂的生物学过程，受多个因素的影响，如病原物的致病性、产孢量、传播效能，寄主的抗病性、生长发育期，环境温度、湿度等。如要系统了解病害流行因子对病害流行的影响，认识病害的流行规律，有效地控制病害，就需对病害的流行过程进行系统分析。

系统分析是对客观事物进行分析、综合、组建模型，进行模拟，并达到最优化的方法论。系统分析强调研究对象的整体性，注重系统内部各组分内在联系，采取定性和定量相结合的研究方法。分析、综合，再分析、再综合是系统分析的过程，通过这一过程能够不断提高对系统的辨识能力，实现对系统的管理、控制和优化。模型和模拟是系统分析的核心方法。通过模型和模拟的方法，人们可以将多年积累的知识、经验和单项资料，用逻辑的或数学的形式表达出来，并有机地组合为一体，组建模拟模型。模型是系统的结构、各因素之间的相互关系和动态变化的抽象描述，反映系统某一方面的本质属性。利用模型模拟，可以查明系统的结构、行为及其种种变化规律。最终目的是辅助人们认识事物的发生发展规律，预测事物的变化，实现对系统的最优化管理。组建模型和利用模型模拟能用较少的风险、时间和费用来对实际的系统进行多种试验和研究，由此所获得的结论尽管是推理性的，但却是无限的、有弹性的，能反映出系统多维空间动态变化的全貌，更好地洞查系统的行为，给人以启发，有助于人形成创造性思维。对于那些无法通过实地完成的试验和复杂系统，如病原物新小种的预测、病害大区流行研究，模型与模拟的方法就显得更为重要（曾士迈等，1994）。

　　构建模拟模型并利用模型模拟是研究和认识植物病害发生流行规律的重要方法。本节通过一个简单的例子说明构建模拟模型的技术与方法，再通过一个例子介绍病害时空流行动态模型的结构与应用，希望读者通过这两个例子对模拟模型有较好的认识和理解，并学会构建简单的模拟模型，最后简要介绍开发模型所使用的计算机语言和开发环境。

一、模拟模型的构建

　　下面以 Microsoft Excel 中 Visual Basic 环境为平台构建一个简单的病害流行模拟模型，以此说明模拟模型的构建过程与技术。

　　构建模拟模型首先需要明确构建模型的目的。构建模型的目的不同，所构建模型的结构、重点和考虑问题的细节也不同。例如，构建一个模拟抗病品种混栽模式对植物病害流行效果的模型与构建一个模拟病原物小种进化的模型，所考虑的问题是不同的，模型的结构也有很大差异。构建一个用于理论研究的模型与构建一个教学演示的模型，对所编写程序的严谨性和精确性的要求自然也有一定差异。本例拟构建一个能模拟植物病害随时间变化的动态和病害防治对病害流行影响的模拟模型，主要用于教学演示，并命名为 Ep-demo。

　　在明确了构建模型的目的后，第二步工作就是设计模型。模型应包括哪些因子？各因子间是什么关系？模型中应包含哪些生物学过程？模型采用一种什么样的结构？所有这些问题在编写模型的计算机程序之前必须要考虑清楚，也就是说在上机编程之前，大脑中必须装有一个完整模型。为了辅助模型的设计，有时需要把设计思路用文字表达出来，绘制模型的结构框图。在编写计算机程序时，随着对系统认识的深入，仍需不断对系统的结构进行改进，这在模型的组建过程中是不可避免的。Ep-demo 模型只考虑病害的数量变化，主要包括寄主和病害两个组分，不考虑寄主抗性和环境条件对病害的影响。模型中包括病菌的侵染、潜育、发病、产孢 4 个生物学过程。模型总体结构应是初侵染菌源侵入寄主组织，进行潜育，潜育期结束，病组织产生孢子，再侵染健康寄主组织。病害的防治效果在模型中表示为抑制潜育期病斑显症和抑制产孢期病斑的产孢。Ep-demo 模型中的关键子模型是病原菌的侵染，模型中病菌的日侵染量，分别与病害的日侵染率、产孢病组织和健康寄主组织成正比，是三者的乘积。模拟的时间单位是"天"（d），以 1d 为一个步长进行模拟，直到作物的生长期结束为止，本模型默认的作物生长期为 100d。

　　模型的结构确定后，下一步的工作是确定模型的变量、变量间的关系以及变量的取值等。模拟模型一般包括 5 类变量，分别为状态变量、速率变量、驱动变量、辅助变量和输出变量。状态变量用于描述系统在某一时刻的状态，Ep-demo 模型包括 5 个状态变量，分别是健康的寄主组织、处于潜育期的寄主组织、能够产孢处于侵染期的寄主组织、不能产孢而报废的病组织和发病组织，发病组织是指传染期病组织和报废病组织的总和。这 5 个变量能够描述所模拟病害系统在某一时刻的状态。为了提高模型的适应性，模型中寄主组织取相对值，即寄主组织总量的取值为 1 或 100%。模型中 5 个状态变量的初始值分别设为 0.999 99、0、0.000 01、0 和 0。由于寄主组织采用了相对值，因此没有具体的量纲，在此可将其量纲定义为"单位组织"。

　　状态变量也是模型的输出变量。

速率变量是描述系统从一个状态到下一个状态的变化速率。本模型中包含 1 个速率变量，即病斑的日侵染率。构建模型时，对于每一个变量都必须有严格的操作定义。在本模型中，病斑的日侵染率定义为单个病斑在 1d 产生的孢子经传播、着落在寄主组织上后，侵染所能够造成的子代的病斑数，量纲为"单位病组织·单位病组织 -1·d-1"。日侵染率是一个高度概括的速率变量，即病原菌产孢、孢子传播、孢子着落、病菌侵染等过程的概括。正是使用了日侵染率这样一个高度概括性的速率变量，才使模型得以简化。

驱动变量是不受系统内部影响，而取决于系统外部因素的变量，又称外部变量。本模型中有 4 个驱动变量，分别是病斑的潜育期、病斑的产孢期、病害的防治时间和病害的防治效果。病害的防治时间定义为从模拟的第一天开始到实施防治措施时经过的时间。病害防治效果定义为治愈替育期病组织和产孢期病组织的百分率。模型中 4 个变量的默认值分别设置为 5d、5d、0d 和 0d。

中间变量是由驱动变量推导出来的变量或者辅助模型计算出来的变量，又称辅助变量。本模型有 3 个辅助变量，分别为日侵染病组织、日显症病组织和日报废病组织。

构建模型的第四步工作是上机编写和调试程序。本例以 Microsoft Excel 2007 中的 Visual Basic 为平台说明模型的构建过程。打开 Microsoft Excel 2007，将表单名称"sheet1"改为"病害模拟"，并输入各个变量标签和初始值，如表 14-4 所示，并保存。

表 14-4　Ep-demo 模型的初始界面

	A	B	C	D	E	F	G	H	J
1					植物病害模拟数据				
2	潜育期	产孢期	日传染率	施药时间	防治效果				
3	5	5	5	0	0				
4									
5	时间	健康组织	潜育期病组织	产孢期病组织	报废病组织	发病率	日侵染病组织	日显症病组织	日报废病组织
6	0	0. 999 99	0	0.000 01	0	0.000 01	0	0.000 01	0
7									

按 Alt+F11，或点击"工具"菜单，"宏"项的"Visual Basic 编辑器"打开 Visual Basic 编辑器，在 Visual Basic 编辑器中选择"插入"菜单，单击"模块"，插入一个模块，然后在模块窗口中输入以下程序代码。

```
Public Sub Disease_Simulation()        '定义模块的名称
'定义 Ep-demo 模型所使用的变量
Dim IncubationDur, SporationDur, Applytime, Time As Integer    '潜育
    期、产孢期、防治时间、模拟时间
Dim InfectionRate, CureEffect As Double        '日侵染率、防治效果
Dim Health(100), IncubationLesions(100), SporulationLesions(100),
OvertimeLesions(100), TotalLesions(100) As Double
'健康组织、潜育期病组织、产孢期病组织、报废病组织、发病率，这 5 个变量都是
    100 个元素的一维数组
```

```
Dim InfectedPerDay(100), SporulateedPerDay(100),
OvertimedPerDay(100) As Double
' 日侵染病组织、日产孢病组织、日报废病组织
' 下面一段程序是从 Excel 的 " 病害模拟 " 表单中读取变量的初始值
With Worksheets(" 病害模拟 ")
    IncubationDur = Cells(3, 1)   ' Cells 是指表单中的一个单元格,
                                    Cells(3, 1) 指第三行第一例的单元格,
    SporationDur = Cells(3, 2)
    InfectionRate = Cells(3, 3)
    Applytime = Cells(3, 4)
    CureEffect = Cells(3, 5)
    Time = Cells(6, 1)
    Health(0) = Cells(6, 2)
    IncubationLesions(0) = Cells(6, 3)
    SporulationLesions(0) = Cells(6, 4)
    OvertimeLesions(0) = Cells(6, 5)
    TotalLesions(0) = Cells(6, 6)
    InfectedPerDay(0) = Cells(6, 7)
    SporulateedPerDay(0) = Cells(6, 8)
    OvertimedPerDay(0) = Cells(6, 9)
End With


Do   ' 模型以 1 天为一个步长,模拟计算病害的流行的动态
    Time = Time + 1
    ' 计算日侵染病组织的数量
    InfectedPerDay(Time) = SporulationLesions(Time - 1)
        *InfectionRate * Health(Time - 1)
    If InfectedPerDay(Time) > Health(Time - 1) Then   ' 避免模型出现
        侵染组织多于健康组织情况,使健康组织出现负值
        InfectedPerDay(Time) = Health(Time - 1)
    End If
    ' 计算日显症病组织的数量
    If Time >= IncubationDur Then
        SporulateedPerDay(Time) = InfectedPerDay(Time - IncubationDur)
    End If
    ' 计算日报废病组织的数量
    If Time >= SporationDur Then
        OvertimedPerDay(Time) = SporulateedPerDay(Time - SporationDur)
    End If
```

```
' 计算其他状态变量
Health(Time) = Health(Time - 1) - InfectedPerDay(Time)      ' 健康组织
IncubationLesions(Time) = IncubationLesions(Time -1)+InfectedPerDay
    (Time)-SporulateedPerDay(Time)      ' 潜育期病组织
SporulationLesions(Time) = SporulationLesions(Time-1)+Sporulateed
    PerDay(Time) - OvertimedPerDay(Time)      ' 产孢期病组织
OvertimeLesions(Time) = OvertimeLesions(Time-1)+
    OvertimedPerDay(Time)      ' 报废病组织
TotalLesions(Time) = TotalLesions(Time-1)+SporulateedPerDay(Time)
    ' 计算杀菌剂的防治效果
If Time = Applytime Then
    Dim i, Effecttime As Integer
    Dim CureLesions As Double
    ' 对潜育期病斑的治疗效果
    If Applytime < IncubationDur Then
        Effecttime = Applytime
    Else
        Effecttime = IncubationDur
    End If
    For i = 0 To (Effecttime - 1)
      CureLesions = InfectedPerDay(Time - i) * CureEffect
          ' 被治愈的潜育期病组织的数量
        InfectedPerDay(Time-i)=InfectedPerDay(Time - i) - CureLesions
        IncubationLesions(Time)=IncubationLesions(Time)-CureLesions
        Health(Time) = Health(Time) + CureLesions      ' 被治愈的潜育
            期病组织变量健康组织
    Next
    ' 对产孢期病斑的治疗效果
    If Applytime < SporationDur Then
        Effecttime = Applytim
    Else
        Effecttime = SporationDur
    End If
    For i = 0 To (SporationDur - 1)
        CureLesions = SporulateedPerDay(Time - i) * CureEffect
            ' 被治愈的产孢期病组织的数量
        SporulateedPerDay(Time - i) = SporulateedPerDay(Time - i)-
            CureLesions
        SporulationLesions(Time)=SporulationLesions(Time)-CureLesions
```

```
            OvertimeLesions(Time)=OvertimeLesions(Time)+CureLesions
          ' 被治愈的产孢期病组织变量报废的病组织
        Next
      End If
    ' 下面一段程序是把模拟结果输出到 Excel 的" 病害模拟"表单中
    With Worksheets(" 病害模拟 ")…
        Cells(6 + Time, 1) = Time
        Cells(6 + Time, 2) = Health(Time)
        Cells(6 + Time, 3) = IncubationLesions(Time)
        Cells(6 + Time, 4) = SporulationLesions(Time)
        Cells(6 + Time, 5) = OvertimeLesions(Time)
        Cells(6 + Time, 6) = TotalLesions(Time)
        Cells(6 + Time, 7) = InfectedPerDay(Time)
        Cells(6 + Time, 8) = SporulateedPerDay(Time)
        Cells(6 + Time, 9) = OvertimedPerDay(Time)
    End With
  Loop While (Time < 100)   ' 模型循环计算 100 天
    End Sub
```

　　整个模型的程序可以分为 5 个部分，程序中单引号"'"后面的内容是程序的注释。程序的开始定义了模型所使用 14 个变量，第二部分是从 Excel 的"病害模拟"表单中读取变量的初始值，因此，模型完成后，在"病害模拟"表单中改变参数的值就可以进行模拟试验。模型的第三部分是根据参数的初始值，以 1d 为一个步长模拟计算病害每天的变化，这一部分通过一个 Do……While 循环语句实现，每循环一次，模拟时间 Time 加 1，即增加 1d，然后根据前一天的健康组织和产孢的病组织计算当天的日侵染量，随后的 7 个语句分别计算当天的日显症病组织的量、日报废病组织的量、健康组织的量等，程序中的 If 语句主要控制计算条件。第四部分是模拟药剂的防治效果。当模拟时间 Time 等于防治时间 Applytime 时，药剂防治起作用，药剂防治一方面能治愈潜育期病组织，治愈后的潜育期的病组织转化为健康的病组织，另一方面能治愈产孢的病组织，治愈后的产孢病组织不再产孢，而成为报废病组织。如果不想模拟防治效果，可以将防治时间 Applytime 和防治效果 CureEffect 的值设置为 0。程序的第五部分是把计算得到的结果输出到"病害模拟"表单中。

　　程序编写完成后，在"病害模拟"表单中打开"窗体"控制面板，选中"按钮"，并在表单中绘制一个按钮，命名为"开始模拟"，并在打开的"指定宏"窗口指定程序 Disease_Simulation，这样通过点击按钮就可以执行模拟程序。

　　模型组建好后下一步的工作就是检验和验证模型。模型检验是为了保证模型的结构和运行结果与设计者的设计一致，即保证整个模型的程序没有错误，而且能够按设计者的设计正确运行。为了检验模型是否正确，需要改变模型中的参数值运行模型，检查模型输出的结果是否正确，在运行模型前需清除前一次运行输出的数据。如果模型运行结果不正确，需要对模型进行调试，这一过程需反复进行多次。

模型的验证是检查模型的运行结果与病害的实际发生情况是否相符。Ep-demo 是一个理论模型，验证模型方法就是根据目前已有的植物病害流行学的知识，检查模型运行的结果是否合理。为验证模型，需要给模型输入一些典型的参数值，检查模型输出的结果是否合理，如果模型输出的结果不合理，说明模型的算法或参数存在问题，需进行改造。

模型构建完成后就可以进行模拟试验。模拟试验就是给模型设置不同的参数值运行模型，比较不同因子对病害流行的影响。例如，比较不同的防治效果对病害流行的影响，可设置不同的防治效果，如 50%、80%、90%、95%、99% 和 100%，然后以不同的防治效果运行模型，比较模型的输出结果，从而确定防治效果对病害流行的影响。

二、模型与模拟的实例——植物病害时空动态流行模型

模型与模拟主要用于理论模拟，通过大量的模拟试验查明系统的结构与行为。在植物病害流行学研究中，Xu 和 Ridout（1998，2000，2000）通过模型模拟研究了孢子传播梯度、初侵染菌源量对病害流行空间分布特征的影响，品种混栽对病害流行的控制效果。曾士迈（2002，2003）利用模型模拟研究了小麦抗条锈病的持久度以及小麦条锈病菌越夏等问题。Jeger 等（2009）构建了一个生物防治模拟模型，用于评价一种控制地上部病害的生防制剂的生防潜能和实际应用的可能。

李保华和徐向明于 2004 年开发了一个能模拟植物病害时空流行动态的模拟模型，命名为 PDEpic。PDEpic 是一个计算机随机模拟模型，能够描述植物病害在具有二维空间结构的植物群体内的时空变化动态。这一模型一方面是用于研究品种混栽、寄主个体发育抗病性对病害流行的影响，另一方面用于病害流行学的教学与演示。这里以 PDEpic 作为一个具体的实例，来说明模拟模型的结构、构建与应用。

PDEpic 模型由寄主、病原 2 个组分和描述病斑产孢、孢子传播、孢子着落、孢子侵染、病斑潜育、寄主生长、病害控制等一系列与病害流行相关的生物学过程的子模型构成。

1. 模型的结构

模型中寄主以株为单位栽培于棋盘式矩形空间内，共计 Nr 行，每行 Nc 株。模型假设寄主行距 dr 和株距 dc 相等，并作为一个长度单位（dc=dr=u）。寄主分属于 Nv 个感病性不同的品种，这些品种按比例 Rv，或者以行或块为单位间作，或者以株为单位混栽。若寄主以块为单位间作，块内行数 Npr 和块内每行株数 Npc 由用户指定。

PDEpic 模型只考虑寄主叶片的生长和发病，寄主生长期为 Tc 天。寄主在生长初期一次性产生 Nil 个叶片，而后以线性速率 Rl［叶/（天·株）］产生新的叶片，直至形成 Ntl 个叶片。新产生叶片的感病值为 Sn，经 Tg 天后，叶片发育成熟，其感病值变为 Sm，此后维持不变。每个叶片上有 Ni 个侵染位点，最多容纳 Ni 个病斑，新叶与老叶相同。

模型中每个寄主品种都对应 2 个感病值，即 Sn 和 Sm，分别表示新产生叶片和成熟叶片的感病值。Sn 和 Sm 取值 0～1，0 表示完全抗病，1 表示完全感病。Sm 与 Sn 的差值在 PDEpic 中定义为个体发育抗病性。叶片在 Tg 天生长期内，以线性或逻辑斯蒂模式逐渐获得个体发育抗病性。在寄主的生长过程中，每个叶片的感病值 Sd 是一个动态变量，由 Sn、Sm 和 Tg 3 个参数决定，Sd 以线性方式影响病原菌孢子的侵染概率和病斑的日产孢量。

　　PDEpic 模型中，初侵染菌源量以产孢病斑数 Np 表示，Np 个初侵染病斑随机或均匀分布于模拟田块内。寄主生长 Tb 天后，初侵染病斑按泊松分布（Poisson process）产生具有侵染能力的孢子，历期 Ts 天。初侵染病斑独立于寄主植物，不占寄主的侵染位点，其日产孢率也不受叶片感病值 Sd 的影响，即泊松分布常数 λ 等于病原菌本身的日产孢率 Rs。

　　病菌的孢子以直线传播，每个孢子是一个独立的传播体，其传播方向在 0°～360° 随机确定。孢子传播距离由柯西（half-Cauchy）模型 $\mu\tan(x \times \pi/2)$ 计算，其中 x 为 0～1 的纯随机数，柯西模型系数 μ 的生物学意义为孢子传播的中距离，即孢子落于该距离内的概率为 0.5。在 PDEpic 中，μ 是行、株距 u 的相对值，其值由用户指定。根据产孢寄主所在的位置、孢子传播方向和传播距离，即可确定孢子传播到达的寄主植物。如果传播孢子落于模拟田块之外，则忽略。孢子传播到达一寄主植物后，着落于每个叶片上的概率是相等的，在模型中由随机数确定。

　　孢子着落后能否侵染，取决于着落位点是否已被侵染和寄主叶片的感病值。假设 Nd 是一个叶片上尚未受侵染的位点数，则孢子在该叶片上的侵染概率 Pr=Sd×Nd/Ni。模型在确定孢子能否侵染时，产生一个 0～1 的随机数 x，若 x≤Pr，则孢子侵入该叶片，形成一个潜育病斑，否则孢子不能侵染。

　　孢子侵染后成为潜育病斑。病斑潜育 Ti 天后，显症并按泊松分布产生具有侵染能力的孢子，泊松分布常数 λ=Sd×Rs。病斑产孢历期 Ts 天，此后病斑不再产生孢子，成为报废病斑。一个叶片上潜育病斑、产孢病斑和报废病斑的总和为已受侵染的位点数（1–Nd）。病斑产生的孢子，继续传播进行再侵染，直到作物生长期结束。

　　根据用户选择与输入，模型能够模拟不同化学药剂、不同病害控制策略对病害流行的控制效果。在 PDEpic 中，一种化学药剂的防治效果由 4 个参数描述。①药剂的内吸治疗效果 Cs：在 PDEpic 中，药剂的内吸治疗效果定义为药剂对潜育病斑和产孢病斑的治愈概率。内吸治疗作用在施药后第 2 天一次有效，治愈后的潜育病斑变为健康组织，可被再次侵染，治愈后的产孢病斑，成为报废病斑，不再产孢，也不会被再次侵染。②药剂的保护效果 Cp：药剂的保护效果为药剂抑制病原菌孢子侵染的概率。③药剂的持效期 Cd：在 PDEpic 中，药剂的持效期是指药剂的保护效果按逻辑斯蒂模型降低到 50% 时需要的天数。药剂喷施后，其实际的保护作用效果，即药剂抑制病原菌侵染的概率，是一个动态变量，由药剂本身的保护效果 Cp、药剂持效期 Cd 和施药的时间 3 个参数决定。④药剂的铲孢效果 Ck：药剂的铲孢效果定义为药剂使用后对病斑表面新产生孢子的致死效果或概率，药剂的铲孢作用在施药当天一次性有效。

　　模型设置了 3 种施药策略：①每隔一定时间 Tm 定期施药；②当产孢病叶率达到防治指标 Ct 时施药；③当潜育病叶率达到防治指标 Ct 时施药。药剂单用或者 2 种交替使用，2 次用药的间隔期不短于 7d。

　　2. 模型的输入、输出与模型的实现

　　PDEpic 模型为每个参数设置了默认值（表 14-5）。如果用户不改变参数值，模型按默认值运行。用户可以通过参数输入窗口改变参数值。

　　模型输出模拟田块逐日的病株率、病叶率和病情指数，模型还能输出潜育病斑数、产孢病斑数、报废病斑数与总侵染位点数的比率值。用户可通过病害时间增长曲线、病害空间分布图、病害数据列表及文本文件 4 种模式查看模拟结果。在 PDEpic 中，病情指数定义为已显症的侵染位点数（产孢病斑数 + 报废病斑数）与寄主总侵染位点数的比值。

表 14-5　植病流行时空动态模拟模型——PDEpic 的参数及其默认值

参数	参数说明	量纲	取值范围	默认值
Nr	栽培行数	行	10~200	50
Nc	每行株数	株	10~200	50
Nv	混栽品种个数	个	1~4	1
Rv	不同品种间混栽比例		0~100	1:1:1:1
Mc	品种混栽的模式		0~4	0（行行间作，顺序排列）
Npr	间作块内行数	行	2~50	5
Npc	间作块内每行株数	株	2~50	5
Tc	作物生长发育期	d	2~400	120
Nil	寄主初生叶片数	叶	0~1000	0
Rl	寄主产叶速率	叶/（d·株）	0~200	0.5
Ntl	寄主总叶数	叶	1~1000	40
Ni	每叶侵染位点数	个	1~500	20
Sn	新叶感病值		0~1	0.8
Sm	成熟叶感病值		0~1	0.5
Tg	叶片从初生至发育成熟所需时间	d	1~60	20
Ms	新叶获得个体发育抗病性的模式		0~1	0（线性模式）
Np	初侵染病斑数	个	1~100	1
Mp	初侵染菌原分布模式		0~1	1（随机模式）
Tb	初侵染期（从寄主生长始期算起）	d	0~200	10
Ts	病斑产孢期	d	1~60	10
Ti	病斑潜育期	d	1~60	10
Rs	病斑日产孢率	个/d	0~200	3
μ	孢子传播的中距离		0~50	0.5
Mm	防治策略		0~6	0（不防治）
Tm	用药间隔期	d		20
Ct	防治指标		0~100	2
Cs	药剂的内吸治疗效果		0~1	0.95
Cp	药剂的保护作用效果		0~1	0.95
Cd	药剂的持效期	d	1~60	7
Ck	药剂的铲除孢子效果		0~1	0.95
Ns	重复模拟次数或模拟生长季节数	次	1~1000	10
To	显示或记录空间数据的间隔期	d	0~400	5

　　PDEpic 的程序采用了面向对象的程序设计方法，用 C++ 语言编写，在 MSVC++6.0 中编译。描述叶片的类是程序的基本类单元，该类主要由叶片龄期、未受侵染的位点数、潜育病斑数、产孢病斑数 4 个变量和叶片生长、孢子侵染、病斑显症、病斑产孢等方法

构成，其他类由此类派生。

模型以一天为一个步长，计算模拟寄主生长、病斑产孢、孢子传播、孢子侵染等生物学过程。模型中使用的随机数根据 Wichmann 和 Hill 提供的随机数发生器产生。

3. 模型模拟

（1）病斑日产孢率对病害流行速率的影响　病斑日产孢率 Rs 设置 6 个水平，值分别设置为 0.5、1、2、4、8 和 16，其他参数取默认值，运行模型。每套参数模拟 10 个生长季节。病斑日产孢率对病害流行影响效果见图 14-13。以逻辑斯蒂模型：

$$\mathrm{Log}\left(\frac{\mathrm{di}_t}{1-\mathrm{di}_t}\right)=\alpha+\beta t$$（t 为寄主生长时间；di_t 为第 t 天的病情指数；β 为病害的流行速率）

拟合模拟数据，计算病害流行速率 β。当病斑日产孢率为 0.5、1、2、4、8 和 16 时，病害的流行速率 β 分别为 0.0417、0.0753、0.1065、0.1413、0.2295 和 0.2551。在设定的模拟条件下，病斑日产孢率对病害流行速率的影响可用模型 $\beta=0.0938\times\mathrm{Log}$（Rs+1.1114）（$R^2$=0.9889）描述。

（2）寄主感病性与病害流行速率　假设新生叶和成熟叶片的感病值相同（Sn=Sm），不考虑叶片的个体发育抗病性。将叶片的感病值 Sm 分别设置为 1.0、0.8、0.6、0.4、0.2，其他参数取模型默认值，运行模型。每套参数模拟 10 个生长季节。模拟结果见图 14-14。叶片的感病值为 1.0、0.8、0.6、0.4、0.2 时，病害的流行速率 β 分别为 0.2406、0.1944、0.1295、0.0933 和 0.0233。直线模型 β=−0.0245+0.2679Sm（R^2=0.9962）可以描述设定条件下寄主感病性对流行速率的影响。

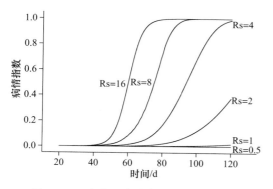

图 14-13　病斑日产孢率与病害流行曲线
（Rs= 病斑日产孢率，个 /d）

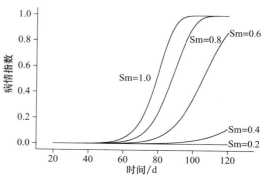

图 14-14　寄主感病性与病害流行曲线
（Sm= 寄主感病值）

（3）孢子传播距离、初始菌源量与流行速率　这是一个双因子模拟试验，孢子传播距离设置 5 个水平，即柯西模型的参数值 μ 取值 0.1、0.5、1.0、2.0 和 4.0，初侵染病斑数 Np 取值 1、2、4、8 和 16。试验共 25 个处理，每处理重复模拟 10 次。图 14-15 为 4 种条件下（μ=0.1，0.5；Np=1，4），病原菌开始侵染 60d（Tc=70；Tb=10）后，病害的空间分布图。模拟结果表明，病害的流行速率随孢子传播距离的延长而增大，随初侵染病斑数增多而增加，但当 Np=8 和 16 时，μ=4 的病害流行速率较 μ=2 的小，这主要是由孢子传播距离较远，部分孢子落于模拟田块之外造成的。方差分析结果表明，25 个处理流行速率的总变异中，由于 μ 不同造成的变异占 87.2%，由 Np 不同导致的

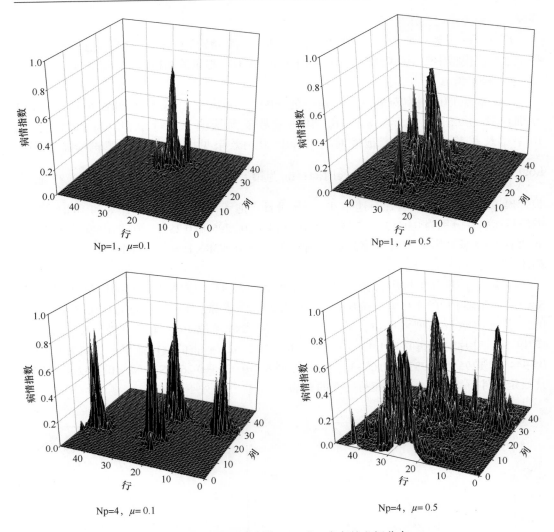

图 14-15　病原菌侵染 60d 后，病害的空间分布

显示初侵染菌源（Np）、孢子传播中距离（μ）对病害空间分布的影响

变异占 12.8%。说明设定的条件下，孢子传播距离对病害流行速率的影响比初侵染病斑数大。

（4）不同防治策略的防治效果　　用 PDEpic 模型模拟了 3 种不同管理措施对病害流行的控制效果。这 3 种防治策略为：①每 20d 用药一次；②当产孢病叶率达 2% 时用药；③当潜育病叶率达 2% 时用药。以不施用药剂防治为对照。杀菌剂的防治效果及其他参数取默认值，每种措施模拟 10 次。3 种防治措施都用药 4 次。生长结束时（Tc=120），3 种防治措施的病叶率分别为 0.000 42 ± 0.000 42、0.085 10 ± 0.007 53 和 0.023 87 ± 0.000 77，与对照的病叶率 0.999 99 ± 0.000 02 存在显著差异。措施②、③的防治效果差主要是初次防治时间滞后造成的，措施②约在作物播种后第 53 天第一次用药，措施③约在作物播种后第 37 天第一次用药。

三、组建计算机模型的语言和程序开发平台

编写模拟模型需要计算机语言和相应的程序开发环境。目前国内较为流行的编写模型的语言有 Basic、C、C++、Delphi、Java、C# 和 Python。

Basic 诞生于 20 世纪 60 年代初期，是 beginner's all-purpose symbolic instruction code（初学者通用符号指令代码）的缩写。Basic 是高级语言，具有很强的会话功能。语句、表达式，以及运行到某句出错时，电脑会进行人机对话，及时给出提示。因此，编程时可以边写边改，直至正确与满意为止，对初学者来说十分方便。1991 年 Microsoft 公司推出了 Visual Basic，简称 VB。VB 沿用以前 Basic 语言的一些语法，同样具有简单易学易用的特点，二者基本兼容。但 VB 功能更加强大，它不仅是一种语言，还是一种开发工具，用 VB 可以开发出用于数学计算、数据库管理、客户 / 服务器、Internet/Intranet 应用软件。

Visual Basic 是一种可视化的、面向对象和采用事件驱动的结构化高级程序设计语言，可用于开发 Windows 环境下的各类应用程序。它简单易学、效率高，且功能强大，可以与 Windows 专业开发工具 SDK 相媲美。在 VB 环境下，利用事件驱动的编程机制、新颖易用的可视化设计工具，使用 Windows 内部的广泛应用程序接口（API）函数，以及动态链接库（DLL）、对象的链接与嵌入（OLE）、开放式数据连接（ODBC）等技术，可以高效、快速地开发 Windows 环境下功能强大、图形界面丰富的应用软件。随着版本的提高，VB 的功能也越来越强。但是 VB 也有其缺点，用 VB 开发的应用程序运行速度较慢，编译后的执行文件较大，而且编辑的程序必须与相应的 DLL 文件一起发布，否则程序就不能运行。Basic 语言的最大优点是简单、易学易用，特别适合于初学者使用。

C 语言功能强大，使用灵活，既具有高级语言的优点，又具有低级语言的许多特点，因此，它既适合编写应用程序，还适合编写系统程序，应用领域很宽广。用 C 语言编写出的程序非常紧凑、高效，而且风格优美。学习和使用 C 语言需要具备一定的软件和硬件的基础知识。

C++ 语言是在 C 语言的基础上，吸收了 BCPL、Simula 67 等语言的精华而逐渐发展起来的一种具有通用目的的程序设计语言，是目前应用最广泛的语言。C++ 保留了传统的和有效的结构化语言——C 语言的特征，同时融合了面向对象的能力，在 C 语言的基础上增加了数据抽象、继承、多态，以及其他一些改善 C 语言程序设计结构的机制，既为程序员提供了面向对象的能力，也没有失去运行时间和空间的效率，是一种灵活、高效、可移植的面向对象的语言。

应用 C 和 C++ 开发计算机程序比较好的环境是 Microsoft 公司的 Visual C++，简称 VC++。VC++ 不是计算机语言，而是一个集成开发环境（IDE），换句话说，就是使用 C 和 C++ 开发应用程序的平台。VC++ 功能强大，具有编译器、调试器、连接器、编辑器、资源编辑器，能够实现程序编辑、资源管理，程序编译、调试、连接等功能。VC++ 的编辑器能够自动提示函数的参数、对象的成员等，而且提供了很多向导。利用 VC++ 开发程序的效率高，编译后的执行程序精练，运行速度快。

用 VC++ 开发应用程序主要有两种模式，一种模式是基于 Windows API 的 C 编程方式，另一种模式是基于 MFC 的 C++ 编程方式。传统的 Windows API 开发方式比较烦琐，

而 MFC 则是对 WINAPI 的再次封装，所以基于 MFC 的编程方式更具备优势。

MFC 是 Microsoft Foundation Classes 缩写。MFC 是 Microsoft 公司提供的，用于在 C++ 环境下编写应用程序的基础类库，它封装了大部分的 windows API 函数。MFC 除了提供类库以外，还提供了程序框架，因此，在 VC++ 中新建一个 MFC 的工程，开发环境会自动产生许多文件，这些文件封装了 MFC 的内核，所以代码看不到原来的 SDK 程序中的消息循环，因为 MFC 框架将其封装好了。这样程序设计人员就可以专心地考虑程序的逻辑，而不是那些每次都要重复的东西。然而，由于使用了是通用框架，没有针对性，编程也就失去了一定的灵活性和效率。到目前为止，在 VC++ 的环境中开发基于 MFC 应用程序，是构建模型比较理想的选择，PDEpic 就是在 VC++6.0 中开发完成的。当然，编写基于 MFC 的程序，除需要具备 C 和 C++ 编程的知识外，还需要了解 MFC 的结构。

使用 C 和 C++ 开发应用程序的另一个平台是 Borland 公司（现为 Inprise 公司）开发的 C++ Builder。C++ Builder 也是一个面向对象、可视化的应用程序开发环境，支持最完整的 C++ 语言规则。C++ Builder 中有一个可视化组件库，包含上百个可重构组件，其功能范围包括完整的 Windows 用户界面元素、数据库感知能力、多媒体工具、报表功能和 Internet 元素，可以帮助用户在极短的时间内开发出具有复杂功能的 Windows 应用程序。

Delphi 语言是在 Object Pascal 语言的基础上发展起来的面向对象的编程语言。它扩充了 Object Pascal 面向对象的能力，并且完美地结合了可视化的开发手段。Delphi 自 1995 年一经推出就受到了人们的欢迎。Delphi 适用于应用软件、数据库系统、系统软件等软件的开发，拥有和 VB 差不多的功能，同样能应用 API 函数，这对于编写 Windows 下的应用程序很有用。如同 VB 一样，Delphi 易学易用，而且程序编写完成后，自动转换成 .EXE 文件，编译后的执行程序运行时速度比 VB 快，不需要其他的支持库，特别适合非计算机专业人员开发较为专业的应用程序。

Delphi 采用了全新的可视化编程环境，提供了一种方便、快捷的 Windows 应用程序开发工具。它使用了 Microsoft Windows 图形用户界面的许多先进特性和设计思想，采用了弹性可重复利用的、完整的面向对象程序语言（object-oriented language），采用了当今世界上最快的编辑器和最为领先的数据库技术。对于广大的程序开发人员来讲，使用 Delphi 开发应用软件，无疑会大大地提高编程效率。

Java 是一种可以编写跨平台应用软件的面向对象的程序设计语言，它吸收了 C++ 语言的各种优点，摒弃了 C++ 里难以理解的多继承、指针等概念，因此 Java 语言简单易用，而且功能强大。Java 语言使用 Java 虚拟机屏蔽了与具体平台相关的信息，使得 Java 的编译程序只需生成在 Java 虚拟机上运行的目标代码，就可以在多种平台上不加修改地运行。Java 虚拟机在执行字节码时，把字节码解释成具体平台上的机器指令执行。因此，Java 程序安全、高效、通用性强且能在不同平台间移植。Java 可以编写桌面应用程序、Web 应用程序、分布式系统和嵌入式系统应用程序，广泛应用于 PC、数据中心、游戏控制台、科学超级计算机、移动电话和互联网。目前，Java 是移动通信设备 Android 系统的主流开发语言。

C# 是微软公司发布的一种运行于 .NET 平台之上的高级程序设计语言。C# 由 C 和 C++ 演变而来，是一种简单易懂、面向对象、类型安全的编程语言，它结合了 Visual

Basic 编程的高效性和 C++ 的强大功能和灵活性，使用方便、语法优雅，使程序员能够快速地编写各种基于 .NET 平台的应用程序。.NET 是 Microsoft XML Web services 平台，它允许应用程序通过 Internet 进行通信和共享数据，而不管所采用的是哪种操作系统、设备或编程语言；而且 .NET 平台提供一个一致的面向对象的编程环境和一系列的工具和服务（可以简单地理解为类库），来最大程度地满足各种 .NET 程序的开发和应用。随着 .NET 平台的崛起，C# 语言作为 .NET 平台上的主流语言，在编序设计中的应用越来越广泛。

自从 2004 年以后，Python 语言的使用率是呈线性增长，已经成为最受欢迎的程序设计语言之一，已广泛用于人工智能、Web 和 Internet 开发、科学计算和统计、桌面界面开发、软件开发等领域。Python 语言是一种面向对象、解释型计算机程序设计语言，其语法简洁而清晰，类库丰富而强大。Python 的语法结构特色明显，且以英文单词作关键字，具有更好的可读性。Python 也常称为胶水语言，它能够把用其他语言制作的各种模块（尤其是 C/C++）很轻松地联结在一起。例如，使用 Python 快速生成程序的原型，然后对其中有特别要求的部分，用更合适的语言改写。Python 是目前大数据处理和机器学习的主流程序设计语言。

第三节　病害监测、预测和管理决策中的计算机技术

病害监测、预测和管理决策是病害防治与管理中三个不可缺少的环节，在实际应用中离不开计算机技术的支持。病害监测，包括病害诊断需要专家系统、图像处理和遥感技术的支持；病害的预测则离不开计算机预测模型、地理信息系统、专家系统、人工神经网络、全球定位系统和计算机网络方面的技术；病害的管理决策是根据监测和预测信息决定病害是否需要防治和采取什么样的措施防治病害的决策过程，上一节提到的计算机技术都可以用于病害的管理决策。本节结合具体的实例介绍专家系统、地理信息系统、计算机预测模型、图像识别技术、人工神经网络和决策支持系统的基本知识，以及其在植物病害流行学中的应用。

一、专家系统

专家系统（expert system，ES）是一种模拟人类专家解决特定领域问题的计算机程序系统。它能够有效地运用专家多年积累的经验和专门知识，通过模拟专家的思维过程，解决需要专家才能解决的问题。专家系统属于人工智能的一个分支，自 1968 年费根鲍姆等研制成功第一个专家系统 DENDEL 以来，专家系统获得了飞速发展，并且广泛用于医疗、军事、地质勘探、化工和教学等领域，产生了巨大的经济效益和社会效益。现在，专家系统已成为人工智能领域中最活跃、最受重视的领域。

专家系统通常由知识库、推理机、人机交互界面、综合数据库、解释器和知识获取 6 个部分构成，基本结构如图 14-16 所示，其中箭头方向为数据流动的方向。

知识库用来存放专家提供的专家知识。专家系统是依据知识库中的知识模拟专家的思维方式求解问题，因此，知识库是专家系统是否优越的关键所在，即知识库中知识的

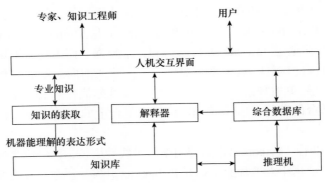

图 14-16　专家系统结构图

质量和数量决定着专家系统的质量和水平。一般来说，专家系统中的知识库与专家系统的其他程序是相互独立的，用户可以通过改变、完善知识库中的知识来提高专家系统的性能。

知识库中知识表示形式有产生式、框架式、语义网络式等，专家系统中应用较为普遍的知识表示方式是产生式规则。产生式规则以 if…then…的形式出现，就像 Basic 编程语言里的条件语句一样，if 后面跟的是条件（前件），then 后面的是结论（后件），条件与结论均可以通过逻辑运算 and、or、not 进行复合。在这里，产生式规则的理解非常简单：如果前提条件得到满足，就产生相应的动作或结论。

推理机是针对当前问题的条件或已知信息，反复匹配知识库中的规则，获得新的结论，以得到问题求解结果的计算机程序。在这里，推理方式可以有正向和反向推理两种。正向推理是从条件匹配到结论，反向推理则先假设一个结论成立，看它的条件有没有得到满足。由此可见，推理机就如同专家解决问题的思维方式，知识库就是通过推理机来实现其价值的。

人机交互界面是系统与用户进行交流时的界面。通过界面，用户输入基本信息、回答系统提出的相关问题，并输出推理结果及相关的解释等。

综合数据库专门用于存储推理过程中所需的原始数据、中间结果和最终结论，往往是作为暂时的存储区。解释器能够根据用户的提问，对结论、求解过程做出说明，因而使专家系统更具有人情味。

知识的获取是专家系统知识库是否优越的关键，也是专家系统设计的"瓶颈"问题，通过知识的获取，可以扩充和修改知识库中的内容，也可以实现自动学习功能。

专家系统具有以下特点：①为解决特定领域的具体问题，除需要一些公共的常识外，还需要大量与所研究领域问题密切相关的知识；②一般采用启发式的解题方法；③在解题过程中除了用演绎方法外，有时还求助于归纳方法和抽象方法；④需处理问题的模糊性、不确定性和不完全性；⑤能对自身的工作过程进行推理（自推理或解释）；⑥采用基于知识的问题求解方法；⑦知识库与推理机分离。

目前常见的专家系统有诊断型专家系统、解释型专家系统、预测型专家系统、设计型专家系统、决策型专家系统、规划型专家系统、教学型专家系统等。专家系统技术在植物病理学中主要辅助病害的诊断，其次辅助病害预测和病害防治决策。植物病害诊断专家系统技术相对成熟，已进入实用阶段。预测型专家系统在植物病理学中虽有应用，但由于缺乏专家知识，其开发和应用都受到限制。近年来开发的专家系统大部分属于诊断型专家系统，如周小燕（2005）开发的棉花病害诊断专家系统、张可（2004）开发的番茄病害远程辅助识别与诊断专家系统、温亮宝（2006）开发的森林病虫害诊断咨询专家系统等。在此以森林病虫害诊断咨询专家系统为例（温亮宝，2006），介绍专家系统的基本工作原理。

森林病虫害诊断咨询专家系统主要辅助森林病虫害的诊断与防治，系统的知识主要来自于公开出版物、专家经验、研究结论、未公开的资料和业务文档和网络。对于常识性、原理性和经验性知识在知识库中以文字、图片等方式表达，如森林病虫害的图像特征；对于数据型知识以数据的方式表达，通过数据库进行管理和应用，如森林病虫害的属性特征；对于诊断和决策型知识采用产生式规则表达。

森林病虫害诊断咨询专家系统，诊断知识由一系列"if 条件 then 结论"的产生式知识表示，其含义为：如果条件满足，就采取结论的操作。产生式规则中，将病状分为危害部位和症状两块。具例如下：

if 危害部位 = 幼苗得病

and 症状 = 根茎部缢缩，并折断萎蔫

and 在苗床上团状分布，传染很快

then 猝倒型立枯病。

规则 2 表示如下：

if 危害部位 = 幼苗得病

and 症状 = 根茎部缢缩，并折断萎蔫

and 在苗床上零散分布，非传染性

then 旱立枯病。

推理机是专家系统的"思维"机构，由一组程序组成，其主要任务是模拟领域专家的思维过程，即从已知的事实出发，运用已掌握的知识，找出其中蕴含的事实或归纳出新的事实。推理机是专家系统的核心。森林病虫害诊断咨询专家系统的推理机主要是对森林病虫害诊断进行推理，即由危害症状推导出具体病害的过程。用户在计算机终端选择寄主、危害部位，系统从数据库中查询对应的病虫害，显示对应的典型特征，让用户选择，并将选择结果提交给推理机。推理采用正向推理策略，即根据用户选择的寄主、危害部位和典型特征，在知识库中检索出所有可能的病虫害，并把推理中需用的知识存放在数据库中处理，若用户的输入特征匹配多种病虫害，推理机将所有可能的病虫害的诊断特征整理后，逐一反馈给用户，用户可根据病虫害的典型特征、图片信息进一步进行验证，最终确诊。在验证诊断结果的过程中，还参考病虫害的详细资料及图片、信息，确定诊断结果。

森林病虫害诊断咨询专家系统的推理机采用人机交互式的推理方式，系统通过逐步与用户交互即向用户提问，获得信息，然后决定下一步选用的规则。对病害诊断来说，整个诊断过程表现为从根节点到某个叶节点的一次交互式的路径探寻。系统在每个节点处向用户发出提问。下面是一个松类病害诊断的例子。

首先，从根节点开始，取出节点上的两条记录，向用户提问：

1. 幼苗得病？

2．幼树或大树得病？

如果用户选择第 1 项，则根据用户选择进入下一个相应节点，取出节点上的记录，向用户提问：

1．根茎部有缢缩、折断和萎蔫症状？

2．根茎部无缢缩症状？

如果用户选择第 1 项，则根据用户选择进入下一个节点，取出节点上的记录，向用户提问：

1．病菌在苗床上团状分布，传染很快？

2．在苗床上零散分布，非传染性？

如果用户选择第 1 项，则用户选择的下个节点的标志为 null，即到达叶节点，搜寻即可以中止，得出结论：

结论：猝倒型立枯病。

在病害流行预测方面，20 世纪 90 年代，中国农业大学的肖长林和李保华（肖长林，1991；李保华，1995）分别开发了小麦条锈病流行预测专家系统和梨黑星病测报专家系统。汪伟伟（2007）开发了"基于案例推理与虚拟仪器的砀山酥梨黑星病预测系统"，系统采用了基于案例推理的专家系统技术。系统的知识库是一个案例库，其中收集保存了砀山酥梨黑星病典型发病年份的气象信息和病害信息。系统与气象站相连，系统对从气象站采集的数据进行处理，组成目标案例，利用基于案例的推理技术检索出与目标案例最为相似的源案例，并调用源案例包含的病情信息，实现梨黑星病发病趋势的预测。系统采用最邻近算法计算案例间相似度，实现基于案例的推理检索。

目前，专家系统还不是很完善，如知识的表达存在一定的局限性，推理过程也不尽如人意。近年来人们将专家系统与人工神经网络、模糊理论、基值统计、粗糙集及模拟进化算法结合，为专家系统的发展注入了强大的活力，其应用已深入到社会生活的各个领域，产生了巨大的经济效益和社会效益，大大丰富了专家系统的理论和方法，使专家系统再次展现出强大的生命力，为专家系统进一步发展提供了强有力的理论基础与保障（程伟良，2005）。

在 20 世纪 80 年代开发专家系统所使用的语言是 Turbo Prolog，目前开发专家系统多使用 VB、VC++ 和 Delphi 等语言。

二、地理信息系统

地理信息系统是在计算机硬、软件系统的支持下，对整个或部分地球表层空间的有关地理分布数据进行采集、储存、管理、运算、分析、显示和描述的技术系统。它是一个以地理坐标为基础的信息系统，具有强大的空间数据处理能力，如地图数字化、矢量和图像的浏览查询、基于空间数据的分析、三维模拟、虚拟现实、地图输出等。地理信息系统（GIS）与全球定位系统（GPS）、遥感系统（RS）合称"3S"系统。

GIS 是 20 世纪 60 年代中期为解决地理问题而发展起来的新技术，80 年代后期，计算机网络技术使地理信息的传输时效得到了极大的提高，其应用从基础信息管理与规划转向更复杂的实际应用，成为辅助决策的工具，并促进了地理信息产业的形成。目前，地理信息系统已在资源开发、环境保护、土地管理、农作物调查与测产、自然灾害的监测与评估等方面得到了具体应用。GIS 的物理外壳是计算机化的技术系统，它由若干个相互关联的子系统构成，如数据采集子系统、数据管理子系统、数据处理和分析子系统、图像处理子系统、数据产品输出子系统等。

GIS 的操作对象是空间数据，空间数据的最根本的特征是其空间位置属性，在系统中每一个空间数据都按统一的地理坐标进行编码，实现定位、定性和定量的描述，这是 GIS 区别于其他类型信息系统的根本标志，也是其技术难点之所在。GIS 的技术优势在于其数据综合、模拟与分析评价能力，地理信息系统除要完成一般信息系统的工作外，还要处理与之对应的空间位置和空间关系，以及与属性数据一一对应的处理。因此，地理信息系统可以得到常规方法或普通信息系统难以得到的重要信息，实现地理空间过程演化的模拟和预测。

由于植物病虫害的发生有很强的地域性，绝大部分病虫信息都与地理位置有关，因此，地理信息系统在病虫害的监测、预测和防治决策中有广泛的应用前景。在此仅列举两例说明地理信息系统在病虫防治决策中的应用。

在植物病害流行学研究方面，石守定（石守定，2004；石守定等，2005）利用地理信息系统和地统计学技术，从制约小麦条锈病菌越冬的温度因子和冬小麦种植区域等因子入手，对小麦条锈病菌越冬区域作了进一步区划。希望读者从这一实例中学习和体会地理信息系统的应用。

小麦条锈病区划系统主要依据三方面的信息进行区划。系统所使用的空间数据，包括 1∶400 万的县级行政区划图、1∶400 万的省级行政区划图和中国 1∶400 万的高程图，这些地图和相应的属性数据来源于国家基础地理信息中心和中国科学院地理科学与资源研究所。系统所使用的气象数据为全国 743 个气象观测站 1960～2001 年的逐日气象观测数据，气象要素为日均温和前一年 12 月和当年 1 月降雪总日数。气象资料由中国国家气象局气象中心提供。系统所用的病情资料为冬小麦主产区各植保站所调查的小麦条锈病情资料，包括站点位置、调查日期、普遍率、病情指数、发生状态等，病情资料由各地测报站点和农业农村部全国农业技术推广服务中心提供。

系统以 −7℃作为小麦条锈病菌越冬区的主要区划指标，以 12 月和 1 月降雪的总天数作为参考指标。首先，依据 1990 年和 2000 年各县小麦种植数据和中国农业地图集用 ESRI 公司的软件 Arcmap 8.3 制作小麦种植区图。将《中国小麦气候生态区划》中的小麦生态区划图扫描后，用 Arcmap 8.3 进行数字化。用 Arcmap 8.3 对小麦种植区图和小麦生态区划图进行"交"的运算，获得小麦种植区域图。然后，由 1960～2001 年日平均气温计算 743 个站点前一年 12 月均温和当年 1 月均温，选出各站点各年度最低的月均温，计算出各站点 41 年间最冷月均温大于 −7℃的概率。以各站点最低月均温大于 −7℃的概率和 12 月、1 月降雪总天数作变异函数，分析空间相关性。对未知点的估值采用比较精确的插值法。对概率的插值采用了地统计学方法，对关键时期温度的插值采用了基于数字高程模型的空间插值法，最后制作表面图。马占鸿于 2004 年用类似的方法对小麦条锈病的越夏地区进行了区划。

安树杰（2006）基于遥感图和地理信息系统提供的信息构建了松材线虫［*Bursaphelenchuh xylophilus*（Steiner & Buhrer）Nickle］的预测模型。为了构建预测模型，安树杰结合地面的调查资料，从遥感图和地理信息系统中提取出马尾松林的分布、受害程度、海拔、坡度等 10 个因子，并进行相关分析，筛选出与马尾松林受害程度密切相关的因子，然后以马尾松林受害程度为因变量，以从 RS 和 GIS 中提取的、与马尾松林受害程度密切相关的因子为自变量，建立了基于 RS 和 GIS 的各类马尾松线性回归方程。用回归方程算出的马尾松林受害程度理论值与实测值无显著差异。模型完成后，基于地理信息系统所提供的空间分析功能，运用组建的回归模型，对富阳地区松材线虫的发生程度进行了预测。

开发地理信息系统软件可以直接从程序设计语言开始，如张谷丰等（2003）利用 VB 6.0 开发了一个作物病虫地理信息系统；也可以利用已有的地理信息系统软件进行二次开发或扩展。目前用于地理信息系统二次开发的软件有很多，国内的有中国地质大学信息工程学院开发的 MAPGIS、武大吉奥信息技术有限公司所开发的 GeoStar 和 GeoMap、北京超图软件股份有限公司开发的 SuperMap 等，国外的有 ArcInfo、ArcView、MapInfo 等。这些软件各有特色，但都能完成空间数据的输入、显示、编辑、分析、输出和构建以及管理大型空间数据库的功能。

在众多的地理信息系统软件中，由 ESRI 公司开发的 Arcinfo 是最经典、功能最强大的专业 GIS 产品，经受住了时间的考验，软件中许多先进的设计思想和概念被其他产品所借鉴和采纳，成为引导全球 GIS 发展方向的旗帜。ArcInfo 是最全面、可扩展的 GIS 软件，它囊括了 ArcView 和 ArcEditor 的全部功能，并且增加了高级的地理处理和数据转换功能，具有创建和管理智能 GIS 的全部功能，专业的 GIS 用户使用 ArcInfo 可以进行各方面的数据构建、模拟、分析及地图的屏幕显示和输出。ArcInfo 的功能包括：构建用于发现关系、分析数据和整合数据的强大地理处理模型；执行矢量叠加、邻近及统计分析；生成线要素事件和与其他要素的叠加事件；多种数据格式间的转换；构建复杂数据和分析模型及脚本来实现 GIS 自动处理。

三、计算机预测模型

除传统的病害预测模型外，目前应用较为成功，且与计算机关系密切的病害预测模型，应是苹果黑星病的测报。

20 世纪 40 年代，美国 Mills（1944）根据多年的研究和田间观察，总结完成了一个简单的表格。表格给出了不同温度下，苹果黑星病菌子囊孢子完成侵染导致发病所需要的露时。依据这一表格，果农可以在一次降雨过后，根据降雨持续时间判断子囊孢子能否侵染及侵染量。Mills 预测表在指导苹果黑星病防治中获得了巨大成功。20 世纪 70 年代，Jones 等根据 Mills 预测表成功研制了苹果黑星病侵染测报器（Jones et al.，1980，1984）。测报器装有传感器，能实时自动监测果园环境的温度、相对湿度、叶面结露时间等，测报器内的微型处理器依据监测数据和预测模型，实时模拟计算病原菌的侵染量。当预测到病原菌的侵染量超过一定阈值时，给出警报，提醒用户及时防治。20 世纪 90 年代，英国的 Xu 和 Santen（1995）受侵染测报器的启发，研制了苹果病害测报系统 Adem ™。Adem ™系统由计算机和自动气象站两部分组成。自动气象站安装在果园中，与装有病害预测模型的计算机连接。气象站实时监测果园微生态环境的降雨量、叶面湿度、温度和相对湿度等数据，并传送给计算机，计算机的病害预测模型则根据自动气象站监测获得的气象数据，实时模拟计算病原菌的侵入率，当病原菌的侵染率超过一定阈值后，通过各种方式及时报告用户，提醒用户用药防治。Adem™系统在欧洲苹果产区已广泛应用，并进行了多次升级。

Li 等（2007）沿用苹果黑星病的侵染测报思路，在室内严格控温、控湿条件下测定了露温、露时对梨黑星病菌分生孢子萌发和侵染的影响，发现随着露时的延长，梨黑星病菌的侵染量也增加，两者的关系可用逻辑斯蒂模型描述。基于试验数据，完成了一套能够描述梨黑星病菌分生孢子侵染动态的数学模型（Li et al.，2003，2005），并依据梨黑星病菌侵染动态模型研制了梨黑星病菌分生孢子侵染预测模型，命名为 VinInf，结构如图 14-17 所示。

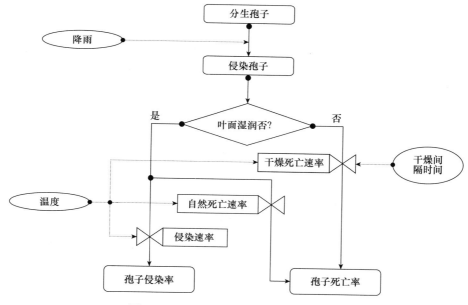

图 14-17　梨黑星病侵染预测模型的结构

VinInf 主要用于模拟计算一个降雨过程中梨黑星病菌分生孢子有无侵染，以及相对侵染量的多少。VinInf 模型需要自动气象站实时监测果园微生态环境的降雨量、叶面湿度、气温和空气相对湿度 4 个参数，作为输入变量，最终输出分生孢子的相对侵染量，其基础模型是逻辑斯蒂模型。VinInf 的工作过程如下：当安装在果园内的自动气象站监测到的累积降雨量超过 1mm 时，梨黑星病菌的分生孢子开始侵染，模型开始启动。模型启动后，根据自动气象站传来的温度和叶面湿度数据，以 5min 为一个步长，实时计算侵染孢子和死亡孢子的数量，当降雨过程结束或果园内具有侵染能力的孢子不足 1% 时，模型终止运行，输出孢子的相对侵染率。模型中叶面的湿度是一个开关变量，当叶面湿润时，叶面上的梨黑星病菌的分生孢子能正常地萌发和侵染，其侵染的速率取决温度。当上一个时段的降雨量小于 0.2mm，或者测得的叶面湿度小于 50%（不同气象站测得的指标不同），或者蒸气压大于 1.1hPa 时，梨黑星病菌的分生孢子停止侵染，进入死亡程序，孢子死亡的速率也取决于温度。当叶面重新被润湿时，还没有死亡的孢子可继续侵染。

VinInf 主要辅助 4～6 月梨树生长前期梨黑星病的防治。当预测到黑星病菌发生侵染时，在病菌侵染后的 2 周之内使用内吸治疗剂可有效控制黑星病的发病。用 3 个地区 4 个年度梨黑星病的系统监测数据验证模型，发现模型的预测准确率达 95% 以上。

四、图像识别技术

图像处理与模式识别技术是近年来计算机研究领域的热点问题，也是发展最快的技术。在植物病理学中，图像处理和模式识别技术主要用于病斑的自动识别、病斑自动计数，以及从遥感图像中提取有关的病害信息。

赵玉霞（2007）研究了图像识别技术在玉米叶部病害自动识别中应用，并开发了玉米叶部病害智能识别软件。根据玉米叶部病害病斑的特点，应用阈值法、区域标记方法与 Freeman 链码法，对玉米叶部病害图片进行图像分割、统计病斑个数、去除冗余斑点，获得病斑颜色和形状的特征值，在提取颜色特征、形状特征的基础上，分析每种玉米叶部病害的唯一识别特征，建立玉米叶部病害的图像识别特征数据库。采用直接判别法、朴素贝叶斯法和基于加权特征的模糊模式识别方法，对锈病、弯孢菌叶斑病、灰斑病、褐斑病和小斑病 5 种玉米叶部病害进行分类识别，综合三种识别方法各自的优势，得出最终分类结果，对结果进行处理，得到最终的识别诊断结果。最终利用 Visual C++ 编写了玉米叶部病害智能识别软件。软件能根据玉米叶部病斑的数码相机照片，对玉米叶片上 5 种常见病害进行自动识别，识别准确率达到 90% 以上。

遥感图像中包含大量信息，如何从遥感图像中提取病虫信息是植物保护工作者关注的问题。陈兵等（2007）通过小区试验和大田试验，测定不同时期、不同品种棉花黄萎病冠层光谱，分析了其反射光谱特征，结果表明，不同时期、不同品种棉花黄萎病冠层光谱与正常冠层之间有显著差异，冠层光谱随病害严重度的增加表现出有规律的变化，可见光（620～700nm）波段，光谱反射率随病害严重度的增加呈现上升趋势，近红外（700～1300nm）波段则表现出相反的趋势，其中 760～1300nm 波段尤为明显。对黄萎病棉田冠层光谱与病害严重度进行相关分析后发现，806nm 附近黄萎病病害严重度（Y）与冠层光谱反射率（X）的相关性达到了极显著水平，二者之间存在如下关系：$Y=-11.64X+7.0722$（$R^2=0.675$）。光谱与病害严重度的关系为航空、航天遥感大面积监测棉花黄萎病提供了理论依据，同时也为其他病害的遥感监测研究提供了借鉴和参考。

五、人工神经网络

人工神经网络（ANN）是以计算机网络系统模拟生物神经网络的智能计算系统。网络上的每个结点相当于一个神经元，可以记忆（存储）、处理一定的信息，并与其他结点并行工作。求解一个问题是向人工神经网络的某些结点输入信息，各结点处理后向其他结点输出，其他结点接受并处理后再输出，直到整个神经网工作完毕，输出最后结果。如同生物的神经网络，并非所有神经元每次都一样地工作。例如，视、听、摸、想等不同的事件，各神经元参与工作的程度不同。当有声音时，处理声音的听觉神经元就要全力工作，视觉、触觉神经元基本不工作，主管思维的神经元部分参与工作。

尽管人工神经网络已经有许多模型和算法，也成功地解决了不少实际问题，但并未形成成熟的理论。神经网络已经运用于众多领域，如图像处理与识别，语音信号处理与识别，声呐、雷达信号处理与识别，数据存储与记忆，优化组合问题求解等。

人工神经网络的优越性在于神经网络具有自学习功能，如实现图像识别时，先把许多不同的图像样板和对应的应识别的结果输入人工神经网络，网络就会通过自学习功能，慢慢学会识别类似的图像。自学习功能对于预测有特别重要的意义。预期未来的人工神经网络计算机将为人类提供经济预测、市场预测和效益预测，其应用前途远大。人工神经网络还具有联想存储功能，用人工神经网络的反馈网络就可以实现这种联想。

人工神经网络主要用于病虫的测报，国内已将神经网络用于植物病害的预测，胡小平等（2000c）利用 BP 神经网络对陕西汉中地区的小麦条锈病的流行程度进行了预测，预测结果与历史资料的吻合度很高。

六、决策支持系统

决策支持系统（decision support system，DSS）是辅助决策者通过数据、模型和知识，以人机交互方式进行半结构化或非结构化决策的计算机应用系统。DSS 主要为决策者提供分析问题、建立模型、模拟决策过程和方案的环境，调用各种信息资源和分析工具，帮助决策者提高决策水平和质量。

决策按其性质可分为三类：①结构化决策，决策过程的环境和规则，能用确定的模型或语言描述，以适当的算法产生决策方案，并能从多种方案中选择最优解的决策；②非结构化决策，决策过程复杂，不可能用确定的模型和语言来描述其决策过程，更无所谓最优解的决策；③半结构化决策，介于上述二者之间的决策，这类决策可以建立适当的算法，产生决策方案，从决策方案中得到较优的解。非结构化和半结构化决策一般用于一个组织的中、高管理层，其决策者一方面需要根据经验进行分析判断，另一方面也需要借助计算机为决策提供各种辅助信息，及时做出正确有效的决策。

决策进程一般分为 4 个步骤：①发现问题并形成决策目标，包括建立决策模型、拟定方案和确定效果度量，是决策活动的起点；②用概率定量地描述每个方案所产生的各种结局的可能性；③决策人员对各种结局进行定量评价，一般用效用值来定量表示。效用值是有关决策人员根据个人才能、经验、风格及所处环境条件等因素，对各种结局的价值所做的定量估计；④综合分析各方面信息，以最后决定方案的取舍，有时还要对方案做灵敏度分析，研究原始数据发生变化时对最优解的影响，决定对方案有较大影响的参量范围。

决策支持系统基本结构主要由 4 个部分组成，即数据部分、模型部分、推理部分和人机交互部分：数据部分是一个数据库系统；模型部分包括模型库及其管理系统；推理部分由知识库、知识库管理系统和推理机组成；人机交互部分是决策支持系统的人机交互界面，用以接收和检验用户请求，调用系统内部功能软件为决策服务，使模型运行、数据调用和知识推理达到有机统一，有效解决决策问题。

植物病害的管理决策大部分都是非结构化决策和半结构化决策，决策支持系统的开发难度较大，应用较少，但也有不少非常成功的例子。澳大利亚灾蝗监测与治理决策支持系统就是其中一例。

20 世纪 90 年代澳大利亚灾蝗管理委员会研制了澳大利亚灾蝗监测与治理决策支持系

统，用于疫蝗的监测和防治决策。澳大利亚灾蝗（*Chortoicetes terminifera* Walker）是澳大利亚牧草和农作物上的重要害虫。为了控制这一害虫，成立了澳大利亚灾蝗管理委员会（The Australian Plague Locust Commission，APLC），APLC 于 90 年代初开始组建集地理信息系统的集数据采集与分析处理、动态模拟、图形处理和显示等功能为一体的疫蝗监测与治理决策支持系统，并于 1995 年投入使用，在实际应用过程中得到不断完善。系统主要由 GIS、GPS、RS 和分析模型组成。GPS 主要用于准确定位蝗虫发生的地理位置和飞机防治的导航。GIS 主要是采集和处理与疫蝗有关的空间数据，包括田间调查数据、土地拥有者或基层农业服务机构上报的虫情信息和从气象部门获得的气象信息，这些信息随同所在地的 GPS 定位信息一起传入装有地理信息系统（GIS）的服务器上，由相关的分析模型进行分析处理。卫星遥感（RS）主要用于获取卫星遥感图片，遥感图片调入地理信息系统分析处理，目的是根据 RS 图片上的植被信息，分析确定适宜蝗虫发生为害的栖息地，使田间调查有的放矢，减少无效劳动。GIS 是监测与治理决策支持系统的核心，系统可以利用建模软件对资料综合分析，得出蝗虫的具体分布区域、发育进度和未来的发生趋势等信息，并以图形形式显示。根据分析结果，发布蝗虫预报和制定控制决策（王建强，2003）。国内，刘书华等（2000）开发了苹果、梨病虫害防治决策支持系统，陈立平等（2002）开发了精确农业智能决策支持平台。

第四节　信息的采集发布与计算机网络技术

随着计算机网络的发展，现在绝大部分信息都通过网络传输。在植物病害流行学的调查和研究中所用的信息，包括监测数据和预测信息，都需通过网络传输，现在开发的专家系统、地理信息系统、病虫测报系统和病虫监测系统等都离不开网络技术的支持。本节简要介绍与网页开发有关的基础知识。

目前，计算机网站上运行的网页有两种形式，即静态网页和动态网页。静态网页相对于动态网页而言，是指没有后台数据库、不含程序和不可交互的网页。静态网页的内容相对稳定，制作时是什么样，客户端就显示什么样，不会有任何改变。每个网页都是保存在服务器上的一个独立的文件，静态网页的交互性差，在功能方面有较大的限制。静态网页更新起来比较麻烦，适用于一般更新较少的展示型网站。静态网页使用 HTML 语言编写。

动态网页由运行在服务器端的程序、网页、组件组成，能根据不同客户、不同时间，返回不同的网页。动态网页以数据库技术为基础，网站维护相对容易。动态网页实际上并不是独立存在于服务器上的网页文件，只有当用户请求时服务器才返回一个完整的网页。采用动态网页技术的网站可以实现更多的功能，如用户注册、用户登录、在线调查、用户管理和订单管理等。编写动态网页需要 HTML+ASP、HTML+PHP、HTML+JSP、HTML+ASP.net 等。

静态网页和动态网页各有特点，网站采用动态网页还是静态网页主要取决于网站的功能需求和网站内容的多少。如果网站功能比较简单，内容更新量不是很大，采用纯静态网页的方式会更简单，反之要采用动态网页技术来实现。静态网页和动态网页之间也并不矛盾，为了适应搜索引擎的检索，采用动态网站技术建设的网站，常将网页内容转化为静态网页发布。

制作动态网页离不开 ASP（active server pages）技术。ASP 既不是一种程序语言，也不是一种开发工具，而是一种技术框架，是 Microsoft 公司推出的 Web 应用程序开发技术，它能产生和执行动态、交互式、高效率的网站服务器的应用程序。ASP 网页包含了用 VB Script 或 Jscript 编写的脚本程序代码，能实现多种功能，除能实现诸如计数器、留言簿、公告板、聊天室等功能外，在 FileSystemObject 对象的支持下，可以对服务器上的文件进行浏览、复制、移动和删除等操作；在有动态数据库对象（active database object，ADO）的支持下，可以对数据库进行灵活的操作，像使用本地数据库那样，管理远程主机上的数据库，对表格、记录进行各种操作；在 NTS 协作数据对象（collaboration data objects for NTS，CDONTS）支持下，可以发送和查看邮件，实现 Webmail 的功能。

2003 年 Microsoft 公司推出了新一代动态网站程序构架 ASP.net。ASP.net 是 Microsoft.net 的一部分，是一种建立在通用语言基础上的程序构架，能被用于一台 Web 服务器来建立强大的 Web 网页应用程序。ASP.net 不仅仅是 ASP 的升级版本，它还提供了一个统一的 Web 开发模型。ASP.net 的语法在很大程度上与 ASP 兼容，同时它还提供了一种新的编程模型和结构，可生成伸缩性和稳定性更好的应用程序，并提供更好的安全保护。与 ASP 相比，由于 ASP.net 程序的功能更强大，适应性更强，效率更高，易于管理，而且 ASP.net 程序简单、易学，因此目前 ASP.net 程序应用较多。

开发 ASP.net 程序，可以使用 VB、VC++、Jscript 等，但目前编写 ASP.net 的主流语言是 Visual C#。C# 是由 C++ 派生而来的新语言，是 .net 平台上的主流语言，C# 是一种简单易懂、面向对象、类型安全的编程语言。它结合了 Visual Basic 编程的高效性和 C++ 的强大功能和灵活性，使用方便，语法优雅。

复 习 题

1. 用 Excel，对表 14-1 所提供的数据是否符合泊松分布进行统计检验。

2. 下载并安装 R 和 RStudio，运行图 14-1～图 14-8 中所提供的程序代码，观察程序的运行结果，说明输出项所代表的统计学意义。

3. 用 Excel 中的 Visual Basic 程序，按本章第二节所述的方法，构建一个简单的病害时间流行动态模拟模型。模型建成后，模拟初侵染菌源量、产孢期、潜育期、日侵染率、防治时间和防治效果对病害流行的影响。

4. 分析 PDEpic 模型的结构，设计一个双因子试验，从网上下载 PDEpic 模型，用 PDEpic 模型进行模拟试验，用 SAS 对模拟数据进行分析，确定模拟因子对病害流行的影响。

5. 编写一个简单的病害专家系统，使具有高中文化水平的用户能用专家系统诊断小麦或水稻上的主要病害。

6. 编写一个简单的计算机网页，要求具有用户注册和用户登录功能。

第十五章　植物抗病性与病害流行

提要： 植物抗病性强弱及其抗病品种是否合理利用和布局与病害是否流行直接相关。植物的抗病性和植物其他性状一样，都是生物适应性的一种表现，是寄主植物与病原物协同进化的产物。多年实践经验证明，种植抗病品种是防治农作物病害最经济、有效和对环境友好的措施。但抗病品种需要合理利用，否则将最终导致病害大流行。

第一节　概　　述

在长期的进化过程中，高等植物与其周围环境中的生物和微生物形成了各种关系，包括互不干扰、一般性竞争、寄生和共生等。真正能形成寄生关系的比例很低。对于一种植物来说，在其生长发育过程中，叶围、茎围、根围、种围等体表会接触到各种微生物，但能够侵染并引起病害的病原微生物却不过几十种，其中能造成较大危害的，一般不过几种。因此，植物生来就有保卫自己不受其他生物侵害的能力。健康是常态，生病是异常状态。

虽然一种植物通常受到某些病原物的侵染而发病，但是这种植物中往往有部分群体对这些病害仍然表现有不同程度的抗性。例如，对某种病害而言，一种作物就有某些品种表现出明显的抗病性。而且即使在一种病害的发生和发展过程中，被侵害植物也可表现出各种抗病性抵御病原物的定殖和扩展。例如，有些叶斑病病斑边缘的木栓化、离层等就是发病植物的抗病性表现。因此，抗病性是广泛存在的，所有植物都具有不同程度的抗病性。

植物抗病性是指寄主植物抵抗病原物侵染危害的能力。分为固有抗病性和诱导抗病性。寄主的抗病性是相对的。从广义理解，它既包括完全抵御病原物侵染而不发病的绝对抗病性，也涵盖植物病程各个阶段、程度不同的抗病性表现。病原物在侵染过程中，每一步都可能受到寄主植物不同程度的抵抗。有些虽能侵入但侵染概率较低，有些则顺利侵染而扩展受阻，有些虽能引起发病但病菌的繁殖水平降低，这些都属于寄主抗病性的表现。另外，抗病性的概念也是相对的。植物抗病性从绝对抗病（免疫）和高度抗病到高度感病存在连续的变化，没有绝对的界限。而且在一种病害发生发展的过程中，因为环境和病原物因子的影响，植物的抗病性和感病性程度也会有相应的变化，抗病性强则感病性弱，抗病性弱则感病性强（图 15-1）。

因此，在品种抗病性鉴定中，抗病或感病分界应该根据研究和应用的目的要求而定，很难作统一规定。一般总是以减轻病害发生、实现优质高产作为抗病性鉴定的出发点，这就需要同步进行抗病性田间鉴定和损失测定。

一、抗病性的进化观

抗病性和植物其他性状一样，都是生物适应性的一种表现，是寄主植物与病原物协

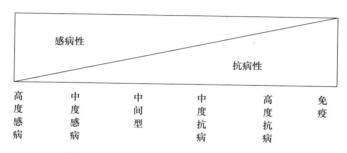

图 15-1　抗病性和感病性的消长关系图解

同进化（coevolution）的产物。在长期的进化中，寄主和病原物相互作用、相互适应、各自不断变异而又相互选择。病原物发展出不同形式和程度的致病性，寄主也发展出不同形式和程度的抗病性。如果寄主毫无抗病性，它就不可能进化、生存到今天。寄生现象是生命界中一个高层次现象，是两种生物在分子水平上相互作用，在群体水平上相互选择的协同进化的表现，而抗病性则是寄生现象的一个重要侧面。

　　关于抗病性进化的具体细节尚缺乏研究定论。传统的设想是单源进化，即微生物从腐生通过兼性腐生、兼性寄生到专性寄生，以至于进化到对寄主品种的专化性选择。与此平行，寄主从天然免疫性（natural immunity）到一般抗病性，以至进化到对病原物小种的专化抗病性（图 15-2）。

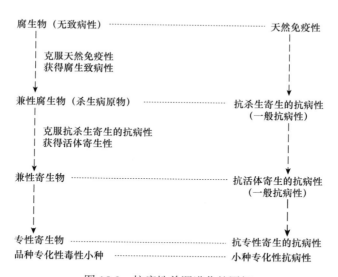

图 15-2　抗病性单源进化的图解

　　范德普兰克的多源进化假说认为，活体营养（biotrophy）和死体营养（necrotrophy）是两种并存的寄生现象，各有其不同的进化来源。即使死体营养寄生现象（necrotrophic parasitism）不存在，活体营养寄生现象（biotrophic parasitism）也可以存在；反之亦然。这两种现象也不一定是相互排斥的。在致病过程中，死体营养可逐步取代活体营养。活体营养寄生现象可能来源于失去了平衡的互利共生（mutualistic symbiosis）。

　　植物抗病性和病原物致病性之间存在着对应的进化关系，特别在真菌病害中更为明显。这种对应关系首先表现在：病原物寄生性水平越高、寄生专化性越强，则寄主植物对该病原物的抗病性的分化也就越强，越容易找到抗病品种。与植物的其他性状不同，抗病性是在病原物积极参与下逐渐发展而成的，病原物的侵染会激发寄主植物的某些反应，寄主的反应又会激发病原物的反应。在进化过程中植物和病原物都不断变异，相互选择，变异和选择的遗传机制年复一年地发生作用，逐渐形成了现今的抗病性，而且还在不断发展之中。因此，要认识植物的抗病性，必须同时了解病原物的致病性。

二、抗病性的遗传观

抗病性是在病原物侵染时植物特定基因型表现的结果，往往是多基因控制的复杂的生命活动，因此是植物遗传潜能的表现。因为抗病性只有在病原物侵染后才得以表现，而且其具体表现还取决于病原物致病性，因此抗病性的表型是植物与病原物相互作用的结果。植物抗病性的遗传学研究应该在植物与病原物相互作用的条件下，结合病原物致病性的遗传决定因子，来探索抗病性的遗传学机制。同时，抗病性的表现还受到寄主植物和病原物相互作用时特定环境条件的影响。

由于植物的抗病性和病原物的致病性都是由各自基因组中的基因所控制的，而且植物的抗病性基因型和病原物的致病性基因型是相互选择的进化产物，因而也有其对应性。"基因对基因"假说就是说明这种对应关系的理论之一。"基因对基因"假说认为，在植物与病原物相互作用时，只有当植物具有显性抗病基因（resistance gene，R）而病原物具有对应的显性无毒基因（avirulence gene，avr）时，植物才表现抗病。这一假说已经在大多数植物与活体营养病原物的相互作用中得到证实。这种对应关系说明，抗病性是植物抗病基因产物和病原物无毒基因产物相互作用而产生专化性识别的结果。这种专化性识别会激活植物体内一系列的信号转导途径，并最终活化防卫反应基因的表达，形成抗病反应，从而表现出抗病性。从植物与病原物的相互识别，经过信号转导途径，到植物体内抗病反应活化的整个过程，是当今植物抗病性的生理生化及分子机制的主要研究内容。这种基础研究可以为植物抗病育种、抗病性改良、人工免疫，特别是基因工程抗病育种提供理论指导。

从群体遗传学的角度来看，寄主植物群体独特的抗病性遗传结构也受到病原物群体的影响，即寄主群体中含有哪些抗病性基因型和各种抗病性基因型的频率如何；而病原物则相应地有其致病性的遗传结构。在寄主植物群体和病原物群体的相互作用中，双方群体间的相互选择导致各自遗传结构的变化，这就是抗病性的群体遗传学（见第十一章），这方面的基础研究能为抗病育种和抗病品种的合理布局与推广提供理论依据。

三、抗病性的生理观

植物抗病性的表现涉及植物一系列的防卫反应。植物防卫反应的生理生化机制可以从以下三个方面认识。

第一，对寄生性水平不同的病原物，植物进化有不同抗病性生理机制。死体营养型病原物的腐生性强而寄生性较弱，为害寄主的方式较直接，破坏性强，一般在侵染初期就以毒素或酶杀伤寄主原生质、消解寄主组织，先杀死寄主细胞再获取养分。在抵抗这种死体营养型病原物时，植物或以较坚强的组织结构阻隔，或通过抑制、破坏或抗耐毒素和酶的机制来抵抗病原物的侵染。活体营养型病原物，侵染初期并不立即杀伤寄主植物原生质，而以"和平共处"的手段与寄主建立亲和关系，从植物活细胞中获取养分。在抵抗这种活体营养型病原物时，寄主植物往往通过过敏性反应（使受病原物侵染的位点及其周围组织快速死亡并形成局部性的坏死斑）以封锁病原物，或以营养和代谢途径来抑制病原物的发育。

第二，植物防卫反应的生理生化机制包括植物体内预存的抗菌物质以及病原物侵染后激活的防卫反应。正常情况下，预存的抗菌物质以无毒性的形式存在；但在病理条件下，它们就转变成具毒性的形式，杀死入侵的病原物。这种预存的抗菌物质在有些植物的抗病性中起比较重要的作用。但是真正在抗病性中起重要作用的则是病原物侵染后植物体内激活的一系列的防卫反应。抗病和感病之间的主要差别在于植物能否在病原物侵染后及时、快速和有效地激活防卫反应。抗病性是在病原物侵染时才能表现出来的性状，而且有一个过程，从植物与病原物间的相互识别，抗病信号转导途径的活化，防卫反应等生理生化作用的激活，到细胞组织的变化，最后到肉眼可见的组织形态的抗病表现。抗病性不是一个简单性状的表达，而是寄主-病原物间十分细致复杂的相互作用的过程，最后看到的抗病性是现象、是后果，而生理生化过程是抗病性的内在机制。这个过程可能涉及多种性状、多种代谢步骤、多种生化物质，它们或系列串联，或平行并列，或相互耦联而成一体，最终给出可见的抗病性表现。因此，大多数情况下，植物的抗病性是个综合性状，往往是其多种手段、多道防线的综合作用的结果。

第三，由于抗病性的物质基础是植物体内的生理生化防卫反应，因此植物生长过程中其自身的生理状态会影响抗病性的表现，而通过协调这些生理生化的防卫反应可以改善和提高植物的抗病性。栽培措施、环境条件等因素往往通过影响植物自身的生理生化状态而影响抗病性，如过量施用氮肥会削弱水稻抗瘟性，而增施硅肥可提高抗瘟性。

四、抗病性的发育观

在一些植物病害系统中，寄主植物的抗病性常常受到其自身生长发育阶段的影响。与全生育期抗病性相比，在某个特定发育阶段才表现的抗病性则不利于病害的控制，因为病害总是在植物生长发育的整个阶段发生为害的。一般，大多数病害在植物的苗期容易侵染为害，而在成株期后则发病较轻。在品种抗病性鉴定中，也经常发现植物苗期抗病性不同于成株期抗病性。在一些水稻品种中，对稻瘟病和白叶枯病的抗病性往往受生长发育阶段的影响。例如水稻抗病基因 $Xa21$ 所控制的白叶枯病抗病性中，二叶期的水稻幼苗完全感病，随着水稻的生长发育，抗病性逐步增强，在9~10叶成株期时则完全抗病。

抗病性受植物生长发育阶段影响的机制可能比较复杂。从生长发育的角度来看，植物在苗期阶段发育还不完全，一些与抗病性相关的形态结构和生化因子没有完全形成，如叶片表面的蜡质层、细胞壁中木质素含量等，从而影响抗病性的表现。从遗传学的角度来看，控制抗病性的一些基因可能本身受到植物生长发育的调控。例如，玉米对普通锈病的抗病性受生长发育所控制，一般只在成株期才表现抗病性，因为这种抗病性是由控制玉米从苗期向成株期发育阶段转化的基因所调控的，所以只有当玉米发育至成株期后才能表现出抗病性。目前对植物生长发育阶段影响抗病性的机制所知不多，但这种在不同生育期植物抗病性不同的现象，在病害防治及品种抗病性鉴定中应特别引起注意。

　　抗病性的概念和实际内涵常常因为讨论的范围或研究的对象而异。例如，当我们说"植物抗病性是进化产物"时，所指的抗病性是一个抽象的、一般的概念，它是多种多样的具体的抗病性的总称；当我们说"小麦对条锈病的抗病性"时，抗病性仍然指的是多种抗病性因素的综合性状，包括抗侵入、抗扩展、抗产孢、抗再侵染等；但当我们研究"某基因对病原物某小种的抗病性"时，抗病性便只指该特定基因所控制的抗病性。

　　又如，有时抗病性是指植物的某一遗传特性及其内在的遗传潜能。至于表现为抗病还是感病，则要由寄主抗病性-病原物致病性的组合和环境条件而定。但有时，抗病性又是指其具体表现，即表现出的抗病性程度如何，如"抗病性强"或"抗病性弱"等。"抗病性"（名词）和"抗病"（形容词）并不完全相关，后者是具体表现的定性，而前者则只是指抽象的有关抗病与否的这一特性，其具体表现也许抗病、也许感病。

　　再如，当人们说"抗病性鉴定"时，指的是抗病性的表现（或抗病，或感病），和基于表现而推知的遗传性。而在"抗病性因素""抗病性组分"的说法中，抗病性则指的是其形态结构和生理生化机制。

　　由此可见，"抗病性"一词有不同内涵，必须根据研究和讨论的问题才能得出准确的理解。

五、抗病性的机制

　　综上所述，植物抗病性的机制分为结构抗病性和生理生化抗病性。

　　结构抗病性：分为固有的形态抗病性（如表皮毛、茸毛、蜡质层、角质层）和病菌侵入后诱导的结构抗病性（如形成木栓层、侵填体、树胶等）。

　　生理生化抗病性：植物分泌抑菌物质，如葱、蒜、松柏等植物分泌的生化物质（酚、萜、萘等物质）。或细胞自杀而形成过敏性坏死反应（是植物受到病原物侵染后在侵染点附近局部细胞过敏死亡的现象，是植物抗病的一种表现），在侵染点附近的细胞内沉积了大量抑菌物质，在侵染点周围的细胞中产生大量的植物保卫素（phytoalexin，简称植保素，是一类在植物和病原物相互作用过程中产生的抗生物质），如菜豆素、豌豆素、日齐素等。

六、抗病性的变异

　　抗病性的变异有以下两方面含义。

　　1）寄主抗病性本身在遗传上发生的变异，即病原物小种的致病性未变，而寄主的抗病性由于遗传原因而发生了变异。

　　2）寄主抗病性本身在遗传上未发生变异，但在不同条件下，其抗病性表现发生的变化，其原因有：①寄主作物处于不同发育阶段，抗病性表现不同，如小麦条锈病有成株抗病特性；②病原物出现新的致病力更强的毒性小种，如小麦'丰产3号'，抗17、18号小种，但19号小种出现后即损失抗性；③环境条件，如温度、土肥等，有利于病原物，不利于寄主植物，抗病性也会发生变化。例如，小麦要求较低的土温，玉米要求较高的土温，高温导致小麦苗枯，低温导致玉米苗枯，低温、氮肥过多，稻瘟病发生则重。

第二节　植物抗病性分类

抗病性类型多种多样，按不同标准可分为不同的类型。这种类型的划分并不反映进化的亲缘关系，但可以从不同角度说明各类抗病性的科学内涵。

一、非寄主抗病性和寄主抗病性

自然界存在各种各样的病原物，但是一种植物只是个别病原物的寄主，对绝大多数病原物来说，这种植物表现抗病性，即非寄主抗性（non-host resistance）。例如，自然界存在的植物病原物成千上万，但是只有极少数可以侵染水稻，说明水稻对绝大多数病原物有非寄主抗性。因此，非寄主抗病性是指一种植物对所有无寄主关系的病原物所表现的抗病性。它是植物在自然界最普遍的抗病性形式。与此相对应的寄主抗病性（host resistance）是指一种植物抵御其病原物侵染并减轻病害发生的能力。植物病理学一般讨论的抗病性大都是指这种寄主抗病性。由此可见，寄主抗病性和非寄主抗病性是根据某种植物对其病原物和非病原物的抗病性来定义的，它们在寄主与寄生物相互作用专化性水平上明显不同。寄主抗病性一般总是表现为针对一种病原物甚至一种病原物种下分类单元的抗病性，具有病原物种或种下分类单位的专化性；而非寄主抗病性则是非专化的，对所有非病原物均有效，是植物最普遍的抗病性形式。

但是，寄主抗病性和非寄主抗病性也具有共同的特性。首先，从遗传学角度分析，寄主抗病性和非寄主抗病性均是由植物自身的基因所控制的，因而可以稳定地遗传给下一代。其次，从生理生化和分子机制角度来看，寄主抗病性和非寄主抗病性都涉及对病原物或非病原物的相互识别，以及由这种识别引起的相应信号转导并激活抗病防卫反应。最后，从抗病性的某些表型看，非寄主抗病性的表现有时与某些植物的免疫和高抗品种对病原物的寄主抗性反应有相似之处，如有些真菌孢子在非寄主植物上不能正常萌发或不能穿透侵入或即使能侵入后，但不能定殖。因此，两类抗病性都已经在抗病育种中得到应用。寄主抗病性由于其对病原物表现的专化性，因此已经广泛用于选育抗病品种。虽然目前对非寄主抗病性机制的认识还很有限，但实际上人们早已在利用非寄主抗病性。例如，小麦抗叶锈基因 *Lr9* 来自小伞山羊草，抗秆锈基因 *Sr24*、*Sr25*、*Sr26* 均来自高冰草，小麦品种'中5'的抗黄矮病毒的基因来自中间偃麦草（*Thinopyrum intermedium*）等。

对寄主抗病性的基础理论和抗病育种应用研究有比较深入和系统的工作，本书的内容也以寄主抗病性为主。但从长远看，无论是基础理论研究，还是抗病育种应用，非寄主抗病性的研究都有很大的理论和现实意义。

二、避病、抗病、耐病和抗再侵染

这是按侵染过程把寄主抗病性分为几道防线来定义的。植株形态、发育特性等使寄主在时间或空间上逃避了与病原物的接触，从而不发病或发病较轻，称为避病（disease escaping），又称抗接触。接触后，对病原物侵染的抗性叫抗病性（狭义的），可分抗侵入（resistance to penetration）、抗扩展或抗定殖（resistance to colonization）、抗（病原物）繁殖或抗产孢（resistance to reproduction or to sporulation）。虽正常发病但植物通过其生理补偿而受害较轻，减产较少，称为耐病（disease tolerance）或抗损害。植株部分组织或器官遭受一次侵染而发病后，寄主因这次受害的刺激而提高了抗病性，以后再受侵染时发病较轻较少，称为抗再侵染（resistance to re-infection）、诱导抗病性（induced resistance）或获得免疫（acquired immunity）。

避病、抗病、耐病三者兼具的品种极为罕见，但抗侵入、抗扩展、抗繁殖三个抗病性组分却常以不同强度的各种组合共存于一个品种之中。抗病性组分分析是测定这些组分在一个品种抗病性中的作用。对于某个品种而言，抗病性表现可能涉及多个抗性组分，或者以一个或两个为主，综合起来表现不同程度的相对抗病性或慢病性。例如，在同一接种和环境条件下，某品种上检测到的侵入位点数（需进行组织学观察）显著少于感病对照，而发病后单个病斑大小和产孢量和对照相同，说明该品种具有抗侵入特性。反之，如侵入位点数相同而发病后病斑显著较小或产孢量显著较少，那就是抗扩展或抗产孢。

三、被动抗病性和主动抗病性

被动抗病性（passive resistance）是指植物受侵染前即已具备的，或者无论是否与病原物接触也必然具备的某些既存抗病性因子，当受到侵染即起抗病作用。又称预存抗病性（preformed resistance）、固有抗病性（inherent resistance），包括植物形态、结构等物理特征及一些生化屏障，如蜡质层、角质层、木质化、矿质化、木栓化等，即前述的结构抗病性。

主动抗病性（active resistance）是指受侵染前并不出现，或者不受侵染便不会表现出来的遗传潜能，而当受到侵染的激发后才立即产生一系列保卫反应而表现的抗病性。又叫防卫反应（defense response），或称诱导抗病性（induce resistance），包括细胞壁等结构上的变化以及各种生理生化的防卫反应，即前述的生理生化抗病性。

四、主效基因抗病性和微效基因抗病性

数量性状遗传的多基因假说认为，数量性状的遗传是由多基因系统控制的，其表型是由多个基因的共同作用形成的。每个基因对表型的影响比较微小，因此称这类基因为微效多基因（polygene）或微效基因（minor gene）。而相应地把控制质量性状的基因称为主效基因（major gene）。这一概念在植物抗病育种中得到广泛应用。

主效基因抗病性（major gene resistance），又称垂直抗病性（vertical resistance）或小种专化抗病性（race-specific resistance），是指由单个主效基因独立或两个以上主效基因或其互作所决定的抗病性。主效基因抗病性可以由一个单基因（monogenic）独立控制，或由几个独立的主效基因共存于一个基因型（品种）控制，因此也叫作寡基因抗病性（oligogenic resistance）；或由两个或两个以上主效基因之间的种种互作而决定。主效基因抗病性水平一般较高，可达到高抗甚至免疫，抗病育种的对象以及推广使用的抗病品种的抗病性大多属于主效基因抗病性。主效基因就是普通意义上的抗病基因，属质量性状，可以进行染色体定位、克隆和鉴定。主效基因可以用细胞遗传学方法查知其位于哪一染色体的哪一位点上，再用分子生物学方法如限制性片段长度多态性（RFLP）、随机扩增多态性DNA（RAPD）、扩增片段长度多态性（AFLP）等分子标记进行精确作图。至今，

已经从多种植物中克隆鉴定了 20 多个抗病基因（主效基因），并对其功能进行了研究。

微效基因抗病性（minor gene resistance），又称多基因抗病性（polygenic resistance）、水平抗病性（horizontal resistance）或非小种专化抗病性（race-nonspecific resistance），是指由多个基因的互作所决定的抗病性，而单个基因单独并不能决定抗病性表型。"多基因"的基因数目到底有多少，目前无法测知，只能根据多基因抗病品种和感病品种的杂种后代分离的数据进行大致猜测。微效基因抗病性属于数量性状，微效基因也就是数量性状位点（quantitative trait loci，QTL）。微效基因可以进行染色体作图分析，一般通过分析整个染色体组的 DNA 分子标记（如 RFLP、RAPD、AFLP 等）和数量性状表型值的关系，可以将微效基因（即 QTL）逐一定位到染色体的相应位置，并估计其遗传效应。但至今还未能克隆鉴定到微效基因，因此目前还只是根据实验遗传学数据推定的抽象基因（表 15-1）。

表 15-1　主效基因抗病性和微效基因抗病性特点比较

	主效基因抗病性	微效基因抗病性
遗传特点	单基因、寡基因控制，主效基因起作用，属于质量性状遗传	多基因控制，许多微效基因综合起作用，属于数量性状遗传
抗病性	免疫或高抗，抗性不稳定、不持久，种植时间越长风险越大	中度抗性，抗性稳定持久
选育难易程度	易选育、易鉴定	选育困难
病害流行上发挥的作用	能减少初始菌源量	延缓病害发展速度

五、小种专化抗病性和小种非专化抗病性

在寄主植物品种存在抗病性分化而其病原物则有致病性分化（表现为形成各种不同的生理小种）的病害系统中，植物品种的抗病性通常总是针对病原物的某个或某些生理小种而言的。小种专化抗性（race-specific resistance）是指植物品种对一种病原物群体中的一个或几个生理小种具有抗病性，而对其他的生理小种则不表现出任何的抗病性。小种非专化抗性（race-non-specific resistance）则是指植物品种对一种病原物群体中的所有生理小种都具有抗病性。

从遗传学的角度来看，小种专化抗病性就是主效基因抗病性，由单个或几个主效基因所控制，属于质量性状。小种专化抗病性中植物品种与病原物小种间表现为特异性的相互作用，其抗病性程度高，是抗病育种中广泛利用的抗病性类型，但容易因病原物小种组成的变化而丧失。小种非专化抗病性则是微效基因抗病性，由许多微效基因的协同作用所控制，属于数量性状，针对病原物整个群体的抗病性。小种非专化抗病性中植物品种和病原物小种间不存在明显的特异性相互作用。

小种专化抗病性和小种非专化抗病性又分别称为垂直抗病性和水平抗病性。垂直抗病性和水平抗病性是一种植物病害流行学的分类，是基于植物-病原物相互作用的群体遗传学来定义的。自范德普兰克（Vanderplank，1963）提出以来，虽然至今仍有一些不同的看法，但对深化抗病性的认识和发展抗病育种工作起了很大的促进作用。另外，与小种非专化抗病性和水平抗病性近似的，还有一般抗病性或普遍抗病性（general resistance）这样的术语，其含义较笼统，缺乏严格限定。事实上，一个品种或一个基因，既能抗某

一种病菌的所有生理小种，又能同时兼抗多种病害，是极为罕见的。

六、诱导抗病性

诱导抗病性（induced resistance）是指植物局部组织受病菌侵染或诱发因子处理后在植株的其他部分表现出对多种病害的增强抗病性，具有系统性、广谱性和稳定性等特点，即局部诱导后，整株植株都表现抗病反应。诱导产生的抗病性是非专化的，对多种病害均有效，可以持续几周、几个月甚至整个植物生育期。由于诱导抗病性是通过调控植物自身的内在抗病机制表现的防卫反应，因此抗病性不容易丧失。但是，植物诱导抗病性是在病原物侵染后诱导产生的，因此一般不能稳定地遗传给下一代。系统获得抗病性（systemic acquired resistance，SAR）和诱导的系统抗病性（induced systemic resistance，ISR）是植物诱导抗病性中的重要已知形式。

系统获得抗病性是指植物被坏死性病原物局部侵染所诱导的对此后多种病菌侵染表现出的增强抗性，是一种非专化的、系统的、广谱且长效的诱导抗病防卫机制。近年来，对系统获得抗病性的生理生化及分子机制进行了较为深入和系统的研究，发现水杨酸是系统获得抗病性中的重要信号分子，而且鉴定到参与系统获得抗病性信号转导途径的一些重要基因。除了坏死性病原物可以诱导系统获得抗病性外，一些人工合成的化合物如水杨酸、二氯异烟酸（dichloroisonicotinic acid，INA）和苯并噻二唑（benzothiadiazole，BTH）等也可以诱导系统获得抗病性。国外农药公司已经研制开发出以苯并噻二唑为主要成分的新型"农药"，叫作植物激活剂（plant activator）。这种"农药"与传统意义上的农药不同，它对病原物没有直接的抑制或杀死作用，主要是通过激活植物自身的抗病反应来达到防治病害的目的。目前这种"农药"已经商业化生产，并广泛用于苹果、烟草等多种作物的病害防治。

诱导的系统抗病性是指一些促生根围细菌（plant growth-promoting rhizobacteria，PGPR）在植物根部定殖后能诱导植物地上部茎叶表现出对多种病害的抗性。在诱导的系统抗病性中，促生根围细菌或生防菌并没有与病原物直接接触或者抑制病原物的活动，它们也是通过激活植物的抗病防卫反应来抑制病害的发生的。系统获得抗病性与诱导的系统抗病性在抗病性的表现上是相似的，但两者的诱导因子及生理生化与分子机制则存在差异。

七、广谱抗病性和持久抗病性

在寄主植物品种存在抗病性分化而其病原物存在不同生理小种分化的病害系统中，小种专化抗病性是由植物品种与病原物小种间的特异性相互作用所决定的，通常只对一个病原物的一个或少数几个小种有效，抗病谱比较窄，而且常常因为病原物群体的遗传结构发生变化、新小种的产生等而丧失抗病性。因此，人们一直致力于寻找抗病谱广或者不容易丧失的广谱抗病性或持久抗病性。

广谱抗病性（broad-spectrum resistance）应是一种植物或其某个品种对一种病原物的全部或大多数小种，或者对多种病原物表现出的抗病性。国际水稻研究所的欧世璜在探索稻瘟病水平抗病性时，虽然没有找到水平抗病性，却发现'特特普'（'Tetep'）等少数品种在多年多地鉴定中一直表现高度抗病，即使偶或发病也极轻，因为它们虽能抗当时的绝大多数小种，但也有个别小种能侵染它们。欧世璜把水稻对稻瘟病的这种抗病性称为广谱抗病性。其后，这一源于稻瘟病特殊情况的概念被用于其他病害。广谱抗病性中的"广谱"意指某品种的抗病性所能抵抗的小种的多少，越多抗谱越广。然而，含多个主效抗病基因的品种在其育成之初，必然抗当时所有或绝大多数小种，但以后仍然难免丧失"抗病性"，这在马铃薯晚疫病、小麦秆锈病、条锈病、叶锈病、白粉病等中已屡见不鲜，如小麦品种'洛夫林13号'在我国曾能抵抗条锈菌条中28号以前的所有小种，但在近年来29号小种流行后即"丧失"了抗病性。所以，广谱抗病性并不等于持久抗病性。

持久抗病性（durable resistance）是约翰逊（Johnson）于1979年提出的概念。持久抗病性是指在适合于病害发生流行的环境条件下，某一大面积长期栽培的抗性品种，其抗性仍能长久保持不变。判别持久抗病性的依据主要是品种在长时间生产实践中抗病性的稳定表现，而无论其遗传方式和生理机制如何。实践证明，有些病害虽然其病原物的致病小种变异频繁，但确实有某些品种对该病害始终保持稳定的抗病性，如国内小麦品种'平原50'对小麦条锈病、马铃薯品种'滑石板'对晚疫病的抗性等。问题是，目前在技术上还难以快速简便地鉴定和评价持久抗病性，因而阻碍了持久抗病性研究的进一步深入。

广谱抗病性和持久抗病性在术语和学术含义上有所不同，但也有相通的内容。广谱抗病性是针对植物或其品种的抗病谱而言的，而持久抗病性则是抗病品种在使用时间和地区跨度上来说明抗病性的稳定性。两者的相通之处在于：广谱抗病性品种因为对病原物的全部或者大多数小种有效，其抗病性不容易引起病原物群体遗传结构的频繁变化或不因病原物群体遗传结构的演化而丧失，因而表现出持久抗病性的特点。广谱抗病性、持久抗病性，甚至广谱持久抗病性是人们所追求的理想目标，但是目前在生产实践上的应用并不多，这主要是因为目前对广谱抗病性、持久抗病性的机制、控制基因及调控机制等基础问题的认识还很有限。深入、系统地研究广谱抗病性、持久抗病性的本质及其生理生化与分子机制，为培育与利用广谱抗病性、持久抗病性奠定理论基础。

八、病害的慢发性

病害的慢发性是指某些作物品种在病原物侵入后虽然植株表现感病，但病害发生缓慢，不造成病害流行。在锈病、白粉病和稻瘟病等病害中都已经观察到病害慢发性的现象，分别称为慢锈性（slow-rusting）、慢粉性（slow-mildewing）、慢瘟性（slow-blasting）等。有些品种对某种病害表现慢发性的特性可以在田间保持数十年，因此被认为是一种比较稳定的抗病性表现。目前认为引起病害慢发性的机制主要有：降低病原菌侵染效率，限制发病植物上的罹病面积与病斑数目，抑制病原菌的繁殖与扩展，减缓病害发展速率，产量损失不显著等。因此，常常以病害潜育期长短、病斑大小、单位病斑的产孢量等指标作为病害慢发性的特征组分，有时还考察病害流行曲线下面积模型（area under disease progress curve，AUDPC），以进行病害损失估计。表现为慢发性的抗病性是可以遗传的，因而可能被用作抗病育种的途径之一。

九、个体抗病性和群体抗病性

植物抗病性的研究涉及从微观到宏观的各个层次或水平，从分子、细胞、组织、个体（植株）、群体、生态系统直到物种进化水平。传统植物病理学的研究重点在个体，略扩及至组织、细胞和群体；植病流行学重点在群体相互作用和生态系；分子植物病理学则基于分子水平的研究，但也涉及个体和群体的问题。植物免疫学的研究对象覆盖各个层次，最后应用于农田生态系统。田间生产中直观可见的是个体的和群体的抗病性。

个体抗性（individual resistance）是指植物个体在发病过程中表现出对病原物的抗病性；而群体抗性（population resistance）则是指植物在群体水平上所表现出的抗病性，并不是个体抗性的简单相加，相反应大于个体抗性之和。无论组成群体的个体是遗传同质的或是异质的，群体总有一些属性是个体所没有的，抗病性也是这样。例如，慢病性，在个体上也许其作用微不足道，无显著的实用价值，但在群体中却作用明显，很有实用价值。又如，遗传异质的群体，其群体的抗病性的机制、程度和作用中除各个体的总和或平均以外还有一些群体规律所决定的内容。一般地说，个体抗病性是在病程（侵染过程）中研究的问题，而群体抗病性除侵染过程外还要在流行过程中进行研究。

第三节　植物抗病性与病害流行的关系

植物病害的流行必须具备三方面的要素：①大量种植高度感病的寄主植物，大面积（单一的）连片种植感病品种是病害流行的先决条件；②大量致病力强的病原菌，病害的流行必须要有大量的致病力强的病原物存在，并能很快地传播到寄主体上，只有病原物的数量大才能造成广泛的侵染；③有利于病害流行的环境条件，如气象因素、土壤的质地、栽培方式等是病害流行的外在因素。寄主植物的抗病性在病害流行中发挥着重要的作用，而植物的抗病性多种多样，如何使用不同抗病类型的抗病性品种，实现抗病基因的合理布局，对于控制流行性植物病害的发生和危害具有重要的意义。

一、植物抗病性在病害流行中的作用

多年实践经验证明，种植抗病品种是防治农作物病害最经济、有效和对环境友好的措施。20 世纪初期以来，在对许多重要大田作物病害尤其在对麦类锈病、白粉病、稻瘟病、稻白叶枯病、玉米大（小）斑病、棉花枯（黄）萎病等的防治中，抗病品种的利用几乎是主要措施。在对以药剂防治为主的病害防治中，也要求品种本身有一定程度的抗病性、耐病性才能更好地发挥药剂防治的作用。尤其对一些大区流行性、具有专化抗性的病害，种植抗病品种在控制病害的大流行中发挥了重要的作用。我国自 20 世纪 30 年代开始通过引种和杂交育种等途径，先后育出一大批抗条锈或兼抗其他病害的品种，并及时在生产上应用，发挥了巨大作用，但也发现了很多问题。20 世纪 50 年代，由于垂直抗病品种‘碧蚂 1 号’的推广，成功地控制了当时我国小麦条锈病的大流行，由于其对条锈病良好的抗性和丰产性，该品种在全国年推广面积达到了 9000 多万亩。同时也是因为‘碧蚂 1 号’的大面积单一化种植，小麦条锈菌生理小种‘条中 1 号’在短短的三年内即分布到广大北方麦区，造成了之后小麦条锈病的再度大流行。之后，由于新的条锈病生理小种不断出现，因此，20 世纪 50 年代以后我国在不同年代先后推广了一大批垂直抗病品种（表 15-2），自 1957 年‘碧蚂 1 号’小麦品种丧失抗条锈性以来，又先后有 7 批生产品种丧失了抗条锈性，失去了生产应用价值，使我国小麦生产不断受到条锈病的威胁。我国 1990 年由于洛夫林类小麦品种在西北、华北广大麦区丧失了抗条锈性，减产近 50 亿斤（1 斤 =0.5kg），价值约 20 亿元。

表 15-2 我国不同时期推广的抗锈性小麦品种及其引起的新小种

推广年代	品种名称	引起抗性"丧失"的小种
20 世纪 50 年代	'碧蚂一号''西北 54''农大 183''西北丰收'等	'条中 1 号'
20 世纪 60 年代	'碧玉麦''陕农系统''南大 2419'等	'条中 8 号''条中 10 号''条中 13 号''条中 16 号'
20 世纪 70 年代	'北京 8 号''济南 2 号''阿勃''早洋麦''甘麦 8 号''丰产 3 号'等	'条中 17 号''条中 18 号''条中 19 号''条中 23 号''条中 25 号''条中 26 号'
20 世纪 80 年代	'罗夫林 10''罗夫林 13'等	'条中 28 号''条中 29 号'
20 世纪 90 年代	繁 6 衍生系、绵阳系	'条中 30 号''条中 31 号'
21 世纪 00 年代	'Hybrid46''水源 11'	'条中 32 号''条中 33 号'
2005 年至今	贵农系、川麦系、兰天系、中梁系	'条中 34 号'、中四菌系、Yr5 菌系等

国内外的生产实践反复证明，一个优良抗病品种虽然来之不易，但是在推广应用过程中，除个别或少数品种的抗病性可维持较长时间外，一般在生产上应用 5 年左右就会丧失其抗病性。这种品种抗病性迅速丧失的情况，在小麦品种抗锈性、水稻抗瘟性、马铃薯抗晚疫病性等方面尤为突出。20 世纪 90 年代，基于品种抗病性频繁"丧失"的压力，国际上很多专家提出了利用持久抗病性品种解决病原菌小种频繁变异，实现小麦品种抗性的持久性，减缓病害的流行程度。成株抗病性、高温抗病性、温敏抗病性等抗性类型受到普遍关注。例如，美国西北部，从 20 世纪 80 年代开始，成功地利用高温抗锈品种控制了小麦条锈病 30 多年。我国自 20 世纪 90 年代也开始了大量的小麦持久抗病性、高温抗病性、温敏抗病性等抗性品种的筛选、生理生化机制的研究以及持久抗性品种的选育和推广，多种类型抗病性在生产中的利用，对病害的持续控制发挥了一定的作用，但也走了一些弯路。需要继续进行探索如何通过利用多种抗性类型品种实现农作物病害的持久控制。

二、利用品种抗病性控制植物流行学病害的途径

1）挖掘新的抗病资源，提高我国农作物抗病育种基因的丰富度。由于病原菌新毒性小种的不断产生，能够利用的可用抗病基因资源越来越匮乏。而农作物近缘种属、农家品种和国外引进的新品种中存在着大量的新的抗病基因资源。对这些抗病资源的挖掘，并将新的抗病基因进行分子标记或者克隆，可以大大丰富我国农作物抗病育种资源的基因丰富度。为进一步培养新的抗病品种提供可靠的资源保障。

2）应用聚合品种聚合和累加多个主效抗病基因，避免抗病品种抗性过快"丧失"。对现有基因，通过复合杂交引入同一品种而育成聚合品种。由于聚合品种的抗性是由多个主效基因控制的，因此可大大降低病菌小种对品种的适应性，从而也可延长品种的使用年限。例如，加拿大育成的小麦聚合品种'Selkirk'对秆锈病的抗性保持了 30 余年。我国应用复合杂交育成的著名品种'绵阳 11'，保持抗条锈性达 20 多年。聚合品种之所以能延缓病菌的适应性，主要是由于品种所具有的抗病基因越多，病菌越难经过多次变

异产生完全能致病的突变菌株。因为病菌对寄主的一个位点（抗病基因）的突变率为 10^{-n}，那么对 2 个、3 个……6 个位点的毒性突变率则为 10^{-2n}、10^{-3n}……10^{-6n}。

　　3）在不同病害流行区实施抗病基因品种的合理布局。抗病品种的合理布局即基因布局（gene deployment），其方法是将具有不同抗病基因的品种在一定的地区范围（可小可大）实行合理布局，从空间上阻止病菌新小种的定向选择和发展。对流行性很强的病害如小麦条锈病，可在同一流行区系的不同关键地区，如越夏易变区、传播桥梁区、越冬区和流行区等分别种植具有不同抗病基因的品种，从而阻止病菌的越夏、越冬和流行传播。在北美洲曾用此法控制燕麦冠锈病。我国在 20 世纪 60～70 年代用此法在西北、华北控制小麦条锈病的流行和传播，也取得了较好的结果。为做好抗病品种的合理布局，首先必须掌握各种病害的发生发展规律，病菌小种组成及其消长变化规律和流行区系的关键地区；其次还需了解生产品种的抗病基因情况。这样才有条件进行合理布局配置，很好地发挥这一方法的作用。

复　习　题

　　1. 在植物的各种性状中，植物抗病性有何特点？

　　2. 植物抗病性有各种不同的分类方法和术语，你认为它们在理论上和应用上各有什么意义？

　　3. 通过上述内容的学习，你对植物抗病性的本质有怎样的认识？请用 500 字左右写出你对植物抗病性的定义和简要释义。

　　4. 研究植物抗病性有何科学理论和实际应用上的意义？

第十六章 植物病害流行与防治

提要：植物病害流行的防控必须在掌握病害流行规律的基础上，运用减少病原菌初始菌量、降低病害流行速率和缩短病害流行时间等相应防治措施才能完成。在植物病害的防控过程中，若采用的防控措施不当，如品种抗性利用不科学、农业防治措施不当、化学防治不当等均可诱发病害的流行。因此，控制植物病害流行就必须协调采用多种防治措施，将植物病害的发生危害程度控制在经济效益、生态效益、社会效益、规模效益和持续效益的允许水平之下。

植物病害流行的本质是在农业生态系统中与植物病害有关的生物因素和非生物因素相互作用的引起的生态系统失衡。因此，控制植物病害就必须掌握农业生态系统中相关生物因素和非生物因素及其相互作用的规律基础，采取相关措施，调控各种生物因素（寄主植物、病原物、非致病微生物）与非生物因素（环境因素）的生态平衡，将病原物的种群数量及其危害程度控制在经济效益、生态效益、社会效益、规模效益和持续效益允许的阈值之内，确保植物生态系统群体健康（谢联辉等，2005）。

第一节 植物病害防治的流行学原理

植物病害流行受农业生态系统中众多因素的影响，是在人为干预下，病原物、寄主植物和一定的环境条件，即植物病害三角的互作结果。寄主植物群体、病原物群体、环境条件和人为活动等许多方面都影响、干扰和制约着植物病害的流行。因此，植物病害的防治必须根据植物病害的流行原理，合理调控植物病害的三角关系，才能有效地控制植物病害的流行。

一、植物病害防治措施的流行学效应

植物病害的流行程度主要取决于初始菌量（x_0）、流行速率（r）和流行时间（t）。因此，依据植物病害流行学理论的植物病害防治措施的设计应以减少初始菌量（或称初接种体，primary inoculum）、降低流行速率和缩短流行时间为目的。也就是所谓的 x_0 策略、r 策略和 t 策略。

常用的植物病害防治措施有植物检疫、品种抗性利用、农业防治、生物防治、物理防治、化学防治等（许志刚，2003）。这些防治措施分别起减少初始菌量、降低流行速率和缩短流行时间的效果。

最早提出的植物病害防治，主要围绕病原物和病害过程两个方面，将防治方法分为"杜绝""歼灭""保护"和"免疫"（或"抵抗"）四类（Whetzel，1926），随后又补充了"回避"和"治疗"两类。"杜绝"和"歼灭"主要针对病原物，"保护"和"免疫"主要针对寄主植物。曾士迈（1989）认为防治病害可以从三个侧面（寄主、病原物和环境），

四道防线（拒绝、免疫、保护、治疗）上采用多种措施和方法，并且认为在一定情况下采取回避政策也不失为良策。许志刚（1997）将植物病害防治措施的作用原理区分为"回避""杜绝""铲除""保护""抵抗"和"治疗"6个方面。

　　常用的植物病害防治措施分别起"回避"（回避病原物）、"杜绝"（杜绝病原物）、"铲除"（铲除病原物）、"保护"（保护植物体）、"抵抗"（利用抗病性）和"治疗"（治疗病植物）6个方面的作用，最终目的是达到减少初始菌量、降低流行速率和缩短流行时间的流行学效应（表16-1）。

表 16-1　植物病害防治措施的作用与流行学效应的关系

防治原理	防治方法	流行学效应			靶标病害	
		x_0	r	t	单循环病害	多循环病害
回避病原物	改变种植地点和位置	+			+	+
	改变种植时间	+		+		+
杜绝病原物	无病种苗和种苗处理	+			+	+
	植物检疫	+				+
	消灭传播介体	+	+			+
	生物防治	+	+			+
铲除病原物	轮作	+			+	+
	土壤处理	+			+	+
	消灭中间或转主寄主	+				+
	田间卫生	+			+	+
保护植物体	药剂保护		+			+
	防治传播介体	+	+			+
利用抗病性	植物抗病品种	+	+	+	+	+
	植物健身栽培	+	+		+	+
	诱导抗性利用		+			+
治疗病植物	化学治疗	+	+		+	+
	物理治疗	+	+		+	+

注："+"表示起作用

二、减少初始菌量的防治措施

　　减少初始菌量的防治措施，即 x_0 策略，是通过减少初始菌量或降低其作为接种体的效能，可以极为有效地抑制植物病害的流行，尤其是对初始菌量起主要作用的单循环病害有明显的抑制作用。起"回避""杜绝""铲除"和"治疗"作用的植物病害防治措施，均可产生减少初始菌量的流行学效应。这些防治措施包括植物检疫（plant quarantine）、农业防治（cultural control）、生物防治（biological control）、物理防治（physical control）、化学防治（chemical control）。

　　1. 实施植物检疫减少初始菌量

　　植物检疫又称法规防治（regulatory control），它是"一个国家或地区政府为防止检疫性有害生物的进入和（或）传播而由官方采取的所有措施"，杜绝一定区域出现病原物的作用或使得特定区域的寄主植物回避与某种病原物的接触。植物检疫的任务还包含在一种危险性病原物（或其他有害生物）被引入新区时，应该采取一切可采取的措施将其加以"歼灭"，即达到铲除的效果。

2. 采用农业防治措施减少初始菌量

农业防治中使用无病植物繁殖材料、消除或减少野生寄主或转主寄主、清洁田园、轮作等措施，起"铲除""回避"作用，以减少初始菌量。

使用无病植物繁殖材料，如马铃薯脱毒种薯、柑橘无黄龙病或溃疡病苗木、香蕉无枯萎病或无束顶病组织培养苗等，可减少种子、苗木及其他繁殖材料传播病害的初始菌量。铲除野生寄主、转主寄主、清除病残、拔除病株或摘（刮）除病部是铲除病原物的常用措施。例如，引起梨锈病的梨胶锈菌（*Gymnosporangium asiaticum* Miyabe et G. Yamada）与引起苹果锈病的山田胶锈菌（*G. yamadai*）的转主寄主是桧柏属植物，彻底砍伐果园 5km 范围内的桧柏树及其他转主寄主树种，就可以打断病害的侵染循环，从根本上防治这两种锈病。冬季果树清园时，刮除病灶，摘除病僵果，清扫落叶，剪除枯枝、病枝和死枝，刨除死树和病树并销毁病残体，以减少越冬菌源，是防治多年生果树炭疽病、黑星病、腐烂病等多种病害的有效措施。而早期彻底拔除发病幼苗及病株是防治玉米和高粱丝黑穗病、谷子白发病等许多病害的有效措施。对于多年生果树的一些病毒病、寄生于韧皮部或木质部的细菌性病害，如香蕉束顶病、柑橘黄龙病、枣疯病等，砍除果园中或苗圃中零星发生的病株是这类病害的主要防治办法。福建省 1966 年在莆田发现了小麦秆锈菌（*Puccinia graminis* f. sp. *tritici*）的南方越冬基地和适宜的寄主小麦品种 '8 月麦'，以后通过耕作改制，不种 '8 月麦' 而改种甘薯、水稻，铲除了越夏寄主，切断小麦秆锈病的循环，从而使该病得到根本控制（谢联辉，2003）。若无法轻易种植其他作物品种，应特别注意品种的合理布局，尤其在小麦秆锈病病菌越夏、越冬区，分别种植不同抗病品种，以减少菌源，切断锈菌的周年循环。

采取相应措施，如选择种植地点、重病区改种其他作物等，可使寄主感病部位、病原物传播范围和具有适合病害发生条件的空间不重叠或少重叠。采用非寄主范围的作物进行轮作可使病原物遇不到适宜的寄主从而降低病原物的初始菌量，如用非寄主植物轮作 2～3 年防治小麦全蚀病，则是起"回避"作用。

除此之外，禁止从病区调运种子，选不带菌的田块或土壤消毒后育苗，不将病株散放或喂养牲畜、垫圈，农业操作工具消毒，腐熟肥料致使混入肥料中的病原物失活等措施，也可以起"铲除"作用。

3. 应用生物防治措施减少初始菌量

生物防治的生防菌（占领菌）占领侵染位点，使病原物不能到达侵染位点而保护寄主不被侵染，是一种生物隔离的回避作用。例如，许多酵母菌能防治果蔬采摘后的各种霉病，就是利用的酵母菌竞争果面的营养物质与侵染位点，从而抑制病害的发生。向土壤施用拮抗微生物破坏和（或）抑制土壤习居病原物的种群数量，可显著减少土传病害的初始菌量，如淡紫拟青霉（*Paecilomyces lilacinus*）制剂可用于防治香蕉穿孔线虫病（由 *Radopholus similis* 引起）、马铃薯金线虫病（由 *Globodera rostochiensis* 引起），就是利用的淡紫拟青霉对线虫的卵寄生和侵染幼虫、成虫的抑制作用，减少土壤中的线虫种群数量，达到与铲除作用异曲同工的效果；武夷菌素作为生物杀菌剂，可以抑制病原菌蛋白质的合成，并抑制病原菌菌丝体和菌丝生长、孢子形成与萌发，对番茄叶霉病［*Fulvia fulva*（Cooke）Cif.］、番茄灰霉病（*Botrytis cinerea* Pers.）等病害的防治作用良好。

4. 应用物理防治措施减少初始菌量

物理防治措施主要是铲除病原物。汰除病种子、菌核、菌瘿、虫瘿（线虫）和种子（菟丝子）等是利用的是机械铲除作用。对植物繁育材料进行热力处理以钝化、杀死植物材料中的病原物，如黄瓜种子经 70℃干热处理 2～3d，可使绿斑花叶病毒（CGMMV）失活；用 55～60℃温水浸种 0.5h，可杀死种子内外大部分棉花细菌性角斑病菌［*Xanthomonas axonopodis* pv. *malvacearum*（Smith）Dye］；为防治茄科蔬菜苗期的立枯病和猝倒病，在育苗前将苗床土翻松并覆盖塑料薄膜或铺设黑色地膜，吸收日光能，使土壤升温，能杀死土壤中多种病原菌；用 80～90℃蒸汽处理温室和苗床的土壤 30～60min，可杀死绝大部分病原菌（谢联辉，2006）。福建建阳 2004～2005 年的试验，对连作 3～5 年的网纹甜瓜田，冬闲引山泉灌水浸 60～75d 后每 50g 土壤中的枯萎病菌（*Fusarium oxysporum* f. sp. *melonis*）孢子量比未处理的对照下降约 55%，处理的后茬瓜枯萎病株率仅 8% 左右，比未处理瓜田的枯萎病株率下降 60%，说明灌水处理对土壤中的甜瓜枯萎病菌起了一定的"铲除"作用。

秸秆焚烧还田，不仅可以快速为下茬作物提供有效养分，也是消灭初始菌源、线虫虫源、农田害虫及田间杂草的极佳方法，但因存在燃烧导致环境污染的问题，目前已被禁用。

果实套袋，使病原物与感病器官之间产生物理隔离，是防治枇杷等多种果实病害受侵染的有效措施。葡萄白腐病的主要初侵染来源是果园土表中的分生孢子，防治葡萄白腐病时，土表用薄膜覆盖，或将结果部位提高到离地面 40cm 以上，将土表中的白腐盾壳霉菌（*Coniothyrium diplodiella*）分生孢子与葡萄果实隔离开来，可起到"回避"作用。

5. 应用化学防治措施减少初始菌量

化学防治是使用铲除性杀菌剂处理越冬、越夏场所。例如，果树在冬季清园后，使用石硫合剂对树体全面喷洒，可以杀灭炭疽菌（*Colletotrichum* spp.）等多种在树体上越冬的病原物；用二氯异氰尿酸钠（sodium dichloroisocyanurate）处理食用菌栽培场所和用具，可以铲除绿色木霉（*Trichoderma viride*）和青霉（*Penicillium* spp.）。使用土壤消毒剂和种子（苗）消毒剂直接对病原物起铲除作用，使用霉灵（hymexazol）300mg/L 处理土壤 16h，可杀灭土壤中的香蕉枯萎病菌（*Fusarium oxysporum* f. sp. *cubense*）；水稻种子用 85% 强氯精 300～500 倍液浸种 12～24h 可杀灭水稻白叶枯病菌（*Xanthomonas oryzae* pv. *oryzae*）和水稻细菌性条斑病菌（*X. oryzae* pv. *oryzical*）。对局部器官感染病害的多年生植物（如果树、观赏植物）使用内吸治疗剂抑制或杀死已经侵入植物体内的病原物，终止病害发展过程，可使植物病情减轻或恢复健康。对翌年病害流行季节而言，这种治疗作用也属于减少初始菌量。

"飞防"：通过无人机进行农药喷洒，是化学防治的高新科技，通过后台飞行数据管理平台，可对喷洒区域、高度、喷洒量、喷洒面积进行追溯，配备雷达系统及多种作业模式，具有飞行速度快、效率高、续航时间长、喷洒均匀、费用低、农药用量少、节约用水等优势，可有效降低初始菌量，开启农业生产作业的新起点。

三、降低流行速率的防治措施

降低流行速率的防治措施，即 r 策略。多循环病害的流行主要是由流行速率所决定的，降低流行速率对控制这类病害的流行至关重要。能产生"保护""抵抗""治疗"和"铲除"作用的植物病害防治措施，均可产生降低流行速率的流行学效应。这些防治措施包括利用品种抗性、农业防治、生物防治和化学防治。

1. 利用品种抗性降低流行速率

植物抗病性包括避免、中止、阻滞病原物对寄主植物的侵入和在植物体内扩展。直接利用品种抗性或通过遗传技术或分子生物学技术培育抗病品种防治植物病害是最经济、有效的措施，且可操作性强，绝大多数作物均能育成抗主要病害的品种，能控制多种其他措施难以对付或治理成本高的病毒病等病害，控制玉米小斑病、麦类赤霉病、小麦锈病、稻瘟病、麦类白粉病等大范围流行的毁灭性病害，控制镰刀菌枯萎病、黄萎病、茄青枯病等顽强的土传病害。在农业生产实践中，许多主要作物病害的成功控制有赖于选育和利用了抗病品种。20 世纪 50 年代，美国 14 个州发生大豆孢囊线虫病（由 *Heterodera glycines* 引起），生产毁灭性打击，最后依靠中国北京黑豆中的抗病基因，育成一批抗病品种，从而挽救了美国大豆生产（董玉琛，2003）。20 世纪 70 年代，亚洲水稻普遍感染水稻草矮病毒（*rice grassy stunt virus*），国际水稻研究所（International Rice Research Institute，IRRI）用野生稻（*Oryza nivara*）育成了三个抗病水稻品种并得到推广，最终控制了亚洲水稻草矮病毒病的流行（Kush，1977）。

寄主植物群体的感病性是植物病害流行的必要条件之一。因此，利用寄主植物本身对病原物侵袭的抵抗作用来控制植物病害，阻碍病害在植物群体间的发展，显然就降低了病害的流行速率。

2. 采用农业防治措施降低流行速率

采用农业防治措施降低流行速率主要是通过加强栽培管理、实施合理的种植制度等来实现。

加强栽培管理就是从植物健身栽培的角度去考虑各项管理措施，进行肥、水、土、气、温的科学管理，创造有利于植物生长发育和抗性潜能表达，不利于病原物活动、繁殖、侵染的农业生态环境，最终达到降低病害流行速率的目的。例如，稻瘟病农业防治中的"三黄三黑"控制技术，就是通过肥水调控，确保水稻均衡生长，降低稻株体内可溶性氮和非可溶性氮的比例，使之"清、秀、老、健"，达到提高水稻植株抗瘟能力、控制病害的目的。设施农业生产中，合理调节温度、湿度、光照、土壤 pH 和适度的通风透气与控制病害的发展有相当密切的关系。例如，高温高湿有利于黄瓜黑星病的发生，塑料大棚冬、春茬黄瓜栽培前期以低温管理为主，通过控温抑病，后期以加强通风排湿为主，通过降低棚内湿度和减少叶面结露时间来控制病情发展；高温多雨是葡萄炭疽病病害流行的一个重要条件，针对南方高温多湿地区，多采用避雨栽培方式，在葡萄架上方搭建比畦面略宽的纲架式或竹木式避雨架，避免雨水与植株直接接触，可以有效降低园内湿度，同时避免雨水冲溅传播病菌，此措施防治效果可高达 70%～80%。

种植制度，如单作、间套作、轮作、复种、宿根、再生栽培、混种等的变化，可以显著地改变农田生态系统的结构，影响各种病原物的生存和繁殖条件，对植物病害流行的影响极大。例如，连作（重茬）使得土壤习居菌逐季、逐年累积接种体基数，导致连作田的镰刀菌枯萎病、茄拉尔氏青枯病逐年加重。水旱轮作是作物枯萎病、青枯病的有效防治措施。由棒状杆菌属病菌（*Clavibacter xyli* subsp. *xyli*）引起的甘蔗宿根矮化病（ratoon stunting disease）则因病害的发生程度与甘蔗的宿根年限呈正相关而得名。减少宿根年限后，甘蔗宿根矮化病显著减少。20世纪80年代以来，湖南环洞庭湖区域种植晚籼替代晚粳，使收割期提前，不利于第5代黑尾叶蝉卵块的孵化，冬季绿肥种植面积减少，恶化了黑尾叶蝉的越冬生境，黑尾叶蝉种群数量急剧下降，由黑尾叶蝉传播的矮缩病（*Rice dwarf virus*）、黄矮病（*Rice yellow stunt virus*）等水稻病毒病罕有流行。高、矮秆作物相间种植，高秆作物的行距加大，通风透光好，可减轻玉米纹枯病及小麦白粉病和锈病的危害。不同品种混种，增加寄主遗传多样性，以寄主遗传多样化对抗病原物的变异，可抑制大区域病害的流行。Zhu等（2000）结合当地生产实际，在云南进行了大规模的水稻品种混作防治稻瘟病的实践，在当地抗病品种（'汕优63'等）田块中，每4行插入一行感病的糯稻品种（黄壳糯或紫糯），有效地减少了田间稻瘟病的发生程度。

3. 应用生物防治措施降低流行速率

生物防治措施是利用有益微生物可促进植物生长、诱导产生抗病性，或抑制病原物生长、繁殖来降低病害流行速率的。例如，根际促生细菌（plant growth promoting rhizobacteria，PGPR）是一类生活于植物根际的能够促进植物生长并诱导植物抗病性的细菌，荧光假单胞菌（*Pseudomonas fluorescens*）和枯草芽孢杆菌（*Bacillus subtilis*）是典型的PGPR；也有报道指出木霉（*Trichoderma* spp.）和菌根真菌（mycorrhizal fungi）等一些生活在根际的真菌具有促进植物生长和诱导植物抗病的功能。放射性土壤杆菌（*Agrobacterium radiobacter*）K84菌株可以分泌一种称为土壤杆菌素-84（Agrocin-84）的细菌素，可抑制根癌农杆菌（*A. tumefaciens*）的生长。K84菌株防治果树根癌病是经典的生物防治例证之一（Agrios，2005）。微生物在代谢过程中产生的或来自其人工衍生物的抗生素（antibiotic），如农抗120、多抗霉素、春雷霉素、农用链霉素、中生菌素等已在农业生产中广泛用于防治各种植物病害。

4. 应用化学防治措施降低流行速率

应用化学防治措施降低病害流行速率包括使用杀菌剂、植物抗性诱导剂、植物生长调节剂和杀虫（螨）剂等化学物质杀灭或抑制病原物的侵入、扩展、传播。

利用杀菌剂（包含杀真菌剂、杀细菌剂、病毒抑制剂和杀线虫剂）抑制、杀灭病原物或钝化病原物的有毒代谢产物以防治植物病害，是当前使用广泛的植物病害防治技术之一。尤其在当季的病害流行前期或流行初期，使用杀菌剂往往是首选的防治措施。在植物生长季节施用保护性杀菌剂，主要是阻止病原物侵入。在病害发生初期施药主要是保护作物免受再侵染之害，可达到降低流行速率的作用。治疗性杀菌剂能进入植物体组织内部，抑制或杀死已经侵入植物体内的病原菌、抑制病菌致病毒素等有毒代谢产物的形成，终止病害发展过程，使植物病情减轻或恢复健康。使用杀菌剂铲除病部表面产生的病原物繁殖体，减少再侵染的接种体，也可达到降低流行速率的作用。

有些化学药剂进入健康植物体内，可诱导植物系统获得抗病性（SAR）。此类化学药剂本身对病原物无毒力，是通过诱导寄主产生的抗病反应而起作用的，经常被称为植物化学免疫剂或植物抗性诱导剂。在作物生长期间把目光从病虫害转移到植物本身，增强植物自身抗性，减轻病害发生，从而降低农药使用量。例如，磷酸钾、磷酸氢二钠喷施到黄瓜、豆类和玉米叶片上，引起局部黄化或坏死的过敏反应，导致植物产生 SAR，抗性可持续 7d。氧化硅粉末用于黄瓜根部土壤中可以诱导植株产生抵抗腐霉菌的侵染。氯酸钠可以诱导黄瓜对炭疽病的抗性。有些植物抗性诱导剂已被用在农业生产实践中，如商品化的苯并（1,2,3）噻唑-7-硫代羧酸-*S*-甲酯用于防治小麦白粉病兼治叶枯病和锈病，烯丙异噻唑（probenazole）是防治稻瘟病的优良药剂。

使用植物生长调节剂对植株的形态和成熟度进行调控，减少病原物侵染的机会，如利用多效唑（paclobutrazol）等矮壮素对瓜类、烟草打顶，可减少因手工打顶汁液传播花叶病的机会。有些植物生长调节剂可促进病部伤口愈合，如在防治苹果腐烂病的药剂中加入萘乙酸（NAA）可明显加快伤口愈合和阻止病灶的扩大。

杀虫剂通过防治病毒（如蚜虫、飞虱、叶蝉等传播的病毒病）、细菌（如柑橘木虱传播的柑橘黄龙病）等传播介体，减少病原物的传播而降低病害的流行速率。当前植物病毒病的化学防治多数是针对在治虫防病方面。有些病害，如根部病害，害虫造成的伤口是病害菌侵入的主要途径，防治地下害虫，可以控制病害的发生程度。因此，应用化学手段治虫防病可降低与虫害发生有关的植物病害的流行速率。

四、缩短流行时间的防治措施

缩短流行时间的防治措施，即 *t* 策略。调节植物的生育期使寄主植物的感病生育期、病原物传播期和适合病害发生的环境条件的保持期不重叠或少重叠，如种植早熟避病品种、调节播种期或播种深度、控制肥水促进早熟和化学控制生长发育等农业防治措施。小麦赤霉病穗腐的易感阶段为抽穗扬花期，当抽穗扬花期遇到雨季，病害则严重发生，在福建等华南地区种植早熟的小麦品种，使抽穗扬花期在清明雨季之前结束，赤霉病发生就较轻。晚播的秋大白菜避开高温季节蚜虫传毒高峰期，可有效控制病毒病的流行。瓜果腐霉菌（*Pythium aphanidermatum*）引起的蔬菜猝倒、根腐和茎腐，病菌一般在幼苗出土前侵入，调节播种期或播种深度，加快出苗速率，就可以缩短感病期。利用品种固有的形态，也可减少病害的流行。小麦叶锈菌（*Puccinia recondite* f. sp. *tritici*）夏孢子萌发需要水滴，小麦地方品种'南麦仔'因气孔开放迟，叶面的水滴在气孔开放前多数已蒸发干，有效地避开以气孔为侵入途径的锈菌侵染，达到避病的作用。

此外，当一种病害一旦流行起来时，可以采用生物、物理或化学防治等有效手段及时终止其流行，缩短病害流行时间，从而达到防治病害、减少损失的目的。

第二节 不当的防治措施造成病害流行

在常用的病害防治措施中，品种抗性利用、耕作制度等农业防治措施和化学防治措施若使用不当，往往容易造成病害流行。例如，推广一个抗病品种，希望可以有效地控制病害流行，但若单一品种大面积种植，抗性丧失后，就会酿成病害大流行；采用相关的农业防治措施控制了一种病害，却促使了另一种病害流行；使用杀菌剂诱发病菌的抗药性，使病害药剂防治的效能下降。

一、品种抗性利用不科学诱发植物病害流行

利用抗病品种防治植物病害是最为经济、安全和有效的方法，利用品种抗性防治植物病害包括抗病品种的选育和抗性基因的合理布局，历史上已有许多利用品种控制作物病害的成功事例。同时，抗病品种的选育和使用不当也会带来一些问题。首先，因垂直抗性或垂直体系导致病原物群体毒性的定向选择，使病原物群体产生新的毒性优势小种，培育抗病品种并成功地控制了病害流行，但抗性却迅速"丧失"。例如，20 世纪 50 年代初，抗小麦条锈病品种'碧蚂 1 号'的育成并推广有效控制了我国小麦条锈病的流行，但是 50 年代末，条中 1 号小种（CYR1）的毒性频率迅速上升，从而使'碧蚂 1 号''农大 183''华北 187'等品种丧失抗性。其次，选育品种过程中往往在获得和积累某些垂直抗病基因的同时，丧失了水平抗性，该现象被称为微梯拂利亚效应（vertifolia effect）。"vertifolia"是抗马铃薯晚疫病品种的名称，由于该品种的选育过程中强调垂直抗性而丢失了水平抗性，对能侵染它的晚疫病菌（*Phytophthora infestans*）的感病程度比不具有垂直抗性基因的品种更重。最后，育成抗一种病害的品种而不抗其他主要病害，往往会因感其他病害而失去利用价值，或导致次要病害上升为主要病害，如'晋麦 2148'等品种具有高抗小麦秆锈病的特性，但由于感赤霉病，在华东、华南的种植面积极小。此外，有些作物或品种，如烟草、高支链淀粉的马铃薯、地道药材、糯性玉米或甜玉米等，特殊的品质要求使得抗病品种的选育难度相当大。

在抗病品种利用方面，抗病品种的合理布局能有效地延缓和减轻抗性的丧失（曾士迈，2004a），从而抑制一定区域内病害的流行程度。抗病基因布局不当，常常导致病害流行。常见的抗病基因单一化，是脆弱的遗传背景使病菌群体毒力在高度的选择压力之下定向选择的结果，使克服品种抗性的病菌毒力频率大幅度提高，导致病害大面积流行成灾。新小种的发展成为病害流行的主导因素，新小种的流行又常常是品种推广不当的结果（曾士迈，1989）。20 世纪 70 年代以来福建省的稻瘟病流行与品种的布局演替史就是一个典型的例子。20 世纪 60 年代末至 70 年代初福建省早稻稻瘟病连年成灾，1973～1975年大面积推广当时的抗病品种'窄叶青 8 号''珍汕 97'，有效地控制了稻瘟病的流行。2～3 年后'窄叶青 8 号'抗性丧失，稻瘟病又在全省大面积流行，70 年代末至 80 年代初大面积推广种植'红 410'系列品种，稻瘟病发生面积又压下去。当时福建省要求全省实施"早红晚杂"的品种布局，结果导致 1981～1982 年全省早稻稻瘟病的发生面积累计超过 1000 万亩（许文耀，2005）。根据当时对福建省早稻种植品种的统计，80% 以上的早稻品种属于'珍龙 13'（全国稻瘟病生理小种统一鉴别品种之一）近缘的'红 410'系列品种。1980～1981 年对福建省稻瘟病菌生理小种的鉴定结果显示，7 群 29 个小种中能侵染'珍龙 13'的稻瘟病菌株出现的频率高达 75.4%，其中 ZB15 小种的出现频率为35.4%。随着农村生产体制的重大变革，政策性推广水稻品种造成品种高度单一化的现象不复存在，为品种的多样化奠定基础，品种的多样化使稻瘟病的流行程度维持在较低的水平近 20 年。

二、农业防治措施不当造成的病害流行

间作套种、轮作、复种、再生栽培、合理的肥水管理等农业防治措施对防治一些植物病害可取得明显的效果。但措施应用不当，也会酿成病害流行。例如，氮肥过多，可加重多种作物病害的发生，研究表明可能的原因是随着施氮量的增加叶面积增大，因而侵染位点数也相应增多（孔平，1991）；另外，当施氮量过多时，植物细胞防御酶活性反而下降或呈现不稳定状态，说明氮肥影响叶片中各种酶的活性（郝娜等，2012）。水稻再生栽培可缩短生育期，使穗颈瘟病侵染敏感期（破口抽穗期）与适合病害发生的环境条件的保持期（台风暴雨）不重叠，为栽培避病提供基础。但再生栽培高桩收割，水稻纹枯病则明显加重。再生栽培制度使双季早稻、单季早稻、再生稻、单季晚稻交错"插花"，传毒介体可长时间在不同熟期的水稻上辗转迁徙，扩大种群数量，为水稻病毒病的传播和流行创造良好的自然条件。云南利用水稻不同品种混作有效地控制了稻瘟病。但当混作品种的熟期不同时，加重病毒病的发生就不无可能。有些作物之间可产生化感作用，一种作物外渗的化学物质诱导另一种作物抗病性的表达，但同理也存在着一种作物可能会产生抑制另一种作物抗病性表达的化学物质。

　　不同作物间作、套种，有隔离病害、增加农田生物多样性的有利因素，也存在诱使另一种病害加重的可能性。建立合理的种植制度，必须根据具体条件，抓住主要矛盾，因地制宜，兼顾社会需求、丰产和作物病害的综合防治需要来考虑。否则，就会顾此失彼。

三、化学防治措施产生抗药性诱发的病害流行

　　化学防治措施可有效减少初始菌量、降低流行速率，因而在生产实践中被广泛采用。然而植物病原菌的抗药性是植物病害化学防治一个严重的负面问题。抗药性使杀菌剂的施用量增大，降低了植物病害的防治效能，加重病害流行程度的同时加大了农产品的农药残留量，使环境污染更加严重。杀菌剂尤其是内吸性杀菌剂的广泛使用，诱发病原菌抗药性的报道屡见不鲜（周明国，1998）。例如，内吸性杀菌剂中的苯并咪唑类，代表品种有苯菌灵（benomyl）、甲基硫菌灵（thiophanate methyl）和多菌灵（carbendazim）等，这类药剂的作用机制是通过与真菌微管蛋白的结合破坏纺锤丝的形成，最终阻碍细胞的正常有丝分裂，以达到杀菌目的。早在1969年就有黄瓜白粉病菌对苯菌灵产生抗药性的报道，与敏感菌相比，其抗药性增加了100～1000倍。此后，几乎所有使用过苯并咪挫类杀菌剂的国家和地区都有关于植物病原真菌对其产生抗药性的报道，涉及植物病原菌有多种，包括麦类赤霉病菌（*Fusarium graminearum*）、油菜菌核病菌（*Sclerotinia sclerotiorum*）、立枯丝核菌（*Rhizoctonia solani*）、灰葡萄孢霉（*Botrytis cinerea*）、水稻恶苗病菌（*Fusarium moniforme*）、梨黑星病菌（*Fusicladium pyrinum*）、镰刀枯萎病菌（*Fusarium oxysporum*）等。分子生物学研究表明，该类药剂的抗药性主要由靶标蛋白 β-微管蛋白基因的单点突变造成，由于该类杀菌剂作用位点单一，真菌病原物容易对其产生抗药性（Koenraadt et al.，1992；詹家绥等，2014）。

第三节　　植物病害系统管理策略

　　人类在与植物病害不断斗争的实践中，加深了对植物病害发生与流行规律的认识，一方面不断开发和研究防治技术，另一方面也不断完善自己对有害生物的认识，合理规

定防治目标和探索有效的防治策略。目前，系统学、可持续发展等学科理论已逐渐融入植物保护理论体系，人们已认识到植物病害的流行是植物病害系统及其所处的有关系统层次中各种因子相互作用的结果（图 16-1）。因此，植物病害的防治必须符合时代发展的需要，科学地协调与植物病害流行有关系统中各种因素的关系，用系统科学的原理和方法建立新的有害生物综合治理体系。

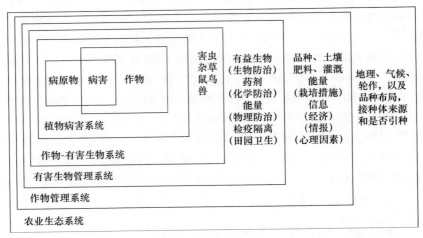

图 16-1　与植物病害流行有关的系统层次（肖悦岩等，1998）

一、植物病害防治原理与植物病害流行

（一）植物病害的防治策略

植物病害防治策略是相对于防治技术而言的，在理论和实践上具有一定高度，对病害防治有着重大的指导作用。植物病害防治古已有之，但最初全凭经验，以农业措施为主，植物病害防治模式还不能将之提到策略的高度，如南宋韩彦直撰写的《橘录》（1178）中描述了防止柑橘采后病害发生，"采藏之日，先净扫一室，密糊之，勿使风入。布稻蒿其间，堆柑橘于地上，屏远酒气。旬日一翻拣之，遇微损谓之点柑，即拣出，否则侵损附近者"。随着人类对植物病害的认识的不断深入，植物病害防治策略得到了不断发展，近一个世纪以来，人类对植物病害的防治，行为方式上经历过从"防治（或控制）"发展到"管理"，行为对象上从针对"有害生物——病原生物"发展到针对"受害对象——寄主植物"，策略上先后提出"有害生物综合防治"（integrated pest control，IPC）、"有害生物综合治理"（integrated pest management，IPM）、"植物病害管理"（plant disease management，PDM）、"有害生物生态治理"（ecologically based pest management，EBPM）和"有害生物持续治理"（sustainable pest management，SPM）等概念（谢联辉，2006；许志刚，1997）。

有害生物综合防治最早于 20 世纪 30 年代提出，当时这一名词的含义是指将各种防治方法配合起来取长补短，组成一个整体，使防治更为有效，以便彻底消灭有害生物（张宗炳，1986）。

20 世纪 40 年代随着 DDT 以及其他合成有机农药的相继出现，对有害生物防治带来了革命性的改变，农药防治的快速高效，导致过度依赖化学防治方法，大面积大量使用农药，造成严重的农药污染、农药残留超标、病原物抗药性增强、生态平衡遭到破坏等一系列的环境问题和病虫害防治问题。这些问题成为制约农业可持续发展的重要障碍，有识之士提出了新的有害生物防治策略。20 世纪 50 年代美国加利福尼亚大学几位昆虫学家首次提出综合防治（integrated control），这一概念与早期提出的综合防治是完全不同的，它主张保持生态平衡、社会安全、经济效益，最重要的一点就是它并不要求彻底消灭害虫，允许有一定数量的害虫存在，只要它的为害不达到经济上造成损失的水平即可（Ehler，2006；Peshin and Dhawan，2009）。这一概念在 20 世纪 50 年代后期和 60 年代前期被大家广泛接受，1965 年联合国粮食及农业组织（Food and Agriculture Organization of United Nations，FAO）和生物防治国际组织（International Organization for Biological Control，IOBC）在罗马召开的"有害生物防治"会议上确定了有害生物综合防治（integrated pest control，IPC）的专业术语，并在全世界倡导对农作物有害生物采用综合防治策略。有害生物综合防治（IPC）是指从农业生态系统总体出发，根据有害生物和环境之间的相互关系，充分发挥自然控制因素的作用，因地制宜地协调应用必要的措施，将有害生物控制在经济受害允许水平之下。1972 年美国环境质量委员会（Council on Environmental Quality，CEQ）发表《有害生物综合治理》报告（CEQ，1972），把 IPC 改为 IPM，避免与 20 世纪 30 年代提出的综合防治混为一谈。同年 FAO 接受了 IPM，并认为其与 IPC 具有相同的含义。有关 IPM 的定义，国内外出版著作中有很多的定义，尽管大家给 IPM 的定义以及对 IPM 具体含义理解的不尽一致，但以下几点基本思想是较为公认的（王子迎等，2001）：①以生态学原理为基础，把有害生物作为其所在的生态系统的一个分量来研究和调控；②提倡多战术的战略，强调各种战术的有机协调，尤其强调最大限度的利用自然调控因素，尽量少用化学农药；③提倡与有害生物协调共存，不盲目追求根绝，将其控制在经济损失水平以下；④防治措施的决策应全盘考虑经济、社会和生态效益。

IPM 概念影响深远，沿用至今，直到现在多数重大农业有害生物防治策略仍都处于这一体系框架中。但是，和所有事物一样，有害生物综合治理在实践过程中也暴露了其自身的不足，在实际生产过程中，IPM 中所采用的各种措施着重压低有害生物密度于经济允许的水平以下，以经济学观点主导有害生物综合治理方向，没有考虑这些措施的长期作用，也没有把每一个措施作为增加系统稳定性的一个因子，出现"年年防治，年年有灾"的现象（赵紫华，2016）；实践中，IPM 的理念基本上难以真正实行，主要还是以化学防治为主，以至于到了 20 世纪 80 年代不得不在 IPM 中引入农药抗性治理（insecticide resistant management，IRM）（Perveen，2011；Pimentel and Peshin，2014；翟保平，2017）；IPM 对生态系统自身调控能力强调不够。基于 IPM 面临的困境，美国国家研究会、农业委员会、病虫害防治委员会于 20 世纪 90 年代中期又提出了新世纪病虫害治理的新的解决方案，即以生态为基础的有害生物防治（ecologically based pest management，EBPM）（National Research Council，1996；翟保平，2017）。EBPM 是根据生态学、经济学和生态调控论的基本原理，充分发挥生态系统内一切可以利用的能量，综合使用包括害虫防治在内的各种生态调控手段，对生态系统及作物-害虫-天敌食物链的功能流进行合理的调节和控制，变对抗为利用，变控制为调节，化害为利，将害虫防治与其他增产技术融为一体，通过综合、优化、设计和实施，建立实体的生态工程技术，从整体上对害虫进行生态调控，以达到管理害虫的真正目的——农业生产的高效、低耗和可持续发展（赵紫华，2016）。

"可持续发展"是 1972 年在斯德哥尔摩召开的国际环境大会上首次正式提出的，其中心议题是经济的发展不应该破坏环境，要协调经济发展与环境保护，寻求某种和谐关系。1991 年 FAO 在荷兰丹波斯（Den Bosch）召开会议，会议上发表了题为"持续农业和农村发展"的《丹波斯宣言》，给出了农业可持续发展的定义："管理和保护自然资源基础，调整技术和机构改革方向，以确保获得满足目前几代人和今后世世代代人的要求，这种持续发展能保护水资源、植物和动物遗传资源，而且不会造成环境恶化，同时技术上适当、经济上有活力，能够被社会广泛接受的农业。"1992 年 6 月世界环境与发展委员会（World Commission On Environment and Development，WCED）在巴西召开的联合国环境与发展大会上通过了《21 世纪议程》，在议程的第十四章中明确指出"农业和农村的可持续发展是可持续发展的根本保证和优先领域"，该议程从更高层次和更广范围内指明了可持续发展是全世界社会经济发展的战略主题。有害生物持续治理（sustainable pest management，SPM）则是根据可持续农业"生态上可恢复，经济上可再生，社会上可接受，生产系统能够持续健康地发展的农业经营体系和技术体系"的原则来治理有害生物的。

上文所谈到的经济损害水平（economic injury level，EIL）来源于害虫防治，是指造成经济损失的最低害虫种群密度（对病害而言，是最低的病情指数）。所谓经济损失是指防治费用和防治挽回损失金额的差值。EIL 是如果进行防治，其收益正好等于所需防治费用时的害虫种群密度（病情指数）（图 16-2）。

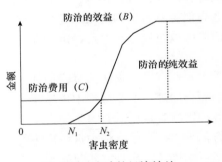

图 16-2　防治的经济效益
（肖悦岩等，1998）

经济阈值（economic threshold，ET），是由经济损害水平派生出来的。当人们预测到某一场病害的发生程度将要超过 EIL 时，应该根据病害发生动态规律推算出在防治时期内的某一病害病情值，在此病情必须采取某种防治措施，以防止病害增加而达到经济损害水平（Stern，1959），此值即为经济阈值。它是控制开始时的病情指数（Pitre，1979）。也常称为防治阈值（control threshold，CT，或称防治指标）。Zadoks（1979）在植物病害流行学中采用行动阈值（action threshold）来表示该病情值。

经济损害水平和经济阈值是不同的概念。前者往往是以病害发生高峰或影响产量的关键期的病情为准，后者则是处于防治时期内的某一病情值。推算这两个值时，首先确定的是 EIL，其次才能根据病害动态规律（预测模式）和防治效率推算 ET。对于虫害而言，以药剂防治为例，应用高效触杀剂防治害虫时，由于可以完全停止其危害，ET 可以等于 EIL。如果使用药效迟缓的胃毒剂或采用生物防治，ET 往往小于 EIL。由于存在着自然抑制因素，一部分害虫将会自然死亡，ET 也可能大于 EIL。由于植物病害具有潜育期、再侵染等环节，防治往往难以做到药到病止，一般情况下是降低病害的流行速率，即 ET 总是小于 EIL（图 16-3）。

植物病害的防治最终要落实在农业生产实践中。防治策略的研究必须准确认识各种病害的潜在危险性，确定是否纳入防治范围和何时应加以防治；发展技术监测，监测病原物群体毒力、病害发生水平，研究以经济效益、生态效益、社会效益、规模效益和可持续发展为基础的防治阈值；完善对病害的监、测、防技术体系与植保工作体系。

（二）不同流行学特征的病害防治策略

单循环病害和多循环病害的流行学特征明显不同，所以对其应采取不同的防治策略。对单循环病害而言，由于病原物没有再侵染或者再侵染作用不大，初始菌量是病害流行的关键因素。防治这类病害的策略主要是减少初始菌量，或阻止初侵染的

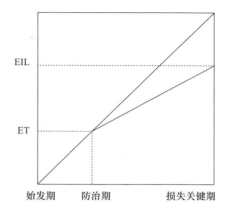

图 16-3　病害防治中 EIL 和 ET 的关系
（肖悦岩等，1998）

发生（x_0 策略）。有些多循环病害的流行程度主要取决于流行速率，如白粉病、灰霉病锈病、马铃薯晚疫病和稻瘟病等，反复的再侵染是病害流行的关键所在。降低流行速率往往是防治此类病害的策略（r 策略），而减少初始菌量仅是辅助措施。但也有些多循环病害，初始菌量也是构成病害流行的主要因素之一，如柑橘疮痂病，减少初始菌量对控制此病在春季的流行相当重要。因此，对多循环病害而言，防治策略是降低流行速率还是减少初始菌量，或两者必须兼顾，对具体的一种多循环病害需要做具体分析，这主要取决于初始菌量或（和）流行速率在具体一种病害中流行效应的大小。当然，采取哪种防治策略，还要看所采用措施的有效性和可操作性。例如，以选用抗病品种为中心的防治策略对防治稻瘟病的作用是毋庸置疑的，然而，当生产上无高抗病品种可选用时，农业防治和药剂防治对降低病害的流行就非常重要。又如，选用抗病品种防治马铃薯晚疫病是历史悠久的成功经验，但对具有特殊品质特性要求的马铃薯，栽种的品种无选择抗性的余地，农业防治和药剂防治就成为关键防治措施。

二、植物病害的协调防治

按照系统论整体性的观点，农田生态系统内任何一个元素发生变化都会影响到病害的发生、发展。植物病害系统是农业生态系统的子系统；农业生态系统是一种依靠人类管理才能维持的不稳定系统，作物生产的任一环节均会影响植病子系统的平衡；因此作物生产的各个人为环节，如耕作制度的确定、品种的选用、播种期的确定、密植度、肥水管理、打顶、整枝、果实包裹等，都必须考虑病害的管理。在农业生态系统中，原本就有许多生物因素或非生物因素在对病原物起抑制作用，需要给予充分的认识和保护（图 16-1）。那么，在采用某项防治措施时，除了考虑该项措施对目标病害的直接作用外，还要考虑它对农田生态系统其他组分的影响，以及反馈到目标病害的间接作用。

例如，单一地选育抵抗某一种病原物的品种可能丧失对其他病害的抗性，从而使次要病害上升；使用非选择性杀生性药剂显然对目标病原物有效，但由于同时消灭了有益生物或削弱其他自然抑制因素而使病害加重。使用化学除草剂可能改变土壤微生物区系；蚯蚓的增加可以减少一定数量的病残体；地膜覆盖可以提高地温和保持土壤水分，

从而影响土壤微生物群落和多种微生物的活动，进而影响到土传病害的发生。依此类推，可以间接用于控制病害的措施还有很多。重要的是权衡其利弊得失，协调地实施各项防治措施或农事操作措施。同时还应注意协调防治同期发生的几种病害。

对一种具体的作物病害，往往在多种防治措施中有一种或两种防治措施可起关键性作用，如对于许多作物病害来说，利用品种抗性即可有效地控制病害，但抗病品种需要与可使品种抗性表达的栽培条件相结合，做到"良种良法"。当生产上暂时无高抗病品种可选用时，则必须且只能选择其他措施。生产实践中对大多数作物病害的防治，需要多种措施协调利用才能达到防治目的。因此，如何根据具体作物病害的流行规律、各项防治措施的防治效能和可操作性研究协调利用各项防治措施，具有重要的实践意义。

国内外的生产实践表明，制定和实施病害防治技术规范（或技术标准）或防治工作指南是一种可行的方法。目前我国各级标准化部门已对一些作物的生产制定出相应的生产技术规范或操作规程的行业标准或地方标准，将作物病害的防治措施纳入作物的生产技术规范，也发布、实施了一些作物病害（或病虫害）的防治技术规范，如 NY/T794—2004《油菜菌核病防治技术规程》（李培武等，2004）等。但目前已有的一些行业标准中的病害防治技术规范，往往仅罗列一些可采取的防治措施，除化学防治中的农药品种禁、限和选用规定外，缺少可操作性强的其他防治措施的实施方法，尚有待进一步提高、完善。协调利用各项防治措施的另一个方法是，如同我国劳动人民多年总结的农历，按照节气（时间）、作物的生育期大体规定各种农事的活动历。在一个生态环境相对稳定的地域，发生病害的种类、时期和动态也是相对稳定的。在此基础上选择对应的控制措施，按时间排列，即可编制形成适合一定区域使用的防治历。

在生产实践中，一种作物往往有多种病害发生，同种作物的不同种植区域（空间）、同种作物同一种植区域的不同生育期或时段（时间），发生的病害种类和危害程度不同；对一种作物病害需要采用多种防治措施。因此，对一种作物的病害的协调防治，必须统筹兼顾各种病害的流行特征与各种防治措施的流行学效应。协调采用各种防治措施，将植物病害的发生程度控制在经济效益、生态效益、社会效益、规模效益和持续效益的允许水平之下，是目前植物病害防治的总体策略。

复 习 题

1. 各种常见的植物病害防治方法是如何起流行学效应的？

2. 在植物病害防治中如何避免防治措施不当诱发的病害流行？

3. 以一种具体作物为例，制定一个控制该种作物病害的综合防治计划或防治技术规范。

4. 如何理解"植物病害流行的本质是在农业生态系统中与植物病害有关的生物因素和非生物因素相互作用的生态系统失衡"？

第十七章　植物病害流行学发展远景

提要： 本章介绍了全球气候变化，特别是二氧化碳增多导致的温室效应、臭氧空洞导致的紫外辐射增强的现状，以及气候变化及经济贸易的发展引起人类栽培技术和防治措施的改变与病害发生和流行的关系。分析了应用分子生物学技术手段、信息技术（"3S"技术、图像分析技术等）、地统计学、专家系统、决策支持系统、大数据、云计算、人工智能、互联网＋、物联网等新技术研究植物病害流行学的发展方向。

　　任何一门学科都会随着时代的进步和科技的发展而不断更新和完善，植物病害流行学的发展也不例外，尽管作为一门成熟学科其内容体系基本保持不变，但其内容深度和广度却在不断完善、变化。就植物病害流行学而言，我们所说的传统意义上的一些基本知识是不会因时间而变化的，如植物病害流行的概念、流行学的定义和流行学分析要考虑的因子等。另外，病害流行学需要考虑的处于同一进化环境当中的病原物群体和寄主植物群体，即典型的病害三角和病害四面体；寄主抗病性和病原物群体进化潜能的群体遗传学；病原物的致病性变异和抗药性；以及其他的生物或非生物因素，如人类活动，特别是与病害管理有关的活动，会强烈地影响到环境，以上这些基本的流行学知识也是不会发生变化的。然而，随着人类活动的增加，全球气候变暖，改变了病原物、寄主的生存条件，导致变异，最终影响病害的发生与流行。此外，随着科学技术的进步，学科知识的相互渗透，病害流行学的深度和广度将会不断延伸。

　　我们不妨根据植物病害流行的演变趋势和目前科技发展的趋势，展望一下植物病害流行学的发展远景。

第一节　全球气候的变化情况

　　全球变暖是指全球气温升高。科学研究发现，地球在过去130年里一直在升温，然而并非每个地区的温度都在原有基础上有所升高。升温多发生在赤道地区，但是由于大气环流和洋流的作用，地球也将热量运送到南北两个半球。赤道地区不断升温对于本已炎热的赤道影响相对较小，但温度升高对两极所造成的影响却非同小可。2007年3月15日，美国科学家发表报告警告说，全球变暖可能导致北极冰面自2100年起在夏季完全融化，那时北极会季节性地成为一片汪洋。随着"冰雪越来越少，放出的热量却越来越多"，最终全球将变得更暖。

　　近一百多年来，全球平均气温经历了冷—暖—冷—暖两次波动，总体为上升趋势。全球气候变暖的主要原因是人类在近一个世纪以来大量使用矿物燃料，排放大量的温室气体。全球变暖的后果会使全球降水量重新分配、冰川和冻土消融、海平面上升等，不但危害自然生态系统的平衡，而且威胁人类的食物供应和居住环境，对植物病害的流行也一定会有不同程度的影响。让我们先来看看全球气候变化的一些现实情况。

一、气候变化的人为和自然驱动因子

自 1750 年以来，由于人类活动的影响，全球大气二氧化碳、甲烷和氧化亚氮浓度显著增加。全球二氧化碳与气温在 1971～2010 年明显增长。二氧化碳从 1971 年的 370mg/kg 上升到 2010 年的 390mg/kg。气温从 1971 年至 2010 年上升了 0.8℃（图 17-1）。全球大气二氧化碳浓度的增加主要来源于化石燃料的使用和土地利用的变化，甲烷和氧化亚氮浓度的变化主要来自于农业。自 IPCC 发表第三次评估报告（TAR）以来，人们对人类活动对气候增暖和冷却作用方面的理解有所加深，从而得出了具有很高可信度的结论，即自 1750 年以来，人类活动对气候的影响总体上是增暖的。

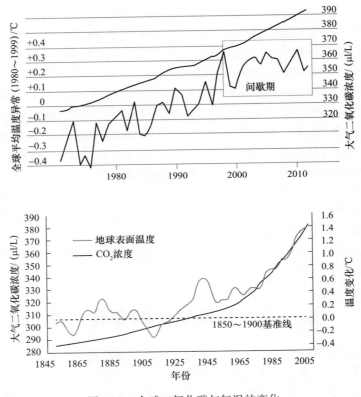

图 17-1　全球二氧化碳与气温的变化

二、当前气候变化的直接观测

自 TAR 以来，通过大量数据集和资料分析的改进与延伸、地理覆盖范围的扩大、对不确定性问题更深入地认识以及更为广泛多样的观测等途径，在认识当前气候如何发生时空变化方面取得了进展。自 20 世纪 60 年代以来对冰川和积雪，以及近年来对海平面高度和冰盖，有了不断变化的综合观测。

研究结果表明，气候变暖是确定无疑的。根据全球地表温度观测资料，全球气候呈现以变暖为主要特征的显著变化。目前由观测得到的全球平均气温和海温升高、大范围的冰雪冰融化及全球平均海平面上升的证据支持了这一观点，在这方面得出的最新观测结果如下：①全球气温平均值从1880年到2010年，上升了2.5℃（图17-2）；②最近12年中有11年位列1850年以来最暖的12个年份之中，近50年平均线性增暖速率（每10年0.13℃）几乎是近100年的两倍，相对于1850~1899年，2001~2005年总的温度增加为0.76℃；③对探测空间和卫星资料所进行的新的分析表明，对流层中下层温度的增暖速率与地表温度记录类似，并在其各自的不确定性范围内相一致，这在很大程度上弥合了TAR中所指出的差异；④至少从1980年以来，陆地和海洋上空以及对流层上层的平均大气水汽含量就已有所增加；⑤观测表明，全球海洋平均温度的增加已延伸到至少3000m深度，海洋已经并且正在吸收80%被增加到气候系统中的热量，这一增暖引起海水膨胀，使海平面上升；⑥南北半球的山地冰川和积雪总体上都已退缩，冰川和冰帽减少有助于海平面上升（这里的冰帽不包括格陵兰和南极地区）；⑦总体来说，格陵兰和南极冰盖的融化已为1993~2003年的海平面上升贡献了0.41（0.06~0.76）mm/年，一些由格陵兰和南极溢出的冰川流速加快，消耗了冰盖内部的冰；⑧1961~2003年，全球平均海平面上升的平均速率为1.8mm/年，1993~2003年，该速率有所增加，约为3.1mm/年。目前尚不清楚1993~2003年出现的较高速率，反映的是年代际变率还是长期增加趋势。从19世纪到20世纪，观测到的海平面上升速率的增加具有较高的可信度，整个20世纪的海平面上升估计为0.17m。

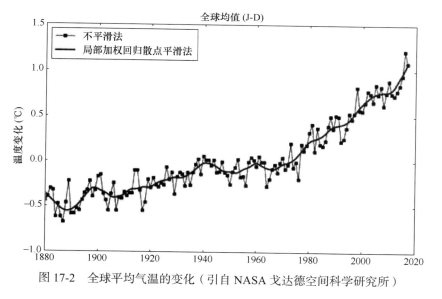

图17-2　全球平均气温的变化（引自NASA戈达德空间科学研究所）

已在大陆、区域和洋盆尺度上观测到气候的多种长期变化，如北极温度与冰的变化、降水量、海水盐度、风场以及包括干旱、强降水、热浪和热带气旋强度在内的极端天气方面的广泛变化。

近 100 年来，北极平均温度几乎在以两倍于全球平均速率的速度升高，然而，北极温度具有很高的年代际变率。观测得到：①1925～1945 年存在一个暖期；②1978 年以来的卫星资料显示，北极年平均海冰面积以每 10 年 2.7% 的速率融化，较大幅度的融化出现在夏季，为每 10 年 7.4%；③自 20 世纪 80 年代以来，北极多年冻土顶层温度的上升幅度已高达 3℃，自 1900 年以来，在北半球地区，从 1900 年以来季节性冻土覆盖的最大面积已减少了约 7%，而春天减少达 15%；④已在许多大的地区观测到降水量在 1901～2005 年存在长期趋势，在北美和南美东部、欧洲北部、亚洲北部和中部，已观测到降水量显著增加，在萨赫勒、地中海、非洲南部、亚洲南部部分地区，已观测到降水量的减少，降水的时空变化很大，在其他大的地区尚未观测到确定的长期趋势；⑤从 20 世纪 60 年代以来，两半球中纬度西风在加强；⑥自 20 世纪 70 年代以来，在更大范围内，尤其是在热带和副热带，观测到了强度更强、持续更长的干旱；⑦强降水事件的发生频率有所上升，并与增暖和观测到的大气水汽含量增加相一致；⑧近 50 年来已观测到了极端温度的大范围变化，冷昼、冷夜和霜冻已变得更为少见，而热昼、热夜和热浪变得更为频繁；⑨热带气旋每年的个数没有明显变化趋势，卫星资料显示，大约从 1970 年以来，全球呈现出热带气旋强度增大的趋势，与观测到的热带海表温度升高相关。

目前尚无足够的证据确定其他某些变量是否存在变化趋势，如大尺度的全球海洋经向翻转环流，小尺度的龙卷、雹、闪电和沙尘暴等。

三、古气候视角

最近的古气候研究包含了 TAR 以来增加的资料，并从世界各地多种指示物变化规律的一致性中得到了确信。然而，由于空间覆盖范围的减少，不确定性通常会随着历史时间的追溯而增加。已有古气候信息支持当今气候变暖的异常特性，同时表明过去发生的变暖曾造成大范围冰盖的退缩和海平面上升。

古气候信息支持气候变暖至少在最近 1300 年中是异常的。12.5 万年前，极地地区的温度比现在高出 3～5℃，南北极冰盖的退缩导致海平面上升了 4～6m。

四、气候变化的认知和归因

目前，由于研究资料的时间更长更完备，观测的范围更广，以及对气候及其变率诸多方面模拟的改进，在气候变化的认知和归因方面也取得如下显著成果。

大部分观测到的近 50 年来的全球平均温度的升高，很可能由观测到的人为温室气体的增加所导致。目前，人类活动影响扩展到了气候的其他方面，包括海洋变暖，大陆尺度的平均温度、极端温度和风场。①由于火山气溶胶和人为气溶胶抵消了一部分本来会出现的增暖，因此如果单独考虑温室气体浓度，其导致的变暖可能比观测到的更大；②气候系统的变暖，在地表和自由大气温度，海表以下几百米厚度上的海水温度，以及海平面上升方面，已被检测并归因于人为因素，观测到的对流层增暖型和平流层降冷型，在很大程度上可归因于温室气体增加和平流层臭氧耗损的共同影响；③近 50 年来，除南极外，各大洲可能都出现了显著的人为增暖，观测到的增暖型，包括陆地比海洋更明显的增暖及其随时间的变化，都已被模拟到；④人为因素可能造成了风场的改变，影响到热带以外的南北半球的风暴路径、风和温度分布型。然而，北半球环流变化在对 20 世纪强迫变化的响应比模拟结果更大；⑤多数最极端热夜、冷夜和冷昼的温度可能由于人为强迫的作用已升高。

对在观测约束条件下的模式结果分析，第一次给出气候敏感性的可能范围，在气候系统对辐射强迫响应上的认识更为可信。全球平均增暖幅度可能比工业化前高出 $2\sim4.5\,℃$，最佳估计约为 $3\,℃$，增暖幅度最低为 $1.5\,℃$。不能排除该值远高于 $4.5\,℃$ 的可能性，但对此，模拟与观测的一致性较差。水汽的变化决定着影响气候敏感性的各种反馈，目前对其的认识比 TAR 更为深入，但云的各种反馈依然是最大的不确定性来源。在 1950 年以前的至少 7 个世纪中，气候变化很可能不只是由非气候系统内部强迫变率所造成，该时段内北半球温度变率的相当部分，很可能归因于火山爆发和太阳活动变化，并且在该记录中比较明显的 20 世纪初的增暖可能归因于人为强迫。

五、未来气候变化预估

与 TAR 相比，气候变化预估评估的一项重要进展，就是有大量可用的数值模拟结果，连同使用观测约束条件的新方法，为估计未来气候变化许多方面的可能性提供了量化的基础。模式模拟考虑了一系列包括理想化排放或浓度假定的未来可能情形，这些包括 2000～2100 年政府间气候变化专门委员会（IPCC）的《排放情景特别报告》（SRES）的解释性标志情景，以及 2000 年或 2100 年温室气体和气溶胶浓度保持稳定条件下的模式试验。其中由 IPCC 开发并发表在 SRES 中的 6 个新的温室气体排放参考情景分别为：A1 情景框架和情景系统描述的是经济增长非常迅速的未来世界，全球人口到 21 世纪中叶达到顶峰，之后开始下降。主要的根本性假设就是区域趋同，区域间人均收入差距的实质性减少，能力建设、文化与社会的交互作用加强。A1 情景系列进一步分为三个代表未来能源系统技术变化不同方向的情景组。这三个 A1 情景组的区别在于它们在科技方面的强调点不同：化石燃料密集型情景（A1FI）、非化石能源资源情景（A1T）和所有资源平衡发展情景（A1B）（平衡点的定义为不严重依赖于一种特定的能源资源，并假定所有的能源供应和终端使用技术以类似的速度不断改进）。A2 情景框架和情景系列描述了一个非常不均衡的世界。根本性的假设是保持自给自足和区域特性。不同区域之间的人口出生率收敛得非常缓慢，导致人口持续上升。经济发展主要是区域导向的，人均经济增长和技术改变相对于其他情景框架更为零碎和缓慢。B1 情景框架和情景系列描述了一个收敛世界，其所述的全球人口到 21 世纪中叶达到顶峰然后开始下降，与 A1 情景框架相同，但其经济结构朝着服务和信息经济方向快速转变，并伴随原材料强度的下降和清洁且资源高效利用技术的引入。强调全球性的应对方案来实现经济、社会和环境可持续性，但并没有额外的、主动的气候政策。B2 情景框架和情景系列描述了一个强调在经济、社会和环境可持续性方面区域性解决的情景世界。这是一个全球人口继续增长的世界，其增长率低于 A2 情景框架，经济发展处于中间水平，技术变化比 B1 和 A1 情景框架稍微快一点而且更多样化一些。另外，该情景框架也朝着环境保护和社会公平方向发展，并集中于当地和区域层面。需要说明的是，《排放情景特别报告》中的情景并不包括额外的、主动的气候政策。

在一系列 SRES 排放情景下（图 17-3），预估的未来 20 年增暖速率为每 10 年 $0.2\,℃$。即使浓度稳定在 2000 年水平，每 10 年也将进一步增暖 $0.1\,℃$。①自 1990 年 IPCC 第一次评估报告以来，预估结果显示出 1990～2005 年全球平均温度升高为每 10 年 0.15～0.3℃，而观测结果为每 10 年约增加 0.2℃，二者的可比性增强了近期预估结果的可信度；②模式试验表明即使所有辐射强迫因子都保持在 2000 年水平，由于海洋缓慢的响应，未来 20 年仍有每 10 年约 0.1℃的进一步增暖趋势。如果排放处于 SRES 各情景范围之内，则增暖幅度预计将是其两倍（每 10 年 0.2℃），以上均不考虑气候政策干预。模式预估结果的最佳估计表明，在所有有人类居住的大陆，SRES 情景的选择对 2030 年前的 10 年平均变暖幅度影响不大，且很可能至少是 20 世纪相应模式估算的自然变率结果的两倍。据预测，到 2400 年，已存在于大气中的温室气体成分，将至少使全球平均气温升高 1℃；不断新排放的温室气体，又将导致全球平均气温额外升高 2～6℃。这些因素还会分别引起海平面每世纪上升 10cm 和 25cm。要遏制气候变暖的趋势，就必须将全球温室气体排放控制在极其低的水平，即使这样海平面上升的趋势恐怕也难以避免，每世纪 10cm 的上升速度可能是最乐观的预测。

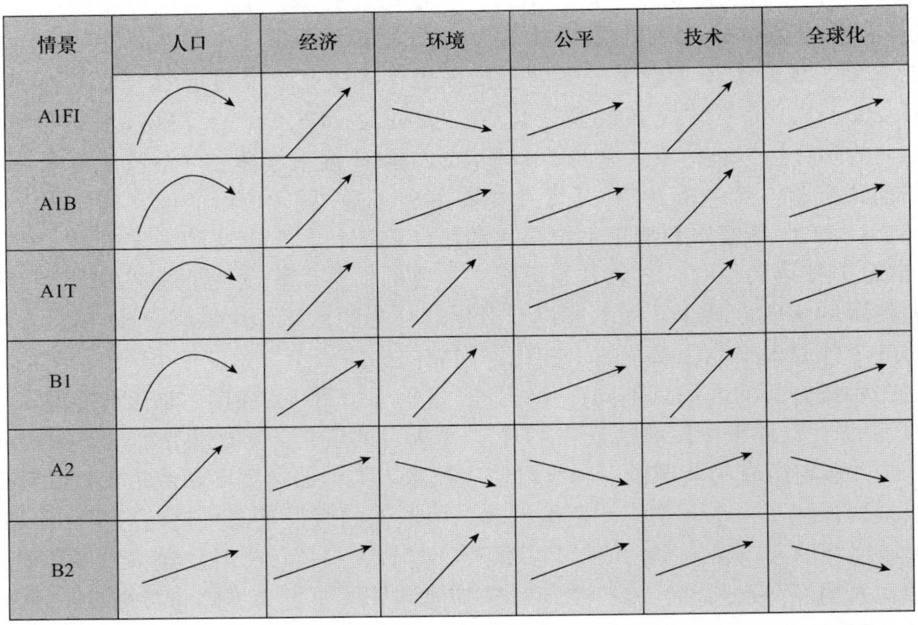

情景	人口	经济	环境	公平	技术	全球化
A1FI						
A1B						
A1T						
B1						
A2						
B2						

图 17-3　SRES 情景中不同指标的量化趋向（引自 IPCC：气候变化 2001 综合报告）

以等于或高于当前的速率持续排放温室气体，会导致全球气温进一步增暖，并引发 21 世纪全球气候系统的许多变化，这些变化将很可能大于 20 世纪的观测结果。① 21 世纪末全球平均地表气温可能升高 1.1～6.4℃（6 种 SRES 情景，与 1980～1999 年相比）；②变暖趋向于降低陆地和海洋的大气二氧化碳吸收，提高存留在大气中人为排放的比例，在 A2 情景下，二氧化碳反馈作用对应的 2100 年相应的全球平均增暖在 1℃以上；③基于 1980～1999 年平均值模式预测，6 个 SRES 排放情景下 21 世纪末全球平均海平面上升幅度预估范围是 0.18～0.59m。

目前，对变暖的分布和其他区域尺度特征的预估结果更为可信，包括风场、降水及极端事件和冰的某些方面的变化。① 21 世纪的变暖预估结果显示出与情景无关的空间地理分布型，这与近几十年的观测结果相似，预计陆地上和北半球高纬度地区的增暖最为显著，而南大洋和北大西洋的变暖最弱；②降雪会退缩，大部分多年冻土区的融化深度会广泛增加；③所有 SRES 情景下的预估结果显示，北极和南极的海冰会退缩，某些预估结果显示，21 世纪后半叶北极暮夏的海冰将几乎完全消融；④热事件、热浪和强降水事件的发生频率很可能将会持续上升；⑤基于模式的模拟结果，年热带气旋（台风和飓风）的强度可能会更强，伴随着更高峰值的风速和更强的降水，对于热带气旋的个数会减少的预估可信度比较低；⑥热带以外的风暴路径会向极地方向移动，引起热带以外地区风、降水和温度场的变化，延续近半个世纪以来所观测到的总体分布型的变化趋势；⑦高纬度地区的降水量很可能增多，而多数副热带大陆地区的降水量可能有所减少（A1B 情景下 2100 年会减少多达 20%）；⑧基于当前模式的模拟结果，21 世纪大西洋经向翻转环流（MOC）将很可能减缓，到 2100 年可能降低 25%（范围从 0 到 50%）。21 世纪 MOC 很可能不会出现明显的突变。

由于各种气候过程、反馈与时间尺度有关，即使温室气体浓度趋于稳定，人为增暖和海平面上升仍会持续数个世纪。①如果辐射强迫被稳定在 B1 或 A1B 水平的 2100 年时的排放情景下，预计全球温度将会进一步增暖 0.5℃，并主要发生在 22 世纪。②如果辐射强迫稳定在 2100 年的 A1B 水平上，到 2300 年，单独的热膨胀会引起海平面升高 0.3～0.8m（相对于 1980～1999 年），并且由于将热量混合到深海需要一段时间，海平面上升的局面会在此后许多世纪以递减的速率持续下去。③预估结果显示，格陵兰冰盖的退缩会在 2100 年后继续对海平面上升产生贡献。现有模式结果表明，1.9～4.6℃的全球平均增暖（相对于工业化前）如果持续千年，会最终导致格陵兰冰盖完全消融，进而造成海平面升高约 7m。这些温度值与推断出的 12.5 万年前末次间冰期的温度相当，古气候资料显示，当时两极冰面积缩减，海平面升高 4～6m。④目前的全球模式研究预估结果表明，南极冰盖将会维持在非常寒冷的状态，不至于会出现大范围表层融化的现象，而且由于降雪增加，冰量还会增大。然而，如果动力冰耗主导了冰盖的质量平衡，有可能会发生冰量的净损失。⑤由于清除二氧化碳气体所需的时间持久，过去和未来的人为二氧化碳排放将使增暖和海平面上升现象延续到千年以上。

事实上，全球气候变化都与人类活动有关，是人类活动改变了大气成分和水汽含量，向大气释放热量、改变地表的物理特性和生物学特性等。导致地球温室效应、臭氧层被破坏、酸雨等现象的产生和危害。其中二氧化碳浓度升高导致的温室效应使得全球气候变暖，全球气候变暖除会引起海平面上升，除危及沿海低地国家及地区安全与全球生态环境平衡外，也会引起世界各地区降水和干湿状况的变化，进而影响植物病害流行程度和主要流行病种类的变化。另外，全球气候变暖与臭氧空洞的形成也有直接关系。而臭氧空洞形成的原因主要是：（人为）人类使用氟氯烃化合物等物质消耗大量臭氧；（自然）太阳活动等自然原因使平流层臭氧量减少。臭氧空洞的危害在于臭氧减少，到达地面的太阳紫外线辐射增加，直接危害人体健康并对生态环境和农林牧渔业造成破坏，研究发现紫外辐射增强对植物病害也有一定影响。

六、我国气候变化的最新研究进展

我国是全球气候变暖特征最显著的国家之一。根据我国科学家的研究发现，近百年来，中国年平均气温升高了（0.65±0.15）℃，比全球平均增温幅度［（0.6±0.2）℃］略高；中国年均降水量变化趋势不明显，但区域降水变化波动较大，如华北大部分地区每10年减少20～40mm，而华南与西南地区每10年增加20～60mm。近50年来，中国沿海平面年平均上升速率约为2.5mm，略高于全球平均水平，中国极端天气与气候事件的频率和强度发生了明显变化。近百年来，我国的气候变化和全球趋势基本一致，出现了两个明显暖期：20世纪20～40年代和80年代以后。1950年以后，无论是年平均温度还是冬季温度，我国大部地区都有明显的变暖趋势，已部分导致一些植物的生长发育规律发生变化。例如，在河南许昌西湖公园，原本在4～5月开花的牡丹，入冬后开了花。造成这种春花冬开的现象的主要原因是天气持续温暖，与春天气温比较接近，导致牡丹反季开花。从1986年12月至今，我国已经经历了19个暖冬（仅2004年12月至2005年3月正常）。特别是2006年，中国平均气温9.92℃，成为1951年以来创纪录的暖年。过去50年气温升高最显著的地区是华北、内蒙古东部以及东北地区，2006年我国从黄河以南至南岭以北及西北、西南地区的17个省（自治区、直辖市）年平均气温均为1951年来的最高值。尤应值得警惕的是，在2006年，对气候极为敏感的青藏高原39个国家正式气象观测站中有13个站气温突破历史极值。

全球变暖背景下，未来20～100年中国的温度也会升高。21世纪我国气候将继续明显变暖，尤以北方冬半年最为明显。与1961～1990年30年的平均气温相比，到2020年我国年平均气温将可能变暖1.3～2.1℃，到2030年将可能变暖1.5～2.8℃，到2050年将变暖2.3～3.3℃，到2100年将变暖3.9～6.0℃。2020年最大增温区域在华北、西北和东北的北部，增温幅度为0.6～2.1℃，到2050年时增温的幅度将加大。降水也呈增加趋势，预计到2020年全国平均年降水将增加2%～3%，到2050年将增加5%～7%，到2100年将增加11%～17%；海平面继续上升，到2050年上升12～50cm，珠江、长江、黄河三角洲附近海面上升9～107cm；未来100年极端天气与气候事件发生频率可能增大；干旱区范围可能扩大、荒漠化可能加重；青藏高原和天山冰川将加速退缩，一些小冰川将消失，预计到2050年我国西北的冰川面积将显著减少，还可能再减少27%。

受气候变暖的影响，我国日最高和最低气温都将上升，但最低气温的增幅较最高气温大，冬季极冷期可能缩短，夏季的炎热期可能延长，极端高温、热浪、干旱等愈发频繁。我国北方地区降水量增加，相应降水日数也有显著增加，其中以新疆和内蒙古中部的增加最为集中。我国南方部分地区大雨日数将显著增加，特别是在东南地区的福建和江西西部，以及西南地区的贵州和四川、云南部分地区，气候有趋向恶化的趋势，出现局地强降水事件可能增加。未来黄淮海地区出现30～50年一遇的极端强降雨事件概率比20世纪80年代和90年代增加4～6倍。未来长江流域出现连续大旱的可能性较大，部分地区的干旱程度、范围、持续时间还将进一步加剧，渤海沿岸和长江口地区可能会变得更干，台风最大风速增加约19%，破坏性更强，移动路径异常，防御难度加大。

中国气象专家认为，受全球变暖的影响，最近50年，中国年平均地表气温每10年增加0.22℃，高于全球或北半球同期平均增温速度。21世纪中国气候将继续明显变暖，部分地区降水也将呈增加趋势。

需要说明的是，在全球变暖的大背景下，为什么我国在2008年1月10～28日，在湖北等9个省份还会发生大规模的降雪和低温天气？其中降水量几乎是超过20年一遇，其中四川超过 50 年一遇，陕西超过 70 年一遇；而甘肃、青海则超过了百年一遇的冰雪冷冻天气，专家分析，造成大范围强雨雪天气的直接原因是大气环流异常，不影响全球总体变暖的趋势。

第二节　气候变化与病害发生和流行变化的关系

世界范围内有害生物造成粮食作物的损失超过 30%。每一种主要作物，如玉米、大豆、小麦、柑橘或者马铃薯，受到有害生物的影响，潜在损失达 10 亿美元。病害的分布和损失水平已经发生了明显的变化。在东半球，自 20 世纪 70 年代以来，主要的病害，如稻瘟病、水稻纹枯病、小麦赤霉病、小麦白粉病和小麦条锈病的流行和分布已经明显发生了变化。典型的暖温型病害明显增加，低温型病害减少。在西半球，植物病理学家观察到了 20 年间无数新病害或者重新出现的病害；主要病害的发生范围已经开始扩展；许多新出现的病害已经变成主要植物的重大威胁。

2015 年出版的《第三次气候变化国家评估报告》总结了第二次评估报告发布以来中国学者对气候变化影响与适应的最新研究结果。主要的新认识是，气候变化对小麦和玉米呈略微负面影响，单产分别降低 1.27% 和 1.73%；气候变暖导致病虫害呈加重态势、耕地质量总体下降；不考虑技术进步，气候变暖将造成中国粮食自给率下降，粮食安全风险增加，其中水资源短缺是农业可持续发展最大的限制因素。

我国植物病害的发生、分布和为害都有较大的变化，根据我国农业农村部全国农业技术推广服务中心统计，1880~2004 年，我国粮食、棉花、油料等主要作物病虫害发生面积和为害损失逐年增大（图 17-4）。

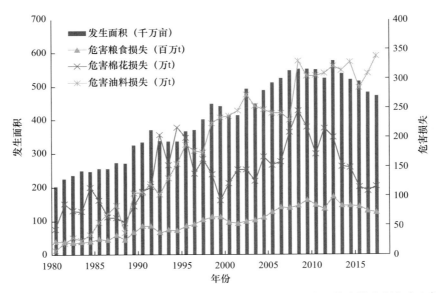

图 17-4　1980~2017 年我国农作物病虫害发生情况统计（全国农业技术推广服务中心提供）

气候变暖对植物病害流行会造成重要影响，过去的一些次要病害会上升为主要病害，植物病害的种类、分布会因为气候变暖发生变化。那些大区流行性病害，如小麦条锈病等将何去何从我们目前还不得而知。气候变化中对植物病害影响最大的因素主要有温度、湿度、二氧化碳浓度和紫外线辐射。

分析病害历年变化趋势，我们知道，一种病害流行离不开特定区域的有利气候条件。如果一种病害在田里严重发生，特别是在较大区域发展为严重的流行，适宜的环境条件必须要在大的区域连续出现或经常性地反复出现。即使是在含有病原物的单个小地块，如果只遇到一次有利的环境条件，病害也不会严重发生，因为在一块地里病原物要花相当多的时间经多次侵染循环才能产生足够的菌量并引起经济上比较严重的病害流行。然而，一旦病原物群体已足够大，它们可以在非常短的时间（通常是几天）内侵染或传播到附近地块，引起严重的病害流行。

一种植物病害的流行可以发生在一个花园、一个温室或一小块地，但是，"病害流行"一般是指在大的面积（如大的田野、山谷、国家的一部分或整个国家乃至大洲的一部分）特定作物上某种病原物迅速地传播和发展。因此，植物病害流行的第一个要素是在大的区域具有遗传同质性的作物，植株间和田块间要足够密集。病害流行的第二个要素是有致病力的病原物的存在或出现。当然，寄主植物和病原物的共栖每天会在无数的地方发生。然而，其中绝大多数只引起局部不同程度的病害，只在一定程度上对作物造成损害，并没有发展成为病害流行。只有当各方面有利的条件联合在一起并持续地发生，病害流行才能发展起来。这些包括合适的温度、湿度、风或介体昆虫、植物的感病期及病原物的产生、传播、接种、侵入侵染和繁殖。

因此，病害的流行要有少量的病原物初始接种体必须在植物刚开始感病时就通过风或介体到达植物，随后，湿度和温度必须适合病原物的萌发和侵染，病原物侵染以后，温度条件必须要有利于病原物的快速生长和繁殖（短的潜育期和短的侵染循环），这样才能尽快地产生大量新的孢子，随后的湿度条件（雨、雾、露）必须要充沛并持续足够的时间才能使得孢子大量释放。吹向感病植物的风要具备适宜的湿度和速度，能吹起孢子并携带它们到感病植物上。大多数北半球的植物病害流行是从南向北传播的，而南半球是由北向南传播的。因为温暖的天气和生长季也是按相同的方向转移的。随着季节的发展，病原物能够经常遇到处于感病时期的寄主。

然而，在每一个新的地方，同一套有利的湿度、温度、风和介体必须反复出现，这样病原物才能尽快地侵染、繁殖和传播。此外，这些条件在每一个地方必须要反复几次，这样病原物可以扩增其数量并增加对寄主植物的侵染数量。尽管植物的同质性、栽培的区域和主流的天气会决定病害流行的最终传播程度，但是，这种反复的侵染通常会导致同一区域的几乎每一株植物都被毁灭。

幸好，历史上多数对病害流行有利条件的组合在大的区域并不经常发生，因此，在大的区域毁灭作物的病害流行相对较少。然而，在一个地块和一个山谷的植物上，小的流行经常发生，对很多病害来说，如马铃薯晚疫病、苹果黑星病和禾谷类锈病，环境条件似乎总是有利的，如果不采取防治措施（喷药和抗病品种等），病害流行每年都会发生。

多数植物病害发生于寄主所在地，通常不能发展成为严重的和广泛的病害流行。在同一地区，感病植物和毒性病原物同时存在，但并不能保证有足够数量的侵染，也不能引起病害的流行。这一事实生动地说明环境对病害流行的控制作用。环境能影响寄主植物的可用性、生长时期、鲜嫩状况和感病程度，它也能影响病原物的存活、活力、繁殖速率、产孢及病原物的逸散，方向和传播距离，以及孢子萌发和侵染的比率。此外，环境还能影响传播病原物的介体数量和活动能力。当前，随着全球气候变暖，植物生存环境在一天天发生变化，那么植物病害何去何从？值得深思。

我们知道，影响植物病害流行最重要的环境因素是温度、湿度及人类在采取栽培和防病措施时的农事活动。

一、全球气候变暖导致植物病害发生和流行的变化

有时略高或低于植物生长最适的温度会有利于病害的流行，因这种温度会降低植物的部分抗性水平。在某些温度条件下，寄主植物会减少甚至完全丧失其小种专化抗性。在这种温度下，植物受到"压抑"，并倾向于发病，而病原物却保持活力。低温会减少越冬的卵菌、细菌和线虫接种体的数量，高温会减少越夏的病毒和植原体的接种体数量。此外，低温能减少越冬介体的数量，生长季节的低温能减少介体的活动。然而，温度对病害流行的影响更多地表现为对病原物不同发育阶段的影响，即孢子萌发或卵的孵化、对寄主的侵入、病原物生长或繁殖、对寄主的侵害和产孢。如果病原物的每个生长时期温度都非常适宜，多循环型病原物会在很短的时间内（通常是几天）完成病害循环。在一个生长季节内会有多次侵染循环，由于每次病害循环，病原物接种体会扩大很多倍（可能是几百倍或更多），一些新接种体会传播到新的植株，多次病害循环导致更多植物被更多的病原物侵染，因此，造成植物病害的严重流行。

丰富、持久或反复出现的高湿，无论是雨露还是高湿度，是很多卵菌和真菌（霜霉病、叶斑病、锈病和炭疽病）、细菌（叶斑、疫病、软腐）和线虫引致病害的最主要的影响因子。湿度不仅使寄主更加多汁和感病，更为重要的是湿度能增加真菌的产孢和细菌的繁殖。湿度有助于很多真菌的孢子释放和细菌溢出到寄主表面，有利于孢子萌发和游动孢子、细菌、线虫的移动。较高的湿度能使所有这些过程持续和反复地发生，导致病害的流行。相反，较低的湿度即使是几天也能阻止这些过程发生。因此，病害流行就会被打断甚至完全停止。一些由土壤病原物（如 *Fusarium* 和 *Streptomyces*）引起的病害，在较干燥的天气比在潮湿的天气发生更重。但是，这些病害很少发展成为重要的病害流行。由病毒和植原体引起的病害流行只受湿度间接的影响，因为高湿度会影响介体的活动。湿度可能会增强或者减少某些介体的活动，如某些传带病毒的蚜虫、飞虱、叶蝉、真菌和线虫，传播植原体的叶蝉等。在雨天，这类昆虫的活动会受到严重的影响。

实际上，多数植物病害的发生、发展及流行都是适宜的温度和湿度共同作用的结果。

气候变暖，冬季温度升高，有利冬季种植面积的扩大，增加了病菌的寄主植物，冬季温度高不利于冻死病原物，有利于病菌越冬或繁殖，从而使病原基数增加，增加了田间初始菌量，病害的发生加重，气候变暖还可以增加病原体生长和存活率、增强其变异和传染性以及寄主的易受感染性，这些因素共同作用可以导致病害发生，为害严重增加。

陈集双等报道了黄瓜花叶病毒猖獗与气候变暖关系，他们认为气候变暖使黄瓜花叶病毒本身的变异率升高，造成病毒变异，产生新的病霉株系或新病毒。同时，气候变暖条件下蚜虫的发生流行模式也受到极大的影响，以江浙地区为例，以往绿桃蚜、萝卜蚜、棉蚜虽每年都有发生，但非连年严重，常间歇性猖獗致害，气候变暖近 10 年来几乎每年大发生，常年持续危害严重。气候变暖对与植物病毒发生有关的农田生态结构的改变主

要是栽培制度的改变，如单季改为双季，双季改为三季，更多的地方则变为单双季混合。以番茄为例，长江中下游地区当双季早番茄成熟收获时传毒蚜虫携带病毒转入单季番茄上，在第二季番茄进入大田生长阶段蚜虫和病毒又迁移到第二季番茄上，致使田间虫口密度和病毒基数一直处于发生危害严重的状态，造成恶性循环。气候变暖还使冬季杂草繁生，病毒和蚜虫容易找到合适的中转寄主而存活。气候变暖导致作物抗性改变。过早出现高温天气使病毒病引起的减产加剧，使抗性品种表现为"抗性丧失"现象。我国主要烟草产区以黄瓜花叶病毒为主的烟草病毒病近年严重发生，与夏季高温所引起的病害加剧有直接关系。再如，浙江台州水稻黑条矮缩病呈逐年加重的趋势，即与冬季气候变暖有着内在联系的例证。暖冬环境下，田间残留的越冬灰飞虱成虫基数是相当高的，这些媒介昆虫在夏秋季大量繁殖，因而造成水稻黑条矮缩病流行。又如，受全球气候变暖影响，冬季气候变暖，有利于菌量的积累，番茄叶霉病、早疫病等高温高湿病害逐年加重。

气候变暖促进植物病害向更高纬度、海拔迁移、延伸，扩大了病害越冬和发生的地理位置。据辽宁省气象局专家经过长期研究监测发现，气候变暖正在导致辽宁省农业气候条件发生变化：一个显著特征是全省近 50 年来农作物生长季节光照和降水减少，热量增加，农作物种植北界不断北移，因此植物病害的种类和分布发生明显的变化。又如青枯病为世界性引起经济损失的重要土传植物病害之一，广泛分布于热带、亚热带和温带地区，但随着全球气候变暖等因素的影响，气候凉爽地带的青枯病也呈现上升趋势。

全球变暖和水土流失还导致洪水和干旱，从而引发非侵染性病害的发生，使植物抗性下降，导致侵染性病害的发生和加重。

二、臭氧层衰减和紫外线增强对植物病害发生流行的影响

臭氧层衰减导致的地表 UV 辐射（<400nm）增强，对植物的影响已引起广泛关注。国内外学术界已就紫外线辐射对农作物生长发育、形态结构、生物量、产量和基因表达等的影响进行了较多研究，然而紫外线辐射增强对植物病害发生和危害程度的影响的报道较少。

冯源、李元等报道了紫外线辐射对植物病害发生的影响。首先，紫外线辐射对植物病原菌的影响，主要表现在紫外线辐射可引起植物病原菌在形态、生理生化等方面的变化，有着广泛生物学效应的近紫外线（NUV，310～400nm）对多数植物病菌孢子的萌发具有诱导作用，小于 350nm 的 NUV 光对孢子形成的影响最为显著。UV 辐射对植物病菌具有损害作用。短波 UV 辐射可抑制病菌孢子萌发和芽管的伸长生长，对病原菌具有显著的致突变和致死效应。UV 辐射对于病菌的损害作用因病菌种属的不同而不同。同一个菌种的不同基因型对于 UV 辐射也会表现出不同的响应。UV 可以改变病菌在培养基上的菌落面积、厚度或密度，还可使体内合成色素的削弱。Junichi 从分子生物学角度分析了 UV 辐射诱导病菌孢子内部黑色素沉积的遗传机制，从稻平脐蠕孢（*Bipolaris oryzae*）中分离到三种黑色素合成调控基因，分别为聚酮合酶基因、1,3,8-THN 还原酶基因和 scytalone 脱水酶基因，以及编码这三种黑色素合成基因转录激活子的 *BMR1* 基因。试验证实 NUV 辐射可增加这几种基因转录产物的数量。光裂解酶是 DNA 修复的重要酶类，从 *B. oryzae* 菌株与番茄枯萎病菌（*Fusarium oxysporum* f. sp. *lycopersici*）中均分离出光裂解酶 *phr1* 基因。*phr1* 基因受可见光诱导编码 PHR1 功能蛋白，启动病菌光修复机能，抵

抗 UV 对其的损伤。

UV 辐射在植物形态结构、生理生化方面对寄主植物抗病性产生影响，从而影响植物病害的发生。UV-B 辐射通过影响病菌与寄主植物，改变植物病害的发病率，从而影响病害的发生和传播。

关于臭氧层衰减、紫外线增强对病害的发生和流行的研究还有很大的发展空间，关于对流行的直接影响还有待深入研究。

第三节　人类栽培技术及防治措施的改变与病害发生和流行的关系

人类的很多活动对植物病害的流行有直接或间接的影响。有些活动有利于病害流行，如人为不当的农事操作对病原物起到传播的作用；有些活动会减少病害流行出现的频率和发展的速率，如各种人为的防治措施。

1）栽培地的选择：地势低洼、排水和通气不良的地块，特别是距离其他被侵染的地块较近，较适于病害的流行。

2）繁殖材料的选择：使用带有病原物的种子、苗木和其他繁殖材料，会增加作物中初始接种体的数量，非常有利于病害流行的发生。而使用不带病原物或经处理的繁殖材料会大大减少流行的可能。

3）栽培技术：连续单作、大面积种植同一作物品种、大量使用氮肥、免耕、密植、喷灌、除草剂的药害及田园卫生不彻底，都可增加病害流行的可能性和严重程度。

4）病害防治措施：喷施化学药剂、栽培技术（如田园卫生和轮作）、生物防治（如利用抗病品种）和其他防治措施可以减少或消除病害流行的可能性。然而，有时某些防治措施，如利用某种化学药剂或种植某种抗病品种会导致对病原物毒性菌株的选择，使病菌产生抗药性或植物丧失抗病性，导致病害流行。

5）农副产品的贸易增多导致新病原物的引入和增多：在世界范围内，自由和频繁的旅游业增加了种子、薯块、苗木和其他农产品的转移，也增加了病原物进入全新、从没有机会进化出抗性的寄主所在地区的可能性。这样的病原物常导致病害的严重流行。

据国家农业农村部全国农业技术推广服务中心数据统计，与平均值相比，改革开放的前十年主要作物受害相对较轻，多数年份在距平均水平以下。我国进入 20 世纪 90 年代后，病虫害发生频繁暴发，发生面积和危害损失骤然上升，如图 17-5、图 17-6 所示。

由于农副产品的贸易往来，世界各国都经历了有害生物在不同地域间传播蔓延的严重打击，我国近年来也发生了许多人为造成外来有害生物入侵的严重事实。据农业农村部介绍，至今，我国进境植物检疫性有害生物由原来的 84 种增至 435 种。20 世纪 70 年代我国仅发现 1 种外来有害生物，80 年代发现 2 种，90 年代发现 8 种，进入 21 世纪几年时间就新发现 10 种外来有害生物。与之相对应，我国口岸截获植物疫情呈大幅增长趋势，已由 20 世纪末期的年截获不足 1 万次，攀升至 2006 年截获 2721 种 14.3 万次。栗树疫病在欧美各国都很严重，美国于 1904～1922 年有一半栗树林被毁，至 1940 年病害扫荡了全境的栗园。我国栗疫病发生也很普遍，局部地区严重，有的栗园发病率达 80%以上，造成很大损失。荷兰榆病和由细菌 *Xanthomonas campestris* pv. *citri* 引起的柑橘溃

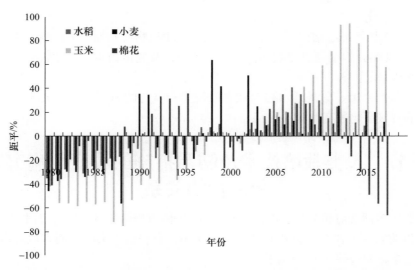

图 17-5　1980～2017 年主要病虫害发生面积距平图（全国农业技术推广服务中心提供）

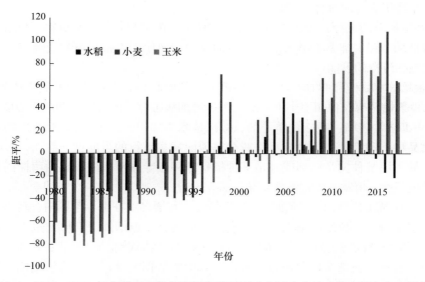

图 17-6　1980～2017 年主要病虫害危害损失距平图（全国农业技术推广服务中心提供）

疡病是人为携带传播导致的。

第四节　植物病害流行学的发展方向

　　植物病害流行学从诞生那天起，就是针对植物群体病害，定量研究其发生流行规律，从宏观上治理病害，解决生产实际问题的。因此，其未来的发展，必然离不开"解决生产实际问题"这一初衷，一些新的方法和设备已大大简化了植物病害流行学的研究，使得以前很难或不可能研究的内容变为可能，并极大地推动了植物病害流行学的发展。预计将会在以下几个方面有更多的流行学家投入精力，不远的将来也会取得突出成就。

一、分子手段在病原检测鉴定、流行动态和植物病害的流行机制中的应用

　　植物病害的分子流行研究最重要的是遗传探针的开发和利用，它能够对病原物进行特异性的检测和鉴定。这些病原物可能是在植物组织内或表面，也可能在寄主植物附近并与其他微生物混在一起。然而，用遗传探针对病原物进行检测和鉴定可通过 PCR（聚合酶链反应）技术，它能把存在与探针相应的 DNA 片段扩增到几百万个拷贝。这样大量的拷贝使人们能够利用常规的或其他的分子技术进行检测、鉴定和研究。随机引物扩增多态性 DNA 标记（RAPD）也常用于检测表现遗传异质性的病原物菌株中的遗传相似性，也可以通过设计特征序列扩增区域（SCAR）标记来检测被侵染植物组织的病原物。这些分子技术的重要性在于它们比以前的常规技术能更早地检测到病原物，因此，使得种植者有足够的时间准备对病原物开展最有效的管理。应用实时荧光 PCR 技术研究病原分子是分子手段检测一个重要方面。至今，国内外已经开展了许多病原的实时荧光 PCR 技术，如意大利应用 real-time PCR 技术研究了侵染法国雏菊的尖孢镰刀菌的强致病力种群。英国应用 real-time PCR 技术检测了小麦真菌病害的致病病原 *Mycosphelella graminicola* 的数量。国外应用该技术研究苜蓿、豌豆病害的严重度与症状的关系，进行生物菌防治时腐霉定植数量与病害的关系；应用 real-time PCR 研究番茄萎病毒的发生与传毒介体的关系等。我国较多开展的是检疫相关的重要病原的检测，如小麦矮腥黑穗病病原、番茄环斑病毒、番茄溃疡病菌、香蕉细菌性枯萎病菌、柑橘黄龙病病原等的检测技术研究。应用实时荧光 PCR 在流行分析方面研究尚少。

　　分子生物学技术可以较早地检测到新的突变病原物，这些病原物以前不能侵染而现在可以侵染某些植物品种，或以前对杀菌剂敏感，而现在则变得具有抗性。在病害流行学中，分析和检测病原物的这些变异及与研究致病性的关系是至关重要的，因为病原物的变化会使以前的病害流行发展预测或所推荐的病害管理措施变为无效或需要立即修改。关于病原的分子变异与致病性变化的研究是国内外研究的热门领域。例如，稻瘟病的流行与稻瘟病小种变化密切相关。沈瑛等应用重复序列探针 MGR586 与限制性内切酶 *EcoR* I 组合，分别分析了我国 1980～1997 年在 17 个省市 146 块稻田内外的 186 个不同水稻品种上采集的 445 个水稻分离菌株及 25 种不同禾本科植物和杂草上采集的 108 个非水稻分离菌株的限制性片段长度多态性，依其 MGR-DNA 指纹的相似率，结合病菌的致病性测定，将表现为 48 个不同致病型的 553 个菌株区分为 56 个谱系。结合病菌的致病性测定，将表现为 48 个不同致病类型。王宗华等对福建 1978～1995 年的 70 个稻瘟病菌菌株进行了 DNA 指纹分析，并划分出 28 个谱系。关于稻瘟病菌小种的变异机制，根据目前的研究一般认为有位置效应、复序列间的同源重组和转座子三种机制。黄瓜花叶病毒属（*Cucumovirus*）病毒寄主范围广泛，存在极多变异和株系，非常容易导致流行。魏太云等应用单链构象多态性（single-strand conformation polymorphism，SSCP）技术分析了美国加利福尼亚 88 个 CMV 分离物的遗传多样性和生物学变异，基于在三种葫芦科植物上的症状反映，将其分为 5 个病变类型，这些分离物在寄主和侵染性方面存在差别。于嘉林等研究发现豆科植物上存在系统感染株系（CMV-P1）和局部坏死株系（CMV-RB 和 CMV-Fny），利用在豆科植物上与 CMV-RB（局部坏死株系）症状相似的 CMV-Fny 的全长侵染性克隆，对黄瓜花叶病毒赤豆分离物（CMV-RB）和豌豆分离物（CMV-P1）两

株系的致病性差异的决定因子进行了研究，明确以豌豆分离物（CMV-P1）RNA2 复制酶基因中包含甘氨酸-天冬氨酸-天冬氨酸（GDD）保守区的 243 个碱基片段置换 CMV-Fny RNA2 全长侵染性克隆的相应区域，得到重组质粒 FP，这一置换使 CMV-Fny 在 4 种豆科植物上的症状从局部坏死转变为系统侵染，说明这个 243 个碱基片段对 CMV 在豆科植物上的致病性有重要影响。再如，陈炯、陈剑平等对大麦黄花叶病毒属、真菌传杆状病毒属和马铃薯病毒属等 9 个属 47 种病毒进行了分子鉴定、病毒分化、变异的系统研究。随着基因组、后基因组学和蛋白质研究的进步，在这一领域将研究和揭示出更多、更深入的导致流行变异的分子机制。

二、"3S" 技术在植物病害流行学中的研究

（一）地理信息系统

地理信息系统（GIS）是一个能够安装到近年生产的任何台式计算机上的计算机系统，它能装配、储存、操作和展示与地理坐标有关的各种资料。GIS 可以操作不同大小和从一个地点到一个农业区任何尺度的资料。它使人们能更好地了解和管理环境，包括对植物病害流行的了解和管理。GIS 技术可使人们把地理位置相邻和相接的一些事件联系起来，这些地理位置的相邻和相接对于理解和管理病害流行是非常必要的。而没有 GIS，这种联系就不能被识别。GIS 技术甚至能与病害预测系统结合起来，当然这样做所花费的时间和财力可能很大。然而，随着高分辨率天气预测资料得到的可能性越来越大，病害流行的发展可以在 GIS 框架内，通过对一些关键天气变量的依赖度和所估测的病原物初始接种体的地理分布进行预测。GIS 常被用于相对较大地理范围内病害发展的时空分析，以帮助确定不同区域在病害流行的起始和发展过程中所起作用的重要性。

（二）全球定位系统

全球定位系统（GPS）是一种手持设备，它是与人造卫星的全球系统相协调的，根据其准确性和协调性，能够提供相当准确的坐标读数以表明这个设备所处的地理位置。GPS 能够标定被病原物侵染的一棵树、一个特定地块或一片田地，以后人们可以周期性地回来观察和测定症状的发展，实现病害数据的定点系统观测，对其流行学研究中数据的获得大有帮助。同样，所选定的带有病原物的树木或地块可以用适宜的杀菌剂或其他措施进行处理，而没有必要对整块地进行处理。GPS 还能帮助人们只在被病原物侵染的地块或缺乏某种微量或大量营养元素的地块施用农药和植物营养。通过早期检测和处理田块来铲除病原物能够有效地遏制病原物在该地及邻近地块引起病害流行。

（三）遥感

遥感（RS）通常是指用仪器来检测物体反射或散发出的电磁辐射。这个仪器能够记录紫外、可见光或红外光谱反射或散发的辐射。用于遥感的设备可以是手持的或设于地面的带有胶卷和滤镜的照相机、数码相机、摄像系统和辐射仪，它们也可被安装于气球、飞机和卫星上。各种遥感仪器均可储存来自田间的资料，这些资料可被打印出来直接分析，也可以传输到计算机使之变为可视的图片资料（图 17-7）。

"3S" 技术在植物病害流行方面的研究，国内外已经应用于大豆白霉病、猝死病和孢囊线虫病（美国）和小麦条锈病、白粉病等（中国），今后还将在重大病害的发生区区

图 17-7　通过航空照片观察到的加利福尼亚橡树猝死病（由 *Phytophthora ramorum* 引起）的流行
（照片引自：加利福尼亚大学 Pavel Svihra）

划、定点系统观测和遥感监测、损失评估方面发挥重要作用。

三、地理统计学在病害流行学中的应用

地理统计学包含了应用于植物病害流行学的各种地理统计学技术，它能定量地表示病害发展的空间分布型或病原物群体随时间的延续在空间上的发展特点。这些技术能够考虑空间分布变量的特点，可以是随机的，也可以是系统的。除了能检测空间上的联系，地理统计学技术还能用于研究连续性和离散性变量。地理统计学技术不像其他空间自体相关技术那样要求稳态的确切性假设。空间依赖度或关联性可以用半变异函数分析。后者通过确定样本间的变异性来量化空间依赖度。

地理统计学与多门学科交叉渗透，不断揭示出更多的科学问题。以色列研究人员应用地理统计学研究了动物口蹄疫病的地理分布，加拿大研究人员应用地理统计学研究了一种水流传播的人类寄生虫的分布，我国研究了小实蝇、棉铃虫、蝗虫、二化螟等昆虫种群的空间分布。此技术应用于植物病害的分布研究也具有重要的潜在价值。

四、图像分析在病害流行学中的应用

图像分析是指对照片和电子图像的分析，通常是对大面积的田块和山地。这些图像或照片来自于空中摄影、地面传感器资料或航空航天传感器。航空多谱段扫描被广泛研究并用于监视植物病害、虫害和不良环境对农业的伤害。通常用红外光或其他波长的光，检测田间植物或山上的林木果树病害的发生和发展。当作物和树木被病原物侵染或遭受其他的逆境时，会变为浅绿，随后黄化和变褐。与健康植物相比，对光线的反射明显不同。当这些不同颜色被 200～1200nm 光谱范围摄影后会比被通常可见光谱的摄影变得更加明显可辨。更重要的是这样的照片可以被特殊的仪器检测和分析，这样不仅能更清楚地辨别这种变色的病株，而且能够计数新的被侵染的植物以及与以前发病植株的图像相比病害强度的变化。因此，图像分析能够提供一种测定每株植物或发病地区的病害严重度的方法。以一定时间间隔反复拍照，可提供病害发展速率的测定方法。图像分析是宏

观研究植物病害流行的重要手段，将更多地应用于植物病害的流行研究。

五、信息技术在病害流行学中的应用

该技术主要包括计算机及计算机与其他电子设备的综合利用。它们能帮助人们以一种连续的方式收集不同地点和不同发病水平的植物病害资料。这些资料或者被储存起来，或者被组织、综合和以超出想象的速度进行分析，最终可以输出可视的图像或打印出报告和建议。总之，电子信息技术可以在一个农业区域的规模上描述和显示不同病原物（如它们的基因型）的空间分布特点。

六、植物病害流行的风险评估

植物病害发展成为流行的风险，实际上是病害的普遍率和严重度到达某种强度的可能性。例如，番茄早疫病的一种可能的风险可被估计为普遍率85%的可能性要达到10%。然而，植物病害的风险也能被定义为一种可能性，如病害普遍率最大为60%的可能性达不到90%。在对特定病害的发展进行风险评估时，必须要考虑很多的寄主、病原物和环境因子，如这块地过去几年的发病史、种植品种的抗病性、初始接种体的存在状况和数量、寄主的感病时期、感病阶段主导的天气条件（温度、降雨、相对湿度）、有效控制措施的可行性及花费等。因为在很多情况下，这些参数的信息在年度间保持的相当稳定，人们主要需估测病原物初始的接种体、随后的温度和湿度的变化、田间病征的首次出现及近期天气变化的预测。当所有的参数、常量和变量（温度、降雨、相对湿度）都已知或根据最好的资料估计出来以后，一个有见识的人可以比较有把握地分析出病害发展到某种严重度水平的风险。有时风险评价可以表示为病害严重度达到某个值的百分率。然而，更多的情况下是表示为达到这些病害严重度值的低、中或高风险。风险程度的划分除可用高、中、低等定性描述外，也可用1、2、3、4、5等数量等级划分，或用绿、蓝、黄、橙、红警告色表示。不管怎样，风险评价能够给种植者一个及时的预警，使种植者能够在不太紧急的情况下，通过采取有效的管理措施控制病害的流行。随着全球气候变暖、国内外贸易增多，病害分布和危险性病害的潜在危害也增多，今后将开展更多潜在危险性病害的植物病害流行的风险评估分析和与风险评估相关的基础研究。

七、病害预警系统

目前在一些发达国家，对一种或多种重要的植物病害都有不同类型的预警系统。这些系统的目的是警示农民一个侵染阶段即将发生，或通知他们一个侵染阶段已经发生，所以他们可以即刻采取适宜的防治措施，使最新的侵染停止发展或预防后续的侵染发生。

在多数情况下，预警系统在根据一个种植者、一个推广代理商或一个私营的顾问根据流行学的原理对地块的定时调查，或当天气条件有利于初始接种体的成熟或有利于某种特定病害出现时开始运行。在美国，当成熟的接种体（如苹果黑星病的子囊孢子）或病害的痕迹（如马铃薯晚疫病）被发现后，县级推广办公室即被告知。该推广办公室依次通知州里的植物病理学推广专家，这些专家核实这个州所有的通过电子邮件、电话、传真或书签发来的病害报告，然后通知县里所有相关的机构（害虫警报）。他们再依次通过邮件、广播、电话、电视或书信通知县里的所有农民。对于有可能造成区域性或全国性流行的病害，州里的植物病理学推广专家要告知美国农业部的联邦植物病害调查办公室，该办公室再通知相近的或其他会被病害影响的州的所有植物病理学推广专家。

在美国，自 20 世纪 70 年代中期以来，一些州就开始利用计算机化的预警系统来预测病害。其中的一些（如 BLITECAST）利用坐落于测控中心的计算机，处理种植者从农场采集到的不同时段的天气数据，这些数据可通过电子邮件和电话两种方式传入。随后，计算机加工这些资料，以确定一个侵染时段是否即将到来、可能要发生或不会发生，给种植者提供是否喷药和用哪些药剂的建议。

1980 年后，人们开始使用小型的专用计算机，它们带有田间传感器，可以装在田间的立柱上。这些仪器（如苹果黑星病预测器）检测和采集来自田间的温度、相对湿度、叶湿持续期和降水量等资料，自动分析这些资料，在现场预测病害的发生和强度并给出病害防治的建议。相同的仪器可用于其他具有预测系统的病害，在这种情况下，或者是将程序重新输入系统，或是把程序或线路板换上去。通过简化的键盘操作就能得到预测结果，这些结果可在田间就得到。如果希望处理其他资料，这些仪器还可与个人电脑连接起来。

国外已经开展了水稻东格鲁病、果树与蔬菜病害等多种植物病害的流行预警的研究和应用，如应用水稻绿色飞虱虫口密度预测水稻东格鲁病、果园病害的预警、梨火疫病等重大病害的流行预警。我国已经开展了多种病害的流行预警系统研究，如司丽丽、曹克强等研究开发的基于地理信息系统的全国主要粮食作物病虫害实时监测预警系统的研制；再如张谷丰研究开发的基于 WebGIS 的农作物病虫害预警系统等。此外，单一病害的流行预警系统也有一些研究报道，如稻瘟病、松材线虫病早期预警系统、马铃薯晚疫病等重大病虫害的流行预警均有开发和应用。今后随着病害重要性的变迁，新出现的重大病害和有潜在危险性的重大病害的流行预警系统将会有更多和深入的研究，流行预警的手段也会不断更新，如从单技术手段到多种技术手段的研究开发，流行预警系统更加智能化、人性化，操作更简便，预测预警结果也会更可靠。

八、植物病害流行学中专家系统的开发和利用

专家系统是计算机程序，它试图达到甚至是超过专业领域的专家解决问题的推理能力。解决这些问题需要经验、知识、判断和复杂的工作。专家系统的可靠性与研制这个系统的专家的知识成正比。专家系统可运用各种形式的知识，能够对问题的解决提出建议。它们甚至可以运用不完全的或不正确的知识，只要这些知识包含在知识库并由专家给出量化的可信度就可以。植物病理学专家系统常用于病害诊断，即通过症状和相关的观察推断出病因。有些专家系统还加入了专家做出决策的过程，并帮助种植者做出病害管理决策。通过把作物重要病害的侵染模型加入计算机的知识库，专家系统能够根据侵染阶段实际发生的情况提供给种植者病害发生的潜能及施用农药的建议，包括农药使用量和使用时间。

即使一个简单的专家系统，其研制也是非常复杂的，不过随着计算机的发展和人们对计算机应用的了解，专家系统的开发和利用将越来越具有吸引力。专家系统最简化的形式是利用存储于计算机的与某一问题有关的资料库及专家输入的知识库，构成一或多个"如果有什么条件，就会有什么结论或行动"（THEN 行动），最后是建议。除了对计算机程序非常了解以外，研制一个专家系统的关键是专家提供并输入计算机知识的质量。

专家的知识通过转化为计算机码再现为另一种形式。一旦专家系统雏形建立以后，首先对它进行逻辑性和准确性检验，还要通过其他专家评价或修正，随后被用户检验。在专家系统推广使用之前还要做进一步修改。即使专家系统已经被推广到最终端的用户，它还需要被经常地修改和更新。

用于马铃薯晚疫病的计算机预测系统 BLITECAST（1975）和基于计算机的苹果黑星病预测系统（1980）可被认为是专家系统的先驱。植物病理学方面的第一个专家系统是于 1983 年在伊利诺伊州研制，它能对近 20 种高粱病害进行诊断。从那以后，专家系统被研制用于番茄病害（TOM）、葡萄病害（GrapES）、小麦病害（CONSELLOR）、桃和油桃（CALEX）、苹果（POMM）、小麦（MoreCrop）和其他作物病害的诊断和管理。

一个专家咨询系统的实例是 MoreCrop。这个词是"对锈病和其他病原物经济合理防治的管理选择"对应英文首字母的缩写。通过利用大量的小麦病害资料及计算机先进技术，MoreCrop 可用于对太平洋西北部不同的地理区域和农业区域提供病害管理的选择。MoreCrop 的组分和它们的函数关系都是已知的。程序的一些框架（"视窗"）显示了需要被关注的小麦病害。在相关的框架里显示了每种病害的重要信息，通过种子处理和叶部喷雾的防治建议、喷药时间、喷药标签的注意事项，以及哪种病害可以或不可以通过特定的处理来防治。

植物保护是农业范畴内专家系统应用技术较早、最为活跃的专业领域，借助计算机技术的发展，建立病虫害防治专家系统，实施管理已成为一种新的手段和方法。目前有为数众多的含有植物保护知识的专家系统软件应用于农作物病虫害综合管理。从农业专家系统的创始起至今，就病虫害的寄主植物范围来看，植物保护专家系统主要应用于粮食作物、棉花、苹果、梨及蔬菜。其中以粮食作物为主，又以病虫害的预测、咨询及综合治理为主流。随着信息时代的到来和其对农业产生的深远影响，世界上许多国家陆续开展了植保专题或与植保相关的专家系统研制工作。其中，北美（特别是美国）、大洋洲（以澳大利亚为代表）及欧洲等地区的工作开展得较早，技术较为成熟，应用也广泛，其植保专家系统数量在已经报道的软件中占有相当大的比例，且系统均较有规模。与其相比较，植保专家系统在发展中国家的起步则较晚，目前发展比较缓慢。我国虽属于发展中国家，但就总体来看，植保专家系统有较好的发展态势，国内植物保护方面代表性的专家系统有唐乐尘等的作物病虫处方生成专家系统、王亚等的大豆病虫害诊断专家系统、姚运生等的人参病害专家系统、孙亮等的基于 INTERNET 果蔬病害检索系统、蒋文科等的作物病虫害防治地理信息系统、杨怀卿等的棉田有害生物综合治理多媒体辅助系统、彭海燕等的玉米病虫害诊治专家系统、刘月仙等的农业害虫辅助鉴定与防治咨询系统等。这些植保专家系统对解决农业生产中的植保问题起着辅助决策的作用，这是国家给予重视以及植保工作者不懈努力的结果。随着新技术、新方法层出不穷，今后会有更多的病害防治专家系统被研究开发，专家系统也将更加智能化、人性化和准确可靠。

九、决策支持系统

一个完善的决策支持系统（DSS）应该能收集、组织、综合与作物生产相关的各类信息，随后，分析和破译这些信息，最终推荐出最适宜的行动或行动选择。植物病害管理决策支持系统可以是非常简单的，如资料处理器；或相当复杂的，如计算机化的专家系统；或极其复杂的，包括自动化的天气、决策帮助、专家系统及多学科专家组的结合。很多可用的 DSS 目的是帮助农田从业者，包括县级代理商、作物顾问、种植者和其他人。其中很多包含植物病害管理模型，如威斯康星大学研制的用于马铃薯的 WISDOM，缅因大学用于苹果的 RADAR，华盛顿州立大学用于多种作物的 PAWS，以及 Fieldwise.com 用于美国西海岸的几种作物。对很多可用的 DSS 来说，真正已被利用的相对较少，主要因为它们只强调病害问题，太复杂且难以操作，或由于其他的原因。在美国，由大学、种植者和企业的合作导致了宾州苹果园咨询系统的产生，而在澳大利亚，通过几个州的农业部门、大学、种植者协会和私营企业的合作导致了 Aus Vit DSS 的产生。很明显 DSS 的开发和利用将变得越来越区域化而不是限于某个局部。

十、人工智能推进病害诊断与流行预测技术的发展

人工智能（artificial intelligence），英文缩写为 AI。它是研究、开发用于模拟、延伸和扩展人的智能的理论、方法、技术及应用系统的一门新的技术科学。

人工智能是计算机科学的一个分支，它企图了解智能的实质，并生产出一种新的能以人类智能相似的方式做出反应的智能机器，该领域的研究包括机器人、语言识别、图像识别、自然语言处理和专家系统等。人工智能从诞生以来，理论和技术日益成熟，应用领域也不断扩大，可以设想，未来人工智能带来的科技产品，将会是人类智慧的"容器"。人工智能可以对人的意识、思维的信息过程进行模拟。人工智能不是人的智能，但能像人那样思考，也可能超过人的智能。

人工智能是一门极富挑战性的科学，从事这项工作的人必须懂得计算机知识、心理学和哲学。人工智能是涉及研究领域十分广泛的科学，它由不同领域组成，如机器学习、计算机视觉等，总的说来，人工智能研究的一个主要目标是使机器能够胜任一些通常需要人类智能才能完成的复杂工作。但不同的时代、不同的人对这种"复杂工作"的理解是不同的。2017 年 12 月，人工智能入选"2017 年度中国媒体十大流行语"。

农户缺乏病虫害知识、农技资源分布不均衡、农技专家培养周期长等一系列问题导致农作物"看病"难。人工智能是农业发展的技术支撑之一，能够极大缓解农民对病虫害问诊等服务的需求，未来将会快速成为一个具有科技感的基础性"农具"。尤其人工神经网络（artificial neural network，ANN）能够依靠系统的复杂程度，通过调整内部大量节点之间相互连接的关系，从而达到处理信息的目的，研究应用于病虫害的智能诊断、预警模型的构建。中国农业大学马占鸿教授团队开发的人工智能识别病虫害手机 APP——"植保家"，是计算机视觉技术在植保领域的最新实践和应用。只要清晰地拍摄出植物受病虫危害部位的图片，这款软件就会帮你智能分析病虫害，提出治愈受害植物的方法，该软件依托云端数据库以作物病虫害人工智能识别为基础，利用标准采集、实时处理、海量存储、深度分析，能够快速掌握数据、便捷运用数据、精确分析数据。农户只需在"植保家"手机 APP 小程序上上传植物病虫害图片，"植保家"就能够在几秒内识别病虫害，以小麦病虫害为例，目前测试情况良好，准确率可平均达到 98% 以上。未来，根据诊断结果，"植保家"还将推荐相应的作物解决方案，为作物保驾护航。目前，"植保家"

已搭建了百万级的图片数据库，与 10 余所农业院校、农业科研院所和农业企业深度合作，组建了多个农业专业的标注团队，这都使"植保家"在短时间内掌握了行业的核心壁垒。"植保家"也将不断优化算法，扩充病虫害图库，拓展农业行业应用，开创智慧农业的无限可能。2018 年，四川乐山与美国通用人工智能协会、汉森机器人公司合作研究，开展乐山农作物病虫害图片识别工程，让人工智能助力农作物病虫害防治，推动农业发展。类似的，国内多家单位开发的还有"农当家""农医生""植医堂""神农识"等，这些都是人工智能在植保乃至农业生产领域的尝试和应用，前景十分广阔。

十一、大数据、云计算与病害流行与监测防控技术的发展

大数据（big data）是指无法在一定时间范围内用常规软件、工具进行捕捉、管理和处理的数据集合，是需要新处理模式才能具有更强的决策力、洞察发现力和流程优化能力的海量、高增长率和多样化的信息资产。

大数据具有 5V 特点，即 Volume（大量）、Velocity（高速）、Variety（多样）、Value（低价值密度）、Veracity（真实性）。

大数据中，存储数据的基本单位是字节（byte），最小单位是位（bit）。8 个 bit 组成一个 byte（字节），能够容纳一个英文字符，不过一个汉字需要两个字节的存储空间，1024 个字节就是 1kilobyte（千字节），简写为 1KB，以此类推，分别为 B、KB、MB、GB、TB、PB、EB、ZB、YB、BB、NB、DB，具体换算公式如下。

$$8bit=1byte \text{ 一字节}$$
$$1024B=1KB（kilobyte）千字节$$
$$1024KB=1MB（megabyte）兆字节$$
$$1024MB=1GB（gigabyte）吉字节$$
$$1024GB=1TB（terabyte）太字节$$
$$1024TB=1PB（petabyte）拍字节$$
$$1024PB=1EB（exabyte）艾字节$$
$$1024EB=1ZB（zetabyte）泽字节$$
$$1024ZB=1YB（yottabyte）尧字节$$
$$1024YB=1BB（brontobyte）珀字节$$
$$1024BB=1NB（nonabyte）诺字节$$
$$1024NB=1DB（doggabyte）刀字节$$

有了大数据，相应的也就出现了云计算。云计算（cloud computing）是基于互联网的相关服务的增加、使用和交互模式，通常涉及通过互联网来提供动态易扩展且经常是虚拟化的资源。云是网络、互联网的一种比喻说法。云计算甚至可以让你体验每秒 10 万亿次的运算能力，拥有这么强大的计算能力可以模拟核爆炸、预测气候变化和市场发展趋势。用户通过电脑、手机等方式接入数据中心，按自己的需求进行运算。云计算就是通过大量在云端的计算资源进行的计算，如用户通过自己的电脑发送指令给提供云计算的服务商，通过服务商提供的大量服务器进行"核爆炸"的计算，再将结果返回给用户。大数据与云计算的关系就像一枚硬币的正反面一样密不可分。大数据必然无法用单台的计算机进行处理，必须采用分布式计算架构。它的特色在于对海量数据的挖掘，但它必

须依托云计算的分布式处理、分布式数据库、云存储和虚拟化技术。

近年来，大数据技术发展迅猛，建设植保大数据，发挥人工智能技术在农业特别是植保领域中的应用是落实国家相关战略的重要手段，更是落实国家乡村振兴战略规划的具体措施。建设植保大数据，发挥大数据驱动农业生产向精准化、智能化转变，是农业变革核心驱动力。其中，基于大数据的植物病虫害监测预警系统发展也非常快。基于大数据，植物病虫害监测预警系统包含病虫害监测预警仪、智能手机和云服务器。其中，病虫害监测预警仪包含照相机、温度传感器、湿度传感器、光敏传感器、风速传感器和GPS定位器，病虫害监测预警仪收集传感器信息，通过智能手机将收集的信息传递到云服务器，云服务器连接大数据网络进行数据分析，再将分析结果反馈到智能手机。病虫害监测预警仪是集多种传感器的便携式电子设备，通过周期性放置在监测地域，分多次、多地点采集信息，再利用智能手机的普及性、便利性，安装监控管理系统软件，结合系统软件功能和云服务器的大数据分析，可以准确、及时地对目标区域进行病虫害监测预警，还可以绘制病虫害监测预警的区域图。目前，"基于果树物联网大数据病虫害智能防控体系建设及应用"等一大批大数据与智能防控项目蓬勃发展。围绕农业绿色发展方向，以重大病虫害绿色防控和治理需求为导向，综合应用互联网、大数据、人工智能等现代信息技术和装备，以数据集中和共享为途径，通过推进技术融合、业务融合、数据融合，整合升级现有的多个农作物病虫害数字化监测、预警与管理系统，农药需求预测调查系统，打通信息壁垒，建设植保数据中心、信息采集系统、分析处理系统、决策支持系统和信息服务系统，形成覆盖全国、统筹利用、统一接入的植保大数据共享平台，构建全国植保信息资源共享体系，形成植保领域万物互联、人机交互、天地一体的网络空间，实现跨层级、跨地域、跨系统、跨部门、跨业务的协同管理和服务。通过建立健全大数据辅助科学决策的机制，充分利用大数据平台，综合分析各种因素，提高对病虫害发生的感知、预测、防控能力，推动植物保护向数字化、网络化、智能化发展，实现植物保护政府决策科学化、防控治理精准化、公共服务高效化。要通过加强合作，解决关键技术，研发实用产品，促进大数据技术推广应用，特别是在5G时代来临之际，让更多的大数据产品在植保领域开花结果，切实提高重大病虫害监测防控能力，让手机植保、手机种田不再是梦。

十二、互联网＋与物联网在植物病害流行监测与防控中的应用

我国作为一个农业大国，在发展方式上随着"互联网＋"理念的不断渗透也在发生转变。智能病害监测系统通过物联网技术改造，将病害信息采集分析系统、病原孢子自动捕捉信息、远程小气候信息采集系统、远程病虫害监测设备等有机融合到一起，并实现无线传输，对控制范围内任何区域的病害进行控制，使病虫害的监测、预报实现自动化、网络化、可视化。利用智能病害监测系统、决策系统实现互联网＋可视病虫害监测新模式，为农业管理部门、企业、种植户提供精准、精细的大数据指导，服务于农业现代化的发展。例如，河北农业大学苹果产业体系曹克强教授研究团队开展了基于互联网的苹果病虫害防控个性化服务，建立了电子果园信息服务表。专家就电子果园信息服务表中的信息进行讨论，从土壤、栽培、植保等几个方面进行分析，对果园问题进行合理改善与完善，结合气象信息数据、苹果品质、树龄、栽培模式、近期用药的基础信息，对未

来病虫害发生进行预测与近期要采取的具体防控措施提出指导意见。该举措受到果园园主的欢迎并得到积极响应。

物联网是新一代信息技术的重要组成部分，也是"信息化"时代的重要发展阶段。物联网就是物物相连的互联网。物联网通过智能感知、识别技术与普适计算等通信感知技术，广泛应用于网络的融合中，也因此被称为继计算机、互联网之后世界信息产业发展的第三次浪潮。物联网是新一代信息网络技术的高度集成和综合运用，是新一轮产业革命的重要方向和推动力量，对于培育新的经济增长点、推动产业结构转型升级、提升社会管理和公共服务的效率与水平具有重要意义。物联网是互联网的应用拓展，物联网可实现物到物（thing to thing，T2T）、人到物（human to thing，H2T）和人到人（human to human，H2H）的互连。我国的物联网发展趋势是遵循产业发展规律，正确处理好市场与政府、全局与局部、创新与合作、发展与安全的关系。按照"需求牵引、重点跨越、支撑发展、引领未来"的原则，着力突破核心芯片、智能传感器等一批核心关键技术；着力在工业、农业、节能环保、商贸流通、能源交通、社会事业、城市管理、安全生产等领域，开展物联网应用示范和规模化应用；着力统筹推动物联网整个产业链协调发展，形成上下游联动、共同促进的良好格局；着力加强物联网安全保障技术、产品研发和法律法规制度建设，提升信息安全保障能力；着力建立健全多层次多类型的人才培养体系，加强物联网人才队伍建设。在农业领域，物联网广泛应用到农作物栽培、水系、土壤监测、环境监测与保护、食品溯源、智能农产品储运交通等多个领域。随着我国科学技术水平的提升以及物联网技术的发展，将物联网技术运用到现代农业病虫害监控系统的工作之中，对于现代病虫害问题的解决作用显著。通过物联网资源对农业病虫害监控系统进行优化，进而持续优化农业病虫害数据的传输工作，从而推动现代农业病虫害监控工作的顺利开展，促进农业病虫害监控系统的稳定运行。例如，苏一峰（2016）设计了基于物联网平台的小麦病虫害诊断系统。基于前期构建的小麦物联网监控系统平台，研发了集成图像获取、图像识别诊断于一体的应用系统。初步研究了小麦比较常见的三种病虫害的识别与诊断方法，并利用图像分割、特征提取及数字图像分类识别技术，将物联网系统获取的感白粉病、锈病、蚜虫的不健康叶片与健康小麦叶片的图片分别进行对比，识别率都较为理想。将病虫害图像识别技术与物联网技术结合，方便病虫害图像的远程传输、多点获取等优点，大幅度提升了对病虫害远程识别和诊断能力，具有广阔的发展前景。陈令芳等（2016）研究物联网技术在蓝莓病虫害监测预警中的应用，以本地监测端为例，通过结合物联网技术，建立了蓝莓病虫害监测预警系统，可为广大技术人员提供一个病虫害数据处理分析和数据资料管理及传输的平台，从而加快蓝莓病虫害信息发布的速度，提高了蓝莓病虫害预警和防治的工作效率。参照物联网体系结构，基于物联网技术的蓝莓病虫害监测预警系统的结构层次可分为数据接收层、业务处理层和结果显示层三层。病虫害预警子系统的运行主要涉及数据预处理、建立病虫害预测模型和发布预警信息三方面。数据预处理阶段主要对采集的数据和调查资料进行分析，从中找出蓝莓病虫害发生的主要因素以及能够评价病虫害程度的一些指标，从而建立蓝莓病虫害预警指标体系，根据不同指标和因素对病虫害程度进行分析，确定预警阈值。通过对多种方法进行比较，选用专家系统进行病虫害预警子系统的搭建，借助该系统能对蓝莓病虫害类型、病虫害发生时间和病虫害发生范围进行预测。系统还可通过 4G

无线通信模块发布预警信息到远程客户端。2017年，邓晓璐等构建了基于物联网的寒地玉米大斑病预警系统，系统在 ASP. NET 平台下，通过 WCF 服务读取监测数据，采用 Silverlight 技术设计用户交互界面，调用 AreGIS 的 GP 服务获取预警结果。应用实践表明，农田传感器监测网络获取的作物生长环境数据实时、准确，大斑病预测预警模型针对性强、实用可靠，预警结果简单直观，能够在一定程度上对寒地玉米生产起到辅助决策作用。傅晓耕2018年设计了基于物联网技术的现代农业病虫害监控系统。该系统硬件由用户管理模块、数据查询模块、图片管理模块、接收数据模块、设备控制模块和预警模块等构成，并且通过物联网资源对农业病虫害监控系统进行优化，进而实现物联网簇间优化农业病虫害数据的传输，最后利用簇间优化机制解决物联网病虫害监控系统中监控点区域路径抖动问题，使农业病虫害监控系统可以稳定运行。物联网技术在病虫害监测预警与防控方面应用得到蓬勃发展。例如，山西省2017年召开"基于果树物联网大数据病虫害智能防控体系建设及应用研讨会"，就果树标准化生产管理应用技术示范模型建设，全面推动"山西农谷"的精准农业、智慧农业、绿色农业发展进行探讨，形成标准化果树管理体系，为果树管理标准化提供技术支撑，为山西省果树生产建立安全溯源体系打下坚实基础，为全国农业大数据建设提供最重要的准确基础数据和果树标准管理体系的原始性数据。

复 习 题

1. 引起全球气候变化有哪6种情景？原因何在？如何解决？
2. 全球气候变化，特别是二氧化碳浓度升高和紫外线辐射增强对植物病害有何影响？
3. 植物病害流行的风险等级划分对病害预防有何作用？
4. 什么是"3S"技术？它在植物病害流行学研究中有哪些用途？
5. 为什么说植物病害流行大多是人为造成的？你对此有何感想？试举例说明如何避免人为造成植物的病害流行。
6. 在全球气候的变化和贸易剧增的形势下，植物病害发生与流行可能有哪些变化？如何应对这些变化？哪些方面的研究应该加强？
7. 试列举2~3个植物病害流行学研究的热点问题。
8. 与微观方法研究植物病害的方法不同，植物病害的流行研究常常需要在大尺度下研究植物病害种类、发生规律的重要性和必要性，有哪些困难？如何解决？
9. 从植物病害流行学研究的技术手段来讲，宏观和微观技术如何结合解决植物病害流行的科学问题？
10. 大数据、物联网、云计算、人工智能与互联网飞速发展的时代，这些新技术如何提升病害流行预警与防控水平与效率？
11. 请谈谈我国植物病理信息化面临的困难和机遇。

第十八章　植物病害流行学实验

实验一　植物病害调查

一、基本原理

植物病害的分布、危害、发生特点，以及寄主、栽培和环境条件对植物病害发生的影响，品种的抗病性、生物及化学药剂的防治效果等，都需要通过调查才能掌握。在病害发生程度及分布的调查研究过程中，怎么取样、取多少样是病害调查时最常被问到的两个问题，这需要从生物学和统计学角度出发，明确取样的主要目标（以合理的代价，用最少数量的个体来描述总体的特征），确定取样单位、取样量、取样方式等参数。有关取样技术的细节问题，可参考 Cochran（1977）、方中达（1998）的专著及相关病害的学术论文。

1. 取样单位

样本可以以整株（如苗枯病、枯萎病、黄萎病、病毒病等）、穗秆（黑粉病、赤霉病）、叶片（叶斑病）、果实（果腐病）等作为调查记载单位。取样单位（sampling unit）的确定应该做到简单且能正确反映发病情况。同一种病害，由于发病时期和发病部位不同，必须采取不同的取样方法。例如，棉花角斑病可为害叶片和棉铃，就要分别以叶片和棉铃取样。另外，取样单位必须与试验目的一致，如调查小麦条锈病造成产量损失时，其产量损失与旗叶的病害严重度高度相关，这时，旗叶作为取样单位应该是该项调查的最佳选择。

2. 取样量

取样量（sample size）要小而可靠，太少的取样量的结果不具有代表性，太多的取样量虽会得到较好的结果，但费时、费力。取样量与病害田间分布型有关，如一些病害发病初期呈聚集分布时需要取样量大，当到后期发病严重时，呈均匀分布时可减少取样量。例如，小麦条锈病在点片发生期，若田块面积在 $667m^2$ 以上，则五点取样，每点 $67m^2$，田块面积不足 $667m^2$ 时，则全田普查。若全田已发病，则取 5 个样点，每点 $2m^2$，随机抽出 200 个叶片观察发病情况。对于麦类黑粉病的调查，可以在田间每一点观察 200～300 穗或秆，或者观察一定面积（$0.45m^2$）或行长（1.67m 左右），计算发病率。对于植株较大的作物，面积和行长要相应大一些。叶片病害的取样量由分布型决定，果实病害要观察 100～200 个，全株性病害观察 100～200 株。麦类锈病发生的早期，田间不易发现，但此时发生的微量锈病对以后锈病发展的影响很大，因此，每次应观察数百以至数千张叶片。

（1）总体呈正态分布时的理论抽样数　　无放回抽样的抽样数计算公式如下，$d = \left(\dfrac{d'}{t}\right)^2$，$d'$ 为允许误差。

$$n = \frac{Ns^2}{Nd + s^2}$$

有放回抽样（总体 N 特别大时）的抽样数计算公式如下。

$$n = \frac{t^2 s^2}{d'^2}$$

从上式可以看出，样本分布的方差（s^2）愈大，取样数愈多，允许误差（d'）愈小，抽样数愈多。

（2）总体呈负二项分布时的理论抽样数　　有放回理论抽样数计算公式如下，d' 为允许误差。

$$n = \left(\frac{t}{d'}\right)^2 \left(\frac{k\overline{x} - \overline{x}^2}{k}\right)$$

无放回理论抽样数计算公式如下，$d = \left(\dfrac{d'}{t}\right)^2$，$d'$ 为允许误差。

$$n = \frac{N(k\overline{x} + \overline{x}^2)}{kNd + k\overline{x} + \overline{x}^2}$$

（3）总体呈泊松分布时的理论抽样数　　有放回理论抽样数计算公式如下，d' 为允许误差。

$$n = \left(\frac{t}{d'}\right)^2 \overline{x}$$

无放回理论抽样数计算公式如下，$d = \left(\dfrac{d'}{t}\right)^2$，$d'$ 为允许误差。

$$n = \frac{\overline{x}}{d + \dfrac{1}{N}\overline{x}}$$

3．取样方式

田间试验中，根据试验不同情况，取样方式（sampling style）有以下几种。

（1）随机取样（非等距机械抽样）　　根据随机原理，利用随机数字表或计算机（器）产生随机数的方式确定取样位置。随机取样不等于随意取样，不存在人为因素对取样的干扰，任何个体都有被抽取的可能。

（2）等距机械取样（图 18-1）　　常见的等距机械取样方法有以下 5 种。

1）五点取样：适合密集的或成行的植物，病害分布为随机分布型的情况。可按一定面积、一定长度或一定植株数量选取样点。

2）对角线取样：适合密集的或成行的植物，病害分布为随机分布型的情况，有单对角线和双对角线两种方式。

3）棋盘式取样：适合密集的或成行的植物，病害分布为随机分布型或核心分布型的情况。

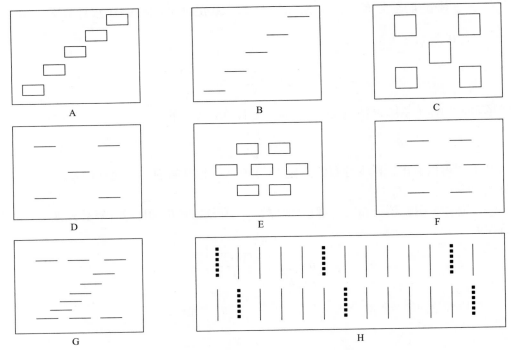

图 18-1 常用等距机械取样方法示意图
A，B. 对角线取样；C，D. 五点取样；E，F. 棋盘式取样；G. Z形取样；H. 平行线取样

4）Z形取样：适合病害分布为嵌纹分布型的情况。

5）平行线取样：适合成行的植物，病害分布为核心分布型的情况。

等距机械取样时用尺或步测量或估计田块面积，根据田块大小决定抽样数。一般田块在 0.13hm² 以下的取样数为 7 个，0.14～0.68hm² 的取样数为 10 个，0.69～2.0hm² 的取样数为 15 个，2.1～4.0hm² 的取样数为 20 个，4.1～6.67hm² 的取样数为 25 个，6.67hm² 以上的取样数为 30 个。

$$样点距离 = \left(\frac{长 \times 宽}{样点数}\right)^{\frac{1}{2}}$$

（3）分层取样法 把总体划分为若干部分，称为"层次"，如一类、二类、三类等；在各部分中用随机取样法或系统取样法来抽取样本；根据各部分（类别）样本数值计算总体的估计值。采用本法应事先了解总体变异的大体情况，一般应进行踏查，把总体划分为若干层次，从中按一定比例抽样。

二、实验目的

1）掌握取样单位、取样量、取样方式的基本含义及特点。

2）学习病害调查的基本方法。

三、材料与用具

米尺、手持放大镜、发病田块。

四、方法和步骤

1）选择一种作物的一种病害，在发病期做一次调查。

2）分别按照普查、随机取样、等距机械取样方法，调查记载发病情况。

3）分析几种调查方法的调查结果。

五、作业

1）依据调查结果，计算病害的发病率、病情指数。

2）比较随机取样、等距机械取样等方法的相对准确性。

实验二　植物病害田间分布规律

一、基本原理

植物病害的田间分布格局（spatial pattern of plant disease in field）是病害调查取样、病害流行模拟及防治等研究工作的基础（Campbell and Madden，1990）。植物病害的田间分布格局是病原物传播造成的，相对而言，气传病害的传播距离最大，其变化受气象因素，特别是气流和风的影响；而土传病害的传播距离较小，主要受耕作、灌排水、生物介体等的影响；种（苗）传播病害，受人类活动的影响；虫传病害与昆虫的种群数量、活动范围、迁飞能力、病原物与传病介体间的相互依存关系等密切相关。同时，植物病原物及发病植株的田间分布格局受物理（如农业机具、动物体表黏附、病健植株相互摩擦等）、生物（如小麦赤霉病菌、苹果黑星病菌的子囊孢子成熟后会自动放射；线虫在含水量适当的土壤中可以爬行；小麦黄矮病的麦蚜传播等）及环境（如小麦条锈病的气流传播、分生孢子的雨水飞溅传播等）等因素的影响（张文军，1993；马小华，1986，王振中等，1989；商鸿生等，1991）。

1. 植物病害田间分布格局的类型（图18-2）

（1）均匀分布（uniform pattern）　　种群中个体在空间的散布是均匀的，分布比较稀疏，不聚集。常用的理论分布函数为

$$NP_r = \begin{cases} NQ^{-n} & r=0 \\ \dfrac{(n-r+1)NP_{r-1}Q}{rP} & r>0 \end{cases}$$

式中，r 为各抽样单位内发病个体数；N 为样本总数；P 为个体发病的概率；Q 为个体不发病的概率；n 为组数 -1。

（2）随机分布（random pattern）　　种群内个体独立地、随机地分配到可利用的生物资源中，每个个体占据空间任意一点的概率是相等的，一个个体的存在位置不受其他个体的影响，如常见的泊松分布（Poisson pattern），其分布的理论函数为

$$NP_r = \begin{cases} Ne^{-m} & r=0 \\ \dfrac{m}{rNP_{r-1}} & r>0 \end{cases}$$

式中，r 为各抽样单位内发病个体数；m 为总体平均值，一般用样本平均值代替；N 为样

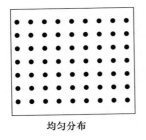 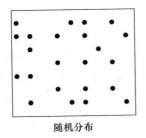 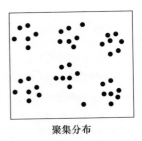

均匀分布　　　　　　　　　　随机分布　　　　　　　　　　聚集分布

图 18-2　常见的 3 种分布型

本总数；e 为自然对数之底 2.7182；P 为个体发病的概率。

（3）聚集分布（aggregated pattern）

$$NP_r = \begin{cases} NQ^{-k} & r=0 \\[2mm] \dfrac{k+r-1}{rpQNP_{(r-1)}} & r>0 \end{cases}$$

式中，r 为各抽样单位内发病个体数；N 为样本总数；P 为个体发病的概率；Q 为个体不发病的概率；$k = \dfrac{\overline{x}^2}{S^2 - \overline{x}}$。

2. 空间分布型的判定方法

（1）频次分布拟合法　　频次分布拟合法是一种经典的分布型判定方法，是 20 世纪 60 年代以前广泛应用的方法之一。其基本原理是整理原始调查数据，编制实际调查数据频次表，计算相应的统计数（如均数、方差、取样数等），进而依据各理论分布公式计算出理论频次分布，采用卡方测验法检验实际频次与理论频次间的吻合程度，判断其分布类型。

（2）聚集指标法　　经典的频次分布拟合法判定的结果有时会出现几种分布型同时符合，或者哪种分布型都不符合的现象（即多解或无解现象）。而聚集指标法计算简便，且可以根据其指标值的大小来判断种群的分布类型，克服了经典频次拟合法的多解或者无解现象，但聚集指标法比较粗放，只能分大类，不及经典的频次拟合法具体。聚集指标种类很多，下面介绍常用的几种。

1）扩散系数（C）：利用均数与方差是否相等的特性判断种群分布类型，扩散系数常用 C 表示，其计算公式为

$$C = \frac{S^2}{\overline{x}}$$

C 值的 95% 置信区间为：$\left[1-2\sqrt{\dfrac{2n}{(n-1)^2}},\ 1+2\sqrt{\dfrac{2n}{(n-1)^2}} \right]$

分布类型判断标准：$C>1+2\sqrt{\dfrac{2n}{(n-1)^2}}$ 时，为聚集分布；$C<1-2\sqrt{\dfrac{2n}{(n-1)^2}}$ 时，为均匀分布；$1-2\sqrt{\dfrac{2n}{(n-1)^2}}<C<1+2\sqrt{\dfrac{2n}{(n-1)^2}}$ 时，为随机分布。

2）负二项分布 K 值：负二项分布中 K 值的生物学意义是它可以作为种群聚集程度的一个度量，其值的大小反映种群聚集的程度，K 值愈大，种群的聚集度愈小，K 值愈小，种群的聚集度愈大。如果 K 值趋于无穷大时（一般为 8 以上时），则种群逼近泊松分布。

$$C_a = \frac{1}{K}$$

分布类型判断标准：$C_a=0$ 时，为随机分布；$C_a>0$ 时，为聚集分布；$C_a<0$ 时，为均匀分布。

3）扩散型指数（I_δ）：该指数是由森下证明提出的，因此也称 Morishita 指数。其计算公式为

$$I_\delta = n\sum_{i=1}^{n}\frac{x_j(x_i-1)}{N(N-1)} = n\sum\frac{fx^2-N}{N(N-1)}$$

式中，n 为抽样数；N 为总发病个数；x_i 为第 i 个样本中的发病个数。

分布类型判断标准：$I_\delta=1$ 时，为随机分布；$I_\delta>1$ 时，为聚集分布；$I_\delta<1$ 时，为均匀分布。

4）λ 指标。

$$\lambda = \frac{\overline{x}\times r}{2k}$$

式中，k 为负二项分布参数；r 为自由度为 $2k$ 时的 $X^2_{0.05}$ 值。

其中，$\lambda<2$，聚集分布，由栖境因素引起；$\lambda>2$，负二项分布，由生物学习性造成。

5）平均拥挤度（Lioyd，1967）：日本岩俊一（Iwao，1972）提出用平均拥挤度（$\overset{*}{m}$）与平均数（$\overset{*}{m}$）的比值作为分析种群空间分布型的指标。若是样本，则用 $\overset{*}{x}$ 代替 m，用 $\overline{x}$ 代替 $\overset{*}{m}$。

分布类型判断标准：$\dfrac{\overset{*}{x}}{\overline{x}}=1$ 时，为随机分布；$\dfrac{\overset{*}{x}}{\overline{x}}>1$ 时，为聚集分布；$\dfrac{\overset{*}{x}}{\overline{x}}<1$ 时，为均匀分布。

6）平均拥挤度与平均数的回归关系法：Iwao 提出了用 $\overset{*}{x}$ 与 $\overline{x}$ 间直线回归关系式中的两个回归系数作为判断种群空间分布类型的指标，只有当两者呈直线回归关系时，才能用其两个回归系数判断分布类型（Iwao，1968，1971，1976）。

$$\overset{*}{x} = \alpha + \beta\overline{x}$$

分布类型判断标准：$\beta=1$ 时，为随机分布；$\beta>1$ 时，为聚集分布；$\beta<1$ 时，为均匀分布；$\alpha=0$，$\beta=1$ 时，为随机分布；$\alpha>0$，$\beta=1$ 时，为核心或者奈曼 A 型分布；$\alpha=0$，$\beta>1$ 时，为具有公共 K_c 的负二项分布，由栖境因素造成；$\alpha>0$，$\beta>1$ 时，为负二项分布。

7）Taylor 指数法：Taylor（1961）从大量的生物学资料中，得出方差的对数值与平均数的对数值间存在着下列回归关系。

$$\lg S^2 = \lg a + b\lg \overline{x}$$

分布类型判断标准：$a=1$，$b=1$ 时，为随机分布；$a>1$，$b=1$ 时，为聚集分布，聚集强度不因种群密度而变化；$a>1$，$b>1$ 时，为聚集分布，聚集强度随种群密度的升高而增加；$0<a<1$，$b<1$ 时，为均匀分布。

3. 对小麦赤霉病菌源的田间分布类型进行确定

麦田带菌的玉米残秆是关中灌区小麦赤霉病的主要初侵染菌源。因此，分析该地区麦田玉米残秆赤霉病带菌量的空间分布型对小麦赤霉病的测报调查和田间传播规律研究十分重要。

商鸿生等于 1990 年 5 月在陕西关中有代表性的 6 个县进行调查，以不连片取样方法取样，每县在不同的典型地块取 10 个左右抽样单位。每单位为 9m² 正方形，记载各小块（1m²）内玉米残秆所带赤霉病菌菌源量（相对），即

$$赤霉病菌源量 = \sum 子囊壳密度级别 \times 该级别残秆数$$

子囊壳密度级别的分级标准参考全国植保总站的《黄淮地区小麦赤霉病检测办法》。

（1）频次分布检验　　见表 18-1。

表 18-1　各县菌量频次分布拟合的卡平方测验结果

地点	泊松分布	奈曼分布	负二项分布
渭南	22.97	126.15	1.26[*]
富平	462.64	7.53[*]	3.60[*]
三原	855.22	16.35	13.30[*]
泾阳	1 631.24	7 648.59	5.48[*]
礼泉	24 475.63	99.45	5.02[*]
兴平	3 297.27	17.94	7.29[*]

注：* 表示显著性

显然，关中地区小麦赤霉病菌源符合负二项分布。

（2）聚集指标　　各县菌源量聚集指标的计算结果如表 18-2 所示。可以看出，各县菌源量菌服从聚集分布。由 λ 值可见，聚集系由环境作用所引起的。究其原因，麦田玉米残秆的聚集系人为堆积及灌水将其漂移至各低凹处所致。菌源量除受残秆分布影响外，也受温度、湿度等小气候因素的影响，故其聚集由栖境因素所造成。

表 18-2　各县聚集指标的测定结果

地点	C	C_a	λ	I_δ	$\overset{*}{m}/m$
渭南	1.5941	1.2476	0.4117	0.9219	2.7143
富平	1.5258	1.5209	0.1196	2.3238	2.8424
三原	2.8715	1.6127	0.4258	4.0101	2.6127
泾阳	4.6241	3.5744	0.8245	3.9786	4.4101
礼泉	2.6573	2.4859	0.3770	2.1803	3.9359
兴平	2.8287	1.9527	0.4160	2.5735	2.9527

（3）Iwao 回归和 Taylor 指数　　各县菌源量的 Iwao 回归参数见表 18-3。显然，各地的拟合结果均为良好。由于所有的 $\beta > 1$，可以判断菌源量服从聚集分布，对各县数据建立统一的 Iwao 回归式为：

$$\overset{*}{m} = 0.002585 + 3.3074m, \quad r = 0.8409$$

由此可以得知总体趋势仍为聚集分布，方程中 $\alpha \approx 0$，$\beta > 1$，故菌源量为负二项分布，且是由环境因素造成。

Taylor 指数的测定结果如表 18-3 所示，这里 $a>1$，$b>1$，因而菌源量服从聚集分布，且聚集度随菌源量的增大而增大，其原因为病菌数量大，聚集块内的繁殖量增长迅速，聚集性随之增大。各县数据综合的 Taylor 回归式为：

$$S^2 = 0.4801 + 1.3527\bar{x}, \quad r=0.9747$$

这说明总体情形仍为聚集分布类型。

表 18-3　各县菌源量的 Iwao 回归和 Taylor 回归参数

地点	Iwao 回归			Taylor 回归		
	α	β	r	a	b	r
渭南	−0.473 0	3.707 6	0.981 2	0.350 9	1.234 5	0.975 7
富平	−0.576 8	4.510 8	0.817 1	0.281 6	1.236 5	0.942 9
三原	1.344 6	1.454 0	0.919 9	0.451 2	1.293 8	0.941 6
泾阳	−1.184 6	5.578 4	0.939 3	0.651 6	1.707 2	0.982 9
礼泉	−0.283 4	4.359 4	0.906 9	0.562 0	1.333 9	0.987 3
兴平	0.065 31	2.882 9	0.979 6	0.510 0	1.595 8	0.997 3

二、实验目的

1）学习植物病害田间分布格局的调查和分析方法。
2）了解如何确定病害调查的取样量和最佳取样方法。

三、材料与用具

手持放大镜、计算机、SAS（Statistic Analysis System）、Excel 等。

四、方法和步骤

1）选取某种作物的一种病害。
2）确定有代表性的田块 3~5 块，每块 667m^2，并给田块编号。
3）逐株记录其发病情况。
4）采用频次拟合法、聚集指标法、Iwao 回归和 Taylor 指数法判断该病害的田间分布格局。
5）确定适用于该病害田间调查的取样量和取样方法。

五、作业

某病害在一田间随机调查了 156 个样点，其中没有病害的样点数是 102 个，有一株发病的样点数是 29 个，有 2 株发病的样点数是 16 个，有 3 株发病的样点数是 4 个，有 4 株发病的样点数是 1 个，有 5 株发病的样点数是 2 个，有 6 株或以上发病的样点数是 2 个，请确定该病害的田间分布格局、取样量和最佳取样方式。

实验三　侵染概率的测定

一、基本原理

侵染概率（infection probability）是指接触寄主感病部位的一个病原物传播体，在一定条件下，能够侵染成功、引致发病的概率。或者指一定数量的病原物传播体，接触寄主的感病部位后，在一定条件下能侵染成功引致发病的传播体数所占的比例，即在一定的环境条件下，用已知数量的病原物传播体接种寄主叶片，待发病后调查叶片上的发病点数，再用以下公式计算侵染概率。

$$侵染概率 = \frac{发病点数}{接种于寄主体表的传播体数} \times 100\%$$

上述传播体（propagule），是指病原物可以独立存活和起到传病作用的最小单位，可以是真菌的孢子、菌核、菌丝段，细菌细胞，病毒粒体，线虫幼虫、成虫或卵，寄生性种子植物的种子等病原物传播和存活的结构。侵染概率中的发病点（后称侵染单位）是能够被视觉识别、计数或测量的病害最小单位（如病斑、病叶或病株等）。传播体在一定条件下并非全部都能萌发，萌发的孢子也不一定都能侵入（定殖），定殖以后也未必一定能够发展成可见的病斑和产生传播体。因而侵染概率也可以分解为：寄主体表附着孢子的萌发率、侵入率和显症率。

$$孢子萌发率 = \frac{萌发孢子数}{接种于叶面的孢子数} \times 100\%$$

$$侵入率 = \frac{侵入点数}{叶面萌发孢子数} \times 100\%$$

$$显症率 = \frac{产孢病斑数}{侵入点数} \times 100\%$$

$$侵染概率 = 萌发率 \times 侵入率 \times 显症率$$

侵染概率的变化又是病原物致病性、寄主抗病性和环境条件综合作用的结果。通过预先建立侵染概率与病原物致病性、寄主抗病性和环境条件的定量函数关系，可估计任何已知条件下的发病数量。

$$病害数量 = 接种菌量 \times 侵染概率$$

$$侵染概率 = f（致病性、抗病性、环境条件）$$

1. 侵染概率的模拟测定

（1）以测定小麦条锈病侵染概率为例（骆勇等，1988，1998）

1）接种前将接种小麦叶片平展于水平薄板上，同时在薄板上放置涂有薄层凡士林的玻片，使玻片上着落的孢子与叶片上着落的孢子一致，镜检玻片单位面积上的孢子数。

2）接种小麦叶片发病后，测定各叶片的叶面积和对应叶片的发病点数，计算侵染概率。

（2）以测定稻瘟病侵染概率为例（丁克坚和檀根甲，1993）　依据旋转式孢子捕捉器捕捉的孢子量，结合孢子垂直分布规律、不同高度稻叶上孢子着落量的关系，由建立的孢子着落量模型，估计自然情况稻株上部三片叶的孢子着落量，经过一个潜育期后，对应孢子捕捉日暴露的稻株上各叶显症的病斑数，计算侵染概率。

2. 病害日传染率

如上所述，侵染概率的测定，必须以取得接触于寄主体表的病原传播体数量为基础，而病原传播体数量又必须通过显微镜的检查才能计数。为了便于进行田间研究，常采用更直观、更简便的方法，测定病害的日传染率（肖悦岩和曾士迈，1983）。日传染率（daily multiplication factor）也称相对侵染概率，是用亲代病情相对的代表接种的传播体数量，用子代病情代表病害数量，一定数量的亲代病情在一日内传播侵染引致一定数量的子代病情，两者数量的比例即为病害日传染率。测定时，亲代病情与子代病情应采用统一的单位（如病株数、病叶数、病点数等），且要在排除外来菌源干扰的情况下，在寄主生长的一定区域内，设置一定数量具有传染性的发病位点，让其进行一天的传播，经过一个潜育期后，逐日检查该区域寄主上子代发病位点数，直至显症中止（肖悦岩等，1998）。

日传染率 = 子代发病位点数 ÷ 亲代发病位点数 ÷ 日

二、实验目的

了解侵染概率的定义、测定方法及其在病害预测预报和防治中的重要意义。

三、材料与用具

选用已知小麦高感条锈病品种（如'辉县红'等）、温室或光照培养箱、小麦条锈菌夏孢子、蒸馏水、塑料薄膜、喉头喷雾器、花盆（12cm 口径）、保湿桶（用马口铁皮制成，高度和直径各约 1m，有盖）、玻片、洗瓶、网格、薄板、手持放大镜、测微尺、试管、定量接种器、解剖镜（两侧灯光照明）等。

四、方法和步骤

1）将供试小麦品种播种在装有混合土（黏土 3 份、沙 1 份、腐熟的牛粪 1 份）直径为 12cm 的花盆内，出苗后，每盆保留大小一致的幼苗 5 株。

2）在第 1 叶片展平后，用喉头喷雾器喷撒小麦叶面，手指蘸水轻轻摩擦脱去叶表蜡层。

3）用蒸馏水配制小麦条锈菌夏孢子悬浮液，浓度约为 10^6 个 /mL。使用定量接种器接种。

4）接种前将接种小麦叶片平展于水平薄板上，同时在薄板上放置涂有薄层凡士林的玻片，使玻片上着落的孢子与叶片上着落的孢子一致，镜检玻片上单位面积上的孢子数。

5）接种小麦叶片发病后，放置于 9～13℃的保湿桶内保湿 24h。

6）每日用手持放大镜检查 2 次，至夏孢子堆停止出现为止。用网格法测定各叶片的叶面积，并记录对应叶片的发病点数，计算侵染概率。

五、作业

计算该病菌的侵染概率，分析影响侵染概率的主要因素。

实验四　潜育期及产孢量的测定

一、基本原理

潜育期（incubation period 或 latent period）通常定义为从病原物侵入寄主到寄主开始表现症状所经历的时间。但因病原物侵入的时间较难掌握，故潜育期在实际操作时是指从接种到病害出现症状之间的时间。潜育期是病原物在寄主体内扩展和寄主抗扩展的时期，在一定条件下，潜育期长短被用作衡量品种抗病性，尤其是衡量慢病性抗性的一个重要参数。潜育期受温度的影响最大，其次是湿度，植物的营养状况、光照等因素直接或通过改变寄主反应型而间接影响潜育期。Vanderplank（1963）在进行侵染速率分析时，提出了潜育期（incubation period）和潜伏期（latent period）两个概念，潜育期是指从接种至表现病状的时间，而潜伏期是指从接种至病斑产生孢子的时间。肖悦岩等（1983）及骆勇等（1988）测定小麦条锈病潜育期时，给予潜育期的操作定义为"从接种到病害显症、个别（第一个）孢子堆破裂为止的时间"。范怀忠和王焕如（1990）建议，依据不同需要分别对待，如在介绍病原物侵染过程时使用潜育期，而对作物品种抗性测定评价时则提出以测定潜伏期长短作为抗病性鉴定的标准之一。曾士迈和杨演（1986）提出，将潜育期和潜伏期作为同义词，统一用 latent period，中文名仍用潜育期。

1. 潜育期的测定

（1）潜育期的静态定量分析　　在排除外来传播体干扰的情况下，进行人工接种，定时观察接种寄主上显症的位点数，计算不同时间的显症率和累积显症率。用确定的天数或者小时数表示潜育期的长短。

（2）潜育期的动态定量分析　　由于在潜育期的实际测定中，即使同一批接种的个体，也有一个陆续显症的过程，因而对于潜育期的研究愈来愈多地重视对潜育期进行动态的定量分析。例如，肖悦岩等（1983）在研究小麦条锈病潜育期时，用一个条锈菌小种分批接种若干张小麦叶片，根据多批接种逐日观察显症病叶数，计算累积显症率，再按逐日有效积温计算每天的累积有效积温量，以累积有效积温为横坐标、累积显症率为纵坐标作图，经曲线拟合，建立有效积温与累积显症率的逻辑斯蒂模型，应用该模型时，可根据接种后逐日计算的有效积温、显症始期和显症速率，估计显症期内任一点上的累积显症概率，可用累积显症率达 50% 时的有效积温量作为潜育期参数。

2. 产孢量的测定

产孢量测定主要应用于经气流传播、再侵染频繁的一些重要真菌病害，如小麦条锈病、叶锈病、秆锈病、白粉病、稻瘟病、玉米大斑病、玉米小斑病等。产孢量通常用每平方毫米病斑上的产孢数（孢子个数 /mm²）作为计量单位。产孢量受温度、湿度、寄主的抗病性及营养状况等的影响，在适温条件下，往往湿度愈高，产孢量愈大。孔平（1991）研究表明，增施氮肥可诱导水稻叶瘟病斑产孢量增大。

产孢量的测定包括如何从寄主产孢部位采集孢子，以及对采集的孢子进行准确的计量两个方面。孢子采集方法有粘贴法（黄费元等，1992）、水悬法、逸散法（骆勇和曾士迈，1988）等。孢子的数量一般采用 Neubauer 细胞计数板、Howard 测数板制片镜检计数。粘贴法和水悬法一般也只能用于某一确定时间进行产孢量的检查，不能用于病斑产孢量的动态分析。

叶部病斑产孢量的测定。对于较小的叶片如马铃薯小叶片，整个叶片作为一个样本单位，一些较大叶片如烟草等，其上的每个病斑作为一个样本单位。每个病斑上孢子的数量因寄主植物冠层微气候、光照、病斑的大小及年龄等变化很大，如马铃薯疫霉病相同大小的单个病斑上产生的孢子囊数量相差达 500 倍。在测定叶片病斑产孢量时的取样量因试验小区面积、发病率、是否进行重复抽样等因素而异，一般是在一个试验小区植株的不同部位随机取 50 个叶片或者 100 病斑，放进盛有 300～500mL 固定液（FAA：甲醛，乙酸，乙醇）的容器里，振荡 30～60min（对于孢子附着较牢固的可适当延长振荡时间），过滤除去叶片碎片和其他残渣，显微计测孢子数量，估算每个叶片或者试验小区里孢子的数量（Kranz and Rotem，1988）。

测定小麦条锈病菌连续产孢量时，可以参考骆勇和曾士迈（1988）的方法，即采用长 220mm、直径 22mm 两头通风的 L 形玻璃管，套于供测的病叶上，使每天病斑上逸出的孢子基本上都能落于管内，每天更换新管，并测定产孢面积，取回的样本用 0.1% 琼脂液冲洗并稀释至 10mL，经振荡混匀后取 0.05mL 孢子液在扫描电镜或者光学显微镜下检查孢子数。

二、实验目的

1）学习潜育期、产孢量的基本概念及其测定方法。
2）了解影响潜育期和产孢量的环境因素。

三、材料与用具

选用已知小麦高感条锈病品种（如'辉县红'等）、温室或光照培养箱、小麦条锈菌夏孢子、琼脂、蒸馏水、塑料薄膜、喉头喷雾器、花盆（12cm 口径）、保湿桶（用马口铁皮制成，高度和直径各约 1m，有盖）、烧杯、洗瓶、网格、手持放大镜、测微尺、试管、定量接种器、解剖镜（两侧灯光照明）、Neubauer 细胞计数板、显微镜等。

四、方法和步骤

1）将供试小麦品种播种在装有混合土（黏土 3 份、沙 1 份、腐熟的牛粪 1 份）直径为 12cm 的花盆内，出苗后，每盆保留大小一致的幼苗 5 株。
2）在第 1 叶片展平后，用喉头喷雾器喷撒小麦叶面，手指蘸水轻轻摩擦脱去叶表蜡层。
3）在小烧杯中先加 10mL 蒸馏水，再加入小麦条锈菌夏孢子粉，稀释至显微镜低倍镜视野内有 50 个孢子为宜，使用定量接种器接种。
4）调查记载潜育期（每日用手持放大镜检查 2 次，至夏孢子堆停止出现为止，从接种至 50% 夏孢子堆出现的日数即为潜育期）。
5）在夏孢子堆即将破裂时，用试管套在幼苗叶片上，接收夏孢子，也可轻轻敲击试管，用 0.1% 琼脂液冲洗并稀释至 10mL，经振荡混匀后取 0.05mL 孢子液在光学显微镜下用 Neubauer 细胞计数板检查孢子数。

五、作业

1）分析整理实验结果，撰写报告。

2）阅读有关章节或其他文献，设计测定 1 种病害的潜育期和产孢量实验。

实验五　病害初侵染来源调查

一、基本原理

查明病害初侵染源存在的状态（分生孢子、子囊壳、菌核、菌丝体等）、场所（土壤、寄主组织、病残体等）、数量及其存活率等，对于病害的预测预报及防治等工作具有一定的指导意义。

以小麦赤霉病的初侵染调查为例：小麦赤霉病的致病菌大部分是禾谷镰刀菌（ *Fusarium graminearum* ），它的有性世代是玉米赤霉菌（ *Gibberelia zeae* ），玉米是它的主要寄主。在我国南方，带菌稻桩上形成的子囊壳所产生的子囊孢子是小麦赤霉病的主要初侵染来源；在北方，玉米根茬或秸秆上的子囊壳所产生的子囊孢子是小麦赤霉病的主要初侵染来源（赖传雅，2003）。

1. 初侵染来源调查方法

在小麦返青期，选一块低洼的玉米茬麦田或一块水稻茬麦田，大五点取样（每样点为 2m×2m ），统计每个样点面积内地表的标准残茬秆数，检查残秆带菌情况，并计算出每 667m² 标准残茬数和带菌率（商鸿生等，1987；张文军，1993）。标准残茬：凡带有一个完整节的为一个标准残茬，如果是破碎的残体，可将其合并折算，以组合残体长约8cm、宽约为完整玉米秆的 2/3 为一个标准残茬。

在玉米秆堆表面和内部，分别抽取 200 个茎秆，观察子囊壳在茎基的产生情况，并计算茎秆带菌率。

2. 有性世代发育进度检查

子囊孢子成熟与释放的高峰期能否和小麦易感期吻合是影响小麦赤霉病流行的主要因素之一。小麦赤霉病菌子囊壳发育进度主要受温度、湿度和降水等因素的制约，掌握其发育进度，对该病害的预测至关重要。

依据小麦赤霉病菌子囊壳发育进度分级标准（表 18-4），统计子囊壳发育进度级别并计算其成熟指数，作为衡量子囊壳成熟度的数值标准，当 4 级占检查子囊壳总数的 20% 时为子囊孢子成熟飞散的始盛期，占 50% 以上时为子囊孢子成熟飞散的高峰期。

成熟指数 =（1 级壳数 × 1+2 级壳数 × 2+ 3 级壳数 × 3+4 级壳数 × 4）

× 100/（4 级壳数 × 检查子囊壳总数）

表 18-4　子囊壳发育进度分级标准

级别	子囊壳发育进度的生物学特点
0 级（子囊壳初生期）	子囊壳壳小，棕褐色，半透明，压破后无内含物
1 级（原生质期）	子囊壳壁紫褐色，挤压后，淡黄色的原生质液明显外流，但无子囊
2 级（子囊形成期）	子囊壳壁较易压破，压破子囊壳后，释放出棒状子囊，但还没有形成子囊孢子
3 级（子囊孢子形成期）	绝大多数子囊内形成了子囊孢子，孢子壁清晰，但子囊孢子尚未产生分隔
4 级（子囊孢子成熟释放期）	子囊孢子分隔明显，呈纺锤状，成熟孢子易从子囊壳中溢出
5 级（残壳体）	孢子释放后，空壳呈淡蓝色半透明状。调节显微镜微调旋钮时，有时可以透过空壳壁看到残留在壳内的子囊和成熟的子囊孢子

二、实验目的

学习病害初侵染来源调查方法，以加深对初侵染来源的理解。

三、材料与用具

蒸馏水、离心机、Neubauer 细胞计数板、温箱、解剖镜（两侧灯光照明）、瓷盘、载玻片、盖玻片、刀片、三角刮刀、镊子、手持放大镜、纱布等。

四、方法和步骤

1）在小麦返青期，选一块低洼的玉米茬麦田和一块水稻茬麦田，采用五点取样法，每点 4m²（2m×2m），计数残茬。玉米茬麦田应将每个样点面积内地表的残茬秆收集在一起，折合为标准残茬计数，并计算出每亩标准残茬数。

选点之和，应在全田广泛收集比较规整的残茬，每块麦田至少收集 200 个玉米残茬，其中 100 个玉米残茬集中放在麦田行间，作下一步观察子囊壳自然发育进度检查用。另 100 个残茬带回室内培养，测定基础菌量。

2）观察玉米秸秆堆带菌情况。在玉米秸秆堆表面和内部，分别均匀取 200 个秸秆，观察子囊壳在茎基的产生情况，并计算茎秆带菌率。随机取 100 个玉米秆，用修枝剪切下茎基第二节，使节处于中线，两端各长 4cm，将其带回室内培养。

3）保湿培养玉米残茬、残秆和稻桩。

A. 将稻茬或玉米的破残茬放在铺有多层湿滤纸的瓷盘中，表面向上，在 25℃条件下培养一周后检查。

B. 从玉米秆堆中取来的带节残秆，洗净后平放在瓷盘中（残秆间应有一定间距），注入清水，使残秆浸入水中 1/3～1/2 深度，在 25℃条件下培养一周后检查。

C. 计算产壳指数和茎秆带菌率。有完整节的玉米残秆，取节中线两侧各 1cm 宽（共 2cm 宽）的周长面积，计数其上产生的子囊壳数。无节的破残茬，按实有面积计数子囊壳。然后算出每个残茬每平方厘米面积上的平均子囊壳数，将单位面积上的产壳数分为几个级别，按计算病情指数的方法计算产壳指数。

水稻茬只计算稻茬产壳百分率。

五、作业

根据实验结果，撰写系统调查总结报告。

实验六　病害流行因素分析

一、基本原理

气象学上依据气候覆盖的范围大致可以分为大气候①、中尺度气候②和小气候③三类（表 18-5），在植物病害流行学中常用的是小气候（微气候），如作物冠层、叶片表面等微气候环境。影响植物病害流行的气象因子包括温度、湿度、降雨、露、光照、气流、风力、风向、叶片表面湿润时间等，除此之外，寄主的抗病性及种植面积、病原物的致

表 18-5 气候种类及其范围

（Ford and Milne，1981）

种类	范围
大气候①	50～1000km
中尺度气候②	100m～100km
小气候③	1mm～300m

病性及"人类干预"等也是影响病害流行的主要因素。其中，哪些是影响病害流行的主导因素？哪些是影响病害流行的次要因素？病害流行的主导因素因时因地而异，若寄主、病原物条件具备时，环境因素便成为主导因素，而当病原物存在且环境条件又利于发病时，寄主的抗病性便成为主导因素。主导因素常常是病害流行预测中的主要影响因子，对病害流行主要因子的分析可为病害的预测预报和防治工作提供科学理论依据（肖悦岩等，1998）。

以渭北旱塬苹果黑星病为例，说明病害流行因子分析的基本方法（胡小平等，2007）。

苹果黑星病是渭北旱塬苹果产区的一种新病害，目前其危害性呈逐年加重趋势，严重地威胁着优质苹果产业的发展。为此，我们开展了陕西省渭北旱塬苹果黑星病调查研究，以期了解影响渭北旱塬苹果黑星病流行的主要因子。

利用自动气象站采集了1997～2003年渭北旱塬代表县——陕西省旬邑县苹果园的温度、相对湿度、降水量等气象因子（表18-6），按照苹果黑星病流行程度分级标准（表18-7），调查记载了苹果黑星病流行程度，采用逐步回归法分析影响渭北旱塬苹果黑星病流行的影响因子（表18-8），结果表明，4月的降水量对病害流行的贡献最大（$R^2=0.8745$），是影响苹果黑星病在渭北旱塬流行程度的主要因子，因为它决定着子囊孢子的成熟、释放、传播、萌发和侵入等关键环节。前一年12月的平均相对湿度、7月的平均温度、1月的平均温度和8月的降水量对病害流行的贡献次之（R^2依次为0.1063、0.0174、0.0014和0.0003），是影响苹果黑星病在渭北旱塬流行程度的次要因素。

表 18-6 1997～2003年渭北旱塬逐月温度、相对湿度、降水量及苹果黑星病流行等级

因子	月份	年份						
		1997	1998	1999	2000	2001	2002	2003
温度 /℃	1	-4.6	-5.1	-3.2	-5.6	-4.1	-4.8	-3.7
	2	-1.4	0.5	0.2	-1.5	-0.3	-1.5	-1.0
	3	5.5	3.1	4.8	5.8	5.7	4.5	5.2
	4	10.5	13.6	11.6	11.1	12.5	10.4	9.8
	5	17.7	14.2	15.7	17.5	16.8	14.2	15.4
	6	21.2	20.1	19.4	19.9	19.9	21.3	19.8
	7	22.8	21.7	20.9	22.6	23.0	21.4	20.3
	8	22.2	19.9	21.2	19.6	20.1	19.2	18.1
	9	15.4	17.1	16.8	14.9	14.5	14.8	15.9
	10	9.4	9.9	9.4	8.4	9.9	12.5	8.7
	11	1.7	4.6	3.1	1.0	2.1	1.1	3.0
	12	-3.5	-0.4	-3.0	-1.3	-4.2	-4.4	-0.9
相对湿度 /%	1	55.5	59.0	41.4	69.2	61.3	58.3	57.5
	2	67.5	57.8	29.7	61.3	69.3	61.2	67.9

续表

因子	月份	年份						
		1997	1998	1999	2000	2001	2002	2003
相对湿度 /%	3	76.9	70.4	59.1	48.0	39.8	56.3	54.0
	4	68.8	65.5	61.4	45.0	66.2	53.8	62.4
	5	56.4	75.6	63.0	46.6	51.4	77.1	64.6
	6	46.3	71.6	71.3	68.2	61.8	64.2	59.1
	7	68.2	82.7	81.5	73.7	66.4	69.8	80.5
	8	67.0	87.6	70.3	83.3	77.9	78.5	90.7
	9	65.3	76.7	83.0	81.4	84.1	74.9	87.8
	10	61.1	77.7	77.6	88.9	84.5	57.8	60.1
	11	69.1	58.6	68.9	79.6	71.3	70.3	68.6
	12	70.0	51.2	50.2	64.5	69.2	52.3	66.4
降水量 /mm	1	1.0	0.7	0.0	1.6	2.0	1.2	0.0
	2	1.9	0.0	0.0	0.9	1.5	0.4	0.2
	3	1.6	2.6	2.1	0.5	0.1	0.8	0.2
	4	7.4	7.2	5.7	2.4	4.0	1.2	2.4
	5	2.4	11.9	8.6	1.6	2.3	35.4	30.8
	6	0.6	6.0	5.5	7.3	5.8	11.4	30.8
	7	7.0	17.5	10.4	11.8	14.1	8.6	124.0
	8	6.0	11.5	8.1	9.7	4.1	77.8	171.8
	9	8.9	3.6	16.4	9.4	18.5	121.8	49.2
	10	1.8	4.2	11.2	10.5	3.1	9.4	11.5
	11	4.0	0.0	2.1	3.0	0.7	0.5	0.7
	12	0.1	0.2	0.4	0.5	1.2	0.8	0.2
流行等级		4	5	4	1	2	1	1

表 18-7　苹果黑星病流行程度分级标准

流行等级	病叶率 / %	发生程度
0	0	不发生
1	<5，叶片不脱落	轻度发生
2	5~20，叶片不脱落	中度偏轻发生
3	20~50，叶片脱落	中度发生
4	50~80，叶片严重脱落	中度偏重发生
5	>80，叶片几乎全部脱落	大发生

表 18-8 变量进入最优子集的顺序及检验结果

变量	进入顺序	R^2 的贡献	总 R^2 的变化	F 值	概率值
$Rain_4$	1	0.874 5	0.874 5	34.84	0.002 0
RH_{12}	2	0.106 3	0.980 8	22.20	0.009 2
T_7	3	0.017 4	0.998 2	29.76	0.012 1
T_1	4	0.001 4	0.999 7	8.64	0.098 8
$Rain_8$	5	0.000 3	1.000 0	12 417.20	0.005 7

附数据分析的 SAS 程序：

```
DM"log;clear;output;clear;";/* 清除 Log 和 Output 窗口 */
Data new;
Infile"c:\sasprg\weibei.txt";/* 读取外部数据 */
Input year$ T1-T12 RH1-RH12 Rain1-Rain12 y;
Proc reg;
Model y=T1-T12 RH1-RH12 Rain1-Rain12/selection=stepwise SLE=0.15
SLS=0.15;
RUN;
```

数据在 weibei.txt 文件中，存放格式为：

```
1997 -4.6  -1.4 5.5 10.5 17.7 21.2 22.8 22.2 15.4 9.4 1.7 -3.5
55.5 67.5 76.9 68.8 56.4 46.3 68.2 67.0 65.3 61.1 69.1 70.0 1.0
1.9 1.6 7.4 2.4 0.6 7.0 6.0 8.9 1.8 4.0 0.1 4
1998 -5.1 0.5 3.1 13.6 14.2 20.1 21.7 19.9 17.1 9.9 4.6 -0.4 59.0
57.8 70.4 65.5 75.6 71.6 82.7 87.6 76.7 77.7 58.6 51.2 0.7 0.0
2.6 7.2 11.9 6.0 17.5 11.5 3.6 4.2 0.0 0.2 5
1999 -3.2 0.2 4.8 11.6 15.7 19.4 20.9 21.2 16.8 9.4 3.1 -3.0 41.4
29.7 59.1 61.4 63.0 71.3 81.5 70.3 83.0 77.6 68.9 50.2 0.0 0.0
2.1 5.7 8.6 5.5 10.4 8.1 16.4 11.2 2.1 0.4 4
2000 -5.6 -1.5 5.8 11.1 17.5 19.9 22.6 19.6 14.9 8.4 1.0 -1.3
69.2 61.3 48.0 45.0 46.6 68.2 73.7 83.3 81.4 88.9 79.6 64.5 1.6
0.9 0.5 2.4 1.6 7.3 11.8 9.7 9.4 10.5 3.0 0.5 1
2001 -4.1 -0.3 5.7 12.5 16.8 19.9 23.0 20.1 14.5 9.9 2.1 -4.2
61.3 69.3 39.8 66.2 51.4 61.8 66.4 77.9 84.1 84.5 71.3 69.2 2.0
1.5 0.1 4.0 2.3 5.8 14.1 4.1 18.5 3.1 0.7 1.2 2
2002 -4.8 -1.5 4.5 10.4 14.2 21.3 21.4 19.2 14.8 12.5 1.1 -4.4
58.3 61.2 56.3 53.8 77.1 64.2 69.8 78.5 74.9 57.8 70.3 52.3 1.2
0.4 0.8 1.2 35.4 11.4 8.6 77.8 121.8 9.4 0.5 0.8 1
2003 -3.7 -1.0 5.2 9.8 15.4 19.8 20.3 18.1 15.9 8.7 3.0 -0.9 57.5
67.9 54.0 62.4 64.6 59.1 80.5 90.7 87.8 60.1 68.6 66.4 0.0 0.2
```

0.2 2.4 30.8 30.8 124.0 171.8 49.2 11.5 0.7 0.2 1

二、实验目的

学习病害流行因素分析的基本方法，掌握影响病害的主要因素和次要因素。有条件的学校可安排微环境相关参数的动态测定实验（如测定植物叶片表面湿润时间长短、土壤温度、土壤含水量等），提高对病害流行因素分析的准确性。

三、材料与用具

1997～2003 年渭北旱塬代表县——陕西省旬邑县苹果园的温度、相对湿度、降水量、苹果黑星病发生程度等数据。计算机、SAS（Statistic Analysis System）、Excel 等。

四、方法和步骤

1）利用自动气象站（Australia）采集相关的温度、相对湿度、降水量等气象因子，收集整理病害发生程度资料。

2）采用主成分分析法、聚类分析法、逐步回归分析法，结合专业知识确定影响该病害流行的主要因素。

五、作业

依据渭北旱塬相关气象资料、苹果黑星病发生特点，分析影响渭北旱塬苹果黑星病流行的主要因素。

实验七　植物病害增长模型的建立

一、基本原理

早在 1963 年，Vanderplank 就提出采用指数增长模型、单分子模型和逻辑斯蒂模型来描述病害的发展过程，至今已有 50 多年的历史了。植物病害增长模型是定量描述病害发展过程的数学模型，它强调的是建立病害群体动态数学模型和确定其中的速率参数的重要意义，以加深对病害发生规律的认识（肖悦岩等，1998）。

1. 建立植物病害增长模型的基本步骤

1）整理数据。

2）在二维坐标系中作散点图，确定线性关系。

3）依据散点图的形状选择合适的曲线方程。

4）将曲线方程线性化。将选定的曲线方程作线性转化。

5）按解直线回归方程的方法计算其参数。

6）将参数带回原方程。

2. 以小麦条锈病为例说明病害增长模型的建立过程

根据 1990 年陕西杨凌的观察资料（表 18-9），拟合小麦条锈病发展过程的时间动态曲线。

表 18-9　小麦条锈病随时间的发展变化

日期 （月 / 日）	4/1	4/6	4/13	4/18	4/25	5/1	5/7	5/13	5/21	5/27
时序	1	6	13	18	25	31	37	43	51	57
病叶率	0.000 43	0.004 9	0.008 7	0.016	0.051	0.117	0.217	0.415	0.765	0.80

　　1）将小麦条锈病调查日期转换为时序数值，以时序值为自变量、病叶率为依变量绘制散点图（图 18-3）。

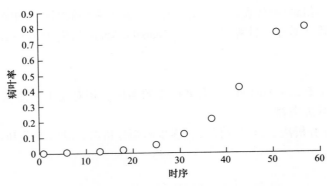

图 18-3　小麦条锈病随时间变化的散点图

　　2）选择合适的曲线方程。

依据散点图，我们可以选择以下几种方程：

A．直线方程：$y=A+Bx$

B．单分子模型：$y=1-Be^{-r_m t}$

C．Gompertz model：$y=e^{-Be^{-r_g t}}$

D．逻辑斯蒂模型：$y=\dfrac{1}{1+Be^{-r_L t}}$

　　3）曲线方程线性化。

A．直线方程：$y=A+Bx$

B．单分子模型：$\ln\left(\dfrac{1}{1-y}\right)=\ln B+r_m t$

C．Gompertz model：$-\ln[-\ln y]=-\ln[-\ln B]+r_g t$

D．逻辑斯蒂模型：$\ln\dfrac{y}{1-y}=\ln B+r_L t$

　　4）求解参数。

这里给出 SAS（Statistical Analysis System）分析的程序：

```
DM"Log;Clear;Output;Clear;";
Data new;
Input X  Y@@;
L=log(Y/(1-Y));
M=log(1/(1-Y));
```

```
G=log(1/log(1/Y));
Cards;
1  0.00043  6  0.0049  13  0.0087  18  0.016  25  0.051  31  0.117  37
0.217  43  0.415  51  0.765  57  0.80
Proc reg;
Model Y L M G=X;
Run;
```

该 SAS 程序运行结果如下。

直线方程：$Y=-0.1829+0.01511X$，$R^2=0.8181$

单分子模型：$Y=-0.3759+0.02970X$　$R^2=0.7318$

Gompertz model：$Y=-2.3833+0.06349X$　$R^2=0.9372$

逻辑斯蒂模型：$Y=-6.9333+0.1545X$　$R^2=0.9771$

依据参数对应关系，分别计算各个模型的参数如下。

A. 直线方程：$A=-0.1829$　$B=0.01511$

B. 单分子模型：$\ln B=-0.3759$，$B=\mathrm{e}^{-0.3759}=0.6867$，$r_m=0.02970$

C. Gompertz model：$-\ln(-\ln(B))=-2.3833$，$B=\mathrm{e}^{-\mathrm{e}^{2.3833}}=1.9588\times10^{-5}$，$r_g=0.06349$

D. 逻辑斯蒂模型：$\ln B=-6.9333$，$B=\mathrm{e}^{-6.9333}=9.7478\times10^{-5}$，$r_L=0.1545$

依据决定系数（R^2）的大小，可以看出逻辑斯蒂模型的决定系数为 0.9771，是 4 种模型中能很好地描述杨凌地区小麦条锈病发生变化的动态过程。

5）将参数带回原方程。

$$y=\frac{1}{1+0.000\,097\,478\mathrm{e}^{-0.1545t}}$$

对该方程各个参数的估计值的 t 测验结果见表 18-10。

表 18-10　参数估计值的 t 测验

变量	自由度	参数估计	标准误	t 值	Prob＞$|T|$
Intercep	1	−6.933 3	0.279 4	−24.818	0.000 1
X	1	0.154 5	0.008 354	18.489	0.000 1

二、实验目的

1）学习病害的系统调查方法。

2）掌握病害时间动态模型的建立过程。

三、材料与用具

计算机、SAS（Statistic Analysis System）、Excel 等。

四、方法和步骤

1）确定某一病害作为调查对象，依据其发生特点，制订具体的调查方案。

2）系统调查记载病害发生情况（病株率、病叶率等）。

3）按照时序绘制病害发生发展变化的散点图，依据散点图的形状选择合适的曲线方程。

4）将曲线方程线性化。将选定的曲线方程进行线性转化。

5）按解直线回归方程的方法计算其参数，并将参数带回原方程。

五、作业

依据病害发生情况的调查结果，绘制其发展过程的时间动态曲线，建立病害发生发展过程的时间动态模型。

实验八　植物病害预测模型的建立

一、基本原理

病害预测是依据流行学原理和方法估计病害发生的时期、数量、造成的损失，指导病害的综合治理，在有害生物综合治理中占有重要的地位。依据预测内容和预报量的不同可分为流行程度预测、发生期预测和损失预测等。其中，流行程度预测是最常见的预测种类，其结果可用发病率、严重度、病情指数、发病面积等进行定量的表达，也可以用大流行、中度流行、轻度流行、不流行等流行级别进行定性的表达。按照预测的时限可分为长期预测（一个季度以上）、中期预测（一个月至一个季度）和短期预测（一个月以内）。按照模型的种类分为经验模型（empirical model）和机理模型（mechanistic model）。经验模型是把病害看作一个整体，以流行程度或损失程度等为依变量，以品种、栽培、气象等因素为自变量，来建立模型进行预测。机理模型又称整体模型（holistic model），是把病害发展的整个过程分解为若干个子过程（如以流行过程为例，可分成侵染、潜育、产孢、传播等），建立各子过程中各有关因素和病害进展关系的子模型，再按生物学的逻辑把各子模型综合成病害预测模型。机理模型又称系统分析模型（system analytic model）或系统模拟模型（system simulation model），简称系统模型或模拟模型。

1. 预测研究的一般步骤

1）明确预测主题：根据当地病害发生情况和防治工作的需要，结合有关病害知识，确定预测的对象、范围、期限和精确度等。

2）收集资料：依据预测主题，大量收集有关的研究成果、先进的观念、数据资料、预测方法等。针对具体的生态环境和特定病害的发生特点，还需进行必要的实际调查或者试验，以补充必要的信息资料。

3）选择预测方法，建立预测模型：根据具体病害的特点和现有资料，选择一种或者几种预测方法，建立相应的数学模型或其他预测模型。

4）预测和检验：运用建立的模型进行预测，并根据实际情况检验预测结论的准确度，评价各模型的优劣。

5）应用：在生产中进一步检验预测模型并不断改进。

2. 预测模型建立实例

（1）经验模型　　以我国陕西省汉中地区小麦条锈病预测模型的建立为例，介绍如下。

1）数据收集：秋季菌量（12月每 $667m^2$ 病叶数）（X_1）、春季菌量（3月下旬每

667m² 病叶数）（X_2）、感病品种面积比例（X_{15}）和成株期病害流行程度（Y）由汉中地区病虫测报站提供。小麦条锈病的流行程度分级标准是：病害发生的平均严重度<5% 为 1级，5%～10% 为 2级，10.1%～20% 为 3级，20.1%～40% 为 4级，>40% 为 5级。

1月平均温度（X_3）、2月平均温度（X_4）、3月平均温度（X_5）、4月平均温度（X_6）、11月平均温度（X_7）、12月平均温度（X_8）、1月降雨量（X_9）、2月降雨量（X_{10}）、3月降雨量（X_{11}）、4月降雨量（X_{12}）、11月降雨量（X_{13}）和12月降雨量（X_{14}）由汉中地区气象站提供（表 18-11）。其中秋季菌量、11月和12月数据均指上 1 年的资料。

表 18-11　1974～1997 年汉中地区气象及小麦条锈病病情资料

年份	X_1	X_2	X_3	X_4	X_5	X_6	X_7	X_8	X_9	X_{10}	X_{11}	X_{12}	X_{13}	X_{14}	X_{15}	严重度
1974	0.70	1.80	2.09	3.25	8.32	17.17	9.58	4.07	13.60	2.80	37.50	12.20	8.80	3.60	40	1
1975	2.80	18.70	3.34	6.28	10.56	14.44	9.48	3.30	4.10	3.90	11.20	82.50	21.40	8.60	40	4
1976	0.05	0.80	2.05	5.18	8.06	14.03	7.79	1.83	0.10	39.40	17.60	83.50	15.90	6.70	50	1
1977	1.89	15.50	0.67	4.53	10.50	15.93	6.00	3.00	9.50	0.00	58.20	96.10	36.60	11.10	70	4
1978	0.01	2.50	1.47	4.70	9.50	16.03	8.51	4.96	1.00	1.80	98.40	13.50	29.30	16.60	70	1
1979	6.17	35.50	3.07	6.57	9.30	14.40	9.97	3.90	13.30	25.20	20.40	43.00	17.10	2.40	80	4
1980	1.90	68.00	2.30	3.83	7.80	15.53	7.40	6.07	15.00	1.90	26.70	40.00	34.20	4.20	80	5
1981	16.86	15.30	1.47	4.87	11.03	14.94	10.33	4.47	11.40	5.20	51.40	26.60	83.10	0.00	30	5
1982	0.00	2.17	2.83	4.87	9.07	14.03	8.53	2.60	3.60	9.60	14.30	81.50	7.60	4.50	20	2
1983	7.40	4.20	1.57	4.63	9.67	14.00	8.90	1.93	4.30	10.90	34.70	60.40	44.50	7.80	7	2
1984	0.89	1.82	1.13	3.27	7.17	14.80	10.20	4.27	8.70	2.70	21.50	31.40	33.50	1.70	5	1
1985	0.93	0.42	2.60	4.80	8.43	15.33	9.17	2.81	7.40	7.60	18.20	58.80	14.10	15.10	5	1
1986	0.10	0.50	2.50	4.67	9.47	15.70	8.23	2.77	4.50	8.60	30.40	48.30	14.00	8.60	5	1
1987	0.06	2.64	3.33	6.20	6.30	14.07	7.60	4.17	2.20	5.90	20.50	78.93	26.60	2.30	4	1
1988	0.00	1.60	3.27	3.53	9.03	14.87	8.97	3.10	0.90	8.40	56.10	29.50	33.00	0.00	4	1
1989	0.02	2.20	3.33	4.80	10.13	14.70	8.93	4.17	29.60	30.70	20.50	127.60	19.60	17.00	4	1
1990	0.02	0.30	2.90	3.90	6.06	14.23	7.90	4.00	13.50	24.90	39.40	76.50	44.50	32.40	4	1
1991	2.13	28.20	1.62	5.92	4.73	14.28	10.59	3.37	6.00	3.90	59.60	37.00	39.40	2.90	15	2
1992	0.00	0.00	1.16	2.84	4.73	17.04	7.74	3.42	3.50	0.00	52.20	26.70	30.60	20.10	5	1
1993	0.00	0.00	3.02	5.81	8.82	16.21	7.23	3.82	21.60	26.30	34.00	17.60	14.10	11.20	5	1
1994	0.00	0.98	1.71	5.25	8.37	15.13	7.94	0.00	11.00	11.40	12.10	43.30	31.60	2.80	5	1
1995	0.00	1.40	1.99	5.97	9.52	14.53	10.27	2.89	8.30	9.90	9.70	33.60	137.80	23.30	10	1
1996	2.20	72.00	2.19	4.27	7.00	12.09	9.18	3.80	7.50	2.60	24.40	35.00	4.20	7.10	30	3
1997	1.00	2.70	2.27	5.67	10.88	15.05	8.39	0.00	2.4	32.8	41.3	43.4	34.10	0.00	40	2

2）因子筛选：对 1974～1993 年的资料进行逐步回归分析，变量进入模型和从模型中剔除的显著水平均设为 0.05，采用 Mallows 提出的 $C(p)$ 统计法求最优回归子集。表 18-12 给出了各因子进入最优子集的先后顺序及其对 R^2 的贡献、总 R^2 的变化、$C(p)$

值的变化、引进每个因子的 F 值及检验概率。其中 $C(p)$ 值最小模型的变量就是所要选的最优子集。结果表明，影响汉中地区小麦条锈病流行程度的因子包括春季菌量（X_2）、秋季菌量（X_1）、感病品种面积比例（X_{15}）、4 月降雨量（X_{12}）和 4 月平均温度（X_6）。从表 18-12 可以看出春季菌量（X_2）对 R^2 的贡献最大，说明春季菌量对汉中地区小麦条锈病的流行程度影响最大。这与汉中地区小麦条锈病的流行程度的历史资料基本相符，如汉中地区在 1975 年、1977 年、1979 年、1980 年和 1981 年小麦条锈病大流行，其春季菌量依次为 18.70、15.50、35.50、68.00 和 15.30（每 667m² 病叶数），显著高于非流行年份的平均值 3.01（每 667m² 病叶数）。秋季菌量（X_1）对 R^2 的贡献次之，以上 5 个大流行年的秋季菌量依次为 2.80、1.89、6.17、1.90 和 16.86（每 667m² 病叶数），显著高于非流行年份的平均值 0.74（每 667m² 病叶数）。感病品种面积比例（X_{15}）对 R^2 的贡献为 0.0839，同样，5 个大流行年份对应的感病品种面积比例依次为 40%、70%、80%、80% 和 30%，均高于非流行年份的平均值 17%。4 月降雨量（X_{12}）和 4 月平均温度（X_6）对 R^2 的贡献依次为 0.0353 和 0.0268，这与小麦条锈菌的喜低温特性相符，历史资料证明，凡 4 月降雨量偏多、4 月平均温度偏低的年份小麦条锈病均发病重。

表 18-12　变量进入最优子集的顺序及检验结果

变量	变量进入顺序	对 R^2 的贡献	总 R^2 的变化	$C(P)$ 值	F 值	概率值
X_2	1	0.4868	0.4868	48.4213	20.8693	0.0002
X_1	2	0.2587	0.7456	15.9232	21.3559	0.0001
X_{15}	3	0.0839	0.8295	6.7355	9.8416	0.0052
X_{12}	4	0.0353	0.8648	4.0285	4.9607	0.0382
X_6	5	0.0268	0.8916	2.4572	4.4464	0.0492

3）预测模型的建立与检验：以春季菌量（X_2）、秋季菌量（X_1）、感病品种面积比例（X_{15}）、4 月降雨量（X_{12}）和 4 月平均温度（X_6）为自变量，以小麦条锈病流行程度（Y）为因变量，用前 20 年（1974～1993）的资料进行多元线性回归，建立预测模型，方程参数拟合结果见表 18-13，方程的方差分析结果见表 18-14。得到的多元线性方程为

$$Y = -4.699158 + 0.199445X_1 + 0.052963X_2 + 0.314299X_6 + 0.014257X_{12} + 0.008677X_{15}$$
$$R^2 = 0.8916,\ X_1 \in [0,\ 16.86],\ X_2 \in [0,\ 72],\ X_6 \in [12.09,\ 17.17],$$
$$X_{12} \in [12.20,\ 127.60],\ X_{15} \in [4,\ 80]$$

表 18-13　汉中地区小麦条锈病预测方程参数估计

变量	参数估计	标准误差	T 值	概率值
INTERCEP	-4.699 158	2.656 366	-1.769	0.098 7
X_1	0.199 445	0.031 574	6.317	0.000 1
X_2	0.052 963	0.010 458	5.065	0.000 2
X_6	0.314 299	0.164 674	1.909	0.077 0
X_{12}	0.014 257	0.004 723	3.019	0.009 2
X_{15}	0.008 677	0.005 798	1.496	0.156 7

表 18-14 汉中地区小麦条锈病预测方程的方差分析表

变异来源	自由度	平方和	均方	F 值	概率值
模型	5	38.2231	7.6446	28.337	0.0001
错误	14	3.7769	0.2698		
总计	19	42.0000			

建立的多元线性回归方程的决定系数是 0.8916，概率是 0.0001。对 1974~1993 年的回测结果及其与实测值的残差如表 18-15 所示，残差之和为 -1.5876×10^{-14}，残差平方和为 3.7769，预测残差平方为 7.9022，回测值的历史符合率为 85%。

表 18-15 汉中地区小麦条锈病预测方程的回测值及残差

年份	实测值	回测值	标准误差	回测值的95%下限值	回测值的95%上限值	残差
1974	1.0000	1.4533	0.289	0.1785	2.7281	0.4533
1975	4.0000	2.9114	0.177	1.7342	4.0887	1.0886
1976	1.0000	1.3871	0.318	0.0811	2.6931	-0.3871
1977	4.0000	3.4830	0.351	2.1382	4.8277	0.5170
1978	1.0000	1.2733	0.360	-0.0823	2.6289	-0.2733
1979	4.0000	4.2447	0.284	2.9751	5.5143	-0.2447
1980	5.0000	5.1124	0.445	3.6461	6.5788	-0.1124
1981	5.0000	4.9315	0.465	3.4359	6.4272	0.0685
1982	2.0000	1.4437	0.168	0.2729	2.6145	0.5563
1983	2.0000	2.3212	0.261	1.0748	3.5676	-0.3212
1984	1.0000	0.7174	0.211	-0.4854	1.9202	0.2826
1985	1.0000	1.2084	0.156	0.0453	2.3716	-0.2084
1986	1.0000	1.0137	0.173	-0.1605	2.1880	-0.0137
1987	1.0000	1.0348	0.208	-0.1650	2.2346	-0.0348
1988	1.0000	0.5145	0.222	-0.6970	1.7260	0.4855
1989	1.0000	1.8954	0.340	0.5637	3.2271	-0.8954
1990	1.0000	0.9185	0.199	-0.2742	2.1112	0.0815
1991	2.0000	2.3650	0.264	1.1153	3.6148	-0.3650
1992	1.0000	1.0805	0.300	-0.2061	2.3672	-0.0805
1993	1.0000	0.6899	0.228	-0.5269	1.9068	0.3101

用已建立的多元线性回归方程对汉中地区 1994~1997 年小麦条锈病的流行程度进行预测，结果依次为 0.7688、0.5076、3.1121、1.3393，预测的准确率为 75%，预测结果符合率较高，有一定的实用价值。

对汉中地区小麦条锈病 24 年历史资料的分析表明，春季菌量、秋季菌量、感病品种面积比例、4 月降雨量和 4 月平均温度是影响汉中地区小麦条锈病流行程度的主要因子，为汉中地区小麦条锈病的预测预报提供了理论依据。建立的预测模型预测效果较好，但该模型仅从菌源、气象因素及感病品种面积比例等方面进行了初步探讨，没有考虑其他因素如小麦品种的抗病性和病原菌的致病性等因素在预测中的作用。

附：因子筛选的 SAS 程序如下。

```
DM"log; clear; output; clear;"; /* 清除 Log 和 Output 窗口 */
Data new;
Infile"c:\sasprg\hanzong.txt"; /* 读取外部数据 */
Input year$ x1-x15 y;
Proc reg;
Model y=x1-x15/selection=stepwise SLE=0.15 SLS=0.15;
RUN;
```

数据在 hanzhong.txt 文件中大存放格式如下。

```
1974 0.70 1.80 2.09 3.25 8.32 17.17 9.58 4.07 13.60 2.80 37.50
12.20 8.80 3.60 40 1
1975 2.80 18.70 3.34 6.28 10.56 14.44 9.48 3.30 4.10 3.90 11.20
82.50 21.40 8.60 40 4
1976 0.05 0.80 2.05 5.18 8.06 14.03 7.79 1.83 0.10 39.40 17.60
83.50 15.90 6.70 50 1
1977 1.89 15.50 0.67 4.53 10.50 15.93 6.00 3.00 9.50 0.00 58.20
96.10 36.60 11.10 70 4
1978 0.01 2.50 1.47 4.70 9.50 16.03 8.51 4.96 1.00 1.80 98.40
13.50 29.30 16.60 70 1
1979 6.17 35.50 3.07 6.57 9.30 14.40 9.97 3.90 13.30 25.20 20.40
43.00 17.10 2.40 80 4
1980 1.90 68.00 2.30 3.83 7.80 15.53 7.40 6.07 15.00 1.90 26.70
40.00 34.20 4.20 80 5
1981 16.86 15.30 1.47 4.87 11.03 14.93 10.33 4.47 11.40 5.20
51.40 26.60 83.10 0.00 30 5
1982 0.00 2.17 2.83 4.87 9.07 14.03 8.53 2.60 3.60 9.60 14.30
81.50 7.60 4.50 20 2
1983 7.40 4.20 1.57 4.63 9.67 14.00 8.90 1.93 4.30 10.90 34.70
60.40 44.50 7.80 7 2
1984 0.89 1.82 1.13 3.27 7.17 14.80 10.20 4.27 8.70 2.70 21.50
31.40 33.50 1.70 5 1
1985 0.93 0.42 2.60 4.80 8.43 15.33 9.17 2.81 7.40 7.60 18.20
58.80 14.10 15.10 5 1
1986 0.10 0.50 2.50 4.67 9.47 15.70 8.23 2.77 4.50 8.60 30.40
48.30 14.00 8.60 5 1
1987 0.06 2.64 3.33 6.20 6.30 14.07 7.60 4.17 2.20 5.90 20.50
78.93 26.60 2.30 4 1
```

1988 0.00 1.60 3.27 3.53 9.03 14.87 8.97 3.10 0.90 8.40 56.10 29.50 33.00 0.00 4 1

1989 0.02 2.20 3.33 4.80 10.13 14.70 8.93 4.17 29.60 30.70 20.50 127.60 19.60 17.00 4 1

1990 0.02 0.30 2.90 3.90 6.06 14.23 7.90 4.00 13.50 24.10 39.40 76.50 44.50 32.40 4 1

1991 2.13 28.20 1.62 5.92 4.73 14.28 10.59 3.37 6.00 3.90 59.60 37.00 39.40 2.90 15 2

1992 0.00 0.00 1.16 2.84 4.73 17.04 7.74 3.42 3.50 0.00 52.20 26.70 30.60 20.10 5 1

1993 0.00 0.00 3.02 5.81 8.82 16.21 7.23 3.82 21.60 26.30 34.00 17.60 14.10 11.20 5 1

1994 0.00 0.98 1.71 5.25 8.37 15.13 7.94 0.00 11.00 11.40 12.10 43.30 31.60 2.80 5 1

1995 0.00 1.40 1.99 5.97 9.52 14.53 10.27 2.89 8.30 9.90 9.70 33.60 137.80 23.30 10 1

1996 2.20 72.00 2.19 4.27 7.00 12.09 9.18 3.80 7.50 2.60 24.40 35.00 4.20 7.10 30 3

1997 1.00 2.70 2.27 5.67 10.88 15.05 8.39 0.00 2.4 32.8 41.3 43.4 34.10 0.00 40 2

（2）机理模型　　最早的病害流行模拟实例是 Waggoner 和 Horsfall（1969）建立的番茄早疫病（*Alternaria solani*）流行模拟模型 EPIDEM。随后，Kranz（1974）和 Zadoks（1979）详细阐述了病害流行的建模方法。在此期间，植物病害流行模拟模型的基本理论与方法已大体成型。到目前位置，欧美已研制了近百种病害的模拟模型。我国系统模型的研制始于 1981 年曾士迈等发表的小麦条锈病春季流行动态模拟模型 TXLX，也已经发表了 30 多个病害流行预测或决策模型，涉及小麦条锈病、小麦秆锈病、小麦白粉病、小麦赤霉病、稻瘟病、稻纹枯病、玉米大斑病、花生锈病、花生霜霉病、苹果黑星病、梨黑星病等。

中国农业大学曾士迈、肖悦岩等已针对小麦条锈病组建了时间动态模拟模型（TXLX、SIMYR、SRESM-1）、空间动态模拟模型（XRZD-1、XRZD-2）以及损失估计和病害（虫害）管理模型。这里仅以肖悦岩等（1983）组建的小麦条锈病春季流行模拟模型为例进行简要介绍。

1）系统的结构框图：小麦条锈病为典型的气传叶部病害，叶片即基本计量单位。而从病理学角度分析，叶片可能顺序出现 4 种状态，即健叶、潜育病叶、传染病叶、报废病叶。每一种状态都有明确的概念和可以通过测量获得一定的数值（状态变量）。在它们之间分别有日传染率、显症率和报废率等速率变量控制状态之间的转化速度。上述 4 种状态和 3 个速率变量即构成小麦条锈病流行的骨架模型，显示了物质或能量的流程。再加上一些表示主要的影响因素的初始菌量（由于它是病害流行系统运动起来的变量因此称为启动变量）、气象因素（只与外部环境有关，为驱动变量）、植物抗病性（辅助变量）的作用，则构成一个初级模型。该系统的反馈是以传染病叶上病斑扩展和产孢面积的增加，从而影响日传染率（增大），这是正反馈；而病叶增加的反面就是可供侵染的健康叶片的减少，会降低日传染率，这是负反馈。如此组成的病害流行系统的结构框图（图18-4）可以显示建模的基本思路。由此可以明确，建模需要的数据是哪些，系统动态的主要速率参数是哪些，需要建立哪些数学模型，以及影响因素是什么。

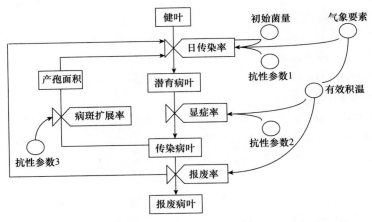

图 18-4　小麦条锈病流行系统的结构框图（仿肖悦岩等，1983）

2）主要过程的描述公式与参数推求：模型中各种状态之间的量变关系均需要用数学公式表达，其形式和参数值要根据监测到的数据来确定。如果仅考虑两种状态之间或单因素简单关系，可以先在直角坐标系上制作点图，然后拟合出能较好地描述这些点的分布规律的曲线公式。拟合曲线包括选择适当类型的公式和参数推求，常用的方法是最小二乘法。如果是多因素或复因素问题就很难作图，可以根据经验和一般知识，将原始数据进行一些转换，然后用多元回归或逐步回归法建立多元方程式。

A. 日传染率：日传染率（R）是指一张病叶在一定的气象条件影响下每天可以成功地传染而引致的新病叶数。

$$R = \frac{\sum\limits_{i=n}^{m} \mathrm{CBYZ}_i}{\mathrm{BYZ}}$$

式中，BYZ 为侵入当时的（亲代）病叶数；CBYZ_i 为第 i 天出现的子代病叶数；n 为显症始期；m 为显症终期。

已知小麦条锈病日传染率主要受侵入（或传染）日风速、夜间露时、露温、雨量的影响。所以在田间设置若干方形试验小区，分区分期移入发病麦苗，当这些病苗在田间传播一天后，及时掩埋，同时监测上述环境因素。也采用加盖塑料布保湿的办法弥补自然结露不够和增加露时变化幅度。接种后逐日检查每小区发病叶片数，其总数与接种病叶数之比即为日传染率。从试验中共获得 139 组可靠数据，通过逐步回归建立用侵入日当时的露时、露温、风速、雨量为自变量预测日传染率（R）的回归式如下。

$\ln(R) = -0.07988\mathrm{DPi} + 0.09983\mathrm{RAi} + 0.6276\ln\mathrm{WIi} + 0.7448\mathrm{DPi}^{1/2} + 0.06967\mathrm{DTi}' \cdot \mathrm{DPi} + 0.8616$
（复相关系数 RL=0.8216，偏差平方和 SY=0.5828）

式中，DPi 为露时（h）；DTi 为露温（℃）；WIi 为风速（m/s）；RAi 为降雨量；DTi′ 为生

长的温度当量（相对生长量）。

　　B. 潜育期和显症率的预测：潜育期是指从病原体侵入植物寄主到寄主发病所经过的时间（林传光，1981）。上述定义用于小麦条锈病时，"发病"可以理解为出现褪绿斑、夏孢子堆但尚未破裂和孢子堆已经破裂三种情况。由于对病害流行来说，重要的是子代传播体出现的早晚，因此把潜育期规定为：从病原物侵入寄主植物到新病叶上有孢子堆破裂所经过的时间。这就是一种为建模而给出的操作定义。在流行学研究中，群体的潜育期具体表现为同时接种的若干张叶片将在以后陆续发病产孢，所能观察到的是显症随时间而变的频数分布。显症率的分布函数更精确地代表了潜育期。为了建立描述显症率随时间而变的函数式，在田间分批采用喷雾（孢子悬浮液）接种法，每次接种一定行段的麦苗（约 1000 张叶片），逐日检查并记录发病叶片数。根据 14 批可靠数据制成的点图（图 18-5A），发现其规律性并不明显。对于以上原始数据进行如下处理：①将显症率变成累积显症率（图 18-5B）；②将潜育天数变成累积有效积温（图 18-5C），此时对应点的分布就比较有规律了。在经过一系列转换后建立了显症率与有效积温的关系式（图 18-5D）。

$$PP_i = \frac{1}{1 + 3.8216 \times 10^{12} e^{0.2126 TT_i}}$$

式中，PP_i 为第 i 天的累积显症率；TT_i 为侵入到第 i 天的累积有效积温。

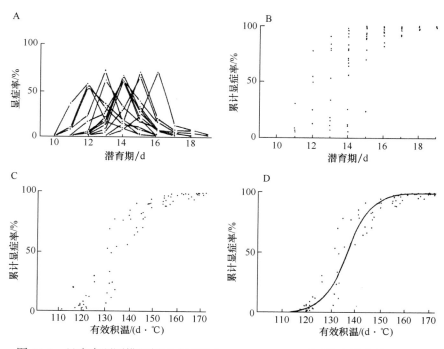

图 18-5　显症率预测模型与形成过程（A → B → C → D）（仿肖悦岩等，1983）

　　C. 病斑扩展速率和传染期：这里，采用了最简单的计算平均值的办法，即大量地挂牌定点调查病斑每天增长面积，分阶段计算平均值。在此基础上确定病斑面积日增长量为：流行期前 30 天（4 月）$A=0.1656$，最后 15d（5 月后半月）$A=0.059$，中间半个月 $A=0.11$；病斑传染期为 16d，前 10 天里逐日增大，后 6 天里逐日缩小，直至不再产孢。

3）总体模型的组装：以日传染率、潜育期和显症率、病斑扩展为主要部件（子程序），加上推算有效积温、寄主生长量及生成曲线等部件（子程序），用 FORTRAN- Ⅳ语言编成一个电子计算机模拟模型 SIMYR，主程序框图见图 18-6。本模型的解题间距为 24h，在小麦条锈病流行的 60d 里按日逐一计算主要参量，列出每天的日传染率（Ri）、

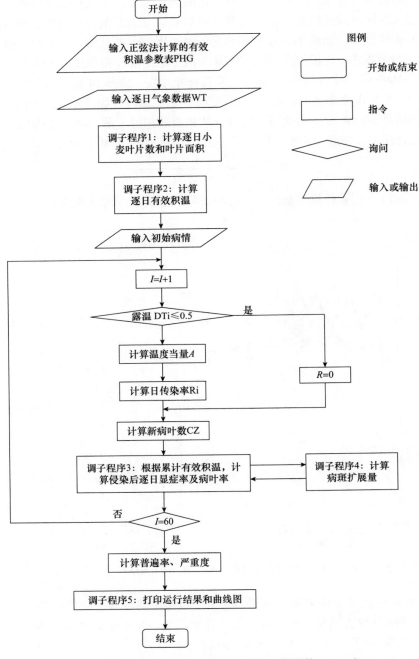

图 18-6　SIMYR 主程序框图（引自肖悦岩等，1983）

病叶数（BYZii）、病叶产孢面积（BYSi）、普遍率（BPi）、严重度（BYi）。同时，将普遍率和严重度做 Loyistic 转换，即印出流行线图。

4）模型的检验与应用：用未参加组建本模型的田间调查数据检验模型的可靠性，认为模型结构基本合理。目前常用的检验方法大体有两类：一类是主观判断检验法（subjective validation），另一类是统计学检验（statistical validation）。Snedecor 和 Cochran（1967）、Teng（1978）认为，统计学检验比主观判断检验更客观些。常用的统计学检验是回归参数检验。即将实测值与模拟值置于同一直角坐标系上，依此得到相应的 $Y=a+bx$ 相关线性（回归方程），其参数 a 为回归截距应等于零（$a=0$），参数 b 为回归斜率应等于 1（$b=1$），Y 是模型输出，X 是实际值。若参数 a 值越接近于 0，b 值越接近 1，则说明模型的可靠性越好。通过 t 测验 $a=0$、$b=1$ 的假设能否成立。

在计算机上用本模型进行了不同品种、不同年份（不同气象条件）、不同初始菌量条件下小麦条锈病田间流行的模拟试验。对参数灵敏度进行检验，对系统内部各组分参量的作用程度有较深入全面的理解。

本模型可模拟不同程度的抗病品种在多种气象因素组合下病害流行的情况，可用来进行小麦条锈病病情的预测，药剂防治效果的预测，就预测药剂防治效果方面而论，不仅可以预测施用具有不同杀菌能力的药剂或不同施用次数后的防治效果，而且可以根据杀菌剂是表面保护剂还是兼具内吸作用而在模型的不同部位输入有关参数，从而获得较准确的结果或达到其他研究的目的。

二、实验目的

1）学习病害预测预报的基本方法。

2）学习机理模型的组建过程，从而深入地掌握系统动态的变化规律及其未来的发展趋势，为病害系统管理的科学理论服务。

三、材料与用具

病害的详细资料、计算机、Excel、SAS（Statistic Analysis System）、高级编程语言（如Visual Basic、Visual C++、Borland Delphi 等）等。

四、方法和步骤（曾士迈等，1994）

1. 经验模型

1）数据收集与整理。

2）因子筛选。

3）预测模型的建立与检验。

2. 机理模型

1）明确建模目的和划定边界。首先要明确建立模型的目的和要求，依据目标要求，划定系统边界，确定系统的组分及其相互间的关系、结构和层次度。

2）进行总体设计和框图设计。收集有关过程的定量流行学、系统生物学、生态学的数据和规律，并进行提炼。在归纳分析的基础上，初步定出系统的基本结构、主要组分。采用结构框图或流程图的方式表述系统的要素及其相互关系。

3）变量定义、数据采集和函数方程的建立。

4）模型组装、编程和调试。把已建立的各个子系统模型按照总体设计的结构框图或流程图有序地组装成一个整体模型，力求能最真实地反映原系统的全过程。对模型进行合理性检验（verification）和可靠度检验（validation），前者主要检查模型的结构和行为是否符合病害流行学的一般逻辑，后者主要检查模型预测值和实测值的相符程度。

5）模型检验。进行灵敏度分析，找出影响病害流行的关键因素，或者作为合理性检验步骤。

6）将模拟模型付诸应用，发现问题，提出改进方案，进一步应用。

五、作业

依据某病害的历史资料或调查资料，构建经验预测模型。

实验九　病害的产量损失估计

一、基本原理

损失估计（disease loss assessment）是通过调查或者试验，以实地测定或估计出某种程度的病害流行所致的损失。病害所致的经济损失包括直接的、间接的、当时的、后继的等多种，但主要是由产量、品质及产品单价所构成。通常所谓的病害所致损失主要是指产量的减少和品质的降低，当品质降低不大可忽略不计时，就只指减产量。常通过损失估计模型描述病害严重度和作物产量之间的关系。与病情预测一样，损失估计模型也可分为经验模型和系统模型（或称整体模型）两种。

1927 年 Kirby 和 Archer 根据他们多年的观察和试验，建立了小麦秆锈病损失估计表，这是病害损失估计研究工作的一个历史性起点，此后的近 80 年中，植物病害损失估计的研究进展并不是很快，远远落后于病原学、病生理学、组织病理学、分子病理学等研究领域。在我国已开展了小麦条锈病、棉花黄萎病和枯萎病、小麦赤霉病、小麦纹枯病、稻瘟病等主要作物病害的损失估计研究。

1. 病害损失的研究方法

（1）单株法　　调查大量（50～2000）发病等级不同的植株，并逐株挂牌登记（注意其中一定要有无病植株作为对照），在整个生长过程中调查数次病情，单株收获计产，找出与产量损失关系最大的一次或数次病情数据，作为损失预测的依据。这种方法可在病害自然发生的条件下进行，省时省力，但其对病害造成损失的解释是有限的。

（2）盆栽试验法　　最初用于线虫或者土传病害造成损失的研究，基本上也属于单株试验。这种方法易于控制病原密度和土壤性状的差异，试验结果较准确，但比较费时费工。

（3）群体法　　群体法是目前最为广泛使用的方法，可以在田间小区或者更大面积的植株群体上进行，试验条件接近田间实际情况（如包括了作物的群体补偿作用等）。在采用田间小区试验时，除注意各小区试验条件的均一性外，还应特别应注意保持试验小区之间病害发生程度的差异，发病等级从 0 级开始到最严重的发病级别，通常采用定期使用杀菌剂、人工接菌、采用不同抗病性的同源基因系品种等方法制造不同的病情等级。

（4）整体法（synoptic method）　通过调查生长季节中的相关的参数（如作物的生物物理特性、病害严重度、发病率等）来估计损失的方法，已有一些成功的研究报道（Pinstrup-Andersen et al.，1976；Basu et al.，1978；Stynes，1980；Wiese，1980），详细做法请参考相关文献。

2. 病害的损失估计模型实例

这里仅以杨小冰和曾士迈建立的小麦条锈病对小麦产量影响的损失估计经验模型为例（杨小冰和曾士迈，1988a），简要说明其建立过程。

杨小冰等分别于1982~1983年在北京，1984~1985年在郑州开展了小麦条锈病对小麦产量影响的研究。以高度感病品种'燕大1817'为供试品种，接种条中17号小种，通过控制接种时期和喷药等措施，制造不同流行表现的小区103个，调查不同发病程度条件下的小区产量，建立了临界点模型（critical point model，CP）、多点模型（multiple point model，MP）、病害进展曲线下的面积模型（area under disease progress curve model，AUDPC）三种小麦条锈病损失估计经验模型。

（1）CP模型的建立　由产量因子试验得知，产量因子的损失率（L）与扬花期前后病情（X）相关最大。之所以如此，有流行学和生理学两个方面的原因。从流行学上讲，病害流行由指数增长变为逻辑斯蒂增长的这段时期，多出现于扬花期。所以，扬花期病情既可以高度反映前期病情发展的结果，又基本上决定了未来病情的发展趋势。因此可以说，扬花期病情在病害的整个流行过程中都有很高的代表性。从病害对作物生理的影响可知，当病害发展到扬花期时，它对穗/株、小花发育及成粒率的影响已成定局。造成这种影响的病情可由扬花期病情很好地反映出来。仅有灌浆过程是由未来病情决定的，而这未来病情的趋势又大部分由扬花期病情决定，所以，如作单点模型（CP模型），选择扬花期病情就能最好地反映作物的损失程度。计算机寻优结果也证明了在各期病情中，以扬花期病情与产量损失的相关系数最高，呈直线关系，用回归法得到三年两地综合的CP模型为

$$L（\%）=0.246 + 0.6315X$$

式中，$0 \leqslant X \leqslant 100$；按CP模型计算，$S_b=0.069$，$r=0.91$，$n=103$。

若仅以北京两年数据可得到的CP模型为

$$L（\%）=0.994 + 0.6336X$$

式中，$0 \leqslant X \leqslant 100$；按CP模型计算，$S_b=0.084$，$r=0.90$，$n=71$。

（2）MP模型的建立　因为郑州与北京调查数据的时序不匹配，所以分别建立两地的模型如下。

1）郑州：

$$L（\%）=0.35 + 0.261X_1+0.357X_2$$

式中，$0 \leqslant X_i \leqslant 100$；按CP模型计算，$Se=6.729$，$R=0.92$，$n=32$；$X_1$和$X_2$分别为抽穗期和多半仁期病情指数。

2）北京：

$$L（\%）=0.97 + 0.851X_1-1.051X_2+0.964X_3 - 0.358X_4+0.403X_5$$

式中，$0 \leqslant X_i \leqslant 100$；按CP模型计算，$Se=7.5$，$R=0.93$，$n=71$；$X_i$分别为拔节期、孕穗初期、孕穗末期、抽穗始期、扬花期、多半仁期等各期的病情指数。

（3）AUDPC 模型的建立　　　Vanderplank 提出的计算 AUDPC 值的方法是将病情曲线下面积直接积分所得。这种值随流行区域和作物生态地区的不同而产生不同的极值。因而各地所得模型间参数不易相互比较。杨小冰等建立了一种标准的 AUDPC 值的计算式。

$$AUDPC = A/A_{max} \qquad [\,0 \leq AUDPC \leq 1.0\,]$$

式中，A 为病情曲线下面积，A_{max} 为某地区病害流行曲线下面积的理论极大值。$A_{max} = 100 \times T$，T 为该地区、该病害流行始期至作物收获期的天数。这种标准 AUDPC 实测上是某场流行各天严重度的加权平均值。A 值可以由梯形法算出，也可以由高次方程对调查数据拟合再行积分。利用梯形法对北京 9 期病情积分求标准化 AUDPC 值，然后与对应产量损失制作散点图，呈直线关系。用回归法求得损失方程为

$$L = 0.406 + 98.93 \times AUDPC$$

式中，$0 \leq AUDPC \leq 1.0$；按 CP 模型计算，$S_b = 13.54$，$r = 0.88$，$n = 71$。

标准化的 AUDPC 模型因自变量取值区间在任何情况下都是 [0，1]，所以方程的回归系数可代表某地区病害的危害程度或某品种的耐病性，使不同地区的模型有可比性。

郑州因只有 6 期病情，在此不予考虑。

二、实验目的

1）了解损失估计是确定防治指标、计算或预测防治效果，以及从而优选防治方案和进行防治决策的重要依据。

2）学习植物病害损失估计的基本研究方法。

三、材料与用具

小麦条锈菌夏孢子、小麦品种、花盆（口径 24cm）、天平、烧杯、定量接种器、计算机、手持放大镜、喉头喷雾器等。

四、方法和步骤

1）将供试小麦品种播种在装有混合土（黏土 3 份、沙 1 份、腐熟的牛粪 1 份）直径为 24cm 的花盆内，出苗后，每盆保留大小一致的幼苗 10 株，共 15 盆（分 5 个病害严重度等级，每个等级 3 个重复）。

2）在第 1 叶片展平后，用喉头喷雾器喷撒小麦叶面，手指蘸水轻轻摩擦脱去叶表蜡层。

3）在小烧杯中先加 10mL 蒸馏水，再加入小麦条锈菌夏孢子粉，稀释至显微镜低倍镜视野内有 50 个孢子为宜，使用定量接种器接种。

4）通过控制接种量和适当喷药控制的方法，造成病害的不同严重度等级。

5）小麦成熟后测产，构建病害严重度与产量损失间的函数关系。

五、作业

依据实验结果撰写病害损失研究报告。

实验十　植物病害重叠侵染的人工模拟

一、基本原理

在病原物侵染过程中，可以人为地或自然地使接种体数量不断增加，但寄主可供侵染的位点总是有限的，当寄主植物有限的侵染位点遇上大量的病原物接种体时，在一个发病的位点上，同时或先后遭受接种体不止一次的侵染，但最终只形成一个发病点数，在这个发病点上就发生了重叠侵染。

格雷戈里提出了一个重叠侵染的转换模型，模型假设的前提是：寄主可供侵染的位点感病性是一致的（有时与实际情况不完全符合）；病原物传播体的着落与侵染是随机的（与实际情况基本上相符），寄主位点遭受 0，1，2，…，n 次侵染的概率符合泊松分布，即

$$p_{(x=n)} = \frac{e^{-m}m^n}{n!}$$

式中，m 为寄主单个位点遭受侵染次数的平均值；当侵染次数 $n=0$ 时，$p_0=e^{-m}$，即未受侵染的概率，那么 $1-e^{-m}$ 就是位点受到一次和一次以上侵染的概率，与实际发病位点所占的百分率 y 相等。故有

$$y = 1 - e^{-m}$$

或

$$m = -\ln(1-y)$$

应用这一模型时，可根据实查得到的发病率（y），推算出已经发生的侵染次数（m）。例如，在 1000 个位点中，发病的位点为 500 个，则 $y=0.5$，$m=-\ln(1-0.5)=0.693$，即 500 个发病位点上，受到了 693 次侵染，故有 693-500=193 次侵染重叠在其他侵染点上。同理，当 $y=0.9$ 时，虽然发病位点为 900 个，但却发生了 2303 次侵染，有 1403 次为重叠侵染。实际工作中，在计算接种体侵染概率时，或分析单循环病害年增长率时，需要对实查数据进行如上重叠侵染转换。

二、实验目的

1）学习重叠侵染转换计算方法，掌握验证重叠侵染转换公式的准确性。
2）学会利用小型计算器产生随机数的方法。

三、材料与用具

坐标纸或白纸、直尺、铅笔、小型计算器（如 Casio *fx-3600Pv*）等。

四、方法和步骤

1）在纸上用直尺画 100 个方格（等同于 100 张叶片），并给方格从左到右、从上到下按照 1～100 顺序编号。

2）采用小型计算器随机数发生器（图 18-7）（SHIFT+RAN# 键，若是 Casio *fx-3600P* 则用 INV+RAN# 键）产生 100 个随机数字。每次产生的随机数等同于 1 个病菌孢子，小数取整数，四舍五入，保留两位小数，如 0.237，看作 24，即该孢子落在第 24 号方

格中，划一个圆点表示，若为 0 则不记入总数，若为 0.001~0.004 数，则记为 1，如图 18-8 所示。

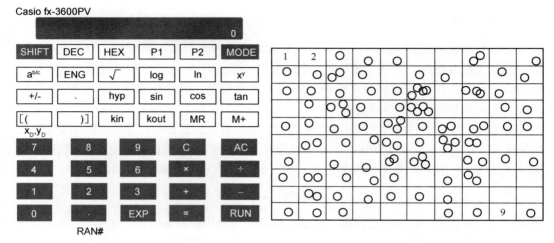

图 18-7　Casio fx-3600PV 计算器示意图　　　　图 18-8　100 个数字（孢子）着落图

3）统计有点的方格数（等同于病叶数）和发生重叠的方格数（若有 2 个以上的点，则发生重叠侵染数为 $n-1$ 次，比如有 3 个点，则发生 2 次重叠侵染，依次类推）。

4）计算发病率（有点格数除以 100）；代入公式，计算理论模拟的重叠侵染次数，并与实际重叠侵染次数相比较。

五、作业

完成上面模拟实验，提交实验报告。

实验十一　柯赫证病法

一、基本原理

柯赫法则（Koch's Rule）由德国细菌学家柯赫（Robert Koch），在成功证明炭疽病和结核病的病原过程中总结的一种鉴定方法。又称柯赫假设（Koch postulates）或柯赫证病法，是确定侵染性病害病原物的操作程序。即用纯培养的方法来验证病原与病害的关系，以实现病原物的鉴定。如发现一种不熟悉的或新的病害时，就应按柯赫法则的四个步骤来完成诊断与鉴定。诊断是从症状等表型特征来判断其病因，确定病害种类。鉴定则是将病原物的种类和病害种类同已知种类比较异同，确定其科学名称或分类上的地位。对于新的、难以鉴定的病原物的属、种，要判断由何种病原物引起，就必须经详细鉴定比较后才能确定。该法则成功移植并成为植物病理学中一项经典法则，包括以下四个步骤。

1）在染病组织上用显微镜检查到某种病原物。

2）从病组织中分离得到该微生物，并获得纯培养。

3）将纯培养的微生物接种到健康的感病寄主植物后，发生原先观察到的症状。

4）从接种发病的组织中再分离，又得到相同的微生物。

如果进行了上述四个步骤，并得到确实的证明，就可以确认该生物为该病害的病原物。侵染性病害的诊断与病原物的鉴定都必须按照科赫法则来验证，每个植物病理学家都应熟练运用。

二、实验目的

1）学习柯赫证明法，掌握柯赫氏证明法的操作过程。

2）学会利用柯赫证病法确定新病害的病原。

三、材料与用具

1）植物材料：番茄早疫病、马铃薯早疫病、梨树褐斑病、苹果褐斑病、苜蓿褐斑病的病叶。

2）灭菌材料：PDA 培养基、手术刀片、培养皿、尖头镊子、蒸馏水、滤纸、乳胶管。

3）消毒剂：75% 酒精、0.1% 升汞。

4）用具：无菌室或紫外线消毒后的接种箱、显微镜、保湿袋、光照培养箱、移液器、一次性无菌手套、烧杯、试管、封口膜、接种针。

四、方法和步骤

1）无菌室或接种箱的灭菌：无菌室或接种箱用紫外线照射 10～20min。

2）准备工作：①用肥皂水清洗干净手并擦干，穿上工作衣进入无菌室或坐在接种箱旁。点燃酒精灯，用少许脱脂棉蘸 75% 酒精擦手，带一次性无菌手套。②平板培养基的制备：将灭菌的 PDA 培养基倒入灭菌的 9cm 培养皿中，每皿 10mL 左右，待凝固后盖上培养皿盖，并在皿盖上注明分离材料、日期及分离小组。

3）分离培养：①选取病叶上典型病斑，在病健交界处切取约 4mm 大小的病组织或是一个完整的子实体结构 12 块，放入灭菌的小烧杯或 1mL 离心管中备用。②消毒处理：依次加入灭菌水冲洗切取的组织块 3 次，吸干多余的水分后；加入 75% 酒精浸泡 5s，去除 75% 酒精，加入 0.1% 升汞浸泡 3min 后用无菌水反复冲洗 3～5 次，以去除残留的消毒液。③用灭菌的尖头镊子将病斑组织块取出至无菌滤纸上吸干多余的水分；用灭菌的尖头镊子或接种针将上述灭菌处理的组织块移入平板培养基表面，每皿 3～4 块，均匀摆放，盖上皿盖并用封口膜封住。④培养：将培养皿倒置于 26℃ 左右的光照培养箱中黑暗培养。

4）观察：数日后观察病组织块周围长出菌丝体而形成菌落。

5）菌种移植培养：用灭菌的接种针，在菌落边缘取一小块菌组织，移到试管斜面上培养，得到纯菌种。

6）菌种繁殖：待纯培养的菌种长出繁殖体后进行菌种繁殖。

7）菌种形态观察：显微镜观察产生的繁殖体类型，并测量营养体、繁殖体大小，拍照。

8）接种：将扩繁的菌种，配制成孢子悬浮液，低倍镜下（10×）检查每个视野中的孢子数不低于 50 个孢子，用喷雾或点滴法接种到健康的相同的寄主植物的叶片上；将接种后的植株套上保湿袋放置于光照培养箱中，在相同的温度条件下培养，待出现症状后重复步骤4），分离培养出相同的病原物。

9）病原菌鉴定：对照《真菌鉴定手册》进行病原物的鉴定。

五、作业

完成上述实验后，按照寄主、分离部位、症状特点、病原物形态特征等分别进行描述，同时绘制出分离鉴定的病原物形态，提交实验报告。

实验十二　影响植物病害发生因素的分析测定

一、基本原理

病因学是研究植物病害发生原因的一门科学，是植物病理学中发展最早、涉及面最广的重要学科，主要研究寄主植物、病原物和外界环境条件的相互影响和综合作用，即寄主、病原物和环境三者的相互关系。植物发生侵染性病害是寄主植物、病原物和环境条件彼此相互作用的结果，影响植物病害发生的这三个要素称为病害三角形（disease triangle），是培养和建立植物病理学逻辑思维的重要概念。当三者以最适合发病的条件相遇时，寄主发病，病害流行，损失严重；如果任何一方都完全不适于发病时，寄主不发病；当一方或两方不太适合发病时，病害发生轻，损失也轻。

1. 病原菌致病性和寄主抗病性在植物病害发生中的作用

选择亲和组合和非亲和组合的病原菌和寄主，采用人工接种的方法，观察寄主发病情况，同一个致病菌分别与抗病品种和感病品种互作，不同致病力的病原菌分别与同一个品种互作，病害发生程度都会出现显著差异。实验结果有助于认识病原菌致病性和寄主抗病性对植物病害发生的影响。

2. 环境条件在病害发生中的作用

选择亲和组合的病原菌和寄主，采用人工接种的方法，改变接种培育的环境条件，分别制造适于发病和不适于发病的环境条件，调查寄主发病情况，病害发生程度会出现显著差异。实验结果有助于认识环境因素对植物病害发生的影响。

二、实验目的

1）学习病原菌接种方法、致病性测定方法。
2）深入认识病原物、寄主、环境条件（病害三角形）在病害发生和流行中的作用。

三、材料与用具

菌株及品种：选用已知的亲和组合病原菌和寄主（致病的病原菌菌种和感病品种）、非亲和组合病原菌和寄主（不致病或弱致病的病原菌菌种和抗病品种）。本实验以大豆疫霉菌与大豆互作为例，菌种用分离自罹病植株的大豆疫霉菌，抗病品种为'垦农4号'，感病品种为'合丰25号'。

其他材料与用具：蒸馏水、培养皿、胡萝卜琼脂（CA）培养基、生化培养箱、喷壶、打孔器、脱脂棉、保鲜膜、尖头镊子、花盆（12cm口径）、酒精灯、解剖刀、移液器、黑色塑料袋、超净工作台、保湿桶（可用带盖的大塑料桶）、温室或光照培养箱等。

四、实验设置、方法和步骤

1. 实验设置

1）抗病品种和感病品种接种大豆疫霉菌后，25℃，保湿24h，通过比较接种后同一时间病斑的大小考察品种抗性与病害发生的关系。

2）抗病品种和感病品种接种大豆疫霉菌后，25℃，保湿12h，通过比较接种后同一时间病斑的大小考察保湿时间与病害发生的关系。

3）抗病品种和感病品种接种大豆疫霉菌后，15℃，保湿24h，通过比较接种后同一时间病斑的大小考察保湿温度与病害发生的关系。

2. 方法和步骤

1）将供试大豆品种播种在装有河沙的直径为12cm的花盆内，出苗后，每盆保留大小一致的幼苗5株。

2）制备CA平板，放置于超净工作台内冷却，待培养基完全凝固，转接扩繁大豆疫霉菌。

3）将培养好的大豆疫霉菌用打孔器打成5mm的圆饼。

4）将解剖刀用酒精灯外焰稍微灼烧灭菌，待冷却后在培养好的大豆幼苗下胚轴（下胚轴为大豆地上部、子叶以下的部位）处制造划伤，随后用尖头镊子将准备好的菌饼轻轻贴于伤口处。

5）用移液器吸取无菌水将准备好的脱脂棉润湿，将接种的菌饼缠绕包好，以固定菌饼，同时可起一定的保湿作用。

6）将接种好的幼苗，用大号黑色塑料袋罩好，进行保湿，保湿条件根据实验设置条件进行，保湿结束后，取出供试幼苗，置温室内正常培养。

7）保湿培养后，各实验小组每天记录不同实验设置接种部位的发病情况，记录病斑颜色、病斑大小、病斑开始出现的时间，并拍照记录。

8）根据实验结果分析病原物、寄主、环境条件在病害发生和流行中的作用。

五、注意事项

1）用菌饼接种时，注意所用菌饼厚度不宜过厚，过厚的菌饼因重力原因容易在接种过程中掉落，造成接种失败，如菌饼过厚，可在接种前用解剖刀将没有生长菌丝的一侧多余部分切除。

2）脱脂棉包裹菌饼时应注意避免伤害幼苗，导致幼苗折断；另外用解剖刀制造伤口时不宜过深，过深会导致幼苗折断。

六、其他

开设该项实验时，可根据当地实际情况和实验条件，选择以下病原寄主互作组合开展实验。①非致病菌、致病菌与感病互作，考察病原菌在病害发生和流行中的作用；

②致病菌与抗病品种、感病品种互作，考察品种抗性在病害发生和流行中的作用；③致病菌与感病品种互作，改变湿度、温度、保湿时间等环境条件，考察环境条件在病害发生和流行中的作用。

七、作业

1）完成实验，分析病原、寄主和环境条件在作物病害发生中的作用，提交实验报告。

2）分析自然生态系统中的植病系统和农业生态系统中的植病系统的异同点。

参 考 文 献

安树杰. 2006. 应用遥感与 GIS 的松材线虫病预测模型的研究. 北京：北京林业大学硕士学位论文.

敖志刚. 2002. 人工智能与专家系统导论. 合肥：中国科技大学出版社.

白章红，周国梁，钱天荣，等. 1997. 小麦印度腥黑穗病菌在中国适生性的初步研究. 植物检疫，11（6）：331-334.

蔡成静，马占鸿，王海光，等. 2007. 小麦条锈病高光谱近地与高空遥感监测比较研究. 植物病理学报，37（1）：77-82.

蔡成静，王海光，安虎，等. 2005. 小麦条锈病高光谱遥感监测技术研究. 西北农林科技大学学报（自然科学版），33（增刊）：31-36.

曹丽华，康振生，郑文明，等. 2005. 小麦条锈菌条中 31 号生理小种 SCAR 检测标记的建立. 菌物学报，24（1）：98-103.

曹世勤，金社林，金明安，等. 2003. 1994-2002 年小麦品种（系）抗条锈性鉴定与监测. 植物遗传资源学报，4（2）：119-122.

曹学仁，周益林，段霞瑜，等. 2008. 2007 年部分麦区小麦白粉菌对三唑酮的抗药性监测. 植物保护，（6）：74-77.

曹学仁，周益林，段霞瑜，等. 2009. 利用高光谱遥感估计白粉病对小麦产量及蛋白质含量的影响. 植物保护学报，36（1）：32-36.

陈兵，王克如，李少昆，等. 2007. 棉花黄萎病冠层高光谱遥感监测技术研究. 新疆农业科学，（6）：740-745.

陈晨，陈娟，胡白石，等. 2007. 梨火疫病菌在中国的潜在分布及入侵风险分析. 中国农业科学，40（5）：940-947.

陈广进，张志芳，姜丽英，等. 2008. Real-time PCR 法定量检测柑橘绿霉病菌对抑霉唑的抗性频率. 植物病理学报，38（6）：561-569.

陈集双，柴立红，李全胜，等. 2000. 黄瓜花叶病毒猖獗与气候变暖关系及其对策. 生态农业研究，8（1）：23-26.

陈克，姚文国，章正，等. 2002. 小麦矮腥黑穗病在中国定殖风险分析及区划研究. 植物病理学报，32（4）：312-318.

陈立平，赵春江，刘学馨，等. 2002. 精确农业智能决策支持平台的设计与实现. 农业工程学报，18（2）：145-148.

陈琳，袁峻峰，柏国强，等. 2003. 现代生物技术的生物安全问题. 上海师范大学学报，32（1）：91-94.

陈令芳，张姗姗，张凯，等. 2016. 物联网技术在蓝莓病虫害监测预警中的应用初探. 物联网技术，6（7）：95-96.

陈振宇. 2003. 植物病理学电子文献资源的整序与利用. 浙江大学学报（农业与生命科学版），29（3）：347-354.

程极益. 1992. 作物病虫害数理统计预报. 北京：农业出版社.

程伟良. 2005. 广义专家系统. 北京：北京理工大学出版社.

崔友林，方沩，朱振东，等. 2009. CLIMEX-GIS 预测大豆北方茎溃疡病菌在中国的潜在分布. 植物
保护，35（4）：49-53.

丁克坚，檀根甲. 1992. 水稻纹枯病为害损失及影响因素的研究. 安徽农学院学报，19（2）：144-149.

丁克坚，檀根甲. 1993. 稻瘟病菌孢子对水稻叶表附着量的研究. 安徽农学院学报，20（3）：240-246.

丁克坚. 1985. SIMRLB——稻叶瘟病流行的模拟模型. 合肥：安徽农学院博士学位论文.

董金琢，曾士迈，马奇祥. 1990. 小麦叶锈病、白粉病和条锈病普遍率与严重度间的关系. 植物病理
学报，20（1）：55-60.

段霞瑜，盛宝钦，周益林，等. 1998. 小麦白粉病菌生理小种的鉴定与病菌毒性的监测. 植物保护学
报，25（1）：31-35.

范怀忠，王焕如. 1990. 农业植物病理学. 2 版. 北京：农业出版社.

范娟，赵金宝，张文静，等. 2008. 基于神经网络的农作物病害专家系统. 农机化研究，（8）：179-181.

方书清，陈文茂. 2003. 航空录像技术在松材线虫病监测中的应用. 林业科技开发，17（5）：42-43.

方中达. 1998. 植病研究方法. 北京：中国农业出版社.

方中达. 2007. 植病研究法. 3 版. 北京：中国农业出版社.

冯源，高召华，祖艳群，等. 2008. 紫外辐射对植物病害影响的研究进展. 植物保护学报. 35（1）：
88-92.

伏进，朱洁琦，蒋晴，等. 2017. 江苏垦区小麦赤霉病菌对多菌灵的抗性监测及其替代杀菌剂的防病
效果. 植物保护，43（6）：196-201.

傅晓耕. 2018. 基于物联网技术的现代农业病虫害监控系统设计. 计算机测量与控制，26（2）：
89-92.

高强，吴品珊，朱水芳，等. 1996. 实时荧光 PCR 技术对小麦矮腥黑穗病菌的检测. 微生物学通报，
11（1）：74-77.

高智谋，檀根甲，徐成勇. 1993. 播期、密度和氮肥对小麦白粉病的定量效应. 植物病理学报，
23（2）：195-196.

郭芳芳. 2019. 我国稻瘟病流行时空分析与预测预报. 北京：中国农业大学博士学位论文.

郭洁滨，黄冲，王海光，等. 2009. 基于 SPOT5 影像的小麦条锈病遥感监测初探. 植物保护学报，
36（5）：473-474.

郭晓华，齐淑艳，周兴文，等. 2007. 外来有害生物风险评估方法研究进展. 生态学杂志，26（9）：
1486-1490.

郝娜，靳学慧，杨珤. 2012. 氮对马铃薯防御酶系活性及抗性的影响. 黑龙江八一农垦大学学报，24
（2）：8-11.

何忠全，何明. 1991. 水稻纹枯病的危害程度、产量损失与氮、钾、密的关系. 植物病理学报，
21（4）：305-310.

洪传学，曾士迈. 1990. 植物病害管理战略决策的一个量化模型. 植物病理学报，20（4）：293-296.

洪传学，肖悦岩，曾士迈. 1989. 大棚黄瓜霜霉病流行模拟模型的组建. 植物保护学报，16（4）：
217-220.

侯明生，蔡丽. 2014. 农业植物病理学实验实习指导. 北京：科学出版社.

胡小平，杨家荣，田雪亮，等. 2007. 渭北旱塬苹果黑星病流行因子分析. 中国生态农业学报，
15（2）：118-121.

胡小平，杨之为，李振岐，等. 2000a. 汉中地区小麦条锈病流行程度预测研究. 西北农业大学学报，
28（2）：18-21.

胡小平，杨之为，李振岐，等. 2000b. 汉中地区小麦条锈病流行因子分析. 西北农业学报，9（2）：

36-38.

胡小平，杨之为，李振歧，等．2000c．汉中地区小麦条锈病的 BP 神经网络预测．西北农业学报，9（3）：28-31．

胡小平．2004．苹果黑星病流行规律及其病原菌遗传多样性的 SSR 分析．咸阳：西北农林科技大学博士学位论文．

胡隐昌，肖俊芳，李勇，等．2005．生物安全及其评价．华中农业大学学报（社会科学版），（1）：29-36．

黄冲，刘万才，姜玉英，等．2016．农作物重大病虫害数字化监测预警系统研究．中国农机化学报，37（5）：196-199，205．

黄费元，彭绍裘，肖放华．1992．稻瘟病田间叶片病斑孢子量检测方法研究初报．植物保护，18（1）：36-37．

黄海勇，黄吉勇．2005．松材线虫等 5 种有害生物在贵州省的风险分析．中国森林病虫，24（6）：14-17．

黄鸿，杜道生．2005．基于 Web GIS 的有害生物灾害评估研究与实现．地理与地理信息科学，21（3）：39-42．

黄俊丽，王贵学．2005．稻瘟病菌致病性的分子遗传学研究进展．遗传，27（3）：492-498．

黄木易，黄义德，黄文江，等．2004a．冬小麦条锈病生理变化及其遥感机理．安徽农业科学，32（1）：132-134．

黄木易，王纪华，黄文江，等．2003．冬小麦条锈病的光谱特征及遥感监测．农业工程学报，19（6）：154-158．

黄木易，王纪华，黄义德，等．2004b．高光谱遥感监测冬小麦条锈病的研究进展（综述）．安徽农业大学学报，31（1）：119-122．

季伯衡，丁克坚，檀根甲，等．1991．水稻纹枯病预测和管理模型——RSPM-1．中国农业科学，24（3）：65-73．

季伯衡．1991．稻瘟病损失估计的韦布尔模型——中国水稻病虫防治策略与技术．北京：农业出版社：323-330．

贾彪，贺春贵，钱瑾．2007．植物保护专家系统的发展现状及应用前景．草原与草坪，（4）：18-22．

贾士荣．2004．转基因作物的环境风险分析研究进展．中国农业科学，7（2）：175-187．

贾文明，周益林，丁胜利，等．2005．外来有害生物风险分析的方法和技术．西北农林科技大学学报（自然科学版），33（增刊）：195-200．

姜玉英，陈万权，赵中华，等．2007．新型小麦秆锈病菌 Ug99 对我国小麦生产的威胁和应对措施．中国植保导刊，27（8）：14-16．

蒋金豹，陈云浩，黄文江，等．2007．冬小麦条锈病严重度高光谱遥感反演模型研究．南京农业大学学报，30（3）：63-67．

蒋青，梁忆冰，王乃扬，等．1994．有害生物危险性评价指标体系的初步确立．植物检疫，8（6）：331-334．

蒋青，梁忆冰，王乃扬，等．1995．有害生物危险性评价的定量分析方法研究．植物检疫，9（4）：208-211．

蒋志农．1995．云南稻作．昆明：云南科学技术出版社．

康振生，曹丽华，郑文明，等．2005．小麦条锈菌条中 29 号生理小种 SCAR 检测标记的建立．西北农林科技大学学报（自然科学版），33（5）：53-56．

孔平．1991．施氮量对水稻叶瘟菌侵染循环中主要组分的影响．植物保护学报，18（1）：57-60．

赖传雅．2003．农业植物病理学（华南本）．北京：科学出版社．

冷伟锋，王海光，胥岩，等．2012．无人机遥感监测小麦条锈病初探．植物病理学报，42（2）：202-205．

李保华，徐向明．2004．植物病害时空流行动态模拟模型的构建．植物病理学报，34（4）：369-375．

李保华．1995．梨黑星病预测与管理专家系统——ESPSPM 的研制．北京：北京农业大学硕士学位论文．

李保华．1998．梨黑星病孢子侵染过程研究及流行动态模拟模型的研制．北京：中国农业大学博士学位论文．

李传道，周仲铭，鞠国柱．1985．森林病理学通论．北京：中国林业出版社．

李红霞，周明国，陆悦健．2002．应用 PCR 方法检测油菜菌核病菌对多菌灵的抗药性．菌物系统，21（3）：370-374．

李宏．1986．小麦白粉病田间流行的模拟模型——模拟模型的组装和检验．西南农业大学学报，2：87-90．

李京，陈云浩，蒋金豹，等．2007．用高光谱微分指数识别冬小麦条锈病害研究．科技导报，25（6）：23-26．

李晶，韩国菲，马占鸿．2008．UV2B 辐射增强对小麦条锈病影响的初步探讨．植物保护，34（3）：82-85．

李玲，李伟丰，杨桂珍．2005．有害生物风险分析及其植物检疫决策支持系统介绍．广西植保，18（2）：13-17．

李鸣，秦吉强．1998．有害生物危险性综合评价方法的研究．植物检疫，12（1）：52-55．

李炜，张志铭，樊慕贞．1998．马铃薯晚疫病菌对瑞毒霉抗性的测定．河北农业大学学报，21（2）：63-65．

李尉民．2003．有害生物风险分析．北京：中国农业出版社：44-79．

李新贵．2005．贵州省拟松材线虫病的风险性分析．西部林业科学，34（3）：53-56．

李迅，肖悦岩，刘万才，等．2002．小麦白粉病地理空间分布特征．植物保护学报，29（1）：41-46．

李振歧，曾士迈．2002．中国小麦锈病．北京：中国农业出版社：1-15．

梁忆冰，詹国平，徐亮，等．1999．进境花卉有害生物风险初步分析．植物检疫，13（1）：17-22．

廖晓兰，朱水芳，赵文军，等．2004．柑桔黄龙病病原 16SrEINA 克隆、测序及实时荧光 PCR 检测方法的建立．农业生物技术学报，12（1）：80-85．

刘博，刘太国，章振羽，等．2017．中国小麦条锈菌条中 34 号的发现及其致病特性．植物病理学报，47（5）：681-687．

刘贯山．1996．烟草叶面积不同测定方法的比较研究．安徽农业科学，24（2）：139-141．

刘景梅，陈霞，王璧生，等．2006．香蕉枯萎病菌生理小种鉴定及其 SCAR 标记．植物病理学报，36（1）：28-34．

刘良云，黄木易，黄文江，等．2004．利用多时相的高光谱航空图像监测冬小麦条锈病．遥感学报，8（3）：275-281．

刘书华，王爱茹，邝朴生，等．2000．面向果园的苹果、梨病虫害防治决策支持系统．植物保护学报，27（4）：302-306．

刘万才，刘振东，黄冲，等．2016．近 10 年农作物主要病虫害发生危害情况的统计和分析．植物保护，42（5）：1-9．

刘伟，杨共强，徐飞，等．2018．近地高光谱和低空航拍数字图像遥感监测小麦条锈病的比较研究．植物病理学报，48：223-227．

刘晓光，项存悌，刘雪峰，等．1999．杨树冰核细菌溃疡病流行的时间动态．东北林业大学学报，27（2）：24-27．

陆伟, 陈学新, 郑经武, 等. 2001. 松材线虫与拟松材线虫 rDNA 中 ITS 区的比较研究. 农学生物技术学报, 9 (4): 387-390.

路兴波, 吴洵耻, 周凯南. 1995. 小麦纹枯病危害损失及经济阈值的研究. 山东农业大学学报, 26 (4): 503-506.

罗菊花, 黄文江, 顾晓鹤, 等. 2010. 基于 PHI 影像敏感波段组合的冬小麦条锈病遥感监测研究. 光谱学与光谱分析, 30 (1): 184-187.

骆勇, 曾士迈. 1988. 小麦条锈病 (*Puccinia striiformis*) 慢锈品种抗性组分的研究 I. 中国科学, B 辑 (1): 51-59.

骆勇, 曾士迈. 1990. 小麦条锈病流行模拟模型的研制. 北京农业大学学报, 16 (增刊): 1-21.

骆勇. 1992. 病害流行的风险分析方法初探. 病虫测报, 12 (2): 34-38.

马菲, 龚国祥, 何友元, 等. 2014. 基于 CLIMEX 的柑橘冬生疫霉在我国的适生性研究. 植物保护, 40 (5): 138-142.

马奇详, 张忠山, 何家泌, 等. 1990. 小麦条锈病、叶锈病和白粉病混合为害对小麦产量的影响. 河南农业大学学报, 24 (3): 340-345.

马小华. 1986. 小麦赤霉病田间分布型的初步研究. 植物保护, 12 (5): 14-16.

马晓光, 沈佐锐. 2003. 植保有害生物风险分析理论体系的探讨. 植物检疫, 17 (2): 70-74.

马占鸿. 2005. 美国发现大豆锈病对我国大豆进口的影响及对策. 中国植保导刊, 25 (2): 10-13, 9.

马占鸿. 2010. 植病流行学. 北京: 科学出版社.

马占鸿, 石守定, 姜玉英, 等. 2005. 基于 GIS 的中国小麦条锈病菌越夏区气候区划. 植物病理学报, 34 (5): 455-462.

马占鸿, 石守定, 王海光, 等. 2005. 我国小麦条锈病菌既越冬又越夏地区的气候区划. 西北农林科技大学学报 (自然科学版), 33: 11-13.

马占鸿, 周雪平. 2001. 植物病理学研究进展. 北京: 中国农业科技出版社.

梅安新, 彭望琭, 秦其明, 等. 2001. 遥感导论. 北京: 高等教育出版社.

孟祥启, 赵美琦. 1990. 小麦纹枯病产量损失和防治指标的研究. 中国农业大学学报, 16 (增): 41-50.

慕立义. 1994. 植物化学保护研究方法. 北京: 中国农业出版社.

农秀美, 刘志明, 李为杏. 1992. 水稻不同生育期对细菌性条斑病的抗性研究. 广西农业科学, 4: 174-176.

潘娟娟, 骆勇, 黄冲, 等. 2010. 应用 real-time PCR 定量检测小麦条锈菌潜伏侵染量方法的建立. 植物病理学报, 40 (5): 504-510.

潘阳, 谷医林, 骆勇, 等. 2016. 双重 real-time PCR 定量测定小麦条锈菌潜伏侵染方法的建立与应用. 植物病理学报, 46 (4): 485-491.

潘月华, 陈道法, 张中一. 1994. 番茄灰霉病测报与防治技术. 上海蔬菜, (2): 37-39.

彭国亮, 罗庆明, 冯代贵, 等. 1997. 稻瘟病抗源筛选和病菌生理小种监测应用. 西南农业学报, 10 (植保专辑): 6-10.

彭金火, 周国梁, 张大凯, 等. 2002. 小麦矮化腥黑穗病菌侵染能力的研究. 植物检疫, 16 (3): 129-133.

浦瑞良, 宫鹏. 2000. 高光谱遥感及其应用. 北京: 高等教育出版社: 1-9.

漆艳香, 谢艺贤, 张辉强, 等. 2005. 香蕉细菌性枯萎病菌实时荧光 PCR 检测方法的建立. 华南热带农业大学学报, 11 (1): 1-5.

漆艳香, 赵文军, 朱水芳, 等. 2003. 苜蓿萎蔫病菌 TaqMan 探针实时荧光 PCR 检测方法的建立. 植物检疫, 17 (5): 260-264.

漆艳香，朱水芳，肖启明．2004．菜豆细菌性萎蔫病菌 16S rDNA 基因克隆及 TaqMan 探针实时荧光 PCR 检测．仲恺农业技术学院学报，17（4）：10-17.

齐永霞，丁克坚，陈方新，等．2006．小麦纹枯病产量损失估计研究．植物保护，3：46-48.

乔红波，周益林，白由路，等．2006．地面高光谱和低空遥感监测小麦白粉病初探．植物保护学报，33（4）：341-344

清沢茂久等．1972. A theoretical evaluation of the effect of mixing resistant variety with susceptible variety for controlling plant disease. 日本植物病理学会会报，38：41-51.

单卫星，陈受宜，吴立人，等．1995．中国小麦条锈病菌流行小种的 RAPD 分析．中国农业科学，28（5）：1-7.

商鸿生，王树权，井金学．1987．关中灌区小麦赤霉病流行因素分析．中国农业科学，20（5）：71-75.

商鸿生，张文军，井金学．1991．小麦赤霉病菌源的田间分布型和取样调查方法．西北农业大学学报，19（增）：66-70.

商文静，魏锋，冯小军，等．2014．棉田大丽轮枝菌微菌核的空间分布及其抽样技术．西北农业学报，23（4）：192-197.

邵刚，李志红，张祥林，等．2006．苜蓿黄萎病菌在我国的适生性分析研究．植物保护，32（5）：48-51.

沈文君，沈佐锐，李志红．2004．外来有害生物风险评估技术．农村生态环境，20（1）：69-72.

沈瑛，袁筱萍，王艳丽．1998．分子探针在稻瘟病流行病学中的应用研究．西南农业大学学报，20（5）：401-408.

石进，马盛安，蒋丽雅，等．2006．航空遥感技术监测松材线虫病的应用．中国森林病虫，25（1）：18-20.

石守定，马占鸿，王海光，等．2005．应用 GIS 和地统计学研究小麦条锈病菌越冬范围．植物保护学报，32（1）：29-32.

石守定．2004．基于 GIS 的小麦条锈病菌越夏越冬气候区划及时空动态分析．北京：中国农业大学硕士学位论文．

司丽丽，曹克强，刘佳鹏，等．2006．基于地理信息系统的全国主要粮食作物病虫害实时监测预警系统的研制．植物保护学报，33（3）：282-286.

司丽丽，闫峰，姚树然，等．2014．基于 GIS 的小麦白粉病防控气象服务系统的构建与应用．江苏农业科学，42（8）：131-135.

司权民，张新心，段霞瑜，等．1987．小麦白粉病菌生理小种鉴定．中国农业科学，20：64-70.

宋迎波，陈晖，王建林．2006．小麦赤霉病产量损失预测方法研究．气象，（06）：116-120.

苏一峰．2016．基于物联网平台的小麦病虫害诊断系统设计初探．中国农业科技导报，18（2）：86-94.

孙俊铭，魏俊章．1991．小麦赤霉病与油菜菌核病发病程度关系研究初报．中国植保导刊，（3）：14.

檀根甲，承河元，张长勤．2000．应用逐步判别法进行中稻的叶枯病流行的中期预测．安徽农业科学，28（1）：69-71.

檀根甲，丁克坚，季伯衡．1991．氮钾肥、密度对稻纹枯病进展影响的定量效应．安徽农学院学报，18（2）：113-118.

檀根甲，王子迎，吴芳芳，等．2003．水稻纹枯病营养及寄主资源生态位．生态学报，23（1）：205-210.

檀根甲，王子迎．2002．水稻纹枯病时空生态位．中国水稻科学，16（2）：182-184.

童继平，韩正姝．2000．蒙特卡罗方法与计算机模拟研究．计算机与农业，（7）：17-21.

万安民，吴立人，贾秋珍，等. 2003. 1997～2001年我国小麦条锈菌生理小种变化动态. 植物病理
学报，33（3）：261-266.

汪伟伟. 2007. 基于案例推理与虚拟仪器的砀山酥梨黑星病预测系统研究. 合肥：安徽农业大学硕士
学位论文.

汪志红，屈年华，张大治，等. 2005. 松材线虫病在辽宁省的潜在危险性分析. 辽宁林业科技，（5）：
6-8，34.

王海光，马占鸿，黄冲. 2007. 植物病害管理与生物安全. 植物保护，33（3）：1-7.

王海光，马占鸿，张美蓉，等. 2004. 植物病理学研究中的计算机应用. 农业网络信息，（10）：
31-34.

王海光，祝慧云，马占鸿，等. 2005. 小麦矮腥黑穗病研究进展与展望. 中国农业科技导报，7（4）：
21-27.

王建强. 2003. 澳大利亚灾蝗发生预警系统及防治. 世界农业，（10）：44-45.

王杰，檀根甲，胡易冰，等. 2002. 基于神经网络的稻白叶枯病中期预警. 安徽农业大学学报，
29（1）：12-15.

王丽，霍治国，张蕾，等. 2012. 气候变化对中国农作物病害发生的影响. 生态学杂志，31（7）：
1673-1684.

王美琴，刘慧平，韩巨才，等. 2003. 番茄叶霉病菌对多菌灵、乙霉威及代森锰锌抗性检测. 农药学
学报，5（4）：30-36.

王明旭. 2007. 湖南松材线虫病早期预警系统的建立与实践. 湖南林业科技，34（5）：14-16.

王爽，马占鸿，孙振宇，等. 2011. 基于高光谱遥感的小麦条锈病胁迫下的产量损失估计. 中国农学
通报，27（21）：253-258.

王文桥，马志强，张小风，等. 2001. 植物病原菌对杀菌剂抗性风险评估. 农药学学报，3（1）：6-11.

王岩. 2006. Monte Carlo方法应用研究. 云南大学学报（自然科学版），28（S1）：23-26.

王玉正，原永兰，赵百灵，等. 1997. 山东省小麦纹枯病为害损失及防治指标的研究. 植物保护学报，
24（1）：44-48.

王圆，俞晓霞. 1996. 小麦矮腥黑穗病在无积雪条件下发病的研究. 植物检疫，10（3）：139-141.

王振中，林孔勋，范怀忠. 1989. 小白菜花叶病病株空间分布类型分析. 华南农业大学学报，10（2）：
48-53.

王振中，林孔勋. 1986. 花生锈病流行曲线分析. 植物病理学报，16（1）：11-16.

王子迎，檀根甲，付红梅. 2001. 有害生物综合治理（IPM）的几点探讨. 安徽农业科学，29（1）：
54-55.

王子迎，檀根甲. 2005. 施药对水稻病菌时空生态位干扰研究. 应用生态学报，16（8）：1493-
1496.

王子迎，檀根甲. 2008. 水稻纹枯病矿物营养生态位. 应用生态学报，19（1）：213-217.

王子迎，吴芳芳，檀根甲. 2000. 生态位理论及其在植物病害研究中的应用. 安徽农业大学学报，27
（3）：250-253.

魏淑秋，章正，郑耀水. 1995. 应用生物气候相似距对小麦矮化腥黑穗病在我国定殖可能性的研究.
北京农业大学学报，21（2）：127-131.

魏淑秋. 1984. 农业气候相似距简介. 北京农业大学学报，10（4）：427-428.

温亮宝. 2006. 基于网络的森林病虫害诊断咨询专家系统研建. 北京：北京林业大学硕士学位论文.

吴春艳，李军，姚克敏. 1995. 小麦赤霉病病物候预测因子探讨. 植物保护，21（1）：40-41.

吴翠萍，王良华，粟寒，等. 2004. 面粉中小麦印度腥黑穗病菌的检疫鉴定. 植物检疫，18（2）：
81-83.

吴曙雯，王人潮，陈晓斌，等．2001．稻叶瘟对水稻光谱特性的影响研究．上海交通大学学报（农业科学版），20（1）：73-76.

吴宪，Kim Dongrun，刘晓梅，等．2017．水稻抗稻瘟病广谱基因型鉴定及稻瘟病菌生理小种型研究．吉林农业大学学报，39（4）：403-408.

吴兴海，邵秀玲，邓明俊，等．2007．番茄溃疡病菌实时荧光 PCR 快速检测方法研究．江西农业学报，19（3）：34-36.

席德慧，林宏辉，向本春．2006．黄瓜花叶病毒 2 个分离物的亚组鉴定及株系分化研究．植物病理学报，36（3）：232-237.

夏冰，王建强，张跃进，等．2006．中国农作物有害生物监控信息系统的建立与应用．中国植保导刊，26（12）：5-7.

夏明星，赵文军，马青．2006．番茄细菌性溃疡病菌的实时荧光 PCR 检测．植物病理学报，36（2）：152-157.

夏烨，周益林，段霞瑜，等．2005．2002 年部分麦区小麦白粉病菌对三唑酮的抗药性监测及苯氧菌酯敏感基线的建立．植物病理学报，35（6）：74-78.

肖晶晶，霍治国，李娜，等．2011．小麦赤霉病气象环境成因研究进展．自然灾害学报，20（2）：146-152.

肖悦岩，曾士迈，张万义，等．1983．SIMYR——小麦条锈病流行的简要模拟模型．植物病理学报，13（1）：1-13.

肖悦岩，曾士迈．1986．小麦条锈病病害流行空间动态电算模拟的初步探讨 II．椭圆形传播．植物病理学报，16（1）：3-10.

肖悦岩，季伯衡，杨之为，等．2005．植物病害流行与预测．北京：中国农业大学出版社.

肖长林．1991．作物病虫专家系统的研究．北京：北京农业大学博士学位论文.

谢开云，车兴壁．2001．比利时马铃薯晚疫病预警系统及其在我国的应用．中国马铃薯，15（2）：67-71.

谢联辉，林奇英，徐学荣．2005．植病经济与病害生态治理．中国农业大学学报，10（4）：39-42.

谢联辉．2003．21 世纪我国植物保护问题的若干思考．中国农业科技导报，5（5）：5-7.

谢联辉．2006．普通植物病理学．北京：科学出版社.

许文耀．2005．论福建省稻瘟病的控制 // 尤民生．提高农业综合生产能力的理论与实践．福州：海风出版社.

许志刚．2003a．普通植物病理学．3 版．北京：中国农业出版社.

许志刚．2003b．植物检疫学．北京：中国农业出版社.

闫佳会，骆勇，潘娟娟，等．2011．应用 real-time PCR 定量检测田间小麦条锈菌潜伏侵染的研究．植物病理学报，41：（6）：618-625.

闫秀琴，刘慧平，韩巨才．2001．我国植物病原菌抗药性的研究进展．农药，40（12）：4-6.

杨宝君，潘宏阳．2003．松材线虫病．北京：中国林业出版社.

杨保俊，叶卫京．2001．病虫预测预报的新方法——人工智能技术．蚕桑通报，4：11-14.

杨劲峰，陈清，韩晓日．2002．数字图像处理技术在蔬菜叶面积测量中的应用．农业工程学报，18（4）：155-158.

杨谦．2003．植物病原菌抗药性分子生物学．北京：科学出版社.

杨小冰，曾士迈．1988a．小麦条锈病对小麦产量影响的研究——I．损失估计经验模型．中国科学，B 辑（5）：505-509.

杨小冰，曾士迈．1988b．小麦条锈病对小麦产量影响的研究——II．病害对小麦叶片光和作用的影响初探．中国科学，B 辑（11）：1174-1180.

杨小冰，曾士迈．1989．小麦条锈病对小麦产量影响的研究——Ⅲ．病害对寄主库-源关系的影响．中国科学，B辑（3）：278-284．

杨兴，朱大奇，桑庆兵．2007．专家系统研究现状与展望．计算机应用研究，24（5）：4-9．

杨演．1981．植病流行的系统分析简述．安徽省植保学会．安徽省植保学会年会论文集．

杨之为，李君彦．1990．棉花黄萎病的产量损失和模型建立．植物病理学报，20（1）：73-78．

杨之为，李振歧，雷银山，等．1991．小麦条锈病产量损失估计．西北农业大学学报，19（增）：26-32．

杨之为，王汝贤．1993．棉花枯黄萎病混生病田损失初步研究．中国棉花，20（2）：27-29．

杨之为，杨永州，商鸿生，等．1999．小麦条锈病和吸浆虫混合为害的损失估计．西北农业学报，8（1）：49-53．

叶彩玲，霍治国．2001．气候变暖对我国主要农作物病虫害发生趋势的影响．中国农业信息快讯，（4）：9-10．

伊大成，王俊山，段若溪．1993．以单片微机为主机的智能测露仪的研制．北方工业大学学报，5（1）：71-78．

易建平，戚龙君，孙红，等．1999．小麦矮腥黑穗病菌的单孢接种侵染．植物检疫，13（5）：263-265．

易建平，陶庭典，印丽萍，等．2003．小麦印度腥黑穗病菌和黑麦草腥黑穗病菌的单孢检测．南京农业大学学报，26（2）：42-46．

于嘉林，陶小荣，周雪平，等．2002．黄瓜花叶病毒RNA2复制酶基因中的243个碱基决定其在豆科植物上的致病性．科学通报，47（2）：127-129．

于舒怡，傅俊范，刘长远，等．2016．沈阳地区葡萄霜霉病流行时间动态及其气象影响因子分析．植物病理学报，46（04）：529-535．

郁进元，何岩，赵忠福．2007．长宽法测定作物叶面积的校正系数研究．江苏农业科学，2：37-39．

曾士迈．1963．小麦条锈病春季流行规律的数理分析Ⅱ传播距离的研究．植物病理学报，6（2）：141-151．

曾士迈．1994．植保系统工程导论．北京：北京农业大学出版社．

曾士迈．1998．小麦条锈病远程传播的定量分析．植物病理学报，18（4）：219-223．

曾士迈．2002．抗病性持久度的估测（Ⅱ）——小麦条锈病抗病性持久度的模拟研究．植物病理学报，32（2）：103-113．

曾士迈．2003．小麦条锈病越夏过程的模拟研究．植物病理学报，33（3）：267-278．

曾士迈．2004a．持续农业和植物病理学．植物病理学报，25（3）：193-196．

曾士迈．2004b．品种布局防治小麦条锈病的模拟研究．植物病理学报，34（3）：261-271．

曾士迈．2005．宏观植物病理学．北京：中国农业出版社．

曾士迈，肖悦岩．1998．普通植物病理学．北京：中央广播电视大学出版社．

曾士迈，杨演．1986．植物病害流行学．北京：农业出版社．

曾士迈，张美荣．1990．小麦条锈病大区流行的模型模拟．北京农业大学学报，16（增刊）：151-162．

曾士迈，张树榛．1998．植物抗病育种的流行学研究．北京：科学出版社．

曾士迈，张万义，肖悦岩．1981．小麦条锈病的电算模拟研究初报——春季流行的一个简要模型．北京农业大学学报，7（3）：1-12．

曾士迈，赵美琦，肖长林．1994．植保系统工程导论．北京：北京农业大学出版社．

曾晓葳．2007．小麦叶片中潜伏侵染白粉菌的Nested PCR检测．北京：中国农业科学院硕士学位论文．

翟保平．2017．从IPM到EPM：水稻有害生物治理的中国路径．植物保护学报，44（6）：881-884．

詹家绶，吴娥娇，刘西莉，等．2014．植物病原真菌对几类重要单位点杀菌剂的抗药性分子机制．中国农业科学，47（17）：3392-3404．

张谷丰，朱叶芹，杨荣明．2003．作物病虫地理信息系统（PGIS）的开发与应用．计算机与农业，（8）：17-18．

张惠娇，袁家祥．2018．基于物联网技术的现代农业病虫害监控系统设计探讨．农业与技术，38（11）：20-21．

张锴，梁军，严冬辉，等．2010．中国松材线虫病研究．世界林业研究，23（3）：59-63．

张可．2004．番茄病害远程辅助识别与诊断专家系统的分析和设计．重庆：重庆大学硕士学位论文．

张立新，何涛，于建红，等．2014．安徽省水稻条斑病菌群体遗传结构分析．植物病理学报，44（5）：521-526．

张平清，陈桂林．2006．有害生物风险评估定量化方法探讨．检验检疫科学，16（4）：68-70．

张寿明，何慧龙．2003．马铃薯晚疫病预测预警系统简介．云南农业科技，（21）：131-135．

张文军．1993．小麦赤霉病流行模拟与药剂防治决策系统研究．咸阳：西北农业大学博士学位论文．

张孝羲，张跃进．2006．农作物有害生物预测学．北京：中国农业出版社．

张玉萍，郭洁滨，马占鸿．2007．小麦条锈病多时相冠层光谱与病情的相关性．植物保护学报，34（5）：507-510．

张玉萍，郭洁滨，王爽，等．2009．小麦条锈病卫星与近地光谱反射率的比较．植物保护学报，36（2）：119-122．

张振铎，马占鸿，杨小冰，等．2005．大豆锈病越冬区气候区划研究．中国油料作物学报，27（3）：49-53．

张振铎．2005．大豆锈病抗病品种筛选及基于CLIMEX的发病适合区评估．北京：中国农业大学硕士学位论文．

张宗炳．1986．害虫综合治理的概念与要点（一）．植物保护，12（1）：29-31．

章正．1997．输入小麦的有害生物风险分析．中国进出境动植检，（4）：7-8．

章正．1998．输入小麦的有害生物风险分析（续完）．中国进出境动植检，（1）：11-14．

章正．2001．小麦矮腥黑穗病菌在中国定殖可能性研究．植物检疫，15（增刊）：1-6．

赵美琦，肖悦岩，曾士迈．1985．小麦条锈病病害流行空间动态电算模拟的初步探讨Ⅰ．圆形传播．植物病理学报，15（4）：199-204．

赵圣菊，姚彩文，霍治国，等．1991．我国小麦赤霉病地域分布的气候分区．中国农业科学，24（1）：60-66．

赵士熙，吴中孚．1989．农作物病虫害数理统计测报．福州：福建科学技术出版社．

赵文军，陈红运，朱水芳．2007．杂交诱捕实时荧光PCR检测番茄环斑病毒．植物病理学报，37（6）：666-669．

赵友福，林伟．1995．应用地理信息系统对梨火疫病可能分布区的初步研究．植物检疫，9（6）：321-326．

赵玉霞．2007．基于图像识别的玉米叶部病害诊断技术研究．北京：北京邮电大学硕士学位论文．

赵桢梅，赵美琦，马占鸿．2001．氮肥对水稻品种-稻瘟菌小种相对寄生适合度的影响．植物病理学报，31（3）：193-198．

赵志模，周新远．1984．生态学引论．重庆：科学技术文献出版社．

赵志伟．2014．气候变暖背景下基于ArcGIS的我国小麦条锈菌越夏越冬区划．北京：中国农业大学硕士学位论文．

赵紫华．2016．从害虫"综合治理"到"生态调控"．科学通报，61（18）：2027-2034．

中华人民共和国国家统计局，中华人民共和国民政部．1995．中国灾情报告．北京：中国统计出版社．

中华人民共和国农业部. 2002. 中华人民共和国农业行业标准 NY/T613—2002：小麦白粉病测报调查规范. 北京：中国标准出版社.

中华人民共和国农业部. 2002. 中华人民共和国农业行业标准 NY/T614—2002：小麦纹枯病测报调查规范. 北京：中国标准出版社.

中华人民共和国农业部. 2004. 中华人民共和国农业行业标准 NY/T 794-2004：油菜菌核病防治技术规程. 北京：中国农出版社.

周国梁, 陈晨, 戚龙军, 等. 2006. 基于 CLIMEX 的相似穿孔线虫在中国可能适生区域的初步预测. 植物检疫, 20（增刊）：22-26.

周国梁, 胡白石, 印丽萍, 等. 2006. 利用 Monte-Carlo 模拟再评估梨火疫病病菌随水果果实的入侵风险. 植物保护学报, 33（1）：47-50.

周明国, 叶钟音, 刘经芬. 1994. 杀菌剂抗性研究进展. 南京农业大学学报, 17（3）：33-41.

周明国. 1998. 植物病原菌抗药性 // 周明国. 中国植物病害化学防治研究. 第 1 卷. 北京：中国农业出版社.

周小燕. 2005. 棉花病害诊断专家系统研究. 北京：中国农业大学硕士学位论文.

周益林, 段霞瑜, 程登发. 2007. 利用移动式孢子捕捉器捕获的孢子量估计小麦白粉病田间病情. 植物病理学报, 37（3）：307-309.

周益林, 段霞瑜, 贾文明, 等. 2006. 小麦矮腥黑穗病（TCK）传入中国及其定殖的风险分析研究进展. 植物保护, 33（2）：6-10.

祝慧云. 2005. 小麦矮腥黑穗病菌在中国的适生区评估. 北京：中国农业大学硕士学位论文.

宗兆锋, 康振生. 2001. 植物病理学原理. 北京：中国农业出版社.

邹一萍, 马丽杰, 胡小平. 2016. 条锈病菌源基地小麦返青期条锈病发病程度预测. 西北农业学报, 25（2）：306-310.

左豫虎, 薛春生, 刘惕若. 2002. 环境条件对大豆幼苗疫病发生的影响. 华北农学报, 17（4）：93-95.

Aase J K. 1978. Relationship between leaf area and dry matter in winter wheat. Agronomy Journal, 70: 563-565.

Agrios G N. 2005. Plant Pathology. 5th ed. New York: Academic Press.

Anonymous. 1968. Plant Disease Development and Control. Washington, D C: National Academy of Sciences.

Ausmus B S, Hilty J W. 1972. Reflectance studies of healthy, maize dwarf mosaic virus-infected, and *Helminthosporium maydis*-infected corn leaves. Remote Sensing of Environment, 2: 77-81.

Austin B P M. 1964. Emergence of potato blight, 1843-1846. Nature, 203: 805-807.

Aylor D E, McCartney H A, Bainbridge A. 1981. Deposition of particles liberated in gusts of wind. Journal of Applied Meteorology, 20: 1212-1221.

Aylor D E. 1975. Force required to detach conidia of *Helminthosporium maydis*. Plant Physiology, 55: 99-101.

Aylor D E. 1978. Dispersal in time and space: aerial pathogens. *In*: Horsfall J G, Cowling E B. Plant Disease: an Advanced Treatise. New York: Academic Press: 159-180.

Aylor D E. 1982. Modeling spore dispersal in a barley crop. Agricultural Meteorology, 26: 215-219.

Aylor D E. 1999. Biophysical scaling and passive dispersal of fungus spores: relationship to integrated pest management strategies. Agricultural and Forest Meteorology, 97: 275-292.

Bainbridge A, Legg B J. 1976. Release of barley-mildew conidia from shaken leaves. Transactions of the British Mycological Society, 66: 495-498.

Basu P K, Jackson H R, Waller V R. 1978. Estimation of pea yield loss from severe root rot and drought stress using aerial photographs and a loss conversion factor. Can J Plant Sci, 58: 159-164.

Bateson M F, Lines R E, Revill P, et al. 2002. On the evolution and molecular epidemiology of the potyvirus Papaya ringspot virus. Journal of General Virology, 83: 2575-2585.

Bauriegel E, Giebel A, Geyer M, et al. Early detection of *Fusarium* infection in wheat using hyper-spectral imaging. Computers and Electronics in Agriculture, 2011, 75: 304-312.

Beerli P, Felsenstein J. 2001. Maximum likelihood estimation of a migration matrix and effective population sizes in N subpopulations by using a coalescent approach. PNAS, 98: 4563-4568.

Berger R D. 1981. Comparision of the Gompertz and Logistic equations to describe plant disease progress. Phytopathology，71:716-719.

Bewick V, Cheek L, Ball J. 2004. Statistics review 13: receiver operating characteristic curves. Critical Care, 8 (6): 508-512.

Blanco C, Santos B D L, Barrau C, et al. 2004. Relationship among concentrations of *Sphaerotheca macularis* conidia in the air, environmental conditions, and the incidence of Powdery mildew in strawberry. Plant Disease, 88 (8): 878-881.

Blanco C, Santos B D L, Romero F. 2006. Relationship between concentrations of *Botrytis cinerea* conidia in air, environmental conditions, and the incidence of grey mould in strawberry flowers and fruits. European Journal of Plant Pathology, 114 (4): 415-425.

Bock C H, Parker P E, Gottwald T R. 2005. Effect of simulated wind-driven rain on duration and distance of dispersal of *Xanthomonas axonopodis* pv. *citri* from canker-infected citrus trees. Plant Disease, 89: 71-80.

Boeger J M, Chen R S, Mcdonald B A. 1993. Gene flow between geographic populations of *Mycosphaerella graminicola* (anamorph *Septoria tritici*) detected with restriction fragment length polymorphism markers. Phytopathology, 83 (11): 1148-1154.

Böhm J, Hahn A, Schubert R, et al. 1999. Real-time quantitative PCR: DNA determination in isolated spores of the mycorrhizal fungus *Glomus mosseae* and monitoring of *Phytophthora infestans* and *Phytophthora citricola* in their respective host plants. Phytopathology, 147: 409-416.

Børja I, Solheim H, Hietala A M, et al. 2006. Etiology and real-time polymerase chain reaction-based detection of *Gremmeniella* and *Phomopsis* associated disease in Norway spruce seedlings. Phytopathology, 96: 1305-1314.

Burt A, Carter D A, Koenig G L, et al. 1996. Molecular markers reveal cryptic sex in the human pathogen *Coccidioides immitis*. Proc Natl Acad Sci USA, 93: 770-773.

Calderon C, Ward E, Freeman J, et al. 2002. Detection of airborne inoculum of *Leptophaeria maculans* and *Pyrenopeziza brassicae* in oilseed rape crops by polymerase chain reaction (PCR)assays. Plant Pathology, 51: 303-310.

Campbell C L, Madden L V. 1990. Introduction to Plant Disease Epidemiology. New York, Chichester, Brisbane, Toronto, Singapore: John Wiley & Sons.

Cao X R, Duan X Y, Zhou Y L, et al. 2012. Dynamics in concentrations of *Blumeria graminis* f. sp. *triciti* conidia and its relationship to local weather conditions and disease index in wheat. European Journal of Plant Pathology, 132: 525-535.

Cao X R, Luo Y, Zhou Y L, et al. 2013. Detection of powdery mildew in two winter wheat cultivars using canopy hyperspectral reflectance. Crop Protection, 45: 124-131.

Cao X R, Luo Y, Zhou Y L, et al. 2015. Detection of powdery mildew in two winter wheat plant densities and prediction of grain yield using canopy hyperspectral reflectance. PLoS ONE, 10 (3): e0121462.

Cao X R, Yao D M, Xu X M, et al. 2015. Development of weather- and airborne inoculum-based models to describe disease severity of wheat powdery mildew. Plant Disease, 99: 395-400.

Cao X, Yao D, Duan X, et al. 2014. Effects of powdery mildew on 1000-kernel weight, crude protein content and yield of winter wheat in three consecutive growing seasons. Journal of Integrative Agriculture, 13 (7): 1530-1537.

Cao X, Yao D, Zhou Y, et al. 2016. Detection and quantification of airborne inoculum of *Blumeria graminis* f. sp. *tritici* using quantitative PCR. Eur J Plant Pathol, 146: 225-229.

Caporael L R. 1976. Ergotism: the satan loosed in salem? Science, 192: 21-26.

Carbone I, Kohn L. 1999. A method for designing prime sets for speciation studies in filamentous ascomycetes. Mycologia, 91: 553-556.

Carefoot G L, Sprott E R. 1967. Famine on the Wind. Chicago: Rand McNally.

Carisse O, Bacon R, Lefebvre A. 2009a. Grape powdery mildew (*Erysiphe necator*) risk assessment based on airborne conidium concentration. Crop Protection, 28: 1036-1044.

Carisse O, Tremblay D M, Lévesque C A, et al. 2009b. Development of a TaqMan real-time PCR assay for quantification of airborne conidia of *Botrytis squamosa* and management of Botrytis leaf blight of onion. Phytopathology, 99: 1273-1280.

Chamberlain A C. 1975. The movement of particles in plant communities. *In*: Monteith J L. Vegetation and the Atmosphere. Vol 1. London: Academic Press: 155-203.

Chen B, Li S K, Wang K R, et al. 2012. Evaluating the severity level of cotton verticillium using spectral signature analysis. International Journal of Remote Sensing, 33 (9): 2706-2724.

Chen B, Li S K, Wang K R. 2008. Spectrum characteristics of cotton canopy infected with verticillium wilt and applications. Agricultural Sciences in China, 7 (5): 561-569.

Clarke D D. 1997. The genetic structure of natural pathosystems. *In*: Crute I R, Holub E B, Burdon J J. The Gene-for-Gene Relationship in Plant Parasite Interactions. Wellesbourne: Horticulture Research International: 231-243.

Cochran W G. 1977. Sampling Techniques. New York: Wiley.

Compbell C E, Madden L V. 1990. Introduction to Plant Disease Epidemiology. New York: John Wiley & Sons Inc.

Cooke B M, Jones D G, Kaye B. 2006. The Epidemiology of Plant Diseases. 2nd ed. Netherlands: Springer: 41-79.

Crute I R, Holub E B, Burdon J J. 1997. The Gene-for-Gene Relationship in Plant-Parasite Interactions. Guildford: CAB International.

Cunha J B. 2003. Application of image processing techniques in the characterization of plant leaves. IEEE International Symposium on Industrial Electronics, 1-2: 612-616.

Delp C J. 1985. Fungicide resistance: definitions and use of terms. EPOO Bulletin, 15: 333-335.

Demeke T, Kidane Y, Wuhib E, et al. 1979. A report on an epidemic. Ethiop Med J. 17:107-113

Dewey F M, Ebei er S E, Adams D O, et al. 2000. Quantification of Botrytis in grape juice determined by a monoclonal antibody-based immunoassay. American Journal of Viticulture and Enology, 51: 276-282.

Dhingra O D, Sinclair J B. 1995. Basic Plant Pathology Methods. Boca Raton: CRC Press, Inc.

Dobermann A, Pampolino M F. 1995. Indirect leaf area index measurement as a tool for characterizing rice growth at the field scale. Commun Soil Sci Plant Anal, 26 (9, 10): 1507-1523.

Donald L D, Smith N H, Williams J T, et al. 1987. Gene Banks and the World's Food. Princeton: Princeton University Press.

Draxler R R, Hess G D. 1998. An overview of the HYSPLIT-4 modeling system of trajectories, dispersion and deposition. Australian Meterological Magazine, 47 (4): 295-308.

Drenth A, Goodwin S B, Fry W E, et al. 1993. Genotypic diversity of Phytophthora infestans in The Netherlands revealed by DNA polymorphisms. Phytopathology, 83: 1087-1092.

Duan X Y, Zhou Y L, Sheng B Q. 2000. Detection of resistance of powdery mildew to triadimefon. Proceedings of the First Asian Conference on Plant Pathology, Beijing, China.

Duan Y, Yang Y, Wang Y, et al. 2016. Loop-mediated isothermal amplification for the rapid detection of the F200Y mutant genotype of carbendazim-resistant isolates of *Sclerotinia sclerotiorum*. Plant Disease, 100: 976-983.

Duan Y, Zhang X, Ge C, et al. 2014. Development and application of loop-mediated isothermal amplification for detection of the F167Y mutation of carbendazim-resistant isolates in *Fusarium graminearum*. Scientific Reports, 4: e7094.

Dufour M C, Fontaine S, Montarry J, et al. 2011. Assessment of fungicide resistance and pathogen diversity in Erysiphe necator using quantitative real-time PCR assays. Pest Management Science, 67: 60-69.

Ehler L E. 2006. Integrated pest management (IPM): definition, historical development and implementation, and the other IPM. Pest Management Science, 62 (9): 787-789.

Estep L K, Sackett K E, Mundt C C. 2014. Influential disease foci in epidemics and underlying mechanisms: a field experiment and simulations. Ecological Applications, 24 (7): 1854-1862.

Falacy J S, Grove G G, Mahaffee W F, et al. 2007. Detection of *Erysiphe necator* in air samples using the polymerase chain reaction and species-specific primers. Phytopathology, 97: 1290-1297.

Finger M J, Parkunan V, Ji P. 2014. Allele-specific PCR for the detection of azoxystrobin resistance in *Didymella bryoniae*. Plant Disease, 98: 1681-1684.

Fitt B D L, McCartney H A, Walklate P J. 1989. Role of rain in the dispersal of pathogen inoculum. Annual Review of Phytopathology, 27: 241-270.

Ford E D, Milne R. 1981. Assessing plant response to the weather. *In*: Grace J, Ford E D, Jarvis P G. Plants and Their Atmospheric Environment. Oxford: Blackwell.

Forrester J W. 1968. Principles of Systems. Cambridge MA: Productivity Press.

Foster S J, Ashby A M, Fitt B D L. 2002. Improved PCR-based assays for pre-symptomatic diagnosis of light leaf spot and determination of mating type of *Pyrenopeziza brassicae* on winter oilseed rape. European Journal of Plant Pathology, 108: 379-383.

Fraaije B A, Butters J A, Coelho J M, et al. 2002. Following the dynamics of strobilurin resistance in *Blumeria graminis* f. sp *tritici* using quantitative allele-specific real-time PCR measurements with the fluorescent dye SYBR Green I. Plant Pathology, 51: 45-54.

Fraaije B A, Cools H J, Fountaine J, et al. 2005. Role of ascospores in further spread of QoI-resistant cytochrome b alleles (G143A) in field populations of *Mycosphaerella graminicola*. Phytopathology, 95: 933-941.

Francl L F, Neher D A. 1997. Exercises in Plant Disease Epidemiology. St. Paul: APS Press.

Freeman J, Ward E, Calderon C, et al. 2002. A polymerase chain reaction (PCR) assay for the detection of inoculum of *Sclerotinia sclerotiorum*. European Journal of Plant Pathology, 108: 877-886.

Gäumann E. 1946. Principles of plant infection. London: Academic Press.

Gent D H, Nelsonb M E, Farnsworthc J L, et al. 2009. PCR detection of *Pseudoperonospora humuli* in air samples from hop yards. Plant Pathology, 58: 1081-1091.

Gibson G J, Austin E J. 1996. Fitting and testing spatio-temporal stochastic models with application in plant epidemiology. Plant Pathology, 45: 172-184.

Gillespie J H. 2004. Population Genetics: a Concise Guide. London: The Johns Hopkins University Press.

Gilligan C A. 1985. Advances in Plant Pathology. Vol. 3. London: Academic Press: 1-10.

Goats B J, Peterson G L. 1999. Relationship between soilborne inoculum density and the incidence of dwarf bunt of wheat. Plant Disease, 83 (9): 819-824.

Goodwin S B, Drenth A, Fry W E. 1992. Cloning and genetic analyses of two highly polymorphic, moderately repetitive nuclear DNAs from Phytophthora infestans. Curr Genet, 22: 107-115.

Goodwin S B, Sujkowski L S, Dyer A T, et al. 1995. Direct detection of gene flow and probable sexual reproduction of Phytophthora infestans in northern North America. Phytopathology, 85: 473-479.

Goodwin S B. 1997. The population genetics of *Phytophthora*. Phytopathology, 87: 462-473.

Gottwald T R, Timmer L W, Mcguire R G. 1989. Analysis of disease progress of citrus canker in nurseries in Argentina. Phytopathology, 79: 1276-1283.

Grace J. 1977. Plant Response to Wind. London: Academic Press: 204.

Graeff S, Link J, Claupein W. 2006. Identification of powdery mildew (*Erysiphe graminis* sp. *tritici*) and take-all disease (*Gaeumannomyces graminis* sp. *tritici*) in wheat (*Triticum aestivum* L.) by means of leaf reflectance measurements. Central European Journal of Biology, 1: 275-288.

Gregory P H. 1968. Interpreting plant disease dispersal gradients. Annual Review of Phytopathology, 6, 189-212.

Gregory P H. 1973. The Microbiology of the Atmosphere. 2nd ed. London: Leonard Hill: 377.

Grey W E, Mathre D E, Hoffmann J A, et al. 1986. Importance of seedborne *Tilletia controversa* for infection of winter wheat and its relationship to international commerce. Plant Disease, 70 (2): 122-125.

Guan J, Nutter F W Jr. 2003. Quantifying the intrarater repeatability and interrater reliability of visual and remote-sensing disease-assessment methods in the alfalfa foliar pathosystem. Canadian Journal of Plant Pathology, 25 (2): 143-149.

Guo J R Schnieder F, Verreet J A. 2006. Presymptomatic and quantitative detection of *Mycosphaerella graminicola* development in wheat using a real-time PCR assay. FEMS Microbiology Letters, 262: 2, 223-229.

Hamelin R C, Lecours N, Laflamme G. 1998. Molecular evidence of distinct introductions of the European race of *Gremmeniella abietina* into North America. Phytopathology, 88: 582-588.

Hamilton L M, Stakman E C. 1967. Time of stem rust appearance on wheat in western Mississippi basin in relation to development of epidemics from 1921 to 1962. Phytopathology, 57: 609-616.

Hammett K R W, Manners J G. 1974. Conidium liberation in *Erysiphe graminis*. Ⅲ : wind tunnel studies. Transactions of the British Mycological Society, 62: 267-282.

Hansen J G. 1991. Use of multispectral radiometry in wheat yellow rust experiments. EPPO Bulletin, 21: 651-658.

Hashimoto M, Aoki Y, Saito S. 2015. Characterisation of heteroplasmic status at codon 143 of the *Botrytis cinerea* cytochrome b gene in a semi-quantitative AS-PCR assay. Pest Management Science, 71: 467-477.

Heath M C. 2000. Nonhost resistance and nonspecific plant defenses. Curr Opin Plant Biol, 3: 315-319.

Héctor E H, Cecilia L R, Enrique V D, et al. 2014. Using the value of Lin's concordance correlation coefficient as a criterion for efficient estimation of areas of leaves of eelgrass from noisy digital Images. Source Code for Biology and Medicine, 9 (1): 1-10

Hepting G H. 1974. Death of the American chestnut. Journal of Forest History, 18: 60-67.

Hijmans R J, Forbes G A, Walker T S. 2000. Estimating the global severity of potato late blight with GIS-linked disease forecast models. Plant Pathology, 49: 697-705.

Hoffmann J A. 1982. Bunt of wheat. Plant Disease, 66 (11): 979-987.

Horsfall J G, Cowling E B. 1978. Some epidemics man has known. *In*: Horsfall J G, Cowling E B. Plant Diseases. Vol. 2. NewYork: Academic: 17-32.

Hovmøller M S, Justesen A F, Brown J K M. 2002. Clonality and long-distance migration of *Puccinia striiformis* f. sp. *tritici* in north-west Europe. Plant Pathology, 51 (1): 24-32.

Hu X, Madden L V, Edwards S, et al. 2015. Combining models is more likely to give better predictions than single models. Phytopathology, 105 (9): 1174-1182.

Hu X, Nazar R N, Robb J. 1993. Quantification of verticillium biomass in wilt disease development. Physiological and Molecular Plant Pathology, 42: (1): 23-36.

Huang J F, Apan A. 2006. Detection of *Sclerotinia* rot disease on celery using hyperspectral data and partial least squares regression. Journal of Spatial Science, 51: 129-142.

Hughes G, McRoberts N, Madden L V, et al. 1997. Validating mathematical models of plant-disease progress in space and time. IMA Journal of Mathematics Applied in Medicine & Biology, 14: 85-112.

Hulbert S H, Webb C A, Smith S M, et al. 2001. Resistance gene complexes: evolution and utilization. Annual Review of Phytopathology, 39: 285-312.

Iwao S. 1968. A new regression method for analysis the aggregation pattern of animal population. Res Pop Ecol, 10: 1-20.

Iwao S. 1971. An approach to the analysis of aggregation pattern in biological populations. Statist Ecol, 1: 461-513.

Iwao S. 1972. Application of m-m method to the analysis of spatial pattern by changing the quadrat size. Res Popul Ecol, 14 (1): 79-128.

Iwao S. 1976. Relation of frequency index to population density and distribution pattern. Physiol Ecol Jap, 17: 457-464.

Jaime-Garcia R, Orum T V, Felix-G R, et al. 2001. Spatial analysis of *Phytophthora infestans* genotype and late blight severity on tomato and potato in the Del Fuerte Valley using geostatistics and geographic information systems. Phytopathology, 91: 1156-1165.

Jeger M J, Jeffries P, Elad Y, et al. 2009. A generic theoretical model for biological control of foliar plant diseases. Journal of Theoretical Biology, 256: 201-214.

Jeger M J. 1984. Relating disease progress to cumulative numbers of trapped spores: apple powdery mildew and scab epidemics in sprayed and unsprayed orchard plots. Plant Pathology, 33 (4): 517-523.

Jia W, Zhou Y, Duan X, et al. 2013. Assessment of risk of establishment of wheat dwarf bunt (*Tilletia controversa*) in China. Journal of Integrative Agriculture, 12 (1): 87-94.

Johnson K B, Powelson M L. 1983. Analysis of spore dispersal gradients of *Botrytis cinerea* and grey mold disease gradients in snap beans. Phytopathology, 73: 741-746.

Johnson R. 1984. A critical analysis of durable resistance. Annual Review of Phytopathology, 22: 309-330.

Jones A L, Fisher P D, Seem R C, et al. 1984, Development and commercialization of an-infield microcomputer delivery system for weather-driven predictive models. Plant Disease, 64: 458-463.

Jones A L, Lillevik S L, Fisher P D, et al. 1980. A microcomputer-based instrument to predict primary apple scab infection periods. Plant Disease, 64: 69-72.

Jones D G. 1998. The Epidemiology of Plant Diseases. Dordrecht: Kluwer Academic Publishers.

Kaczmarek J, Jêdryczka M, Fitt B D L, et al. 2009. Analyses of air samples for ascospores of *Leptosphaeria maculans* and *L. biglobosa* by light microscopy and molecular techniques. Journal of Applied Genetics, 50 (4): 411-419.

Khan J, Qi A, Khan M F R. 2009. Fluctuations in number of *Cercospora beticola* conidia in relationship to environment and disease severity in sugar beet. Phytopathology, 99: 796-801.

Kobayashi T, Kanda E, Kitada K, et al. 2001. Detection of rice panicle blast with multispectral radiometer and the potential of using airborne multispectral scanners. Phytopathology, 91 (3): 316-323.

Koenraadt H, Somerville S C, Jones A L. 1992. Characterization of mutations in the beta-tubulin gene of benomyl-resistant field strains of *Venturia inaequalis* and other plant pathogenic fungi. Phytopathology, 82 (11): 1348-1354.

Koh Y J, Goodwin S B, Dyer A T, et al. 1994. Migrations and displacements of *Phytophthora infestans* populations in east Asian countries. Phytopathology, 84: 922-927.

Kranz J, Rotem J. 1988. Experimental techniques in plant disease epidemiology. Berlin: Springer-Verlag Heidelberg.

Kranz J. 1974. Epidemics of Plant Diseases: Mathematica Analysis and Modeling. New York: Springer-verlag.

Kranz. 1979. 植物病害流行——数学分析与模型建立. 西北农学院植病教研组译. 北京：科学出版社.

Kush G S. 1977. Disease and insect resistance in rice. Adv Agron, 29: 265-361.

Lacey J. 1986. Water availability and fungal reproduction: patterns of spore production, liberation and dispersal. *In*: Ayres P G, Boddy L. Water Fungi and Plants. Cambridge: Cambridge University Press.

Large E C. 1940. The Advance of the Fungi. New York: Henry Holt.

Large E C. 1954. Growth stages in cereals: illustrations of the Feeks scale. Plant Pathology, 3 (4): 128-129.

Legg B J, Powell F A. 1979. Spore dispersal in a barley crop: a mathematical model. Agricultural Meteorology, 20: 47-67.

Li B H, Xu X M, Li J T, et al. 2005. Effects of temperature and continuous and interrupted wetness on the infection of pear leaves by conidia of *Venturia nashicola*. Plant Pathology, 54 (3): 357-363.

Li B H, Yang J R, Dong X L, et al. 2007. A dynamic model forecasting infection of pear leaves by conidia of *Venturia nashicola* and its evaluation in unsprayed orchards. European journal of Plant Pathology, 118: 227-238.

Li B H, Yang J R, Xu X M. 2007. Incidence-density relationship of pear scab (*Venturia nashicola*) on fruit and leaves. Plant Pathology, 56: 120-127.

Li B H, Zhao H H, Li B D, et al. 2003. Effects of temperature, relative humidity and duration of wetness period on germination and infection by conidia of the pear scab pathogen (*Venturia nashicola*). Plant Pathology, 52 (5): 546-552.

Li B N, Cao X R, Chen L, et al. 2013. Application of geographic information systems to identify the oversummering regions of *Blumeria graminis* f. sp. *tritici* in China. Plant Disease, 97: 1168-1174.

Liang J M, Liu X F, Li Y, et al. 2016. Population genetic structure and the migration of *Puccinia striiformis* f. sp. *tritici* between the Gansu and Sichuan Basin populations of China. Phytopathology, 106: 192-201.

Liang J M, Wan Q, Luo Y, et al. 2013. Population genetic structures of *Puccinia striiformis* in Ningxia and Gansu Provinces of China. Plant Disease, 97: 501-509.

Lioyd M. 1967. Mean crowding. J Anim Ecol, 36: 1-30.

Liu N, Lei Y, Gong G, et al. 2015. Temporal and spatial dynamics of wheat powdery mildew in Sichuan Province, China Crop Protection, (74): 150-157.

Liu W, Cao X, Yan Z, et al. 2018. Detecting wheat powdery mildew and predicting grain yield using unmanned aerial photography. Plant Disease, 103 (10): 1981-1988.

Liu X F, Huang C, Sun Z Y, et al. 2011. Analysis of population structure of *Puccinia striiformis* in Yunnan

Province of China by using AFLP. European Journal of Plant Pathology, 129: 43-55.

Liu Y, Chen X, Jiang J, et al. 2014. Detection and dynamics of different carbendazim-resistance conferring beta-tubulin variants of *Gibberella zeae* collected from infected wheat heads and rice stubble in China. Pest Management Science, 70: 1228-1236.

Lottmann J, Heuer H, Smalla K, et al. 1999. Influence of transgenic T4-lysozyme-producing potato plants on potentially beneficial plant-associated bacteria. FEMS Microbiology Ecology, 29 (4): 365-377.

Lucas G B. 1980. The war against blue mold. Science, 210: 147-153.

Luo W, Pietravalle S, Parnell S, et al. 2012. An improved regulatory sampling method for mapping and representing plant disease from a limited number of samples. Epidemics, 4: 68-77.

Luo Y, Ma Z H, Ma Z H. 2007a. Introduction to Molecular Epidemiology of Plant Diseases. Beijing: China Agricultural University Press.

Luo Y, Ma Z, Michailides T J. 2007b. Quantification of allele E198A in beta-tubulin conferring benzimidazole resistance in *Monilinia fructicola* using real-time PCR. Pest Management Science, 63: 1178-1184.

Luo Y, Ma Z, Reyes H C, et al. 2007c. Quantification of airborne spores of *Monilinia fructicola* in stone fruit orchards of California using real-time PCR. European Journal of Plant Pathology, 118: 145-154.

Ma Z H, Luo Y, Michailides T J. 2004. Spatiotemporal change in the population structure of *Botryosphaeria dothidea* from California pistachio orchards. Phytopathology, 94 (4): 326-332.

Ma Z, Boehm E W A, Luo Y, et al. 2001. Population structure of *Botryosphaeria dothidea* from pistachio and other hosts in California. Phytopathology, 91: 665-672.

Ma Z, Luo Y, Michailides T J. 2003. Nested PCR assays for detection of *Monilinia fructicola* in stone fruit orchards and *Botryosphaeria dothidea* from pistachios in California. Journal of Phytopathology, 151: 312-322.

Ma Z, Michailides T J. 2005. Advances in understanding molecular mechanisms of fungicide resistance and molecular diagnosis of resistant genotypes of phytopathogenic fungi. Crop Protection, 24: 853-863.

Maanen A V, Xu X M. 2003. Modelling plant disease epidemics. European Journal of Plant Pathology, 109: 669-682.

Mackenzie K J, Lambert D H，Ried D M. 1978. Modeling plant disease, 3rd ed. Waggeningen: ICPP. PUDOC, 55.

Madden L V, Hughes G, van den Bosch F. 2007. The study of plant disease epidemics. Minnesota: The American Phytopathological Society.

Madden L V, Van den Bosch F. 2002. A population-dynamics approach to assess the threat of plant pathogens as biological weapons against annual crops. Bioscience, 52 (1): 65-74.

Madden L V, Wheelis M. 2003. The threat of plant pathogens as weapons against US crops. Annual Review of Phytopathology, 41: 155-176.

Madden L V, Yang X, Wilson L L. 1996. Effects of rain on splash dispersal of *Colletotrichum acutatum*. Phytopathology, 86: 864-874.

Madden L V. 1981. A loss model for crops. Phytopathology, 71: 685-689.

Madden L V. 1992. Rainfall and dispersal of fungal spores. Advances in Plant Pathology, 8: 39-79.

Madden L V. 1997. Effects of rainfall on splash dispersal of fungal pathogens. Canadian Journal of Plant Pathology, 19, 225-230.

Maffia L A, Berger R D. 1999. Models of plant disease epidemics. II : Gradients of Bean Rust. Journal of Phytopathology, 147: 199-206.

Mahlein A K, Steiner U, Dehne H W, et al. 2010. Spectral signatures of sugar beet leaves for the detection and differentiation of diseases. Precision Agriculture, 11: 413-431.

Maloy O C. 1993. Plant Disease Control: Principles and Practice. New York: John Wiley and Sons, Inc.

Marchetti M A, Markle G M, Bromfield K R. 1976. The effects of temperature and dew period on germination and infection by uredospores of *Phakopsora pachyrhizi*. Phytopathology, 66 (4): 461-463.

Matossian M K. 1989. Poisons of the Past: Molds, Epidemics, and History. New Haven: Yale University Press. 113-122.

Mcdermott J M, McDonald B A. 1993. Gene flow in plant pathosystems. Annual Review of Phytopathology, 31: 353-373.

McDonald B A, Linde C. 2002. Pathogen population genetics, evolutionary potential, and durable resistance. Annual Review of Phytopathology, 40: 349-379.

Meentemeyer R K, Cunniffe N J, Cook A R, et al. 2011. Epidemiological modeling of invasion in heterogeneous landscapes: spread of sudden oak death in California (1990-2030). Ecosphere, 2 (2): art17.

Meitz-Hopkins J C, von Diest S G, Koopman T A, et al. 2014. A method to monitor airborne *Venturia inaequalis* ascospores using volumetric spore traps and quantitative PCR. European Journal of Plant Pathology, 140: 527-541.

Mercado B J, Collado R M, Parrilla A S, et al. 2003. Quantitative monitoring of colonization of olive genotypes by *Verticillium dahliae* pathotypes with real-time polymerase chain reaction. Physiol Mol Plant Pathol, 63: 91-105.

Michael P. 1973. The World Monetary System in Transition. St. Lucia: University of Queensland Press.

Milgroom M G. 2015. Population Biology of Plant Pathogens: Genetics, Ecology, and Evolution. APS Perss.

Millar B. 1978. The observational theories: a primer. European Journal of Parapsychology, 2-3: 304-332.

Mills W D. 1944. Efficient use of sulphur dusts and sprays during rain to control apple scab. Cornel Ext Bull, 630: 4.

Moshou D, Bravo C, West J, et al. 2004. Automatic detection of 'yellow rust' in wheat using reflectance measurements and neural networks. Computers and Electronics in Agriculture, 44: 173-188.

Muhammed H H, Larsolle A. 2003. Feature vector based analysis of hyperspectral crop reflectance data for discrimination and quantification of fungal disease severity in wheat. Biosystems Engineering, 86 (2): 125-134.

Nagarajan S, Singh D V. 1990. Long-distance dispersion of rust pathogens. Annual Review of Phytopathology, 28: 139-153.

Nei M. 1972. Genetic distance between populations. Amer Naturalist, 106: 283-292.

Nei M. 1973. Analysis of gene diversity in subdivided populations. Proc Natl Acad Sci USA, 70: 3321-3323.

Nei M. 1987. Evolutionary Genetics. New York: Columbia University Press.

Nicolas H. 2004. Using remote sensing to determine of the date of a fungicide application on winter wheat. Crop Protection, 23 (2): 853-863.

Nutter F W Jr, Esker P D, Netto R A C. 2006. Disease assessment concepts and the advancements made in improving the accuracy and precision of plant disease data. European Journal of Plant Pathology, 115 (1): 95-103.

Nutter F W Jr, Guan J, Gotlieb A R, et al. 2002. Quantifying alfalfa yield losses caused by foliar diseases in Iowa, Ohio, Wisconsin, and Vermont. Plant Disease, 86 (3): 269-277.

Nutter F W, Tylka G L, Guan J, et al. 2002. Use of remote sensing to detect soybean cyst nematode-induced plant stress. Journal of Nematology, 34 (3): 222-231.

Ojiambo P S, Gent D H, Mehra L K, et al. 2017. Focus expansion and stability of the spread parameter estimate of the power law model for dispersal gradients. Peer J, 2017: 5: e3465.

Orum T V, Bigelow D M, Cotty P J, et al. 1999. Using predictions based on geostatistics to monitor trends in

Aspergillus flavus strain composition. Phytopathology, 89 (9): 761-769.

Padmanabhan S Y. 1973. The great Bengal famine. Annual Review of Phytopathology, 11: 11-26.

Pan Z, Yang X B, Pivonia S, et al. 2006. Long-term prediction of soybean rust entry into the continental United States. Plant Disease, 90 (7): 840-846.

Parker S K, Nutter F W, Gleason M L. 1997. Directional spread of Septoria leaf spot in tomato rows. Plant Disease, 81: 272-276.

Pasquali M, Marena L, Fiora E, et al. 2004. Real-time polymerase chain reaction for identification of a highly pathogenic group of *Fusarium oxysporum* f. sp. *chrysanthemi* on *Argyranthemum frutescens* L. Journal of Plant Pathology, 86 (1): 53-59.

Paysour R E, Fry W E. 1983. Interplot interference: a model for planning field experiments with aerially disseminated pathogens. Phytopathology, 73: 1014-1020.

Perez W G, Gamboa J S, Falcon Y V, et al. 2001. Genetic structure of Peruvian populations of *Phytophthora infestans*. Phytopathology. 91: 956-965.

Perveen F. 2011. Insecticides: Advances in Integrated Pest Management. Croatia: InTech Publisher.

Peshin R, Dhawan A K. 2009. Integrated Pest Management: Innovation-Development Process. Netherlands: Springer.

Pethybridge S J, Madden L V. 2003. Analysis of spatial temporal dynamics of virus spread in an Australian hop garden by stochastic modeling. Plant Disease, 87: 56-62.

Pimentel D, Peshin R. 2014. Integrated Pest Management: Pesticide Problems. Netherlands: Springer.

Pinstrup-Andersen, de Londonn P N, Infante M. 1976. A suggested procedure for estimating yield and production losses in crops. Pest Artic News Summ, 22: 359-365.

Pivonia S, Yang X B. 2004. Assessment of potential year-round establishment of soybean rust throughout the world. Plant Disease, 88 (5): 523-529.

Ristaino J B, Groves C T, Parra G. 2001. PCR amplification of the Irish potato famine pathogen from historic specimens. Nature, 41: 695-697.

Ristaino J B. 2002. Tracking historic migrations of the Irish potato famine pathogen, *Phytophthora infestans*. Microbes and Infection. 4: 1369-1377.

Rogers S L, Atkins S D, West J S. 2009. Detection and quantification of airborne inoculum of *Sclerotinia sclerotiorum* using quantitative PCR. Plant Pathology, 58: 324-331.

Ryan C C, Birch R G. 1978. Phytopathological terminology: epiphytotic vs. epidemic. Phytopathological, 68: 539.

Saeglitz C, Pohl M, Bartsch D. 2000. Monitoring gene flow from transgenic sugar beet using cytoplasmic male-sterile bait plants. Molecular Ecology, 9 (12): 2035-2040.

Scherm H, Yang X B. 1999. Risk assessment for sudden death syndrome of soybean in the north-central United States. Agricultural Systems, 59 (3): 301-310.

Schmitthenner A F, Bhat R G, 1994. Useful methods for studying *Phytophthora* in the laboratory. Ohio Agricultural Research and Development Center, 143: 7-8.

Seem R C. 1978. Environmental monitoring and disease forecasting in the orchard. Proceedings of the Annual Meeting New York State Horticultural Society, 123: 140-143.

Sehroeder W T. Provvidenti R. 1969. Resistance to benomyl in powdery mildew of cucurbits. Plant Disease Reporter, 53: 271-275.

Serge S, Paul S T, Laetitia W, et al. 2006. Quantification and modeling of crop losses: a review of purposes. Annual Review of Phytopathology, 44: 89-112.

Sharp E L, Perry C R, Scharen A L, et al. 1985. Monitoring cereal rust development with a spectral radiometer. Phytopathology, 75 (8): 936-939.

Silvar C, Duncan J M, Cooke D E L, et al. 2005. Development of specific PCR primers for identification and detection of Phytophthora capsici Leon. European Journal of Plant Pathology, 112: 43-52.

Simón M R, Cordo C A, Perelló A E, et al. 2003. Influence of nitrogen supply on the susceptibility of wheat to Septoria tritici. Journal of Phytopathology, 151 (5): 283-289.

Singh R S, Krimbas C B. 2009. Evolutionary Genetics: From Molecules to Morphology. Cambridge: Cambridge University Press.

Snedecore G W, Cochran W G. 1967. Statistical Methods. 6th ed. Oxford: Lowa State University Press.

Steddom K, Bredehoeft M W, Khan M, et al. 2005. Comparison of visual and multispectral radiometric disease evaluations of cercospora leaf spot of sugar beet. Plant Disease, 89 (2): 153-158.

Steddom K, Heidel G, Jones D, et al. 2003. Remote detection of rhizomania in sugar beets. Phytopathology, 93 (6): 720-726.

Sticher L, Mauch-Mani B, Metraux J P. 1997. Systemic acquired resistance. Annual Review of Phytopathology, 35: 235-270.

Stynes B A. 1980. Synoptic methodologies for crop loss assessment. Misc. Publ. No. 7. Agricultural experiment station, University of Minnesota: 166-175.

Sujkowski L S, Goodwin S B, Dyer A T, et al. 1994. Increased genotypic diversity via migration and possible occurrence of sexual reproduction of Phytophthora infestans in Poland. Phytopathology. 84: 201-207.

Sutherst R W, Maywald G F. 1985. A computerized system for matching climates in ecology. Agriculture, Ecosystems & Environment, 13 (3-4): 281-299.

Tammes P M L. 1961. Studies of yield losses II. Injury as a limiting factor of yield. European Journal of Plant Pathology, 67: 257- 263.

Taylor J W, Geiser D M, Burt A, et al. 1999. The evolutionary biology and population genetics underlying fungal strain typing. Clinical Microbiology Rev, 12: 126-146.

Taylor J W, Jacobson D J. Fisher M C. 1999. The evolution of asexual fungi: reproduction, speciation and classification. Annual Review of Phytopathology, 37: 197-246.

Taylor L R. 1961. Aggregation variance and mean. Nature, 189: 732-735.

Templeton A R. 1998. Nested clade analyses of phylogeographic data: testing hypotheses about gene flow and population history. Molecular Ecology, 7: 381-397.

Teng P S, Blackie M J, Close R C. 1978. Simulation modelling of plant diseases to rationalize fungicide use. Outlook on Agriculture, 9 (6): 273-277.

USDA. 1998. Risk assessment for the importation of U. S. milling wheat containing teliospores of Tilletia controversa (TCK) into the People's Republic of China. Washington D C: USDA: 1-46.

Van de Wouw A P, Stonard J F, Howlett B J, et al. 2010. Determining frequencies of avirulent alleles in airborne Leptosphaeria maculans inoculum using quantitative PCR. Plant Pathology, 59: 809-818.

van den Bosch, Oliver R, van den Berg F, et al. 2014. Governing principles can guide fungicide-resistance management tactics. Annual Review of Phytopathology, 52: 175-195.

van Loon L C, Bakker P A H M, Pieterse M J. 1998. Systemic resistance induced by rhizosphere bacteria. Annual Review of Phytopathology, 36: 453-483.

Vandemark G J, Barker B M. 2003. Quantifying the relationship between disease severity and the amount of Aphanomyces euteiches detected in roots of alfalfa and pea with a real-time PCR assay. Archives of Phytopathology and Plant Protection, 36: (2): 81-93.

Vanderplank J E. 1963. Plant Diseases: Epidemics and Control. New York: Academic Press.

Vanderplank J E. 1968. Disease Resistance in Plant. New York: Academic Press.

Vanderplank J E. 1975. Principles of Plant Infection. London: Academic Press.

Vanderplank J E. 1982. Host-Pathogen Interaction in Plant Disease. New York: Academic Press.

Vesper S, Dearborn D G. 2000. Evaluation of Stachybotrys chartarum in the house of an infant with pulmonary haemorrhage: quantitative assessment before, during and after remediation. J. Urb. Health, 77: 68-85.

Waggoner P E, Horsfall J G. 1969. EPIDEM, a simulator of plant disease written for computer. Connection Agricultural Experimental Station Bulletiin, 698: 80.

Waggoner P E. 1968. Weather and the rise and fall of fungi. *In*: Lowry W P. Biometeorology. Corvallis: Oregcn State University Press.

Wakefield A E. 1996. DNA sequences identical to *Pneumocystis carinii* f. sp. *carinii* and *Pneumocystis carinii* f. sp. *hominis* in samples of air spora. J Clin Microbiol, 34: 1754-1759.

Wan A M, Zhao Z H, Chen X M, et al. 2004. Wheat stripe rust epidemic and virulence of *Puccinia striiformis* f. sp. *tritici* in China in 2002. Plant Disease, 88 (8): 896-904.

Wan Q, Liang J M, Luo Y, et al. 2015. Population genetic structure of *Puccinia striiformis* in northwestern China. Plant Disease, 99: 1764-1774.

Wang B T, Hu X P, Li, Q, et al. 2010. Development of race specific-SCAR markers for detection of Chinese races CYR32 and CYR33 of *Puccinia striiformis* f. sp. *tritici*. Plant Disease, 94: 221-228.

Wang H G, Guo J B, Ma Z H. 2012. Monitoring wheat stripe rust using remote sensing technologies in China. *In*: IFIP Advances in Information and Communication Technology, AICT 370, Part III, Proceedings of 5th International Conference on Computer and Computing Technologies in Agriculture. New York: Springer: 163-175.

Wei F, Shang W, Yang J, et al. 2015. Spatial pattern of *Verticillium dahliae* microsclerotia and cotton plants with wilt symptoms in commercial plantations. PLoS ONE, 10 (7): e0132812.

Weir B S. 1996. Genetic Data Analysis II - Methods for Discrete Population Genetic Data. Sunderland, Massachusetts: Sinauer Associate, Inc. Publishers.

Whetzel H H. 1926. North American species of *Sclerotinia*: I . Mycologia, 18 (5): 224-235.

Wiese M V. 1980. Comprehensive and systematic assessment of crop yield determinants. *In*: Teng P S, Krupa S V. Crop loss assessment. St. Paul: Misc. Publ. No. 7. Agricultural experiment station, University of Minnesota: 262-269.

Wilkerson G G, Jones J W, Boote K J, et al. 1985. SOYGRO. Gainesville: University of Florida.

Williams R H, Ward E, McCartney H A. 2001. Methods for integrated air sampling and DNA analysis for detection of airborne fungal spores. Applied Environmental Microbiology, 67: 2453-2459.

Woodham-Smith C. 1964. The Great Hunger: Ireland 1845-1849. New York: Signet.

Wu B M, Subbarao K V. 2014. A model for multiseasonal spread of Verticillium wilt of lettuce. Phytopathology, 104: 908-917.

Xu X M, Butt D J, Santen G V. 1995. A dynamic model simulating infection of apple leaves by *Venturia inaequalis*. Plant Pathology, 44: 865-876.

Xu X M, Harris D C, Berrie A M. 2000. Modeling infection of strawberry flowers by Botrytis cinerea using field data. Phytopathology, 90: 1367-1374.

Xu X M, Ridout M S. 1998. Effects of initial epidemic conditions, sporulation rate, and spore dispersal gradient on the spatio-temporal dynamics of plant disease epidemics. Phytopathology, 88: 1000-1012.

Xu X M. Ridout M S. 2000a. Effects of quadrat size and shape, initial epidemic conditions, and spore dispersal gradient on spatial statistics of plant disease epidemics. Phytopathology, 90: 738-750.

Xu X M. Ridout M S. 2000b. Stochastic simulation of the spread of race-specific and race-nonspecific aerial fungal pathogens in cultivar mixtures. Plant Pathology, 49: 207-218.

Yan J H, Luo Y, Chen T T, et al. 2012. Field distribution of wheat stripe rust latent infection using real-time PCR. Plant Disease, 96: 544-551.

Yan J H, Luo Y, Chen T T, et al. 2012. Field distribution of wheat stripe rust latent infection using real-time PCR. Plant Disease, 96: 544-551.

Yan L Y, Yang Q Q, Zhou Y L, et al. 2009. A real-time PCR assay for quantification of the Y136F allele in the CYP51 gene associated with *Blumeria graminis* f. sp. *tritici* resistance to sterol demethylase inhibitors. Crop Protection, 28: 376-380.

Yang X B, Dowler W M, Royer M H. 1991. Assessing the risk and potential impact of an exotic plant disease. Plant Disease, 75 (10): 977-981.

Yang X B, Sun P, Hu B H. 1998. Decadal change of plant diseases as affected by climate in Chinese agroecosystems. *In*: IPPS. 7th International Plant Pathology Congress Edinburgh.

Yang X B, Zeng S M. 1992. Detecting patterns of wheat stripe rust pandemics in time and space. Phytopathology, 82: 571-576.

Yang X B. 2006. Framework development in plant disease risk assessment and its application. European Journal of Plant Pathology, 115 (1): 25-34.

Yigal E, Ilaria P. 2014. Climate change impacts on plant pathogens and plant diseases. Journal of Crop Improvement, 28: 99-139.

Yonow T, Hattingh V, de Villiers M. 2013. CLIMEX modelling of the potential global distribution of the citrus black spot disease caused by *Guignardia citricarpa* and the risk posed to Europe. Crop Protection, 44: 18-28.

Yoshida S, Forno D A, Cock J H, et al. 1976. Laboratory Manual for Physiological Studies of Rice. 3rd ed. Philippines: The International Rice Research Institute.

Zadoks J C, Chang T T, Konzak C F. 1974. A decimal code for the growth stages of cereals. Weed Research, 14 (6): 415-421

Zadoks J C, Koster L M. 1976. A historical survey of botanical epidemiology. A sketch of the development of ideas in ecological phytopathology. Mededelingen Landbou Whoge School Wageningen Nederland, 76 (12): 1-56.

Zadoks J C, Schein R D. 1979. Epidemiology and Plant Disease Management. New York: Oxford University Press.

Zadoks J C, Schein R D. 1981. Epidemiology and plant disease management. Biologia Plantarum, 23 (3): 219.

Zadoks J C. 1971. Systems analysis and the dynamic of epidemic, Phytopathology, 6 1: 600-610.

Zadoks J C. 1972. Modern Concepts of Disease Resistance in Cereals. Cambridge: Pro. 6th Congress: 89-98.

Zadoks J C. 1979. Simulation of epidemic: problems and applications. EPPO Bulletin, 9: 227-234.

Zane L, Bargelloni L, Patarnello T. 2002. Strategies for microsatellite isolation: a review. Molecular Ecology, 11: 1-16.

Zeng S M, Luo Y. 2006. Long-distance spread and interregional epidemics of wheat stripe rust in China. Plant Disease, 90: 980-988.

Zeng S M. 1991. PANCRIN, a prototype model of the pandemic cultivar-race interaction of yellow rust on wheat in China. Plant Pathology, 40: 287-295.

Zhan J, Mundt C C, McDonald B A. 2001. Using restriction fragment length polymorphisms to assess temporal variation and estimate the number of ascospores that initiate epidemics in field population of *Mycosphaerella graminicola*. Phytopathology, 91 (10): 1011-1017.

Zhan J, Thrall P H, Papaïx J, et al. 2015. Playing on a pathogen's weakness: using evolution to guide sustainable plant disease control strategies. Annual Review of Phytopathology, 53: 19-43.

Zhang J, Pu R, Yuan L, et al. 2014. Monitoring powdery mildew of winter wheat by using moderate resolution multi-temporal satellite imagery. PLoS ONE, 9 (4): e93107.

Zhang M, Qin Z, Liu X, et al. 2003. Detection of stress in tomatoes induced by late blight disease in California, USA, using hyperspectral remote sensing. International Journal of Applied Earth Observation and Geoinformation, 4: 295-310.

Zhang Z, Zhang C R, Wang Z Z. 1995. Plant quarantine significance of dwarf bunt of wheat to China. EPPO Bulletin, 25 (4): 665-671.

Zhao Z W, Qin F, Wang H G. 2015. Application and prospect of new media in forecast of plant pests. *In*: IFIP Advances in Information and Communication Technology, vol 452, Proceedings of 8th International Conference on Computer and Computing Technologies in Agriculture. Springer: New York: 313-323.

Zheng Y M, Luo Y, Zhou Y L, et al. 2013. Real-time PCR quantification of latent infection of wheat powdery mildew in the field. European Journal of Plant Pathology, 136 (3): 565-575.

Zhou Y L. 2004. Specific and sensitive detection of the fungal pathogen *Ustilaginoidea virens* by nested PCR. Mycosystema, 23 (1): 102-108.

Zhu Y, Chen H, Fan J, et al. 2000. Genetic diversity and disease control in rice. Nature, 406 (6797): 718-722.

Zou Y, Qiao H, Cao X, et al. 2018. Regionalization of wheat powdery mildew oversummering in China based on digital elevation. Journal of Integrative Agriculture, 17 (4): 901-910.

索　引